C 语言非常道

李忠 著

电子工业出版社·
Publishing House of Electronics Industry
北京·BEIJING

未经许可，不得以任何方式复制或抄袭本书之部分或全部内容。
版权所有，侵权必究。

图书在版编目（CIP）数据

C 语言非常道/李忠著. —北京：电子工业出版社，2019.4
ISBN 978-7-121-36183-8

Ⅰ. ①C… Ⅱ. ①李… Ⅲ. ①C 语言－程序设计 Ⅳ. ①TP312.8

中国版本图书馆 CIP 数据核字（2019）第 054621 号

策划编辑：缪晓红
责任编辑：刘小琳　　文字编辑：缪晓红
印　　刷：北京捷迅佳彩印刷有限公司
装　　订：北京捷迅佳彩印刷有限公司
出版发行：电子工业出版社
　　　　　北京市海淀区万寿路 173 信箱　邮编：100036
开　　本：787×1092　1/16　印张：32　字数：778 千字
版　　次：2019 年 4 月第 1 版
印　　次：2023 年 1 月第 5 次印刷
定　　价：128.00 元

凡所购买电子工业出版社图书有缺损问题，请向购买书店调换。若书店售缺，请与本社发行部联系，联系及邮购电话：(010) 88254888，88258888。
质量投诉请发邮件至 zlts@phei.com.cn，盗版侵权举报请发邮件至 dbqq@phei.com.cn。
本书咨询联系方式：(010) 88254760，mxh@phei.com.cn。

前 言

毋庸置疑，C 是非常流行的编程语言。正是因为流行，和它有关的图书之多，可以用多如牛毛、汗牛充栋来形容。

既然都已经这么多了，那我为什么还要再来一本，给牛增加负担呢？原因很简单：想看看是否能用一种和别人不同的方法来把 C 语言讲清楚。这本书面向初学者，但是，已经学过 C 语言的人也不妨读一读，因为我的讲解方法和对很多问题的阐述和别人不一样。请放心，我们不胡来，C 语言有自己的标准，我们始终按标准来解释一切。当然，自负是人类的共性，这本书是否真的能把 C 语言讲清楚，还得靠读者来检验。

C 语言难学吗？来自这个行业的声音始终自相矛盾。一方面，很多过来人声称 C 语言其实很简单；另一方面，很多初学者觉得很难，不得其门而入。仅就语法而言，C 语言确实比较简单。但是，这种简单性使得很多人对它的掌握只停留在似是而非的表面上。似是而非的学习一开始很轻松，但你走不远。实际上，即使是声称已经掌握了这门编程语言的人，对很多语法要素的认识和理解也是错误的，在书写稍微复杂一些的代码时，也发现自己突然变得糊涂起来。

那么，学习 C 语言的诀窍在哪里呢？

首先，掌握它的类型系统并学会以类型的观点来构造和解析程序中的代码，这样你就不会迷路。如果你没有掌握 C 语言的类型系统，不会从类型的角度来分析一个表达式，说明你并没有掌握 C 语言。

其次，你要了解 C 语言在整个计算机系统中的位置，知道它和操作系统或者硬件之间的关系；尤其是要理解库和 C 语言的关系，要明白是库拓展了 C 语言的实用性。除了 C 语言本身的简洁、优美和强大的表达能力，C 标准库和其他形形色色的库也是 C 语言变得流行并威力无穷的重要因素。

写一本编程语言的通俗入门教材，最痛苦的莫过于你不能一下子展现事物的全貌和众多细节。尽管你知道它，也渴望表达，然而毫不客气地说，读者们并不需要它。读者不了解原委，没有耐心，记不住，而且恐惧。为此，本书力求在以下几个方面做一些突破：

首先，C 语言的知识点是网状的，是互相牵扯和交叉的，如果不加以梳理，随着阅读的深入，读者不理解的概念和术语将越来越多，从而产生挫败感。为了克服这一问题，我们把它变成线性的，还没讲到的内容一概不提，没讲过的概念一概不用；讲过了，有印象了，掌握了，再用来解释新的知识。

其次，对于一本 C 语言的图书或者教材来说，最怕的是陷于细节而无法自拔，这往往会使读者成为语法机器而不能领略 C 语言的全貌，不知道 C 语言到底有什么实际的用处，更不知道哪些知识才是最重要的。

因此，在内容的组织上，这本书的宗旨是先观其大略，而不是一上来就究其细节。如果只是陈列各种语法元素及其细节，我们可能需要写几百上千页，各种示例和习题堆砌其中。学生学完了，习题也做完了，还是莫名其妙，不知道 C 语言到底在整个计算机体系结构中处于什么位置，它和操作系统的关系是什么，也不知道为什么别人的程序可以播放音乐、处理图片、过滤网络数据包，而自己的程序只能打印哪些学生的成绩高于 60 分。

第三，考虑到类型系统的重要性，从本书一开始就逐渐强化类型的知识和基于类型的语法分析。这是掌握 C 语言的关键，不可等闲视之。

第四，多数教材和图书都从一个令初学者抓狂的语句

```
printf ("hello world");
```

开始，其理由是初学者可以马上看到"成果"，增加他们的学习兴趣。然而，除非是面向有编程经验的读者，否则这样做可能弊多利少。一方面，printf 只是一个普通的输入输出函数，而且并不是 C 语言的组成部分，但初学者可能会先入为主地认为它就是 C 语言里的大梁；另一方面，这个函数并不是它表面上看起来的那样简单，实际上涉及多个知识点和概念，而且无法在一本书的开始部分完全展开。对于初学者来说，从一开始就将他们引入一个迷局可能并不值得。

考虑到这些，本书一反常态，将输入输出留到第 6 章单独讲述。在此之前，我们用调试软件来跟踪程序的执行过程并观察执行结果。事实上，程序调试是非常重要的技能，所以本书这样安排应该是科学的。

第五，本书有一章是专门介绍 Windows 编程的，虽然如走马观花一样简单，也会令某些读者质疑，毕竟 C 语言无关具体的硬件和操作系统平台。之所以这样安排，主要的目的是让读者领略 C 语言是如何在具体的平台上发挥作用的，以及库在这个过程中所起到的作用和扮演的角色，并从一个侧面解答 C 语言到底有什么用的问题。尽管 C 语言不依赖于平台，但用 C 语言写出来的程序却需要在具体的平台上执行。

第六，本书引入了很多概念和术语，但在正文中夹杂这些术语的英文拼写可能会对部分读者造成阅读障碍。考虑到这一点，我们在每一章的前面用思维导图单独列出，这样做的另一个好处是可以让读者清楚地知道本章中都讲了哪些内容。

第七，这本书开篇没有讲 C 语言的由来、历史、优点和应用领域，通常来说，这是一本 C 语言教材的格式化组成部分。但考虑到别的书都已经讲了，网络上也到处都有，所以我就没必要再啰唆了，请大家不要见怪。

最后，这不是一本类似于辞典或者语法参考手册之类的书，内容的组织具有渐进和逐步展开的特点，应该从第 1 章开始顺序阅读。在内容的组织上，本书前半部分以如何实现输入输出为主线：第 1 章引入 C 语言编程的基本概念和要素；第 2 章讲解程序的调试；第 3 章快速介绍 C 语言里的大部分表达式和语句类型；第 4 和第 5 章介绍指针和数组，为输入输出做最后的铺垫；第 6 章完整介绍输入输出。在积累了相当的知识和经验后，本书后半部分以如何实现汉字的处理（第 7 章）、如何编写 Windows 程序以及编写一个复杂计算器为主线（第 8、9、10、11 章），继续讲解 C 语言的语法。为方便起见，第 12 章详细介

绍了 C 语言里的每一种表达式。

在学习这门编程语言之前，必须先了解计算机的工作原理，有使用计算机的经验。对于大学新生来说，我并不担心这一点，学校自有他们的教学计划和进度安排；对于自学这门编程语言的人来说，这是需要注意的。

纸质书的内容承载力有限，为了帮助大家更好地使用本书和理解书中的内容，我会准备一些辅助的学习资料，比如导读和习题解析之类的文档，它们都存放在我的个人网站上，网站的地址就在下面。当然，如果你有什么意见和建议，也可以在网站上留言，或者通过下面的电子邮件地址与我联系。

在即将出版之前，编辑同学希望我能在前言里提一提我以前写过的书。说白了，就是要做做广告。我当时就大义凛然地一口回绝："此事决不可为！谦虚谨慎乃做人之根本，休想让朕把写过《穿越计算机的迷雾（第 2 版）》和《x86 汇编语言：从实模式到保护模式》这两本书的事说出来！"

王晓波和李双圆参与了本书的写作，我们在此共同祝愿读者们阅读愉快，早日通过本书掌握 C 语言的精髓。

李　忠

2019 年 1 月 6 日于长春

网站：http://www.lizhongc.com/

电邮：leechung@126.com

目 录

第1章 从1加到100 ··· 1
  1.1 如何从1加到100 ··· 3
    1.1.1 标准整数类型 ··· 8
  1.2 相加过程的实现 ··· 10
    1.2.1 左值和左值转换 ··· 14
    1.2.2 表达式的值 ··· 15
    1.2.3 运算符的优先级 ··· 17
    1.2.4 运算符的结合性 ··· 18
  1.3 源文件 ··· 21
    1.3.1 函数 ··· 21
    1.3.2 return 语句 ·· 23
    1.3.3 main 函数 ·· 23

第2章 程序的翻译、执行和调试 ··· 25
  2.1 C 实现 ·· 27
  2.2 程序的翻译和执行 ··· 29
  2.3 程序的调试 ··· 30
  2.4 集成开发环境 ··· 35
  2.5 执行环境 ··· 37
  2.6 从1加到N ·· 40
    2.6.1 注释 ··· 41
    2.6.2 函数调用和函数调用运算符 ····································· 41
    2.6.3 函数原型 ··· 42

第3章 更多的相加方法 ··· 46
  3.1 变量的初始化 ··· 48
  3.2 认识复合赋值 ··· 49
  3.3 认识递增运算符 ··· 50
  3.4 初识复杂的表达式 ··· 51
  3.5 认识关系运算符 ··· 52
  3.6 求值 ··· 53
  3.7 认识逗号表达式 ··· 56
    3.7.1 全表达式和序列点 ··· 57
  3.8 认识表达式语句 ··· 59
  3.9 认识递减和逻辑求反运算符 ··· 60

3.10 参数值的有效性检查 ································· 62
　3.10.1 认识 if 语句 ································· 63
　3.10.2 认识逻辑或运算符 ························· 65
　3.10.3 未定义的行为 ································· 66
　3.10.4 摇摆的 else 子句 ··························· 68
　3.10.5 认识逻辑与运算符 ························· 69
3.11 认识标号语句和 goto 语句 ······················· 71

第 4 章 指针不是指南针 ·································· 74
4.1 认识一元&和一元*运算符 ························· 76
4.2 什么是指针 ··· 79
4.3 指针类型的变量 ·· 80
4.4 指向函数的指针 ·· 83
　4.4.1 函数指示符—指针转换 ······················ 84
4.5 返回指针的函数 ·· 87
4.6 掌握 C 语言需要建立类型的观念 ················ 89
　4.6.1 整型常量 ··· 90
　4.6.2 整数—整数转换 ······························· 92
　4.6.3 表达式的类型 ·································· 93
　4.6.4 认识整型转换阶和整型提升 ·············· 96
　4.6.5 指针—整数转换 ····························· 100
　4.6.6 指针—指针转换 ····························· 102
4.7 指向指针（类型）的指针 ·························· 106

第 5 章 准备显示累加结果 ······························ 108
5.1 什么是数组 ··· 110
　5.1.1 数组变量的声明 ······························ 111
　5.1.2 数组变量的初始化 ·························· 112
　5.1.3 认识 sizeof 和乘性运算符 ················ 113
　5.1.4 认识变长数组 ································ 117
5.2 文字和编码 ··· 119
　5.2.1 字符数组 ······································· 121
　5.2.2 字符常量 ······································· 123
　5.2.3 脱转序列 ······································· 124
　5.2.4 字面串和字符串 ······························ 125
5.3 访问数组元素 ·· 128
　5.3.1 数组—指针转换 ······························ 129
　5.3.2 指针运算和 for 语句 ······················· 130
　5.3.3 下标运算符 ···································· 134
　5.3.4 指针的递增和递减 ·························· 135
5.4 指向数组的指针 ··· 140

5.5	元素类型为指针的数组	146
5.6	将数字转换为字符串	150
5.7	元素类型为数组的数组	156

第 6 章　输入和输出 ... 161

6.1	输入输出那点事	163
6.2	系统调用	165
6.3	编译和链接	170
6.4	库	173
6.5	头文件、预处理和翻译单元	175
6.6	UNIX 和类 UNIX 函数库	180
	6.6.1　限定的类型	181
	6.6.2　变参函数	184
	6.6.3　认识逐位或、逐位与和逐位异或运算符	192
	6.6.4　指向 void 的指针	194
	6.6.5　结构类型	198
6.7	Windows 动态链接库	207
	6.7.1　认识成员选择运算符"."	211
	6.7.2　复合字面值	213
	6.7.3　控制台 I/O 和音频播放	216
	6.7.4　函数 main 的定义	221
6.8	C 标准库	224
	6.8.1　流	224
	6.8.2　restrict 限定的类型	226
	6.8.3　C 标准库的实现	228
	6.8.4　标准输入和标准输出	230
	6.8.5　标准 I/O 的缓冲区	233
	6.8.6　直接的输入输出	238
	6.8.7　格式化输出	240
	6.8.8　格式化输入	252
	6.8.9　格式化输入输出的实例	259

第 7 章　字符集和字符编码 ... 273

7.1	字符集和字符编码的演变	275
	7.1.1　GB2312 字符集	275
	7.1.2　GBK 和 GB18030 字符集	276
	7.1.3　UNICODE 字符集和编码方案	277
7.2	多字节字符和宽字符	281
	7.2.1　源字符集和执行字符集	281
	7.2.2　多字节字符、宽字符和字节序	286
7.3	C 语言的国际化	295

	7.3.1 条件包含	300
第 8 章	**欢迎来到类型之家**	**308**
8.1	扩展整数类型	310
8.2	布尔类型 _Bool	311
8.3	枚举类型	312
8.4	认识 switch 语句	314
8.5	联合类型	318
8.6	复数类型	322
8.7	限定的类型	323
8.8	类型的兼容性	324
8.9	类型转换	327
	8.9.1 实浮点—整数转换	328
	8.9.2 实浮点—实浮点转换	328
	8.9.3 复数—复数转换	328
	8.9.4 实数—复数转换	329
	8.9.5 常规算术转换	329
第 9 章	**作用域、链接、线程和存储期**	**333**
9.1	标识符的作用域	335
	9.1.1 函数作用域	335
	9.1.2 文件作用域	336
	9.1.3 块作用域	337
	9.1.4 函数原型作用域	338
	9.1.5 作用域的重叠	339
	9.1.6 名字空间	341
9.2	标识符的链接	343
9.3	进程和线程	347
	9.3.1 创建 POSIX 线程	350
	9.3.2 线程同步	359
	9.3.3 执行时间的测量	366
9.4	变量的存储期	367
	9.4.1 线程存储期	370
	9.4.2 静态存储期	373
	9.4.3 自动存储期	377
	9.4.4 指派存储期	378
第 10 章	**Windows 编程基础**	**379**
10.1	如何编写 Windows 程序	381
	10.1.1 注册窗口类	385
	10.1.2 创建窗口	387
	10.1.3 进入消息循环	389

10.2 窗口过程 390
10.2.1 函数调用约定 391
10.2.2 消息处理 393
10.2.3 回调函数 393
10.3 数据链表 398
10.3.1 作用域的起始点 398
10.3.2 创建包含字体信息的链表 399
10.4 创建和应用所选的字体 401
10.5 关闭窗口并退出程序 404

第 11 章 递归调用、计算器和树 408
11.1 递归的原理 410
11.2 复杂计算器 414
11.2.1 程序的翻译过程 415
11.2.2 算式的语法 421
11.2.3 词法分析 425
11.2.4 函数指定符 _Noreturn 429
11.2.5 语法分析 431
11.3 树和二叉树 437
11.4 计算器的二叉树版本 442
11.4.1 非本地跳转（setjmp/longjmp） 449

第 12 章 运算符和表达式 453
12.1 全表达式 454
12.2 左值转换 454
12.3 基本表达式 454
12.3.1 泛型选择 455
12.4 后缀表达式 457
12.4.1 复合字面值 458
12.4.2 数组下标 459
12.4.3 函数调用 460
12.4.4 成员选择 465
12.4.5 后缀递增 466
12.4.6 后缀递减 467
12.5 一元表达式 467
12.5.1 前缀递增 468
12.5.2 前缀递减 468
12.5.3 地址 469
12.5.4 间接 470
12.5.5 正号 470
12.5.6 负号 470

	12.5.7	逐位取反	471
	12.5.8	逻辑非	472
	12.5.9	尺寸	472
	12.5.10	对齐	475
12.6	转型表达式		476
12.7	乘性表达式		477
	12.7.1	乘法	478
	12.7.2	除法	478
	12.7.3	取余	478
12.8	加性表达式		479
	12.8.1	加法	479
	12.8.2	减法	481
12.9	移位表达式		482
	12.9.1	左移	483
	12.9.2	右移	484
12.10	关系表达式		484
12.11	等性表达式		487
12.12	逐位与表达式		490
12.13	逐位异或表达式		490
12.14	逐位或表达式		491
12.15	逻辑与表达式		491
12.16	逻辑或表达式		492
12.17	条件表达式		492
12.18	赋值表达式		495
	12.18.1	简单赋值	495
	12.18.2	复合赋值	496
12.19	逗号表达式		497

第 1 章

从 1 加到 100

　　今次番①打开这本书，讲的是一门语言，一门给计算机编程用的语言，这就是大名鼎鼎的 C 语言。

　　客观地讲，C 语言很容易掌握，但它也不是一点门槛都没有。如果你之前根本没接触过计算机，不懂得它的工作原理，对存储器、处理器(俗称 CPU)、二进制、十六进制，以及计算机如何存储和处理数字（整数和小数）还不了解，那就该先放下本书去补补课再来。

　　如果你已经学过这些内容，那么我们现在就可以开始了。对于初学者来说，用 C 语言编程就像第一次吃螃蟹，全是硬壳，好吃的肉在哪个地方都不知道，根本无从下手。

　　所以，我们首先需要了解一下 C 程序的大体结构，然后呢，还要知道使用 C 语言编程的过程和步骤。在这个学习过程中，还要了解 C 的编程环境——这当然不是指你在哪个房间里编程，这间房子装修得怎么样，而是指你的 C 语言程序在什么样的电脑环境中编写，以及它最终在什么样的电脑环境中运行。

　　所谓"编程"，重点在于"编"，也就是编写。编写程序要在纸上，或者电脑的文字处理器中进行，比如 Windows 记事本就是最简单的文字处理器。下面我们就来看看，要用 C 语言编写程序，需要在纸上或文字处理器中写些什么。

---

① 这回，今儿个，这次。

2 C语言非常道

从1加到100 思维导图

存储器(storage)
- 存储区(region of storage)
- 引入变量(variable)的概念
  - 值(value)

翻译器(translator)
- 翻译(translate)
  - 将带有英文本意翻译为处理器可以建立并执行的机器指令

声明(declaration)
- 类型指定符(type specifier)
  - 关键字(keyword)
    - int
- 标识符(identifier)
- 引入空白字符(white character)的概念
- 标准整数类型(standard integer type)
  - 标准有符号整数类型
    - signed char, signed short int, signed int, signed long int、signed long long int
  - 标准无符号整数类型
    - unsigned char, unsigned short int, unsigned int, unsigned long int, unsigned long long int和_Bool

语句(statement)
- 表达式语句(expression statement)
- 循环语句(iteration statement)
  - what是循环体(loop body)
  - while语句(while statement)
  - 引入复合语句(composite statement)的概念

表达式(expression)
- 运算符(operator)
  - 引入运算符<=
  - 关系运算符
    - 关系表达式
  - 赋值运算符=
    - 赋值表达式
  - 加性运算符+
    - 加性表达式
  - 运算符的优先级和结合性
- 操作数(operand)
- 子表达式(subexpression)
- 左值(lvalue)
  - 左值转换(value conversion)
- 强调表达式有值
  - 常量(constant)
    - 常量表达式(constant expression)
  - 表达式的值是运算的值或运算结果
- 什么是控制表达式(controlling expression)
- 括住的表达式(parenthesized expression)
  - 基本表达式(primary expression)
- 引入计算(value computation)的概念
- 引入副作用(side effect)的概念

源文件(source file)
- 函数(function)
  - 参数(parameter)
  - 返回值和返回类型(return type)
    - 关键字void意味着无参数
    - 返回类型为void意味着本不返回固定值
  - 函数体(function body)
  - 什么是函数声明(function declaration)
    - 必须有一个main函数
  - return语句(return statement)

1.1 如何从 1 加到 100

计算机语言是用来解决实际问题的，这里有一个很普通的例子：计算从 1 到 100 的整数累加和。现在让我们看一看，如果用 C 语言来编程解决这个数学问题，应该怎么做。

数学家高斯小时候的做法是 101 乘以 50，因为他发现 1+100=101，2+99=101，共有 50 对这样的组合。现在的计算机还缺乏这种自主的思考和分析能力，因此，和高斯的灵机一动不同，我们只能通过编写程序，让计算机老老实实地从 1 加到 100。办法很笨，但是计算机的速度比高斯的大脑和手要快得多得多。

在本书中，存储器特指处理器内部的寄存器、高速缓存或处理器可以直接访问的存储芯片（也就是我们通常所说的内存），除非明确指出，存储器并不包括外部的辅助存储器（比如硬盘和 U 盘）。存储器由字节单元组成，存储器里的一个字节单元，或者多个连续的字节单元合起来形成一个更大的单元，称为存储区。

如图 1-1 所示，内存储器由字节单元组成，所有字节单元都按顺序编号，每个字节单元的编号就是它的地址。图中的地址是用十六进制表示的，第一个字节单元的编号是 0；第二个字节单元的编号是 1，其他以此类推。显然，图中的这个内存储器很大，其最后一个字节单元的地址是 FFFFFFFF。

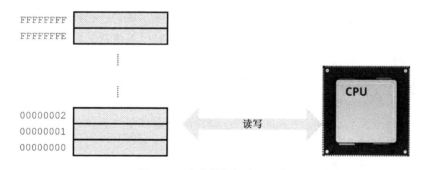

图 1-1　内存的组织和处理器

处理器通过地址线和数据线同内存储器相连，如果是按字节访问，则每个地址对应一个字节单元；如果是按长度不同的字来访问，则一个地址将对应 2 个、4 个或 8 个连续的字节单元。内存储器里存放了数据和机器指令，处理器可以从内存储器里取得指令加以执行，也可以读取内存储器里的数据，或者把数据写入内存储器。

我们知道，处理器可以读写存储区，可以用存储区里的内容进行算术或逻辑操作，可以自动执行程序指令，这都是处理器可以完成的基本动作。因为处理器只会做有限的基本动作，因此，所谓的编程就是组合这些基本的动作，以解决复杂的问题。

比如说，处理器可以从存储区读取数字，也可以把数字写入存储区，还可以做加法和减法，所以，我们可以把这 100 个数字放到存储区里，第 1 个存储区放数字 1，第 2 个存储区放数字 2……第 100 个存储区放数字 100。然后，编写程序，让处理器自动地按顺序读这些存储区，并把存储区里的数字累加起来。

老实说，这样做没问题，但是很愚蠢，既体现不出计算机的价值，也给编程这门职业抹黑。所以得有巧妙的办法，既节省人力，也能让计算机自动进行操作。最终，我们认为可以让计算机自动按以下步骤来解决问题：

1. 在存储器里找两个空闲的存储区，第一个存放数值 1，第二个存放数值 0；
2. 将两个存储区里的数值相加，结果放回第二个存储区；
3. 将第一个存储区的数值取出，加 1 后再存回；
4. 如果第一个存储区的数值小于等于 100 则转到步骤 2；否则停止。

注意，上述过程不需要人工干预即能自动执行，当它最终停止后，第二个存储区里的内容就是从 1 加到 100 的结果。现在的问题是，如何写一个程序来命令计算机自动重复地做上述工作呢？嗯，这就要依靠程序设计了，也就是写程序，或者叫编程。

我们是说人话的，而计算机只能依靠电信号组成的机器指令工作。早先的时候，只有理解机器指令的程序员才能做编程工作，此时的编程是人类用机器的语言说话。

机器语言是 0 和 1 的组合，处理器执行起来干脆利落，快如闪电——不，比闪电还要快无数倍，但对人类来说非常抽象难懂，外行很难快速入门，就算是内行用起来也是烦琐得要命。在这种情况下，最自然的想法就是创造高级一点的编程语言。高级语言的终极目标是让编程像我们平时写文章一样，用自然语言进行，但目前来说还远无法实现，所以我们只能退而求其次，发明一些不那么"高级"的高级语言，这些高级语言比机器语言好懂多了。

用高级语言写的程序只是一些文本，我们能看懂，但计算机看不懂，处理器无法执行，因为那些东西并不是处理器可以识别的机器指令。所以，我们还必须用一个特殊的软件程序，称为翻译器，来将我们写的程序文本翻译成处理器可以执行的机器指令。翻译器也是人类写出来的程序，可以想象，第一个翻译器是用机器语言编写的。

翻译器不是人的大脑，它无法理解人类的自然语言。你可以将翻译器看成学校里用来自动识别答题卡的阅读机，它只能识别具有固定格式的内容。因此，在现阶段用高级语言编程就像在书写一篇具有固定格式的文章。每种高级语言都具有自己的格式，这种格式被称为那种高级语言的语法。现在，你应该明白 C 语言就是高级语言的一种，学习 C 语言，说白了就是为了掌握 C 语言的语法。

写程序和程序的执行既有关系，又很不同。程序在实际执行时，处理器执行这些机器指令，计算机按照程序的指示做各种动作。但是，程序在编写的时候，这一切都还没有发生，还仅仅是在描述那个执行过程。

就拿分配存储区这件事来说，这需要你亲自做出明确的指示。电脑虽然可以做很多事，但它不是你肚子里的蛔虫，你不跟它说，它是不知道你想要什么的。所以，你的 C 语言程序不但要指明整个累加过程如何进行，还得明确地告诉电脑在存储器里分配两个存储区。

在 C 语言里，要求分配存储区的事情通常是靠声明来完成的。"声明"的意思就是"告诉""宣布"或"通知"，它用来指明某个东西是什么。例如：

    int obj;

高级语言的特点是屏蔽了底层的细节，使你不需要关心这两个存储区在存储器中的具体位置，况且它们被安排到哪里，只有程序运行的时候才能确定下来。但为了能够访问得到它们，还是得有个凭据，就像人的名字。在 C 语言里，使用一个符号来代表、表示，或者说指示那个存储区，这里的 obj 就是一个存储区的名字，或者说它代表着一个存储区。

使用符号当然可以摆脱烦人的存储器位置，但是仅有符号还不够。首先，存储器是按字节划分的，字节是存储器的最小可寻址单位。但是，一个字节能表示的数的大小有限，存储一个数可能需要好几个连续的字节才行。所以问题来了，你这个符号是代表着一个字节的存储区呢，还是几个连续的字节？

除了存储区的大小，还有一个内容的解释问题。当你使用这个符号来访问它对应的存储区时，如何解释它里面的内容呢？

如图 1-2 所示，这是一个字节的存储区。字节的长度缺乏标准定义，但绝大多数计算机系统都支持将它定义为 8 个比特，所以我们的这个存储区也是由 8 个比特组成的。

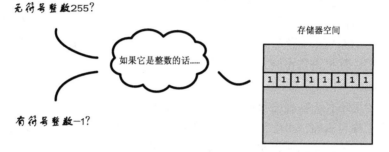

图 1-2 存储区的内容可以有多种解释

由图中可知，这个存储区的内容为二进制序列 "11111111"。但是，它的含义是什么呢？是个小数？整数？还是其他什么东西？

如果它是一个整数，那么，它可能是一个无符号整数，也可能是一个有符号整数。有关这一点，相信大家在学习 C 语言这门课之前都已经有所了解。

如果是一个无符号整数，那么，这 8 个比特全都用于表示数值，所以这个二进制序列所对应的十进制数字为 255。

如果是一个有符号整数，那么，在这 8 个比特中，有 1 个用来表示正负，另外 7 个比特才用来表示数值。假定这里采用的是对 2 的补码来表示负数，则这个二进制序列所对应的十进制数字为-1。

以上说的，是我们在读一个存储区时必须考虑的问题；当我们往一个符号所指示的存储区里写数字时，由于无符号数和有符号数的表示方法不同，所以也同样有这样的问题。

显然，为了分配一个存储区，仅仅声明一个符号是不够的。为此，C 语言要求程序员在声明一个符号时，必须指定它的类型。类型决定了该符号所指示的存储区只能用来读写哪些种类的数据，实际上也就决定了数据以什么样的比特序列存在。

除此之外，C 语言的类型还用来决定存储区的大小。数是无限的，无论存储区有多大，占多少个字节，有些数它依然表示不了，容纳不下；另一方面，如果处理的数都很小，而你又分配了一个特别大的存储区，显然是很浪费的。特别是在计算机发展的早期，存储器的容量很小，在存储空间的利用上用"锱铢必较"来形容毫不过分。

所以，对于上述声明，"int"是类型指定符，用于指定 obj 的类型。在 C 语言里，整数类型有好多种，而 int 是其中之一。该声明的完整意思是"声明一个符号 obj，它的类型是 int"。实际上，符号是没有类型的，而该符号所指示的存储区也没有类型，它只是用来存储电荷、容纳二进制序列的空间。所以，完整的表述应该是"声明一个符号 obj，该符号所指示的存储区用来容纳 int 类型的数据，要用 int 类型来访问（读和写）"。

　　一旦把存储区和类型关联起来，那么，就等于约定以后只用这种类型来写入或者读出这个存储区，而且存储区的大小也就确定了。如果你用另一种截然不同的类型来读取或者写入该存储区，将无法保证结果的正确性，也无法预期程序的行为，因为存储区的长度不同，而且存储区的内容用不同的类型来解释将得到不同的值。

　　每个声明里都会有一些具有固定拼写的部分，在这里是"int"和分号";"。"int"是 C 语言里的关键字，关键字就是那些具有固定拼写的单词，在 C 语言里有特定的含义和用途，其中的一个功能就是充当线索。因为机器不是人，它没有智慧，所以只能依靠关键字来分析你敲入的内容是什么意思。比如在这里，当翻译器看到有一行的开始部分是"int"，它就知道这应当理解为一个声明，并根据声明的语法继续分析该声明的剩余部分。

　　和很多别的计算机语言不同，C 语言是区分大小写的，所以关键字也是大小写敏感的，不能将 int 写成 Int 或者 INT，等等。

　　当然，声明里还有一些程序员可以自主决定的部分，比如这里的"obj"，这在 C 语言里称为标识符。你可以将"obj"改成"i""x"和"object"等，都没问题，但你不能使用和关键字相同的符号，所以也不允许出现这样的声明：

```
int int;
```

　　简直乱套，这像什么话！要知道，关键字是 C 语言语法专属的部分，有固定的意义和用途，不能和标识符冲突。

　　标识符的拼写可以自由决定，但并不是完全没有限制，而且它也是区分大小写的。比较常规的拼写是使用下画线、26 个英文小写字母、26 个英文大写字母，以及 0 到 9 这十个数字字符，但是不能以数字字符打头。所以，_Myid、store、no001、id_ab 是合法标识符的例子，而 21century、pg dn、go-to、~num 和 cc*^w 都是非法标识符的例子（分别是因为以数字字符打头、中间有空格、使用了"-""~""*"和"^"这些不允许的字符）。

　　标识符的最大长度原则上没有限制，唯一的限制来自你所使用的翻译软件，这是一套软件包，用来将你编写的源程序翻译成可执行程序。世界上存在着多种不同的翻译软件，由不同的人和机构编写，他们在标识符长度的问题上并不统一，你认为 31 个字符足够，我认为起码得 128 个。翻译软件在发行时会提供帮助文档，告诉你如何使用该软件，而且在文档中会给出所允许的标识符长度。如果你无法获取这些信息，那么就请记住，将标识符的长度控制在不超过 31 个字符的范围内一定是安全的，这个长度是 C 语言对翻译软件的最低要求。

　　到目前为止，我们一直在使用"存储区"这个词，但是用起来不方便。程序在运行时总是要读写数据的——可能是一个非常小的整数，也可能是一个人的完整履历资料。不管它是什么，是一个数字，还是一整块数据，都要在存储器中分配空间来读取和写入。我们先前称之为存储区，但更经常的叫法是"变量"。

要将 C 源程序翻译为可执行程序，需要一套翻译软件，但翻译软件需要根据 C 语言的语法规则来工作，而程序员也需要知道如何用 C 语言写程序，这就需要一个标准化的文档和依据。C 语言刚刚诞生时，它的作者写了一本书，这本书就是事实上的标准。然后，因为这本书太过于简略，很多细节没说清，于是各个翻译软件只能自由发挥，各搞一套。

在这种情况下，C 语言的标准化工作就提上了日程。1989 年，国际标准化组织推出了第一个 C 语言的国际标准 ISO/IEC 9899:1989，简称 C89；1999 年，又推出第二个 C 语言的国际标准 ISO/IEC 9899:1999，简称 C99；最新的一版是 2011 年推出的 C 语言标准 ISO/IEC 9899：2011，简称 C11。之所以标准一直在更新，是因为很多组织和厂商希望加入新的语言特性。另外，旧标准里有一些不完善的地方也需要加以补充和修改。

在 C 标准文档的正文里，不使用"变量"一词，而代之以"对象"。当然了，这不是谈恋爱时所找的对象，也不是有些面向对象的编程语言（例如 C++和 JAVA）里的对象，不要混为一谈。标准文档之所以避免使用"变量"一词，是因为它是一个已经被滥用，但还缺乏标准定义的词。绝大多数教材根本不加解释就用，有的则解释得非常笼统。

在本书中，我们约定，"变量"的含义和 C 标准文档里的"对象"是等同的，都是指一个存储区，可用来保存值。"值"是计算机操作和加工的对象，是存储在计算机中的、用特定类型来解释的、精度意义上的内容。

一旦我们按照上面的方法声明了符号 obj，这个符号就与它所对应的变量之间建立了关联，如图 1-3 所示。变量只有在程序真正运行时才会分配，但现在还只是在编程阶段，但我们完全可以纸上谈兵，在编写程序时就假定已经有了这个变量，并对它进行并非真实的读写操作，就像它们已经存在一样，这很方便，不是吗？

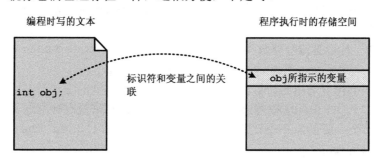

图 1-3　标识符和变量之间的对应关系

不过，obj 毕竟不同于它所指示的变量，它仅仅是符号，而变量是在程序运行时才会确定下来的存储区。所以，严格地说，我们只是在编写程序时用一个符号来指示或者表示一个尚不存在的变量，即"obj 所指示的变量"或者"obj 所代表的变量"。有时候，为了方便起见，会直接说"变量 obj"，但你要明白实际上是怎么一回事。

C 语言对程序的格式并不在意，只要各语法成分能够互相区分开来就行。例如，类型指定符 int 和标识符 obj 一定要用空白字符分开，但标识符 obj 和后面的分号"；"可以连写，因为标识符不能由分号组成，所以能够被识别为不同的东西，但是用空白字符分开也没问题。空白字符包括空格、换行符、制表符（对应于键盘上的 TAB 键），等等。所以你可以这样重写前面的声明：

```
int
obj
;
```

在这里，分隔字符是换行符。为了告诉翻译器，一个声明已经结束，后面的内容不再是当前声明的一部分，这里需要一个结尾标志。对，就是分号";"。另外，要注意类型指定符 int 和标识符 obj 的相对位置，int 应该在前面。

1.1.1 标准整数类型

回到开头，继续讨论如何计算从 1 加到 100。因为我们需要两个变量，一个存放初始数值"1"，另一个存放每次累加的结果，所以需要声明两个符号（标识符）。假定这两个符号分别是 n 和 sum，则它们可以这样声明：

```
int n;
int sum;
```

问题是，尽管我们已经知道关键字"int"是 C 语言的类型指定符，代表的是一种整数类型，但它的数字表示范围是多少呢？这种类型的变量能容纳从 1 加到 100 的结果吗？

在 C 语言里内置了多种整数类型，它们有固定的名称，也明确地定义了最小的、可以保证的取值范围，称为标准整数类型。

我们已经知道，在计算机内部，整数的存储和运算有两套方法，一种是不考虑它们的符号，数字在存储时没有符号信息，所有比特都用来表示数字的大小；另一种则是将数字区分为正负，数字在存储时带有符号信息，要用 1 个比特来表示符号，其他剩余的比特才真正用于表示数字的大小。因为这个原因，标准整数类型又分为标准有符号整数类型和标准无符号整数类型。

在 C 语言里，标准有符号整数类型包括 signed char、signed short int、signed int、signed long int 和 signed long long int。

在所有 C 语言可以适用的计算机上，signed char 类型的变量要占用 1 个字节的存储空间。尽管"字节"的叫法很普遍，但它的比特长度却从来没有标准定义。对于 C 语言来说，一个字节至少要包含 8 个比特，不能再少了。所以，signed char 类型可以表示的数据范围起码是-127[②] ~ +127，或者说是-(2^7-1) ~ +(2^7-1)。

之所以是 2 的 7 次方而不是 8 次方，是因为不包括符号位。另外，这里给出的只是最小范围，在有些机器上，1 个字节被定义为具有 9 个或者更多的比特（这样的计算机可能很少，但不是没有），在这种机器上，signed char 类型可表示的数据范围会比-127 更小，比+127 更大。

顾名思义，signed short int 经常被叫作"短整型"，这个类型的名字也可以简单地写成 signed short、short int 或者直接写成 short，该类型可以表示的数据范围起码是-32767 ~ +32767，也即-(2^{15}-1)~+(2^{15}-1)。当然，这只是最低限度，取决于

---

② 有些基础的同学可能会问，为什么不是-128 呢？事实上，C 语言并未强制规定负数的表示方法，但现存的 3 种方案（对 2 的补码、对 1 的补码和符号带大小）在 8 位所能表示的负数范围上并不重合，只有对 2 的补码才有-128 而其它两种只能表示到-127。在这种情况下，它就只能采取一个最小的、所有方案都能接受的数值-127。

你的计算机，short 类型可表示的数据范围可以比-32767 更小，比+32767 更大。

signed int 可简单地写作 int，或者直接写成 signed，该类型可表示的数据范围起码是-32767 ~ +32767，也即-(2^{15}-1) ~ +(2^{15}-1)。当然，这只是最低限度，取决于你的计算机，int 类型可表示的数据范围可以比-32767 更小，比+32767 更大。

signed long int 可简写为 signed long、long int 或者 long，它可以表示的数据范围起码得是-2147483647 ~ +2147483647，也即-(2^{31}-1) ~ +(2^{31}-1)。当然，这只是最低限度，取决于你的计算机，long 类型可表示的数据范围可以比-2147483647 更小，比+2147483647 更大。

signed long long int 可简写为 signed long long、long long int 或者直接写成 long long，它可以表示的数据范围起码得是-9223372036854775807 ~ +9223372036854775807，也即-(2^{63}-1) ~ +(2^{63}-1)。当然，这只是最低限度，取决于你的计算机，long long 类型可表示的数据范围可以比-9223372036854775807 更小，比+9223372036854775807 更大。

你一定会问，为什么这些整数类型可以表示的数值范围不能固定下来，而仅仅是保证一个最基本的取值范围？这是因为不同的计算机系统具有不同的字长，C 语言的发明者希望整数类型可以弹性地适应具体的计算机系统。比如说 int 类型，如果你还在用老旧的 16 位计算机，你只能用它来表示-32767 ~ +32767 之间的数值；如果你用的是 32 位计算机，它所表示的数据范围可扩大到-2147483647 ~ +2147483647 之间。在没有引入能表示更大整数的类型之前，这样做的好处是显而易见的。

如果仅仅是在同一种类型的计算机上编写、翻译和运行你的 C 语言程序，你完全可以无视标准的限制，自由使用计算机硬件和翻译器支持的取值范围。但是，你要想让自己的程序能够跑在不同的机器上，就必须遵守这个最低限制，必要时可以使用表示范围更大的其他整数类型。

既然有标准有符号整数类型，那自然也有标准无符号整数类型。在 C 语言里，标准无符号整数类型包括 unsigned char、unsigned short int、unsigned int、unsigned long int 和 unsigned long long int，它们与相对应的有符号整数类型相比，占用的存储空间相同。所有无符号整数类型可表示的最小值是 0，最大值因具体类型而异。

unsigned char 类型可表示的最大值起码是 255 (2^8-1)。取决于字节的长度，可以比这个值更大。

unsigned short int 可简写为 unsigned short，该类型可表示的最大值起码是 65535 (2^{16}-1)。实际的取值范围可以比它更大，但不能再小。

unsigned int 可简写为 unsigned，该类型的最大值起码是 65535 (2^{16}-1)，实际的取值范围可以比 65535 更大，但不能再小。

unsigned long int 可简写为 unsigned long，该类型的最大值起码是 4294967295 (2^{32}-1)。实际的取值范围可以比它更大，但不能再小。

unsigned long long int 可简写为 unsigned long long，该类型的最大值起码是 18446744073709551615 (2^{64}-1)。实际的取值范围可以比它更大，但不能再小。

标准无符号整数类型里还有一个_Bool，它是最近才引入的，以前没有，而且没有对应的有符号类型。它只能用来表示两个数字：0 和 1。

我们已经知道从 1 加到 100 的结果是 5050，这个数值，除了 _Bool、signed char 和 unsigned char，其他标准整数类型都足以表示。但是，为了讲解的连贯性，我们使用取值范围最宽的 unsigned long long int 类型来声明前面的 n 和 sum：

```
unsigned long long int n;
unsigned long long int sum;
```

这样声明当然没有任何问题，但有点啰唆，毕竟 C 语言允许我们一次性声明多个符号，就像这样：

```
unsigned long long int n, sum;
```

很明显地，如果要一次性声明多个标识符，类型指定符出现一次即可，但各个标识符之间必须用逗号","分开。

练习 1.1

1. C 语言的标准整数类型包括哪两大类？这两大类又各自包括哪些具体的类型？
2. 以下 C 语言的声明中，正确的是（　　）
   A. char c;　　B. signed char c　　C. c:char;　　D. c char;
3. 当我们说"变量 m"的时候，实际上说的是"标识符 m 所指示的变量"，对吗？若变量 m 的类型是 signed long int，请写出它的声明。
4. 在 C 语言中，"int"属于（　　）
   A. 类型指定符　　　　　　　　　B. 关键字
   C. 所有声明的一部分　　　　　　D. 整数类型
5. 在以下声明中，类型指定符是（　　）；标识符是（　　）；关键字是（　　）；（　　）指示变量。

   ```
   int speed, width, height;
   ```
6. C 语言中所指的变量可以位于（　　）
   A. 内存　　　B. 寄存器　　　C. 硬盘　　　D. U 盘
7. 变量是计算机存储器中的（　　）
   A. 存储区　　B. 数据　　　C. 电信号　　D. 字节

1.2 相加过程的实现

以上，我们已经声明了两个标识符 n 和 sum，它们各自指示或者说代表一个变量，但这两个变量只有在程序运行时才会从存储器里分配。

因为我们是要从 1 加到 100，所以，变量 n 的初始存储值应当为 1（以后在此基础上递增即可），而变量 sum 的初始存储值应当为 0。既然我们是在纸上谈兵，那么，尽管我们还是在写程序，变量还没有分配，也可以在程序中表达这样的意图：在程序运行的时候修改变量 n 和 sum 的存储值，让它们分别为 1 和 0。

这当然是可以的，在 C 语言里，这种事情需要用语句来完成。在生活中，语句是一个能够表达完整意思的句子；C 语言借用了这个术语，用来描述程序在实际执行时应当完成的动作。例如，往变量里存储一个数值，这就是一个动作。为了向变量 n 写数值 1，往变量 sum 写数值 0，可以使用下面两条语句：

```
n = 1;
sum = 0;
```

注意，你数学学得再好，也不可以把它们理解为"n 等于 1"和"sum 等于 0"，因为这并不是在解方程，而 n 和 sum 也不是未知数。

实际上，如图 1-4 所示，第一条语句的意思是"在程序实际运行时，往变量 n 里写入数值 1"；第二条语句的意思是"在程序实际运行时，往变量 sum 里写入数值 0"。

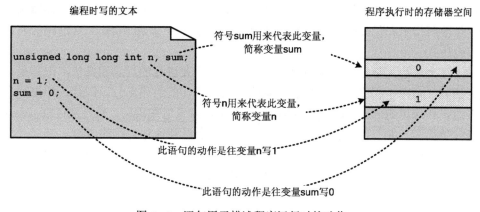

图 1-4　语句用于描述程序运行时的动作

注意，这两条语句仅仅是在用文本来"表达"一个动作，只有当程序真正在电脑中运行时，这个动作才可能实实在在地执行。用文本描述程序在运行时将要实际执行的动作，这就是编程的本质。

问题在于，语句是如何构建的呢？符号"="是什么意思？而"n = 1"又是什么意思呢？为什么它的后面要加个";"呢？

在 C 语言里，语句用于指示一个在程序执行时应当完成的动作——可以是算术或者逻辑计算动作，也可以是改变程序执行流程的动作，比如有选择地执行程序的某一部分，或者重复执行程序的某一部分。完成不同的动作需要使用不同的语句，就像写文章时要用到陈述句、疑问句和感叹句一样。

生活中，文章里的语句虽然是一个整体，但它是由字、词组成的。在 C 语言里，语句也是一个粗粒度的语法单位，也是由不同的成分组成的。如果语句指示的是算术或者逻辑计算动作，那么，它应当由表达式和一个分号";"组成，称为表达式语句，表达式决定了执行的是什么样的算术和逻辑计算。

典型地，上面那两条语句就是表达式语句，如果去掉这两条语句末尾的分号";"，剩下的部分，也就是"n = 1"和"sum = 0"，就是表达式。

表达式是C语言的重要语法成分，用来表达不同的计算意图，是由运算符及其操作数组成的序列，例如1 + 2。在表达式里，运算符指明了要进行何种运算和操作，而操作数则是运算符操作的对象。

因此，对于1 + 2这个例子，"+"是运算符，而1和2是操作数，这个表达式所表达的意图是把1和2加起来，得到3这个结果。

回到表达式n = 1和sum = 0，这里的"="也是运算符，而n、1、sum和0都是操作数。不要以为0和1这类的数字才是操作数，这样理解太片面了。操作数可以是数字，但也可以是指示某个实体的符号，比如代表变量的标识符。

运算符"="不是数学课里的"等于"，它的真实意思是保存、存储或者"赋予"，这在编程语言里叫作赋值，所以该运算符称为赋值运算符。实际上，应该把它换成"<-"才更形象更直观，但是没办法，C语言的发明者选择了"="，我们只能接受这个现实。

运算符"="需要一左一右两个操作数，而且左操作数必须代表一个变量，右操作数必须计算出一个数值。该运算符所指定的操作是将右边那个操作数的值赋给（存储到）左边那个操作数所指示和代表的变量。正是因为这个，像n = 1和sum = 0这样的表达式称为赋值表达式。

尽管每个表达式都已经清楚地"表达"了自己所要进行的运算和操作，但是很遗憾，它们无法独立存在于程序中，而只能是某些声明和语句的组成部分。因此，如果一个语句是由表达式和末尾的分号";"组成的，则此语句称为表达式语句。但是反过来，C语言里的语句种类很多，并不都是表达式语句，很快你就会看到各种各样的语句。

大的、复杂的表达式都是由小的、简单的表达式组成的，组成大表达式的小表达式称为子表达式。比如表达式n = 1里的n和1既是运算符=的操作数，又是子表达式；再比如表达式sum = 0里的sum和0既是运算符=的操作数，也是子表达式。显然，很多表达式并不包含运算符。尽管我们说表达式是运算符和操作数组成的序列，但是如果一个表达式里没有运算符也不是什么大不了的事。

说了这么多，不能再说了，再说你就记不住了，甚至会糊涂。为了不让你糊涂，我们帮你理一理，总结一下刚才都讲了什么：

- ✓ 在C语言里，语句用于指定程序运行时应当执行的动作；
- ✓ 有多种类型的语句，表达式语句是其中的一类；
- ✓ 表达式语句由表达式和末尾的分号";"组成；
- ✓ 表达式是由子表达式通过运算符连接而成，它们被视为运算符的操作数；
- ✓ 有各种不同类型的表达式，赋值表达式是其中的一类。

不管你是在纸上写程序，还是在文字处理器中写程序，现在，我们的程序清单中已经有了以下这些内容：

```
unsigned long long int n, sum;
n = 1;
sum = 0;
```

这段代码声明了标识符n和sum并分别用两条语句给运算符=的左操作数n和sum赋

值，它们用来指定当程序实际运行时应当完成的任务和动作：在内存储器里分配变量 n 和 sum，然后把数值 1 存储到变量 n；把数值 0 存储到变量 sum。

既然已经完成了声明和赋值的编码工作，接下来的编程任务就是描述从 1 加到 100 的过程了。怎么加呢？该不会是写 100 行语句，结结实实地从 1 加到 100 吧？如果是这样的话，我们何必大费周章地写程序来做这件事。

既然是编写程序来做这件事，那肯定得有既省事，效率又高的方法，C 语言必定要准备这样的方法供我们使用。

说得不错，我们知道，语句用于指定程序运行时应当执行的动作，如果是一个表达式语句，那么，它所指定的动作实际上是表达式所描述的算术或者逻辑运算。但是我们已经讲过，语句的动作未必都是表达式所描述的操作，有些动作是表达式"表达"不了的，比如改变程序的执行流程，这些并不是算术或者逻辑运算。举个例子来说，在我们现有的程序里，是先执行语句

```
n = 1;
```

再执行语句

```
sum = 0;
```

而且不会掉转头去重复执行。如果想要改变程序的执行流程，比如重复执行某些语句，这就不是表达式语句所能胜任的了。

好在 C 语言为我们提供了好多种不同类型的语句，比如循环语句，我们可以用循环语句来做这件事。循环语句又可以继续细分为好几种，我们先来介绍 while 语句。如果使用 while 语句，从 1 加到 100 的写法可以是这样的：

```
while (n <= 100)
{
    sum = sum + n;
    n = n + 1;
}
```

看样子 while 语句很复杂呀，但实际上并非如此。while 语句有固定的格式，其语法结构为

  while (*表达式*) *语句*

在 C 语言里，写程序就像造句和填字游戏。在这里，正常字体的部分意味着它是固定不变的成分，例如"while"、"("和")"，它们具有固定的拼写和相对位置；斜体意味着它只是一个用来占位子的名称，又叫占位符，需要用具体的内容来填充和取代，比如这里的"表达式"和"语句"，它们需要用具体的表达式和语句来代替。显然，while 语句在语法组成上是迭代的，它本身是语句，但还要由其他语句组成（甚至可能是另一个 while 语句）。

英语单词"while"的意思是"当……的时候"，所以，C 语言用它来表示当某个条件成立的时候，重复做某些事。而且呢，因为条件会发生变化，所以每次重复做之前，都要重新检查一下。

在这里，所谓的"条件"是指表达式 n <= 100 的运算结果。根据直觉，循环的前提条件是变量 n 的值小于等于 100，因为我们都认识这个小于等于号"<="。说得不错，正是如此。

在这里，"<="是运算符，用于比较两个数值的大小关系，表示"小于等于"，在写这个运算符时，"<"和"="必须连写而不得分开。

每个表达式所定义的运算和操作都应当合乎逻辑。在赋值表达式 n = 1 中，运算符=的左操作数（子表达式）n 代表一个程序运行时的变量，这是合乎逻辑的，因为只有变量才能容纳一个值。如果是 3 = 1，这就不合法了，你不能把一个数值保存到另一个数值中去。

运算符<=需要一左一右两个操作数，问题是，左操作数 n 代表一个变量，而右操作数 100 是一个数值，变量和数值怎么能比较大小呢？不要着急，且听我慢慢道来。

1.2.1 左值和左值转换

表达式在 C 语言里的用途不单单是描述算术或者逻辑运算，实际上具有多种作用，有的用于指示或者说代表一个程序运行时的变量，例如在表达式 n = 1 和 sum = 0 中，表达式 n 和 sum 就各自指示或者说代表一个变量。

原则上，指示一个变量的表达式称为左值。因此，在表达式 n = 1、sum = 0 及 n <= 100 中，子表达式 n 和 sum 都是左值。

既然左值也是表达式，那我们直接用"表达式"好了，为什么还要发明一个新的术语呢？原因很简单，很多运算符需要它的操作数是一个代表变量的表达式，例如运算符=要求它的左操作数必须是一个代表变量的表达式。使用术语"左值"可以使我们的描述变得更简洁，例如，"运算符=的左操作数必须是一个左值"。

因为左值代表程序运行时的一个变量，所以它被视为变量的"定位器"。可想而知，运算符=的左操作数必须是一个左值。有鉴于此，要判断一个表达式是否为左值，可依据它是否能够位于运算符=的左侧，而据说这也是它为什么被称为"左值"的原因。

不过，左值并不一定非得位于赋值运算符的左边，实际上，它可以位于表达式的任何位置，因为左值的定义仅仅强调它代表着程序运行时的变量。

表达式 n = 1 是把数值 1 赋给左值 n，在这里，n 维持它左值的身份不变，因为它必须代表一个变量。但是在表达式 n <= 100 里，n 不能再保持它原来的身份，因为我们不能说"用左值 n 和数值 100 做比较"，左值是代表变量的表达式，不是数值，只有数值才能和数值比较。

除非另有指定，如果一个运算符的操作数是个左值，则将它替换为该左值所代表的那个变量的存储值，这称为左值转换。在 C 语言里，左值转换是非常重要的概念。

来看表达式 n <= 100，基于上述规定，因运算符<=的操作数 n 是一个左值，所以必须将它替换为它所代表的那个变量（变量 n）的存储值。这样一来，运算符<=的左右操作数现在都是数值，可以进行比较操作。

在 C 语言里，左值转换是非常普遍的，但也有少数运算符的操作数例外，例如在表达式 n = 1 和 sum = 0 中，左值 n 和 sum 就不存在左值转换而保持它原来的左值属性。因为按照 C 语言的规定，如果一个左值是赋值运算符的左操作数，则不发生左值转换。想想看，如果发生了左值转换，则将出现把一个数值保存到另一个数值的情况，这是荒谬的。至于其他不发生左值转换的特殊情况，我们将在遇到的时候再予以说明。

练习 1.2

1．什么是左值？如果声明了一个变量 m，则对于表达式 m = 3，m 是左值吗？3 是左值吗？为什么？

2．选择题：表达式 num = 26 的意思是(　　　)，它在程序运行时执行的动作是(　　　)。
　　A．将数值 26 写入变量 num　　　　　　B．将数值 26 赋给左值 num
　　C．变量 num 存储的内容是 26

3．什么是左值转换？为什么要进行左值转换？

1.2.2　表达式的值

C 语言提供了很多运算符，可组成多种多样的表达式，这些表达式描述了运算符如何作用于操作数并得到一个什么样的结果。例如运算符<=属于关系运算符，它需要一左一右两个操作数，并组成关系表达式。这两个操作数是左值的，要先进行左值转换。

表达式的作用是算术或者逻辑运算，既然是运算，必然得算出一个结果来。因此，每个表达式都可以计算出一个值。对表达式 n <= 100 来说，它由子表达式 n 和 100 组成，子表达式 n 要计算一个值，这个值是左值转换后的值；子表达式 100 也要计算一个值，这个值是数值意义上的 100。

你可能觉得奇怪，这里的 100 本来就是个数值啊，还用得着计算吗？事实上，尽管你一眼就看出它是个数字，但翻译器并不认得它，还需要经过分析和转换。在你编写程序的时候，你输入的只是三个代表数字的字符"1""0""0"，它们组成了符号"100"。在程序翻译期间，翻译器会将它识别为代表整数的常量，并将它从符号转换为真正的数字。换句话说，对常量值的计算是在程序翻译期间完成的，而不是在执行的时候。

所有程序的任务和功能都不外乎是操作数字、加工文本，数字和文本的内容可能是来自变量，但也可能在程序中直接给出，就像当前程序中的 0、1 和 100。这些在程序中直接给出的数字和文本在翻译和执行期间不会改变，也没有什么办法改变，故称之为常量。

当一个常量出现在表达式应该出现的地方时，它也是常量表达式。确切地说，常量表达式是指那些值为常量的表达式。所以 100 是常量表达式，201 也是常量表达式，而 705+201 也是常量表达式，它的值在程序翻译期间计算，其结果为 906，也是常量，因为两个常量相加的结果总是常量。

不单单是 n 和 100 需要计算出数值，表达式 n <= 100 作为一个整体，同样要计算出一个结果（值）。对于关系表达式来说，如果相应的关系成立，则表达式的值是 1，否则表达式的值是 0。具体到这个表达式，如果左值 n 经左值转换后的值的确小于或者等于 100，则该表达式的值是 1；否则，结果是 0。

而对于 while 来说，它正需要这个结果。圆括号内的表达式用于控制 while 语句如何执行，是终止循环呢，还是继续下一轮循环，称为控制表达式。while 语句并不关心括号内的表达式是什么，它只关心该表达式的值。

如图 1-5 所示，在第一次进入 while 语句时，以及每次执行完循环体之后，要先计算控制表达式的值。这里所谓的循环体,是指组成 while 语句的"语句"。如果控制表达式的结果(值)是 0,就退出 while 语句;否则,如果控制表达式的结果(值)不是 0,就执行循环体。

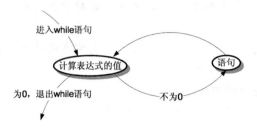

图 1-5　while 语句的执行过程

在这里,组成 while 语句的"语句",也就是循环体,看起来很奇怪,因为它带有一对花括号(注意,这里的缩进并不是必须的,而仅仅是为了看起来直观一些而做的排版):

```
{
    sum = sum + n;
    n = n + 1;
}
```

组成 while 语句的那个语句称为循环体,是每次循环都要执行的。就语法上来说,循环体是直接位于圆括号")"之后的那个语句。如果没有花括号,则 while 语句将会是这个样子(同样,这里的缩进是为了看起来直观一些而做的排版):

```
while (n <= 100)
    sum = sum + n;
n = n + 1;
```

在这种情况下,循环体仅仅是由语句

```
sum = sum + n;
```

组成,而并不包括

```
n = n + 1;
```

也就是说,如果没有花括号,则只有第一条语句是 while 语句的组成部分,而第二条语句不是。也就是说,只有语句

```
sum = sum + n;
```

才会循环执行,而语句

```
n = n + 1;
```

并不会,该语句只在退出 while 语句之后才开始执行。

但是,如果循环体的工作需要多条语句才能完成,那怎么办呢?好在 C 语言为我们准备了另一种语句——复合语句。

复合语句是由一对花括号"{"和"}",以及可选地,位于这对花括号中间的声明和

语句组成。之所以是"可选",是因为复合语句可以只是一对花括号而中间为空,比如下面这个复合语句,它什么也不做:

```
{ }
```

空的复合语句似乎没有什么用,但实际上它很有用。往后你就会看到,有些地方从语法上来说需要一个复合语句,但我们又没什么事可做,只能使之为空。

现在,让我们看看这个 while 语句的循环体都干了些什么。先来看第一个,它实际上是一个表达式语句,由表达式 sum = sum + n 和分号";"组成。对于刚接触编程的人来说,这令人十分困惑,他们很自然地把这当成一个方程式,并自作聪明地认为 n 的值理应是 0,不然的话两边怎么会相等呢?

然而实际上,这是表达式,而不是方程。同时,正如前面所说,符号"="并非等号或者等于,而是赋值运算符。这里还出现了另一个运算符"+",它的功能倒是符合数学里的本义,就是相加的意思,用于把它两边的值加起来求和。

1.2.3 运算符的优先级

表达式 sum = sum + n 是令人迷惑的,因为这里涉及两个运算符,而且中间那个子表达式 sum 夹在这两个运算符之间,它到底是哪个运算符的操作数呢?它究竟跟谁是一伙的呢?

这就涉及运算符的优先级了。运算符的优先级决定了谁才能优先与它旁边的操作数结合,也决定了表达式的类别。因为 C 语言规定运算符"+"的优先级比"="高,所以中间的那个 sum 是"+"的操作数,而不是"="的操作数。在这种情况下,运算符"="的操作数只能是 sum 和 sum + n 的值,所以表达式 sum = sum + n 本质上是一个赋值表达式,其作用是将表达式 sum + n 的值赋予左值 sum。

二元运算符+和-称为加性运算符,"二元运算符"的意思是需要两个操作数。加性运算符用于组成加性表达式,例如 103 + 266 或者 500-78。

加性运算符的功能是将左右两个操作数的值相加或者相减,从而得出一个结果。对于上述子表达式 sum + n 来说,sum 和 n 都是左值,两个左值是无法相加的,所以都必须进行左值转换,转换为它们所代表的那个变量的存储值。

相加的结果作为运算符=的右操作数,被赋给左值 sum,这将改变它所代表的那个变量的存储值。如果变量 n 的原值是 1,变量 sum 的原值是 0,则语句

```
sum = sum + n;
```

执行后,变量 n 的值仍旧是 1,而变量 sum 的值则从原来的 0 变为 1。

再来看表达式 n = n + 1,基于相同的原因,运算符+的操作数是 n 和 1,而运算符=的操作数则是 n 和子表达式 n + 1 的值。

对于子表达式 n + 1 来说,n 是左值,无法用一个左值和 1 相加,所以 n 要进行左值转换,转换为它所指示的变量的存储值。然后,相加的结果作为运算符=的右操作数,被赋给左值 n,这将改变它所代表的那个变量的存储值。如果变量 n 的原值是 1,则语句

```
n = n + 1;
```

执行后，变量 n 的值是 2。

现在，让我们来看一下这个 while 语句的工作过程。为了方便阅读起见，这里列出程序的全部内容（到目前为止）：

```
unsigned long long int n, sum;

n = 1;
sum = 0;

while (n <= 100)
{
    sum = sum + n;
    n = n + 1;
}
```

注意，这里面的空行和缩进并不是必须的，而仅仅是为了方便阅读做的排版，对程序的功能和将来的运行无任何影响。

当 while 语句执行的时候，先要计算表达式 n <= 100 的值，但这又要先计算表达式 n 的值（左值转换），也就是用变量 n 的存储值来代替这里的表达式 n。

接着，用表达式 n 的值和 100 进行比较。因为刚开始的时候，n 的存储值为 1，这个小于等于的关系成立，表达式 n <= 100 的值为 1，所以要执行循环体（复合语句）。

先是执行

```
sum = sum + n;
```

刚开始的时候，变量 sum 的存储值为 0，所以表达式 sum + n 的值为 1。紧接着，这个 1 被写入变量 sum。

接着执行语句

```
n = n + 1;
```

第一次执行的时候，变量 n 的存储值为 1，所以表达式 n + 1 的值为 2，并被写入变量 n，使得它的存储值变为 2。

至此，while 语句的循环体执行完毕。注意，每当程序的执行到达循环体尾部，都将再次回到 while 语句的起始处，重新判断循环条件，也就是重新计算控制表达式 n <= 100 的值。此时，变量 n 的存储值为 2，依然符合小于等于 100 的条件，再次执行循环体。

后面的执行过程都大同小异，每次循环后，变量 n 的存储值都比前一次大 1，而变量 sum 的存储值都会在原先的基础上和变量 n 的值累加，这和我们用手工做是一样的。

最后，变量 n 的存储值会递增到 101，此时，表达式 n <= 100 的值为 0，不再执行 while 语句的循环体，而是退出 while 语句，继续往后执行。当然，后面的内容尚未给出，但很快就会揭晓。

1.2.4 运算符的结合性

我们说过，如果需要的话，每个表达式都可以计算出一个值。表达式 n <= 100 可以

计算出一个值，如果变量 n 的值的确小于等于 100，则该表达式的值为 1，否则为 0；表达式 sum + n 也可以计算出一个值，这个值是变量 sum 和变量 n 的值相加的结果。

即使是一个赋值表达式，例如表达式 n = 1，也可以计算出一个值，该表达式的值是变量 n 被赋值之后的新值。因为这个原因，我们可以写出这样的表达式语句：

  sum = n = 0;

首先我要说明的是，这个语句里的表达式 sum = n = 0 没有一点问题，是个合法的表达式。棘手的是，这里只有两个运算符，还一模一样，原先的优先级规则不管用了，你不知道中间的 n 到底是哪个=的操作数。

如果运算符的优先级不同，还能分出个高下先后，如果优先级相同，这就得定出个章程来。最好的办法就是按顺序轮流挑选操作数。比如，可以先从最左边的运算符来，由它先挑操作数，然后依次是右边的运算符，这称为"从左往右结合"；或者，也可以反过来，先让最右边的运算符来挑操作数，然后依次是左边的运算符，这称为"从右往左结合"。

这样安排，大家都服气，C 语言就是这么干的。那么，到底是从左往右结合呢，还是从右往左结合？这还不一定。在 C 语言里，有些运算符是从左往右结合的，而有的则是从右往左结合的，这称为运算符的结合性。

运算符=是从右往左结合的。所以，在刚才那个例子中，n 和 0 是右边那个运算符=的操作数，左边那个运算符=的操作数则是 sum 和 n = 0 的值。

因此，这个表达式的计算过程是这样的：先计算表达式 n = 0 的值，这个值是变量 n 被赋值之后的新值；接着，这个值又被赋给变量 sum。这个表达式语句执行结束后，变量 sum 和变量 n 的值相同，都是 0。原则上，表达式 sum = n = 0 在整体上也要计算出一个值，但这个值没有什么用。

在 C 语言里，运算符的作用是对操作数进行计算和加工，所以，表达式的值也是运算符"运算"和"加工"的结果。从这个意义上说，**表达式的值也被认为是运算符的值或者运算符的结果**。例如表达式 1 + 2 的结果是 3，我们就认为这个 3 是运算符+的结果，或者说是运算符+的值。再比如，表达式 n = 1 的值也是运算符=的结果；表达式 n <= 100 的值也是运算符<=的结果；表达式 sum + n 的值也是运算符+的结果；而表达式 sum = sum + n 呢，因为这是一个赋值表达式，故该表达式的值是运算符=的结果。

计算表达式的值，被称为表达式的值计算，简称值计算。C 语言规定，**操作数的值计算必须先于运算符的值计算**。比如对于表达式 n <= 100，因为运算符<=的操作数是 n 和 100，所以是先计算操作数 n 的值，也就是先进行左值转换，然后才开始计算运算符<=的值。

再比如表达式 sum = sum + n，因为它是一个赋值表达式，运算符=的操作数是 sum 和 sum + n 的值，所以必须先计算子表达式 sum + n 的值；而对于表达式 sum + n 来说，因为 sum 和 n 是运算符+的操作数，所以必须先要对 sum 和 n 进行左值转换，然后才开始计算运算符+的值。然而，子表达式 sum 和 n 的值谁先计算却没有规定。

每个运算符都有它的优先级和结合性，但是，任由它们自然结合可能会带来麻烦。比如在上学的时候，要计算 5 加上 6 乘以 2 的结果，列出的算式为 5+6×2。但是，如果我们是希望先将 5 和 6 相加，结果再乘以 2，怎么办呢？老师会教我们使用括号来改变计算顺序：(5+6)×2。

同样，如果我们希望 C 语言里的表达式能够打破运算符固有的优先级和结合性，也得使用括号。这里有个实际的例子，在我们现有的程序中，为了给变量 n 和 sum 赋值，使用了两条表达式语句：

```
n = 1;
sum = 0;
```

但是，我们现在要用一条语句来完成这两条语句的工作，该怎么写呢？答案是将这两条语句替换为下面这条表达式语句：

```
n = (sum = 0) + 1;
```

用一对圆括号括住的表达式，连同这对圆括号一起，被称为括住的表达式。括住的表达式属于 C 语言里的基本表达式，而基本表达式是其他表达式的基本构件。用作表达式的标识符、常量等，都是基本表达式。例如，在表达式 n = (sum = 0) + 1 里，n、sum、0、1 和(sum = 0)都是基本表达式。

在这里，作为一个基本表达式，括住的表达式(sum = 0)要独立地进行计算，并得到一个值，这个值是运算符+的左操作数。显然，这条语句的意思是将常量 0 赋给变量 sum，然后，用表达式 sum = 0 的值与常量 1 相加，结果再赋给左值 n。当这条语句执行之后，变量 sum 的值为 0，变量 n 的值为 1。

截至目前，我们已经知道表达式有多种作用。比如，它可以指示一个变量，也可以计算出一个值。就表达式的作用而言，是将运算符施加于操作数并计算出结果。但是你也看到了，很多表达式不但会计算出一个值，还会改变变量的存储值（甚至改变文件的内容）。例如表达式 n = 1 就改变了变量 n 的存储值。

这样的效果更像表达式在值计算过程中的一个副产品、一个额外的结果，故称之为副作用。因此，我们说表达式可以指示一个变量，也可以计算出一个值，还可以发起一个副作用，这都是表达式的作用。

练习 1.3

1. 给定表达式 a = b + c，请判断下面的说法是否正确：
   (a) 运算符+的结果也是表达式 b + c 的值。(   )
   (b) 运算符=的值也是表达式 a = b + c 的值。(   )
   (c) 运算符+的优先级比=高。(   )
   (d) 这是一个赋值表达式。(   )
   (e) 要计算运算符+的值，必须先计算操作数 b 和 c 的值。(   )
   (f) 先计算 b 的值，再计算 c 的值，然后计算运算符+的值。(   )
2. 若 n 是一个 int 类型的变量，且其值为 0，则以下(   )是表达式；(   )是语句；表达式 n = 1 + n 的值为(   )。
   A. n+   B. n+1   C. n =   D. n;   E. n + n

3. 表达式语句由（　　）和（　　）组成。
4. while 语句由关键字（　　）、位于圆括号中的（　　）、作为循环体的（　　）组成。
   A．分号　　　B．while　　　C．While　　　D．表达式　　E．语句
5. 若 m 是一个 int 类型的变量，则以下（　　）是语句。
   A．m　　　B．m;　　　C．m + 1;　　　D．m = m + 1 + m;

1.3 源文件

和几十年前不同，我们现在的人编写程序，都是面对着显示器，敲着键盘。编程就像和电脑说话，要通过文字符号来表达我们的意图。

实际上，编程更像在电脑上写文章。在电脑上写文章需要打开一个文本编辑器，而为了输入和修改源代码，你同样需要这个东西。

电脑上的软件系统有它自己的生态。单纯的硬件系统是无法工作的，只有软件才能将它们驱动起来，我们编写程序就是为了生成软件。在原始社会，人类只有最简单的工具，但他们可以用简单的工具制造更复杂的工具，就这样工具越来越多，越来越先进。

与此类似，早期的程序员写程序很麻烦，需要使用开关、纸带，但随着软件的积累，开始有了操作系统（例如我们现在常用的 Windows 和 Linux），同时也产生了很多需要运行在操作系统上的各种软件程序，包括各种各样的文本编辑工具，既可以让公司文员用来写文章排版，也可以让程序员用来写程序。

可以将程序的文本保存在电脑里，比如保存在硬盘或者 U 盘上。保存的时候，当然得起一个名字，文本编辑器将创建一个以该名字命名的文本文件，该文件包含了你输入的程序文本。

包含 C 程序文本（源代码）的文件称为源文件。按习惯，C 源文件都是以 .c 作为扩展名，但这并不是必要的，C 语言并未规定源文件的命名方法，这不是它该管的事。

1.3.1 函数

在前面，我们已经讲过如何编写从 1 加到 100 的代码，如果要将这些内容保存为源文件的话，那么，在很多初学者看来，该文件的内容应该是这样的：

```
unsigned long long int n, sum;

n = 1;
sum = 0;

while (n <= 100)
{
    sum = sum + n;
    n = n + 1;
```

}
```

作为我们的第一个 C 语言程序，这么编写似乎是很自然的，符合直觉。你看，源文件的内容不就应该是把要做的事一一交代清楚吗？！

但是很遗憾，C 语言有它自己的法则，它的创造者坚持认为语句不能是源文件的直接组成部分，而只能出现在函数体内，就像这样：

```
int main (void)
{
    unsigned long long int n, sum;

    n = 1;
    sum = 0;

    while (n <= 100)
    {
        sum = sum + n;
        n = n + 1;
    }

    return 0;
}
```

不管是在哪里，都会有很多重复性的劳动在等着我们，只不过每次做的时候，初始条件不同。一个比较简单的例子是老师让我们计算圆形的面积，每次求解圆面积的时候，过程都一样，只不过老师给出的半径或者直径不同。

计算机程序也是如此，可以将重复使用的代码组织在一起，形成一个独立的代码块以便重复使用。这种手段是如此重要、如此有用，以至于所有微处理器都提供了相应的机器指令来调用这种代码块，而所有的编程语言也同样都会支持这种机制和做法。在处理器、机器语言和汇编语言中，这种可重复使用的代码块叫过程或者例程，而在 C 语言里称为函数。

每个函数都有自己的名字，用于指示（代表）那个代码块。如果没有名字，你就无法通过指名道姓来使用它。在上面的这个例子中，main 就是函数的名字，我们可以简单地称之为 "main 函数"，或者 "函数 main"。

很多函数需要从外部接受一些数据，比如圆的半径、从 1 加到几的 "几"，等等，这称为参数，参数在函数名后面的一对圆括号中指定。如果函数不接受任何参数，则括号中的内容应当为关键字 "void"。显然，以上 main 函数就不接受任何参数。

你可以把函数看成一支小分队，小分队接受调动出去执行任务，任务完成后还可以带点什么东西回来。类似地，对函数的使用称为函数调用，很多函数可能还要返回数据给它的调用者，但每个函数只能有一个返回值。返回值是有类型的，这个类型需要在函数名字的左侧指定。显然，上述 main 函数返回一个 int 类型的值。为了描述方便，我们把函数返回值的类型称为函数的返回类型。
```

有些函数只做一些内部操作而并不返回任何值,在这种情况下,它仅仅是简单地返回到调用者。如果一个函数不返回任何值,则函数名左侧的类型应指定为关键字"void"。

函数是可以重复使用的代码块,因此,一个完整的函数还必须包含可执行的代码,称为函数体。如以上代码所示,函数体只能是一个复合语句,由一对花括号"{"和"}",以及位于花括号里的声明和语句组成。

因此,一个完整的函数包括函数名、参数声明、返回类型声明和函数体。类似在程序中声明一个变量,在程序中编写一个函数实际上也是声明了一个函数,称为函数声明。

1.3.2　return 语句

函数是可重复使用的代码块,函数在执行完毕后可以返回到它的调用者那里,这个返回动作可以用 return 语句来完成,其语法形式为

> **return** *表达式*_{可选} ;

return 语句由关键字"return"开始,后面的表达式是可选的。如果函数的返回类型是 void,也就是不返回任何值,则关键字"return"后面不能有表达式,而必须直接跟着一个分号";",即

> return ;

实际上,对于这种不返回值的函数来说,它甚至可以没有 return 语句。在这种情况下,当程序的执行到达组成函数体的右花括号"}"时,自动返回到它的调用者。

相反地,如果函数被声明为具有返回值,则关键字"return"后面必须跟着一个表达式,该表达式为函数的调用者提供返回值。如果函数的返回类型不是 void 且没有 return 语句,则函数返回时,将返回无法确定的随机值。

在上面的代码中,因为 main 函数的返回类型是 int,故它要用 return 语句返回 0 值。

1.3.3　main 函数

函数的名字也是一个标识符,想起什么名字由你决定,是你的自由。但是,如果你的程序要在操作系统里运行(就像所有 Windows 程序和 Linux 程序一样),源文件中就必须有一个叫作 main 的函数。

操作系统不但为用户操作计算机提供方便,允许我们用键盘或者鼠标来管理计算机、运行各种程序,还管理着各种各样的程序和硬件资源。当我们要运行一个程序(比如一个电子游戏)时,它要负责把程序从外部存储设备(比如硬盘或者 U 盘)调入内存,并把控制权交给程序。当程序执行结束之后,还要清理程序所占用的资源。

为了能够让操作系统识别、管理程序,控制程序的运行,源文件在翻译之后所生成的机器指令里不但含有与源文件内容相对应的部分,还附加了一些额外的代码,用来初始化程序的运行环境,并在程序结束时做一些清理工作。

因此,如图 1-6 所示,当翻译之后的程序开始执行时,是由操作系统把控制转移到程序的初始化部分,于是处理器就开始取这里的指令并加以执行。这些指令用于完成例行的初始化工作,就像你刚搬进新家,要先布置布置,为过日子做一些准备工作。然后,初始

化代码将调用 main 函数。当 main 函数执行完毕，又返回到调用点之后完成清理工作，最后返回操作系统。

相反，如果翻译后的程序不需要依赖操作系统就能运行，比如你所写的程序本身就是一个操作系统，或者你制造了一个简单的机器人，需要一个软件来控制它，这就不需要操作系统，你的程序直接运行在处理器上，直接控制机器人的各个部件。在这种情况下，程序里不必非得有一个名字为 main 的函数。

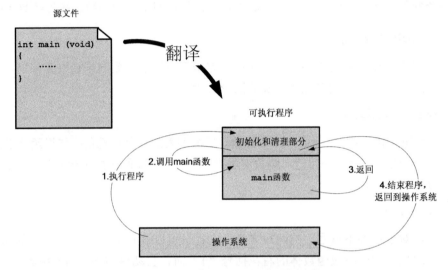

图 1-6　源文件的翻译和程序的执行过程

尽管"main"不是 C 语言里的关键字，但它的拼写是固定的。很多没有经过严格训练的新手容易把它打成"mian"或者"Main"，一定要注意避免。

C 语言规定，函数 main 的返回类型应当是 int 或者与 int 等同的类型，所以它必须返回一个整数值，这个值通常用于指示程序的执行成功与否。按照惯例，返回 0 代表程序正常结束，非零值表示其他含义。在上述 main 函数里，我们是直接返回一个 0 值：

    return 0;

与其他函数不同，从 C99（ISO/IEC 9899:1999）开始规定，如果 main 函数里没有 return 语句，则程序的执行到达组成函数体的右花括号"}"时自动返回，并默认返回数值 0。

函数是将返回值传递给它的调用者。然而，和其他函数不同，main 函数是将值返回到操作系统。

本章的内容到这里就结束了，在下一章里，我们将学习如何将这个程序翻译为可执行程序并观察执行结果。

第 2 章

程序的翻译、执行和调试

经过上一章的学习,我们已经写出了一个C语言程序。对于那些第一次学习C语言的人来说,这也可能是他们人生中的第一个C语言程序,可喜可贺。

现在,不管你用的是Windows操作系统,还是Linux操作系统,抑或是别的什么操作系统,都请启动一个你惯用的文本编辑器,输入下面这些程序代码(实际上这是我们在上一章里的成果,为本章阅读方便起见,再次列出),然后保存为源文件c0201.c。

```
int main (void)
{
    unsigned long long int n, sum;

    n = 1;
    sum = 0;

    while (n <= 100)
    {
        sum = sum + n;
        n = n + 1;
    }

    return 0;
}
```

在本章里,我们的任务是将这个源文件翻译成可执行程序(文件),然后执行它。在这个过程中,我们将学习如何在不同的平台上完成这些操作,以及程序调试的方法和步骤。

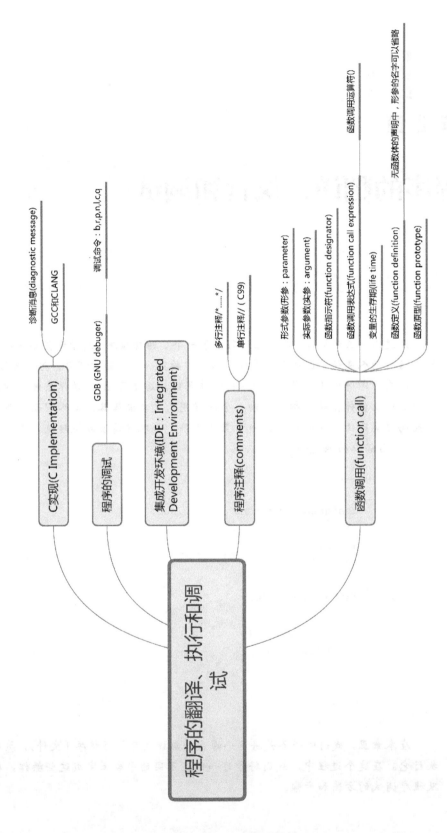

2.1　C 实现

源文件里的内容是一些文本，或者说是符号的堆积，这些文本程序员倒是看得明白，但它们并不是机器指令，处理器不认得，所以不能直接提交给处理器执行。因此，我们还必须有一个翻译软件，来把源文件转换为可执行程序。

C 语言的本质是一套语法规则，而一个 C 程序则是按照这些语法规则而编写的文本符号的集合（源文件）。一个翻译软件则反过来，按照既定的语法规则来分析源文件的内容，将它们翻译成最终的机器指令。从这个意义上说，一套完整的翻译软件实际上是 C 语言本身的一个实现，一个现实的化身，简称 C 实现。

历史上，第一个 C 语言翻译程序当然出自该编程语言的发明者之手。1972 年，美国贝尔实验室的 Brian Kernighan 和 Dennis Ritchie 发明了 C 语言，并且不难想象，也正是他们创造了世界上第一个 C 程序翻译软件，或者说实现了 C。

在之后的岁月里，有很多人、很多公司也致力于编写 C 实现，所以现在有大量的 C 实现可用。在本书中，我们仅推荐 GCC 和 CLANG。

和人们熟知的 Linux 一样，GCC 也是开放源代码的自由软件，而且一直在不断地推出新的版本。GCC 最早的意思是 GNU C Compiler，也即"GNU C 编译器"。GNU 是 1983 年发起的一个软件开源运动，目标是创建一套完全自由的操作系统。它的发起者还成立了自由软件基金会，此时的 GCC 就是一个开源且免费的 C 实现。

到后来，GCC 不单单可以翻译 C 程序，还包括 C++、Objective-C、Fortran、Ada 和 Go，等等，所以 GCC 的意思则变成了 GNU Compiler Collection，也就是"GNU 编译器集合"。

LLVM CLANG 是 APPLE 公司赞助和主推的项目，现阶段，与 GCC 相比它的翻译速度更快，诊断消息也更加详尽、清晰和明确，这有助于我们更快地找到出错的原因。

问题在于，C 语言之父写的 C 实现还不够用吗？为什么还会有那么多人和企业在不断地编写 C 实现呢？

我们知道，不同的计算机系统有不同的处理器，运行着不同的操作系统。不同的处理器有不同的机器指令集，翻译一个程序，实际上是将源文件的内容转换为那种处理器可识别的机器指令。C 实现是一套软件程序，得有人为那种处理器编写这套软件。正是因为 C 语言广受欢迎，才会有那么多人针对各种不同的处理器编写了大量的 C 实现。

另一方面，C 实现本质上是一套软件，它和别的程序没有什么区别，唯一的区别是别的程序用来听歌、玩游戏、聊天和购物，而 C 实现则用来把源文件变成可执行程序。和别的程序一样，C 实现也要运行在操作系统上。

我们平时在计算机上做事情都要依赖操作系统，取决于个人的习惯和喜好，它可能是 UNIX、Linux、Windows 或者其他操作系统。操作系统为我们使用计算机提供了一个最基本的平台或者说环境，让你更方便地在计算机上完成各种操作。比如说在 Windows 下，你可以看到有哪些程序和文档，也可以通过键盘和鼠标打开文档、启动程序。

不同的操作系统在外观、操作方式，乃至内部的运作机制上都有差别。运行在操作系统上的可执行程序并不是一个仅仅包含了机器指令的文件，它还夹带了很多操作系统的私货。如果没有这些私货，操作系统将不知道这个程序该如何加载到内存，也不知道怎么去执行它。换句话说，针对不同操作系统而编写和翻译的程序，具有不同的格式，在文件的结构和内容上是不一样的。针对 Windows 编写的程序，无法在 Linux 上运行，反之亦然，因为它们不能识别对方的某些格式。

所以，运行在不同操作系统上的 C 实现，它本身的可执行文件格式要符合那个操作系统的要求。不过用不着担心，因为 C 是简洁、灵活、高效的计算机语言，经久不衰，深受欢迎，对绝大多数操作系统来说，都有人编写能在它上面工作的 C 实现。

基于以上叙述，我们就很容易理解一个事实：不同的计算机系统具有不同的处理器和操作系统，因而需要有各自不同的 C 实现。比如，GCC 有 Linux 下的版本和 Windows 下的版本，CLANG 也是如此。

GCC 诞生于 Linux 操作系统，它们彼此之间的支持和包容性是最好的。而 CLANG 呢，也能运行在 Linux 上。GCC 的官方网站是 https://gcc.gnu.org/，CLANG 的官方网站是 http://clang.llvm.org/，Linux 用户可以访问上述链接来了解更多信息并下载和安装它们。

考虑到 Windows 的流行性和用户数量，下面再来说说 Windows 上的情况。Windows 的大部分代码都是用 C 语言写的，但是从那以后，该操作系统的所有者 Microsoft 公司不愿在 C 语言上投入过多的精力。微软公司曾经开发过一款非常流行的产品 Microsoft Visual C++，简称 MSVC 或者 VC，它的 6.0 版本，也即 VC6，直到现在还被国内的大量用户作为学习 C 语言的主要工具。问题在于，它是一个 C++ 的实现而不是 C 实现，而且它产生于 1998 年，所以充其量仅支持 C 语言的第一个标准 C89，毕竟在名义上 C++ 是 C 的超集，并且兼容后者。要知道，从那之后 C 语言又经历了两次标准化，分别是 1999 年的 C99 和 2011 年的 C11，经过这两次标准化之后，C 语言已经发生了很大的变化。换句话说，使用 VC6 学习 C 语言并不是明智的选择。

Microsoft 公司现今的编程工具是 Visual Studio 系列，但依然只是针对 C++、C# 和 F# 等编程语言，而不是 C 语言。

令人稍感欣慰的是有很多人依然在努力将 C 移植到 Windows 平台上，所以我们现在可以使用 GCC 和 CLANG 的移植版本。GCC 在 Windows 操作系统上的移植版本在最早的时候被称为 MinGW，意思是"针对 Windows 的最小化 GNU"。GNU 是 Linux 上的软件项目，由于平台之间的差异，没有办法完全移植到 Windows 上，只能是移植一个可用的基本部分，这就是所谓的"最小化 GNU"。

当 GCC 更新的时候，MinGW 也会做相应的版本升级，但由于各种原因，这个维护工作在后期变得乏力，而且不能支持 64 位应用程序的开发。于是有好事者在此基础上创建出一个新的分支来，称为 MinGW_W64，该分支可用于生成 32 位或者 64 位的 Windows 应用程序，而且更新较快。

你可以通过 http://mingw-w64.org/ 了解 MinGW_W64 的更多信息；下载和安装的网络链接是 https://sourceforge.net/projects/mingw-w64/files/。

对于初学者来说，学习 C 语言固然不易，但下载、安装和配置 C 实现却是第一个拦路虎。本书建议使用 GCC 和 CLANG 来完成后面的学习过程，但是，软件随时都在升级，印在书上的详细步骤很快就会过时。因此，考虑到本书的主旨，本书不会详细地介绍它们的下载和安装过程，完整的教程会放在网站 http://www.lizhongc.com/ 上供大家参考。

2.2 程序的翻译和执行

假定已经正确安装了 GCC，那么现在的任务就是用它来翻译源文件（程序），但在此之前假定你已经创建了源文件 c0201.c。

以 Linux 为例，如图 2-1 所示，先用 ls 查看当前目录下的文件，以确保源文件 c0201.c 是存在的；然后，我们用 gcc c0201.c 来翻译这个源文件，如果源文件的内容没有问题（比如拼写错误），则翻译过程会悄无声息地完成。否则，将会在屏幕上出现一些消息（文本），告诉你哪里有什么性质的问题，这称为诊断消息。

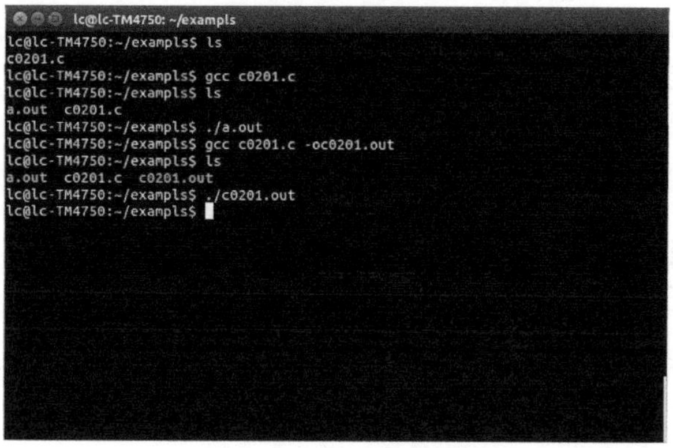

图 2-1 Linux 平台上的翻译和执行过程

GCC 在 UNIX 和 Linux 上的默认输出是 a.out，所以在翻译后用 ls 查看当前目录下的文件，会发现多了一个 a.out。此时，可以用 ./a.out 来运行这个可执行文件。

GCC 允许我们使用翻译选项 -o 来指定生成的可执行文件名，所以如图 2-1 中所示，我们可以使用 gcc c0201.c -o c0201.out 来指定要生成的可执行文件为 c0201.out。

再以 Windows 为例，如图 2-2 所示，先用 dir 查看当前目录下的文件，以确保源文件 c0201.c 是存在的；然后，我们用 gcc c0201.c 来翻译这个源文件。

GCC 在 Windows 上的默认输出是 a.exe，所以在翻译后用 dir 查看当前目录下的文件，会发现多了一个 a.exe。此时，可以直接在命令行输入这个可执行文件的名字来运行它。同样地，可使用翻译选项 -o 来指定要生成的可执行文件名。

非常明显地，翻译后生成的可执行文件在运行时不会显示累加的结果，这是因为结果保存在变量 sum 中，除非你通过某种方法在屏幕上显示这个变量的内容，否则，它不可能自动显示出来。那么，怎样才能将这个结果显示出来呢？

这是一个既简单又复杂的问题，说它简单，是因为只需要添加两行代码就能解决；说它复杂，是因为要想解释清楚这两行代码的功能，以及其背后的原理，不是三言两语就能说清的，这需要对 C 语言有更多的了解才行。现在就讲这些内容，我怕你会头晕。

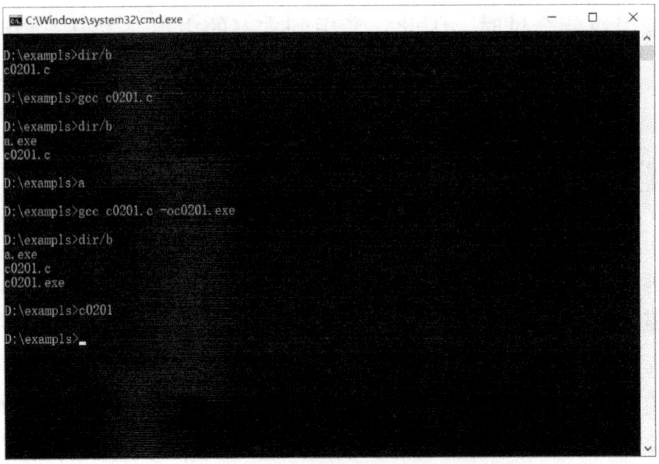

图 2-2 Windows 平台上的翻译和执行过程

所以，本书的前六章以实现文本的打印输出为主线来组织，在完成这一任务的过程中介绍 C 语言及其他相关知识。在实现最终的打印输出之前，我们将用另外的方法来观察程序的执行过程和执行结果。

2.3 程序的调试

对于计算机系统来说，在屏幕或者其他设备上呈现内容、送出数据，这称为输出；通过键盘、鼠标或者其他设备得到内容和数据，这称为输入。但是，C 语言并没有输入输出的能力，这并不是该语言的组成部分。

要输入或者输出内容，需要借助于操作系统，由它代理，但这并不是一件简单的事情。在最终实现这一功能之前，我们将通过另一种方法来观察程序的计算结果，那就是用调试器来调试一个程序。调试器是一个软件程序，它允许我们以各种方式控制程序的执行，例如单步执行每一条语句，并随时观察执行结果。对于有经验的程序员来说，调试器是必不可少的工具，因为我们很少会写出完全正确的程序，即使它非常简单。在这种情况下，就需要通过调试器来查找产生错误的原因。

在本书中，我们推荐的调试器是 GDB，和 GCC 一样也是 GNU 开源项目的一部分。它的功能十分强大，但在这里无法一一展示，只能小试牛刀。下面以 Windows 平台为例，简单地演示一下调试一个可执行文件的过程。

首先，我们要用 GCC 来翻译 c0201.c，翻译的时候使用选项 "-g"，它的目的是向翻译后的可执行程序中添加包括源代码、符号表在内的调试信息，这些额外的内容将有助于 GDB 更好地完成调试工作：

    D:\exampls>**gcc c0201.c -o c0201.exe -g**

这里，以正常字体显示的内容是 Windows 命令行的固有部分，通常为提示符或者调试器的输出内容；以粗体显示的部分是我们输入的命令，下同。

接下来是启动 gdb 并调试刚生成的程序 c0201.exe：

```
D:\exampls>gdb c0201.exe -silent
Reading symbols from c0201.exe...done.
```

选项 -silent 用于屏蔽 gdb 的前导信息，否则它会先在屏幕上打印一堆免责条款。启动 gdb 后，它输出的信息表明已经读入了 c0201.exe 的符号表。接下来，gdb 会显示自己的提示符 "(gdb)"，提示并等待你输入调试命令。

调试一个程序的时候，应该在我们关注的地方，或者在故障点的前边设置一个断点，让程序执行到这里停下来，这样我们就可以慢慢地用别的调试命令进行观察。在 gdb 中，设置断点的方法很多，包括在指定的内存地址处设置断点、在源代码的某一行设置断点、或者在某个函数的入口处设置断点，等等。设置断点的命令是 "b" 或者 "break"，在这里我们是将 main 函数的入口处作为断点：

```
(gdb) b main
Breakpoint 1 at 0x40155d: file c0201.c, line 5.
```

b 命令在执行后返回了断点的具体信息，也就是说，断点（main 函数的入口位置）的内存地址为 0x40155d，对应于源文件的第 5 行（也就是说，main 函数位于源文件的第 5 行）。因此，如果我们用内存地址的方式来设置这个断点，则可以是

```
b * 0x40155d
```

星号 "*" 意味着是以内存地址作为断点的。或者，如果用源代码行的形式设置这个断点，则可以是

```
b 5
```

一旦设置了断点，下一步就是用 "r" 或者 "run" 命令执行被调试的程序，执行后会自动在第一个断点处停下来：

```
(gdb) r
Starting program: D:\exampls\c0201.exe
[New Thread 1500.0x1e34]
[New Thread 1500.0x2fb8]

Thread 1 hit Breakpoint 1, main () at c0201.c:5
5           n = 1;
```

在运行了被调试的程序后，GDB 的输出信息显示程序已经启动，下一个将要执行的语句是第 5 行的 "n = 1;"。

注意，这条语句并没有执行，而仅仅是告诉你，再继续执行程序的话，执行的语句会是它。

在当前位置，变量 n 和 sum 已经分配，但并没有开始赋值。此时，这两个变量的值会是多少呢？我们可以使用 "p" 或者 "print" 命令来分别显示：

```
(gdb) p n
```

```
$1 = 16
(gdb) p sum
$2 = 11671024
```

GDB 的 p 命令用于打印一个表达式的值，在这里是表达式 n 和 sum。GDB 先计算表达式的值，并把它保存在一个存储区中，存储区的名字用"$"外加数字来表示，并且这个数字会随着调试过程的进行而不断递增（这意味着存储区也是不断开辟的）。以上，第一个 p 命令执行后，GDB 的回应是$1 = 16，意思是表达式 n 的值保存在$1 中，其内容为 16。

注意，在你的计算机上，变量 n 和 sum 的当前值可能和这里显示的不同。这很好理解，内存是反复使用的，当一个程序终止后，它占用的内存会分配给其他程序使用；当一个变量不再使用后，它占用的内存也会重新分配，并成为另一个变量。因为变量 n 和 sum 刚刚分配，还没有往里面保存任何数值，故它们的内容是随机的，是其他程序或者变量用过的垃圾值。

顺便说一下，既然$1 是 GDB 用于保存计算结果的内部存储区的名字，那么我们也可以用 p 命令来打印它：

```
(gdb) p $1
$3 = 16
```

下面，我们将通过单步执行程序，来看一看变量 n 和 sum 赋值后的值。调试命令"n"或者"next"用于继续执行源文件中的下一行。

```
(gdb) n
6            sum = 0;
```

执行"n"命令后，实际执行的是第 5 行"n = 1;"，GDB 显示下一个即将执行的源代码行，也就是第 6 行的"sum = 0;"。

因为此时已经往变量 n 写入了 1，所以我们可继续用 p 命令来观察它现在的存储值：

```
(gdb) p n
$4 = 1
```

显然，经赋值后，变量 n 的值已经变成 1。

继续执行下一条语句，实际执行的是第 6 行"sum = 0;"。执行后，GDB 停下并显示下一条即将执行的源代码行，也即第 8 行的"while (n <= 100)"，第 7 行为空行，所以直接跳过了：

```
(gdb) n
8            while (n <= 100)
```

刚才执行的语句是往变量 sum 保存数值 0，故我们可以再次用 p 命令来观察变量 sum 现在的存储值，可发现它已经变成 0：

```
(gdb) p sum
$5 = 0
```

继续用 n 命令执行下一个源代码行，则将计算 while 语句的控制表达式，并根据该表达式的值决定是否进入循环体，执行后 GDB 显示下一条即将执行的源代码行是第 10 行：

```
(gdb) n
10              sum = sum + n;
```

进入循环体之后，我们想再看看变量 n 和 sum 的当前值。但这次使用 p 命令的方法不一样，这次是用花括号将表达式 n 和 sum 围住以形成一个集合。GDB 允许用这种方式来一次性地打印多个表达式的值：

```
(gdb) p {n, sum}
$6 = {1, 0}
```

显然，变量 n 和 sum 此时的值依然分别为 1 和 0。继续用 n 命令执行第 10 行，执行后 GDB 停留在即将执行的第 11 行：

```
(gdb) n
11              n = n + 1;
```

注意，第 10 行已经执行完毕，但第 11 行还没有执行。猜猜看，变量 n 和 sum 此时的值是多少？猜测之后，用 p 命令看看结果是否如你所想：

```
(gdb) p {n, sum}
$7 = {1, 1}
```

继续用 n 命令执行下一个源代码行，这将执行第 11 行的"n = n + 1;"，执行后控制又回到了循环的起始处，也即第 8 行：

```
(gdb) n
8           while (n <= 100)
```

此时，变量 n 和 sum 的值各自会是多少？使用 p 命令打印一下就知道了：

```
(gdb) p {n, sum}
$8 = {2, 1}
```

因为现在处于一个循环体内，如果继续用 n 命令往下执行，则其过程与前面相比大同小异。前面已经循环过一次，本次循环完整的调试过程如下：

```
(gdb) n
10              sum = sum + n;
(gdb) n
11              n = n + 1;
(gdb) n
8           while (n <= 100)
(gdb) p {n, sum}
$9 = {3, 3}
```

显然，第二次循环过后，变量 n 的值为 3，变量 sum 的值也是 3。你可能已经发现了，我们现在进退维谷：如果继续用 n 命令执行，则将陷入循环，直到变量 n 的值等于 101。

好在这也算不上什么大的问题，我们可以在循环语句的后面设置断点，然后命令程序一直执行，直至到达这个断点。为了搞清楚 while 语句的下一条语句的行号，我们需要列出源文件的内容，这需要使用"l"或者"list"命令：

```
(gdb) l
3          unsigned long long int n, sum;
4
5          n = 1;
6          sum = 0;
7
8          while (n <= 100)
9          {
10             sum = sum + n;
11             n = n + 1;
12         }
```

l 命令默认每次显示 10 行源代码，但我们关心的那一行显然还没有出来。为此，可继续使用 l 命令来显示后面的行：

```
(gdb) l
13
14         return 0;
15     }
```

好了，我们已经知道 while 语句之后是 return 语句，它的行号是 14，现在就可以用 b 命令设置一个新的断点：

```
(gdb) b 14
Breakpoint 2 at 0x401583: file c0201.c, line 14.
```

现在，可以用一个新的命令"c"或者"continue"来持续执行程序，直至遇到断点或者程序结束。因为已经设置断点，故程序将持续执行，在第 14 行处停下：

```
(gdb) c
Continuing.

Thread 1 hit Breakpoint 2, main () at c0201.c:14
14         return 0;
```

非常好，既然已经退出了 while 循环，说明累加过程已经成功结束，变量 sum 的值就是累加结果。我们来看看它到底是多少：

```
(gdb) p {n, sum}
$10 = {101, 5050}
```

显然，变量 n 的当前值是 101，变量 sum 的当前值是 5050，和高斯同学的结果一模一样。

本次调试即将结束，我们可以先用 c 命令让程序"跑完全程"，然后再用"q"或者"quit"结束本次调试工作，这将使得调试器 GDB 结束运行并返回到操作系统：

```
(gdb) c
Continuing.
```

```
[Inferior 1 (process 1500) exited normally]
(gdb) q

D:\exampls>
```

即使是对于一个经验非常丰富的程序员来说，在编写程序的时候也避免不了出错。程序中的语法错误通常可以在翻译阶段就能被诊断出来，但逻辑错误却很难被发现和纠正，比如在解决问题时使用了错误或者不完备的方法。在这种情况下，调试器可能是唯一的救命稻草。通过设置适当的断点，你可以观察结果并和预期的结果进行比较以缩小问题代码的范围，并最终发现问题所在。

GDB 是非常强大的工具，它的用法可以写一本厚厚的书，上述调试过程虽然只能说是蜻蜓点水、走马观花，但对于本书后续的讲解来说应该足够了。

练习 2.1

1. 你可曾想过如何检验关系运算符<=的结果（或者说关系表达式的值）？很简单，将该表达式的值保存到一个变量，在调试器里设置断点并检查变量的值就可以办到。在下面的程序里，第一条语句是将表达式 5 <= 6 的值写入变量 m；第二次是将表达式 33 <= 32 的值写入变量 m。请编辑、保存、翻译并调试这个程序，在第一条语句那里设置断点，然后使用 n 命令和 p 命令观察变量 m 的值如何变化。注意：关系运算符的优先级高于赋值运算符。

```
int main (void)
{
    int m;
    m = 5 <= 6;
    m = 33 <= 32;

    return 0;
}
```

2. 在上一章里我们曾经说过，语句

```
n = 1;
sum = 0;
```

可以合并为一条语句：

```
n = (sum = 0) + 1;
```

请修改源文件 c0201.c，将那两条语句替换为这条语句。然后，翻译并调试新生成的可执行文件，观察这条语句执行后变量 n 和 sum 的值是多少。

2.4 集成开发环境

最早，程序设计的各个阶段都要用不同的工具软件来进行处理，比如要先用文本编辑器来创建源文件，然后用 C 实现来翻译程序并生成可执行文件。如果程序的执行不正确，还要用调试器来分析产生问题的原因，然后从头再来。在这个过程中，程序员必须在几种软件之间来回切换进行操作。

为了方便操作，后来出现了一种"容器"性质的软件，它提供文本创建、编辑、保存、翻译、运行和调试命令，当程序员选择这些命令时，它将调用相应的软件来完成这些操作。这相当于提供了一种方便、友好、简易和一致的操作环境，称为集成开发环境。

集成开发环境是一个软件工具，"集成"表明了它是多种功能的合体，这些功能都在同一个界面下完成。比如，它有一个内置的文本编辑器，允许你创建、编辑、保存源文件；它可以调用翻译器来翻译你的源程序；它可以让你在不用离开该集成环境的情况下就能运行翻译之后的可执行程序并看到结果；如果在翻译的过程中发现了错误，它还可以为你显示这些诊断消息，包括出错的位置和错误原因。最后，它还可以调用调试器来调试你的程序，显示程序运行时的状态，这将有助于你更快地分析和定位程序中的各种问题，而且这一切工作都在同一个集成的、整体的界面环境中完成。

一个集成开发环境的例子是 Code::Blocks，它是一个专为 C、C++ 和 Fortran 语言定制的集成开发环境，而且是一个开放源代码的自由软件，既有 Linux 发行版，也有 Windows 发行版，你可以通过网络链接 http://www.codeblocks.org/ 来了解、下载和安装它。

之所以介绍 Code::Blocks 是因为它很简单，图 2-3 显示了它工作时的界面，源文件的创建、编辑、保存、翻译、运行和调试功能可以通过窗口顶部的菜单和工具栏完成，源文件的编辑工作在窗口的编辑区进行。从图中还可以看出 Code::Blocks 当前正处于调试状态，断点设置在 return 语句所在的那一行，程序已经执行到这里，而且正在等待进一步的指示。悬浮的小窗口内部显示了我们要观察的变量 n 和 sum，它们的当前值分别为 101 和 5050。

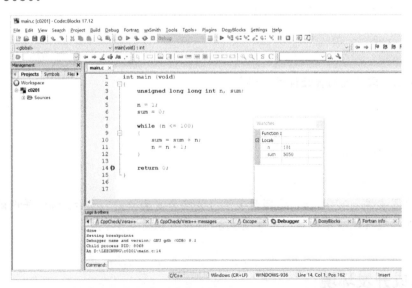

图 2-3　Code::Blocks 工作时的界面

很多集成开发环境并不包括翻译器和调试器，因为它们并不是一个集成开发环境的必要组成部分。在这种情况下，你可以单独安装翻译器和调试器软件，然后使它们和集成开发环境建立关联，使得集成开发环境能够调用它们。不过，很多集成开发环境是为特定的程序设计语言而生的，会绑定默认的翻译器和调试器，例如微软公司的 Visual Studio 系列。

对 Windows 用户来说，Code::Blocks 提供了好几个版本。有的版本带有翻译器 GCC 和调试器 GDB，但我们建议下载安装不带 GCC 和 GDB 的版本，因为它所包含的 GCC 并不是 MinGW_W64，而是原先的 MinGW，而且版本很老。因为不带有 GCC 和 GDB，所以在安装完之后还必须加以配置才能工作。我并不建议使用集成开发环境来完成本书的学习，但如果你想体验一下也是可以的。关于如何安装和配置 Code::Blocks，可以通过网络搜索相应的教程，在我的网站 http://www.lizhongc.com/ 也提供了教程。

2.5　执行环境

我们知道，不同的处理器具有不同的机器指令集，为一种处理器编写的程序在另一种不同的处理器上无法识别和执行，这就解释了为什么用机器语言和汇编语言编写的程序不能运行在另一种截然不同的计算机上。

不过 C 是高级语言，用它编写的程序更像是在用人类的自然语言描述做什么事情、怎么做，而并不直接对应于任何机器指令，所以在翻译一个 C 程序时，需要指明处理器类型或者计算机架构，这样才能有针对性地翻译成机器指令的序列，这也解释了为什么人们经常说 C 是可移植的语言。例如，为了使用英特尔奔腾 4 处理器的机器指令来生成可执行文件，可以用下面的方法来翻译源文件，-march 选项用于指定一个处理器类型：

```
gcc -march=pentium4 c0201.c
```

然而在我们日常的应用中，这个选项通常是不需要的，C 实现会自动应用一个适当的处理器类型。这是因为从本质上说，C 实现并不是什么神奇的东西，它只是普通的可执行程序，只不过它能生成别的可执行程序。

和别的可执行程序一样，每个特定的 C 实现都是针对特定的操作系统而开发的，而每一个操作系统都只运行在特定的处理器上。比如说，GCC 不是"一套"软件，它有不同的版本，每个版本只针对特定的处理器—操作系统组合。大体上，你所选择和安装的版本是与你所用的处理器和操作系统相契合的，而这自然也就成了它翻译源文件时的默认选项。如果程序的编写和运行都在同一台计算机上，这种默认的行为没有什么问题；如果生成的可执行文件将要运行在别的计算机上，而它使用了另一款迥异的处理器，则必须使用 -march 选项来用那种处理器的机器指令生成可执行文件。

除此之外，在翻译一个 C 程序时，还要考虑操作系统的问题。操作系统的作用主要有两个，第一个作用是为人们的日常操作提供便利。拿大家比较熟悉的 Windows 来说，一开机，就出现了桌面和开始菜单，桌面上有程序和文档的图标，菜单里有程序列表。双击桌面上的图标，程序就开始运行，或者文档被打开以供浏览、编辑、通过网络发送或者打印；在程序列表中选择一个程序，那个程序就能开始运行。如果没有操作系统，你将无法完成各种操作，也没办法使用计算机。

操作系统的第二个作用是管理硬件和软件（程序），你能够在 Windows、Linux 等操作系统里随意地执行任何一个程序，是因为它们都服从操作系统的组织和管理。当你安装一个程序时，由操作系统负责提供磁盘空间——磁盘空间是由操作系统来统一管理的，如果每个程序都不服从统一管理而任意读写磁盘空间，就会乱套，甚至覆盖其他程序的内容；当你运行一个程序时，由操作系统负责将其载入内存中的空闲区域并将处理器的控制权交付于它。物理内存是有限的，且由操作系统管理，操作系统知道哪些位置是空闲的，可以使用。操作系统大都是多任务的，可以同时打开和运行多个程序。如果内存紧张，没有空闲位置，它可以将别的程序移到磁盘上以腾出空间来运行新程序。如果同时运行的程序很多，操作系统还要对它们进行周期性的轮转和调度，好让它们都有机会在处理器上执行，看上去就像所有程序都在同时运行一样。

对于程序员来说，使用操作系统的好处是既方便又省力。在没有操作系统的日子里，程序员非常自由，但这种自由的代价是任何事都要亲力亲为，任务很繁重。首先，电脑由很多硬件组成，他需要自己编写代码来管理和使用那些硬件。比如，他需要亲自将文档的内容转换成适合打印机的格式，并编写代码来驱动打印机工作；他需要亲自安排文件在硬盘上的存储形式和存储位置，并编写代码来驱动和访问硬盘。如果他希望电脑在同一时间能运行自己的好几个程序，还必须亲自编写代码来控制哪一个程序暂停，哪一个程序再次投入运行。总之，他要做的事情实在是太多了，这还没有考虑到一个前提条件：如何将编写的程序装入内存，然后让处理器执行？这事情必须得自己想办法来做！

操作系统为程序员们做了大部分的底层工作，它提供了各种设备的驱动和管理功能，这样一来，程序员就不用再编写直接和设备打交道的程序了。如果程序员编写的程序想保存些东西到硬盘，那他可以简单地将要保存的内容提交给操作系统，请求它来完成硬盘控制和数据保存工作。至于保存到哪里，怎么保存，都不重要，只要下次还能读出来就行了。同时，如果有多个程序都在同一时间访问同一个设备，操作系统也能对这些请求进行仲裁和调度，提供排队功能。

当然，也有很多程序不依赖操作系统这类软件就能自主地运行，最典型的就是操作系统本身，以及种类繁多的嵌入式计算机软件，比如智能家电、仪器仪表和工业控制设备内部的控制软件。在这种非通用的电脑上，你要编写的程序通常对硬件有全部的控制权，通常也不借助于其他程序的帮助就能开始运行。

对于 C 程序员来说，你开发的程序需要操作系统或者其他系统软件的支持吗？还是不需要？这是个大问题，有没有操作系统或者其他系统软件的支撑，这是个运行环境，称为执行环境。执行环境是需要在编写程序前就提前规划的。如果你在写程序之前就决定让它运行在操作系统或者其他系统软件之上，那么，该程序的执行环境属于宿主环境；相反，如果你决定让程序能够独立运行，不借助于操作系统或者其他系统软件的帮助，那么，该程序的执行环境属于独立环境。

注意，宿主环境和独立环境与电脑有没有安装操作系统或者其他系统软件无关。即使你的台式 PC 安装了操作系统或者其他系统软件，但是，你的程序在运行时不需要预先启动操作系统，也不需要操作系统或者其他系统软件的任何支持，那这个程序的执行环境也必须不折不扣地被视为独立环境。

所以，从本质上讲，执行环境并不是指你拥有什么样的电脑，也不是指程序将要运行的电脑有没有操作系统或者其他系统软件，而是指，你决定让程序运行的环境是什么（需不需要操作系统或者其他系统软件的支撑）。

一个我们熟悉的、运行于独立环境下的程序实例是操作系统内核。操作系统不需要借助于任何其他操作系统就能自主运行，但它的确可以用 C 语言来编写。要知道，C 语言的其中一个标签就是"系统开发语言"。

在用 C 语言书写程序时，如果它是针对宿主环境的，那么，源文件中必须有一个名字叫作 main 的函数。但，这是为什么呢？

首先，为了生成一个运行在宿主式环境下的可执行程序，你需要在翻译的时候给出一个选项来告诉 C 实现，生成的可执行程序需要借助于操作系统这样的系统软件才能运行。例如，对于 GCC，这个选项是-fhosted：

```
gcc -fhosted c0201.c
```

当然，这个选项通常是不需要的，因为 GCC 的默认动作是生成宿主式环境的可执行程序。

我们知道，操作系统的功能之一是管理应用程序。当我们在 Windows 下双击一个程序的图标时，操作系统要读取并分析这个程序，为它分配内存空间，加载它，做一些初始化的工作，然后把处理器的控制权交给它。

所以，在这种情况下，C 实现不单单要依据你的源文件来生成相应的机器代码，还要根据操作系统的要求附加一些特定的代码和数据，这样，操作系统就可以根据这些数据知道如何加载这个应用程序，而这些附加的代码则用于执行一个初始化过程，创建一个可以和操作系统通信的特定的工作环境。一旦初始化完成，这段初始化代码就可以调用函数 main，从而正式开始运行应用程序。所以，对于运行于宿主环境的程序来说，函数 main 其实是指定了一个入口点。"main"是一个约定的名字，C 实现翻译一个程序时，它需要根据这个名字来找到充当入口点的那个函数。

相反地，如果要将 C 的源文件翻译成在独立环境下执行的程序，那么，他可以在运行翻译程序时提供翻译选项，告诉翻译程序，生成的可执行程序必须脱离像操作系统这样的系统软件而独立运行。此时，生成的机器代码比较"纯粹"，与你在 C 源文件中表达的意图一致。除此之外，基本上不包含更多额外的东西。

比如，如果使用 GCC，则-ffreestanding 和-nostartfiles 选项用于指定生成独立式环境的可执行文件：

```
gcc -ffreestanding -nostartfiles c0201.c
```

那么，是不是独立环境下的 C 程序就不能有 main 函数？非也。只不过，如果你希望 C 实现将源文件翻译成在独立环境下运行的程序，那么，翻译程序将不再特殊看待这个 main 函数，而将它视为一个普通的函数。

在前面，我们已经编写了一个能够从 1 加到 100 的程序，这个程序没有任何问题，翻译后可以得到能够在宿主式环境下运行的程序，但是程序运行后不会显示任何结果，计算结果只能在调试器里观察到。

对于 C 语言的初学者来说，不能在屏幕上显示程序的运行结果，会让他们觉得心里空落落的，像少了点什么，不踏实。但是我们已经说了，就我们目前所掌握的知识，尚不足以展开这方面的讨论，还需要再拖一拖，留到后面的章节里揭晓。

实际上，不能在屏幕上显示结果是一件好事，这可以促使大家熟悉调试器，在调试器中观察程序的行为和执行结果，我们的学生通常缺乏这种训练。程序调试是一门很重要的技能，很多时候，程序中的问题不是靠在屏幕上输出结果来发现的，而必须依靠调试器来观察和分析。

2.6 从 1 加到 N

在上一章里我们讲到了函数，函数是一个可重复使用的代码块，对函数的使用要通过所谓的函数调用来进行。每个函数只做固定的工作，但每次做可能不完全一样。比如计算圆周率，计算方法是固定的，但每次给定的半径却不同，得出的结果自然也不同。

相似地，如果我们不满足于从 1 加到 100，而是想加到 1 000 000 000 以内的任何数，该怎么办呢？这就是函数大显身手的时候了。在下面的程序中，我们将编写一个独立的函数来做到以不变应万变。

```
/*******************c0202.c*****************/
unsigned long long int cusum (unsigned long long int r)
{
    unsigned long long int n, sum;

    n = 1;
    sum = 0;

    while (n <= r)
    {
        sum = sum + n;
        n = n + 1;
    }

    return sum;
}

/*从现在开始，为节省篇幅、节约纸张，main 函数一律不再包含末尾的 return 0;语句，
  但请确保你的 C 实现支持 C99（噢，很少有不支持的了）。*/
int main (void)
{
    unsigned long long int x, y, z;

    x = cusum (10);
    y = cusum (100);
    z = cusum (1000);
}   //此函数没有 return 语句，程序执行到此花括号时，如同执行了 return 0;
```

2.6.1 注释

对于初学者来说，初次接触稍微大一点的程序，有些眼花缭乱，这是可以理解的。凡事就怕解释，一解释，就都清楚了。

在这个程序中包含了一些说明性的文字，这部分内容称为注释。虽然说用高级语言编程有点像说话，但毕竟和说话还差很远，不是那么容易理解。程序写完之后，别人在读的时候不知道你为啥要这样写，都实现了什么功能；即使是你自己，时间一长，也不知道当初为啥要这样写。为了帮助别人理解你的程序，同时也为了有助于自己恢复记忆，就需要在程序中夹带一些说明性的文字，这就是注释。

注释是给人看的，对于实现程序的功能来说并无作用。但是，它夹在程序中，难免会让翻译器误会，以为它是正常的声明和语句。为此，可以将注释的内容夹在"/*"和"*/"之间。当翻译器遇到"/*"的时候，它就把后面的内容当成注释予以忽略；当它遇到"*/"时就知道注释在这里结束。

因为具有开始标记"/*"和结束标记"*/"，这种注释的内容可以超过一行，所以又称多行注释。相反地，还有一种以"//"开始的注释，它只能延续到当前行的行尾，所以又称为单行注释。

多行注释是C语言诞生时就支持的形式，而单行注释是从C99才开始引入的。在翻译一个程序时，在正式的翻译工作开始前，每个注释都被替换为一个空格字符。

2.6.2 函数调用和函数调用运算符

在这个程序里，除了 main 函数，还有一个叫作 cusum 的函数。我们说过，函数可以从它的调用者那里接收数据以供内部使用，但是，要想接收这些数据，而且能够在函数内部使用，必须依赖于变量。为此，就要在函数名后面的圆括号内声明这些变量以接受调用者传来的数据。作为函数声明的一部分，这些在圆括号内声明的变量称为参数。在这里，所谓的参数就是 r，其类型为 unsigned long long int，简称参数 r。

习惯上，我们把参数 r 叫作形式参数，简称形参。本质上，参数是从外部传递到函数内部的数值，变量 r 只是承载这个数值的中转容器，是形式上的参数，而不是实际的参数，传递的内容（值）才是实际的参数，这就是"形参"这个名称的由来。

函数是可以反复执行的，每调用一次，它就执行一次。每当函数开始它的一次执行时，就会创建圆括号内声明的参数变量；而当函数返回后，这些变量被销毁。所以，每当 cusum 函数开始执行时，就会创建一个变量以接受调用者传递的值，这个变量由标识符 r 指示和代表着，可称之为变量 r，或者参数变量 r。

所谓的"销毁"只是一种形象的说法，变量是一个存储区，没有谁能够毁掉它，它一直就在那里，在存储器或者处理器中。因此，所谓的"销毁"仅仅是指你不能再合法地使用它了，这个存储区域恢复了自由之身，或者又分配给别的用途了。

函数是一个可反复使用的代码块，对它的使用是通过所谓的函数调用进行的，如果函数的返回类型不是 void，则每次调用后还将返回一个数值。

来看 main 函数，我们先是声明了三个 unsigned long long int 类型的变量 x、

y 和 z。然后，语句

    x = cusum (10);

的意思是调用函数 cusum 并将数字 10 传递给函数的参数 r，然后，等函数返回后，将返回值保存到变量 x。

当然，这只是大体的说法，对于这条语句我们还必须做更细致的分析。首先，该语句是一个表达式语句，由表达式 x = cusum (10) 和一个分号 ";" 组成。在这个表达式里有一个赋值运算符和一对圆括号，赋值运算符我们认识，但也别把土豆不当干粮，这一对圆括号也是运算符，称为函数调用运算符。

函数调用运算符的优先级高于赋值运算符，所以，这里的 cusum 是函数调用运算符的操作数，而赋值运算符的操作数是左值 x 和表达式 cusum (10) 的值。

在函数的声明里，标识符 cusum 的身份是函数的名字，而当它出现在一个表达式应该出现的位置时，它的身份是表达式，用于指示或者说代表一个函数。在 C 语言里，指示或者代表函数的表达式叫作函数指示符。

显然，如果一个函数指示符的后面是一对圆括号，那它们就合在一起形成一个更大的表达式，称为函数调用表达式。函数指示符是函数调用运算符的左操作数，其他操作数位于圆括号内部，它们是传递给函数的实际参数。

在 C 语言里，每个表达式都有值。表达式 2 + 3 的值是 5，而对于函数调用表达式来说，它的值是函数调用的返回值，这也是函数调用运算符的结果。如果函数的返回类型是 void，则函数返回空值，且函数调用表达式的值也是空值。

对于初学者来说，他们关注的重点往往在函数调用本身，而忽略了函数调用表达式还会有值。对于表达式 x = cusum (10) 来说，你应该忘记子表达式 cusum (10) 会发起函数调用的这个事实，而把它看成一个黑盒子，这个黑盒子最终会化为一个值，并被保存到变量 x 中。

在 main 函数内的第一条语句里，函数调用表达式 cusum (10) 引发函数的第一次执行。当函数 cusum 开始执行时，创建参数变量 r 并将它的存储值修改为调用者传递的参数值 10，然后，变量 r 就可以在函数内部使用了。

我们说过，参数是从外部传递到函数内部的数值，这个数值是由函数的调用者通过函数调用表达式提供的，这才是实际上的参数。习惯上，我们把由调用者给出的实际上的参数称为实际参数，简称实参。

后面两条语句

    y = cusum (100);
    z = cusum (1000);

执行动作与第一条语句没有本质区别，唯一的区别是传递的实参不同，函数的返回值也不同，读者可以通过调试器 GDB 观察变量 x、y 和 z 的值。

2.6.3 函数原型

现在回到程序开头，将注意力放在函数 cusum 的函数体，它的大部分内容都是我们在上一章里讲过的，变化不大。和从前一样，我们首先声明了两个变量 n 和 sum，然后分别用表达式语句来修改它们的值。和变量 r 一样，变量 n 和 sum 也是在函数 cusum 开始执行时被创建和开辟出来的，在函数返回时销毁。当下一次再调用此函数时，又将创建和开辟新的变量 r、n 和 sum。

这就是说，变量 r、n 和 sum 只存在于程序运行过程中的某一段时间。事实就是这样，有些变量的存在时间很长，甚至和整个程序的运行时间一样长，而有些变量的存在时间很短。不管多长多短，变量在程序运行时的存在时间称为变量的生存期。

和上一章相比，while 语句有一点变化，那就是它的控制表达式变成了 n <= r，而不是从前的 n <= 100。所以，现在是用变量 n 的值和变量 r 的值做比较，这要先分别对子表达式 n 和 r 进行左值转换，再对转换后的值进行比较。

在函数体的末尾，return 语句结束当前函数的执行，将控制返回到它的调用者。左值转换是普遍存在的，该语句在执行时，先计算表达式 sum 的值，也就是先进行左值转换，然后向调用者返回转换后的值。

就这样，函数 cusum 结束了它的一次执行。现在回到 main 函数，有三条语句都调用了 cusum 函数，除了传递的实际参数不同外，它们的执行过程其实都差不多。

程序的执行和函数声明的先后次序没有任何关系，在程序中，虽然说 cusum 函数声明在前而 main 函数的声明在后，但是，程序启动后将首先调用 main 函数。

然而，虽然程序的执行顺序和函数的相对位置无关，但却会影响函数调用本身。我们已经说过，变量必须先声明后使用，函数也是这样，函数的声明必须位于函数调用之前。函数的声明有两种形式，一种是带有函数体的函数声明，另一种是不带函数体的函数声明，带有函数体的函数声明称为函数定义。

在源文件 c0202.c 中，函数 cusum 的定义位于 main 函数之前，之后才在 main 函数内调用了它。但是，如下面的程序所示，如果我们将 cusum 函数的定义放在 main 函数之后，则必须在调用之前做一个不带函数体的声明。

```
/****************c0203.c****************/
unsigned long long int cusum (unsigned long long int);

int main (void)
{
    unsigned long long int x, y, z;

    x = cusum (10);
    y = cusum (100);
    z = cusum (1000);
}

unsigned long long int cusum (unsigned long long int r)
{
    unsigned long long int n, sum;

    n = 1;
    sum = 0;

    while (n <= r)
```

```
      {
         sum = sum + n;
         n = n + 1;
      }

      return sum;
   }
```

在不带函数体的函数声明中，参数列表中的标识符（形参的名字）可以省略，而且该声明必须以分号";"结束。因此，以下两种声明方式都是合法的：

```
unsigned long long int cusum (unsigned long long int r);
unsigned long long int cusum (unsigned long long int);
```

在程序翻译期间，翻译器对函数调用作语法检查，看参数的数量和类型是否与函数的声明一致。如果不一致，将输出错误信息并中止翻译过程。

练习 2.2

是否可以用表达式 cusum() 和 cusum (100, 20) 来调用函数 cusum？为什么？请上机验证。

在 C 语言诞生之初，函数的声明并不是这个样子的，用今天的眼光来看，着实十分古怪。以源文件 c0203.c 为例，要是用早期的方式来写，会是什么样子呢？

经过改写的源文件如下所示，但并不是完全"仿真"的，因为在那个时代，C 语言还没有引入 unsigned long long int 类型。

```
/***************c0204.c***************/
unsigned long long int cusum ();        //D1

main ()                                 //D2
{
   unsigned long long int x, y, z;

   x = cusum (10);
   y = cusum (100);
   z = cusum (1000, 1200);              //S1

   return 0;
}

unsigned long long int cusum (r)        //D3
unsigned long long int r;               //D4
{
   unsigned long long int n, sum;
```

```
            n = 1;
            sum = 0;

            while (n <= r)
            {
                sum = sum + n;
                n = n + 1;
            }

            return sum;
    }
```

先来看 main 函数的声明，它从 D2 处开始。可以看出，函数 main 的声明中没有返回类型，这在当时是允许的，如果函数的返回类型是 int 的话，则它可以省略。另一个显著的特点是函数名右边只是一对圆括号，内容为空。在那个时代，C 语言里还没有引入关键字 "void"，如果函数没有参数，它只能这样写。事实上，即使函数有参数，不带函数体的函数声明也必须这样写。

从 D3 处开始的部分是函数 cusum 的声明，因为带有函数体，这也是它的定义。但是这种定义方式很奇怪，函数名右边的圆括号内只允许是参数的名字（标识符），对参数的声明（D4）夹在 D3 和函数体的左花括号 "{" 之间。

和现在一样，函数在调用前必须声明。如果函数的定义位于 main 函数之后，则它必须有一个不带函数体的声明。在程序中，函数 cusum 是在函数 main 之后定义的，为了在函数 main 内调用它，D1 处是它的前置声明。按照以往的惯例，函数名右边的圆括号内应当为空。

由于 D1 处的声明并未指定参数信息，对此函数的调用就只能依靠程序员的自律了。如果他胡来，也没有办法阻止。如语句 S1 所示，即使我们知道这个函数只接受一个参数，我们也可以为它传递两个甚至多个参数。在翻译期间，翻译器连吭都不吭一声，因为它无法从 D1 处获得参数的数量和类型信息。

标准化之后的 C 语言借鉴了其他编程语言的经验，对函数的声明做了改进，其中最主要的一点是将参数的声明放在函数名后面的圆括号内，而且必须指定参数的类型；如果函数的声明不带函数体，可省略参数的名字，但必须指定其类型。现在，我们把**带有参数类型声明的函数声明称为函数原型。引入原型的目的是与传统的 K&R C 函数声明相区分**。

引入函数原型的原因是便于 C 实现在程序翻译期间实施类型检查。在调用函数时，如果参数的数量和类型与函数的声明不匹配，则它很容易被检查出来。

练习 2.3

在变量的声明中，标识符是变量的名字，在表达式里，它是一个代表变量的（　　）；在函数的声明中，标识符是函数的名字，在表达式里，它是一个代表函数的（　　）；带函数体的函数声明被称为（　　）。

备选答案：（A）函数定义　（B）函数指示符　（C）左值

第 3 章
更多的相加方法

　　手里的工具种类多了,就能做更多的事情,做起事来也更加灵活。C 是一门强大、灵活、简洁的语言,这些特性源自它提供了众多的运算符和语句类型。在这一章里,我们将通过改写 cusum 函数来认识其中的一部分。在这个过程中,我们将进一步了解这门编程语言,学习它的更多知识和特性。

第 3 章 更多的相加方法

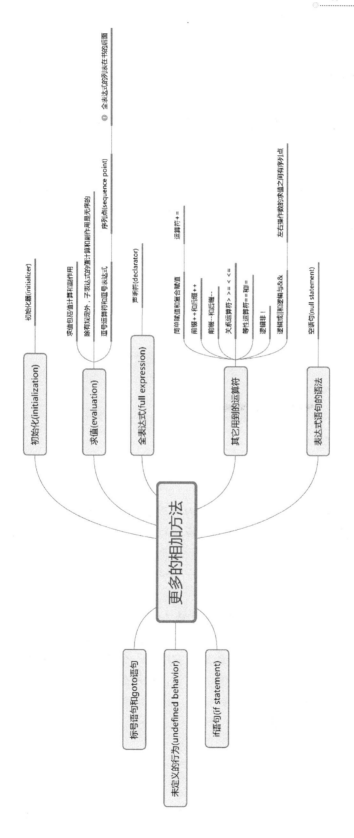

3.1 变量的初始化

在原先的程序中，我们先是声明了变量 n 和 sum，然后用两条语句将它们的存储值分别修改为 1 和 0。

然而，C 语言允许我们在声明 n 和 sum 的时候分别指定一个初始值。如此一来，我们就不再需要用两条语句来显式地修改变量的存储值。以下是程序的最新版本。

```
/*****************c0301.c*****************/
unsigned long long int cusum (unsigned long long int r)
{
    unsigned long long int n = 1, sum = 0;

    while (n <= r)
    {
        sum = sum + n;
        n = n + 1;
    }

    return sum;
}

int main (void)
{
    unsigned long long int res = cusum (1000);
}
```

请注意，相较于以前的版本，函数 cusum 内的声明部分已经改变，声明之后的两条语句也已经被移除。在变量 n 和 sum 的声明中，标识符 n 和 sum 分别用 "=" 连接了一个指定初始值的成分，这个成分叫作初始化器。

在 main 函数内，变量 res 的声明里也有一个初始化器 cusum (1000)，这显然是一个函数调用表达式。

注意，我们是在讨论声明而不是表达式，符号 "=" 并不是数学里的等号或者等于，也不是赋值表达式里的赋值运算符，这是一种新的用法，其含义可理解为"来自"。

初始化器的作用是在变量创建时，自动地为它赋予一个初始的值。初始化器可以是表达式，比如这里的 0、1 和 cusum (1000)。注意，并不是所有的变量在声明时都可以有初始化器，函数参数的声明里不得含有初始化器。这就是说，参数 r 的声明不允许用 "=" 连接一个初始化器，这是 C 语言的规定。

> **练习 3.1**
>
> 实验一下，如果为函数 cusum 的参数 r 添加一个初始化器，会怎么样？

3.2 认识复合赋值

接下来，我们继续修改 cusum 函数。这次主要针对 while 语句的循环体，目标是让它变得简洁。简单的语句和表达式不但看起来清爽，也能少打字，何乐而不为。下面就是修改之后的 cusum 函数。

```
unsigned long long int cusum (unsigned long long int r)
{
    unsigned long long int n = 1, sum = 0;

    while (n <= r)
    {
        sum += n;
        n += 1;
    }

    return sum;
}
```

观察一下，你会发现组成循环体的两条语句和以前不一样，变短了，没有了运算符+和运算符=，代之以新的运算符+=。尽管如此，这两条新语句依然是表达式语句，依然是由表达式和分号组成的。

运算符"="仅仅是将其右操作数的值赋给左操作数，所以称为"简单赋值"。新的运算符+=用来取代原先的"="和"+"，但综合了它们的语义，所以它既执行相加操作，也执行赋值操作，故称为复合赋值运算符。注意，复合赋值运算符+=的"+"和"="必须连写，不能分开。

复合赋值运算符有很多种，"+="只是其中之一，其他复合赋值运算符将在本书的后面接触到。和简单赋值运算符一样，复合赋值运算符也需要一左一右两个操作数，而且它的左操作数必须是左值，但并不执行左值转换。

表达式 sum += n 等价于表达式 sum = sum + n，但是在语义上并不一样。前者是将变量 n 的值加到变量 sum，对变量 sum 只操作一次（只需要一条将变量 n 的值加到变量 sum 的机器指令或者汇编语言指令）；后者是读取变量 sum 和 n 的值相加后再保存到变量 sum，对变量 sum 操作两次（需要先读变量 sum 的值，再保存新值到变量 sum，这需要两条机器指令或者汇编语言指令）。

C 语言规定，复合赋值运算符的左操作数必须是一个左值，但不执行左值转换，而是用于接受赋值。所有表达式都有值，复合赋值表达式也不例外，它的值是复合赋值运算符的左操作数被赋值之后的新值。这就是说，表达式 sum += n 的值是左值 sum 被赋值之后的新值。

在第 1 章里我们已经讲过副作用，有句俗话叫"搂草打兔子"，套用在这里一点都不为过。你看，我们本来是要计算表达式的值，还顺带把变量的值也给改了，这就是副作用。简单赋值表达式有副作用，复合赋值表达式也有副作用，它们都会修改变量的存储值。例如在表达式 sum += n 里，变量 sum 的值就被修改为它原来的值和变量 n 的值相加的结果。

同理，表达式 n += 1 等价于表达式 n = n + 1。不同之处在于，n += 1 中的 n 不执行左值转换，而仅仅是将 1 加到变量 n 并覆盖它原来的值。因此，n += 1 也是有副作用的表达式。

3.3 认识递增运算符

我们知道，表达式 n = n + 1 是赋值表达式，可以用复合赋值表达式 n += 1 来完成相同的操作。

如果仅仅是将变量 n 的存储值在原来的基础上加 1，则表达式 n = n + 1 还有更简单的写法，那就是使用 "++" 运算符。注意，这两个 "+" 必须连写，不能分开。

该运算符只有一个操作数，这个操作数可以在左（前）边，也可以在右（后）边，也就是分为前缀形式和后缀形式。如果使用前缀形式，则语句

    n += 1;

可以改写成这样：

    ++ n;

相反地，如果使用后缀形式，可以改写成这样：

    n ++;

这里实际上是两个运算符，前缀形式的 ++ 称为前缀递增运算符，后缀形式的 ++ 称为后缀递增运算符。注意，不管是前缀递增运算符，还是后缀递增运算符，它们的操作数都必须是左值，且不执行左值转换，++ 5 和 6 ++ 都是非法的。

表达式 ++ n 和 n ++ 都是具有副作用的表达式，它们的副作用一样，都是导致变量 n 的存储值被修改为加 1 之后的值。因此，不管是采用哪一种写法，如果变量 n 原先的值是 1，则不管执行这两条语句中的哪一个，执行之后，变量 n 的值都会变成 2。

这样看来，表达式 ++ n 和 n ++ 似乎没有什么区别。然而，C 语言的发明者显然不会如此无聊。

在前缀形式中，表达式的值（前缀递增运算符的结果）是操作数加 1 之后的值。这就是说，如果变量 n 原来的值是 1，则表达式 ++ n 的值是 2；在后缀形式中，表达式的值（后缀递增运算符的结果）是操作数加 1 之前的原值。这就是说，如果变量 n 原来的值是 1，则表达式 n ++ 的值是 1。

需要再次强调的是，和赋值运算符的左操作数一样，前缀递增和后缀递增运算符的操作数不执行左值转换。

练习 3.2

你可曾想过怎样才能验证前缀递增和后缀递增运算符的结果是不同的？通过上机翻译并调试以下程序就可以做到（前缀递增和后缀递增运算符的优先级都高于赋值运算符）。

```
int main (void)
{
    int x = 0, y, z;

    y = ++ x;
    z = x ++;
}
```

请编辑和保存上述程序，用 -g 参数翻译为可执行文件，然后调试该程序。在第一条语句那里设置断点，然后运行到断点处，单步执行，观察变量 x、y 和 z 的值如何变化。

3.4 初识复杂的表达式

显然，表达式 ++ n 和 n ++ 的值是不一样的。也正是利用了这一点，前面的 while 语句可以进一步改写为：

```
while (n <= r)
{
    sum = sum + n ++;
}
```

在这里，表达式 sum = sum + n ++ 涉及三种运算符，运算符 "++" 在这里的优先级最高，"+" 次之，"=" 的优先级最低。因此，运算符 ++ 的操作数是 n；运算符 + 的操作数是子表达式 n ++ 的值和中间那个 sum 的值；运算符 = 的操作数则是 sum + n ++ 的值和左值 sum。说到底，这还是一个赋值表达式，等价于 sum = (sum + (n ++))，而且这个表达式还有更新变量 sum 和 n 的存储值的副作用。

在第 1 章里我们已经强调过，操作数的值计算要先于运算符的值计算，也就是先要计算操作数的值，再得到运算符的结果。在这里，要得到表达式 sum = sum + n ++ 的值（也就是运算符 = 的结果）就必须先计算子表达式 sum + n ++ 的值；要计算表达式 sum + n ++ 的值（也就是运算符 + 的结果）就必须先计算子表达式 sum 和 n ++ 的值。子表达式 sum 的值是其左值转换后的值；子表达式 n ++ 的值是变量 n 递增前的原值。

所以，表达式 sum = sum + n ++ 的功能是将变量 n 递增前的原值和变量 sum 的值相加，结果依然保存到变量 sum 中。该表达式具有两个副作用，一是修改变量 sum 的存储值；二是递增变量 n 的存储值。

在 while 语句的累加过程中，每次都是先用变量 n 递增前的原值和变量 sum 的原值相加，结果再存回变量 sum，表达式 sum = sum + n ++ 正是利用了后缀递增运算符的一个特点：该运算符的值是其操作数递增前的原值。

在第 1 章里我们就已经给出了 while 语句的语法，也知道它的循环体不要求非得是复合语句。在这里，复合语句的花括号内只有一条表达式语句，在这种情况下花括号是可有可无的，还不如将花括号去掉，就像这样：

```
while (n <= r)
    sum = sum + n ++;
```

我们知道 C 语言对程序的格式不做特殊要求，因为这个 while 语句很简单，占用两行似乎太浪费空间了，用一行来书写就行：

```
while (n <= r) sum = sum + n ++;
```

所有赋值运算符的优先级相同，包括赋值运算符=和赋值运算符+=，但后者比前者在用法上更简洁。为此，我们甚至可以这样改写上述 while 语句：

```
while (n <= r) sum += n ++;
```

在这里，表达式 sum += n ++ 是将表达式 n ++ 的值加到变量 sum，等价于 sum = sum + n ++。

练习 3.3

可以把表达式 sum = sum + n ++ 改成 sum = sum + ++ n 吗？为什么？上机验证你的想法（重点是看结果是否正确）。

3.5　认识关系运算符

从本书一开始到现在，我们在 while 语句的控制表达式里用的都是运算符"<="。实际上，该运算符是关系运算符，C 语言里的关系运算符包括">""">=""<"和"<="，分别表示"大于""大于等于""小于"和"小于等于"，而"<="只是其中的一个。

所有关系运算都是非常相似且极易理解的，因此也就不需要多费口舌加以解释。对于以上关系运算符，当对应的关系成立时，关系运算符（关系表达式）的结果为 1；否则关系运算符（关系表达式）的结果为 0。如果使用大于等于运算符">="，则上述 while 语句可以是这样的：

```
while (r >= n) sum += n ++;
```

实际上，这只是一个障眼法，原来的控制表达式为 n <= r，现在是将 n 和 r 调换了一下位置，而运算符自然也要由原来的"<="改为">="。

练习 3.4

1. 若变量 n 和 sum 的初值都为 0，请修改函数 cusum 的 while 语句但不改变它的功能，要求：不得使用复合语句；只能使用关系运算符>和复合赋值运算符+=。提示：复合赋值运算符+=是从右向左结合的。

2. 若变量 n 和 sum 的初值都为 0，请修改函数 cusum 的 while 语句但不改变它的功能，要求：不得使用复合语句；只能使用关系运算符<、复合赋值运算符+=和前缀递增运算符。提示：前缀递增运算符的优先级高于复合赋值运算符。

3. 在不改变程序功能的前提下，我们将 cusum 函数做了如下修改：

```
unsigned long long int cusum (unsigned long long int r)
{
    unsigned long long int n = 0, sum = 0;

    while (n < r)
        sum = sum + n = n + 1;

    return sum;
}
```

但是，源文件在翻译的过程中出错，请解释出错的原因并改正这个错误。

4. 所有关系运算符的优先级都相同，而且都是从左往右结合的；加性运算符+也是从左往右结合的，而且它的优先级高于关系运算符。给定以下函数 f：

```
int f (int a, int b, int c, int d, int e, int f)
{
    return a + b + c > d > e <= f;
}
```

如果调用它的表达式为 f (1, 2, 3, 7, 8, 9)，则：

（a）表达式 c > d > e <= f 的意思是变量 c 的值大于变量 d 的值；变量 d 的值大于变量 e 的值；变量 e 的值大于等于变量 f 的值，对吗？为什么？

（b）为表达式 a + b + c > d > e <= f 添加适当的括号，以体现各运算符的操作数都是谁。

（c）函数 f 的返回值是多少？请添加一个 main 函数，使之成为一个完整的 C 源文件，上机验证这个结果。

3.6 求值

运算符的优先级仅仅是"一个等级，等级高的运算符优先与旁边的操作数结合"，而并不是指优先计算。运算符的结合性也一样，仅仅是在运算符的优先级相同时，指示哪一个才有权先选择操作数，和谁先计算也没有关系。对于这一点，不单单是很多 C 语言的初学者搞错，即使是那些已经学过了 C 语言的人也经常在这里栽跟头。

我想我们需要一个活生生的例子，尽管截至目前我们已经接触过很多表达式，它们都可以作为例子，但都不够典型。那么，我们先从一个最典型的例子入手。假定 a、b 和 c 都是 int 类型的变量，且我们要计算以下表达式的值：

```
++ a + b * c
```

这里出现了一个我们还没见过的运算符"*",它的作用是计算两个数的乘积,和我们平时做乘法是一样的。运算符*需要一左一右两个操作数,它的优先级比运算符+要高,但比运算符++要低,这三个运算符的优先级由高到低分别是++、*和+。现在,你能说是先计算++,再计算*,最后计算+吗?或者说,是先计算出++ a的值,再计算b * c的值,最后计算前两者的和吗?

答案是不能。

优先级高的运算符有权先选自己的操作数,所以b和c是运算符*的操作数;而a则是运算符++的操作数;运算符+的操作数只能是++ a的结果和b * c的结果。即,这个表达式等价于(++ a) + (b * c)。

因此,要得到运算符+的结果,必须先计算其操作数++ a和b * c,但可以先计算++ a再计算b * c,也可以先计算b * c再计算++ a。进一步地,要计算运算符*的结果,必须先计算其操作数b和c,也就是进行左值转换。但是,可以先计算b再计算c,也可以先计算c再计算b。

当然,这里还存在着其他可能的计算顺序。如果将运算符++的值计算记为 V_{++},将运算符*的值计算记为 V_*,将运算符+的值计算记为 V_+,将b和c的值计算分别记为 V_b 和 V_c,则表达式++ a + b * c的计算过程可以有多种不同的顺序,以下列举了其中的一部分(假定变量a、b和c的当前值分别为0、1和2,括号中的数值为计算出来的结果)。

$V_b(1) \to V_c(2) \to V_*(2) \to V_{++}(1) \to V_+(3)$

$V_c(2) \to V_b(1) \to V_*(2) \to V_{++}(1) \to V_+(3)$

$V_{++}(1) \to V_b(1) \to V_c(2) \to V_*(2) \to V_+(3)$

$V_{++}(1) \to V_c(2) \to V_b(1) \to V_*(2) \to V_+(3)$

$V_b(1) \to V_{++}(1) \to V_c(2) \to V_*(2) \to V_+(3)$

$V_c(2) \to V_{++}(1) \to V_b(1) \to V_*(2) \to V_+(3)$

$V_b(1) \to V_c(2) \to V_{++}(1) \to V_*(2) \to V_+(3)$

$V_c(2) \to V_b(1) \to V_{++}(1) \to V_*(2) \to V_+(3)$

显然,运算符的优先级和它是否被优先计算无关,子表达式的计算顺序通常也没有什么规律可言,但并不影响最终的结果。当然,正如我们曾经强调过的,在这看似没有规律和顺序的计算过程中,最基本的原则是先计算运算符的操作数,再计算运算符本身的值。

表达式++ a + b * c不仅要计算出一个值,它还有副作用,因为它的子表达式++ a是有副作用的表达式。但是,这个副作用什么时候发起?

一旦将副作用也考虑进来,事情就变得更加复杂了。我们不单要考虑值计算的顺序,还要关心副作用的发起时间,这就需要一个新的术语"求值"来涵盖这两个层面。我们知道,表达式可以指示变量或者函数,也可以计算一个值,还可能发起一个副作用,而"**求值一个表达式**"则通常包括值计算和发起一个副作用。当然,有些表达式没有副作用,那么它的求值仅仅包含值计算。

所以,我们现在可以这样问:表达式++ a + b * c求值的时候,子表达式的值计算和副作用按什么顺序进行?

对于这个问题,C语言的规定是很明确的:除非另有指定,在表达式求值的时候,**子表达式的值计算和副作用之间没有明确的顺序,或者说是无序的**。

之所以这样规定，是希望把决定权交给翻译软件，由它们在翻译程序的时候自主决定，这样可以生成更加紧凑和高效的机器指令。

这里的"另有指定"，是针对一小部分特殊的表达式来说的，比如，对于后缀++运算符来说，它的值计算发生在（修改其操作数所代表的变量的存储值的）副作用之前；对于简单赋值和复合赋值运算符来说，（修改其左操作数所代表的变量的存储值的）副作用发生在其左右操作数的值计算之后。

因此，假定把子表达式++ a 的副作用记为 S_{++}，则表达式++ a + b * c 求值时，其子表达式的值计算和副作用可以有更多的顺序，以下列举了其中的一小部分：

$V_b(1) \to V_c(2) \to V_*(2) \to V_{++}(1) \to S_{++}(1) \to V_+(3)$

$V_c(2) \to V_b(1) \to V_*(2) \to V_{++}(1) \to V_+(3) \to S_{++}(1)$

$V_{++}(1) \to V_b(1) \to V_c(2) \to V_*(2) \to S_{++}(1) \to V_+(3)$

$V_{++}(1) \to V_c(2) \to V_b(1) \to V_*(2) \to V_+(3) \to S_{++}(1)$

$V_b(1) \to V_{++}(1) \to V_c(2) \to V_*(2) \to S_{++}(1) \to V_+(3)$

$V_c(2) \to V_{++}(1) \to V_b(1) \to S_{++}(1) \to V_*(2) \to V_+(3)$

$V_b(1) \to V_c(2) \to V_{++}(1) \to V_*(2) \to S_{++}(1) \to V_+(3)$

$V_c(2) \to V_b(1) \to V_{++}(1) \to V_*(2) \to V_+(3) \to S_{++}(1)$

显然，修改变量 a 的存储值的副作用可以发生在整个表达式求值期间的任何时候。再以我们前面所讨论的 while 语句为例：

```
while (n <= r) sum = sum + n ++;
```

整个表达式 sum = sum + n ++的值也是运算符=的值，记为 $V_=$；修改变量 sum 存储值的副作用也是运算符=的副作用，记为 $S_=$；表达式 sum + n ++的值也是运算符+的值，记为 V_+；表达式 n ++的值也是后缀递增运算符的值，记为 V_{++}；表达式 n ++的副作用也是后缀递增运算符的副作用，记为 S_{++}；中间那个表达式 sum 的值是 V_{sum}。那么，这整个表达式的求值顺序可以是：

$V_{++} \to S_{++} \to V_{sum} \to V_+ \to V_= \to S_=$

也可以是：

$V_{++} \to V_{sum} \to V_+ \to V_= \to S_{++} \to S_=$

还可以是：

$V_{sum} \to V_{++} \to V_+ \to V_= \to S_= \to S_{++}$

当然，还可以有其他更多的求值顺序，只要它们符合前面的几个约束条件（运算符操作数的值计算要先于运算符的值计算；后缀递增运算符++和赋值运算符特有的求值顺序）。但是无论求值顺序有多少种，都不影响最终结果的正确性。

练习3.5

假定变量 n 和 sum 当前的存储值分别为 1 和 0，请在表达式 sum = sum + n ++里代入这两个值以验证上述几种求值顺序不影响最终的结果。

3.7 认识逗号表达式

现在，让我们回到函数 cusum 在本章开头的原始版本：

```
unsigned long long int cusum (unsigned long long int r)
{
    unsigned long long int n = 1, sum = 0;

    while (n <= r)
    {
        sum = sum + n;
        n = n + 1;
    }

    return sum;
}
```

如果 while 语句的循环体包含了一个以上的声明和语句，使用复合语句通常是必须的选择，但如果复合语句仅由多条语句组成而没有声明，而且这些语句都是表达式语句，则依然可以不使用复合语句，而是把这些表达式用逗号","首尾相连，就像这样：

```
while (n <= r) sum = sum + n, n = n + 1;
```

或者这样：

```
while (n <= r) sum += n, n ++;
```

注意，这里的逗号","并不是语文里的逗号，它是 C 语言的一个运算符，称为"逗号运算符"。逗号运算符有一左一右两个操作数，逗号运算符和它的操作数共同组成逗号表达式，例如 5, 6 就是一个逗号表达式。

在所有运算符里，逗号运算符的优先级最低。所以，表达式 sum += n, n ++ 是一个逗号表达式。这就是说，运算符+=的操作数是 sum 和 n；运算符++的操作数是 n；逗号运算符的操作数只能是 sum += n 的值和 n++的值。

即使还不了解逗号运算符和逗号表达式的作用，我们也能通过推理发现表达式 sum += n, n ++ 的求值过程有问题。

我们知道，求值一个表达式包括值计算和发起一个副作用，然而并不要求它们是一个连续的过程。那么，对于逗号表达式 sum += n, n ++ 来说，它的求值过程是怎样的呢？如果先求值 sum += n，而且它的值计算和副作用在求值表达式 n ++ 之前就能完成，这自然没什么问题，加到变量 sum 的值是变量 n 递增前的原值；但如果先求值 n ++，而且它的值计算和副作用在求值 sum += n 之前就已经完成，那么加到变量 sum 的值是变量 n 递增后的新值，这就违背了我们的初衷和原意，将得不到正确的累加结果。

练习 3.6

表达式 sum = sum + n ++ 的值与子表达式的求值顺序无关，变量 n 和 sum 在求值完成后的新值也与子表达式的求值顺序无关，为什么？

3.7.1 全表达式和序列点

在解决逗号表达式的求值顺序问题之前，我们需要先来了解另外两个概念：全表达式和序列点。总体上，如果一个表达式在形式上是独立的，不是其他表达式的组成部分，也不是一个声明符的组成部分，那么它就是一个全表达式。

声明符是变量声明或者函数声明的一部分，用来描述被声明的实体。最简单的声明符是一个标识符，例如在以下声明中，标识符 m 和 n 就是声明符：

```
unsigned long int m, n = 0;
```

有些声明符相对复杂，在下面的函数声明中，声明符是 func (int x)。显然，这个声明符不单纯是标识符，还包括标识符后面的参数列表。

```
int func (int x);
```

取决于声明的是什么东西（类型），声明符可能会多种多样，而且有些声明符里会包含表达式，你很快就会接触到这样的声明符。

继续来讨论全表达式，为了增加感性认识，我们以下面的程序代码为例，来看看哪些是全表达式：

```
unsigned long long int cusum (unsigned long long int r)
{
    unsigned long long int n = 1, sum = 0;

    while (n <= r) sum += n ++;

    return sum;
}
```

首先，表达式语句由表达式和分号"；"组成，表达式语句中的表达式是全表达式。也就是说，将语句

```
sum += n ++;
```

末尾的分号"；"去掉之后，剩下的部分就是全表达式。

其次，while 语句的控制表达式也是全表达式，所以 n <= r 是全表达式。实际上不单单是 while 语句，但凡是需要控制表达式的语句，其控制表达式往往都是全表达式。

第三，如果 return 语句是由关键字"return"和表达式组成的，则该表达式也是全表达式。所以 return 语句中的表达式 sum 是全表达式。

最后，很多初始化器都是全表达式。在这里，用于初始化变量 n 和 sum 的表达式 0、1 是全表达式。

全表达式还有很多，但是凭我们现在所掌握的 C 语言知识还无法全部列举，所以要留

到本书的后面再一一介绍。

另一个概念"序列点"则与表达式的求值有关。给定任意两个表达式 A 和 B，如果 A 的值计算和副作用发生在 B 的值计算和副作用之前，则我们说在 A 和 B 的求值之间存在一个序列点。显然，序列点是一个求值的界线，前一个表达式的值计算和副作用已经完成，而后一个表达式的值计算和副作用还没有开始。

C 语言规定，在一个全表达式的求值和下一个全表达式的求值之间存在一个序列点。如图 3-1 所示，在 while 语句内有三个全表达式，所以也存在三个序列点。

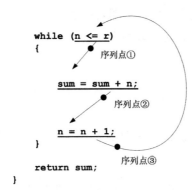

图 3-1　序列点示意图

显然，序列点可以保证程序的行为精确可控，执行的结果可以预测。例如，要是 while 语句开始下一轮循环时，全表达式 n = n + 1 的副作用已经发起并完成，则控制表达式 n <= r 的求值可以用到变量 n 的新值；要是没有序列点的存在，你无法保证 n <= r 求值的时候，表达式 n = n + 1 的副作用是否已经发起并完成。在这种情况下，也就无法保证表达式 n <= r 的求值是否能用上变量 n 的新值。

讲完了全表达式和序列点，让我们继续逗号表达式的话题。逗号运算符有一左一右两个操作数，C 语言规定，在其左操作数的求值和右操作数的求值之间有一个序列点。

这就是说，在对表达式 sum += n, n ++求值时，是先求值左操作数 sum += n，当它的值计算和副作用都完成后，才开始求值右操作数 n ++。因此，绝对不会发生我们在前面所担心的事情：先求值 n ++，或者混乱交叉求值。

逗号运算符的值是其右面那个操作数的值，左操作数的值被丢弃。所以，表达式 5,6 的值是 6；表达式 sum += n, n ++的值是其子表达式 n ++的值。

这么说来，逗号运算符的左操作数似乎没有什么存在的意义和价值。实际上，设计逗号表达式的目的是希望逗号运算符的左操作数有副作用。这样，在实际求值的时候，左操作数的意义体现在它的副作用上，右操作数则提供了整个逗号表达式的值。

从这个意义上来说，表达式 5,6 虽然是合法的逗号表达式，但没有什么用处；表达式 sum += n, n ++的左操作数 sum += n 是有副作用的表达式，我们只关注它的副作用；右操作数是 n ++，它既有副作用，又提供了整个逗号表达式的值。

练习 3.7

1. 在以下代码片段中，逗号表达式为（   ），它的值为
（   ）。如果要把该逗号表达式的值赋给变量 m，应该怎么修改第二行？（注意，我们说过，在所有运算符里，逗号运算符的优先级最低）。

```
long int m, x, y, z = 0;
y = z, x = ++ y;
```

2. 对于逗号运算符，如果左右操作数求值之间不存在序列点，那么，请用不同的求值过程推演一下，看一看每当表达式 sum += n, n ++求值完成后，变量 sum、n 和整个表达式的值是否不受求值顺序的影响。

3.8 认识表达式语句

上面我们已经了解到逗号运算符的结果是其右操作数的值，那么，我们可以利用这个特点来将我们的 while 语句改写为更奇特的形式：

```
unsigned long long int cusum (unsigned long long int r)
{
    unsigned long long int n = 1, sum = 0;

    while (sum += n ++, n <= r) ;

    return sum;
}
```

在这里，while 语句的控制表达式是一个逗号表达式，逗号运算符的左操作数是表达式 sum += n ++，用来累加并更新变量 sum 的存储值，它是有副作用的表达式，将更新变量 sum 和 n 的存储值；控制表达式的值是逗号运算符的右操作数 n <= r 的值。

while 语句是反复执行的，在每次执行前，都要对控制表达式求值以决定是否继续循环执行，而我们正是利用了这一点。当然，这里面也有序列点的功劳，因为在两个子表达式的求值之间有一个序列点，所以在求值子表达式 n <= r 的时候，可以保证变量 n 的存储值已经被前一个表达式 sum += n ++求值时的副作用更新过。

很奇怪地，while 语句的循环体仅仅是一个分号"；"，这是什么意思呢？这在 C 语言里称为空语句。空语句不执行任何操作，但有时候还需要它。就像上面的示例一样，如果没有什么需要执行的操作，但是在语法上还不能省掉这条语句，就需要它了。

本质上，空语句是特殊的表达式语句。这是因为——好吧，还是先来看表达式语句的语法组成：

*表达式*_{可选} ;

显然，表达式语句由表达式及一个分号";"组成，但表达式是可选的，如果省略了表达式，则只剩下一个分号，这就成了空语句。

练习 3.8

在本节中，while 语句的控制表达式是逗号表达式。第一次执行控制表达式后，变量 n 和 sum 的值分别为（　）和（　）；最后一次执行控制表达式后，变量 n 和 sum 的值分别为（　）和（　）。

3.9 认识递减和逻辑求反运算符

所谓条条大路通罗马，有时候换个思路来解决编程问题会找到更简单的方法。你看，为了从 1 加到 N，我们所做的就是 1 加上 2，再加上 3，一直加到 N，为此我们特意声明了一个变量 n 来实施这种数字的递增。

另一方面，从 1 加到 N，和从 N 开始往 1 加没有什么区别，只不过方向相反。既然如此，那我们就用不着多声明一个变量，直接操作参数 r 更方便。以下是函数 cusum 的另一个版本，用的就是这种方法。

```
unsigned long long int cusum (unsigned long long int r)
{
    unsigned long long int sum = 0;

    while (r) sum += r --;

    return sum;
}
```

在这里，while 语句的控制表达式仅仅是 r。每次循环开始前先求值表达式 r（也就是进行左值转换）以判断是否继续循环。除非变量 r 的存储值为 0，否则整个循环过程将持续进行。

在 while 语句的循环体内，我们遇到了一个新的运算符--，和运算符++一样，它只需要一个操作数，而且必须是左值，但不进行左值转换。不同之处在于，运算符++使得操作数的存储值递增，而运算符--则使得操作数的存储值递减。

实际上存在两种递减运算符，即前缀递减运算符和后缀递减运算符。前缀递减运算符需要一个右操作数，例如-- r，前缀递减表达式的值，或者说前缀递减运算符的结果是其操作数递减后的值；前缀递减表达式还有一个副作用，它使得操作数的存储值在原来的基础上减一。

后缀递减运算符需要一个左操作数，例如 r --，后缀递减表达式的值，或者说后缀递减运算符的结果是其操作数递减之前的原值；后缀递减表达式还有一个副作用，它使得操作数的存储值在原来的基础上减一。

前缀递减运算符的优先级和前缀递增运算符的优先级相同；后缀递减运算符和后缀递增运算符的优先级相同。

回到while语句的循环体，它是一个表达式语句，由表达式sum += r --和末尾的分号组成。如果你能理解表达式sum += n ++，你自然也能理解这个表达式。

表达式sum += r --是一个复合赋值表达式，因为运算符--的优先级高于+=。为了得到运算符+=的结果，必须先得到运算符的--结果。每次执行循环体时，都会将变量r的原值加到变量sum，变量r的存储值递减。除了求得运算符+=和--的结果，这个表达式还有修改变量sum和r的存储值的副作用。

最后一次执行循环体时，变量r的值是1。此时，表达式sum += r --是将变量r的原值，也就是1加到变量sum，然后将变量r的存储值递减。递减之后，变量r的值为0。当while语句对控制表达式r进行求值以决定是否进行下一轮循环时，因为变量r的存储值为0，所以控制表达式的值也为0，退出while语句。

对于那些非常讲究代码规范的人来说，他们坚持认为这个while语句应该写成下面这样才显得直观：

```
while (r != 0) sum += r --;
```

尽管我并不认为大家的抽象思维能力会如此低下，以至于非得如此画蛇添足、狗尾续貂，但我也不得不承认这样做其实也没什么毛病。在这里，"!="是一个新的运算符，它的意思是"不等于"。注意感叹号"!"和等号"="一定要连写，不得分开。

运算符!=属于等性运算符，等性运算符共有两个，!=是其中之一，另一个是==，意思是"等于"。等性运算符属于二元运算符，它们需要一左一右两个操作数，并共同组成等性表达式。

如果运算符!=的两个操作数在数值上不相等（"不等于"的关系成立），则等性运算符!=的结果为1，否则为0。

如果运算符==的两个操作数在数值上相等（"等于"的关系成立），则等性运算符==的结果为1，否则为0。

在这个while语句中，是先对左值r进行左值转换，然后用转换后的数值和数字0比较。如果它们的数值上不相等，则"不等于"的关系成立，控制表达式（等性表达式）的值为1，可以继续循环；否则控制表达式（等性表达式）的值为0，退出循环。

以上，控制while循环的逻辑是"r的值不等于0"。要是我们想使用运算符==，该怎么写呢？此时，控制while循环的逻辑是"r的值等于0并非事实"。如果按此逻辑，则上述while语句可以改写为

```
while (! r == 0) sum += r --;
```

这里还有一个新的运算符"!"，叫作逻辑求反运算符，它只需要一个右操作数，因此也是一元运算符。逻辑求反运算符的功能很简单：如果操作数的值为0，则运算符!的结果为1；如果操作数不为0，则运算符!的结果为0。例如，表达式!0的值是1；表达式!1的值是0；表达式!23的值是0；表达式!500500的值也是0。

运算符!的优先级低于等性运算符!=和==，在这里，运算符==的操作数是 r 和 0；运算符!的操作数是表达式 r == 0 的值。因此，表达式！r == 0 等价于！(r == 0)。

以上，是要先比较 0 和 r（经左值转换后）的值，如果变量 r 的值不为 0，则表达式 r == 0 的值为 0（因为关系不成立），而表达式！r == 0 的值为 1，循环可以继续进行。否则，如果变量 r 的值已经递减到 0，则表达式 r == 0 的值为 1（因为关系成立），而表达式！r == 0 的值为 0，退出 while 语句。

历史上曾经发生过因为粗心大意而将 r == 0 写成 r = 0 这样的事，所以有些人强烈建议将 r == 0 写成 0 == r，例如：

```
while (! 0 == r) sum += r --;
```

这样一来，如果将 0 == r 写成 0 = r，这将成为一个非法的表达式而在翻译的时候出错，因为 0 不是左值。然而我认为，将 r == 0 写成 0 == r 说明你已经意识到这里可能会写错，所以具体怎么写已经不重要了。

3.10 参数值的有效性检查

我们编写函数 cusum 的目的是为了获得通用性，能够计算从 1 加到 N 的和，这里的 N 是正整数。问题是这道题只能在有限的范围内求解，函数 cusum 的返回类型和参数类型都是 unsigned long long int，它可以表示多大的数呢？不知道，这取决于具体的计算机平台，但 C 语言可以保证它不小于 18446744073709551615。

那么，这个限制是什么意思呢？是什么原因造成的呢？我们知道，变量所占用的存储空间大小取决于它在声明时的类型。举个例子来说，在 C 语言里，unsigned char 是整数类型，这种类型的变量都统一规定为 1 个字节大小。

对于绝大多数计算机架构来说，字节的长度是 8 比特，或者说一个字节是由 8 个比特组成的，因此，如果深入到变量内部，从比特的层次上来看，当 unsigned char 类型的变量保存的内容为二进制比特序列 00000000 时，具有最小值 0；当它的内容为二进制比特序列 11111111 时，具有最大值 255。

假定我们声明了一个 unsigned char 类型的变量 c，并将其初始化为最大值 255。如图 3-2 所示，图的右侧显示了它在存储器中的位置，以及它的位模式；左侧呢，显示了表达式 c = c + 1 的执行过程。

显然，根据二进制数的加法规则，最左侧也将有一个进位，所以 255 加 1 的结果用二进制表示就是 100000000。但因为变量的大小只有 8 个比特，最后的进位丢失，相加的结果只能是二进制的 00000000。那么，多出来的比特不会拱到邻近的存储区里吗？这怎么可能，隔壁可能是其他变量的地盘，只要计算机还有点用，它就不会允许这种事情发生。

那么，unsigned long long int 类型的变量会如何呢？答案是除了大小之外，其他没有任何区别。如果它可以容纳的最大值是 18446744073709551615，则我们在做从 1 到 N 的加法时，有可能还没有加到 N，结果就已经等于或者超过了这个最大值，再怎加都没有什么意义了。

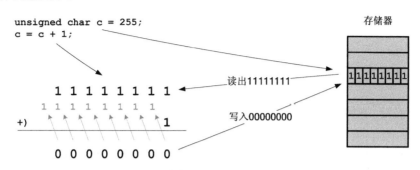

图 3-2　算术操作对变量内容的影响

为此，传递给函数 cusum 的参数值不能太大，建议的范围是大于 0 且小于等于 1 000 000 000，这既是经验，也是个人偏好。从经验上来说，从 1 加到 1 000 000 000 的结果可以用 unsigned long long int 类型的变量容纳，这是我做过实验的；从个人偏好上来说，尽管 1 000 000 000 不是上限，参数的值可以稍微再大一些，但这个数字比较好记，不是吗？！

3.10.1　认识 if 语句

尽管函数的调用者传递什么，被调用的函数只能被动接受，但如果真的传入了不恰当的值，在函数内部还是应该做点什么，而不是将错就错，把事情干得一塌糊涂。为了做到这一点，就得对参数的值进行检查和判断，函数 cusum 用来计算 1 到 N 的累加和，原则上返回值不应该小于 1。利用这个特点，如果调用者传入的值超过了我们容许的范围，就直接返回 0，否则就可以进行实际的累加过程。调用者可以检查函数的返回值，如果发现是 0，它就知道本次累加失败了。

为此，我们就要使用 C 语言提供的 if 语句。在 C 语言里，语句用于执行动作，控制程序的执行流程，使用 while 语句可以循环往复地执行同一段代码，而 if 语句则有选择地执行或者不执行某些代码，因此它又称为选择语句。以下是 if 语句的语法。

　　　　if（*表达式*）*语句*

或者

　　　　if（*表达式*）*语句* else *语句*

如上所示，if 语句有两种形式，第一种形式由关键字"if"引导，然后是一对圆括号和由它括住的表达式，这是 if 语句的控制表达式，后面是语句。第二种形式的前半部分和第一种形式相同，但添加了一个由关键字"else"引导的部分，称为 else 子句。

如图 3-3 所示，if 语句的执行过程是这样的：先求值控制表达式，再根据该表达式的值，以及是否有 else 子句进入相应的分支进行处理。

如下面的代码所示，函数 cusum 内使用了 if 语句，if 语句的控制表达式是一个关系表达式 r > 1000000000。在执行期间，表达式 r 执行左值转换，并与 1000000000 进行比较。如果变量 r 的值大于 1000000000，关系成立，控制表达式的值为 1，执行语句

```
    return 0;
```

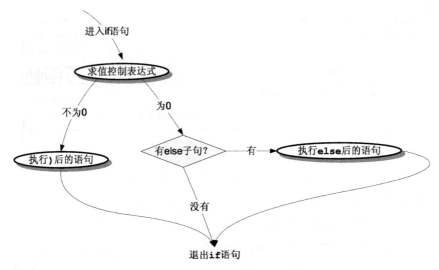

图 3-3 if 语句的执行流程

这将导致程序的执行离开 cusum 函数，直接返回到调用者，并将 0 作为返回值。在英语里，"else"是"否则……"的意思，因此，如果上述关系不成立，则执行语句

```
    while (r) sum += r --;
```

这是一个 while 语句，它已经是你的老朋友了，我相信用不着再多说什么。

```
unsigned long long int cusum (unsigned long long int r)
{
    unsigned long long int sum = 0;

    if (r > 1000000000)
        return 0;
    else
        while (r) sum += r --;

    return sum;
}
```

就像 while 语句的循环体一样，如果组成 if 语句的那两个语句由多条组成，则必须使用复合语句。尽管在这里并不需要使用复合语句，但那些讲究程序设计规范的人坚持认为上述 if 语句应该写成这样：

```
    if (r > 1000000000)
    {
        return 0;
    }
    else
    {
        while (r)
```

```
        {
            sum += r --;
        }
    }
```

他们的理由听起来也颇有道理：如果程序的功能需要扩充，那么这种格式修改起来十分方便。问题在于，把简单的流程写得令人眼花缭乱可能违背了使程序易读的初衷。

从语法上来看，if 语句的 else 子句是可选的，如果不需要可以省略。在函数 cusum 的以下版本中，if 语句省略了 else 子句，但程序的功能没有变化。

```
unsigned long long int cusum (unsigned long long int r)
{
    unsigned long long int sum = 0;

    if (r > 1000000000) return 0;

    while (r) sum += r --;

    return sum;
}
```

显然，在这里，if 语句的作用仅仅是在变量 r 的值大于 1000000000 时，将控制直接返回到函数的调用者；否则控制表达式的结果为 0，于是离开 if 语句，直接往后执行 while 语句，但 while 语句并不是 if 语句的组成部分。

如果希望 while 语句成为 if 语句的一部分（子句），则可以修改 if 语句的控制表达式，把它改成 r <= 1000000000，如以下新版的 cusum 函数所示。

```
unsigned long long int cusum (unsigned long long int r)
{
    unsigned long long int sum = 0;

    if (r <= 1000000000) while (r) sum += r --;

    return sum;
}
```

这里，如果变量 r 的值小于等于 1000000000，则控制表达式 r <= 1000000000 的值不为 0，这将会执行后面的 while 语句，否则不会执行。最后的 return 语句总是要被执行的，如果 while 语句未执行，返回变量 sum 的初值 0；如果 while 语句被执行，则返回变量 sum 的新值（累加结果）。

3.10.2　认识逻辑或运算符

原则上，函数 cusum 的参数值应该大于 0，毕竟是从 1 开始相加嘛。但如果调用者传递的参数值为 0，那也不会出什么乱子，因为函数 cusum 恰好能够在参数 r 的值为 0 时返回 0。你可以试着阅读前面的代码，或者动手在调试器里观察一下。

当然，如果不怕麻烦，你也可以将变量 r 的值是否为 0 作为判断条件之一。如以下新版的 cusum 函数所示，我们在 if 语句里加入了两个判断条件。

```
unsigned long long int cusum (unsigned long long int r)
{
    unsigned long long int sum = 0;

    if (r == 0 || r > 1000000000)
        return 0;
    else
        while (r) sum += r --;

    return sum;
}
```

非常明显地，if 语句的控制表达式里出现了一个新的运算符"||"，称为逻辑或运算符。注意，这两个竖线必须挨在一起写。逻辑或运算符是二元运算符，有一左一右两个操作数，例如 5 || 6，这样的表达式称为逻辑或表达式。

逻辑或运算符的功能是对两个操作数的值进行逻辑上的相加操作，也就是生活中的"或者"，两者居其一的意思。因此，它的结果是这样决定的：如果左操作数和右操作数的值都是 0，则逻辑或运算符的结果（或者说逻辑或表达式的值）也是 0；否则，如果左操作数和右操作数的值全都不为 0，或者至少有一个不为 0，则逻辑或运算符的结果（或者说逻辑或表达式的值）是 1。举例来说，表达式 0 || 0 的值是 0；表达式 0 || 1 的值是 1；表达式 1 || 0 的值是 1；表达式 0 || 9 的值是 1；表达式 5 || 6 的值也是 1。

逻辑或运算符||的优先级低于==和>。因此，在上述代码中，运算符||的操作数分别是 r > 1000000000（的值）和 r == 0（的值），即，表达式 r == 0 || r > 1000000000 等价于(r == 0) || (r > 1000000000)。

表达式 r == 0 || r > 1000000000 的意思很清楚：变量 r 的值要么为 0，要么大于 1000000000，两者可能都不成立，也可能有一个是成立的。如果都不成立，则该表达式等效于 0 || 0；如果前者成立而后者不成立，则该表达式等效于 1 || 0；如果前者不成立而后者成立，则该表达式等效于 0 || 1。在后两种情况下，整个逻辑或表达式的值为 1，将执行 if 语句的第一个子句：

```
return 0;
```

否则，在第一种情况下，也就是该表达式等效于 0 || 0 的情况下，意味着变量 r 的值既不为 0，也不大于 1000000000，整个逻辑或表达式的值为 0，执行 else 子句：

```
while (r) sum += r --;
```

3.10.3 未定义的行为

值得注意的是，逻辑或表达式的求值具有短路效应。这是什么意思呢？逻辑或表达式求值时，是先求值运算符||的左操作数，如果左操作数的值不为 0，则不再求值右操作数，因为这样做是多余的。只有在左操作数的值为 0 时，才会继续求值右操作数。

非但如此，C 语言还规定，如果运算符||的右操作数会被求值（这意味着左操作数求值的结果为 0），则在其左操作数的求值和右操作数的求值之间存在一个序列点。换句话说，在求值右操作数之前，左操作数的值计算和副作用已经全部完成。

来看一个例子，如果标识符 n 被声明为一个整数类型的变量，则表达式 n ++ || n 求值时，只有在表达式 n ++的值计算和副作用已经完成，且该表达式的值为 0 时，才开始求值表达式 n。

如果在表达式 n ++ || n 求值前，变量 n 的当前值是 0，而且我们把表达式 n 的值计算记为 V_n，把表达式 n ++的值计算记为 V_{++}，副作用记为 S_{++}，整个逻辑或表达式的值（逻辑或运算符的结果）记为 $V_{||}$，则该表达式的求值过程如下：

$V_{++}(0) \rightarrow S_{++}(1) \rightarrow V_n(1) \rightarrow V_{||}(1)$

这里，是先求值左操作数 n ++，且值计算和副作用都已经完成（已经把 1 作为新值写入变量 n），当右操作数求值时，左值转换的结果是刚刚写入的 1。因为这两个操作数求值后的值一个为 0、一个为 1，整个逻辑或表达式的值为 1。

注意，因为序列点的存在，上述求值过程是唯一的，不存在其他可能性。如果没有上述序列点的保证，则这两个表达式的求值将有可能交错地进行，其最终结果无法预料。比如说它可能是这样的：

$V_n(0) \rightarrow V_{++}(0) \rightarrow V_{||}(0) \rightarrow S_{++}(1)$

显然，因为逻辑运算符||的左操作数和右操作数在求值后都是 0，所以整个逻辑或表达式的值也为 0。

作为一门编程语言，C 语言的规范描述了程序结构、语法元素、表达式、语句，定义了它们的形式和操作，规定了操作数的类型和范围，同时也描述了可预期的运行结果。但是对于不遵循规范的程序设计，C 语言没有，也无法限定和描述程序的运行结果。在这种情况下，程序的行为是无法预料的，计算结果可能碰巧是正确的，也可能是错的，程序可能会崩溃，等等，不一而足，这些无法预料的行为，称为未定义的行为。

来看另一个例子，在下面的代码片断中，表达式 m = m ++的求值就是未定义的行为，求值完成后，变量 m 的存储值不能确定，取决于不同的翻译器如何安排求值过程。

```
int m = 0;
m = m ++;
```

表达式 m = m ++的求值具有两个副作用，分别是运算符++的副作用和运算符=的副作用，但都是修改变量 m 的存储值，这就很特殊了。这两个副作用哪个在前哪个在后，C 语言并未规定，要由翻译器自主决定。这就是说，该表达式求值的行为是未定义的。因为这个原因，该表达式求值完成后，变量 m 的值可能是 0，也可能是 1。

在任何一个用 C 语言编写的程序中，很多行为是良好定义的，比如 C 语言规定在全表达式的求值之间有序列点，在运算符||的左操作数和右操作数的求值之间存在序列点。正是有了特殊规定，表达式 n ++ || n 的求值不存在未定义的行为。

练习 3.9

1. 我们已经讲过，赋值表达式的值是赋值运算符的左操作数被赋值之后的值，赋值运算符的副作用发生在赋值运算符左右操作数的值计算（而不是求值）之后。依据这一规定，请说明表达式 n = n + 1 和 sum = sum + n 不存在未定义的行为。

2. 若 y 是整数类型的变量，判断表达式 y = (y = 0) + 3 的求值是否存在未定义的行为。

3.10.4 摇摆的 else 子句

依据语法，一个 if 语句是由关键字"if"、圆括号、表达式和其他语句组成，这里的"其他语句"可以是任何语句，包括另一个 if 语句。

如果 if 语句的子句也是一个 if 语句，那可就花哨了。为了演示这种情况，我们编写了一个新版的 cusum 函数，它里面的 if 语句就是这种情况。在这个新版的函数里，if 语句首先检查变量 r 的值是否为零，如果为零则直接结束函数的执行并返回到调用者；否则的话，它的 else 子句检查 r 的值是否大于 1000000000。如果条件成立，则也结束函数的执行，将控制返回到调用者；如果不成立，则执行 while 语句，开始累加过程。

```
unsigned long long int cusum (unsigned long long int r)
{
    unsigned long long int sum = 0;

    if (r == 0) return 0;
    else
        if (r > 1000000000) return 0;
        else while (r) sum += r --;

    return sum;
}
```

在这里有两个 if 语句，但第二个 if 语句是另一个 if 语句的组成部分。如图 3-4 所示，第一个被框住的 return 语句是第一个 if 语句的第一个子句；第二个被框住部分尽管也是 if 语句，但它整体上是第一个 if 语句的 else 子句。

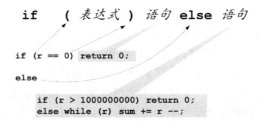

图 3-4 规范的 if 语句在语法上是没有歧义的

但是，如果 if 语句嵌套不当，则容易使人迷惑。比如下面的例子，你来说说，里面的 else 子句到底属于第一个 if 语句，还是属于第二个 if 语句？

```
unsigned long long int cusum (unsigned long long int r)
{
    unsigned long long int sum = 0;
```

```
        if (r > 0)
            if (r <= 1000000000)
                while (r) sum += r --;
        else
            sum = 0;

    return sum;
}
```

尽管从排版上来看，这个 else 子句属于第一个 if 语句，但真实的情况与排版无关。如图 3-5 所示，虽然被框住的部分是一个带有 else 子句的 if 语句，但它可以被认为是顶上那个 if 语句的子句（它没有 else 子句）。

然而，如图 3-6 所示，我们也可以认为 else 子句属于第一个 if 语句，第二个 if 语句没有 else 子句，且属于第一个 if 语句的第一个子句。

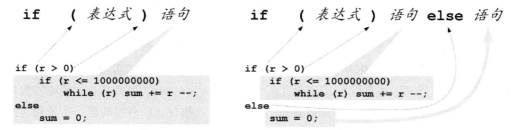

图 3-5 有歧义的 if 语句，这是它的第一种解读方式　　图 3-6 有歧义的 if 语句，这是它的第二种解读方式

那么，到底哪种隶属关系才是正确的呢？C 语言规定，一个 else 子句从属于离它最近的那个 if 语句。因此，这个 else 子句实际上是第二个 if 语句的一部分（这就是说图 3-5 才是正确的）。如果这并不是你所期望的，那就应该使用复合语句来明确隶属关系：

```
        if (r > 0)
        {
            if (r <= 1000000000)
                while (r) sum += r --;
        }
        else
            sum = 0;
```

3.10.5　认识逻辑与运算符

和逻辑或运算符 || 相对应的是"逻辑与"运算符 &&，它表达逻辑上的相乘关系，对应于生活中的"并且"。和逻辑或运算符一样，逻辑与运算符 && 需要一左一右两个操作数，例如 1 && 0 和 5 && 6。

逻辑与运算符 && 的结果是这样决定的：如果左操作数和右操作数的值都不为 0，则该运算符的结果是 1；否则，在任何其他情况下，该运算符的结果都为 0。因此，表达式 0 && 0 的值是 0；表达式 0 && 9 的值是 0；表达式 5 && 6 的值是 1。以下版本的 cusum 函数就使用了逻辑与运算符。

```
unsigned long long int cusum (unsigned long long int r)
```

```
    {
        unsigned long long int sum = 0;

        if (r != 0 && r <= 1000000000)
        {
            while (r) sum += r --;
            return sum;
        }

        return 0;
    }
```

以上，在 if 语句的控制表达式里，运算符<=的优先级最高，!=次之，&&最低。因此运算符&&的操作数分别是 r != 0 和 r <= 1000000000，即，表达式 r != 0 && r <= 1000000000 等价于(r != 0) && (r <= 1000000000)。顺便说一句，运算符&&的优先级高于运算符||。

显然，表达式 r != 0 && r <= 1000000000 所描述的意思是"变量 r 的值不为 0 而且小于等于 1000000000"。如果变量 r 的值符合这个条件，比如为 2，则子表达式 r != 0 描述的关系成立，运算符!=的值是 1；子表达式 r <= 1000000000 所描述的关系也成立，运算符<=的值也是 1，于是运算符&&的值是 1，执行 if 语句的第一个子句（复合语句）。这个子句首先完成累加过程，然后直接用 return 语句结束当前函数的执行，将控制返回到调用者，返回值是累加后的结果。

如果 if 语句的控制表达式计算出一个零值，则程序的执行直接离开 if 语句，执行后面的

```
    return 0;
```

这就与前面不一样了。先前版本的 cusum 函数在最后都返回表达式 sum 的值，但这次呢，只有在传入的参数值不符合条件时才会执行最后的这个 return 语句，所以它就应该返回一个零值。

逻辑与表达式的求值具有短路效应，它总是先求值运算符&&的左操作数，如果左操作数的值为 0，则不再求值右操作数，因为这样做是多余的。只有在左操作数的值不等于 0 时，才会继续求值右操作数。

C 语言规定，如果运算符&&的右操作数会被求值（这意味着左操作数求值的结果不等于 0），则在其左操作数的求值和右操作数的求值之间存在一个序列点。换句话说，在求值右操作数之前，左操作数的值计算和副作用已经全部完成。

这就是说，如果标识符 n 被声明为指示一个整数类型的变量，则表达式 n ++ && n 的求值不是未定义的行为。因为，在求值表达式 n 时，表达式 n ++的值计算和副作用已经完成，表达式 n 的值是递增之后的新值；在求值表达式 n ++时，表达式 n 的求值还没有开始。

3.11 认识标号语句和 goto 语句

在 C 语言里，有很多方法可以改变语句的执行顺序和流程，比如 while 语句、if 语句和 return 语句。while 语句可以反复执行一段代码，if 语句可以选择不同的分支，return 语句可以立即返回到函数的调用者。

在函数 cusum 的以下版本中，我们没有使用 while 语句，而是用新的语句类型来替代它的功能，它们分别是标号语句和跳转语句。

```
unsigned long long int cusum (unsigned long long int r)
{
    unsigned long long int sum = 0;

    if (r == 0 || r > 1000000000) return 0;

again:
    sum += r;
    r --;
    if (r) goto again;

    return sum;
}
```

说起来，跳转语句是你的老朋友了，因为跳转语句有好几种，而 return 语句就是其中之一。我们现在所用的，是另一个跳转语句，也就是 goto 语句，它可以在包含它的函数内跳来跳去，其语法为

    goto *标识符* ;

goto 语句由关键字 "goto"、标识符和分号 ";" 组成，既然是跳转，那肯定得有一个目标，这里的标识符用于指示跳转的目的地。在以上函数中，语句

    goto again;

就是跳转语句，标识符 again 用于指定跳转的目标位置。反过来，为了指定跳转的目标，需要在目标语句前做一个记号或者标记，我们称之为标号。这个标号和它后面的语句一起，共同组成一种新的语句类型：标号语句。因此，标号语句的语法为

    标识符 : *语句*

这就是说，由标识符、冒号 ":" 和语句组成的新语句，称为标号语句。在以上函数中，语句

```
again:
    sum += r;
```

就是标号语句。

现在我们把这两种语句连缀起来，看看它们在以上函数里是如何运作的。标号本身不影响程序的正常执行，就像它不存在一样。我们首先判断变量 r 的值，如果为 0，或者大于 1000000000，则直接返回一个 0 给它的调用者；如若不然，则将变量 r 的当前值加到变量 sum，然后将 r 的存储值递减。显然，标号的存在不影响程序的正常执行。

在接下来的 if 语句中，判断变量 r 的存储值是否已经递减到 0，如果不为 0，则跳转到标号 again 处执行。标号语句执行完后，将继续往下执行其他语句，直至又一次来到 if 语句，再次判断变量 r 的值。如果变量 r 的值依然不为 0，则再次跳转；如果为 0，则不执行 goto 语句，且离开 if 语句往下面执行。

相比之下，为了使代码简洁，我更愿意使用逗号表达式。在函数 cusum 的以下版本中，我们把 if 语句的控制表达式改了一下，但程序的功能不变。我们在前面已经把逗号表达式讲得很清楚了，这里不再重复，请读者自行分析。

```
unsigned long long int cusum (unsigned long long int r)
{
    unsigned long long int sum = 0;

    if (r == 0 || r > 1000000000) return 0;

again:
    if (sum += r --, r) goto again;

    return sum;
}
```

显然，我们这里的标号语句是：

```
again:
    if (sum += r --, r) goto again;
```

但这个标号语句包含了一个 goto 语句。

根据语法可知，标号和冒号":"之后只能是语句（单条语句或者复合语句），而不能是声明。所以，在以下版本的 cusum 函数中包含了一个错误，即，标号语句的冒号":"之后不是语句，而是一个声明。

除此之外，函数的其他部分没有什么问题，而且程序的工作流程是清晰的：先是判断变量 r 的值，如果大于 0 且小于 1000000000 则跳转到标号 next 处执行，否则就直接返回回 0 到函数的调用者。

在标号 next 处，声明了变量 sum 并将它初始化为 0，然后使用 while 语句完成累加过程，最后返回累加和（也就是变量 sum 的存储值）到调用者。当然，我们已经说过，冒号之后不应该是声明，所以在程序的翻译阶段，翻译器将报告错误并停止翻译。

```
unsigned long long int cusum (unsigned long long int r)
{
```

```
    if (r > 0 && r <= 1000000000) goto next;

    return 0;

next:
    unsigned long long int sum = 0;
    while (r) sum += r --;

    return sum;
}
```

要使这个函数能够正常通过翻译，就得把冒号后面的声明改为语句。说起来简单得难以置信，只需要在冒号后面加一个分号";"，也就是添加一个空语句，就可解决。以下是修改后的 cusum 函数。

```
unsigned long long int cusum (unsigned long long int r)
{
    if (r > 0 && r <= 1000000000) goto next;

    return 0;

next:
        ;
        unsigned long long int sum = 0;
        while (r) sum += r --;

    return sum;
}
```

另一个稍微麻烦一点的办法是使用复合语句，也就是用一对花括号将声明围起来，或者干脆连 while 语句也围在一起。

练习 3.10

1. 上面已经说了，另一个办法是使用复合语句，请自己上机尝试一下。
2. 使用这几章已经学过的知识，编写一个计算阶乘的程序，使其可以计算 10 以内的正整数的阶乘，至少给出 10 种写法。

第 4 章

指针不是指南针

　　我们知道，一个变量就是存储器里的一个存储区。这里所谓的存储器，包括我们平时所说的内存和处理器内部的寄存器。在学习计算机原理这门课的时候我们知道，除非变量位于寄存器中，否则就必定有一个地址，处理器正是通过地址来访问它们的。当然，包括 C 在内的各种高级语言屏蔽了这些细节。

　　然而，如果需要，C 语言也允许你通过地址来定位一个变量，并对它进行各种操作。这种方式虽然看起来有些迂回，但却是非常强悍的功能，你很快就能有所体会。

第 4 章 指针不是指南针

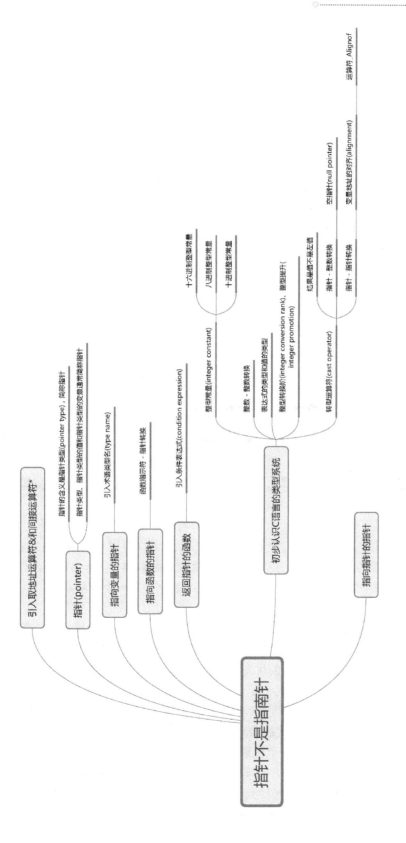

4.1 认识一元&和一元*运算符

虽然一个变量就是存储器里的一个存储区，但是，只有当程序真正运行时，这个存储区才实打实地确定下来。在我们写程序的时候，还只是假装它已经存在，还要用语句来模拟那些运行时才会执行的操作。

因为写程序的时候变量还不存在，自然需要用标识符来代表它，因此，标识符就是变量的化身，代表着那个变量，就好比我们每个人都有一个名字。在下面的程序里，我们声明了一个变量，标识符 m 是那个变量的名字，代表那个变量；语句 S1 中的表达式 m = 1 是直接操作这个变量，为它塞一个数值。

```
/*************c0401.c************/
int main (void)
{
    int m, w;

    m = 1;              //S1
    * & m = 2;          //S2, 等价于 m = 2
    w = ++ * & m;       //S3, 等价于 ++ m
}
```

这种操作是很直接的，并不涉及变量的地址，因为你"正在操作变量本身"，就像你正在面对面地塞给朋友一个苹果，并不需要知道他住在哪里。标识符 m 可以看成那个朋友的名字，代表那位朋友本身，数值 1 可以看成苹果。那么，如果我想通过变量的地址来操作它，怎么办呢？

在 C 语言里有哼哈二将，一个是一元&运算符，另一个是一元*运算符，它们被称为一元运算符，是因为它们只需要一个右操作数。一元&运算符用于取得变量或者函数的地址，而一元*运算符则根据一个地址来得到那个变量或者函数本身。作为例子，上面那个程序就演示了如何得到一个变量的地址，以及如何通过地址得到一个变量本身。

以上，在 main 函数内声明了变量 m 和 w。语句 S1 我们并不陌生，是将数值 1 保存到变量 m。如图 4-1 所示，这是针对变量 m 本身，是非常直接的操作，就像面对面给别人一个苹果："来，缪晓红同学，给你一个苹果"。

一元*运算符和一元&运算符的优先级相同，且都高于赋值运算符，但它们是从右往左结合的，所以在语句 S2 中，表达式 * & m = 2 等价于 (* (& m)) = 2。表达式 & m 得到变量 m 的地址，然后，一元*运算符则通过地址得到该地址上的那个变量——实际上就是变量 m。

"变量"不是用于描述表达式的术语，"左值"才是。指示或者说代表变量的表达式称为左值，既然表达式 * & m 代表一个变量，那么它就是一个左值；表达式 * & m = 2 是将数值 2 赋给这个左值。又因为这个左值实际上是代表变量 m 的，所以语句 S2 等价于 m = 2。

如图 4-1 所示，通过地址来找到变量，或者换句话说，通过一元运算符*来得到一个左值的过程相对迂回了些。就像通过快递把苹果发给缪晓红，这需要通过地址进行。

既然表达式* & m是一个左值，代表一个变量，那么，它自然也可以作为前缀递增运算符的操作数，因为该运算符要求它的操作数必须是左值。

在语句S3中，表达式++ * & m将递增左值* & m所代表的那个变量的存储值，因为该左值实际上代表变量m，故变量m的存储值现在是3，该表达式等价于++ m。

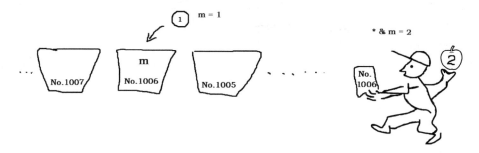

图4-1 直接操作变量和通过地址操作变量

为了加深理解，最好的办法是在调试器内观察语句的执行和变量值的变化。现在，我们将上述程序保存为源文件c0401.c并翻译为可执行文件，启动GDB，将断点设置在源程序的第6行。接着，用r命令运行程序到断点位置（以Windows平台为例）：

```
D:\exampls>gcc c0401.c -o c0401.exe -g

D:\exampls>gdb c0401.exe -silent
Reading symbols from c0401.exe...done.
(gdb) l
1       int main (void)
2       {
3           int m, w;
4
5           m = 1;
6           * & m = 2;
7           w = ++ * & m;
8       }
(gdb) b 6
Breakpoint 1 at 0x401564: file c0401.c, line 6.
(gdb) r
Starting program: D:\exampls\c0401.exe
[New Thread 12564.0x2d10]
[New Thread 12564.0xb34]

Thread 1 hit Breakpoint 1, main () at c0401.c:6
6               * & m = 2;
```

现在，程序中的第5行已经执行，变量m被赋值为1，GDB显示下一次将要执行第6行。既然表达式&m用于取得变量m的地址，那为何不看看它到底是啥呢：

```
(gdb) p &m
```

```
$1 = (int *) 0x61fe48
(gdb) p *&m
$2 = 1
```

以上，我们用命令 p &m 来显示这个地址，显示的内容是 0x61fe48，这个十六进制的数字就是变量 m 的内存地址。既然表达式*&m 是一个左值，代表一个变量（在这里实际上是变量 m），我们也用命令 p *&m 显示了该变量的值，其值为 1，是我们刚才赋的值。

接下来，我们用 n 命令执行第 6 行，其功能是把数值 2 保存到左值*&m 所代表的变量里。然后，用命令 p {m, *&m} 来显示变量 m 的值，以及左值*&m 所代表的变量的值：

```
(gdb) n
7           w = ++ * & m;
(gdb) p {m, *&m}
$3 = {2, 2}
```

如上所示，我们知道，左值*&m 所代表的变量实际上就是变量 m，而变量 m 的当前值是 2，所以显示的结果应该是两个 2，GDB 显示的结果证实了我们的猜测。

下面继续用 n 命令往下执行第 7 行，这将求值表达式++ * & m 并把结果保存到变量 w。执行后 GDB 停留在第 8 行的右花括号处。此时，我们再用命令 p {m, *&m, w} 来显示变量 m、表达式*&m 所代表的变量，以及变量 w 的值：

```
(gdb) n
8       }
(gdb) p {m, *&m, w}
$4 = {3, 3, 3}
```

因为表达式++ * & m 递增左值*&m 所代表的那个变量的存储值，故如上所示，变量 m 的值和左值*&m 所代表的那个变量的值都是 3。运算符++的结果是其操作数递增之后的值，所以表达式++ * & m 的值是 3。这个结果赋给了变量 w，所以变量 w 的值也是 3。

最后，我们再用 c 命令执行程序直至它正常退出，然后用 q 命令退出 GDB，本次调试过程结束：

```
(gdb) c
Continuing.
[Inferior 1 (process 12564) exited normally]
(gdb) q

D:\exampls>
```

在第 1 章里引入"左值"这个概念的时候，很多人可能还不理解它的必要性。现在应该很清楚了，表达式*&m 代表一个变量，但我们不能说"变量*&m"，这通常是不恰当的。

练习 4.1

判断题：
（1）通过变量的地址可以得到该地址上的变量（   ）。

（2）若 var 是变量，则表达式* & var 等价于左值 var。（   ）

4.2 什么是指针

简单地将一元&运算符的结果视为地址，是有问题的。地址相当于门牌号码，在有些人的眼里，它也许类似于一个整数。然而仅凭一个地址，我们是无法访问数据的。想想看，地址不能告诉你应该以什么类型来读取和解释那个变量的内容，是 signed char，还是 unsigned int？进一步地，因为没有类型信息，翻译软件在翻译程序时，也不知道那个地址上的变量有多大，应该读取或写入一个字节呢，还是四个字节？

所以，在 C 语言里，一元&运算符的结果（值）并不单纯是一个地址，而是一个包含了类型信息的地址。如果变量 m 的类型是 int，则表达式& m 的值不单包含了地址信息，还将包含这样的信息：这个地址用于访问一个 int 类型的变量。否则的话，表达式* & m = 2 和++ * & m 不能正确执行，因为它不知道被指向的变量有多大，它的内容用什么类型来解释。

那么，如何描述这样的值呢？如图 4-2 所示，从表达式& m 计算出一个值，这个值像指针一样，指向那个地址上的变量。鉴于这种类比特别形象，C 语言引入了指针类型，简称指针，并规定一元&运算符的结果（值）是指针类型。

图 4-2 指针的含义

在 C 语言里，**整数类型是个统称**，实际上包含了 char、short 和 long int 等具体的类型。同样地，指针类型也是个统称，根据它所指向的类型，可细分为指向 char 的指针、指向 short 的指针、指向 long int 的指针，等等。

一元&运算符称为取地址运算符，它需要一个右操作数，而且必须是左值或者函数指示符。这是很自然的，只有内存中的变量，或者函数才有地址，你不能取一个常量的地址，比如& 250，这很荒唐。另外需要注意，如果一个左值是一元&运算符的操作数，则不执行左值转换。

为方便起见，人们经常把指针类型的值也叫作"指针"。不过这不会引起混淆，通过具体的上下文大家都能明白所指。比如说，C 语言规定，**如果操作数的类型为 *T*，则一元&运算符的结果是指向 *T* 的指针**。在这里，"指针"就是"指针类型的值"。

在源文件 c0401.c 中，因为变量 m 的类型是 int，所以一元&运算符的结果（也就是表达式& m 的值）是指向 int 的指针。当然了，如果 m 的类型是 char，则一元&运算符的结果是指向 char 的指针。

反过来，为了还原指针所指向的变量和函数，需要使用一元*运算符。C 语言规定，一元*运算符的操作数必须是一个指针（类型的值）。**如果操作数是指向某变量的指针，则一元*运算符的结果是个左值，代表那个变量；如果操作数是指向函数的指针，则一元*运算符的结果是函数指示符，代表那个函数；如果操作数的类型是指向 T 的指针，则一元*运算符的结果类型为 T。**

因此，在上面的程序中，因为表达式 & m 的值是指向 int 的指针，故表达式 * & m 的结果是得到一个 int 类型的左值，代表指针所指向的变量（实际上是变量 m）。

4.3 指针类型的变量

既然指针是一种数据类型，那么，我们应该可以声明这种类型的变量，这样就可以保存指针类型的值以方便传递和使用。没错，这当然是可以的。不过，在进入这一话题前，还是让我们先来回忆一下整数类型的变量声明。对于声明

```
int m;
```

我们是这样来解读的：先从标识符 m 开始，读作"标识符 m 的类型是 int"，或者更经常地，读作"m 是 int 类型的变量"，这个变量只用来保存和读出 int 类型的值。

相应地，要把一个指针类型的值保存在一个变量里，这个变量的类型也应该是指针类型才可以。而且，变量的类型必须和指针的类型一致，要保存一个指向 char 类型的指针，变量的类型也必须是指向 char 的指针。再比如，如果变量的类型是指向 int 的指针，则它应该这样声明：

```
int * p;
```

如图 4-3 所示，这照例要从标识符开始认起。因为标识符 p 的右边是分号"；"，所以要向左读。左边是一个星号"*"，所以读作"p 的类型是指针"或者"p 是一个指针"。

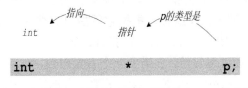

图 4-3　声明一个变量，其类型为指向 int 的指针

对于指针类型来说，指向的类型最为关键，如果指向的类型不同，则它们是不同的指针类型。因此，如图中所示，既然 p 的类型是指针，那么下一步就是将指针所指向的类型读出来。因为标识符 p 右边只是分号"；"，那我们继续向左读，左边是类型指定符"int"，所以读作"指向 int"。

现在，我们把这个过程连起来，就可以说"p 是一个指针，该指针指向 int"，或者说"p 是一个指向 int 的指针"，又或者说"变量 p 的类型是指向 int 的指针"；或者干脆简单地说"p 是一个指针类型的变量"。

然而为了方便，人们更经常地把指针类型的变量叫作指针，相对于"p 是一个指针类

型的变量",人们更喜欢说"p 是一个指针"。在具体的上下文中,这通常不会引起混淆,多数教材和图书都是这么用的,但本书尽量避免这种叫法。

在程序中,我们会声明很多变量和函数,但如果要问起它们是什么类型,类型的名字是什么,该怎么描述呢?为了方便描述复杂的类型,C 语言引入了类型名。所谓类型名,顾名思义,就是类型的名字。要想得到一个类型的类型名,需要先在纸上或者脑海里构造一个变量或者函数的声明,然后去掉标识符和末尾的分号,剩下的部分就是类型名。给定声明:

```
unsigned int var;
signed char * pc;
_Bool do_sth (signed char, signed char);
```

要想指出标识符 var、pc 和 do_sth 的具体类型是什么(或者说它们是什么类型),可以用文字描述,但这样做很啰唆,用类型名比较简洁直观。

为了得到类型名,只需要把这三个标识符从它们的声明中去掉,末尾的分号也去掉,剩下的部分就是类型名。因此我们说变量 var 的类型是 unsigned int;变量 pc 的类型是 signed char *;函数 do_sth 的类型是 _Bool (signed char, signed char)。

为了说明如何使用指针类型的变量,下面给出一个示例程序。在程序中,我们声明了三个变量,一个是变量 x,其类型为 int;另外两个分别是变量 p 和 q,它们的类型都是指向 int 的指针。

注意星号"*"的位置,它是独立的,意思是"指针",不和类型指定符 int 结合,也不和标识符 p、q 结合,但它是声明符的一部分。我们曾经提到过声明符,声明符用于描述被声明的实体,在这里,x 是声明符,* p 和* q 也是声明符。带有星号的 p 和 q 意味着实体是指针,不带星号则意味着实体不是指针。

```
/**********c0402.c********/
int main (void)
{
    int x, * p = & x, * q;

    q = & x;
    * p = 1;
    x = * p + * q;
}
```

在这里,变量 p 的声明中带有一个初始化器,即表达式& x。因为 x 是一个 int 类型的左值,所以表达式& x 的值是指向 int 的指针,这个指针由变量 x 的地址转化而来。而 p 的类型呢,也是指向 int 的指针,类型匹配。

现在,变量 p 的值是一个指针,实际上是指向变量 x 的,但变量 q 没有初始化,它的内容是随机的,不被认为是一个有效的指针。不过没关系,语句

```
q = & x;
```

就是用来给变量 q 赋值的。变量 q 的类型是指向 int 的指针,而表达式& x 的类型也

是指向 int 的指针，两边类型一致，可以赋值。赋值之后，变量 q 的值指向变量 x。换句话说，如图 4-4 所示，变量 p 和 q 的值都是指向变量 x 的指针。

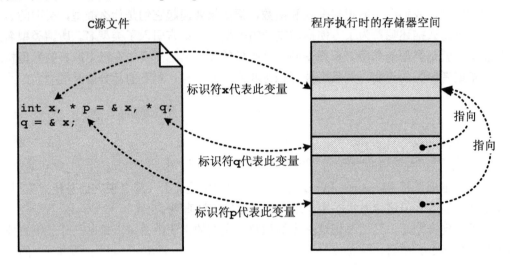

图 4-4　指针类型的变量及其值所指向的变量

再来看语句

　　* p = 1;

表达式* p 中的 p 是一个左值，要执行左值转换，转换为变量 p 的存储值，这是一个指针（类型的值）。因为一元*运算符的操作数是指针，故表达式* p 的结果是一个左值[①]，代表一个变量，但因为它是赋值运算符=的左操作数，故不再进行左值转换。所以表达式* p = 1 是把 1 赋给左值* p，也就是把 1 保存到左值* p 所代表的那个变量里。

C 语言的一个特点是变量和函数的声明与它们在程序中的用法在形式上一致。在变量 p 的声明中，星号"*"是一个符号，意思是"指针"，"* p"的意思是 p 是一个指针；而在表达式中，星号"*"是一个运算符，"* p"是一个表达式，用于间接地通过变量 p 的值来得到它所指向的变量。

再往下看另一条语句

　　x = * p + * q;

在表达式* p 和* q 中，p 和 q 都是左值，需要先进行左值转换，转换为变量 p 和 q 的存储值。左值转换后的值都是指针，所以表达式* p 和* q 又都是左值，都要继续进行左值转换，转换为它们所代表的变量的存储值。然后，将这两个值相加，并赋给左值 x。上述语句执行后，变量 x 的值为 2。

为了加深理解，我们再换一种说法：左值 p 和 q 经左值转换后的值都是指向变量 x 的指针，所以表达式* p 和* q 的结果都是左值，都代表变量 x。这两个左值经左值转换，转换为变量 x 的存储值，相加后赋给左值 x。因为这个原因，上述语句实际

---

① 为方便起见，可直接称之为"左值* p"。本书后面的行文中，类似的情况也照此办理。

上等价于：

```
x = x + x;
```

练习 4.2

1. 给定声明：

```
int m, * p, f (void);
```

请指出其中的声明符。

2. 拓展训练：在调试本节的程序时，可使用"p p"命令打印变量 p 的值（也就是变量 x 的地址），也可以使用"p &p"打印变量 p 自身的地址；还可以使用"p *p"命令打印 p 的值所指向的那个变量的值（也就是变量 x 的值）。

3. 给定声明：

```
int * x, p = & x, q;
```

请解释该声明合法或者不合法的原因。

4.4 指向函数的指针

按照 C 语言的规定，一元&运算符的操作数必须是左值或者函数指示符。如果是一个左值，则一元&运算符的结果是指向变量的指针；如果是一个函数指示符，则一元&运算符的结果是指向函数的指针。

然而，函数类型是多种多样的，返回类型和参数类型不同的函数是不同的函数类型。相应地，如果两个指针所指向的函数类型不同，则它们是不同的指针类型。下面的程序演示了如何在程序中使用指向函数的指针。

```
/*****************c0403.c***************/
void swap_ab (int * a, int * b)
{
    int temp = * b;

    * b = * a;
    * a = temp;
}

int main (void)
{
    int m = 10086, n = 10010;

    swap_ab (& m, & n);
```

```
            void (* pf) (int *, int *) = swap_ab;
            pf (& m, & n);
}
```

这个程序的意图是用函数 swap_ab 交换两个变量的值，但是用了两种不同的方法。在 main 函数里，我们首先声明了变量 m 和 n 并分别初始化为 10086 和 10010，这没有什么好说的。接下来，我们调用函数 swap_ab 来交换这两个变量的存储值。

现在我们来看函数 swap_ab 的声明，该函数具有两个参数 a、b 且它们的类型都是指向 int 的指针，函数的功能是交换这两个指针所指向的变量的值。由于功能简单，该函数没有什么可返回的，所以不返回任何值。在第 1 章里我们讲过，如果一个函数不返回值，则它的返回类型必须声明为 void。

4.4.1 函数指示符—指针转换

再回头来看 main 函数，通过语句

```
            swap_ab (& m, & n);
```

可以看出，要交换的变量是 m 和 n。尽管我们已经非常熟悉函数调用，但实际上你可能并不是真的懂它，因为函数调用运算符()的左操作数实际上必须是一个指针，而且是指向函数的指针。

问题是，在上述语句中，swap_ab 是一个函数指示符。不过没关系，C 语言规定，除非作为一元&运算符的操作数，否则，函数指示符将自动转换为指向函数的指针，这称为函数指示符—指针转换。

调用函数 swap_ab 时，传递的实际参数是表达式 & m 和 & n 的值。这是两个指针，分别指向变量 m 和变量 n。

再回到函数 swap_ab，参数 a、b 在该函数开始执行时被创建为两个变量以接受传递给它们的指针。如图 4-5 所示，一旦实际参数被传递给变量 a 和 b，则它们的值现在各自指向 main 函数内的变量 m 和 n。

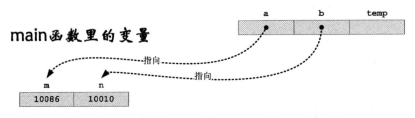

图 4-5 函数参数的值指向 main 函数内的变量

要交换两个变量的值，需要使用第三个变量，这是很容易理解的。为此，我们在函数 swap_ab 里声明了一个变量 temp，并初始化为表达式 * b 的值：

```
int temp = * b;
```

在这里，左值 b 要先执行左值转换，转换为变量 b 的存储值，这是一个指针。然后，一元*运算符作用于这个指针，得到一个（代表变量 n 的）左值。该左值继续执行左值转换，得到变量 n 的存储值，然后用这个值初始化变量 temp。

你可能觉得我很啰嗦，因为一眼就能看出表达式* b 的结果就是变量 n 的存储值。但我这样做的目的是让你学会并习惯如何解析涉及指针的表达式。很多人在分析简单表达式的时候觉得自己很明白，但表达式一复杂就晕头转向、一筹莫展，就是因为只凭感觉而缺乏正确的、科学的分析方法。同样的道理，在第二条语句

```
* b = * a;
```

中，表达式* b = * a 的两个子表达式* a 和* b 的结果都是左值，实际上分别代表变量 m 和 n。但是，因为左值* b 位于赋值运算符的左侧，不执行左值转换，左值* a 位于赋值运算符的右侧，执行左值转换，然后赋给左值* b。即，读取变量 m 的值并把它保存到变量 n。

在函数 swap_ab 的最后一条语句

```
* a = temp;
```

里，表达式* a = temp 用于将变量 temp 的值保存到左值* a 所代表的变量（实际上是变量 m）。至此，我们完成了两个变量的值的互换。

函数 swap_ab 内没有 return 语句，但这不影响它的返回。对于没有返回值（返回类型为 void）的函数来说，不通过 return 语句返回没有任何问题，当函数的执行到达组成函数体的右花括号 "}" 时，相当于执行了一条不带表达式的 return 语句。

但是，如果函数的返回类型不是 void，而且函数的返回是因为执行到组成函数体的右花括号 "}"，则调用者不得使用函数的返回值，否则程序的行为是未定义的。唯一的例外是从 C99 开始，宿主式环境下的 main 函数通过右花括号 "}" 返回时，则默认返回 0。不过，要是 main 函数的返回类型不是或者不和 int 等价，则返回值不确定。

再回到 main 函数，调用函数 swap_ab 之后，我们又声明了一个变量 pf，其类型为指向函数的指针：

```
void (* pf) (int *, int *) = swap_ab;
```

如图 4-6 所示，要解读这个声明，依然是从标识符开始。我们说过，C 语言的一个特点是变量和函数的声明与它们在程序中的使用在形式上一致。因此，声明中的非字母符号虽然不是运算符，但却继承了它们的优先级规则。如果不是用圆括号将 "* pf" 括起来，那么，标识符 pf 将优先与它右边的(int *, int *)进行语法关联。

但是，因为圆括号的存在，标识符 pf 被认为是与它左边的星号 "*" 进行关联的，因此，是需要先向左读，即，"pf 的类型是指针（*）" 或者 "pf 是一个指针"。

既然是一个指针，那么它必须指向另一个类型。到底指向谁呢？如果(* pf)的右边没有东西，则它可以继续往左读，但是它右边是(int *, int *)，那就意味着该指针指向一个函数。因此，我们进一步往右读做 "指向一个函数"。

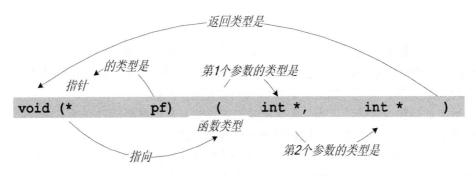

图 4-6　声明一个变量，其类型为指向函数的指针

对函数来说，重要的是它的参数类型和返回类型。因此，必须在声明里提供参数类型和返回类型。于是，我们可以继续读做"第 1 个参数的类型是 int *，第 2 个参数的类型是 int *"。和不带函数体的声明一样，在这里，形参的名字不是必须的。

函数的返回类型一定是在左边，于是我们回过头来往左看，那里是一个关键字"void"，于是我们读作"返回类型为 void"。如果一个函数的返回类型是 void，则意味着它不返回任何值，或者说它返回空值。

到此，整个声明的左边和右边再没有其他东西，不再继续往下读，标识符 pf 的类型已经完全确定。笼统地说，pf 是一个变量，其类型为指向函数的指针；再具体一点，pf 是一个变量，其类型为指向 void (int *, int *)类型的指针；如果要用类型名来描述的话，则 pf 是一个变量，其类型是 void (*) (int *, int *)；如果还要更具体的话，就是"pf 是一个变量，其类型为指向函数的指针，被指向的函数有两个参数，其类型都是指向 int 的指针，函数的返回类型为 void。

在变量 pf 的声明里带有一个初始化器 swap_ab，在这里它是一个函数指示符，必须执行函数指示符—指针转换。因为 swap_ab 的类型是 void (int *, int *)，自动转换为指向这种函数类型的指针，即 void (*) (int *, int *)，和变量 pf 的类型一致，可用于初始化操作。

接下来，语句

　　pf (& m, & n);

又一次发起函数调用，不过这一次属于本色调用，因为函数调用运算符的左操作数本来就是指针。表达式 pf 是一个指针类型的左值，故先进行左值转换，转换为该变量的存储值，这是一个指向函数的指针，实际上指向函数 swap_ab。因为函数调用需要一个指向函数的指针，相比之下，这是 C 语言比较喜欢的写法，毕竟不需要做函数指示符—指针转换。当然，如果你非要这么写也是可以的：

　　(* pf) (& m, & n);

函数调用运算符()的优先级比一元*运算符高，故这里必须用括号来形成一个基本表达式以阻止不恰当的结合。因为 pf 是一个指针类型的左值，左值转换后得到一个指针，而一元*运算符作用于这个指针，得到一个函数指示符。然后，函数指示符又反过来继续转换为一个指针函数的指针。显然，这是在转圈圈，既然是这样，下面的写法也没问题：

```
(& * pf) (& a, & b);
(* & * pf) (& a, & b);
(& * & * pf) (& a, & b);
```

练习 4.3

1. 为什么上面三种函数调用的写法都没问题？请分析它们的工作原理。
2. 若变量 pf 的类型是指向函数的指针，被指向的函数有两个 char 类型的参数，且返回类型是 int，请写出 pf 的声明，以及它的类型名。

4.5 返回指针的函数

函数不但可以具有指针类型的参数，它的返回类型也可以是指针。在下面的程序中，函数 swaprp 交换两个参数所指向的变量的值，并返回一个指针，该指针指向值较大的那个变量。

```
/***********c0404.c***********/
char * swaprp (char * a, char * b)
{
    char temp = * a;
    * a = * b;
    * b = temp;

    return * a > * b ? a : b;
}

int main (void)
{
    char m = 102, n = 103, * pc;

    pc = swaprp (& m, & n);
}
```

如图 4-7 所示，因为标识符 swaprp 看上去既可以与星号"*"进行语法关联，也可以与括号"("进行语法关联，但括号的优先级比星号高，所以，对函数 swaprp 的声明应当这样解读：它的类型是函数，第一个参数是 char *类型的变量 a，第二个参数是 char *类型的变量 b，该函数返回一个指针，指向 char。当然，也可以直接说是返回一个指向 char 的指针。

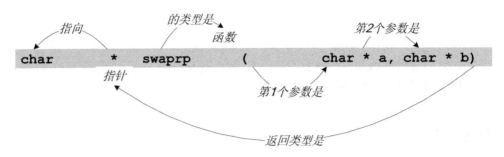

图 4-7 声明一个函数，该函数的返回类型是指针

在函数 swaprp 里，变量值的交换和前面相比没有什么不同，唯一的变化是多了一个奇怪的 return 语句：

```
return * a > * b ? a : b;
```

因为函数 swaprp 的返回类型不是 void，所以这里是返回表达式 * a > * b ? a : b 的值。这是一个我们没见过的表达式，称为条件表达式。条件表达式由三个表达式 E1、E2、E3，以及条件运算符?和:按下述方式组合而成：

```
E1 ? E2 : E3
```

再来看表达式 * a > * b ? a : b，这里涉及三个运算符，其优先级从高到低依次为一元 * 运算符、关系运算符 > 和条件运算符 ?:，所以这是一个条件表达式，等价于 ((* a) > (* b)) ? a : b。

条件表达式的求值过程是这样的：先求值 E1，如果 E1 的值不为 0，则求值 E2，且整个条件表达式的值来自 E2；如果 E1 的值为 0，则求值 E3，且整个条件表达式的值来自 E3。例如，条件表达式 5 ? 6 : 7 的值是 6，而 0 ? 8 : 9 的值是 9。

这样一来，return 语句的功能就很清楚了：表达式 * a 和 * b 都是左值，先进行左值转换，关系运算符对左值转换后的值进行比较，若结果为 1，则整个条件表达式的值是左值 a 经左值转换后得到的指针；若结果为 0，则整个条件表达式的值是左值 b 经左值转换后得到的指针。最后，return 语句返回条件表达式的值（指针）给它的调用者。取决于比较的结果，返回的指针指向 main 函数内的变量，要么是变量 m，要么是变量 n。

再来看 main 函数，我们声明了一个指针类型的变量 pc，并用它来接受函数 swaprp 的返回值。因为 pc 是指向 char 的指针，而函数 swaprp 的返回值也是指向 char 的指针，类型一致，可以赋值。

练习 4.4

1. 在程序中添加一个 char 类型的变量 c，并用函数 swaprp 的返回值所指向的变量的值初始化它。

2. 以下，函数 cusum 用于计算从 1 加到 N 的和，N 是非负整数。参数 sum 用于接受一个指针，累加的结果保存在该指针所指向的变量里；参数 r 也用于接受一个指针，该指针所指向的变量里保存了所要累加的最大值。如果这个值是 0 或者大于 1000000000，则函数返回 0，否则返回 1。现在请按上述要求将函数体补充完整，并上机验证程序的编写是否正确。

```
_Bool cusum (unsigned long long int * sum, unsigned long long int * r)
{

}
```

3．以下类型中，属于变量类型的是_____；属于函数类型的是_____。
（a）char　　　　　　（b）main 函数　　　　（c）_Bool
（d）signed int　　　（e）指针

4．若* E 是合法的表达式，则该表达式的结果不可能是_____。
（a）值　　　　　　　（b）左值
（c）代表一个变量　　（d）代表 E（的值）所指向的那个变量

5．在表达式&E 中，E 必须是_____，如果 E 的类型是 int，则 &E 的结果类型是_____。
（a）值　　　　　　　（b）左值或者函数指示符
（c）指向 int 的指针　（d）int

4.6　掌握 C 语言需要建立类型的观念

在初学指针的时候，很多人会有这样的想法：我认为 2000 是一个地址，所以我可以将它赋给一个指针类型的变量，就像这样：

```
int * p;
p = 2000;
```

或者，我认为 2002 是一个变量的地址，一元*运算符用来间接访问那个变量，所以我可以这样写：

```
* 2002 = 10086;
```

初学者有这样的认识应该是正常的，但这样做并不合法。首先，我们在前面讲得很清楚，地址和指针不是一回事；其次，一元*运算符需要一个指针操作数。C 语言有自己的类型系统，指针类型和整数类型是被区别对待的，你认为 2002 是一个地址，但 C 语言只知道它是一个整数——事实上，2002 是一个整型常量。

再比如说，加性运算符+的两个操作数不能是指针类型。你想想看，将两个指针相加是什么意思呢？没有任何实际意义。水稻不能长在石头上，不同的运算符需要不同类型的操作数。在本章的剩余部分里，我们介绍整数类型的转换规则；在本书后面的章节里也将介绍类型和类型转换的知识。在本书的第 12 章里，我们将具体介绍 C 语言里的所有运算符和表达式，届时将分类详细介绍每种运算符的操作数类型及转换方法。

练习 4.5

下面的程序片段合法吗？将它补充为一个完整的程序，然后上机试一试，看翻译器怎么说。

```
int m = 0, * p = & m, * q = & m;
p += q;
```

4.6.1 整型常量

在 C 语言里，变量有类型，值也有类型，给一个变量赋值，或者初始化它，值的类型必须和变量的类型相符。来看一个例子：

```
/****c0405.c****/
int main (void)
{
    int m = 3700;

    return 0;
}
```

在这个程序中，变量 m 的类型是 int，需要初始化或者保存一个同类型的数值。那么，3700 的类型也是 int 吗？还有 return 语句，它返回 0 值，这个 0 的类型和 main 函数的返回类型 int 一致吗？

在本书第 1 章里我们已经提到了常量和常量表达式，所以大家知道这里的 3700 和 0 就是常量。本质上，3700 和 0 都是在程序编写时由程序员敲入的文字符号，与一般的文字符号相比，它们的不同之处是，在程序翻译期间，C 实现会将它们识别并转换为整数，且不再可能发生改变，所以这些代表整数的符号称为整型常量。

如表 4-1 所示，整型常量有三种形式，包括十进制常量、八进制常量或者十六进制常量，区分它们的方法也很简单——观察其前缀。

十进制形式的整型常量以非 0 数字字符开头，后面可以是从 0 到 9 的任意数字字符的组合；八进制形式的整型常量以数字 0 开头，后面可以是从 0 到 7 的任意数字字符的组合；十六进制形式的整型常量以 "0x" 或者 "0X" 开头，后面可以是以下字符的任意组合：从 0 到 9 的数字字符、从 a 到 f 的字母，以及从 A 到 F 的字母。

C 语言里的数字（数值）都是有类型的，如果说整型常量的前缀决定了它的基数（采用的数制），那么后缀则指定了它的类型。后缀 u 或者 U 是 "unsigned" 的意思；后缀 l 或者 L 是 "long" 的意思；后缀 ll 或者 LL 是 "long long" 的意思。这几种后缀可以单独使用，也可以组合使用，但只有以下组合是允许的、有意义的：ul、uL、ull、uLL、Ul、UL、Ull、ULL、lu、lU、Lu、LU、llu、llU、LLu、LLU。

因此，2u、3U、0x3fu、0x6dLLu、073ull 也都是整型常量，其类型分别为 unsigned int、unsigned int、unsigned int、unsigned long long int 和 unsigned long long int。其他一些整型常量的例子见表 4-1。

表 4-1 不同形式的整型常量

常量的形式	不带后缀的例子	带后缀的例子
十进制常量	1、2、56、89、5050	3U、7LL、257ULL
八进制常量	0、025、079、0980	02L、037LL、02065ULL
十六进制常量	0x3、0x59、0X87、0XFA	0x7AL、0X556U、0xFACE

十进制常量不会以"0"打头,而八进制常量必须以"0"打头。经验不足的人可能以为数字前面的 0 不会改变数字的大小,一不留神将十进制常量写成八进制常量。

确定整型常量的类型实际上并没有那么简单,这要取决于值的大小、使用的基数、后缀和各种整数类型所能表示的值的范围(这取决于 C 实现)。从传统的 K&R C 开始,到 C89,再到 C99 和 C11,所使用的规则多少有些差别。表 4-2 给出了最新的类型确定规则。

根据整型常量所采用的后缀和基数,结合具体的 C 实现,从所对应的方框内挑选出第一个能够表示常量值的类型,可作为整型常量的类型。

表 4-2 整型常量的类型对照表

后缀	常量采用的数制	
	十进制	八进制或十六进制
无后缀	int long int long long int	int unsigned int long int unsigned long int long long int unsigned long long int
u 或 U	unsigned int unsigned long int unsigned long long int	unsigned int unsigned long int unsigned long long int
l 或 L	long int long long int	long int unsigned long int long long int unsigned long long int
ll 或 LL	long long int	long long int unsigned long long int
ul、uL、Ul、UL、lu、lU、Lu 或者 LU	unsigned long int unsigned long long int	unsigned long int unsigned long long int
ull、uLL、Ull、ULL、llu、llU、LLu 或者 LLU	unsigned long long int	unsigned long long int

例如,如果 C 实现将 int 和 long int 类型的最大值定为 2147483647,而将 long long int 类型的最大值定为 9223372036854775807,那么整型常量 5000000000 的类型是什么呢?因为它没有后缀,采用的基数是 10(十进制),所以定位到对应的表格,第一个备选类型是 int,但它表示不了这个数;第二个备选类型 long int 也表示不了这个数,只有第三个备选类型 long long int 可以表示,所以整型常量 5000000000 的类型是 long long int。

回到本节开头的程序，现在我们知道，3700 和 0 是 int 类型的整型常量，可以用来初始化 int 类型的变量或者给 int 类型的变量赋值。

顺便说一下，调试器 GDB 提供了一个 ptype 命令，可以返回表达式的类型信息，下面的调试过程演示了它的使用方法。

```
D:\>gdb -silent
(gdb) ptype 0
type = int
(gdb) ptype 0L
type = long
(gdb) ptype 5000000000
type = long long
(gdb)
```

练习 4.6

整型常量 37、0x98L 和 056ULL 是什么类型？请在 GDB 中验证你的结论。

4.6.2 整数—整数转换

在 C 语言里，不同的类型决定了可以表示的数值范围，以及数值在存储器中如何表示，以什么样的位模式存在。变量是有类型的，从变量中读出的值也是有类型的，这个值的类型和变量的类型一致。

相应地，往变量写入一个值，值的类型应该和变量的类型一致。如果值的类型和变量的类型不一致，则必须先转换为变量的类型[②]，请看下面的例子。

```
/******c0406.c******/
int main (void)
{
    int m = 3700U;
    unsigned int u = m;
    signed char sc;
    unsigned char uc;
    uc = u;
    sc = u;
    sc = 107LL;
}
```

在这里，整型常量 3700U 的确切类型是 unsigned int（对照表 4-2），但变量 m 的类型是 int，这就要将 3700U 从 unsigned int 转换为 int 之后才能初始化。

在所有整数类型中，_Bool 类型最特殊，先来看它。C 语言规定，将任何整数类型的值转换为 _Bool 类型时，零值转换为 0，非零值转换为 1；将一种整数类型的值转换为 _Bool

---

② 但有些类型之间是不允许转换的。

之外的整数类型时，如果这个值可以用新类型表示，则转换后的值同原值相比不变。

在这里，3700U 的类型是 unsigned int，但是 int 类型的取值范围里也有 3700 这个数，所以 3700U 是可以用 int 类型来表示的，于是它自动转换为 int 类型的 3700 并用于初始化变量 m。

接下来，变量 u 的类型是 unsigned int，但其初始化器为左值 m，经左值转换后得到一个 int 类型的值 3700。这个 3700 可以用 unsigned int 类型来表示，故又从 int 类型转换为 unsigned int 类型并用于初始化变量 u。

再往下，我们声明了变量 uc 和 sc，并将变量 u 的值赋给它们。凭直觉，这个赋值是有问题的，因为变量 u 的值是 unsigned int 类型的 3700，而变量 uc 和 sc 的类型分别是 unsigned char 和 signed char，应该是无法容纳的。

C 语言规定，将任何一种整数类型的值转换为非 _Bool 的另一种**无符号整数类型**时，如果无法用新类型来表示，则转换的方法是将这个值重复地加上或者减去比新类型所能表示的最大值大 1 的数，直到结果可以用新类型来表示；将任何一种整数类型的值转换为另一种**有符号整数类型**时，如果这个值无法用新类型来表示，则转换的结果取决于 C 实现。

在我的机器上，unsigned char 类型可以表示的最大值是 255，所以，变量 uc 不能表示变量 u 的值 3700。在这种情况下，我们不停地用变量 u 的值减去 256，直到结果小于或者等于 255。在做 14 次相减后，结果是 3700-14×256=116。所以，变量 uc 在赋值之后的结果是 116。

但是，在将变量 u 的值赋给变量 sc 后，变量 sc 的结果不确定，这要取决于 C 实现如何将 unsigned int 类型的 3700 转换为 signed char 类型。

最后，107LL 的类型是 signed long long int，变量 sc 的类型是 signed char，但 signed char 类型的取值范围里也有 107，也就是可以表示，故，将 107LL 转换为 signed char 类型并赋给变量 sc 后，变量 sc 的值是 107。

练习 4.7

若某无符号整数类型可表示的最大值为 M，那么，把 -1 赋给这种类型的变量后，该变量的值是什么？

4.6.3　表达式的类型

在 C 语言里，表达式可以计算出一个值，例如表达式 5+3 的值是 8。值是有类型的，所以表达式也有类型，表达式的类型与其值的类型一致。

不同的运算符需要不同类型的操作数，有些表达式具有固定的类型，而有的表达式的类型则需要根据运算符和操作数的类型来共同确定，不一而足。对运算符、表达式及其类型的完整介绍位于后面的章节，现在，我们通过一个小小的示例程序来大体了解一下。

```
/********c0407.c********/
int max (int a, int b)
{
```

```
        if (a >= b) return a;
        else return b;
    }

    int main (void)
    {
        int x = 1, y = 2;
        unsigned char c;

        x += c = 56;
        c += max (x, y);
        y = ++ x;
    }
```

我们已经讲过整型常量，这是一个语法上的概念，指的是一种表示整数的语法成分。当这种语法成分实际出现在程序中时，它就摇身一变成了常量表达式。

在程序中，变量 x 的初始化器是常量表达式 1，其类型为 int，所以也可以说它是 int 类型的常量表达式。这个常量表达式在程序翻译期间由代表数字的符号转换为数字 1 并用于初始化同类型的变量 x。

再来看表达式 x += c = 56，它等价于 x += (c = 56)，所以我们先分析它的子表达式 c = 56。左值 c 的类型是其所代表的变量 c 在声明时指定的类型，你可能觉得这样说有些啰唆，因为左值 c 和变量 c 是同一种东西。但是，它们的身份不同，在声明里，c 是变量，在表达式里，c 是左值。

左值 c 的类型是 unsigned char，但是常量表达式 56 的类型是 int，必须要执行整数类型—整数类型转换，将 56 从 int 类型转换为 unsigned char 类型后再赋给左值 c 所代表的变量。

在 C 语言里，赋值表达式的类型是赋值运算符左操作数的类型。因此，表达式 c = 56 的类型是 unsigned char；这个子表达式要计算一个值，这个值是赋值运算符的左操作数被赋值之后的存储值 56，值的类型是赋值表达式的类型，即 unsigned char。

接着来看，子表达式 c = 56 的值被加到左值 x。在运算符+=的右侧，操作数的类型是 unsigned char；在左侧，操作数 x 的类型是 int，这必然要将右侧表达式的结果 56 从它原先的 unsigned char 转换为 int，然后再进行赋值操作。最后，还是那句话，赋值表达式的类型是赋值运算符左操作数的类型，故表达式 x += c = 56 的类型是 int。

继续来看表达式 c += max (x, y)，函数调用表达式的类型是被调用函数的返回类型，它的值是函数的返回值。所以，子表达式 max (x, y) 的类型是 int，这也是该表达式的值的类型，这个值来自函数 max 的返回值。

函数调用的返回值被加到左值 c，左值 c 的类型是 unsigned char 而函数调用表达式的类型是 int，必须将后者从 int 类型转换为 unsigned char 之后才能赋值。由于赋值运算符的左操作数是 unsigned char 类型，故表达式 c += max (x, y) 的类型也是 unsigned char。

如果函数的返回类型是 void，则函数调用表达式的类型也是 void，这样的函数将返回空值，或者说返回不存在的值。这样的表达式可以添加一个分号"；"使其成为表达式语句，但它不能作为所有运算符的操作数。

现在转到 max 函数内部，if 语句的控制表达式是关系表达式 a >= b。在 C 语言里，不管运算符>、>=、<和<=的操作数是什么类型，关系表达式的类型始终为 int。关系成立，关系表达式的结果是 int 类型的值 1；否则，关系表达式的结果是 int 类型的值 0。

最后再回到 main 函数，来看表达式 y = ++ x。子表达式++ x 是前缀递增表达式，它的类型和前缀递增运算符++的操作数相同。因为左值 x 的类型是 int，故表达式++ x 的类型也是 int，与另一个左值 y 的类型一致，可以赋值。

为了更好地理解"表达式的类型"这一主题，我们将上述程序保存为源文件 c0407.c 并翻译为可执行文件，然后在调试器里用 ptype 命令逐一验证如下。

```
(gdb) l
1       int max (int a, int b)
2       {
3           if (a >= b) return a;
4           else return b;
5       }
6
7       int main (void)
8       {
9           int x = 1, y;
10          unsigned char c;
(gdb) l
11          x += c = 56;
12          c += max (x, y);
13          y = ++ x;
14      }
(gdb) b 3
Breakpoint 1 at 0x40155a: file c0407.c, line 3.
(gdb) r
Starting program: D:\exampls\a.exe
[New Thread 10100.0x2b00]
[New Thread 10100.0x294]

Thread 1 hit Breakpoint 1, max (a=57, b=0) at c0407.c:3
3           if (a >= b) return a;
(gdb) ptype a >= b
type = int
(gdb) n
5       }
(gdb) n
main () at c0407.c:12
12          c += max (x, y);
```

```
(gdb) ptype c = 56
type = unsigned char
(gdb) ptype x += c = 56
type = int
(gdb) ptype max (x, y)
type = int
(gdb) ptype c += max (x, y)
type = unsigned char
(gdb) ptype ++ x
type = int
(gdb) ptype y = ++ x
type = int
(gdb) c
Continuing.
[Thread 10100.0x294 exited with code 0]
[Inferior 1 (process 10100) exited normally]
(gdb) q
```

因为函数 max 的参数只在函数内有效，所以我们先将断点设置在该函数内。当程序的执行到达函数内的断点时，再用 ptype 命令打印表达式 a >= b 的类型。

然后，连续用 n 命令使程序的执行回到 main 函数，再用 ptype 命令打印各个表达式的类型。

4.6.4 认识整型转换阶和整型提升

有些运算符只在操作数原有的类型上操作，例如前缀递增运算符和后缀递增运算符，它们不要求改变操作数的类型。再比如赋值运算符，它不要求改变左操作数的类型，而是要求右操作数必须转换为左操作数的类型。

相比之下，有些运算符的操作数并不是在它原来的类型上操作，尤其是那些需要两个操作数的运算符。不过这也可以理解，如果操作数的类型不同，值的表示方法也不同，这势必要求它们先转换为一致的类型才能运算。下面以一个程序为例来说明这种转换如何进行。

```
/**********c0408.c*********/
int main (void)
{
    signed char cx = 1, cy = 2;
    signed long int sl = 0;
    unsigned long int ul = 0;

    sl += cx + cy;
    sl += cx * 3L;
    ul += sl <= ul;

    unsigned char uc = -1;
```

```
        cy = - uc ++;
}
```

在这里，表达式 sl += cx + cy 用于将子表达式 cx + cy 的值加到左值 sl。在子表达式中，左值 cx 和 cy 的类型都是 signed char，是不是意味着子表达式 cx + cy 的类型也是 signed char？

非常遗憾的是，非也。我们知道，int 和 unsigned int 类型的长度并不是固定的，随不同的计算机系统而异。在 C 语言的设计者看来，int 和 unsigned int 类型通常应该等于你所用的计算机的自然字长——比如，在 16 位处理器的计算机上，int 类型的长度通常是 16 个比特，在 32 位处理器的计算机上，int 类型的长度通常是 32 个比特。

计算机的字长通常等于处理器内部的寄存器宽度，这样就很清楚了：以自然字长来加工和操作数据效率最高。C 是追求效率的计算机编程语言，它希望包括二元+在内的很多运算符能够以计算机的自然字长来操作。所以它会想：先看一下这两个操作数的类型，看看有没有比 int 或者 unsigned int 短的。如果有，那就先把它加长到 int 或者 unsigned int。加长之后，如果这两个操作数的类型一致，那太好了；如果不一致，再继续以那个较长的为标准来转换那个较短的，使它们最终一致。无论如何，第一步，也是最保守的做法是先将短的类型加宽为 int 或者 unsigned int。

但是，整数类型那么多，到底谁是长的，谁是短的？为此，C 语言引入了整型转换阶的概念。整型转换阶用于确定加宽的方向，即，加宽为何种类型。每种整数类型都有自己的整型转换阶，阶的大小主要取决于类型的宽度，图 4-8 给出了所有标准整数类型的整型转换阶。

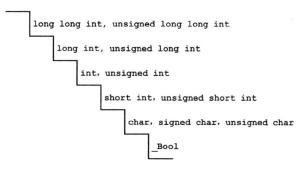

图 4-8　标准整数类型的转换阶

由图中可知，每个有符号整数类型的阶等于与其相对应的无符号整数类型；_Bool 类型的阶最低；long long int 和 unsigned long long int 类型的阶最高。

对于包括二元+在内的很多运算符来说，C 语言规定，如果一个操作数相对于 int 类型来说较窄，但它的值能用 int 类型来表示，则将其转换为 int 类型；如果无法表示，则转换为 unsigned int 类型，这个过程叫作整型提升。

那么，怎样才算是比 int 类型窄呢？标准之一就是它的整型转换阶小于 int 和 unsigned int 类型。显然，_Bool、char、signed char、unsigned char、short int 和 unsigned short int 类型的操作数都必须先做整型提升。

这里有两点需要说明，第一，整型提升是一种特殊的整数类型转换，特指从阶较低的整数类型转换（提升）为 `int` 或者 `unsigned int` 类型，从 `int` 类型转换到 `long int` 类型并不是整型提升；第二，并不是所有运算符的操作数都需要做整型提升，例如递增和递减运算符的操作数就不需要，即使它们是整数类型。

让我们继续来看表达式 `cx + cy`，左值 `cx` 和 `cy` 的类型都是 `signed char`，所以它们都必须进行整型提升，提升为 `int` 类型，故表达式 `cx + cy` 的类型是 `int`。

原则上，运算符的操作数在整型提升后应具有一致的类型，如果不一致的，还必须做进一步的转换。总的原则是，阶较低的整数类型转换为阶较高的整数类型。

来看表达式 `sl += cx * 3L` 的子表达式 `cx * 3L`，常量表达式 `3L` 的类型是 `signed long int`，而左值 `cx` 的类型是 `signed char`。首先将 `cx` 的值从 `signed char` 类型提升为 `int` 类型。提升后类型仍不一致，故必须将 `cx` 的值再次从 `int` 类型转换为 `signed long int` 类型。换句话说，子表达式 `cx * 3L` 的类型是 `signed long int`。

再来看表达式 `ul += sl <= ul` 的子表达式 `sl <= ul`，左值 `sl` 的类型是 `signed long int`，而左值 `ul` 的类型是 `unsigned long int`，这两种整数类型的阶都高于 `int` 和 `unsigned int`，所以这里不存在整型提升，但它们仍不是同一种类型。如果提升之后两个操作数的类型不同，一个是有符号整数类型，另一个是无符号整数类型，且无符号整数类型的阶高于或者等于那个有符号整数类型，则将有符号整数类型的操作数转换为那个无符号整数类型。因此，必须将 `sl` 的值从 `signed long int` 转换为 `unsigned long int` 类型。

然而，表达式 `sl <= ul` 的类型会是 `unsigned long int` 吗？不会的，我们说过，关系表达式的类型始终为 `int`。这里的奥妙在于，操作数 `sl` 和 `ul` 的值统一在 `unsigned long int` 层面上进行比较操作，然后根据比较的结果生成 `int` 类型的 0 或者 1。

练习 4.8

在上面的程序中，表达式 `sl += cx * 3L` 和 `ul += sl <= ul` 的类型各是什么，为什么？

4.6.4.1 负号运算符

细心的同学可能已经发现了，整型常量里没有负数。我们在编程时不可避免地会用到负数，例如 -67，但是在 C 语言里，67 是整型常量表达式，前面的负号是运算符，称为负号运算符。换句话说，在 C 语言里，负数是通过"运算"得到的，它将一个整型常量表达式的值转换为一个负的内部表示。

负号运算符需要一个右操作数，如果这个操作数是整数类型，必须先整型提升，负号运算符的结果是提升后的负值，结果的类型是提升后的类型；如果操作数不是整数类型，则负号运算符的结果是其操作数的负值，结果的类型与其操作数的类型相同。

在上面的程序里，末尾部分有一个声明：

```
unsigned char uc = -1;
```

在这里，负号运算符的操作数 1 是整型常量表达式，按要求必须先做整型提升，但其类型已经是 int，名义上要做但是没做。最终，表达式-1 的类型也是 int。

表达式-1 的值用于初始化变量 uc，变量 uc 的类型是 unsigned char，这就要把表达式-1 的值从原先的 int 类型转换为 unsigned char 类型。在我的机器上，unsigned char 类型的最大值是 255，所以转换的方法是 256 + (-1) = 255（参见前面的整数—整数转换）。这就是说，将表达式-1 的值赋给 unsigned char 类型的变量，将使该变量的值为 unsigned char 类型所能表示的最大值。

推而广之，将表达式-1 的值转换为任何一种无符号整数类型，其结果是得到这种无符号整数类型的最大值。

最后来看表达式 cy = - uc ++，在这里，后缀递增运算符的优先级最高，负号运算符的优先级次之，赋值运算符的优先级最低，故它等价于 cy = - (uc ++)。递增运算符不改变其操作数的类型，而且，递增表达式的类型也是其操作数的类型。因为左值 uc 的类型是 unsigned char，故表达式 uc ++的类型也是 unsigned char。

作为负号运算符的操作数，表达式 uc ++的值要从原先的 unsigned char 类型提升为 int 类型，而且这也是表达式-uc ++的类型。提升的过程也是类型转换的过程，由于 unsigned char 类型的值总能用 int 类型来表示，故转换（提升）后的值不变。

因为赋值运算符左操作数 cy 的类型是 signed char，所以表达式-uc ++的值还要从 int 类型转换为 signed char 类型。

我们已经讲过整数—整数转换，如果表达式-uc ++的值能够被 signed char 类型表示，则转换后的值不变；如果不能，因目标类型是有符号整数类型，故转换后的结果不能确定。在我的机器上，转换前，表达式-uc ++的值是 255，但不能被 signed char 类型表示，故转换后的值无法预知。

不同的运算符需要不同的操作数，需要做不同的转换。每种运算符需要什么类型的操作数，如果操作数的类型不同该如何转换，都将在本书的后面逐一介绍。

练习 4.9

1. 如果知道 unsigned char、unsigned int、unsigned long int 和 unsigned long long int 类型所能表示的最大值（在你的计算机上）？编写一个程序，然后在 gdb 中观察一下到底是多少。

2. 表达式-3u 的结果是多少？结果的类型是什么？

4.6.4.2 转型运算符

一般来说，整数之间的转换是自动进行的。当然，如果你不嫌麻烦的话，也可以手工进行转换，手工转换的方法是使用转型表达式。转型表达式由转型运算符组成，其形式为

(类型名) 表达式

在 C 语言里，有三种运算符非常相似，都使用了一对圆括号，它们是函数调用运算符、转型运算符和基本表达式。不过，它们之间的区别也相当明显：函数调用运算符的操作数

在左边和圆括号内；转型运算符的操作数在右边；基本表达式的操作数在圆括号内。

转型表达式的作用是将"表达式"的值从它原先的类型转换为"类型名"指定的那种类型。举个例子来说，在以下声明中，是将整型常量 0x33 从它原先的 int 类型转换为 long long int 类型后，再用于初始化变量 ll：

```
long long ll = (long long) 0x33;
```

注意，被转型的表达式里可能含有别的运算符，如果它们的优先级低于转型运算符，则被转型的表达式应当用圆括号括起来以形成基本表达式，例如：

```
signed char cx, cy;
cx = (signed char) 0x33;
cy = (signed char) (cx + 0x30);
```

以上，转型运算符的优先级高于赋值运算符，表达式 cx = (signed char) 0x33 是将整型常量 0x33 从它原来的 int 类型转换为 signed char 类型，然后赋给左值 cx。

在表达式 cy = (signed char) (cx + 0x30) 里，是将表达式 cx 的值从它原先的 signed char 类型提升为 int 类型，再与 int 类型的 0x30 相加，得到一个 int 类型的结果。这个结果再转型为 signed char 类型，赋给变量 cy。

转型运算符的优先级高于加性运算符，所以表达式 cx + 0x30 必须用圆括号括住。如果没有这个圆括号，意思就完全不同了：

```
cy = (signed char) cx + 0x30;
```

这是将表达式 cx 的值转换为 signed char 类型后，再与 int 类型的 0x30 相加。顺便说一句，在相加之前，表达式(signed char) cx 的值还要作整型提升。

4.6.5 指针—整数转换

再回到指针的话题。很多初学者喜欢把指针变量的值看成整数，但这有点像把面粉和馒头相提并论，毕竟它们至少在类型上并不相同。在下面的代码片段中，变量 p 的类型是指向 int 的指针，但 2000 的类型是 int，不能用于初始化一个指针类型的变量，所以这个声明是非法的；在第二行，一元*运算符要求它的操作数是指针类型，但 2008 的类型是 int，所以非法。我建议你创建一个带有 main 函数的源文件，将这两行添加到 main 函数里，然后尝试是否能通过翻译，并观察诊断信息都说了些什么。

```
int * p = 2000;
* 2008 = 10086;
```

然而，对于 C 这样宽容的语言来说，如果你非要将整数转换为指针，也不是不可以，因为我们有转型运算符可以使用：

```
int * p = (int *) 2000;
* (int *) 2008 = 10086;
```

在第一行里，转型表达式(int *) 2000 将 int 类型的 2000 转换为指向 int 的指针类型，然后用于初始化变量 p；在第二行里，转型表达式(int *) 2008 将 int 类型的 2008 转换为指向 int 的指针，然后，一元*运算符作用于这个指针（类型的值），得到一个左值，然后将10086赋给左值所代表的变量。

必须要郑重指出的是，上面的做法虽然合法，但运行的时候很危险，程序崩溃的概率几乎是百分之百。原因是，2000和2008通常不会是一个合法有效的变量地址，你不知道这个地址是用来干什么的，如果它能够执行，那你就是破坏了人家原有的代码或者数据；如果它不能正常执行，那就意味着它是一片受处理器和操作系统保护的内存区域，也可能并不对应着任何实际存在的物理内存。

相比之下，下面这个程序可能会稍好一些，但也不能保证会在所有计算机上得到正确的结果，这是因为，在不同的计算机系统上，指针类型的长度可能并不相同。

```
/***********c0409.c**********/
int main (void)
{
    int m = 0;
    unsigned long long int ull;

    ull = (unsigned long long) & m;
    * (int *) ull = 10086;
}
```

以上，我们先是声明了一个int类型的变量m和一个unsigned long long类型的变量ull；然后，子表达式& m的类型是指向int的指针，这也是其值的类型。这个指针类型的值被转换为unsigned long long类型后赋给变量ull。因为不知道指针的长度，我们使用一个最长的整数类型unsigned long long来保存转换后的结果。

接着，在表达式* (int *) ull = 10086里，左值ull执行左值转换，转换为一个unsigned long long类型的值。这个值被转型运算符转换为指向int的指针，然后一元*运算符作用于这个指针，得到一个int类型的左值，这个左值接受赋值。至此，因为表达式(int *) ull的值实际上指向变量m，故变量m的存储值是10086。

练习 4.10

1. 表达式(unsigned long long) & m和(unsigned long long) m所执行的转换过程有什么区别？

2. 编写一个程序完成以下工作：将一个指向函数的指针转换为整数，再将这个整数转换为指向函数的指针，最后，用这个指针调用那个函数。

4.6.5.2 空指针

除非使用转型表达式，用一个整数来初始化指针类型的变量或者给指针类型的变量赋值通常是不可行的，但有一个例外，那就是整型常量0，它不需要任何显式的转换：

```
signed char * ps1 = 0, * ps2;
ps2 = 0;
```

在C语言里，值为0的整型常量表达式可以自动转换为任何类型的指针，转换后的结果称为那种类型的空指针。空指针意味着它不指向任何有效的变量或者函数。

4.6.6 指针—指针转换

在 C 语言里,允许将一个指向变量类型的指针转换为指向另一种变量类型的指针,比如将一个指向 int 类型的指针转换为指向 char 类型的指针。

每当我们声明或者定义了某个函数时,就相当于创建了一种函数类型。参数类型不同、返回类型不同的函数属于不同的函数类型,进一步地,指向不同函数类型的指针属于不同的指针类型。

相应地,也可以将一个指向某种函数类型的指针转换为指向另一种函数类型的指针,当它再次转换回原来的类型后,和原先的指针相等。在下面的程序中,我们将一个指向某函数类型的指针转换为指向另一种函数类型的指针,然后再转换回来加以比较,比较之后再用转换回来的指针调用它所指向的那个函数。

```
/******************c0410.c******************/
int max (int a, int b)
{
    return a >= b ? a : b;
}

int main (void)
{
    int res, (* pf) (int, int) = max;
    void (* px) (void) = (void (*) (void)) pf;

    res = (int (*) (int, int)) px == pf ? 1 : 0;
    res = ((int (*) (int, int)) px) (1, 2);
}
```

在 main 函数里,第一行声明了变量 res 和 pf,变量 res 的类型是 int,而变量 pf 的类型是指向函数的指针。变量 pf 的确切类型是指向"有两个 int 类型的参数,且返回类型是 int 的函数"的指针。变量 pf 的初始化器是函数指示符 max,将自动转换为指针,且转换后的类型与 pf 的类型一致(参见函数指示符—指针转换)。

在第二行,我们又声明了另一个指针类型的变量 px,它的确切类型是指向"参数类型和返回类型都是 void 的函数"的指针。来看它的初始化器,左值 pf 经左值转换,值的类型是 int (*) (int, int),与变量 px 的类型不一致,不能直接用于初始化,还需要用转型运算符把它转换为变量 px 的类型,即 void (*) (void) 类型。

接下来的一行看起来很复杂,但这只不过是因为它里面包含了一个转型运算符 (int (*) (int, int)) 的缘故。在表达式

    res = (int (*) (int, int)) px == pf ? 1 : 0

里,转型运算符的优先级最高,等性运算符==次之;条件运算符?:又次之;赋值运算符=的优先级最低,所以这个表达式等价于

```
    res = ((((int (*) (int, int)) px) == pf) ? 1 : 0)
```

说到底，这是把条件表达式的值赋给左值 res，而条件表达式的值又取决于 (int (*) (int, int)) px 和 pf 的比较结果。

等性运算符不但适用于整数，还适用于指针类型的操作数，可用于比较两个指针是否相同，即，是否指向同一个变量或者函数，或者是否都是空指针。变量 px 和 pf 都存储了函数 max 的地址，但它们的类型不同，按规定，只有指向同一种函数类型的指针才能放在一起比较。但是，如果类型不一致，它不会像对待整型操作数那样能够自动转换，指针类型的操作数必须手工转换为一致。不然的话，在翻译程序时，翻译器将愤愤不平地咕哝几句以示抗议。

为此，该表达式是把左值 px 经左值转换后得到的值强制转换为 int (*) (int, int) 类型，再与左值 pf 经左值转换后的值作等性比较。对于等性运算符 != 和 == 来说，不管操作数的类型是什么，比较的结果都是 int 类型的 0 或者 1。

最后，表达式 res = ((int (*) (int, int)) px) (1, 2) 是将变量 px 的值转换为 int (*) (int, int) 类型，并以这种类型调用它所指向的函数。由于函数调用运算符的优先级高于转型运算符，故还必须将转型表达式 (int (*) (int, int)) px 用括号括起来，使之成为基本表达式。函数调用的结果（返回值）被赋给 res。

实际上，表达式 (int (*) (int, int)) px 的值与变量 pf 的值一样，都是指向函数 max 的指针，所以上述函数调用实际上等效于 res = pf (1, 2)。

练习 4.11

1. 在上述程序里，第一次赋值和第二次赋值后，变量 res 的值各为多少？请上机验证。
2. 若 p 和 q 都是指针类型的左值，则表达式 p != q 和 p == q 的（结果）类型是什么？若 p 的类型是指向 char 的指针而 q 的类型是指向 int 的指针，则程序翻译时会有警告信息吗？请上机实际验证。

4.6.6.1 变量地址的对齐

在前面的程序中，变量 px 的类型是 void (*) (void)。尽管它的值实际上指向函数 max，但你不能这样调用：

```
    px (1, 2)
```

而只能这样调用：

```
    px ()
```

原因极其简单：在程序翻译期间，C 实现要做类型检查，左值 px 的类型是指向"参数类型和返回类型都是 void 的函数"的指针，但你却传递了两个参数，这不合法。

然而，变量 px 的值实际上指向函数 max，函数调用表达式 px () 虽然合法，但却与函数 max 的声明不一致。按照规定，如果一个指向函数的指针同它实际指向的函数类型不一致，则用这个指针做函数调用时，程序的行为是未定义的。

相似地，如果将一个指向某种变量类型的指针转换为指向另一种变量类型的指针，用转换后的指针访问变量时，也会出各种问题。来看下面的程序片段：

```
char x = 0;
++ * (int *) & x;
```

在这里，变量 x 的类型是 char，只占用 1 个字节的存储空间。紧接着在第二行，一个指向变量 x 的指针被转换为指向 int 的指针，然后递增它所指向的变量。

表达式 & x 的类型是指向 char 的指针；表达式 (int *) & x 的类型是指向 int 的指针；表达式 * (int *) & x 的结果是一个 int 类型的左值；运算符 ++ 递增这个左值所代表的变量（的存储值）。

这里的重点在于被递增的变量是 int 类型的。在我的机器上，一个 int 类型的变量占用 4 个字节的存储空间。但是实际上，有 3 个字节并不属于它。

这就尴尬了，你侵犯了别人的领土，那个地方可能属于另一个变量，这样的话你就破坏了另一个变量的值，如果那里恰巧保存的是银行账目，这就更让人头大了；那个地方也许并不对应任何变量，变量必须先分配再使用，访问一个没有分配的存储空间等于拿着空头支票去市场上买东西，当然会被拒绝，拒绝的结果就是程序可能崩溃。

变量的大小只是一个方面的问题，另一个问题是内存地址的对齐。学过计算机原理的同学都知道，处理器读写内存储器时，要先通过地址总线发送一个地址到内存储器。然而，内存储器是按字节组织的，字节是最小的可寻址单元，但它也可以每次读写 2 个字节或者 4 个字节甚至 16 个字节的数据。

这就是说，一个地址可用于访问 1 个字节单元，也可用于访问 2 个连续的字节单元，或者 4 个、8 个连续的字节单元。这种灵活性是有代价的，受硬件布线的限制，这将要求特定类型（长度）的变量只能位于特定的地址，这称为对齐。

对齐用一个整数值来描述，它必须是 2^N，且 N 是非负数。比如在我的机器上，int 类型的变量原则上只能位于 0x00000004、0x00000008、0x0000000C 等地址上，都是一些能够被 4（2^2）整除的地址，故它的对齐是 4。

在任何机器上，char 类型的变量可位于任何地址上，因为它只有一个字节，而字节是内存储器支持的最小可寻址单元。能够将所有地址整除的只有数字 1（2^0），故对于 char 类型的变量来说，其对齐始终为 1。

来看上面的例子，变量 x 的类型是 char，可位于任何内存地址上；但是，左值 * (int *) & x 的类型是 int，代表一个 int 类型的变量。在我的机器上，它要求这个变量对齐于能够被 4 整除的地址上。

先不说将 char 类型的变量当成 int 类型的变量来访问是否合法，就说地址，如果变量 x 的地址是 0x00000003，那么，它并不符合 int 类型所要求的对齐，这个地址不能被 4 整除。

有些处理器是强制要求对齐的，比如 Motorola 68K 处理器，在这种计算机上，非对齐的访问将产生一个总线错误。Intel x86 处理器也建议使用对齐的访问，但同时它并不限制你非得这么做。如果你使用非对齐的访问，它也能工作，只不过要迂回一些。

原则上，我们并不需要考虑变量的对齐问题。你编程时的任务是声明变量，不需要关心它在哪里。在程序运行时，自然会按照它的类型把它安排在符合要求的地址上。然而，如果是通过指针访问变量，而且指针所指向的类型与它所指向的变量不符，这就是必须要考虑的问题了。

4.6.6.2 认识_Alignof 运算符

一旦了解到变量在内存中的位置需要对齐到特定的地址上，你难免想知道特定类型的对齐值是多少，或者它应当位于哪些地址上。

这个问题不难解决，从 C11（ISO/IEC 9899:2011）开始，C 语言引入了一个新的运算符_Alignof，它用于返回指定类型的对齐值，其语法形式为：

_Alignof（*类型名*）

注意，圆括号内只能是类型名，而不能是表达式（常量、左值或者变量的名字）。我们所认识的运算符都是一些非字母的符号，比如+、=、++、>，等等，但这个运算符却完全是由字母组成，很像一个函数。看起来很荒谬，但这就是 C 语言。

注意，_Alignof 不单单是 C 语言里的运算符，也是关键字。运算符_Alignof 的结果类型是一种无符号整数类型，可能是 unsigned int，也可能是 unsigned long long int，也可能是别的，但具体是哪种整数类型取决于具体的 C 实现。

在下面的例子中，我们分别获取 char、指向 char 的指针，以及指向函数的指针这三种类型的对齐值。

```
/***********c0411.c**********/
int main (void)
{
    unsigned long long x, y, z;
    x = _Alignof (char);
    y = _Alignof (char *);
    z = _Alignof (int (*) (void));
}
```

不管在哪种计算机系统上，char 类型的对齐值始终为 1。然而，char *和 int (*)(void) 类型的对齐值可以随计算机系统而异。还有，尽管指针可以指向函数，但它本身并不是函数，任何指针类型都是变量类型。也就是说，任何指针类型都可用于声明变量，任何指针类型的值都可以保存在变量中。

练习 4.12

如果某类型的对齐值是 8，它应当位于哪些地址上（　　）。
A. 0x00000000　　　　　　　B. 0x00000008
C. 0x0000000F　　　　　　　D. 0x00000010

4.7 指向指针（类型）的指针

我们知道，指针类型是以它所指向的类型为特征的，可以指向任何类型。那位说了，既然指针也是一种数据类型，且指针可以指向任何类型，那有没有指向指针类型的指针呢？

可以明确地告诉你，有的。在下面的程序中就有一个变量 ppi，它的类型就是指向指针的指针。

```
/**************c0412.c**************/
int main (void)
{
   int i, * pi = & i, * * ppi = & pi;
   * * ppi = 10086;                  //S1
   * * ppi = * * ppi + 1;            //S2

   int j;
   pi = & j;                         //S3
   * * ppi = 10010;                  //S4

   int * pj = & j;
   ppi = & pj;                       //S5
   ++ * * ppi;                       //S6
}
```

在这个程序里，我们声明了变量 i、pi 和 ppi，其类型分别是 int、指向 int 的指针和指向"指向 int 的指针"的指针。对变量 ppi 的声明使用了两个星号，这个声明的解读方法如图 4-9 所示。首先从标识符 ppi 开始，然后向左读：ppi 的类型是指针，指向的类型是"指向 int 的指针"，或者说，ppi 是指向"指向 int 的指针"的指针。如果使用类型名，则变量 ppi 的类型是 int * *。

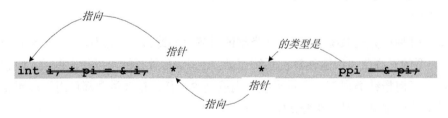

图 4-9 解读"指向指针的指针"的声明

在声明中，变量 pi 的类型是 int *，而表达式 & i 的类型也是 int *，类型一致，可以用后者的值初始化前者。

进一步地，因 pi 是一个 int * 类型的左值，故表达式 & pi 的类型是 int * *，这与变量 ppi 的类型一致，可用前者的值初始化后者。

如图 4-10 所示，现在，变量 ppi 的值指向变量 pi，而变量 pi 的值又指向变量 i。

通过变量 pi 可以访问变量 i，这是我们已经熟悉的。但事实上，通过变量 ppi 也可以访问到变量 i，语句 S1 就做到了这一点。

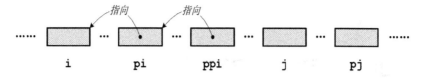

图 4-10　程序中的变量及指针的指向关系

在语句 S1 中，表达式 * * ppi 等价于 * (* ppi)，这是因为一元*运算符是从右往左结合的。左值 ppi 经左值转换后得到一个 int * *类型的值（这个值实际上指向变量 pi），一元*运算符作用于它，得到一个 int *类型的左值（代表变量 pi）。这个左值继续执行左值转换，得到一个 int *类型的值（这个值实际上指向变量 i），最左边的一元*运算符作用于它，得到一个 int 类型的左值（代表变量 i）。最终得到的这个左值是赋值运算符的左操作数，不执行左值转换，且被赋值为 10086。赋值后，变量 i 的值是 10086。

同理，在语句 S2 中，表达式 * * ppi 是左值，代表变量 i。但赋值运算符左边的 * * ppi 不执行左值转换，而用于接受赋值；赋值运算符右边的 * * ppi 执行左值转换，转换后的结果与整数 1 相加。这条语句执行后，变量 i 的值是 10087。

指针可以灵活地指向不同的变量，但这也意味着通过该指针所访问的变量也不一样。在语句 S3 中，变量 pi 的值被改为指向另一个不同的变量 j。于是在语句 S4 中，尽管子表达式 * ppi 的结果是左值，依然代表变量 pi，但表达式 * * ppi 的结果却是代表变量 j 的左值。所以这条语句是改变了变量 j 的存储值，赋值后，变量 j 的值为 10010。

语句 S5 用于修改变量 ppi 的值，令其指向另一个指针类型的变量 pj。而在此之前，变量 pj 被声明为指向 int 的指针，且被初始化为指向变量 j。

在语句 S6 中，子表达式 * ppi 的结果是一个左值，代表变量 pj，而变量 pj 的值现在是指向变量 j 的。所以表达式 * * ppi 的结果是代表变量 j 的左值。前缀递增运算符作用于这个左值，将递增它所代表的那个变量（变量 j）的存储值。

练习 4.13

指针讲到这里，你应该对指针变量的声明技巧有所领悟，知道圆括号具有结合和分隔的作用。如果可能的话，请尝试声明一个变量 ppf，其类型为指向"指向参数类型为 void，返回类型为 int 的函数的指针"的指针。

第 5 章

准备显示累加结果

截至目前,我们所处理的数据在规模上非常小。然而有时候我们需要处理大量的、成组的数据。比如一个年级有 300 个学生,为了统计他们的最高成绩、最低成绩、总成绩和平均成绩,或者对成绩进行排序,就必须先将每个学生的成绩存储起来。

怎么存储呢?就我们已经学过的知识而言,唯一的方法就是声明 300 个变量。这当然是非常笨拙的方法,我们也不会这么做,因为 C 语言为我们提供了数组,它可以更有效地组织数据,哪怕是比 300 个更多也不怕。

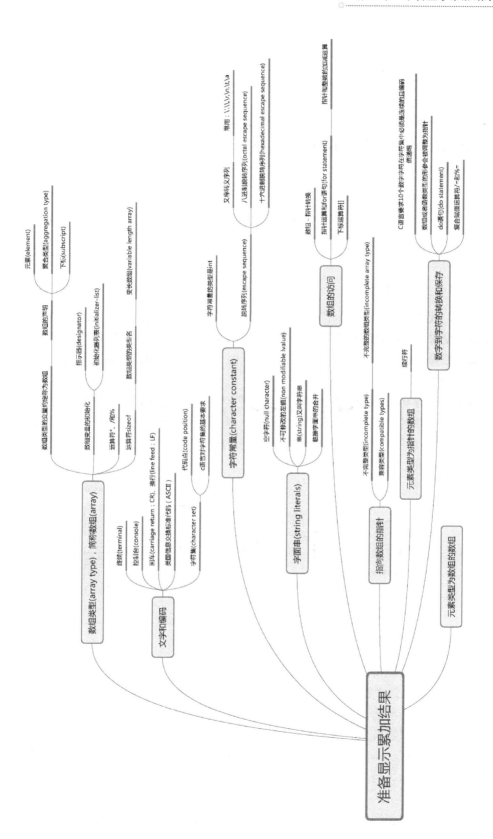

5.1 什么是数组

从语文上来讲,所谓数组,顾名思义,就是"一组数据"成"成组的数据",或者说是把多个数据合为一体而形成的数据单位。在 C 语言里,要声明单个 int 类型的变量,我们需要这样做:

```
int var;
```

那么,要声明一大堆,比如 5 个 int 类型的变量(好吧,我知道 5 个不算一大堆,就是举个例子),该怎么办呢?我们不需要 5 个标识符(变量名),只需要指明这个变量由 5 个子变量组成就行:

```
int vars [5];
```

以上,我们就声明了一个特殊的变量,标识符 vars 指示或者说代表一个在程序运行时创建的变量,可以更简单地称之为"变量 vars";用方括号"["和"]"括住的数字是子变量的数量,在这里是 5,表明变量 vars 由 5 个子变量组成;最左边的 int 是类型指定符,用于指定所有子变量的类型。

为了描述像 vars 这种类型的变量,C 语言引入了数组类型,简称数组。如图 5-1 所示,对于每个数组类型的变量来说,它是由一系列在存储器中连续分配的子变量组成的,"连续"的意思是强调它们在存储器里必须按顺序一个挨着一个。在上例中,变量 vars 是数组类型的变量,它由 5 个子变量组成。

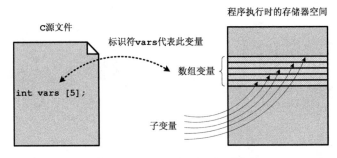

图 5-1 数组类型的变量示意图

然而,人们也经常把数组类型的变量叫作数组。例如,如果我们声明了一个数组类型的变量 a,则称之为"数组 a";再比如上例中,数组类型的变量 vars 简称为数组 vars。这是一种习惯性的叫法,约定俗成。当然,为了更清楚地表达出类型和实体两方面的信息,在本书中也称为"数组变量"。

显然,"数组"一词可能是数组类型,也可能指数组类型的变量,但通常可以借助上下文清楚地分辨所指。当然,本书也尽可能地使用"数组类型"和"数组变量"以明确地加以区分。

对于每个数组类型的变量来说,它的子变量称为数组的元素。数组的元素不但要连续分配，一个挨着一个，还必须具有相同的类型，称为数组的元素类型。在上例中，变量 vars 的元素类型是 int。

5.1.1 数组变量的声明

在对数组有了基本的认知后，我们再来看数组声明的要素和特点。我们知道，解析一个声明要从标识符开始，向左或者向右读。特别地，如果标识符的右边是"["或者"("，则必须先向右读。

如果标识符右边是"["，则它代表一个数组。如图 5-2 所示，在上述声明中，标识符 vars 的右边是"["，则我们先要向右读，读作"vars 的类型是数组"，或者"vars 是一个数组"。

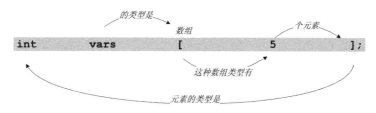

图 5-2 数组变量的声明示意图

既然是数组，那么，要是方括号里有数字，那就是数组的元素数量，就继续向右读它的元素数量，即"该数组有 5 个元素"。读完元素数量后，继续向右直至遇到配对的"]"，看"]"的右边有没有东西。如果没有东西，就转而向左读，在这里会遇到"int"，这是数组的元素类型，读作"元素的类型是 int"。

最后，整个过程合在一起，读为"vars 是一个数组，该数组有 5 个元素，元素的类型是 int"。

数组类型是个统称，不同的数组类型是以它们的元素类型和元素数量为特征的。也就是说，元素数量不同，元素类型不同的数组，属于不同的数组类型。

在下例中声明了 4 个数组，数组 a 和数组 b 的类型相同，都属于同一种数组类型，因为它们的元素数量相同，元素的类型也相同；除此之外，任何其他两个数组的类型彼此不同，要么是因为元素数量不同，要么是因为元素类型不同。

```
int a [5], b [5], c [3];
signed char d [256];
```

数组由元素（子变量）聚在一起合成，所以被称为聚合类型。数组变量的元素没有名字，所以只能按序号访问，每个元素的序号称为下标。下标是一个整数，第 1 个元素的下标是 0，第 2 个元素的下标是 1，第 3 个元素的下标是 2，后面的元素以此类推。如果数组有 N 个元素，则最后一个元素的下标是 N-1。

练习 5.1

1. 某数组有 7 个元素，第 6 个元素的下标是几？

5.1.2 数组变量的初始化

我们已经讲过，可以在变量的声明中用符号"="连接一个初始化器，当变量创建时，就用初始化器的值来初始化变量，例如：

```
int x = 6, * p = & x;
```

如果一个变量以其类型而言是由子变量组成，则它的初始化器必须用一对花括号"{"和"}"围起来。在数学上，我们也是用花括号来形成一个集合的。

既然是子变量，那么，每个子变量也都需要一个初始化器。所以，初始化器是迭代组成的，一个数组变量的初始化器由子变量的初始化器组成，子变量的初始化器用逗号","分隔开，用来为对应的元素（子变量）提供初始值，例如：

```
/*************c0501.c*************/
int main (void)
{
    int studs [5] = {1, 2, 3, 4, 5};
}
```

在这里，{1, 2, 3, 4, 5}是数组变量 studs 的初始化器，表达式 1、2、3、4、5 分别是其每个元素（子变量）的初始化器。表达式 1 为数组 studs 的第一个元素提供初始值；表达式 2 为数组 studs 的第二个元素提供初始值，后面以此类推。

之所以这里的 1、2、3、4、5 都没有用花括号围起来，是因为数组 studs 的每个元素都不再包含子变量。

现在，我们将上面的程序保存为源文件 c0501.c，然后用-g 选项翻译为可执行程序。在 gdb 中，将断点设置在右花括号"}"所在的那一行，运行程序，用调试命令"p studs"观察数组的内容。如下面的交互过程所示，gdb 以集合的形式显示数组的每个元素：

```
(gdb) p studs
$1 = {1, 2, 3, 4, 5}
(gdb)
```

数组元素的初始化器还可以包含一个指示器，用于指定初始化哪个元素。指示器是一个用方括号围起来的元素下标，例如：

```
/**********c0502.c********/
int main (void)
{
    int a [50] = {[22] = 8};
}
```

这里，[22] = 8 是子变量的初始化器，它由指示器"[22]"、符号"="，以及一个用于提供实际数值的表达式 8 组成，该初始化器用于初始化那个下标为 22 的元素，因为这是指示器指定的元素。

现在，我们将上面的程序保存为源文件 c0502.c，然后用-g 选项翻译为可执行程序。在 gdb 中，将断点设置在右花括号"}"所在的那一行，运行程序，用调试命令"p a"

观察数组的内容。如下面的交互过程所示，gdb 以集合的形式显示数组的每个元素：

```
(gdb) p a
$1 = {0 <repeats 22 times>, 8, 0 <repeats 27 times>}
(gdb)
```

和上一个例子不同，这一次 gdb 的 p 命令似乎并未显示所有数组元素的值。实际上它已经全部予以显示，只不过比较简略。首先，"0 <repeats 22 times>" 的意思是有 22 个重复出现的 0（包括已经显示的这个 0）。换句话说，数组的前 22 个元素都是 0。然后，中间的 8 表示第 23 个元素的值是 8；最后，"0 <repeats 27 times>" 的意思是有 27 个重复出现的 0（包括已经显示的这个 0）。换句话说，从第 24 个元素开始，一直到数组的最后一个元素，它们的值都是 0。

如果数组的初始化器里没有指示器，那么，初始化的顺序是按元素的下标顺序进行的，先初始化下标为 0 的元素，然后是下标为 1 的元素，其他以此类推；如果初始化器的数量少于元素的数量，则剩余的元素被初始化为 0；如果数组的初始化器里有指示器，则后续的初始化将延续指示器的下标进行，直至遇到另一个指示器。

在下面的示例中，数组 a 中下标为 0 的元素被初始化为 1，下标为 1 的元素被初始化为 2，其余的元素被初始化为 0；数组 b 中下标为 0 的元素被初始化为 3，下标为 11 的元素被初始化为 33，下标为 9 的元素被初始化为 5。紧接着，表达式 1 用于初始化下标为 10 的元素，表达式 2 用于初始化下标为 11 的元素，剩余的元素统统被初始化为 0。

```
/***********c0503.c**********/
int main (void)
{
    int a [22] = {1, 2}, b [22] = {3, [11] = 33, [9] = 5, 1, 2};
}
```

注意，数组 b 中下标为 11 的元素被初始化两次，但它将保留最后一次被初始化的数值 2，而不是第一次的数值 33。

5.1.3 认识 sizeof 和乘性运算符

如果一个数组的声明中仅有初始化器而未指定数组的元素数量，则数组的元素数量由初始化器决定。具体来说，在所有被初始化的元素中，总有一个下标最大，数组的元素数量由这个元素的下标来确定。

如下面的声明所示，对于数组 a，初始化器 1 和 2 分别用于初始化下标为 0 和 1 的元素，初始化器 [199] = 8 和 [99] = 7 分别用于初始化下标为 199 和 99 的元素。其中最大的下标是 199，所以数组 a 有 200 个元素。

```
/************c0504.c***********/
int main (void)
{
    int a [] = {1, 2, [199] = 8, [99] = 7}, b [] = {1, 2, 3};
```

```
        unsigned int siza = 0, sizb = 0, numa = 0, numb = 0;
        siza = sizeof a;                        //S1
        sizb = sizeof b;                        //S2
        numa = sizeof a / sizeof (int);         //S3
        numb = sizeof b / sizeof (int);         //S4
}
```

对于数组 b，初始化器 1、2 和 3 分别用于初始化下标为 0、1 和 2 的元素，最大的下标是 2，所以该数组有 3 个元素。

现在的问题是，数组 a 和数组 b 到底有多大，占用多大的内存空间？它们的元素数量真的如上所说吗？为了加以验证，接下来，我们声明了 4 个变量。siza 和 sizb 分别用于保存数组 a 和数组 b 的大小，以字节计；numa 和 numb 分别用于保存数组 a 和数组 b 的元素个数。

为了获得一个变量或者类型的大小，C 语言从发明之初就引入了 sizeof 运算符。和我们曾经学过的 _Alignof 一样，它看起来像是函数，但并不是函数。sizeof 不单单是 C 语言里的运算符，也是关键字，Sizeof、SizeOf 等都是错误的拼写。

sizeof 运算符只需要一个右操作数，可以是表达式，也可以是用圆括号"()"括住的类型名：

sizeof *表达式*
sizeof (*类型名*)

由运算符 sizeof 和它的操作数组成的表达式称为尺寸表达式，或者叫 sizeof 表达式。显然，sizeof 3、sizeof 3ULL、sizeof (char)、sizeof (int)、sizeof (int *) 和 sizeof (int (*) (void)) 都是合法的尺寸表达式。

运算符 sizeof 的结果是其操作数的大小，以字节计，结果的类型是一个无符号整数类型，具体是哪种无符号整数类型，由 C 实现自行决定，但必须足够大，以保证能够容纳所有类型的大小。

如果 sizeof 运算符的操作数是一个类型名，则它返回类型的大小——类型可用于声明变量，它决定了变量的大小，这个大小可视为类型的大小。因此，表达式 sizeof (int *) 返回"指向 int 的指针"类型的大小；表达式 sizeof (int (*) (void)) 返回"指向函数的指针"类型的大小；表达式 sizeof (char) 和 sizeof (int) 分别返回 char 类型和 int 类型的大小。

如果 sizeof 运算符的操作数是一个表达式，则它仅抽取表达式的类型。这里，3 是整型常量表达式，其类型为 int，故表达式 sizeof 3 的结果是 int 类型的大小；3ULL 也是整型常量表达式，其类型为 unsigned long long int，故表达式 sizeof 3ULL 的结果是 unsigned long long int 类型的大小。

如果运算符 sizeof 的操作数是一个代表变量的表达式，即，左值，则不执行左值转换而直接抽取左值的类型，并返回该类型的大小。在语句 S1 中，表达式 sizeof a 的结果是变量 a 的大小，以字节计。尽管 a 是个左值，但并不执行左值转换。那么，sizeof a 的结果是多少呢？变量 a 是一个数组，而数组的大小取决于元素的数量和每个元素的大小，或者说是元素的数量乘以每个元素的大小。然而，sizeof 并不是通过访问数组 a 来得到这个总大小的，相反，它仅仅是依靠 a 的类型来计算的。

类似地，语句 S2 则用于取得变量 b 的大小；语句 S3 的作用是计算数组 a 的元素个数，它的做法是用数组的大小除以每个元素的大小。在这里，运算符 sizeof 的优先级最高，运算符/次之，运算符=的优先级最低。

运算符/属于乘性运算符。乘性运算符都是二元运算符，也就是需要一左一右两个操作数，它们包括*、/和%。二元*运算符的结果是两个操作数的乘积；运算符/的结果是其左操作数除以右操作数的商，如果两个操作数都是整数，则运算符/的结果是一个舍弃了小数部分的整数；运算符%的两个操作数只能是整数类型，其结果也是一个整数，而且是其左操作数除以右操作数之后所得到的余数。

也就是说，表达式 15 * 6 的结果是 90；表达式 15 / 6 的结果是 2；表达式 15 % 6 的结果是 3。

再来看语句 S3，表达式 sizeof a 得到数组 a 的大小，以字节计，它是所有元素大小的总和。因为元素的类型是 int，故每个元素的大小就是 int 类型的大小，所以我们是用表达式 sizeof (int) 来得到每个元素的大小的。最后，这两者相除，就是元素的数量，我们将它赋给变量 numa。同样地，语句 S4 也用这种方法来计算数组 b 的元素数量。

要想知道数组 a、b 的大小和元素的数量，最可靠的办法就是在调试器里观察变量 siza、sizb、numa 和 numb 的值。将断点设置在组成函数体的右花括号"}"所在的那一行，然后运行程序并用 p 命令打印变量的值：

```
(gdb) p {siza, sizb, numa, numb}
$1 = {800, 12, 200, 3}
(gdb) p sizeof (int)
$2 = 4
(gdb)
```

因为变量 siza、sizb、numa 和 numb 的类型都相同，可以用集合的形式打印。p 命令不限于打印变量的值，而是可以打印任何表达式的值，所以最后一个调试命令打印了 int 类型的大小，在我的机器上，每个 int 类型的变量占据 4 个字节的内存空间。

在带有花括号的初始化器中，被花括号包围的部分称为初始化器列表。在初始化器列表的末尾可以多添加一个逗号","。例如：

```
int a [5] = {1, 2, 3, 4, 5,};
```

这个多余的逗号是无害的，引入它的动机据说可能和源代码的版本控制有关。在大公司和大项目中，团队开发是常见的事。通常情况下，一个大的软件开发项目会进行分解，并交由不同的人负责完成。然而在实际的工作中难免会有一些交叉的部分，比如两个人都要使用同一个源文件。

团队协作，软件的版本控制非常重要。所有软件的源代码都存放在数据库里，当程序员要求修改某个源文件时，他要先执行一个检出操作，从数据库里调出该文件的最新版本。之后，他可能会修改这个文件，删除一些东西，或者添加一些代码。如果他认为很满意，就需要执行一个检入操作,这将在数据库里生成一个该文件的最新版本,但是以前的版本不受影响。这样,即使第二天他发现前一天的修改非常愚蠢,也可以很容易回退到历史版本。

如果多个程序员的工作都涉及同一个源文件,则他们将产生冲突。安全起见,如果一个程序员在检出时,文件被锁定且不允许其他程序员修改这个文件,直到该程序员检入这个文件并解除锁定。

当然,版本控制系统也可以被设定为允许多个程序员同时修改同一个源文件。在这种情况下,如何协调冲突是非常重要的。假定某个源文件当前的修订版本是 Rev5,其中有这样一个数组声明(注意,程序员都是爱美的人,很注意代码的排版和缩进效果):

```
int b [] = {
        1, 2, 3,
        4, 5, 6
    };
```

真是凑巧,程序员 A 和程序员 B 都检出该文件并进行了表 5-1 所示的修改。程序员 A 先做了检入操作,检入后,版本控制系统将生成最新版本 Rev6。

表 5-1　程序员 A 和程序员 B 对同一文件的不同修改

程序员 A 的修改	程序员 B 的修改

`int b [] = {`
`        1, 2, 3,`
`        40, 50, 60`
`    };`
	`int b [] = {`
	`        1, 2, 3,`
	`        4, 5, 6,`
	`        7, 8, 9`
	`    };`

于是,当程序员 B 检入的时候,版本控制系统将报告当前文件已经过期,而且他的修改与新版本的某些内容冲突。此时,程序员 B 可以查看程序员 A 都做了哪些修改,并打电话或者发电子邮件与他进行沟通。

经过沟通,程序员 B 意识到程序员 A 的修改很有道理,而他自己添加的那 3 个数也很有必要。怎么办呢?他将选择用程序员 A 的修改更新第 2 行的内容,并使自己新加的那一行也有效。此时,在他即将检入的文件中,数组的最终声明是:

```
int b [] = {
        1, 2, 3,
        40, 50, 60
        7, 8, 9,
    };
```

注意,第 2 行的末尾没有逗号,因为程序员 B 认可程序员 A 对第 2 行的修改,而程序员 A 的这一行本来就没有逗号。在这种情况下,程序员 B 不得不手动为第 2 行添加一个逗号并使此修改有效。最终,程序员 B 检入合并后的内容,并更新到 Rev7。

显然,如果在原始版本 Rev5 中的第 2 行本来就有一个逗号,像添加逗号这种额外的操作就可以省略。

5.1.4 认识变长数组

在 C99 之前，sizeof 运算符并不求值它的操作数，而仅仅是提取它的类型。换句话说，该运算符的结果在程序翻译期间就已经得到了，而且是一个整型常量。

在下面的程序中，在 D1 处声明了变量 siz，初始化为表达式 sizeof 0 的值。因为 0 是个整型常量，其类型为 int，故该表达式等效于 sizeof (int)，也就是得到 int 类型的大小。

在语句 S2 中，sizeof 运算符的操作数是一个赋值表达式，但实际上并不求值。也就是说，它并不会真的把 1 赋给左值 c。

因为 sizeof 运算符的优先级高于赋值运算符，所以要将表达式 c = 1 用括号变成基本表达式（括住的表达式），否则它将等价于(sizeof c) = 1，这在语法上将导致一个错误，因为 sizeof c 的结果并不是一个左值。

另一方面，每个表达式都有类型，表达式的类型也是该表达式的值的类型。之所以可以提取赋值表达式 c = 1 的类型，是因为赋值表达式的类型就是赋值运算符的左操作数的类型。在这里，左值 c 的类型为 signed char，故 sizeof (c = 1)等效于 sizeof (signed char)。

C 语言规定，当 sizeof 运算符作用于 char、signed char 和 unsigned char 类型的操作数时，其结果为 1。因此，sizeof (c = 1)的结果是 1。

```
/***************c0505.c***************/
unsigned int var_arr (int n)
{
    signed char va [n];

    return sizeof va;                    //S1
}

int main (void)
{
    unsigned int n = 30, siz = sizeof 0;   //D1

    signed char c = 0;
    siz = sizeof (c = 1);                //S2

    siz = sizeof (int [30]);             //S3
    siz = var_arr (n);                   //S4
    siz = sizeof (int [++ n]);           //S5

    siz = sizeof sizeof c;               //S6
}
```

为了方便描述数组类型，我们也可以使用类型名。回忆一下什么是类型名，类型名可以从声明中抽取，数组类型是以元素类型和元素数量为特征的，利用这一特点不需要借助于声明就可以写出类型名。比如说，数组 a 有 20 个元素，且元素的类型是 int，则我们称 a 的类型是 int [20]。

C 语言规定，如果 sizeof 的操作数是数组类型，则该运算符的结果是数组的大小，以字节计。在这里，操作数既可以是数组类型的变量，也可以是数组类型名。因此，在接下来的语句 S3 中，因为 sizeof 运算符的操作数是一个类型名，代表着"具有 30 个元素，且元素类型是 int"的数组类型，故该运算符的结果是 sizeof (int)×30。

在 C99 之前，声明一个数组时，数组的大小必须是一个整型常量。然而从 C99 开始这一规则被打破了，可以在数组的声明中使用变量来指定它的大小，以这种方式声明的数组称为变长数组。

在上面的程序中，我们在函数 var_arr 里声明了一个变长数组 va，它的长度来自一个变量（函数的参数）n 而不是常量。显然，因为数组的大小直接依赖于函数调用时传入的参数值，你无法预测传入的值会是什么。这就是说，变长数组的大小不能在程序翻译期间得到，而只有在程序实际运行时才能确定。

对于一个完整的数组类型来说，元素的数量和元素的类型缺一不可。要想从一个变长数组类型的操作数中提取类型信息（元素的数量和元素的类型），则 sizeof 运算符必须在程序实际运行时才能开始工作。因此，在语句 S1 中，表达式 sizeof va 的结果不是在程序翻译期间得到，而是要推迟到当前语句实际执行的时候。此时，变量 va 已经声明，n 的值和数组的大小都已经确定。

无论如何，因为数组 va 的元素类型是 signed char，所以在语句 S4 中，函数调用 var_arr 的返回值和变量 n 的值相同，都是 30。然后，这个 30 被赋给变量 siz。

接下来，在语句 S5 中，运算符 sizeof 的操作数是一个类型名，但它描述的是变长数组，其大小需要在程序运行期间求值表达式++ n 才能确定。C 语言规定，如果运算符 sizeof 的操作数是变长数组类型，则求值该操作数。

前缀++表达式的值是其操作数递增后的值，所以，表达式++ n 的值是 31，求值的副作用是变量 n 的值递增为 31。既然元素的数量是 31 个，而元素的类型是 int，所以运算符 sizeof 的结果是 sizeof (int)×31。

运算符 sizeof 是从右往左结合的，因此，在最后一条语句 S6 中，表达式 sizeof sizeof c 等价于表达式 sizeof (sizeof c)。但是，这里并不求值表达式 c 也不求值表达式 sizeof c。我们说过，运算符 sizeof 有自己的结果类型（是一个无符号整数类型），所以左边那个 sizeof 将返回这个类型的大小。在我的机器上，这个类型等价于 unsigned long long int，所以上述语句等效于

    siz = sizeof (unsigned long long int);

数组声明中的初始化器可以少于元素的数量，也可以等于元素的数量，但就是不能多于元素的数量。

5.2 文字和编码

在计算机中，文字信息的存储、传输和处理是相当重要的工作，而 C 语言里的数组又是容纳文字信息的最佳容器。

不管是学生成绩，还是代码、声音、图像和文字，在计算机内部看起来都一样，都表现为无差别的数字，要看你怎么去解释和处理它们。不过话又说回来了，本质上不同的东西，即便都是数字，它们也具有不同的规律和内在逻辑。比如说，你在键盘上敲出的文章是一大堆数字，数码相机生成的也是一大堆数字，虽然用二进制编辑器打开之后看起来没有什么区别，但你无法用图片浏览器来打开你的文章，因为这根本就不是合法的图像文件；你也无法用文本编辑器打开你的照片，因为它本来就不是文本。

这就是说，如果你用数组来保存一段文字，那么，尽管你保存的实际上是一长串数字，但它们实际上是字符在计算机内部的编码（代码）。

在不同的设备之间传输文本信息，传输的实际上是每个字符的代码。这就涉及一个非常关键的工作：必须制定一个所有设备都认可的字符编码标准，文本的发送方和接收方都知道每个数字代表的是什么字符。否则的话，当你的朋友用手机给你发送一条短信时，你的手机将无法识别，也不能正确显示这些字符。

要做到这一点，首先必须建立一个字符集，或者说字符表。世界上的语言文字那么多，所以这并不是一件轻而易举的工作。然而在计算机发展的早期，没有人会考虑那么长远，因为没有人会想到计算机会流行到每个人都有好几个，像桌面计算机、智能手表、手机、平板电脑这些都是计算机。

在那个时代，包括 C 语言诞生的时候，显示器还不是标准配置，对计算机的控制往往通过电传打字机进行。电传打字机在当时是比较先进的设备了，它是打字机、打印机、卡片阅读机和纸带穿孔机的集合体。电传打字机的打印机可以在纸上打印字符，相当于现在的显示器；打字机呢，相当于现在的键盘。电传打字机可以把输入，也就是人类通过打字机进行的操作传送到计算机，而打印机则可以把计算机的响应打印在纸上。

当时还没有个人计算机，有的只是非常昂贵的大家伙，称为主机。当时也已经有了多用户的操作系统，也就是允许很多人通过电传打字机来共享同一台电脑主机的计算能力。在这种情况下，每一台电传打字机就是一个终端。有些终端离主机很近，有些则很远，需要通过电话线和调制解调器来与主机连接。

在一部叫 *Apartment* 的外国黑白电影中，我们的主人公 C.C.巴克斯特就职于联合保险公司的普通保单清算部，差不多有百十多号人，每人面前都有一个电传打字机（如图 5-3 所示），它们都连接到据说是 IBM 公司的大型主机上。

普通的终端对主机的操作能力有限，所以每个主机通常还有一个身份特殊的终端，它是主机的一部分，用于直接对主机进行控制，叫作控制台。比如说，重启主机就只能在控制台上进行，对主机的调整也只通过控制台进行。

图 5-3　电传打字机

这样的计算机系统在现在看来是相当粗笨的，但那个时候却很先进。在这种计算机系统上，诞生了我们现在学习的 C 语言，也产生了 UNIX 操作系统。所以直到现在，C 语言和 UNIX 系统都还保留着那个时代的很多印记。

由于这种在现在看来极不直观的操作环境，所有的设计都只能注重实用，能少打字就少打字，以简单为美，所以 C 语言和 UNIX 系统的语法及命令都非常简洁。例如，输入一个命令之后如果在执行的过程中没有错误，则系统不会显示任何消息，即所谓的"没有消息就是最好的消息"，这很可能是为了节约纸张。

再比如，尽管现在我们用的是显示器和键盘，但它们依然保留了那个时代的很多做法和叫法。我们现在把基于命令行的显示器称为控制台；在屏幕上输出字符称为"打印"；光标移到下一行称为"换行"，移到行首称为"回车"，等等，这都是那个时代才有的叫法。

有些设备可以和主机交换任何数据，例如一个外部的存储设备。这样的设备并不关心主机传来的是什么，也不试图去理解或者解释数据的含义，它只负责将数据写在磁盘或者磁带上，或者把它们读出来传送给主机。对于这样的设备和数据传输，我们称之为"纯二进制模式"的通信。

但是，像电传打字机这样的设备就不同了，发明它们的目的就是为了处理文字符号，它们必须解释主机发来的内容（文字编码）并在纸上打印出形状来。而且，用户在键盘上敲击一下，那是一个字符，要编码之后发送到主机。对于这样的设备和数据传输，我们称之为"文本模式"的通信。

终端和主机之间要想正常通信，必须有一个双方都能识别的字符编码方案，这并不是什么困难的事情。计算机诞生在美国，美国人心想，我们只有 26 个大写字母和 26 个小写字母，以及 10 个阿拉伯数字，外加一些标点符号和用来控制设备通信的代码，这很容易。所以一些大的计算机厂商各自设计了一些字符集和编码方案，比如 EBCDIC 字符集和 ASCII 字符集，等等，让来自不同厂家的设备能够互联。其中，1967 年由美国国家标准协会牵头设计出的美国信息交换标准代码（简称 ASCII）最为流行，并一直延续到现在。

创建了字符集，事情只能算是完成了一半，因为还没有为每个字符分配代码。每个被选入字符集的字符，在整个字符集中的位置是固定的，类似于每个字在字典中都占有一个固定的位置。从第一个字符开始，每个字符都有一个序号，这叫作代码点或者代码位置。

然而，代码点并不是字符编码，它仅仅是一个数学意义上的数字，指示字符在表中的位置。而字符编码（代码）呢，通常是由代码点转换而来，但是考虑到现实的需求和软硬件的限制，可能会有不同的编码方案。

对于像 ASCII 这样很小的字符集来说，字符的编码工作十分简单。美国人的做法是直接将代码点当字符代码来用。比如说，字符"A"是 ASCII 中的第 65 个字符，所以该字符的编码是 65。由于 ASCII 只有 128 个字符，所以只需要 7 个比特就能编码所有字符。现代的计算机每个字节至少有 8 个比特，在存储 ASCII 字符时，第 8 个比特置 0，这个特点深远地影响了其他国家和地区的字符编码方式。

要使用 C 语言编程，你的计算机必须能够提供它所要求的字符集。在 C 语言里有关键字和各种各样的运算符，它们都是字符或者由字符组成，比如赋值运算符"="和关键字"sizeof"。如果一台计算机所使用的字符集里没有这些字符，那你就无法在这台计算机上用 C 语言编程。

所以，尽管 C 语言对使用何种字符集不做限定，对字符如何编码也不关心，但最基本的要求还是有的。具体地说，只有包含以下字符的字符集才能够被 C 语言所接受：

26 个大写英文字母：

```
A   B   C   D   E   F   G   H   I   J   K   L   M
N   O   P   Q   R   S   T   U   V   W   X   Y   Z
```

26 个小写英文字母：

```
a   b   c   d   e   f   g   h   i   j   k   l   m
n   o   p   q   r   s   t   u   v   w   x   y   z
```

10 个十进制数字字符：

```
0   1   2   3   4   5   6   7   8   9
```

29 个图形字符：

```
!   "   #   %   &   '   (   )   *   +   ,   -   .   /   :
;   <   =   >   ?   [   \   ]   ^   _   {   |   }   ~
```

以及空格、水平制表符、垂直制表符、换页符（传统上，这些字符用于控制显示设备或者电传打字机的字符定位）。

绝大多数计算机系统所使用的字符集虽然不是 ASCII，但与它兼容，上述字符的编码也一样，所以不必担心。

5.2.1　字符数组

你可以想到，汉字有好几万个，无论如何也不可能用 8 比特的长度来表示它们的编码。这怎么办呢？办法还是有的，但要在后面的章节里讨论，现在先了解一下英语系国家和地区的单字节编码。

为了在数组里保存一串英文字符，比如"Chinese"，该怎么办呢？这很简单，直接将每个字符的编码写进数组就可以了。

如下面的程序所示，我们可以在声明一个数组的时候，直接用字符的 ASCII 编码来初始化它。

```
/*******************c0506.c*******************/
int main (void)
{
    char a [7] = {67, 104, 105, 110, 101, 115, 101};
    char b [7] = {0x43, 0x68, 0x69, 0x6e, 0x65, 0x73, 0x65};
}
```

在程序里,我们声明了一个数组 a,它有 7 个元素,分别初始化为字符的编码。67 是字符"C"的 ASCII 编码;104 是字符"h"的 ASCII 编码,其他以此类推。显然,如果不告诉你数组 a 里存放的是字符,你一定会认为存放的是整数,这当然也是非常正确的,毕竟数字的含义要看你怎么使用和解释。

值得注意的是,数组 a 的元素类型是 char,这是有历史原因的。在 C 语言发明的时候,字符集都很小,用 char 类型的变量来保存字符编码是恰当的,所以很多人把 char 类型称为字符类型。

不过,数组 a 的初始化器是由整型常量组成,这些常量的类型是 int,但数组 a 的元素类型是 char,类型并不匹配。

char 类型可能等价于 signed char,也可能等价于 unsigned char,这要由具体的 C 实现来决定[①]。但是无论如何,上述 int 类型的常量值(字符编码)都能够用 char 类型的变量容纳,因为 ASCII 编码的值不会大于 127。我们已经学过整数类型—整数类型转换,在这里,可以从 int 类型转换为 char 类型,但转换后的值不变。

再来看数组 b 的声明,在该声明的初始化器里使用了十六进制整型常量。虽然形式不同,但只是数制的问题,本质上没有任何区别。

现在,我们将上述程序保存为源文件 c0506.c 并翻译为可执行文件,然后在 gdb 中调试一下,观察数组的内容。

```
(gdb) b 6
Breakpoint 1 at 0x4016bc: file c0506.c, line 6.
(gdb) r
Starting program: D:\exampls\c0506.exe
[New Thread 3872.0x16c0]

Breakpoint 1, main () at c0506.c:6
6           }
(gdb) p /d a
$1 = {67, 104, 105, 110, 101, 115, 101}
(gdb) p /x a
$2 = {0x43, 0x68, 0x69, 0x6e, 0x65, 0x73, 0x65}
(gdb) p /c a
$3 = {67 'C', 104 'h', 105 'i', 110 'n', 101 'e', 115 's', 101 'e'}
(gdb) p /c b
```

[①] gcc 提供了两个翻译选项:-fsigned-char 用于将 char 强制为 signed char;-funsigned-char 用于将 char 强制为 unsigned char。

```
    $4 = {67 'C', 104 'h', 105 'i', 110 'n', 101 'e', 115 's', 101 'e'}
    (gdb)
```

如上所示，我们将断点设置在第 6 行，也就是组成函数体的花括号"}"所在的那一行，然后执行这个程序。当程序的执行停留在断点时，数组 a 和 b 都已经创建并完成初始化。

接着，我们使用带有参数的 p 命令打印数组的元素。虽然我们已经用过 p 命令，但还只是简单地使用。实际上，p 命令是可以带参数的，这些参数用于控制输出的格式。例如，"p/d"以有符号整数的形式打印输出；"p/x"以十六进制的形式打印输出；"p/c"以字符的形式打印输出。显然，前两个输出与数组声明时的初始化器一致；后两个输出不但给出了每个字符的编码值，同时也打印了字符本身。同时，我们还能看到数组 a 和 b 的内容完全相同。

5.2.2 字符常量

在数组声明的初始化器里使用整型常量有两个问题，一是不那么直观，二是可移植性不好。所谓可移植性，是指同一个 C 程序在不同类型的计算机系统上执行时，是否能够得到完全一致的结果，是否具有完全相同的行为。

我们说过，C 语言对所使用的字符集和编码方式不做任何限定，这就带来一个问题：同一个字符，比如"A"，不同的字符集会使用不同的编码。所以，一个整型常量对应的字符是什么，取决于 C 实现所采用的字符集和编码方式。尽管绝大多数计算机系统上的 C 实现都使用兼容于 ASCII 的字符集和编码方式，但为了程序的可移植性，最好不要直接使用字符编码，而是使用以下程序所示的字符常量。

```
/*******************c0507.c****************/
int main (void)
{
    char a [7] = {'C', 'h', 'i', 'n', 'e', 's', 'e'};
    char b [ ] = {'C', 'h', 'i', 'n', 'e', 's', 'e'};
    char c [9] = {'C', 'h', 'i', 'n', 'e', 's', 'e'};
}
```

在程序中，数组 a、b 和 c 的声明里都有初始化器，且这些初始化器都是由字符常量组成的。在 C 语言里，最简单的字符常量由一对单引号''，以及被它围起来的字符序列共同组成。在程序翻译期间，字符常量被转换为字符的编码值，但编码值取决于当前所使用的字符集和编码方式。

字符常量的类型并不是 char，而是 int，所以又称为"整型字符常量"，这可能出乎大多数人的意料。取决于当前所使用的字符集，字符常量'C'、'h'等都被映射为 int 类型的字符编码值，并转换为 char 类型以初始化数组成员。

数组 a 有 7 个元素，和初始化器内的字符常量一一对应；数组 b 声明时未指定大小，但它的大小可以由初始化器里的字符常量的个数决定，故它的元素数量为 7；数组 c 有 9 个元素，但初始化器内的字符常量只有 7 个，前 7 个元素被初始化为对应的字符常量值，最后两个元素的值为 0。

5.2.3 脱转序列

现在问题来了，单引号"'"用于组成字符常量，但如果字符常量的字符就是单引号本身，怎么办呢？难道是''吗？

可以明确地说，这样不行。在 C 中，解决这个问题的办法是使用脱转序列。脱转序列更经常地被称为转义序列，它用于使某些字符脱离原先的序列，改变它的含义和解释方法，并被转换为其他字符。

脱转序列以反斜杠"\"引导，后面跟着被转义的字符。所以，要想得到单引号的字符常量，你得用'\''。

然而，一旦引入了反斜杠，则反斜杠本身也难以自保了。因为这个原因，如果一个字符常量是要得到反斜杠本身，则必须使用两个反斜杠，即'\\'。

但这还不是引入脱转序列的主要目的，真正的原因是因为有些字符属于显示不出来的非图形字符，比如换行符、回车符、警示符（遇到这个字符时，电传设备会鸣叫一声以引起注意）、制表符（使字车或者显示器的光标移动若干个字符的位置，以达到文本对齐的效果），等等。这些字符既看不见也没办法通过键盘输入，要想构造它们的字符常量，只能通过脱转序列用别的字符代替。例如，'\a'表示响铃符；'\r'表示回车符；'\n'表示换行符；'\t'表示水平制表符。

你可能会说，既然是非图形字符，直接用字符编码得了，为什么非要构造字符常量。是的，你当然可以直接使用字符的代码，但这样做会失去可移植性；另一方面，既然引入了字符常量这个东西，那么，从语法功能上来讲，它也必须实现非图形字符的常量形式。

然而，不是所有非图形字符都那么幸运，可以拥有斜杠加字母的替代形式。为此，可以使用八进制脱转序列或者十六进制脱转序列。如果字符常量的单引号里是反斜杠和数字，则它是一个八进制脱转序列（所以在这里必须使用八进制数字），例如'\107'；如果是一个由反斜杠、字符 x 和数字（必须使用十六进制）组成的序列，则它是一个十六进制脱转序列，例如'\x89'。

在下面的程序中，数组 a 的初始化器里使用了由各种脱转序列组成的字符常量。其中'\''表示一个单引号；'\n'表示一个换行符；假定我们当前使用的字符集是 ASCII，则字符常量'\101'用的是八进制脱转序列，表示字符"A"；'\x41'用的是十六进制脱转序列，也表示字符"A"；65 是整型常量而不是字符常量，但它是字符"A"的编码；'\\'表示单个的反斜杠字符"\"。

```
/******************c0508.c*****************/
int main (void)
{
    char a [] = {'\'', '\n', '\101', '\x41', 65, '\\'};
    char b [] = {0, '\0', '0'};
}
```

注意，在八进制脱转序列中最多允许 3 个八进制数字，例如'\7'、'\07'、'\007'

都被解释为只包含了单个字符的字符常量。

在数组 b 的声明里，初始化器 0 和'\0'是相同的。在 C 语言里，编码值为 0 的字符叫作空字符。在指定空字符时，可以直接使用整型常量 0，或者用字符常量'\0'来表示。这里的\0 是八进制脱转序列，代表那个编码值为 0 的字符。

注意，字符常量'\0'和'0'是不同的，前者是空字符常量，代表空字符，其字符编码为 0；后者是数字字符 0，其 ASCII 编码为 48。

练习 5.2

上机观察字符常量'\''、'\n'和'\\'的编码值是多少。字符常量'\101'和'\x41'是同一个字符吗？

5.2.4 字面串和字符串

使用整型常量初始化一个字符数组既缺乏可移植性，又比较麻烦；使用字符常量初始化字符数组呢，可移植性较好，但同样有些麻烦，毕竟还得一个一个地罗列。如果想既省事，可移植性又好，那就只有一个办法：使用字面串。

所谓"串"，是一个连续的字符序列，以遇到的第一个空字符终止，且这个空字符也是串的组成部分，是串的最后一个字符。因为是字符的序列，所以又叫字符串。

字符串以空字符结束是有原因的。字符串在日常的编程工作中被大量使用，比如在屏幕上显示字符串、在字符串里查找指定的字符、将两个字符串合并、比较两个字符串是否相同，等等。如果没有空字符，那么，在操作字符串的时候，我们需要记住它的长度以免越界。有了末尾的空字符，就知道是否到了字符串的末尾，空字符就是一个最好的标志和约定。

只要稍微发挥一下想象，就会发现数组很适合用来容纳字符串。例如，对于以下两个数组的声明：

```
char a []= {'s', 'p', 'e', 'e', 'd', '\0'};
char b []= {'H', 'e', 'l', 'l', 'o', '\0', 'B', 'o', 'b', '\0'};
```

则如图 5-4 所示，假定这是程序运行时计算机内存储器中的部分内容，数组 a 中包含了一个字符串"speed"，而数组 b 则包含了两个字符串，分别是"Hello"和"Bob"。

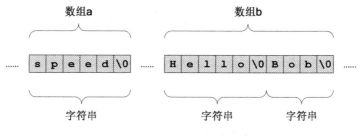

图 5-4　包含字符串的数组

用上面的方法创建字符串很不方便，好在 C 语言里有一种特殊的表达式可以用来自动生成字符串。典型地，这种表达式由一对双引号""，以及位于双引号之间的一串字符组成，例如"hello,world"，这称为字面串。

在程序翻译期间，字面串被用于创建一个不可见的、元素类型为 char 的数组，数组的内容除了双引号内的字符外，还会自动在末尾添加一个空字符。也就是说，字面串用来创建一个包含字符串的数组，或者说用来创建字符串。不过，由于在编写程序的时候它还并不是真正的字符串，而只具有字面上的意义，是"字面上的"字符串，所以我们称之为字面串。

字面串的类型是数组，而且是字符类型的数组。在本书的第二章里我们讲了变量的生存期，不管字面串出现在程序中的什么地方，哪怕是在函数内，由它创建的数组具有很长的生存期，从程序启动时开始，到程序退出时终止。但是，因为它没有名字，所以无法直接使用，只能通过该字面串本身来引用。

字面串在源文件里被用作数组类型的表达式，而且是一个左值，指示或者说代表着那个在程序翻译期间所创建的、不可见的字符数组。当然，这个字符数组的内容通常是一个字符串。

我们知道，如果运算符 sizeof 的操作数是数组类型的，则它返回数组的大小。如下面的程序所示，变量 siz 的声明中带有初始化器 sizeof "speed"。因为字面串"speed"是一个数组类型的左值，具体类型为 char [6]（注意，数组的大小包括末尾的空字符），故这个 sizeof 表达式的结果是 6。

```
/**************c0509.c*************/
int main (void)
{
    int siz = sizeof "speed";

    char a [] = "speed";
    char b [3] = "speed";
    char c [7] = "speed";
    char d [] = "speed\0is\0delphi\0";
    char e [] = "";
    char f [] = "hello" " " "ma'am.";
}
```

字面串是无须声明的数组，或者说，它在程序中的出现就相当于声明。相较于普通的数组，它的特别之处是可直接用于初始化另一个数组变量，这样我们就可以避免使用烦人的整型常量和字符常量。比如在当前程序中，数组 a 就是用字面串"speed"初始化的，该声明等同于

```
char a [] = {'s', 'p', 'e', 'e', 'd', '\0'};
```

如果在声明一个数组时，指定的大小恰好可以容纳字面串的全部内容（包括末尾的空字符），那就再好不过了。但是，如果数组的大小不足以容纳字面串的全部内容，则只能用字面串的前面一部分来初始化；如果数组的大小超过了字面串的长度，则超过的部分自动

被初始化为 0。这就是说，数组 b 和 c 的声明等同于

```
char b [3] = {'s', 'p', 'e'};
char c [7] = {'s', 'p', 'e', 'e', 'd', '\0', 0};
```

和字符常量一样，字面串里也可以使用脱转序列，包括八进制脱转序列和十六进制脱转序列。数组 d 的初始化器是字面串"speed\0is\0delphi\0"，里面夹杂了 3 个手动给出的空字符，但实际上还有一个隐藏在末尾的空字符（因为字面串本身隐藏了一个空字符）。

如图 5-5 所示，初始化之后的数组 d 里有 4 个字符串，前 3 个字符串分别是"speed" "is"和"delphi"，最后一个字符串里没有图形字符，只有一个空字符。为方便起见，我们把仅包含空字符的字符串称为空字符串，简称空串。

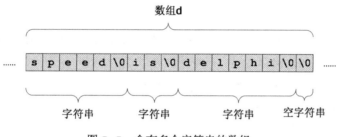

图 5-5　含有多个字符串的数组

不包含任何字符的字面串""用于得到一个空串。在程序翻译期间，这将创建一个仅包含空字符的数组。因此，数组 e 的声明实际上等同于

```
char e [] = {'\0'};
```

在 C 语言里，互相邻接的多个字面串将会合并为一个完整的字面串。在数组 f 的声明中，初始化器"hello" " " "ma'am."是由字面串"hello"、" "和"ma'am."按顺序邻接而成，C 实现在翻译期间将它们合并为一个独立的字面串"hello ma'am."。此后，这个合并的字面串用于创建一个不可见的数组，并用它的内容来初始化数组 f。

字面串到底是什么东西？对此问题的解释也从一个侧面关乎 C 语言的设计哲学。C 是讲求实用的语言，为了方便，它可以不讲章法，信手拈来，运算符 sizeof 就是一个例子，而字面串则是又一个典型。给定以下声明：

```
int m = 65535, * p = & m;
char a [] = "hello";
```

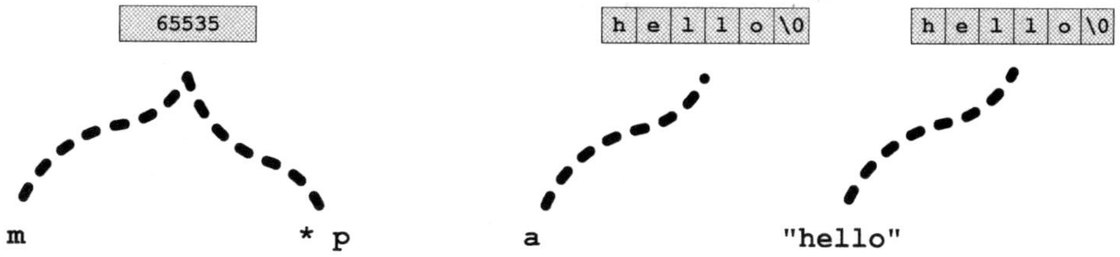

图 5-6　字面串是一个指示变量的左值

显然，在声明中，标识符 m 代表那个存储值为 65535 的变量；在表达式里，m 是个左值，代表那个存储值为 65535 的变量；表达式 *p 求值的结果是一个左值，它指示那个存储值为 65535 的变量，甚至我们通常说表达式 *p 本身在整体上是一个左值，这样可以省略求值过程。同样地，表达式 a 也是一个左值，代表它背后的那个数组。

现在重点来了，和 m、*p、a 一样，字面串"hello"也是一个左值，代表那个用它创建的隐藏数组，只是我们还不习惯。因为字面串是一个数组类型的左值，所以，**但凡是数组类型的表达式可以出现的地方**，**字面串也能出现**，但字面串还多了一个功能：可以在声明中初始化一个数组变量。

5.3 访问数组元素

在接触数组之前，我们一直与整数类型的变量打交道。这种类型的变量有一个特点，就是可以将一个变量的值保存到另一个变量。在下面的程序中，表达式 a = b 会把变量 b 的值保存到变量 a，然后这两个变量就具有相同的值了。

```
/*************c0510.c*************/
int main (void)
{
    int a, b = 8;
    a = b;

    int c [2], d [2] = {2200, 2300};
    c = d;

    char s [20];
    s = "speed";
}
```

一个数组类型的变量，其内容被解释为那种数组类型的值。按照常理，我们也可以用赋值表达式把一个数组变量的值保存到另一个数组变量。

然而这是不可以的。原因很简单，C 语言的发明者不是这样设计的，他不想这样做。他所做的，是把**数组类型的左值规定为不允许修改**，**也不发生左值转换**。

我们知道左值转换，也知道，当一个左值是赋值运算符的左操作数，或者是++、--、一元&及 sizeof 等运算符的操作数时，不发生左值转换。现在，又多了一种限制，那就是该左值不能是数组类型。

所以，在这个示例程序中，表达式 c = d 和 s = "speed"是非法的，c 和 s 都是数组类型的左值，按规定不允许修改，所以不能放在赋值运算符的左侧；表达式 d 和字面串"speed"是数组类型的左值，但不能转换为值。不能用一个数组给另一个数组赋值，也不能用一个数组初始化另一个数组，唯一的例外是可以用字面串初始化一个字符数组。当然，他这样设计还有一个更重要的原因，那就是要在数组和指针之间建立起一种非同寻常的关系。

练习 5.3

将上述程序保存为源文件 c0510.c，然后尝试翻译它，看看翻译软件会给出什么错误提示信息。

5.3.1 数组—指针转换

那么，如何将一个数组的值赋给另一个数组呢？通常的做法是在元素之间赋值，比如将数组 A 的元素的值赋给数组 B 的对应元素。问题在于，如何访问数组元素呢？指针可能是绕不开的途径——在 C 语言里，数组和指针是截然不同的两种东西，但是，在大多数情况下，数组类型的表达式会转换为指针。

C 语言规定，除非作为 sizeof 和一元 & 运算符的操作数，或者是一个字面串且被用于初始化数组变量，否则，一个数组类型的表达式会被转换为指向该数组首元素的指针，而且不再是一个左值。如果数组的（元素）类型为 T，则转换后的类型为指向 T 的指针。

这是可以理解的，比如，要是运算符 sizeof 的操作数是数组类型，而它又转换成了指针，返回的就是指针的大小了。在下面的程序里，变量 m 的类型是 int，它的初始化器是表达式 * a，它用于初始化变量 m 的过程为：

首先，因为表达式 a 的类型是数组，数组元素的类型为 int，所以执行数组—指针转换，转换为指向 int 的指针，而且指向数组 a 的第 1 个元素（下标为 0 的元素）；

进一步地，因为一元运算符 * 的操作数是指针，故该运算符的结果是一个左值，代表一个变量。实际上，这个变量就是数组 a 的首元素；

最后，既然表达式 * a 是左值，就要执行左值转换。既然它代表数组 a 的首元素，那么自然要转换为数组 a 首元素的值，也就是 5，并用来初始化变量 m。

```
/**********c0511.c**********/
int main (void)
{
    int a [20] = {5}, m = * a;
    * a = 6;

    char c = * "hello world.";
    * "good" = 'G';
}
```

同理，在表达式 * a = 6 中，子表达式 * a 是一个左值，代表数组 a 的首元素。作为运算符 = 的左操作数，它不执行左值转换，而是接受赋值。赋值后，数组 a 的首元素不再是 5，而是 6 了。

变量 c 的声明中带有初始化器 * "hello world."，在这个表达式中，字面串 "hello world." 是数组类型的左值，被转换为指针，指向那个隐藏数组的首元素。

因为一元运算符 * 的操作数是指向 char 的指针，所以表达式 * "hello world." 是一个 char 类型的左值，代表那个隐藏数组的首元素，该元素的值是字符 h 的编码，并用于初始化变量 c。

尽管字面串会创建一个数组，且该数组的生存期贯穿整个程序的运行过程，但在程序运行时，这个隐藏的数组可能位于一个受处理器和操作系统保护的内存区域，只能读取而不能写入。在这种情况下，你可以读取这个数组的内容，但不能修改它。一旦你试图去修改数组的元素，则程序的行为是未定义的，处理器和操作系统将会加以阻止，并可能使程序崩溃。这就是说，语句

```
* "good" = 'G';
```

本身是合法的，字面串"good"被转换为指针，一元运算符*得到一个左值。这句的本意是将数组的首字符"g"修改为大写的"G"，但这种修改行为是未定义的，其后果不可预料。

练习 5.4

1．将上述程序保存为源文件 c0511.c，然后尝试翻译它，看看翻译软件会给出什么错误提示信息。

2．在表达式 * "good" = 'G' 中，字符常量'G'的类型是什么？子表达式"good"的类型是什么？子表达式 * "good"的类型是什么？在该表达式求值的过程中，都发生了哪些类型转换？

5.3.2 指针运算和 for 语句

既然数组类型的表达式可以转换为指向数组首元素的指针，那么我们很容易想到，只要移动这个指针，令它依次指向数组的其他元素，不就可以访问数组的所有元素了吗？

正是这样。C 语言规定，假定一个指针 P 指向数组的第 M 个元素，且数组足够大，N 是一个整数，那么 P + N 的结果是一个新的指针，指向该数组的第 M + N 个元素；P - N 的结果也是一个指针，指向该数组的第 M - N 个元素。

在下面的程序示例中，我们演示了指针的加法运算。首先，我们声明了一个数组 a，从初始化器来看，它有 12 个元素，其中，下标为 0 的那个元素的值为 5；下标为 7 的那个元素的值是 7；下标为 11 的那个元素的值是 8，其他元素一律初始化为 0。

数组 b 的大小和数组 a 相同，因为它的大小是用表达式 sizeof a / sizeof (int) 指定的，意思是用数组 a 的大小（以字节计）除以数组元素的大小（以字节计），从而得到数组 a 的元素数量。表达式 sizeof a 和表达式 sizeof (int)的结果在程序翻译的时候就能得到，所以表达式 sizeof a / sizeof (int)的结果是一个程序翻译期间就确定的整型常量，而该表达式是常量表达式。

```
/**************c0512.c**************/
int main (void)
{
    int a [] = {5, [7] = 7, [11] = 8}, b [sizeof a / sizeof (int)];
```

```
        for (int x = 0; x < sizeof a / sizeof (int); x ++)
            * (b + x) = * (a + x);

        char c = * ("Are you sure?" + 2);
    }
```

接下来的代码是将数组 a 的内容逐元素地复制给数组 b，复制之后，这两个数组所对应的元素具有相同的值。复制操作由一个我们没学过的语句完成，这就是 for 语句了。

for 语句由关键字"for"引导，后面是一对圆括号。在圆括号里，是由分号";"隔开的三个部分，而且这三个部分都可以省略。和 while 语句一样，for 语句也是循环语句，所以圆括号后面的"语句"也是循环体。

for (声明_可选 ; 表达式_可选 ; 表达式_可选) 语句
for (表达式_可选 ; 表达式_可选 ; 表达式_可选) 语句

for 语句有两种形式，这两种形式的差别仅在于圆括号内的第一部分，一个是声明，一个是表达式。为了便于说明，我们将 for 语句简化为如下更直观的形式：

　　for (decl 或者 e1; e2; e3) 语句

其中，decl 代表第一种形式里的声明；e1、e2 和 e3 对应于那三个表达式。当然，它们都可以省略。

for 语句的执行过程是这样的，如图 5-7 所示，先处理第一部分，也就是 decl 或者 e1，而且在 for 语句的整个执行过程中只处理一次。如果这一部分是 decl，则处理这个声明；如果是 e1，则求值该表达式。如果没有这一部分，则直接求值 e2。

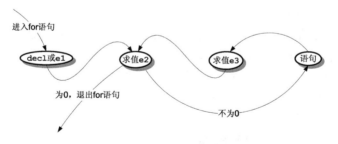

图 5-7　for 语句的执行流程示意

e2 是 for 语句的控制表达式，如果 e2 求值的结果不为 0，则执行圆括号后面的语句，也就是循环体；如果为 0，则退出 for 语句。如果 e2 不存在，则在翻译程序时，翻译器会自动插入一个不为 0 的常量。在这种情况下，e2 求值的结果将始终不会为 0，这将产生一个无限循环，也就是所谓的死循环。

执行完循环体后，紧接着求值 e3，然后再次求值 e2。如果没有 e3，则执行完循环体之后直接再次求值 e2。无论如何，都将再次根据 e2 求值的结果决定是执行循环体呢，还是退出 for 语句。

现在回到程序中，来看 for 语句。在圆括号内的第一部分声明了变量 x 并初始化为 0，这一部分仅在进入 for 语句时执行 1 次。

第二部分是一个关系表达式，运算符 sizeof 的优先级最高，/次之，<最低，所以该表达式等价于 x < (sizeof a / sizeof (int))。这是 for 语句的控制表达式，sizeof a / sizeof (int)用于得到数组 a 的元素数量，显然，整个控制表达式的意思是如果变量 x 的值小于数组 a 的元素个数则持续执行 for 语句。

第三部分很简单，表达式 x ++用于在每次执行完循环体后递增变量 x 的值。这样就清楚了：这个 for 语句先声明了变量 x 并令它的初值为 0，接着，判断它的值是否小于数组 a 的元素数量，条件成立就执行循环体做事。每次执行了循环体之后，递增变量 x 的值并继续判断条件，直至条件不成立，离开 for 语句。

再来看循环体，它只有一条语句

    * (b + x) = * (a + x);

在这里，数组类型的表达式 a 和 b 都符合转换为指针的条件。表达式 b 转换为指向数组 b 首元素的指针，其类型为 int *。左值 x 执行左值转换，其结果为一个整数。整数与指针相加，其结果是一个新的指针。因为原指针是指向数组 b 的第 1 个元素，故新指针指向数组 b 的第 x+1 个元素，或者说下标为 x 的元素。

然后，一元*运算符作用于这个新的指针，得到一个左值，指示或者说代表那个下标为 x 的元素。因为它是赋值运算符=的左操作数，故不执行左值转换，而是接受赋值。

同理，表达式* (a + x)是一个左值，代表数组 a 的第 x+1 个元素。然后，经左值转换后，得到那个元素的值，并赋给数组 b 的对应元素。

for 语句的循环体可以是任何语句，包括另一个 for 语句。如果 for 语句的循环体包含多条语句，则必须用花括号构造一个复合语句。

在程序的最后，我们声明了一个 char 类型的变量 c，并将其初始化为表达式* ("Are you sure?" + 2)的值。在这里，字面串"Are you sure?"是数组类型的表达式，不但用于创建一个隐藏的数组，而且自动转换为指向 char 的指针，指向编码值为"A"的那个元素。将这个指针加 2，将得到一个新的指针，指向编码值为"e"的元素。

无论如何，表达式* ("Are you sure?" + 2)是一个左值，执行左值转换后得到的值是字符"e"的编码，并赋给变量 c。

显然，将一个指针和一个整数相加减，不是整数之间相加减那么简单。为了更清楚地显示这种加减法的原理，我们将上述程序保存为源文件并翻译为可执行程序，然后在 gdb 中加以调试，其过程如下：

```
(gdb) b 10
Breakpoint 1 at 0x4016ac: file c0512.c, line 10.
(gdb) r
Starting program: D:\exampls\c0512.exe
[New Thread 3804.0x8e8]

Breakpoint 1, main () at c0512.c:10
10              }
```

```
(gdb) p a
$1 = {5, 0, 0, 0, 0, 0, 0, 7, 0, 0, 0, 8}
(gdb) p b
$2 = {5, 0, 0, 0, 0, 0, 0, 7, 0, 0, 0, 8}
(gdb) p c
$3 = 101 'e'
(gdb) p a + 0
$4 = (int *) 0x22fe88
(gdb) p a + 1
$5 = (int *) 0x22fe8c
(gdb)
```

以上我们先是打印了数组 a 和 b 的内容，显然，经过一对一复制之后，两个数组的内容完全一致。然后我们打印了变量 c 的值，结果是十进制数 101。在 C 语言和 gdb 里，字符类型是被特殊对待的，gdb 了解到变量 c 的类型是 char，所以很贴心地给出了该编码所对应的字符 "e"。

现在，我们来看看指针和一个整数相加之后的值有什么特点。尽管数组 a 可以自动转换为指向其首元素的指针，但你不能在 gdb 命令行使用 "p a" 来打印这个指针值，这个命令会打印出数组 a 的内容，毕竟这不是在写程序。

不过，要是我们使用命令 "p a + 0"，效果就不同了。gdb 知道这是要将数组 a 转换为指针，然后同整数 0 相加，而且结果同样是指针。实际上，将一个指针和 0 相加，并不会移动指针，这只是一个策略和技巧。

结合上述调试过程和图 5-8 可知，表达式 a + 0 的结果是一个指针，它指向地址为 0x22FE88 的内存位置，所以调试器的输出为：

```
$4 = (int *) 0x22fe88
```

显然，这很像一个转型表达式，但实际上就应该这么理解。即，所打印的结果是一个指针，由整数（地址）0x22fe88 转换而来。

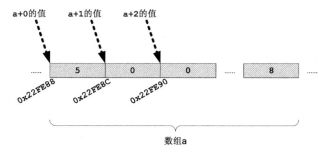

图 5-8　指针和整数相加的本质

对比一下命令 "p a + 0" 和 "p a + 1" 的打印结果你会发现，将一个指针类型的值加 1，其结果在数值上差 4，而不是差 1，这就与整数加减法不同了。这并不难理解，对于指向类型 T 的指针（值），为它加上整数 1，将得到一个新的指针，新指针在数值上比原指针大 sizeof(T)。

练习 5.5

将上述程序中的 for 语句改为 while 语句，以实现相同的功能。

5.3.3 下标运算符

本质上，指针是访问数组元素的唯一方法。但就语法形式而言，用一个指针和一个整数相加来指向数组元素，这似乎不够优雅和简洁。再说，让手指和键盘受累，C 语言的发明者也会良心不安。

C 语言的特点之一是变量的声明和对该变量的操作具有形式上的一致性。例如，我们用星号"*"声明一个指针，然后，这个星号又可以出现在表达式里，作为运算符来作用于一个指针，得到那个被指向的实体。

相似地，既然我们用一对中括号"[]"来声明数组，那么，这对中括号也将以运算符的身份出现在表达式里，用于通过下标的形式来指定数组的某个元素。

下标运算符[]用于组成一个代表数组元素的表达式，形如 e1 [e2]。e1 和 e2 是运算符[]的操作数。

在下面的程序中，首先声明了数组 a 和变量 b。然后，表达式 a [0] = 1 是将数值 1 赋给数组下标为 0 的元素；表达式 a [1] = b 是将变量 b 的值赋给数组 a 下标为 1 的元素。在这里，b 要先进行左值转换，以得到它的存储值。

就直觉而言，运算符[]的操作数是数组和数组的下标。这种认识是合理的。不过，由于数组会被转换为指向其首元素的指针，所以真实的情况是，**运算符[]的两个操作数一个是指针类型，另一个是整数类型，而且表达式 e1 [e2]等同于* (e1 + e2)**。

这就意味着，表达式 a [0] = 1 等同于* (a + 0) = 1 而表达式 a [1] = b 则等同于* (a + 1) = b。

对于运算符[]的两个操作数，C 语言并未规定哪一个是指针，哪一个是整数，因此，才有了程序中那个奇怪的表达式 2 [a] = 1 [a]，这实际上就是 a [2] = a [1]。显然这是将数组 a 的第 2 个（下标为 1 的）元素的值赋给第 3 个（下标为 2 的）元素。

```
/*******c0513.c*******/
int main (void)
{
   int a [3], b = 2;

   a [0] = 1;
   a [1] = b;
   2 [a] = 1 [a];

   char c = "Tom." [2];
}
```

在变量 c 的声明中，初始化器是表达式"Tom." [2]，它等同于* ("Tom." + 2)，是一个左值，代表着那个隐藏数组的第 3 个元素。表达式* ("Tom." + 2)是个左值，要进行左值转换，得到字符"m"的编码并用于初始化变量 c。

练习 5.6

给定声明：

    int a [5] = {37, 1, 62, 58, 33}, b [7];

编写程序将数组 a 的内容复制到数组 b，要求使用下标运算符。

5.3.4 指针的递增和递减

尽管用指针访问数组和用下标运算符访问数组等效，但在程序设计的复杂性方面却各有千秋。有时候，用指针较为方便，而有的时候，用下标运算符更清晰更简洁。在本节，我们通过示例来做一下对比。来看下面的程序，它的任务是将两个字符串连接到一起形成一个新的字符串。

```
/*************c0514.c************/
char * s_joint (char * d, char * s)
{
   char * r = d;

   while (* d != '\0') d ++;
   while ((* d ++ = * s ++) != '\0') ;

   return r;
}

int main (void)
{
   char a [10] = "Hi,", * ps = 0;

   ps = s_joint (a, "Tom.");
}
```

为了获得通用性，我们编写了一个函数 s_joint 来完成字符串的连接工作。该函数接受两个参数，参数 d 和 s 都是指针类型的变量，它们的值各自指向一个字符串，我们要把变量 s 的值所指向的字符串附加到变量 d 的值所指向的字符串尾部。

函数 s_joint 的返回类型是指向 char 的指针，连接工作完成后，这个返回值指向连接后的新串。实际上，这个返回值就是传递给参数 d 的值，故函数 s_joint 所完成的第一个工作就是先保存参数 d 的值以便返回它。

再来看 main 函数，我们先是声明了一个字符类型的数组 a，它有 10 个元素，是用字面串"Hi,"初始化的；同时，我们还声明了一个变量 ps，其类型为指向 char 的指针，用于接受函数 s_joint 的返回值，它被初始化为空指针。

接下来，我们调用了函数 s_joint 并把返回值赋给左值 ps。调用时，实际参数是表达式 a 和字面串"Tom."，它们都是数组类型的左值，将转换为指向数组首元素的指针（一个指向数组 a 的首元素，一个指向隐藏数组的首元素）。执行函数调用时，这两个指针分别传递给参数变量 d 和 s。

如图 5-9 所示，在程序运行时将至少创建 2 个数组，一个是数组 a，另一个是由字符串"Tom."创建的隐藏数组。你可能会问，字面串"Hi,"不也要创建一个隐藏的数组吗？是的，按照 C 语言的要求，应当是这样的，从本章的开头到现在，我们一直是这样告诉大家的。

问题在于 C 实现，为了提高程序的运行效率，它可能会做一些投机取巧的事。如果它发现一个字面串很短小，而且除了用于初始化一个数组之外，再没有别的用处，那么它可能不会创建一个隐藏的数组。在这里，字面串"Hi,"很短，而且只用来初始化数组 a，那么它将用字符"H""i"","和空字符的编码值直接初始化数组 a。

然而，如果字面串很长，或者在该字面串需要转换为指针的场合，C 实现没有别的选择，只能老老实实地创建一个隐藏的数组。这是因为，如果字面串很长，即使它只用于初始化一个数组，笨办法的开销也会变大，C 实现唯一的选择就是使用处理器的批量传送指令，在两个数组之间进行复制以完成初始化操作。无论字面串有多长，使用批量传送只需要 3 到 5 条机器指令，而一个字符一个字符地赋值则非常麻烦和臃肿。

另一方面，像"Tom." [2]和 s_joint (a, "Tom.")这样的表达式，字面串需要转换为指针，并通过指针访问它背后隐藏的数组，C 实现也只能无条件地用"Tom."创建隐藏的数组。

不过，我们的原则是不考虑 C 实现的因素。所以，图 5-9 依然画出了字面串"Hi,"所创建的那个隐藏数组。

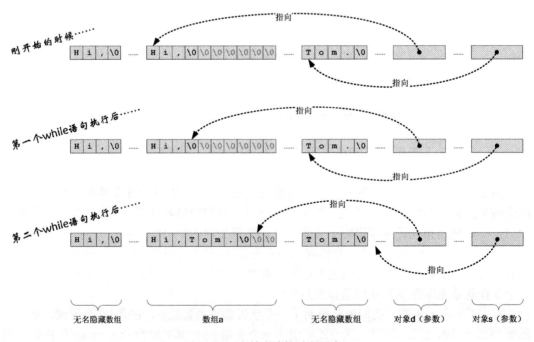

图 5-9 字符串连接过程示意

让我们继续回到函数 s_joint 中，字符串连接的基本思路是这样的：因为"Hi,"和"Tom."是分别位于两个数组中的字符串，而变量 d 和 s 的值虽然指向数组首元素，但实际上指向的是这两个字符串的首字符位置。所以，可先使变量 d 指向第一个字符串的末尾，也就是零终止符所在的位置，然后从这个位置开始，通过指针操作将另一个数组里的字符串复制过来。

现在来看第一个 while 语句，它的任务是移动指针所指向的位置。等性运算符!=的优先级低于间接运算符*，故这个 while 语句的控制表达式等同于(* d) != '\0'。

这个 while 语句的执行过程是这样的：左值 d 的类型是指针，左值转换后得到一个指针类型的值。在循环刚开始，它指向数组 a 的首元素。因此，表达式* d 是一个左值（指示或者说代表数组 a 的首元素），左值转换为 char 类型的值并与字符常量'\0'进行比较。如果不等，则表达式* d != '\0'的值为 1，执行循环体 d ++，使变量 d 的值指向下一个数组元素；如果相等，则控制表达式的值为 0，退出循环语句。

这是我们第一次看到运算符++也适用于指针类型的左值。我们知道，如果一个指针所指向的类型是 T，将它和一个整数相加减，实际上是将这个指针在数值上加（减）类型 T 的大小，即，在数值上加上或者减去 sizeof (T)。

同样地，运算符++和--也允许指针类型的操作数，但必须是左值，代表一个指针类型的变量。不管是前缀形式还是后缀形式，如果操作数的类型是指针，则这些运算符的结果依然是指针，但不再是左值。

如果 P 是一个左值，其类型为指向 T 的指针，则表达式 P ++的值是 P 递增之前的原始（指针）值；表达式 P --的值是 P 递减前的原始（指针）值；表达式++ P 的值是 P 递增后的（指针）值；表达式-- P 的值是 P 递减后的（指针）值。它们都有一个副作用，即递增或者递减 P 的存储值，使之在数值上比原来增加或者减小 sizeof (T)。如果 P 指向一个数组元素，则递增或者递减之后，P 的值指向下一个或者前一个数组元素（假定递增或者递减后的值依然指向数组内的合法元素）。

无论如何，如图中所示，当第一个 while 语句执行完毕后，变量 d 的值指向数组 a 内的字符串的末尾，即，第一个值为 0 的元素。

第二个 while 语句很复杂，但要想使它保持简洁，这差不多是唯一的写法。我们先来看一下控制表达式(* d ++ = * s ++) != '\0'的组成和作用，总体上来说，这个表达式既完成赋值工作，又完成等性判断工作，在这个过程中还有递增变量 s 和 d 的存储值的副作用。

这里涉及以下几种运算符：间接运算符*、后缀递增运算符++、赋值运算符=和等性运算符!=，它们的优先级从低到高依次是=、!=、*和++。圆括号的作用是形成一个基本表达式（括住的表达式）以打破运算符与操作数的自然结合，因此，这是一个等性表达式，等性运算符!=的操作数是子表达式(* d ++ = * s ++)的值和字符常量'\0'。

要得到整个控制表达式的值，也就是等性运算符!=的结果，需要先计算其操作数'\0'和子表达式(* d ++ = * s ++)的值。

在圆括号内部是一个赋值表达式，即，它等价于(* (d ++)) =(* (s ++))。表达式 s ++的值是变量 s 递增前的原值，这是一个指针，指向一个数组元素；一元*运算符作用于这个指针，得到一个左值，再经左值转换，得到那个元素的值。同理，表达式 * d ++ 是一个左值，用来接受赋值。

注意，s ++ 和 d ++ 是有副作用的表达式，会递增变量 s 和 d 的存储值，使它们各自指向数组的下一个元素。但是，在整个控制表达式求值完成之前，这两个副作用发生的时间并不确定，但这没有什么关系。

赋值表达式 (* d ++ = * s ++) 也要计算出一个值 (我们知道，赋值表达式的值是赋值运算符的左操作数被赋值之后的值)，它就是刚才赋给左值 * d ++ 的字符编码。这个编码值和字符常量 '\0' 进行比较，两者相等则运算符 != 的结果为 0，退出 while 语句；两者不等则运算符 != 的结果为 1，执行循环体。

在这里，while 语句的循环体是空语句，因为所有的工作都让控制表达式做了，它确实没什么可做的。

总体来说，第二个 while 语句的作用是将变量 s 的当前值所指向的字符取出并保存到变量 d 的当前值所指向的位置，如果取出并保存的字符是空字符则退出 while 循环。与此同时还将递增变量 s 和 d 的存储值。

现在，让我们在 gdb 中调试上述程序，并观察程序的运行情况。将断点设置在第 16 行，也就是执行函数调用的那一行，然后运行程序到断点。

```
(gdb) b 16
Breakpoint 1 at 0x40169d: file c0514.c, line 16.
(gdb) r
Starting program: D:\exampls\c0514.exe
[New Thread 2628.0xa48]

Breakpoint 1, main () at c0514.c:16
16          ps = s_joint (a, "Tom.");
(gdb) p a
$1 = "Hi,\000\000\000\000\000\000"
(gdb) p ps
$2 = 0x0
(gdb) n
17          }
(gdb) p a
$3 = "Hi,Tom.\000\000"
(gdb) p ps
$4 = 0x22feb2 "Hi,Tom."
(gdb)
```

如以上调试过程所示，我们先是打印数组 a 的内容。和从前不同，这次我们用的是无参数的 "p a" 命令。如果你数一数，打印的内容

```
$1 = "Hi,\000\000\000\000\000\000"
```

里只有 9 个字符，并不等于数组的元素总数。原因是，数组 a 里包含了字符串 (含串

尾的空字符)和剩余的 6 个元素。gdb 的做法是先打印字符串,再打印其他元素。打印字符串时省略串尾的空字符,所以看上去少了一个元素。

命令"p ps"显示了变量 ps 的值。在程序里它被初始化为空指针常量,所以这里就显示为 0。

当我们用"n"命令执行函数调用之后,再来显示数组 a 的内容和变量 ps 的值时,结果变了。显然,数组 a 的内容表明两个字符串连接成功,而变量 ps 的值是 0x22feb2(在你的电脑上可能是别的地址)。因为这个值的类型是指向 char 的指针,gdb 很热情地为你提供了额外的信息和服务,显示了该指针所指向的字符串。

调用 s_joint 函数时需要注意,参数变量 d 的值所指向的字符串,其所在的数组必须有足够的空间以容纳被附加的字符串,而且这个数组不能位于一个受处理器和操作系统写保护的内存区域;也不能和变量 s 的值所指向的字符串在存储空间上重叠或者部分重叠。违反上述任何一条,程序的行为是未定义的,后果不可预料。

练习 5.7

1. 关于表达式(* d ++ = * s ++) != '\0',判断以下说法是否正确,并说明原因。

    a. 先得到运算符++的结果,再计算一元*运算符的值。( )
    b. 先得到子表达式* d ++和* s ++的值,再计算运算符=的值。( )
    c. 先计算表达式(* d ++ = * s ++)和'\0',再计算运算符!=的值。( )
    d. 运算符++的副作用和它的值计算同时发生。( )

2. 如果将源文件中的声明

    char a [10] = "Hi,", * ps = 0;

改为

    char * a = "Hi,", * ps = 0;

则程序运行时会怎样?为什么?

3. 编写一个函数以比较两个字符串是否相同(包括末尾的空字符)。

使用指针操作来连接两个字符串当然是极简洁、极方便的,但如果使用数组下标操作会怎样呢?让我们来看一看。不过我们仅仅修改函数 s_joint,程序的其他部分不动。

```
char * s_joint (char * d, char * s)
{
    char * r = d;

    int x = 0, y = 0;

    while (d [x] != '\0') x ++;
```

```
        while ((d [x ++] = s [y ++]) != '\0') ;

        return r;
    }
```

使用数组下标运算符[ ]需要一个指针操作数和一个整数，如以上新版的 s_joint 函数代码所示，为了移动数组下标，我们声明两个变量 x 和 y 并分别初始化为 0。

第一个 while 语句不断递增变量 x 的值，并最终使左值 d [x]代表那个字符编码为'\0'的元素，从另一个数组里复制过来的字符将从这里开始存放。字符串的连接工作由第二个 while 语句完成，具体执行过程请自行分析。注意，后缀++的优先级和[ ]相同，但由于表达式 x ++的值是运算符[ ]的操作数，所以必须先计算++的结果，从而也就不必在意优先级和结合性的问题了。

当然，额外增加了两个变量 x、y 会令一些人不快。不过，在以下新版本的 s_joint 函数里，我们就解决了这个问题。

```
    char * s_joint (char * d, char * s)
    {
        char * r = d;

        while (d [0] != '\0') d ++;
        while ((d ++ [0] = s ++ [0]) != '\0') ;

        return r;
    }
```

我们知道，表达式 e1[e2]是代表一个数组元素的左值。要得到下一个数组元素，既可以增加 e1 的值，也可以选择增加 e2 的值，反正最终都是左值* (e1 + e2)。

既然如此，我们可以递增变量 s 和 d 的值，毕竟它们都是指针变量；至于另一个操作数，就让它一直为 0 好了。在表达式 d ++ [0] = s ++ [0]中有三种运算符，后缀运算符++和[ ]的优先级相同，但它们是从左往右结合的，且它们都比=的优先级高，故此表达式等同于((d ++) [0]) = ((s ++) [0])。

练习 5.8

假设数组 a 的内容是字符串"hello, world."，编写一个程序将它反转为".dlrow ,olleh"，且不得借助于另一个数组。

5.4 指向数组的指针

我们已经学习了数组—指针转换，在下面的程序中，变量 a 是一个数组，变量 p 是一个指向 int 的指针。在语句 S1 中，表达式 p = a 是将 a 自动转换为指向其首元素的指针并写入变量 p。因为数组的元素类型是 int，所以转换后的结果是指向 int 的指针，赋值运算符两侧的类型一致，可以赋值。

这种自动转换非常方便。当然，如果我们不嫌麻烦的话，则可以自己生成这个指针，方法是取数组首元素的地址。在语句 S2 中，表达式 q = & a [0] 是生成指向数组首元素的指针，并将它赋给变量 q。由于下标运算符的优先级高于一元&运算符，所以这个表达式等价于 q = & (a [0])。下标表达式 a [0] 是一个左值，代表数组的首元素，其类型为 int，一元&运算符作用于这个左值，得到一个指向 int 的指针。

```
/**************c0515.c**************/
int main (void)
{
    int a [3], * p, * q, (* r) [3];
    p = a;                          //S1
    q = & a [0];                    //S2
    r = & a;                        //S3

    (* r) [0] = 1;                  //S4
    (* r) [1] = 2;                  //S5
    (* r) [2] = (* r) [1] + 1;      //S6
}
```

一元&运算符的操作数必须是左值，如果左值的类型是 T，则一元&运算符的结果类型是指向 T 的指针。那么，如果左值的类型是数组，则我们不就可以得到指向数组的指针了吗？那是自然。在语句 S3 中，a 是数组类型的左值，所以表达式 & a 的结果自然就是指向数组的指针。具体地说，左值 a 的类型为 int [3]，所以表达式 & a 的类型是指向 int [3] 的指针。这个指针是赋给变量 r 的，变量 r 的类型也必须是指向 int [3] 的指针。

变量 r 的声明位于 main 函数内的第一行。如图 5-10 所示，因为圆括号阻断了标识符 r 与外界的结合，所以要先向左读，左边是星号"*"，要读作"r 的类型是指针"；然后向右读，遇到一个中括号"["，读作"指向数组"；数组有 3 个元素；然后再向左读，"元素的类型是 int"。

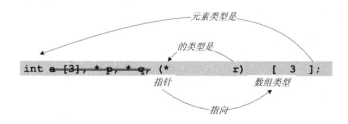

图 5-10 声明一个指向数组的指针变量

所以，r 是一个指向数组类型的指针，被指向的数组类型以"有 3 个 int 类型的元素"为特征。简言之，r 是一个指向 int [3] 的指针。从声明中去掉标识符 r 就得到了它的类型名 int (*) [3]。

在语句 S4 中，表达式 (* r) [0] = 1 是给数组下标为 0 的元素赋值。因为下标运算符的优先级高于一元*运算符,所以这里使用了圆括号。

一元*是个神奇的运算符,如果它的操作数是指向 T 的指针,则该运算符的结果是一个类型为 T 的左值或者函数指示符,代表指针所指向的变量或者函数。在这里,左值 r 的类型是 int (*) [3],先执行左值转换,得到一个 int (*) [3]类型的值。一元*运算符作用于这个指向数组类型的指针,得到一个左值,其类型为 int [3],也即数组。既然表达式* r 的类型是数组,那么表达式(* r) [0]的结果也是左值,代表下标为 0 的元素。

接下来,语句 S5 执行类似的操作。稍微复杂一点的是语句 S6,子表达式(* r) [2]是个左值,代表下标为 2 的数组元素,但不执行左值转换;子表达式(* r) [1]也是个左值,代表下标为 1 的数组元素,但要执行左值转换。转换后的值与常量表达式 1 的值相加,再赋给运算符=的左操作数。

为了演示如何使用指向数组的指针,下面是另一个例子,不过这回它是作为函数 fsum 的形参。

```
/**************c0516.c************/
int fsum (int (* pints) [5])
{
    int sum = 0;

    for (unsigned x = 0; x < sizeof * pints / sizeof (int); x ++)
        sum += (* pints) [x];

    return sum;
}

int main (void)
{
    int a [] = {3, 10, -5, 6, 22}, r;
    r = fsum (& a);
}
```

以上,函数 fsum 的参数 pints 是一个指向数组的指针,它的值指向一个数组,而该函数的功能是返回这个数组所有元素的累加和。

累加过程由 for 语句完成,变量 x 充当数组的下标,从 0 开始递增。for 语句的终止条件是变量 x 的值小于数组的元素数量,即 x < sizeof * pints / sizeof (int)。在这里,由于一元*运算符优先级最高,sizeof 次之,乘性运算符/又次之,关系运算符<优先级最低,故这个表达式等价于 x < (sizeof (* pints) / sizeof (int))。

在这个表达式里,左值 pints 的类型是指向数组的指针,执行左值转换,得到一个指针类型的值;一元*运算符作用于它,得到一个数组类型的左值;sizeof 运算符得到数组的大小。表达式 sizeof (int)是数组的元素大小,数组的大小除以数组的元素大小,就得到了元素的数量。

在 for 语句的循环体,表达式(* pints)得到一个数组类型的左值,进一步地,表达式(* pints) [x]得到该数组的下标为 x 的元素,这是个左值,执行左值转换。最后,将转换后的值加到左值 sum。

所有数组元素的累加结果在变量 sum 里，函数 fsum 返回这个结果。但是，将函数的参数声明为指向 int [5]的指针不太明智，因为这是要求通过指针传入的数组必须有 5 个元素，不能多，也不能少。在 main 函数里，数组 a 的声明里虽然没指定大小，但这个大小是通过初始化器来隐式指定的，恰好是 5。在函数调用表达式里，子表达式& a 的结果类型是 int (*) [5]，恰好与形参 pints 的类型一致。

但是，如果数组 a 的大小不是 5，则此程序在翻译时必定招致一个警告，提示我们：函数的实参和形参在类型上不兼容。在 C 语言里，如果两个类型之间高度相似，或者干脆就是同一种类型，则称这两个类型是兼容的，或者说是兼容类型。无论是赋值，还是在函数调用中传递参数，都要求参与的操作数在类型上必须兼容。

为了避免这个警告，同时也为了让这个程序能够接受大小不同的数组，我们可以把函数 fsum 的声明改成这样：

```
int fsum (int (* pints) [], unsigned int siz)
{
    //代码从略。
}
```

对比上面的声明，新的声明有两点变化：第一，被指向的数组类型未指定大小。在 C 语言里，如果某个类型缺少必要的信息，从而无法知道它的大小，则这样的类型称为不完整类型。未指定元素数量的数组类型是不完整的数组类型，所以，形参 pints 所指向的类型是不完整的数组类型。

在 C 语言里，允许存在指向不完整数组类型的指针，原因很简单：所有指向数组的指针都具有相同的大小，与被指向的数组有几个元素无关。尽管指针指向的数组不知道大小，但指针本身的大小是确定的，这种指针类型本身是完整类型。实际上，在 C 语言里，所有指针类型都是完整类型。

第二，为了能够在被调用函数内知道数组的大小，新的声明添加了一个参数 siz，调用者负责将数组的大小通过它传递进来。

问题是，在这个新修改的函数里，形参 pints 的类型是 int (*) []，但假定我们传递的实参类型是 int (*) [5]，它们是兼容的（指针类型）吗？是的，C 语言保证它们是兼容的。

C 语言规定，如果两个数组中的一个具有常量大小，而另一个不具有常量大小（是变长数组）或者未指定大小（是不完整的数组），只要它们的元素类型是兼容的，则它们属于兼容的数组类型。这就是说，数组类型 int [5]和 int []是兼容的。进一步地，既然指向的类型是兼容的，则 int (*) []和 int (*) [5]自然也是兼容的指针类型了。

以上新修改的 fsum 函数没有给出函数体，但有一点是肯定的，原来的函数体不能继续使用。原因在于，参数 pints 是指向不完整数组类型的指针，而在 for 语句的控制表达式 x < sizeof * pints / sizeof (int)里，子表达式 sizeof * pints 将不再合法。由于 pints 的类型是 int (*) []，故表达式* pints 的类型是 int []，属

于不完整的数组类型，而 sizeof 运算符要求其操作数的类型必须是完整类型，所以这必然导致程序翻译时出现错误提示。

练习 5.9

1. 若函数 faas 的参数是指向数组的指针，该函数的功能是将下标为 0 和 1 的元素相加，赋给下标为 3 的元素。请写出这个函数的定义。
2. 将上述带有参数 siz 的函数 fsum 补充完整，用它代替原来的 fsum 函数，并在你的机器上翻译和调试以验证自己的修改是否正确。
3. C 语言不允许声明不完整类型的变量，除非是一个数组且能够根据初始化器确定它的大小。以下，变量 a 和 pa 的声明是否合法？

```
char a [], (* pa) [];
```

如果数组里保存的是字符串，则它的大小就更不重要了，因为字符串是以空字符结尾的，对数组的访问可以在遇到空字符时结束。在下面的例子中，函数 fstrcmp 用于比较两个数组中保存的字符串是否完全相同，但这两个数组是通过指针传递进来的。

```
/*****************c0517.c***********/
_Bool fstrcmp (char (* para) [], char (* parb) [])
{
   char * p = * para, * q = * parb;

   while (* p != '\0' && * q != '\0')
      if (* p ++ != * q ++) return 0;

   return * p == * q;                //S1
}

int main (void)
{
   char a [] = "The Wizard of Oz";
   _Bool b = fstrcmp (& a, & "Goodbye Mr Hollywood");

   char (* pc) [] = & a;
   b = fstrcmp (pc, & a);
}
```

先来看函数 fstrcmp，它的返回类型是 _Bool，返回 0 则意味着两个字符串不同，返回 1 则表示两个字符串完全相同。形参 para 和 parb 的类型是指向数组的指针，要比较的字符串在这两个被指向的数组里，而要比较字符串，一般的方法是用两个指针分别指向这两个字符串，然后同时移动指针并比较它们指向的字符是否一样。

为此，我们在函数内部声明了变量 p 和 q，变量 p 的初始化器是 * para，左值 para

的类型是指向数组的指针，先执行左值转换，转换为变量 para 的值，值的类型也是指向数组的指针。一元*运算符作用于这个指针，得到一个数组类型的左值，代表那个被指向的数组；这个左值执行数组—指针转换，又得到一个值，指向数组首元素，其类型为指向 char 的指针，与左值 p 的类型兼容，可以初始化。

同理，变量 q 也被初始化为指向数组首元素的指针。现在，你可以认为变量 p 和 q 各自指向待比较的字符串。

字符串的比较操作是由 while 语句完成的，循环持续进行的条件是变量 p 和 q 的值所指向的字符都不是空字符，也就是都还没有指向字符串的尾部。为此，while 语句的控制表达式为* p != '\0' && * q != '\0'。在这里有三种运算符，其优先级从高到低分别是*、!=和&&，故这个表达式等价于((* p) != '\0') && ((* q) != '\0')。

while 语句的循环体是一个 if 语句，其控制表达式为* p ++ != * q ++，它等价于(* (p ++)) != (* (q ++))。显然，这个表达式比较变量 p 和 q 的值所指向的字符是否相同，同时递增这两个变量的值以指向下一个字符。在两个字符不相同的情况下，整个表达式的值（运算符!=的结果）为 1，直接返回到函数的调用者，返回值为 0；否则继续下一轮的循环。

在 while 语句中，循环能够持续进行的条件是未到达两个字符串的末尾，且 if 语句未发现两个字符不同的情况。那么，当程序的执行到达语句 S1 时，意味着已经到达两个字符串的末尾，或者至少已经到达其中一个字符串的末尾，且前面的比较都是成功的。

然而，就算是已经到达其中一个字符串的末尾，且前面的比较都是成功的，也不见得这两个字符串就是完全相同的，例如"abcd"和"abc"。在这种情况下，变量 p 和 q 的当前值所指向的字符肯定不同，其中一个指向空字符，另一个指向的字符不是空字符。

既然如此，我们可以对变量 p 和 q 的当前值所指向的字符进行比较，并返回比较的结果即可。只有在两个指针所指向的字符都是空字符的情况下，运算符==的结果才有可能为 1。实际上，这个 return 语句也可以这样写：

```
return * p == '\0' && * q == '\0';
```

下面再来看 main 函数，数组 a 是用字面串初始化的，它的声明里未指定大小。按 C 语言的规定，在紧接着方括号"[]"之后的地方，数组 a 尚为不完整类型，但在这一行的分号";"之后，它便成为完整类型，其大小已经由初始化器确定了。

变量 b 的初始化器是函数调用表达式，被初始化为函数调用的返回值。第一个实参由表达式& a 提供，其类型与形参 para 的类型兼容；第二个实参由表达式& "Goodbye Mr Hollywood"提供，字面串是数组类型的左值，所以一元&运算符的结果是指向数组的指针，且与形参 parb 的类型兼容。

初始化之后，变量 b 的值为 0，这是可以想象到的。接下来，我们声明了一个指向数组的指针变量 pc 并令它指向数组 a。然后，我们再用表达式 fstrcmp (pc, & a)来给左值 b 赋值。这里，左值 pc 经左值转换后的值和表达式& a 的值相同。显然，这次比较的是同一个数组里的字符串，因为这两个实参都指向同一个数组变量。

练习 5.10

1. 用类型名写出表达式& "Goodbye Mr Hollywood"的类型。
2. 为什么fstrcmp可以比较同一个数组里的字符串而不会引起混乱？
3. 如下所示，我们想改写fstrcmp函数，使用数组下标来比较两个字符串，而不是先前的指针操作。变量m和n的值在程序中用做数组下标，请将这个函数补充完整。

```
_Bool fstrcmp (char (* para) [], char (* parb) [])
{
    int m = 0, n = 0;

    while (_____)
       if (_____) return 0;

    return _____;
}
```

5.5 元素类型为指针的数组

数组元素的类型也可以是指针，这样它就保存了一大堆指向其他变量或者函数的"地址"。在下面的程序中，变量arrpi和arrps就是这样的数组。

```
/*************c0518.c************/
int main (void)
{
    int a, b, * arrpi [2];

    arrpi [0] = & a;            //S1
    arrpi [1] = & b;            //S2
    * arrpi [0] = 10010;        //S3
    * arrpi [1] = 10086;        //S4

    char c, d, * arrps [2];

    arrps [0] = "Search";       //S5
    arrps [1] = "Project";      //S6
    c = * arrps [0];            //S7
    d = * arrps [1];            //S8
}
```

先来看变量arrpi的声明，如图5-11所示，标识符的左边是星号"*"，右边是方括号"["。尽管声明中的标点符号不是运算符，但却具有作为运算符时的优先级属性，所以标识符arrpi先与方括号结合。

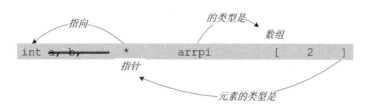

图 5-11　元素类型为指针的数组声明

依据此图我们就可知道，变量 arrpi 的类型是数组，它有 2 个元素，元素的类型是指向 int 的指针。同理，程序后面的 arrps 也是数组，元素类型为指向 char 的指针。

接下来，语句 S1 为数组的第 1 个元素赋值。表达式 arrpi[0]代表数组下标为 0 的元素，是类型为"指向 int 的指针"的左值；表达式 &a 的类型也是指向 int 的指针，运算符=的两个操作数类型兼容，可以赋值。同理，语句 S2 为数组下标为 1 的元素赋值。

语句 S3 是把 10010 保存到下标为 0 的元素所指向的变量。在这里，表达式 * arrpi[0] = 10010 等价于 (* (arrpi[0])) = 10010。子表达式 arrpi[0] 代表数组下标为 0 的元素，是 int *类型的左值，执行左值转换，得到一个指向 int 的指针（实际上是指向变量 a 的）。一元*运算符作用于这个指针，得到一个 int 类型的左值（实际上是代表变量 a 的）。同理，语句 S4 是把 10086 保存到下标为 1 的元素所指向的变量。

一旦理解了语句 S1 ~ S4，语句 S5 ~ S8 也就非常简单了。这几条语句用的都是我们已经学习过的知识，我的本意是让大家复习一下学过的内容。

练习 5.11

仿照以上对语句 S1 和 S3 的解析过程，说明语句 S5~S8 的执行原理，重点是字面串的类型，以及它到指针的转换。

既然数组可以保存指向其他变量或者函数的"地址"，那么就有必要来实际观察一下数组的内容。为此，我们将上述程序翻译为可执行文件，然后在 GDB 中调试。当程序执行到组成 main 函数体的右括号"}"时，用 p 命令打印这两个数组的值。

```
(gdb) p arrpi
$1 = {0x61fe48, 0x61fe44}
(gdb) p arrps
$2 = {0x404000 "Search", 0x404007 "Project"}
```

在显示数组 arrps 的内容时，结果有点奇怪。但不要误会，这并不是说数组 arrps 存储了字符串。在处理 char 类型时，GDB 总是显得过分热情。数组 arrps 仅存储了两个指向 char 的指针，这种指针通常用于指向字符串，所以热情的 GDB 索性把指针所指向的字符串一并显示出来。

为了帮助大家了解元素类型为指针的数组，下面是另一个例子。这个程序的特点是用数组来保存一堆指向函数的指针，然后再通过循环语句来自动一一调用这些函数，这听起来似乎有点意思。

```c
/********************c0519.c********************/
int f_add (int x, int y)
{
    return x + y;
}

int f_sub (int x, int y)
{
    return x - y;
}

int f_mul (int x, int y)
{
    return x * y;
}

int f_div (int x, int y)
{
    return x / y;
}

int f_mod (int x, int y)
{
    return x % y;
}

int f_max (int x, int y)
{
    return x > y ? x : y;
}

int f_min (int x, int y)
{
    return x < y ? x : y;
}

int f_avg (int x, int y)
{
    return (x + y) / 2;
}

int main (void)
{
    int (* af []) (int, int) = {f_add, f_sub, f_mul, f_div,\
                    f_mod, f_max, f_min, f_avg},\
            r [sizeof af / sizeof (int (*) (int, int))];
```

```
    for (unsigned n = 0; n < sizeof r / sizeof (int); n ++)
        r [n] = af [n] (8, 6);
}
```

在这个程序中，我们定义了一堆函数：f_add 用于返回两个参数的和；f_sub 返回两个参数的差；f_mul 返回两个参数的积；f_div 返回两个参数的商；f_mod 返回两个参数相除后的余数（通常称之为模）；f_max 返回两个参数中的大者；f_main 返回两个参数中的小者；f_ave 返回两个参数的平均值。

这些函数除了名字不同外，类型完全相同，都是具有两个 int 类型的参数的、返回类型为 int 的函数，即：int (int, int)。在 main 函数内，将用数组 af 保存指向这些函数的指针，然后再用一个循环语句按顺序访问数组 af 的元素，通过它们做函数调用，数组 r 用于保存函数调用的返回值。

来看 main 函数，首先映入眼帘的是一个声明，它声明了变量 af 和变量 r。因为行太长，我们使用了续行字符"\"，它放在行的末尾。在程序翻译的时候，翻译器会将下一行和当前行连接起来形成一个完整的行。屏幕和文本编辑器的宽度有限，当行太长的时候，文本会自动折到下一行。如果使用续行符，则应当键入一个"\"，然后手动换行。

如图 5-12 所示，变量 af 的类型是数组。因为圆括号的关系，又得往左读，所以数组的元素类型是指针。圆括号之外的右侧是(int, int)，所以，这是指向函数的指针。所以总起来说，变量 af 是一个元素类型为"指向函数的指针"的数组。这是简明的说法，要完整描述就啰唆了：变量 af 是一个元素类型为"指向'有两个 int 类型的参数的、返回类型为 int 的函数'的指针"的数组，其类型名为 int (* []) (int, int)，数组的元素类型是 int (*) (int, int)。

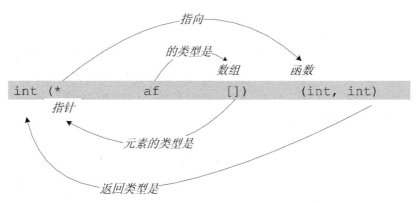

图 5-12 元素类型为指向函数的指针的数组声明

数组 af 的初始化器是{f_add, f_sub, f_mul, f_div, f_mod, f_max, f_min, f_avg}，这些都是函数的名字，在这里的身份是函数指示符，将自动执行函数指示符到指针的转换，并按顺序初始化数组的每个元素。这些函数的类型是 int (int, int)，转换为指针后的类型是 int (*) (int, int)，与数组 af 的元素类型兼容，可以初始化。

数组 r 用来保存函数调用的返回值，元素的数量自然应该与数组 af 相同。问题是，数组 af 的大小由初始化器决定，可灵活更改。那么，数组 r 应该怎么声明才能在元素的数量上与数组 af 灵活地保持一致呢？

很简单，程序中用表达式 sizeof af / sizeof (int (*) (int, int)) 来给数组 r 指定大小。子表达式 sizeof af 取得数组 af 的总大小，以字节计；子表达式 sizeof (int (*) (int, int)) 取得数组 af 的元素类型的大小。两者相除，就得到了数组 af 的元素数量，并作为数组 r 的元素数量。

接下来，for 语句通过数组 af 的元素调用它们所指向的函数，并把结果保存到数组 r 中。变量 n 的值用作数组 af 和 r 的下标，循环持续的条件是变量 n 的值小于数组 r 的元素数量。

在循环体中，表达式 r [n] = af [n] (8, 6) 是一个赋值表达式，即，该表达式等价于 (r [n]) = (af [n] (8, 6))。这是因为下标运算符和函数调用运算符的优先级相同，且都高于赋值运算符。

下标运算符和函数调用运算符的优先级相同，但它们是从左往右结合的，所以子表达式 af [n] (8, 6) 等价于 (af [n]) (8, 6)。也就是说，这是一个函数调用表达式，函数调用运算符的左操作数是表达式 af [n] 的值。

在这里，左值 n 先执行左值转换；子表达式 af [n] 是一个左值，代表数组 af 的某个元素，经左值转换后得到元素的值，这是一个指向函数的指针，它也是函数调用运算符的左操作数，于是将发起一次函数调用。函数调用的返回值被赋给左值 r [n]。

5.6　将数字转换为字符串

在任何一个字符集中，字母和数字字符都是最基本的成员。对于初学者来说，他们很清楚每个字符或者符号都对应着一个字符编码，但是对于一个阿拉伯数字，例如 9，他们可能分不清数学意义上的 9 和用来表示数字 9 的图形字符在计算机里有什么区别。

在任何字符集里，都有 10 个用来表示阿拉伯数字的图形字符，对应于字符常量 '0'、'1'、'2'、'3'、'4'、'5'、'6'、'7'、'8' 和 '9'，它们的编码取决于字符集及编码方式。对于 ASCII 字符集来说，它们的编码分别是 0x30、0x31、0x32、0x33、0x34、0x35、0x36、0x37、0x38 和 0x39。

简言之，数字 9 和字符 9 是不同的。为了在屏幕上打印一个 "9"，你不能把 9 的数值传给它，而必须传送 9 的字符编码。如果一个数很大，例如 579，这就必须把它的每一个数位都分离出来，也就是分解为数字 5、7 和 9，然后分别转换为字符编码。

对于任何一个数 R，要分解它的每个数位，通常的方法是不停地将它除以 10 然后取余数，直至商为 0。以 579 为例，这个过程是：

$$579 \div 10 = 57 \cdots\cdots 9$$
$$57 \div 10 = 5 \cdots\cdots 7$$
$$5 \div 10 = 0 \cdots\cdots 5$$

分解出每个数位后，下一步的工作是将它们分别转换为图形字符。C 语言对使用何种字符集不加限制，但依然必须符合某些要求。除了本章前面已经提到的那些要求，还要求数字字符的编码必须是连续的、依次递增的。

有了这个保证，我们就可以将一个数字和字符常量'0'的值相加，来得到该数字所对应的图形字符的编码。这个方法好就好在具有可移植性，因为字符常量'0'的值取决于当前所使用的字符集和编码方式。

以 ASCII 字符编码方案为例，字符"0"的编码值是 0x30，如果我们分解出来的数位是 0，则字符"0"的编码是 0+0x30=0x30；如果我们分解出来的数位是 9，则字符"9"的编码是 9+0x30=0x39。

从上面的叙述可见，如果我们想把从 1 加到 N 的结果在屏幕上打印出来[②]，光是把结果送出去是没有用的，必须得用上面的方法把这个结果转换为一系列字符，下面的示例程序就演示了这种转换，是上述转换过程的具体实现。

```
/*********************c0520.c*******************/
char * ull_to_string (unsigned long long int n, char * s)
{
    int x = 0;
    char buf [22], * p = s;

    do
        buf [x ++] = n % 10 + '0';
    while (n /= 10);

    do
        * p ++ = buf [-- x];
    while (x);

    * p = '\0';

    return s;
}

unsigned long long int cusum (unsigned long long r)
{
    unsigned long long int sum = 0;

    for (unsigned long long int x = 1; x <= r; x ++)
        sum += x;

    return sum;
}

int main (void)
```

---

② 显示和打印设备通常只接受文本，所以要显示和打印数字，你得先把它转换为文本。

```
    {
        char a [22], * ps = ull_to_string (cusum (1000), a);
    }
```

为了通用性和灵活性，从数字到字符序列的转换工作可以组织为函数以便重复使用，为此我们定义了函数 ull_to_string。可想而知，该函数至少需要两个参数：第一个参数是待转换的数字；第二个参数是调用者给出的"容器"和"口袋"，用于存放转换后的字符序列。

在 C 语言里，最长的标准整数类型是 long long int，我们决定这个函数能够转换 unsigned long long int 类型的整数；至于第二个参数，我猜你会说，定义成一个数组吧，调用者可以传入一个数组来接收转换后的字符序列，就像这样：

```
    char * ull_to_string (unsigned long long int n, char s [22])
    {
        //代码从略
    }
```

在这里，参数 n 用于接受待转换的数，s 是存放结果的数组。标准规定 unsigned long long int 类型的最大值起码得是 18446744073709551615，是一个 20 位的数字，我们将数组 s 定义为 22 个元素基本上是够了。

然而在 C 语言里，函数或者数组类型的参数声明是被特殊对待的。如果函数的参数被声明为"T 的数组"，则它被调整为"指向 T 的指针"；如果函数的参数是"返回 T 的函数"，则它被调整为"指向'返回 T 的函数'的指针"。所以，刚才那个函数声明等同于：

```
    char * ull_to_string (unsigned long long int n, char * s)
    {
        //代码从略
    }
```

换句话说，参数 s 的类型实际上是指向 char 的指针。如果你非要用数组的形式来声明一个参数，那么，因为上述原因，数组的大小也已经不重要了，不但会被忽略，而且也没有什么作用。在这种情况下，参数 s 可以声明为不完整的数组类型，就像这样：

```
    char * ull_to_string (unsigned long long int n, char s [])
    {
        //代码从略
    }
```

在这里，参数 s 从数组调整为指针与数组的大小无关，并不需要知道它的大小，因此这样的声明是被 C 语言所接受的。

再来一个以函数作为参数的例子，以下，函数 fdemo 只有一个参数 param，该参数被声明为"具有两个 int 类型的参数且返回类型是 int"的函数：

```
    void fdemo (int param (int, int))
    {
        //代码从略
```

}

但是，前面我们讲了，该参数实际上被调整为指向函数的指针，所以参数 param 的类型实际上是指向上述函数类型的指针：

```
void fdemo (int (* param) (int, int))
{
    //代码从略
}
```

练习 5.12

1. 设计一个函数 f，将它的参数 r 声明为数组形式，如 char r [22]。在函数内部用 sizeof 运算符获取参数变量 r 的大小以验证它到底是数组还是指针。

如图 5-13 所示，函数 ull_to_string 是要把变量 n 里的数值分解，得到它的每一个数位，再将各个数位变成数字字符。假定 n 的值是 5050，那么你会发现，用除以 10 取余的方法分解数位时，将依次得到 0、5、0 和 5，而不是我们期望的 5、0、5 和 0。

为此，我们在函数 ull_to_string 里声明了一个数组 buf 以临时存放这些倒序产生的数字字符，然后再把它们正过来。

声明变量 x 的目的是充当数组元素的下标，这样就可以逐一定位数组 buf 的每个元素以写入字符；声明变量 p 的目的是为了保存参数变量 s 的值，这样我们就可以在当前函数里使用变量 p 而保持变量 s 的值不变，并在函数尾部将它返回给调用者。

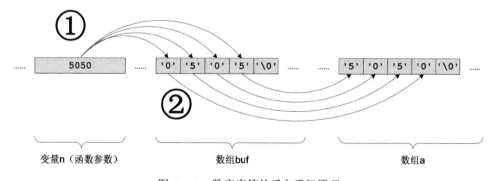

图 5-13 数字字符的反向重组原理

你可能觉得奇怪，这个指针是调用者传入的，为什么还要返回给调用者？答案是为了方便，这样就可以在调用者那里将函数调用表达式的值作为初始化器（参考 main 函数内变量 ps 的初始化器），或者作为运算符=的右操作数赋给左操作数。

为了分解一个整数的各个数位，需要多次执行除以 10 的操作，这就要用到循环语句，比如 while 语句。然而 while 语句是先求值控制表达式再决定是否执行循环体，但是这个分解数位的工作更适合先执行循环体再求值控制表达式，为此我们使用了 do 语句，这是一种新的循环语句，其语法为

do *语句* **while** （*表达式*）；

do 语句由关键字 "do"、语句、关键字 "while"、一对圆括号和括号内的控制表达式，以及末尾的分号 ";" 组成。

如图 5-14 所示，do 语句的执行过程是这样的：先执行循环体，即"语句"，然后求值控制表达式，如果表达式的值为 0 则退出 do 语句，不为 0 则继续下一次循环。

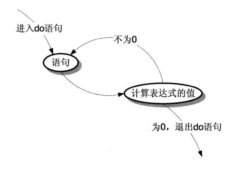

图 5-14　do 语句的工作流程

来看第一个 do 语句的循环体：

    buf [x ++] = n % 10 + '0';

这里面有好几种运算符，后缀++和[]的优先级相同，且高于%，%的优先级高于+，=的优先级最低，所以这个语句等同于

    (buf [x ++]) = ((n % 10) + '0');

要计算一个整数除以另一个整数之后的余数，需要使用二元%运算符，我们知道它也是乘性运算符。二元%运算符的操作数必须是整数类型，结果也是整数类型，例如表达式 5%2 的值是 1；表达式 10%2 的值是 0；表达式 777%10 的值是 7。在这里，表达式 n % 10 要先对 n 进行左值转换，将转换后的值除以 10 得到余数。

表达式 n % 10 的值是整数类型，字符常量'0'也是整数类型，将它们相加，其结果也是一个整数，而且是一个数字字符的编码。

顺便说一句，乘性运算符*、/和%，以及加性运算符+、-的操作数是整数类型的，必须先做整型提升，提升后的类型仍不一致的，还要再转换为一致的类型。

练习 5.13

从类型和类型转换的角度分析表达式 buf [x ++] = n % 10 + '0' 的求值过程。

再来看表达式 buf [x ++]，它是一个左值，用来接受那个数字字符的编码值。因为表达式 x ++的值是变量 x 递增之前的原值，所以它既用于定位数组元素以接受赋值，又执行递增操作以便定位下一个元素（在下次循环时）。

当前这个 while 语句的控制表达式为 n /= 10，其中/=是复合赋值运算符，它执行一个复合的操作：先用变量 n 的当前值除以 10，再把商重新保存回变量 n。也就是说，这个表达式等价于 n = n / 10。需要注意的是，符号"/"和"="必须连写，中间不得有空白。

我们知道，赋值表达式的值是赋值运算符的左操作数被赋值之后的值，在这里，如果表达式 n /= 10 的值（也就是除法的结果）为 0 则退出 do 语句，如果不为 0 则继续执行下一次循环以分解剩余的数位。

上面我们用到了取余运算符 %，那就顺便说一句，它也有对应的复合赋值运算符 %=，它可用于组成复合赋值表达式 e1 % = e2，在求值时，是用 e1 的值除以 e2，得到的余数再赋给左值 e1。也就是说，表达式 e1 % = e2 等价于 e1 = e1 % e2。

另一个需要注意的问题是，很多人可能觉得循环体位于 do 和 while 之间，所以语句再多也不用加花括号。这是不对的，如果语句超过一条，也必须添加花括号使之成为复合语句，就像这样（这是上述 do 语句的等效写法）：

```
do
{
   buf [x] = n % 10;
   buf [x ++] += '0';
}
while (n /= 10);
```

在这里，所有赋值运算符的优先级都低于下标运算符 []，所以表达式 buf [x ++] += '0' 等价于 (buf [x ++]) += '0'，它是将左操作数的值和右操作数的值相加，然后再赋给左操作数。

如图 5-12 所示，拆解出来的各个数位保存在数组 buf 里，但顺序是反着的，这需要按相反的顺序一一取出，并保存到指定的数组里，这个数组的第 1 个元素由参数变量 s 的值所指向。为此，我们又用了一个 do 语句。第二个 do 语句的循环体是语句

```
* p ++ = buf [-- x];
```

因为运算符优先级的关系，表达式 * p ++ = buf [-- x] 等价于 (* (p ++)) = (buf [-- x])。由于在函数的开头我们已经将参数变量 s 的值赋给了变量 p，所以 p 的值指向的位置也是 s 的值所指向的位置。

表达式 buf [-- x] 用于取得数组 buf 中的数字字符，在上一个 do 语句里，每分解并保存一个数位后，变量 x 的值就递增，退出 do 语句后，它的值比数组 buf 中最后一个数字字符的下标大 1。因为这个原因，是要先递减变量 x 的值，再用递减之后的值作为下标从数组 buf 取得数字字符。为此，我们只能使用 -- x 而不是 x --。总之，表达式 buf [-- x] 是一个左值，代表数组 buf 的某个元素，但它是运算符 = 的右操作数，还要经左值转换后得到该元素的值。

表达式 p ++ 的值是变量 p 递增前的原值，这是一个指针，指向调用者那里的一个数组元素，所以表达式 * p ++ 的结果是一个左值，代表那个元素，接受赋值，并递增变量 p 的值以指向下一个元素。

在反向传送结束后，还应当在目的字符串的尾部添加一个空字符。恰好，传送结束后

变量 p 的值指向最后一个字符的下一个位置，故可直接在此位置写入字符常量 '\0'。

为了取得灵活性，我们的目标是可以将任何 unsigned long long int 类型的数转换为可打印的字符串，或者说字符的序列。为此，我们定义了函数 cusum，用来计算从 1 加到 N 的结果。这个函数比较简单，可自行分析。

再来看 main 函数，在它的内部声明了一个字符类型的数组 a，用来存放转换后的字符序列。另一个变量 ps 的类型是指向 char 的指针，它被初始化为表达式 ull_to_string (cusum (1000), a) 的值。可见，要完成初始化操作，需要调用 ull_to_string 函数。传入的第一个参数是要转换为字符串的整数值，它来自函数调用表达式 cusum (1000)；第二个参数是指向 char 的指针，它是由数组 a 经数组—指针转换得到，转换后的值指向数组 a 的首元素，转换后的字符串从这里开始存放。

我们知道，函数参数的计算要先于实际的函数调用，故要调用 ull_to_string 函数，必须要先得到 cusum (1000) 的结果，也就是先调用 Cusum 函数，它们有确定的先后顺序。

练习 5.14

将函数 ull_to_string 改为用指针进行操作，也就是不使用下标运算符。

5.7 元素类型为数组的数组

在 C 语言里，构建数组的方法可以递归地使用。因此，可以声明一个数组，该数组的元素类型也是数组，即数组的数组。例如：

```
int iarr [2][3];
```

这就声明了一个数组 iarr，它有 2 个元素，元素的类型也是数组。因此，iarr 是数组的数组。

如图 5-15 所示，这个声明应当这样来读：先从标识符 iarr 开始，因其右边是一对方括号，所以变量 iarr 的类型是数组，这种数组类型有两个元素，元素的类型呢？右边又是一对方括号，所以元素的类型还是数组。

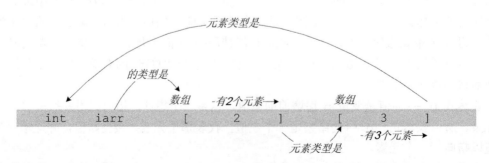

图 5-15 多维数组的声明

综上，变量 iarr 是具有 2 个元素的数组，元素的类型是"具有 3 个 int 类型的元素的数组"。或者说变量 iarr 是具有 2 个元素的数组，元素的类型是 int [3]。如果用类型名来描述，则变量 iarr 的类型是 int [2][3]。

数组的数组被称为多维数组，声明一个更多维的数组是可能的。例如：

```
char carr [2][3][5];
```

这将 carr 声明为具有 2 个元素的数组；它的每一个元素又是具有 3 个元素的数组；而这 3 个元素中的每一个元素又是具有 5 个 char 类型的元素的数组。

多维数组的本质是"元素的类型也是数组"，或者"每个元素也是数组"，图 5-16 以数组 iarr 和 carr 为例揭示了这种蕴含关系。

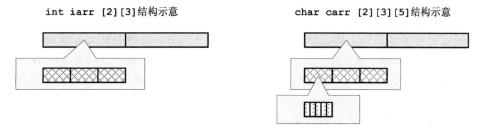

图 5-16　多维数组的元素也是数组

为了说明多维数组的声明、初始化和访问，下面给出一个程序。在程序中声明了一个数组 iarr，它具有 2 个元素，元素的类型是数组。如果从声明中去掉标识符，则这个数组的类型是 int [2][3]。

```
/***************c0521.c***************/
int main (void)
{
   int iarr [2][3];

   iarr [0][0] = 1;                    //S1
   iarr [0][1] = 2;
   iarr [0][2] = 3;
   iarr [1][0] = 4;
   iarr [1][1] = 5;
   iarr [1][2] = iarr [1][1] + 1;      //S2
}
```

就 C 语言的特点而论，符号"["和"]"在数组的声明中用于指定元素的数量。但是在表达式里，它们的身份是下标运算符，用于指定数组的元素。

来看语句 S1，下标运算符是从左往右结合的，所以子表达式 iarr [0][0]等价于 (iarr [0]) [0]。子表达式 iarr [0]得到数组 iarr 下标为 0 的元素，如图 5-17 所示。但这个元素也是一个数组，于是表达式 iarr [0][0]得到数组 iarr 下标为 0 的元素（也是数组）的下标为 0 的元素。这也是一个左值，是赋值运算符的左操作数，而右操作数 1 用来给它赋值。

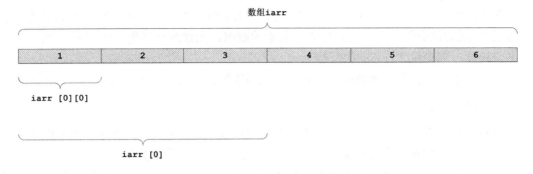

图 5-17 多维数组的下标及其所代表的元素

在 C 语言里，类型的匹配很重要。表达式 iarr [0] 是 int [3] 类型的左值；表达式 iarr [0][0] 是 int 类型的左值；赋值运算符右侧的 1 是 int 类型的值。

后面的语句形式雷同，都是代表某个具体的数组元素，不再有什么好说的。唯一需要说明的是在语句 S2 中，表达式 iarr [1][2] 是个左值，代表数组 iarr 下标为 1 的元素（这也是个数组）的下标为 2 的元素；表达式 iarr [1][1] 也是个左值，代表数组 iarr 下标为 1 的元素（这也是个数组）的下标为 1 的元素，但它不是赋值运算符的左操作数，要执行左值转换，转换后的值和常量表达式 1 的值相加。

练习 5.15

我们知道，若 a 是数组类型的左值，则 a [1] 等价于 * (a + 1)。用这种方法修改本节的程序，将所有语句的表达式修改为等价的指针形式，并从数组−指针转换、指针的加法和一元*运算符的结果是左值等角度解析这些表达式的求值过程。

在本节的最后，我们再来看一个多维数组的例子。这个例子里声明了两个数组 iarr 和 adst，程序的功能是将数组 adst 的每个元素的值都加到数组 iarr 的对应元素中。

```
/*********************c0522.c********************/
int main (void)
{
    int iarr [2][3] = {{1, 3, 5}, {2, 4, 6}};
    int adst [2][3] = {[0] = {10, 11, 12}, [1] = {[0] = 15},\
                       [1][1] = 16, [1][2] = 17};

    for (int x = 0; x < 2; x ++)
        for (int y = 0; y < 3; y ++)
            iarr [x] [y] += adst [x] [y];
}
```

因为数组是带有子变量的变量，所以 iarr 和 adst 的初始化器需要一个最外层的花括号。然而，由于这两个数组的元素依然是带有子变量的数组，所以还需要内层的花括号。如图 5-18 所示，初始化器{1, 3, 5}用于初始化数组 iarr 的第一个元素；由于这个元素依然是含有 3 个元素的数组，故花括号内的 1、3 和 5 分别用于初始化这些元素。同样的道理，初始化器{2, 4, 6}用于初始化数组 iarr 的第 2 个元素及其子元素。

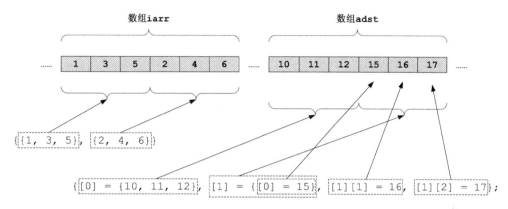

图 5-18 初始化器与数组元素的对应关系示意图

再来看数组 adst 的初始化器，它使用了指示器。顶层花括号内的指示器[0]对应于数组 adst 下标为 0 的元素（数组），所以初始化器[0] = {10, 11, 12}用于初始化这个元素及子元素。

同理，位于顶层花括号内的指示器[1]对应于数组 adst 下标为 1 的元素，这个元素依然是含有 3 个元素的数组，初始化器{[0] = 15}仅初始化下标为 0 的元素，因初始化器数量不足，剩余两个元素被初始化为 0。

接着，指示器[1][1]直接隶属于顶层的花括号，它指示数组 adst 下标为 1 的元素（数组）的下标为 1 的元素。同理，指示器[1][2]直接隶属于顶层的花括号，它指示数组 adst 下标为 1 的元素（数组）的下标为 2 的元素。

程序的主体部分是嵌套的 for 语句，第一个 for 语句的循环体也是一个 for 语句。显然，对于外层 for 语句的每一次循环，内层 for 语句要循环 3 次。也就是说，当变量 x 的值为 0 时，变量 y 的值要经历从 0 到 2 的变化过程；当变量 x 的值为 1 时，变量 y 的值依然要经历从 0 到 2 的变化过程。

在第二个 for 语句的循环体，表达式 iarr [x] [y] += adst [x] [y]利用变量 x 和 y 的上述变化来访问数组的每一个元素，数组 adst 的元素被加到数组 iarr 的对应元素。

练习 5.16

1. 若数组 ac 有 2 个元素，元素的类型是"具有 20 个 char 类型的元素的数组"，如果要求用字面串来初始化 ac，它该如何声明？

2. 在下面的程序中，实参* * a 和形参 p 兼容吗？为什么？对于程序中的数组 a，表达式(int) a是把数组（的内容或者值）转换为int类型吗？为什么？

```
void f (int * p)
{
    /*... ...*/
}

int main (void)
{
    int a [2][3][7] = {0};
    f (* * a);
}
```

第 6 章

输入和输出

在对 C 语言有了基本的认识之后,我们现在就可以讨论输入输出的问题了。对于绝大多数初学者来说,这也正是他们比较感兴趣的部分。然而,输入输出并不是 C 语言的一部分,和 C 语言没有关系,这也是为什么我们现在才讲的原因之一。

对于一台计算机来说,处理器位于核心地位,但处理器只关心程序和指令如何执行,数据如何操作,至于这些数据的来源和去向既没有感知,也并不关心。

打比方来说,处理器只是一个来料加工的车间,车间的任务是加工和生产,但并不关心原材料的来源,以及最终的产品送到哪里。至于产品如何包装,如何联系运输企业、港口、码头等这些事情,不是车间的事情。

同样地,C 语言是对处理器内部操作的高级抽象和包装,它仅仅是用语法要素来描述数据的组织、加工和操作,也同样不关心数据的输入和输出如何进行。所以,你不能指望它提供屏幕打印或者文件操作这样的语法要素。

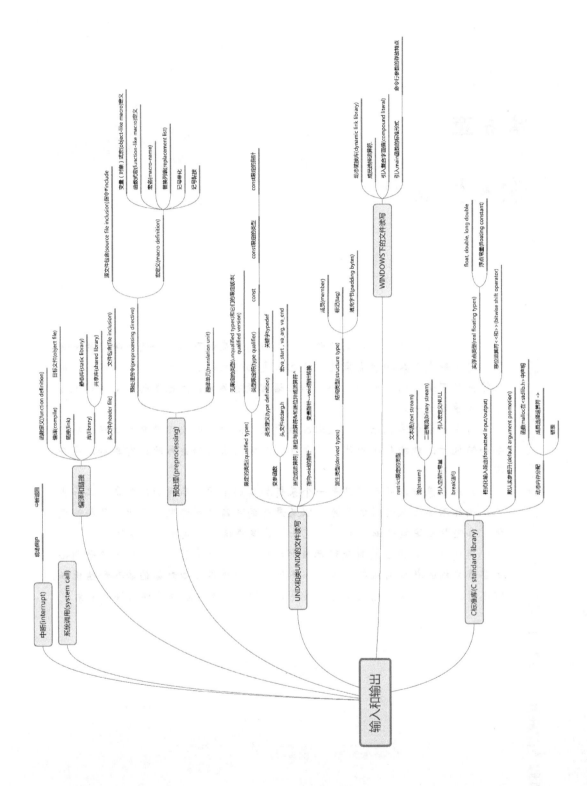

6.1 输入输出那点事

输入输出不是一件容易的事。首先，设备千千万万，各有特色，功能不同，各有各的工作方式。比如说，显示器和打印机是用"点"的组合来呈现文字和图像；喇叭是音频电流转换为声波；磁盘是将计算机内的数字以不同的形式记录下来。

如图 6-1 所示，既然是要连接到计算机，那么，每种设备都需要在计算机一侧安装一个代理，称为 I/O 接口，这是一个信号的中转和加工模块，类似于港口、码头和海关。如果外部设备是模拟的，I/O 接口还要在模拟和数字信号之间来回转换。很多 I/O 接口是用可插拔的板卡来承载的，如声卡、显卡、网卡，等等。

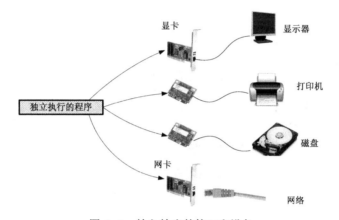

图 6-1 输入输出的接口和设备

这是可以理解的。很多设备，比如老式显示器和喇叭，都是模拟设备。喇叭需要一个连续变化的、代表着声音强弱和音色变化的电流来驱动。它流经一个线圈，产生变化的磁场，与喇叭内部的固有磁场相互吸引或者排斥，从而推动纸盆运动，产生声波。

但是，声音在计算机内部是以数字的形式存在，是某些人在某个时候通过采样而数字化的声音信号。它把连续变化的音频电流以固定的间隔进行测量（称为采样），然后以数字的大小代表测量的结果（声音的强弱）。

所以，以声卡为例，这个 I/O 接口的作用是采样和回放——对话筒来的模拟信号（音频电流）进行采样和数字化；对计算机内部来的数字信号加以转换，使之重新变为可以驱动喇叭发声的音频电流。换句话说，声卡的作用之一就是在数字和模拟信号之间转换。

再比如显示器，它以描点的方式呈现文字和图像，屏幕上的每个点都是一个像素。为了显示文字或者图像，你需要告诉它屏幕上每个点的明暗或者颜色。原则上，显示过程是逐行逐点进行的，从左上角到右下角，这称为一帧。为了图像稳定和变化的需要，每秒钟要重复进行多次，这称为刷新。

在计算机一侧，为了配合显示器的刷新，需要将显示的内容转换为显示器可以接受的形式。除此之外，还需要维持它们之间的同步关系以获得稳定的图像。

如果没有操作系统，一个独立执行的程序需要应付一切繁复琐碎的细节。它需要检查设备是否已经连接到计算机，还需要对它进行初始化，按照 I/O 接口的编程规范做各种准备工作，准备数据，启动设备，在恰当的时机接收或者送出数据，按照 I/O 接口的要求对数据进行必要的加工和转换。如果 I/O 接口复杂的话，这是非常麻烦非常可怕的工作。

　　然而，如果有了操作系统，这一切就会变得简单。对于普通用户来说，操作系统只是提供了一个方便操作的界面，你可以通过它整理文件、启动或者关闭程序。而对于程序员来说，操作系统是一个方便软件开发的平台。

　　如图 6-2 所示，依赖操作系统才能运行的程序叫宿主式程序，或者叫应用程序。应用程序和操作系统都直接由处理器执行，但是，应用程序要获得执行，必须先由用户发出一个命令（通过命令行输入文件名或者双击一个图标），然后，操作系统负责将应用程序加载到内存，最后让处理器执行应用程序。在应用程序执行的过程中，还会进行一些控制和调度工作，比如任务切换。

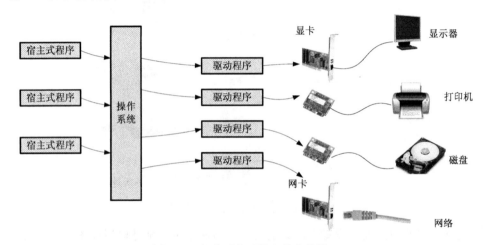

图 6-2　操作系统对输入输出的管理

　　多数操作系统允许同时执行多个程序，比如一边听歌一边打游戏，同时还开着聊天软件。典型地，在只有一个处理器的情况下，多个程序需要在处理器上轮流执行。但由于处理器的速度极快，轮流执行通常不会被察觉，从人的视角来看，程序都是同时工作的。

　　问题在于，操作系统如何知道何时该将一个程序停下来，轮到另一个程序在处理器上执行呢？如果没有一个外部来的信号，这很难办到。就像你告诉一个人去睡觉，并且希望他在没有闹钟和别人提醒的情况下，自己能够在 5 点钟醒过来一样。好在现代的计算机中都有中断机制。中断可以看成拍一下处理器的肩膀，告诉它有一些特殊的事情发生了，最好是放下手头的工作来处理一下。

　　中断的来源很多，比如不间断电源的掉电信号。不间断电源设备有电池作为备用能量，当市电停掉时，内部的电池就负责供电，但考虑到电池的容量，它只能维持不太长的时间。如果市电停掉，不间断电源设备就会发出一个中断信号。

　　再比如，在计算机内部有一个时钟，它会每隔一小段时间（比如几个毫秒）发出一个中断信号。

各种来源的中断信号都汇总到处理器的一个引脚,通过这个引脚来引起处理器的注意。如果处理器被设置为允许响应中断,那它就应该在当前指令执行完成后,放下手头的工作来响应这个中断。每个中断都有编号,称为中断号;每个中断号都对应着一段程序代码,称为中断例程,这都需要提前设置好。当中断发生时,处理器根据中断号找到对应的中断例程,然后执行这个例程。中断例程的末尾必须有一条中断返回指令,处理器执行这条指令,从中断例程返回到原来的地方继续执行。

处理器内部有很多寄存器,指令指针寄存器保存着下一条需要执行的指令,数据寄存器保存着数据和地址;状态寄存器保存着当前程序的各种状态;还有一些寄存器正保存着当前指令的中间结果。在这种情况下,在转入中断处理程序时,必须予以保存,这称为保护现场;当处理器从中断过程返回时,必须予以恢复,就像什么都没有发生过一样才行。

为了进行多任务调度,操作系统需要处理器响应时钟中断。每当时钟中断发生时,不管处理器在执行哪个任务,都必须保护好现场,然后来执行中断处理程序。很好,这个中断处理程序是特意编写的、用于进行任务调度的代码,用于从其他正等待执行的程序中选出一个来执行。如果这个等待执行的程序以前执行过,则恢复现场,让它在处理器上继续执行。

多任务调度和保护现场可以看成你在一个公共的大堂里吃饭,而这个大堂就是计算机的处理器。你正坐在大堂里吃饭,桌子上摆满了杯盘,你也熟悉大堂里每件物品的位置,也知道如何取用。当你正在吃的时候,突然有另一个人也要在这里吃饭。那怎么办呢,要等你吃完嘴里这一口之后,瞬间催眠,然后把你坐的位置、杯盘的位置,以及大堂的格局和摆设都记下来,清场,这就是保护现场。

然后,按另一个人的要求重新布置。当另一个人正吃呢,轮到你吃了,再把那个人的现场记下来。把你的位置、杯盘的位置和大堂的格局和摆设按原样一一恢复。当你醒来时,可以继续接着上一次的进度继续吃饭,你上一次正准备夹哪个菜,现在就可以开始夹了,完全不记得中间还有这一档子事。

有了操作系统,应用程序不必亲自访问输入输出设备,它只需要简单地向操作系统发出请求就行了。如图 6-2 所示,操作系统会把你的请求传递给设备驱动程序。每个设备都有对应的驱动程序,它负责通过 I/O 接口和设备进行通信。设备驱动程序通常是由设备的生产厂家提供,因为只有他们才了解如何与设备打交道,这样也可以把一些涉及内部机密的东西隐藏起来。这样,他们对外宣布如何调用设备驱动程序,至于它怎么与设备通信,就无关紧要了。

顺便说一句,在多任务状态下,多个应用程序可能会同时访问同一个输入输出设备,比如多个程序都要在打印机上输出。在这种情况下,操作系统还必须提供排队功能。

6.2 系统调用

事实上,不单单是输入和输出,操作系统也会提供其他一些功能,总的目的是方便应用程序的编写,让程序员们少写代码,轻松工作。操作系统提供的功能称为系统服务,而为了使用操作系统提供的功能,应用程序需要向操作系统请求这些服务。

对于应用程序来说，这些服务是操作系统的入口点，可以使应用程序从这些入口进入操作系统内部，完成所需要的功能后再返回，这些入口点称为系统调用。所有操作系统都会提供系统调用，但数量或多或少。

早先，操作系统的系统调用通过软中断实现，但新近的处理器通常内置速度更快、效率更高的机器指令，所以操作系统也可能采用这些机器指令快速进入系统服务例程。但是出于兼容性的原因，软中断方式依然可用。软中断，顾名思义，肯定和由硬件发出的中断信号不同。是的，中断除了可以由硬件产生之外，也可以由软中断指令触发。这等于是让程序员通过一条指令手工产生一个中断，从而让处理器放下手头的工作，转去执行预先安排好的另一段代码。

在基于 Intel x86 处理器的 Linux 操作系统上，系统调用的传统入口是 0x80 号软中断。这是系统调用的总入口，包含了大量的子功能，程序员需要在进入前通过寄存器来指定功能号，也就是具体做哪件事，还要通过寄存器来传递做这件事所需要的参数。

为了通过 Linux 的系统调用来显示文本，需要通过软中断 0x80 进入 Linux 操作系统内部。但是，这已经超出了 C 语言的能力范围，因为 C 语言是对处理器的包装和抽象，它只用来描述"做什么事"而不是"到底在处理器上如何用机器指令来做"，自然也不可能提供一个能让你发出 0x80 号软中断的表达式和语句。说到底，这件事必须使用机器语言或者汇编语言才能办到。问题在于，C 语言说我又不是汇编语言和机器语言，这种事情不要来找我。那么，这该咋办呢？在编程实践中，这件事最终还是落在了 C 实现身上。

在整个程序设计过程里，C 实现处于微妙的境地。首先，它并不是 C 语言的一部分，也不是操作系统的一部分，但它却和这两者有密切的联系。在这一边，它是 C 语言的具体实现，理解 C 语言的语法；在那一边，它知道操作系统对可执行文件的格式和要求，也知道如何生成操作系统需要的东西，对运行当前程序的处理器也很了解。所以，它也就能够将 C 语言源程序翻译成符合操作系统要求并且能够在那种处理器上运行的可执行文件。

既然 C 实现在 C 语言和操作系统之间左右逢源，对双方都很了解，那么，它就可以拥有一些 C 语言和操作系统都不方便实现的功能。比如，我们可以在 C 源程序里嵌入一段汇编代码，来做一些用 C 语言实现不了的功能。对于程序员来说，虽然不是 C 语言里的东西，但既然有人为此负责，那还有什么可说的。

光说不练假把式，而且越说越糊涂。现在，让我们用一个实例来说明如何通过系统调用在 Linux 控制台屏幕上打印一行文字 "hello world."。当然，我们说了，这需要在 C 源程序里嵌入汇编代码。

```
/*************c0601.c**************/
int main (void)
{
    int r;

    __asm__ (
        "mov eax, 0x4 \n\t"
        "mov ebx, 0x1 \n\t"
        "mov edx, 0xd \n\t"
```

```
                    "int 0x80 \n\t"
                    : "=a" (r)
                    : "c" ("hello world.\n")
                );

        return r;
    }
```

汇编指令是提供给 C 实现的，为了与普通的 C 语言代码分开，需要一个标志，这个标志就是"__asm__"，后面圆括号里的内容就是用汇编语言写的代码。如果没有这个标志，C 实现就会把这些汇编语言指令当成 C 语言来翻译。当然，很多人没学过汇编语言，所以看不懂，不过没关系，你不需要看懂，听我说个大概就行了，毕竟我们是来学习 C 语言而不是汇编语言的。

个人计算机的处理器多是 Intel x86 系列，它有好几个通用寄存器，分别取名为 EAX、EBX、ECX 和 EDX，等等，通用的意思是它可以由汇编程序员自由地用于不同的目的。软中断 0x80 是一个总入口，为了通过 0x80 号中断提供系统调用服务，Linux 操作系统要求使用 EAX 寄存器来指定子功能号。因此，"mov eax, 0x4 \n\t"是将十六进制数字 4 传送到 EAX 寄存器，意思是指定 4 号功能，4 号功能是写文件和设备。GCC 允许使用的格式之一是每一行汇编代码用脱转序列\n\t结束，并且用双引号围起来。

文件和设备很多，需要进一步指明写哪个文件和设备，这需要通过 EBX 寄存器来指定，因此，"mov ebx, 0x1 \n\t"是将十六进制数字 1 传送到 EBX 寄存器，意思是写入代号为 1 的设备。1 代表的是控制台屏幕。

同时，写入的字符数量也要通过 EDX 寄存器指定。"mov edx, 0xd \n\t"的意思是写入 13（0xd）个字符。

写入的内容从哪里来呢？你不必把要写入的内容都一一传进去，你只需要传入一个字符数组的地址到 ECX 寄存器就行了。嵌入式汇编的价值在于它允许寄存器和 C 语言里面的变量交换数据，但这样的指令要用冒号"："打头以示区别。

第一个冒号用于指定输出功能。当系统调用返回后，实际写到屏幕的字符数由 EAX 寄存器返回。然而我们已经声明了一个 int 类型的变量 r，并希望把这个字符数保存到变量 r 中。在这里，

```
            : "=a" (r)
```

的意思类似于 C 语言里的赋值表达式

```
        r=a
```

是把 EAX 寄存器的内容传送到变量 r。等号"="表示具有破坏原内容的写操作，对 32 位 Intel x86 系列处理器而言，"a"表示 EAX 寄存器。

对不同的处理器而言，输出的写法也不一样。如果你使用的处理器不是 Intel x86 系列，可参阅 GCC 手册，或者写信告诉我，我们一起探讨。

第二个冒号用于指定输入功能，比如将变量的值传送到寄存器。因此，: "c" ("hello

world.\n")的作用是把字符串的首地址传送到 ECX 寄存器,对 32 位 Intel x86 系列处理器而言,"c"表示 ECX 寄存器。字面串"hello world.\n"首先被用于创建一个不可见的数组,然后执行数组-指针转换,并把这个指针类型的值(地址)传送到 ECX 寄存器。

最后,汇编指令"int 0x80 \n\t"用于触发一个 0x80 号软中断。如图 6-3 所示,当处理器执行这条指令后,将转入中断处理过程,进入操作系统内部执行。在操作系统内部,将依据约定,根据各个寄存器的内容来做不同的处理(在这里是访问显示系统)。

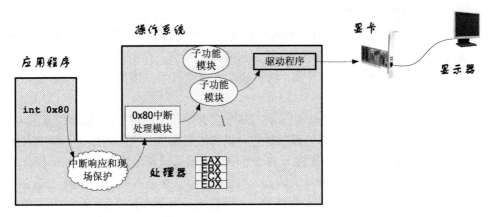

图 6-3 应用程序通过系统调用进入操作系统服务的过程

现在,让我们启动 Linux 操作系统,使用文本编辑软件将上述 C 程序保存为源文件 c0601.c。然后,用下面的命令将它翻译成可执行文件 c0601.out,并加以执行:

```
% gcc c0601.c -o c0601.out -masm=intel
% ./c0601.out
hello,world.
%
```

显然,运行翻译后的可执行文件将打印"hello,world."。历史上,针对不同的处理器有不同的汇编格式,即使是针对同一种处理器,不同公司的产品也使用不同的汇编指令格式。我们这里并没有使用 GCC 默认的汇编格式,而是使用 Intel 公司的汇编格式,故必须用-masm 选项来指定为"intel"。

在屏幕上打印固定的内容显然没什么意思,我们需要更加灵活的打印方案,从而可以自由决定打印什么东西,比如从 1 加到 100 的结果。在下面的示例程序中,通过系统调用打印字符串的功能已经被封装为函数 write_string,它可以打印任何字符串。

```
/******************c0602.c******************/
int write_string (char * s)
{
    int l = 0, r;

    for (char * p = s; * p ++ != '\0'; l ++) ;

    __asm__ (
```

```
            "mov eax, 0x4 \n\t"
            "mov ebx, 0x1 \n\t"
            "int 0x80 \n\t"
            : "=a" (r)
            : "c" (s), "d" (l)
        );

    return r;
}

char * ull_to_string (unsigned long long int n, char * s)
{
    int x = 0;
    char buf [20], * p = s;

    do
        buf [x ++] = n % 10 + '0';
    while (n /= 10);

    do
        * p ++ = buf [-- x];
    while (x);

    * p = '\0';

    return s;
}

unsigned long long int cusum (unsigned long long r)
{
    unsigned long long int sum = 0;

    while (r) sum += r --;

    return sum;
}

int main (void)
{
    write_string ("1+2+3+...+1000=");

    char a [20];

    write_string (ull_to_string (cusum (1000), a));
    write_string ("\n");
}
```

在函数 write_string 内部，需要统计字符串的长度，因为 Linux 的系统调用需要传入这个长度。为此我们使用了 for 语句，它的工作原理已经在上一章里讲过了，这里就不再重复。

在嵌入式汇编代码里，: "c" (s), "d" (l)的作用是将变量 s 的内容（字符串的首地址）传送到 ECX 寄存器，将变量 l 的内容（字符串的长度）传送到 EDX 寄存器，这当然包含了一个左值转换的过程，将左值 s 和 l 转换为它们的存储值。

现在来看 main 函数，它先是打印一串文本"1+2+3+...+1000="，但是在字面串的末尾没有使用换行符"\n"，我们是希望将计算结果打印在同一行，并位于它后面。

接下来是计算从 1 加到 1000 的结果并转换为字符串，然后打印这个字符串，这三个任务由表达式 write_string (ull_to_string (cusum (1000), a))一次性完成，而且还是一个嵌套的函数调用表达式。

C 语言规定，对于函数调用，在进入函数体执行前，要先完成所有实际参数的求值。这就是说，在函数 write_string 开始执行前，必须先调用函数 ull_to_string 以得到它的返回值；而要想开始执行函数 ull_to_string，则必须先调用函数 cusum 以得到它的返回值。

最后，将上述程序保存为源文件 c0602.c，并在 Linux 上按下面的方法翻译成可执行文件 c0602.out，并执行：

```
% gcc c0602.c -o c0602.out -std=c11 -masm=intel
% ./c0602.out
1+2+3+...+1000=500500
%
```

翻译选项-std=c11 是必要的，但也可以改为-std=c99。之所以要加入这么一个选项，是因为在 C99 之前，for 语句的第一部分只能是表达式而不能是声明，有些 C 实现只能在你打开这一选项时才接受这种写法。

在打印了从 1 加到 1000 的结果之后，再打印个换行符"\n"是必要的。如果不这样的话，结果打印之后，Linux 的系统提示符将出现在同一行上：

```
% ./c0602.out
1+2+3+...+1000=500500%
```

6.3 编译和链接

有些同学发现，函数 write_string 和 ull_to_string 不单单是当前这个程序需要使用，它似乎还具有通用性，别的程序没准儿也能用上。因此，他们希望将这些函数分离出来，单独保存为一个文件。这个文件既可以自己用，也可以给别的同学用。如果将这个文件起名为 iotool.c，则它的内容是这样的：

```
/******************iotool.c*****************/
```

```
int write_string (char * s)
{
    int l = 0, r;

    for (char * p = s; * p ++ != '\0'; l ++) ;

    __asm__ (
            "mov eax, 0x4 \n\t"
            "mov ebx, 0x1 \n\t"
            "int 0x80 \n\t"
            : "=a" (r)
            : "c" (s), "d" (l)
            );

    return r;
}

char * ull_to_string (unsigned long long int n, char * s)
{
    int x = 0;
    char buf [20], * p = s;

    do
        buf [x ++] = n % 10 + '0';
    while (n /= 10);

    do
        * p ++ = buf [-- x];
    while (x);

    * p = '\0';

    return s;
}

unsigned long long int cusum (unsigned long long r)
{
    unsigned long long int sum = 0;

    while (r) sum += r --;

    return sum;
}
```

以后，如果哪个程序里要用到这三个函数，哪怕是用到其中的一个，就不用再重新编写，直接调用即可。还是以打印从 1 加到 1000 的结果为例，我们应该怎么做呢？首先，要创建一个主程序，它包含了 main 函数，假定该源文件的名字叫 c0603.c，其内容如下：

```
/*******************c0603.c*******************/
int write_string (char *);
char * ull_to_string (unsigned long long int, char *);
unsigned long long int cusum (unsigned long long);

int main (void)
{
    write_string ("1+2+3+...+1000=");

    char a [20];

    write_string (ull_to_string (cusum (1000), a));
    write_string ("\n");
}
```

在源文件 c0603.c 中，我们用到了 write_string、ull_to_string 和 cusum 这三个函数，它们是在另一个源文件中定义的，我们不需要在当前源文件里重新写一遍。但即使如此，也必须在当前源文件里有所声明。

不过，它们在当前源文件里的声明只是简单地描述了函数名、参数和返回类型，并没有函数体。在 C 语言里，带有函数体的函数声明称为函数定义。但是，如果函数的声明里没有函数体，则指示参数名字的标识符可以省略。因此，如上所示，这三个函数在源文件 c0603.c 中声明都省略了参数的名字，只有类型。注意，与函数定义不同，不带函数体的函数声明末尾是分号"；"。

之所以要在当前源文件里使用不带函数体的函数声明，是为了方便 C 实现在翻译阶段对参数的数量和类型进行检查。当我们调用一个函数时，C 实现要检查传入的实参是否与函数声明里的形参在数量和类型上一致。

在 C 语言里，一个 C 程序可以由多个源文件组成。在翻译时，C 实现将分别翻译这些源文件，并把它们链接到一起生成可执行程序。但是，这里的"分别翻译"是有讲究的，并不是你想象中的那么简单和直接。例如，你要是直接翻译源文件 c0603.c，将得到一大堆错误提示：

```
% gcc c0603.c
/tmp/ccHf0HhT.o: 在函数'main'中：
c0603.c:(.text+0x1d): 对'write_string'未定义的引用
c0603.c:(.text+0x31): 对'cusum'未定义的引用
c0603.c:(.text+0x45): 对'ull_to_string'未定义的引用
c0603.c:(.text+0x4d): 对'write_string'未定义的引用
c0603.c:(.text+0x59): 对'write_string'未定义的引用
collect2: error: ld returned 1 exit status
```

出现错误的原因很简单，我们并没有在源文件 c0603.c 中定义函数 write_string、ull_to_string 和 cusum，而只是简单地说明了它们的参数类型和返回类型。在这种情况下，对该源文件的翻译不可能也无法生成实际的代码。

实际上，C 实现对源文件的翻译分为两个大的阶段。第一个阶段是编译，对 C 语言源文件的内容进行语法分析，进而生成对应的机器指令。但是，对有些实体（比如函数）的解析是无法完成的，因为它们可能并不是在当前源文件内定义的。在这种情况下，C 实现将记下这些名字，以及它们的属性（比如函数的参数类型和返回类型），等到以后再说。因此，这个阶段的成果并不是最终的可执行文件，而是目标文件。

第二个阶段是链接，是将前面生成的目标文件链接起来，得到最终的可执行文件。在这个阶段，将要处理那些未决的符号，找到它们的定义。除此之外，还要链接一些与操作系统有关的代码，这些代码对于能否让生成的可执行程序在操作系统上运行至关重要。

说了这么多，现在，让我们演示一下如何编译源文件 c0603.c 和 iotool.c，并将生成的目标文件链接在一起得到可执行程序：

```
% gcc -c c0603.c
% gcc -c iotool.c -std=c11 -masm = intel
% gcc c0603.o iotool.o -o c0603.out
% ./c0603.out
1+2+3+...+1000=500500
%
```

如上所示，为了将源文件编译成目标文件，需要使用-c 选项，而且，目标文件的默认后缀是.o。一旦为 C 实现指定了目标文件，则它将会把这些目标文件链接在一起，生成最终的可执行文件。

实际上，我们也可以直接把编译和链接合在一起，但前提是必须给出所有的源文件，就像这样：

```
% gcc c0603.c iotool.c -o c0603.out -std=c11 -masm = intel
% ./c0603.out
1+2+3+...+1000=500500
%
```

6.4 库

如果一些函数特别有价值，别人都用得上，或者它包含了特殊的算法和秘密，则可以将它们打包成可复用的库。库是包含了机器代码的文件，但它不能单独执行，因为它只是一个功能包，并不具备成为可执行文件所必须的其他组成部分和相关信息。

要生成一个库，可以使用随 GCC 发行的 ar 程序。例如，要从目标文件 iotool.o 生成一个库，可以这样做：

```
% ar r libiotool.a iotool.o
%
```

这将从目标文件 iotool.o 中提取函数，并将它们加入库文件 libiotool.a。参数

"r"的意思是在库中加入新的函数，如果已经有同名函数则覆盖它。库的名字可以随意指定，但建议用"lib"引导，并以".a"为后缀（扩展名）。

用 ar 程序生成的、以".a"为后缀的文件是静态库。在翻译过程的链接阶段，静态库的内容会被提取出来，成为可执行文件的一部分。此后，可执行文件就和库无关了，当程序执行时，也不再需要静态库。以源文件 c0603.c 为例，将静态库 libiotool.a 链接到可执行文件的过程是这样的：

```
% gcc c0603.c libiotool.a -o c0603.out
% ./c0603.out
1+2+3+...+1000=500500
%
```

和静态库不同，Linux 里的另一种库是共享库。共享库在链接时，仅在可执行文件中放一个存根，并不将库中的代码链接到可执行文件中。在这种情况下，生成的可执行文件和动态库有依赖关系，程序执行时，根据需要，可能会加载和执行共享库中的代码。使用共享库不但可以减小可执行文件的体积，也有利于代码的升级。当共享库发行更新的版本时，可以直接替换旧的共享库，而不影响可执行文件；当可执行文件调用共享库的代码时，执行的是升级后的代码。以下，我们演示了如何生成共享库，并将它链接到用源文件 c0703.c 所生成的可执行文件中：

```
% gcc -shared -olibiotool.so iotool.o
% gcc c0603.c libiotool.so -oc0603.out
% export LD_LIBRARY_PATH=./
% ./c0603.out
1+2+3+...+1000=500500
%
```

以上，第一行命令用于生成共享库，这是靠选项"-shared"来指示的。因为是要生成共享库，故"-o"选项应当给出共享库的名字，建议用"lib"作为前缀，并以".so"作为后缀（扩展名）。共享库是用 iotool.o 的内容创建的，所以要在命令中给出这个文件的名字。

第二行命令是用刚刚生成的共享库和源文件 c0603.c 一起生成可执行文件。这个步骤和前面一样，没有什么好说的。

由于可执行程序运行时需要共享库的支持，所以必须将共享库的位置加入库的搜索路径。不然的话，将无法执行程序并提示找不到共享库 libiotool.so。由于我们的这个共享库位于当前目录中，所以我们用 export 命令将当前目录"./"加入库搜索路径的环境变量 LD_LIBRARY_PATH 中。

环境变量是由操作系统维护的一些名字，比如这里的 LD_LIBRARY_PATH，通过名字可以获得与它关联的文本串。这些"名字－文本"的组合为所有程序的运行提供操作系统范围内的环境信息，比如操作系统的安装路径，等等。如果一个应用程序想知道操作系统安装在哪个目录下，它就可以通过相应的环境变量获得。

6.5 头文件、预处理和翻译单元

以上，我们演示了库的创建，以及如何在我们的程序中链接库文件。在这个过程中非常重要的是，如果想要使用库里面的函数，就必须先在自己的程序里做不带函数体的声明。在链接阶段，C 实现自然会从库中找到这些函数的实现（函数代码）。正是因为源文件 c0603.c 中已经有库中那三个函数的声明，所以我们可以顺利地编译和链接。

然而，库的内容不是人工可读的，当别人拿到这个库后，可能并不知道怎么使用。在程序设计阶段，他们可能并不知道函数的名字，以及参数的类型和函数的返回类型；就算他们知道，也必须在使用之前手工声明一下。如果函数很多，这就是一种负担。

为此，库在对外发行的时候，应该同时发行一个头文件。类似于 C 源文件，头文件也是一个文本文件，其最核心的内容是一些声明，比如对库文件里的函数进行声明。按照约定，头文件的后缀（扩展名）是".h"。因此，如果要对外发布库文件 libiotool.a，则我们还应当同时发布一个头文件。头文件的名字随意，不必非得和库文件保持一致。对于我们前面生成的库文件 libiotool.a 或者 libiotool.so，头文件可以是 iotool.h，其内容如下：

```
/****************iotool.h****************/
int write_string (char *);
char * ull_to_string (unsigned long long int, char *);
unsigned long long int cusum (unsigned long long);
```

一旦拿到了上述库文件和头文件，则程序员的编程工作会变得相对简单。一方面，他可以直接调用库里面的函数而不用自己编写；另一方面，在调用库里面的函数之前，他不需要自己声明这些函数，只需要将头文件的内容包含进来即可，这称为"文件包含"。作为一个示例，下面的程序通过包含头文件 iotool.h 来使用库中的函数。

```
/********************c0604.c*******************/
# include "iotool.h"

# define CHAR_BUF_LEN 20
# define MAX_SUM_NUM 1000
# define FIXED_SUFFIX(x) "1+2+3+...+" #x "="
# define PRN_FIXED_SUFFIX(x) FIXED_SUFFIX(x)

int main (void)
{
   write_string (PRN_FIXED_SUFFIX(MAX_SUM_NUM));

   char a [CHAR_BUF_LEN];
   write_string (ull_to_string (cusum (MAX_SUM_NUM), a));
   write_string ("\n");
```

}

在上述程序中出现了很多新的东西,它们都以"#"打头,称为预处理指令,这是我们马上就要在下一节里讲到的内容,现在,我们先将该程序保存为源文件 c0604.c,然后编译和链接到静态库文件 libiotool.a 以生成可执行程序,看看它能不能工作再说:

```
% gcc c0604.c libiotool.a -oc0604.out
% ./c0604.out
1+2+3+...+1000=500500
%
```

从最终的程序运行结果来看,一切都很正常,什么问题都没有。现在,我们来看看这些新加入的都是什么东西。

前面说了,C 语言程序的翻译过程分为两个大的阶段:编译和链接。实际上,在正式开始编译工作之前,还需要对源文件预先处理一下,称为预处理。预处理的主要工作是文件包含和宏的展开。

在源文件 c0604.c 里使用了好几个函数但并没有声明,不过头文件 iotool.h 中已经存在这些声明,所以,直接将该头文件的内容包含进源文件 c0604.c 中就可以了。要做到这一点,只需要在使用这些函数之前加入一条以"# include"开始的源文件包含指令。

预处理指令都以"#"打头,这样就可以将它们与不需要或者不参与预处理的其他文本区分开来。以"# include"打头的预处理指令是源文件包含指令,后面跟一个用尖括号"<>"或者双引号""""围起来的文件名。在预处理期间,C 实现将用该文件的内容来取代这条预处理指令。也就是说,文件的内容将会被插入到该预处理指令所在的位置。

注意,以"# include"打头的预处理指令是源文件包含指令,什么文件都可以包含进来,并不仅仅限于头文件。值得注意的是,如果"#"用于引导一个预处理指令,则它必须是所在行的第一个字符。换句话说,每个预处理器指令都必须独立成行。

回过头去看源文件 c0604.c,因为是要计算从 1 加到 1000 和结果,所以"1000"出现了两次,第一次是在字面串"1+2+3+...+1000="里,第二次是作为函数调用的参数,也就是 cusum (1000)。下次,如果你想计算从 1 加到 3000 的结果,还得分别去改这两个地方。

这当然不太麻烦,但对于规模较大的软件项目来说,可能需要修改很多地方,甚至经常会跨很多源文件来查找和修改,如果不小心漏掉其中一个,这可能会造成大麻烦。为了避免类似的情况发生,就需要另外一种预处理指令:宏定义。

以"# define"打头的预处理指令是宏定义。宏定义分为两种,第一种是变量式宏定义,取这个名字是因为它有点像在定义一个 C 语言里的变量。"define"后面的标识符被称为宏名,宏名后面的内容(不包括前后的空格和末尾的换行符)称为替换列表。在上述程序中,我们首先定义了这样一个宏:

```
# define CHAR_BUF_LEN 20
```

这里,标识符"CHAR_BUF_LEN"是宏名,它是替换列表"20"的另一个"有意义好识别"的写法。不要求宏名必须使用大写，但在业内有这样的习惯。当这个标识符出现在后面的程序文本中时，C 实现将用对应的替换列表来把它替换掉。例如在程序的后面，这个标识符被用在数组的声明中：

```
char a [CHAR_BUF_LEN];
```

在程序翻译期间，C 实现将首先把这个数组声明里的"CHAR_BUF_LEN"替换为宏定义里的数字，也就是变成这样：

```
char a [20];
```

使用宏的好处是，如果我们想把数组变大，就可以直接修改那个宏定义。因为它位于程序的开头，所以比较方便。

在我们的程序中，另一个变量式宏定义是：

```
# define MAX_SUM_NUM 1000
```

这个宏定义了最大要累加的数，在我们的程序中，它被用在以下程序文本中以执行宏替换：

```
write_string (ull_to_string (cusum (MAX_SUM_NUM), a));
```

在程序翻译期间，这一行里的宏将被替换，因此该语句会被扩展为：

```
write_string (ull_to_string (cusum (1000), a));
```

除此之外，在程序里还有一个地方需要替换，那就是字面串"1+2+3+...+1000="里的 1000。这就需要把宏名 MAX_SUM_NUM 嵌进这个字面串里，得到一个可以随宏定义变化的字面串。该怎么做呢？难道是这样：

```
write_string ("1+2+3+...+MAX_SUM_NUM=");
```

这绝对是行不通的，字符常量和字面串里的内容都会被原样保留，除非是脱转序列，如果这样能行，那就乱套了。幸运的是，这种问题总会有办法解决的，但在此之前，先要了解另一种宏定义——函数式宏定义。

顾名思义，函数式宏定义在外观上看起来像是一个函数，因为它可以带有参数，而它的使用也很像函数调用。下面是一个函数式宏定义的例子：

```
# define ADD(a,b) (a) + (b)
```

在这里，ADD 是宏名，a 和 b 是宏的参数，参数之间用逗号","分隔。此宏一旦定义，则宏调用 ADD(10,20) 被扩展为 (10) + (20)，而宏调用 ADD(x,50) 则被扩展为 (x) + (50)。和函数的定义和调用一样，为明确所指，宏定义里的参数称为形参，宏调用里的参数称为实参。

注意，宏定义里的宏名和组成参数列表的括号之间不能有空白，否则它被视为一个变量式宏定义，宏名之后的部分都被视为替换列表。这就是说，如果宏定义是这样的：

```
# define ADD (a,b) (a) + (b)
```

则宏调用 ADD(30,60) 将被扩展为 (a,b) (a) + (b)(30,60)。显然，被扩展的仅仅是宏名 ADD。

在函数式宏定义中，如果替换列表中有"#"，且它后面紧跟着当前宏的形参，则它们在预处理期间被转换为一个字面串，且该字面串是由与该形参对应的实参转化而来，这称为记号串化。这就是说，给定以下宏定义：

```
# define STR(x) #x
```

则宏调用 STR(hello, world.) 会被扩展为字面串 "hello, world."，这个字面串在后续的编译和链接期间作为普通的字面串处理。

在函数式宏定义中，如果替换列表中有"##"，且它位于两个记号的中间，则这两个记号会被合并为一个记号；如果这两个记号是宏的形参，则将会把它们对应（传入）的实参合并为一个记号，这称为记号黏接。这就是说，给定以下宏定义：

```
# define MAKEIDEN(x, y, z) x##y##z
```

则宏调用：

```
char MAKEIDEN(a,b,c);
```

会被扩展为：

```
char abc;
```

在后续的编译和链接期间，这个扩展的结果会被当成普通的声明一样处理，即，声明一个 char 类型的变量 abc。

回到我们的程序中来，由于出现在函数式宏定义中的参数才能被转化为字面串，所以我们使用了如下宏指令：

```
# define MAX_SUM_NUM 1000
# define FIXED_SUFFIX(x) "1+2+3+...+" #x "="
```

在预处理阶段，对宏调用的处理是先对实参进行宏扩展，然后再对宏调用本身进行扩展。因此，在我们的预期中，以下宏调用：

```
write_string (FIXED_SUFFIX(MAX_SUM_NUM));
```

将先把 MAX_SUM_NUM 扩展为 1000，接着再扩展宏调用 FIXED_SUFFIX(1000)，最终得到一个黏接的字面串：

```
"1+2+3+...+" "1000" "="
```

这样，根据我们在上一章里所了解到的，这三个字面串将在正式编译期间合并为一个完整的字面串 "1+2+3+...+1000="，然后再用于初始化一个不可见的数组。

然而，在函数式宏定义的替换列表（宏体）中，如果形参的前面是"#"或者"##"，又或者后面是"##"，则调用此宏时，传入的实参并不扩展。因此，上述宏调用实际上会被扩展为：

```
"1+2+3+...+" "MAX_SUM_NUM" "="
```

对此，比较标准的解决方法是实施迂回战术，先定义一个替换列表中没有"#"或者"##"的宏，这样就可以将扩展后的实参传进来，然后再将扩展后的实参传递给前面所定义的那个宏 FIXED_SUFFIX：

```
# define PRN_FIXED_SUFFIX(x) FIXED_SUFFIX(x)
```

我们说过，在正式编译一个 C 程序之前，要先进行预处理。预处理之后，所有的预处理指令都被删除，源文件经过预处理之后就得到了翻译单元。换句话说，对源文件进行预处理的成果是生成了翻译单元。

在 C 实现将一个源文件翻译成可执行文件的整个过程里，如果没有特别的指示，翻译单元只是翻译过程早期的一个临时文件，用于后续的编译过程。而且用完就删，你也没有机会看到它的内容。

为了查看预处理之后的结果，也就是翻译单元的内容，可以要求 C 实现在预处理之后立即停止翻译过程并显示预处理的结果：

```
% gcc -E c0604.c
# 1 "c0604.c"
# 1 "<built-in>"
# 1 "<command-line>"
# 1 "/usr/include/stdc-predef.h" 1 3 4
# 1 "<command-line>" 2
# 1 "c0604.c"
# 1 "iotool.h" 1
int write_string (char *);
char * ull_to_string (unsigned long long int, char *);
unsigned long long int cusum (unsigned long long int);
# 2 "c0604.c" 2


int main (void)
{
    write_string ("1+2+3+...+" "1000" "=");

    char a [20];

    write_string (ull_to_string (cusum (1000), a));
    write_string ("\n");
}
%
```

这里，选项"-E"的意思是在预处理之后立即停止翻译过程，不进行后续的编译过程。在输出的内容里有一些行标记信息，我们用斜体显示，以免影响我们阅读真正感兴趣的内容。如果要禁止生成行标记，可以使用"-P"选项。如果要想将预处理的结果保存为文件，可以用"-o"选项指定一个文件名。

无论如何，经过预处理之后，在生成的翻译单元里将不再包含预处理指令，头文件的内容也已经包含进来，而所有的宏也已经被展开，整个翻译单元里仅剩下声明和函数定义。

练习 6.1

给定宏定义

```
# define pst (x, y, z) x##y##z
```

则宏调用 pst(_,int,_) 扩展之后的结果是什么？如果想要得到 _int_ ，则应当如何修改宏定义？

6.6　UNIX 和类 UNIX 函数库

20 世纪 70 年代初，Brian Kernighan 和 Dennis Ritchie 发明了 C 语言。作为与操作系统的接口，最初的函数库也得以创建。最初，发明 C 语言是为了重写 UNIX 操作系统，而在之后的一段时间里，UNIX 也是 C 程序设计的主要平台。由于这种事实上的近亲关系，UNIX 系统调用当然要用 C 库进行封装以方便使用。

随着 UNIX 逐渐变得流行，它也发展出两个大的分支或者说阵营，一个是 SYSTEM V，另一个是 BSD，而且它们下面还有各种细小的分支。版本之间的差异严重影响了设备之间的互操作性和程序的可移植性，假如 SYSTEM V 里有一个系统调用而 BSD 里没有，程序员该怎么办呢？如果用的话，他的程序将不能在 BSD 系统上工作。在这种情况下，在业界有影响力的大公司和大客户要求对 UNIX 各版本之间的差异加以规范，并对函数库的开发和使用做出标准化的规定。

当然，这是比较正式的说法，要是用有些网友的话来说那就是"UNIX 系统早期发展得太快，以 SYS V 为首的建制派和 BSD 为首的学院派各自搞了很多新玩意儿，相互之间竞争激烈，不兼容之处越来越多，各个商业厂家也首鼠两端，无所适从。于是就有好事者出来一统江湖，把各个山头叫来坐下谈谈"。

协商的最大成果是，由国际电气和电子工程师协会 IEEE 牵头搞了一个标准，名字叫 POSIX，用中国话来说就是"可移植性操作系统接口"。POSIX 在各个方面对 UNIX 操作系统和各个分支加以规范和认证，其中就包括 C 语言的函数库。

统一后的 UNIX 编程接口按照功能进行归类，并以头文件的形式发布。库文件和库代码当然重要，但更重要的是先决定应该有哪些库函数，并把函数的名字和参数统一起来。

至于库函数的具体实现，有些库函数是 UNIX 系统调用的封装，而有些库函数则不依赖于系统调用而独立存在，例如计算字符串长度，这种功能不需要系统调用就可以用 C 语言或者汇编语言实现。

POSIX 标准的库函数按照它们的功能归类，被划分为几十个头文件，要完整地进行介绍不是这本书的厚度所能够做到的，所以我们不妨仅以磁盘文件的读写和屏幕打印为例进行介绍，而这些也正是我们比较关心的。

要读写一个磁盘文件，首先必须创建或者打开它，而创建或者打开一个磁盘文件需要使用 POSIX 库函数 open，它的原型是这样的：

```
int open (const char * pathname, int oflag, ...);
```

6.6.1 限定的类型

函数 open 的第一个参数用于指定要创建或者打开的文件（名），故其类型是指向 char 的指针，用于指向一个字符串。但事实上，该参数的类型并不是指向 char 的指针，而是指向 const char 的指针，这是啥意思呢？

C 语言里的类型，从所描述的实体来分，可分为变量类型与函数类型，而变量类型又拥有它们的限定版本。也就是说，它们可以用一些关键字如"const"等加以限定，从而形成各自的限定版本，而这些关键字则称为类型限定符。例如，const int 是 int 类型的限定版本；const char 是 char 类型的限定版本。

用类型限定符"const"限定的那些类型是"const 限定的类型"。有些英语基础的人知道这个词代表着"常量"，但在这里并非如此，"常量"一词在 C 语言里有特定的含义，但和"const"无关，可惜很多人和很多书都把它弄错了。"const"的含义和"只读"很接近，即只用于读出而禁止写入，所以，它应该叫"readonly"而不是"const"。用这种类型声明的变量，它的值仅用于读出，而不用于写入和更新操作，下面是一个例子：

```
const unsigned int cx = 0;
```

这就声明一个 const unsigned int 类型的变量 cx，并初始化为 0。如果一个变量的类型是 const 限定的，这种限定不影响它的初始化，但不允许写入操作。因此，下面的语句是非法的，将导致它所在的程序无法通过编译：

```
cx = 65533;
```

然而，如果仅仅是为了限制写入一个变量，则发明关键字"const"是没有任何实际用处的，因为我们可以直接使用常量，比如整型常量和字符常量；即使担心同一个常量被多处使用而难以维护，也可以通过宏定义来解决。实际上，它真正的用处和目的是对程序的翻译进行优化。

我们知道，处理器内部的寄存器速度最快，外部存储器的速度则慢得多。如果一个变量仅用于读出（而不是写入），则它的值只读一次即可，不必在每次用到变量的值时，都真的执行一次存储器读出操作。换句话说，它只需要在开始的时候读一次，然后在寄存器里缓存这个值即可。

但是，C 实现需要程序员给出一个字面上的保证，以表明自己不会写入某个变量，这就是关键字"const"。如果一个变量具有 const 限定的类型，则意味着程序员不准备写入这个变量，而只是读它的值，因此，C 实现可以尽可能地多做一些优化。比如，它可以在第一次访问变量的同时将它的值缓存起来，以后只需要使用这个缓存值而不需要在读取操作上浪费时间。

指针所指向的类型和数组类型也可以是限定的类型。因为数组的类型其实就是其元素的类型,所以,声明一个限定类型的数组也就意味着它的元素也具有相同的限定。在下面的示例中,数组 ca 是"具有 2 个 const int 类型的元素"的数组,而指针 pc 则是"指向 const int 类型的变量"的指针。

```
const int ca [2];
const int * pc = ca;
```

如图 6-4 所示,和往常一样,对 pc 的声明应该从标识符开始,依次往左读为"变量 pc 的类型是指针,该指针指向 const int",或者说"变量 pc 的类型是指向 const int 的指针"。

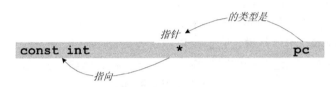

图 6-4　声明一个指向限定类型的指针(变量)

在变量 pc 的声明中,作为初始化器,数组 ca 转换为指向其首元素的指针。我们已经学过数组-指针转换,元素类型为 T 的数组将自动转换为指向 T 的指针并指向数组的首元素,在这里,因数组 ca 的元素类型为 const int,故转换后的类型为"指向 const char 的指针",也即 const char *,可以用于初始化 const int *类型的变量 pc。

因为数组 ca 的元素类型是限定的,而变量 pc 的值所指向的类型也是限定的,如果用以下两条语句来写入数组的第一个元素(* pc)和第二个元素(ca [1])则是非法的,会在程序的翻译期间产生诊断信息:

```
* pc = 77;
ca [1] = 103;
```

这里,左值 pc 的类型是 const char *,经左值转换得到同类型的指针(值),故表达式 * pc 也是一个左值,类型为 const char,指示一个 const char 类型的变量(实际上是数组 ca 的元素),该变量不可写;表达式 ca [1]访问下标为 1 的元素,但那个元素的类型是 const int,不允许写入。

使用 const 限定的类型来声明变量能够增强程序的可读性,并在一定程度上保护变量的值不被破坏。然而只要耍点花招,这种保护实际上并非牢不可破,同时非常危险。给定以下声明:

```
const int c = 0;
```

因为变量 c 的类型是 const int,故下面的语句是非法的:

```
c = 1;
```

但是,我们可以用一元&运算符得到一个指向变量 c 的指针,也就是指向 const int 类型的指针,然后,通过转型表达式来得到一个指向 int 的指针,并通过这个指针来间接修改变量 c 的值：

    * (int *) & c = 10086;

这里，表达式 & c 的结果是指向 const int 的指针（const int *）；转型表达式 (int *) & c 把这个指针强制转换为指向 int 的指针（int *），然后，运算符 * 作用于这个指针类型的值，得到一个左值，实际上代表变量 c。

这样做在语法层面上没有问题，它所在的程序可以顺利通过翻译。但是在现实里，一旦某个变量被声明为 const 限定的类型，则它在运行时有可能被加载到一个特殊的存储区域，虽然这个区域在本质上是可读可写的（就存储器的物理性质而言），但处理器和操作系统会对这个区域的写入操作进行检查并加以阻止。在这种情况下，任何企图写入这个区域的操作都是未定义的行为，都将引发不可预料的后果，严重的将导致程序崩溃。

练习 6.2

对于上述变量 c，既然通过类型转换就可以突破 const 的限制写入变量，那为什么

    (int) c = 10086;

不可以呢？

引入 const 限定符并不是要建立一种攻防关系，也不是向程序员的智商宣战。所以，请不要做对工作、对程序来说没有意义的事。

如果一个变量的类型是指针，那么，不但它所指向的类型可以是限定的，而且这个指针本身也可以是限定的。在图 6-5 中，声明了一个变量 cpc，虽然第二个 const 离标识符 cpc 很近，但却不应该读成 "const 限定的 cpc"。

    int c = 0, d = 0;
    const int * const cpc = & c;

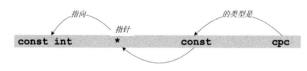

图 6-5　声明一个 const 限定的指针

实际上，如图 6-5 所示，这个声明应该从标识符 cpc 开始，依次向左读为 "cpc 的类型是 const 指针，（该指针）指向 const int"，或者说 "变量 cpc 是一个指向 const int 类型的 const 指针"。我们已经学过了类型名，所以，变量 cpc 的类型是 const int * const，即，指向 const int 的 const 指针变量。

像 cpc 这样的变量，不但不允许通过它写入它的值所指向的那个变量，而且也不允许修改它本身的值。换句话说，变量 cpc 只能在声明的时候初始化为指向某个变量，此后便不允许再指向别的变量，也不允许修改它的值所指向的变量。因此，下面的两条语句都是非法的：

    cpc = & d;

```
    * cpc = 12345;
```

函数的形参也可以被声明为限定的类型。在下面的程序中，函数 preld 有两个参数 cpc 和 ci。形参 cpc 是 const 限定的指针变量，形参 ci 是 const 限定的整型变量。有人可能会说，它们都是只读的，不可以赋值，而参数传递类似于赋值，应该也不允许。

```
/************c0605.c************/
int preld (int * const cpc, const int ci)
{
    return * cpc + ci;
}

int main (void)
{
    int c = 1, d = preld (& c, c);
}
```

事实上，它就是可以。C 语言规定，如果函数的形参被声明为限定的类型，则当函数被调用时，它们被创建为具有相同限定类型的形参变量。但是，该变量在接受调用者传递的（实参）值时，被视为具有无限定的类型。

但是，因为 cpc 和 ci 都是限定类型的变量，在函数内部不能修改它们的值，这可以为优化带来好处。

练习 6.3

1. 若变量 ac 是具有 5 个元素的数组，且元素类型为指向 const char 的指针，请写出它的声明。

2. 若变量 ca 是具有 5 个元素的数组，且元素类型为指向 const char 的 const 指针，请写出它的声明。

3. 若变量 p 是一个 const 指针，指向一个 5 元素的数组，数组的元素类型为指向 const char 的指针，请写出 p 的声明。进一步地，如果元素类型为指向 const char 的 const 指针呢？

6.6.2 变参函数

回到原来的话题，继续讨论 open 函数，它的第二个参数用于指定文件打开的方式，比如是创建文件呢，还是纯粹打开文件；如果是创建文件，则文件已经存在怎么办；打开文件的目的是只用来读呢，还是又读又写，等等，这个参数的类型是 int。

仔细观察，函数 open 的声明和我们学习过函数不同，它的末尾是省略号"..."，意味着后面还可以有其他更多的参数。这样的函数，它们的参数在类型和数量上都不确定，称为可变参数的函数，或者变参函数。看样子，在继续讨论 open 函数之前，我们应该先来认识一下变参函数。变参函数必须至少有一个类型确定的参数，而且必须是最开始的参数，后面的参数无法确定。因为这个原因，它的参数类型列表必须以"，..."结尾。

下面是一个使用变参函数的例子，但它有一定的特殊性，那就是只能在某些特定的计算机上正确执行，比如基于 32 位 Intel x86 处理器的计算机系统。至于原因，我们后面将会讲到，而且还将提供一个安全、通用的解决方案。

```
/****************c0606.c****************/
long long int sum_ints (unsigned int count, ...)
{
    int * var_start = (int *) & count + 1;
    long long int sum = 0;

    while (count --) sum += * var_start ++;

    return sum;
}

int main (void)
{
    long long int x, y, z;

    x = sum_ints (2, 100, 200);
    y = sum_ints (0);
    z = sum_ints (5, 10, -10, 30, 600, -300);
}
```

在这个程序中，sum_ints 是变参函数，用于累加传入的整数，但传入的整数到底会有多少个，这是不确定的，所以该函数的参数类型列表以"，..."结束。话虽这么说，但 C 语言规定每个函数的参数至少保证能有 127 个。

对于函数的调用者来说，要传入什么参数，传入多少个，这当然是非常清楚明确的。例如在 main 函数中，语句

```
z = sum_ints (2, 100, 200);
```

就清楚地指明了参数的数量（第一个参数的后面还有 2 个参数）和类型（都是 int 类型）。但是，在被调用函数的内部，该如何获知参数的数量和各自的类型呢？

这就需要一个约定。我们说过，变参函数的第一个参数或者前几个参数必须是类型确定的参数，之所以这么规定，就是因为可以通过这些参数来暗示或者明确指定后续的参数有几个、什么类型。具体到 sum_ints 函数，它的第一个参数是固定的，用于指定后面的参数有几个。当然，它没有指明参数的类型，实际上并不需要，因为这原本就是一个例子，只用来处理 int 类型的数据。

如何传递参数，参数存放在什么地方，如何在函数内部获得这些传入的参数，和 C 语言无关，这是由 C 实现自主决定的部分。不同的 C 实现工作在各自的软硬件平台上，有不同的处理器架构，运行着不同的操作系统，C 实现自会根据处理器和操作系统所提供的现实条件来采取不同的参数传递方案，反正只要达到目的，实现 C 语言函数调用的语义就行。

在基于 32 位 Intel x86 处理器的计算机系统上，如图 6-6 所示，C 实现会确保变参函数的参数是按顺序传递并集中保存在一个特定的存储区里，函数的调用者把需要传递的参数存放在这里（创建形参所指示的变量并写入实参的值），而函数也从这里取得参数的值（访问参数变量）。因此，只要获得了第一个参数 count 的地址，就可以顺藤摸瓜，一个一个地找到其他参数。

图 6-6　参数变量的存放位置

所以，我们做的第一件事，就是生成一个指向变量 count 的指针，并将这个指针移动到变量 count 之后，使之指向第一个可变参数（值为 100 的参数变量），然后用来初始化变量 var_start：

　　　　int * var_start = (int *) & count + 1;

先来看初始化器 (int *) & count + 1，一元 & 运算符的优先级最高，转型运算符次之，加性运算符 + 的优先级最低。表达式 & count 是生成一个指针，指向值为 2 的参数变量。按照计划，将这个指针加 1，就得到一个新指针，指向第一个参数变量（值为 100 的参数变量）。

指针的类型决定了你能从它所指向的变量里读取什么样的值，表达式 & count 的类型是指向 unsigned int 的指针，但我们需要一个指向 int 的指针，因为后面的变参都是 int 类型。为此，需要用转型表达式将表达式 & count 的值从指向 unsigned int 类型的指针转换为指向 int 的指针。

我们可以把所有参数变量所在的存储区域看成一个数组，那么，表达式 (int *) & count + 1 的结果是一个新的指针，这个指针指向下一个数组元素。即，指向值为 100 的参数变量。C 语言规定，任何一种整数类型的有符号和无符号版本占用相同的存储空间。所以，即使表达式 & count 的类型是 unsigned int *，但它转换为 int * 类型后加 1 同样会使得相加的结果指向第一个可变参数。

由于是用第一个参数 count 来指定后面还有几个参数，我们就可以使用 while 语句来逐一取得这些参数，同时递减变量 count 的值，等它为 0 时结束循环：

　　　　while (count --) sum += * var_start ++;

首先，变量 count 的类型是 unsigned int，它的值不可能为负；如果传递给它的值是 0，则表达式 count -- 的值是变量 count 递减前的原值（0），从而使循环一次都不进行。

另一方面，依据各运算符的优先级别，表达式 sum += * var_start ++ 等价于 sum += (* (var_start ++))，这就取得变量 var_start 的值所指向的参数变量的值，并加到变量 sum。同时，变量 var_start 的值递增，指向下一个参数变量。

在 main 函数里，我们声明了三个变量 x、y 和 z，然后用三个函数调用表达式为它们赋值。赋值后，变量 x、y 和 z 的值分别为 300、0 和-330。为了验证，我们将上述程序保存为源文件 c0606.c，然后用-g 选项翻译为可执行文件并上机调试——且慢！这并不是一件容易的事！

在没有认识变参函数之前，我们从来就是直接访问形参，而不需要关心如何寻找和定位它们，C 实现可以根据程序翻译和运行的平台做内部处理，并隐藏所有细节。相反，对于可变参数，我们需要自己手工编码来寻找和访问它们。

问题在于，翻译一个程序、运行一个程序都是在特定的操作系统上完成的，而且还基于不同的处理器，并由此形成了不同的计算机系统。在不同的计算机系统上，参数传递的方法不同，定位这些参数变量的方法也不相同。

换句话说，源文件 c0606.c 并不能在所有计算机上正确执行（得到正确的结果），但它至少可以在基于 32 位 Intel x86 处理器的 Linux 和 Windows 上正确执行。假定我们已经翻译并生成了可执行文件，则其调试步骤如下（以 Windows 平台为例）。

```
(gdb) b 19
Breakpoint 1 at 0x4016f8: file c0606.c, line 19.
(gdb) r
Starting program: D:\exampls\c0606.exe
[New Thread 2548.0xb1c]

Breakpoint 1, main () at c0606.c:19
19          }
(gdb) p {x, y, z}
$1 = {300, 0, 330}
(gdb)
```

如果条件允许的话，你可以自己动手实验一下，要是结果不如预期也没有关系，很可能不是你的问题，是你的计算机系统不符合要求。首先，不是所有的计算机都通过存储器传递参数。比如说，如果你的计算机使用了 ARM 处理器或者 64 位的 Intel x86 处理器，按照约定，参数将尽可能地通过寄存器传递，当参数过多时，余下的部分才通过存储器传递。在这种情况下，上面的方法就行不通了。

即使能够保证所有参数都通过存储器传送，那也会遇到一个同样严重的问题：两个相邻的参数变量未必是紧挨在一起的。因为对齐的原因，不同类型的参数变量必须位于特定的内存地址，比如能够被 4 整除的地址上。如此一来，在两个相邻的参数变量之间就必然存在"空隙"。在这种情况之下，将指针从前一个变量移到后一个变量，不单单要考虑变量的类型和大小，还必须考虑变量在特定计算机系统上的对齐要求。

就我们的这个程序来说，它之所以能够在多数 32 位的计算机上运行，无非就是参数都通过存储器传送，而且我们传递的参数是 int 和 unsigned int 类型，这两种类型在 32 位的计算机上都是按 4 字节对齐的，相邻的变量之间没有间隙。

所以，处理变参函数没有统一的方法，必须针对不同的计算机系统做具体分析，并编写不同的代码，甚至还要借助于汇编语言。

那么，有没有人能够出面考察所有不同的计算机系统，并写一个函数库，让我们不用考虑计算机系统之间的差异就能方便地处理可变参数呢？有的，符合 POSIX 标准的函数库都包含了一个头文件 stdarg.h，里面提供了几样宝贝，能够让我们的变参函数适应不同的计算机系统（它们之间的本质差异主要体现在处理器架构和操作系统的不同上）。以下是上面那个程序的改良版本，就是用这个头文件来改善了可移植性。

```
/****************c0607.c***************/
# include <stdarg.h>

typedef long long int VARF (unsigned int, ...);

int main (void)
{
    long long int x, y, z, m, n;

    VARF sum_ints;
    x = sum_ints (2, 100, 200);
    y = sum_ints (0);
    z = sum_ints (5, 10, -10, 30, 600, -300);
}

long long int sum_ints (unsigned int count, ...)
{
    long long int sum = 0;

    va_list ap;
    va_start(ap, count);
    while (count --) sum += va_arg(ap, int);
    va_end(ap);

    return sum;
}
```

注意，在这个程序里，源文件包含指令 # include 的用法和前面不一样。在本章一开始，为了在源文件里包含头文件 iotool.h，我们是这样写的：

```
# include "iotool.h"
```

注意，这里用的是双引号，而当前程序中用的是尖括号，这有什么区别吗？有的。预处理指令 # include 指明了要包含的文件，预处理器需要知道文件在哪里。安装 C 实现是为了编程，编程又需要输入输出，输入输出又需要函数库，函数库是与具体的计算机系统密切相关的。为此，每个 C 实现都会提供一些流行的函数库，有针对 UNIX 和类 UNIX 的 POSIX 函数库，有针对 Windows 的函数库，等等。这些库都配套了头文件，为此，每个 C 实现在安装后都会划出特定的位置（目录或者文件夹）来保存这些配套的头文件和源文件，这是一个由 C 实现定义的位置。

如果预处理指令 # include 中的名字是用尖括号围起来的，C 实现将到这个实现定义的位置去寻找它；如果是用双引号围起来的，则 C 实现会用别的办法来寻找它，典型的就是先在当前目录下寻找。如果找不到，就把它当成由尖括号围起来的文件名处理。

在往后的行文中，每当我们提到某个头文件时，如果它是随 C 实现发行的头文件，则用尖括号围起来；否则，就用双引号围起来。

我们知道 C 语言具有非凡的可移植性，用它编写的程序，能够在不同的计算机系统上翻译和执行。但是，说白了，所谓的可移植性，就是在那种计算机系统上有可用的 C 实现，能够将程序翻译成符合那个计算机系统的可执行程序。所谓 C 语言具有很强的可移植性，无非就是有很多好事者为各种不同的计算机系统编写了大量的 C 实现。

C 实现也是程序，为一种计算机系统提供的 C 实现不能在另一种不同的计算机系统上工作。就像你不能把 Windows 上的 Word 文字处理软件拿到 Linux 上运行一样，为 Windows 提供的 C 实现不能在 Linux 上运行；GCC 的 Linux 版本也不能直接拿到 Windows 操作系统上运行；GCC 的 64 位 Linux 版本也不能拿到 32 位的 Linux 操作系统上开工。

所以，C 实现具有"定制性"的特征，你要安装 C 实现，第一步就是选择适合你当前计算机系统的那个版本。由于这个原因，不同的 C 实现就可以针对它所运行的计算机系统来定制一些内容。

6.6.2.1 类型定义

现在将注意力集中到 sum_ints 函数，它先是声明了一个 va_list 类型的变量 ap，用来保存指向参数的指针，相当于我们前面的 var_start。不同的计算机系统上有不同的 C 实现，而 va_list 的定义则随 C 实现的不同而有所变化。在基于 32 位 Intel x86 处理器的计算机系统上，C 实现有可能将它定义为：

```
typedef char * va_list;
```

在这里，"typedef"是 C 语言里的关键字，它唯一的作用是类型定义，也就是将一个标识符定义为它被声明的那种类型。就当前这个例子来说，如果你将关键字 typedef 去掉，那么它将变成

```
char * va_list;
```

显然，这是在声明一个标识符 va_list，其类型为 char *。很好，如果加上关键字 typedef，则这是定义了一个新的类型，类型名为 va_list，它是 char *的别名。从此以后，我们就可以声明这个新类型的变量，或者用它作为函数的参数类型和返回类型：

```
va_list vla;
va_list func (va_list);
```

它们分别等价于

```
char * vla;
char * func (char *);
```

可以定义任何类型的别名。下面是另外一些类型定义的例子：

```
typedef int DWORD;
typedef DWORD dWord;
typedef char * PCHAR;
typedef int ARRAY [255];
typedef int FUNC (int, int);
```

以上，第一行是将标识符 DWORD 定义为 int 类型的别名；第二行是将标识符 dWord 定义为 DWORD 类型的别名，这实际上也是 int 类型的别名；第三行是将标识符 PCHAR 定义为 char *类型的别名；第四行是将标识符 ARRAY 定义为数组类型 int [255]的别名；第五行是将标识符 FUNC 定义为函数类型 int (int, int)的别名。下面，我们将用这些新的类型来声明变量和函数：

```
DWORD x;
ARRAY a, b [20];
FUNC f;
```

实际上，这些声明分别等价于：

```
int x;
int a [255], b [20] [255];
int f (int, int);
```

你可能觉得奇怪，为什么 ARRAY b [20]不是等价于 int b [255][20]，而是等价于 int b [20] [255]呢？要知道，类型定义并不是宏替换，b 的类型是"具有 20 个元素的数组"，元素的类型是 ARRAY。

类型 va_list 是在头文件<stdarg.h>中定义的。在不同的计算机系统上，函数调用时的参数传递可能采取不同的方式，所以对 va_list 的定义可能并不相同。但是，你只需要在自己的程序里包含这个头文件，并声明 va_list 类型的变量，就可以在任何计算机系统上翻译并正常执行。

接下来，va_start 是一个宏，也是在头文件<stdarg.h>中定义的，用来使 ap 指向变参函数中最后一个已知参数（从右往左数的第一个已知参数），从而为访问后面的变参做准备。该宏具有两个参数，第一个参数是那个被声明为 va_list 类型的变量；第二个参数则是标识符，它必须是变参函数中最后那个已知参数的名字。

再往下看，while 语句的控制表达式和前面一样，都是用 count 来指示变参的数量，并通过递减来控制循环是否结束。

为了获得变参的值，这里使用了另一个宏 va_arg，它同样是在头文件<stdarg.h>中定义的。该宏具有两个参数，第一个参数是那个被声明为 va_list 类型的变量；第二个参数则是类型名。要想获得每一个变参，最重要的是知道它的类型。在程序翻译时，这个宏被扩展为一个表达式，所以它可以直接作为运算符+=的右操作数：

```
sum += va_arg(ap, int)
```

一开始，我们是令 va_list 类型的变量 ap 指向最后一个已知参数。此后，每调用一次 va_arg，都会使 ap 指向下一个参数（变参）并取得（计算出）它的值。

最后，宏 va_end 将修改变量 ap 使它不再可用，它同样是在头文件<stdarg.h>中定义的。如果在一个函数里曾经用 va_start 引用过变参，则它必须调用 va_end 才能保证返回时一切正常。如果一个函数在调用 va_end 之前没有调用过 va_start，或者在调用 va_start 之后没有调用过 va_end，则程序的行为是未定义的，后果不可预料。

现在回到程序的开头，那里定义了一个类型 VARF：

```
typedef long long int VARF (unsigned int, ...);
```

如果没有关键字 typedef，这是声明了一个函数 VARF；因为有关键字 typedef，这是将标识符 VARF 定义为它被声明的类型，即，将标识符 VARF 定义为函数类型 long long int (unsigned int, ...)。也就是说，VARF 现在是一种函数类型的名字（别名）。

我们知道，函数在调用之前必须声明。我们在 main 函数里调用了 sum_ints，但它的定义却位于 main 函数之后。为此，我们需要在调用 sum_ints 之前做一次不带函数体的声明。这个声明可以放在 main 函数之前，也可以放在 main 函数内部，但总的原则是必须放在它的调用点之前（我们选择在 main 函数内部声明）：

```
VARF sum_ints;
```

它实际上也就等价于：

```
long long int sum_ints (unsigned int, ...);
```

练习 6.4

1. 如果 F 是"指向'有两个 int 类型的参数且返回类型是 int 的函数'的指针"的别名，请问 F 是如何定义的？编写一个程序，用类型 F 声明一个指向函数的指针，并用这个指针调用它所指向的函数。

2. 在下面的程序里，函数 var_sum 是个变参函数。参数 fmt 用于接受一个字符串，字符串的内容用于指示对应的变参的类型。比如，"l"表示对应的变参是 long int 类型；"i"表示对应的变参是 int 类型；"I"表示对应的变参是指向 int 的指针；"L"表示对应的变参是指向 long int 的指针。

函数 var_sum 的任务是依据参数 fmt 来取得各个变参的值，或者，变参是指针的，取得它所指向的变量的值，然后返回累加的结果。

在 main 函数里，我们调用了 var_sum 函数，传入的字符串是"lIiiL"，后面的 5 个参数对应于这个字符串的指示。

现在，请将函数 var_sum 补充完整，并在你的机器上翻译和调试，以检验自己写的是否正确。

```
# include <stdarg.h>

    int var_sum (char * fmt, ...)
    {
        //请在这里将函数补充完整
```

```
}

int main (void)
{
    int x = 50, r;
    long int y = 3;
    r = vs_sum ("lIiiL", 5L, & x, 6, 7, & y);
}
```

6.6.3　认识逐位或、逐位与和逐位异或运算符

在前面部分里，我们围绕函数 open 的声明讲述了限定的类型和变参函数，以及无处不在的类型定义（往后你会发现，到处都有 typedef 的身影）。介绍 open 函数是为了演示如何在 POSIX 框架下读写文件，但这个介绍工作至今没有完成。

现在，我想结合一个完整的示例程序来继续介绍 open 函数，在这个过程中，还将介绍其他 POSIX 库函数，以及文件读写的方法。名义上，下面的示例程序是为 UNIX 系统所写，但是 GCC 已经将相关的头文件和库移植到 Linux 和 Windows 上了，所以你也可以在这两种平台上编辑、翻译和运行它。

```
/*********************c0608.c********************/
# include <unistd.h>
# include <fcntl.h>
# include <sys/stat.h>

int main (void)
{
    int fd;
    fd = open ("myfile1.dat", O_CREAT | O_RDWR, S_IRUSR | S_IWUSR);

    if (fd == -1) return -1;

    char name [] = "LiuChangjiang", gender = 'M', age = 36;
    unsigned int score = 2200;

    write (fd, name, strlen (name));
    write (fd, & gender, sizeof gender);
    write (fd, & age, sizeof age);
    write (fd, & score, sizeof score);

    close (fd);
}
```

先说一下这个程序的功能，它的目的是创建一个文件，然后写入一个人的基本信息，包括姓名、年龄、性别和他在超市购物的积分。

在程序的开头用源文件包含指令引入了几个头文件，这都是 POSIX 标准的头文件。可

以在头文件包含指令中使用路径，比如这里的<sys/stat.h>，这是一个相对路径，它表明，在 C 实现预定义的位置（目录或文件夹）下还有一个子目录 sys，头文件 stat.h 位于这个子目录下。

要写入文件，就必须先创建或者打开一个文件，在这里我们是用 open 函数，它是在头文件<fcntl.h>中声明的，这里再次给出它的声明：

    int open (const char * *pathname*, int *oflag*, ...);

参数 pathname 的类型是指向 const char 的指针，你应该生成一个包含了文件名的字符串，并将指向这个字符串的指针传递给该参数，这样一来，在 open 函数内部就可以通过这个指针来获得这个文件名。

在 main 函数里，调用此函数时我们直接使用了字面串"myfile1.dat"，这将创建一个隐藏的数组，进而转换为指针。

注意，该指针所指向的类型是 const 限定的，这意味着 open 函数不会，也不能改变那个字符串的内容。有了这个保证，我们才敢用字面串"myfile1.dat"作为参数传递，毕竟字面串所创建的数组通常不允许修改，否则极有可能导致程序崩溃。

函数 open 的第二个参数是文件打开的方式，其类型为 int，然而我们在这里指定的却是莫名其妙的 O_CREAT | O_RDWR，这是什么意思呢？嗯……这是两个变量式宏定义，位于头文件<fcntl.h>中，通常是这样的：

    #define O_RDWR   00000002
    #define O_CREAT   00000100

显然，它们分别被定义为两个八进制整型常量，所对应的二进制数分别是（这两个整型常量的类型是 int，且我们假定 int 类型的长度是 32 个比特）：

    00000002_8 = 0000 0000 0000 0000 0000 0000 0000 00**1**0$_2$
    00000100_8 = 0000 0000 0000 0000 0000 0000 0**1**00 0000$_2$

看到没有，这些数字都有一个特点：它们的二进制形式里，只有一个比特是 1，其他都是 0。这是编程界惯用的伎俩，他们喜欢将整数的每一个比特都用做一个标志，通过检查特定的比特是否为 1，来判断发生了什么或者应该做些什么。

每个宏都只负责一个标志位，O_RDWR 仅对应于文件打开方式的第 2 个比特，它的意思是创建或者打开文件的目的是既读又写；O_CREAT 仅对应于文件打开方式的第 7 个比特，它的意思是若文件不存在则创建它。

在这两个宏中间的"|"是 C 语言里的一个运算符，称为逐位或运算符，它需要一左一右两个操作数，且必须都是整数类型，其结果也是整数类型。

逐位或运算符对两个操作数逐位做逻辑或（加）操作，这种操作是"微观"的，是在操作数的二进制比特层面上进行的。以二进制的视角来看，逐位或操作只有在两个操作数相对应的比特都为 0 时，结果中对应的比特才为 0；在其他任何情况下，结果中对应的比特是 1。因此，表达式 O_CREAT | O_RDWR 的结果的二进制形式为：

    0000 0000 0000 0000 0000 0000 0**1**00 00**1**0$_2$

该二进制数对应的八进制数是 102。换句话说，八进制数 2 和八进制数 100 逐位或的结果是八进制数 102，用惯常的十进制来说，2 | 64 的结果是 66。一旦将这个结果作为实际参数传递给 open 函数，它将检测所有的标志位，而且会发现这两个比特都是 1，于是就实施相应的处理。

除了逐位或运算符，C 语言里还有逐位与运算符 & 和逐位异或运算符 ^。和逐位或运算符一样，它们也都要求一左一右两个操作数，而且都必须是整数类型，逐位与和逐位异或运算符的结果也是整数类型。

和逐位或运算一样，逐位与和逐位异或也在操作数的二进制比特层面上进行操作。以二进制的视角来看，逐位与操作只有在两个操作数相对应的比特都为 1 时，结果中对应的比特才为 1；在其他任何情况下，结果中对应的比特是 0，例如 0 & 0 的结果是 0；0 & 1 的结果是 0；1 & 1 的结果是 1；2 & 3 的结果是 2；56 & 78 的结果是 8。

逐位异或的操作过程是这样的：如果两个操作数相对应的比特是相反的，一个为 0，一个为 1，则结果中对应的比特是 1；在其他情况下，结果中对应的比特是 0。举例来说，0 ^ 0 的结果是 0；1 ^ 1 的结果是 0；0 ^ 1 的结果是 1；2 ^ 3 的结果是 1；56 & 78 的结果是 118。

我们已经知道，函数 open 是一个变参函数。通常情况下，以上两个参数就足够了，但是，如果第二个参数中指定了 O_CREAT，则必须有第三个参数。第三个参数是许可权限标志，用于指定哪些人能够打开这个文件，该参数的类型是 int。

所谓的 "人" 和 "权限"，用过 Linux 和 Windows 的同学都应该知道，每个使用计算机的人要在操作系统中创建一个账号，并被管理员赋予一定的权限，指定对哪些计算机资源的访问和操作是允许的。在这里，我们指定的是 S_IRUSR | S_IWUSR，这也是两个变量式宏定义，位于头文件 <sys/stat.h>。前一个标志 S_IRUSR 意味着只有文件的创建者才能读这个文件；S_IWUSR 意味着只有文件的创建者才能够写入这个文件。

函数 open 返回一个整数来唯一地代表这个文件，叫作文件描述符或者文件句柄。在程序的运行期间，你可以用这个描述符来读写那个文件。对于每一个打开的文件，操作系统会在内部记录它的各种属性和状态，操作系统需要依据这些信息来对文件进行操作，而文件描述符正是操作系统用来定位每个文件的属性和状态信息的线索与 "把柄"。

如果函数 open 成功地打开或者创建了文件，则它返回该文件的描述符，否则返回 -1。在当前程序里，我们声明了一个 int 类型的变量 fd，并用它接受这个返回值。然后，我们判断这个值是否为 -1，如果是 -1 则退出当前程序。

练习 6.5

填空：37 | 21 的结果是（ ）；119 & 1 的结果是（ ）；59 ^ 95 的结果是（ ）。

6.6.4 指向 void 的指针

接着往下看，我们紧接着声明了变量 name、gender、age 和 score。变量 name 的类型是字符数组，用于存放姓名；gender 和 age 分别是性别和年龄。由于积分都是较大的非负数，我们采用 unsigned int 类型。

因为文件已经成功创建，而且要写入的内容都准备停当，现在我们就可以往里面写东西了，这要使用函数 write，该函数的原型是这样的：

  ssize_t write (int ***filedes***, const void * ***buff***, size_t ***nbytes***);

在这里，第一个参数 filedes 的类型是 int，用于指定一个文件描述符，这样它就知道要写入哪个文件；第二个参数 buff 用于指向一个缓冲区，这个缓冲区里有我们要写入的内容。

"缓冲区"是一个经常被用到的术语，是指一个连续的内存空间，比如一个数组。它最典型的应用是在数据的发送方和接收方之间起到一个调节和缓冲的作用，就像一个蓄水池，如果数据的发送速度比接收速度快，缓冲区可以收纳来不及取走的数据。然而在这里它只是起到一个打包的作用，如果有很多东西要传递，比起分多次传递，每次传递一点点，将它们集中打包一次传递要方便些。

函数 write 并不关心写入的内容是什么，它只需要一个指针，这个指针必须指向这些内容的起始处。问题在于参数 buff 的类型，它应该不偏不倚。想想看，如果它被声明为指向 int 的指针，那就意味着我们只能写入一些 int 类型的数据。然而，要是用户想写的数据是别的类型，该怎么办呢？

事实上，函数 write 允许写入任何类型的数据。早先，它被声明为指向 char 的指针，因为 char 类型的变量最小，而且可以对齐于任何内存地址，这勉强说得过去，因为不管你写入什么，都可以将它们视为字节的序列来看待。唯一的问题是，这样做对第一次使用该函数的人来说，似乎表明这个函数只用来写入字符串。

后来，C 语言引入了关键字 void。如果函数的参数是 void，表示没有参数，或者说参数为空；如果函数的返回类型是 void，表示不返回任何值，或者说返回空值。"空"就是不存在，所以 C 语言不允许声明 void 类型的变量：

  signed int s;
  void v;

以上，第一行没问题，第二行是非法的，不能通过编译，因为 v 是"不存在"的，C 实现无法为它分配存储空间。

虽然不能声明 void 类型的变量，但 C 语言却引入了指向 void 类型的指针，我们通常称之为"通用指针"，它可以指向任何变量。虽然瞎话（void）是不存在的事实，但说瞎话的人（指向 void 的指针）却是存在的。

为此，函数 write 的第二个参数 buff 被声明为指向 const void 类型的指针以适应传入的各种指针类型。

由于指向的具体类型不能确定，故指向 void 类型的指针不能用于访问它所指向的变量，因为无法知道变量的大小和数据存储格式；也不能做指针的加减操作，因为无法知道地址增加的长度。这就是说，给定以下声明（这两个声明是正确的）：

```
int x;
void * pv = & x;
```

则以下语句是非法的：

```
* pv = 330;
pv ++;
```

说点多余操心的话，由于这种限制，可以想象到的是在函数 write 内部无法直接处理指向 void 类型的指针。唯一的办法是将用户指定的缓冲区看成一个字节的序列。即，将参数变量 buff 的值转换为指向 char 的指针，转型表达式 (char *) buff 可以完成这一工作。

这样做是必然的选择，char 类型的变量可对齐于任何内存地址，用指向 char 的指针来访问用户传入的数据意味着我们是按字节来访问那些数据，所以不会有对齐问题，不管那些数据原来是什么类型。

C 语言规定，指向任何变量类型的指针都可以转换为指向 void 的指针；指向 void 类型的指针也可以转换为指向任何变量类型的指针；一个变量类型的指针转换为指向 void 类型的指针后，再转换回原来的指针类型，其结果同原来相比不变。

函数 write 的第三个参数 nbytes 是要写入的字节数。函数 write 是 UNIX 系统调用的封装，它并不关心你写入的是什么，仅将其视为一个字节的序列。要写入的数据是从变量 buff 的值所指向的位置开始，但是长度需要变量 nbytes 来指定。

如果成功写入，则函数 write 返回实际写入的字节数；如果在写文件的过程中发生了错误，则它返回 -1。参数变量 nbytes 的类型是 size_t，这是一种无符号整数类型的别名，经常用于描述 sizeof 运算符的结果；函数 write 的返回类型 ssize_t，是一种有符号整数类型的别名。这些都不是新的类型，而是用 typedef 定义的别名。典型地，它们的定义是这样的：

```
typedef int ssize_t;
typedef unsigned long size_t;
```

回到程序中，让我们来看一看函数 write 是如何被调用的：

```
write (fd, name, strlen (name));
```

这里，变量 fd 保存了文件描述符，经左值转换后变成 int 类型的数值并赋给相应的形参变量，这没什么好说的；变量 name 是字符类型的数组，经数组-指针转换后，变成指向数组首元素的指针，其类型为 char *。但是它将自动从 char * 转换为 void * 再赋给形参变量，C 语言支持这种自动转换。

函数 write 的第三个参数是要写入的字节数。在很多情况下，手动统计要写入的长度会比较麻烦，恰好头文件 <unistd.h> 引入了一个计算字符串长度的函数 strlen，故我们直接用该函数的返回值作为实际参数。函数 strlen 要求传入一个指向字符类型的指针作为参数，它返回字符串的字符个数，不包含末尾的 "\0"，其原型为：

```
size_t strlen (const char * str);
```

后面的三个函数调用分别将性别、年龄和积分写入文件中。和数组类型的实参不同，其他类型的变量需要用一元&运算符来得到指向它们的指针并传递给函数 write。因为写入的长度是以字节为单位的，所以一律用运算符 sizeof 得到。

如果多次调用函数 write，则每次写入的内容都位于上一次写入的内容之后；如果多次读取文件，则每次都从上一次读取的内容之后开始。之所以能够做到这一点，是因为在操作系统内部记录着用于操作该文件所需要的各种数据，其中包括一个文件偏移量（俗称文件指针），它是距离文件开头的字节数。每当读取或者写入文件时，将自动调整文件位置，使其位于下一次读写的开始处。

出于某些特殊的目的，你可能希望手工移动文件偏移量，这是允许的。要了解如何移动文件偏移量，以及 UNIX 编程的更多细节，可以参考《Advanced Programming in the UNIX Environment》这本书，作者是 W.Richard Stevens，这本书的中译本名为《UNIX 环境高级编程》。

当完成一个文件的读写后，应当关闭它。关闭一个文件将使得操作系统释放与之相关的各种资源（内部数据）。关闭文件需要使用函数 close，其原型为：

    int close (int *filedes*);

调用函数 close 来关闭一个文件不是必须的，在当前程序退出时，所有在该程序内打开的文件都将被自动关闭。

现在，将上述程序保存为源文件 c0608.c，并用 gcc 翻译成可执行文件（Windows 和 Linux 下均可）。执行程序，观察当前目录中是否生成了文件 myfile1.dat。打开该文件并观察其内容，所有文本编辑软件都试图将文件的内容解释为图形字符，但前面写入的是整数，只有当它偶尔与某个图形字符的编码是同一个数字时，才会显示为奇怪的字符。

你可能觉得奇怪，为什么在翻译上述程序时没有在命令行指定库文件，毕竟我们在程序中用到的那些函数都在库中。这是不必要的，GCC 会自动添加大多数标准库文件，然后寻找并链接到函数的实现。

既然有 write 函数，当然也会有 read 函数，读和写总是一对互为相反的操作。函数 read 用于从文件中读，其原型如下：

    ssize_t read (int *filedes*, void * *buff*, size_t *nbytes*);

其中，参数变量 filedes 用于接受一个文件描述符；参数变量 buff 用于接受一个指向缓冲区的指针，从文件里读取的内容从它所指向的位置开始存放；参数变量 nbytes 用于接受本次要读取的字节数。每次读取后，系统将用实际读取的字节数修改文件位置，下一次读取的位置就从这里开始。

如果读取成功，该函数返回实际读取的字节数；若已经读到文件尾则返回 0；如果在读的过程中出错则返回-1。

练习 6.6

编写一个程序读取文件 myfile1.txt 的内容。要求声明四个变量，分别用于保存读取到的姓名、性别、年龄和积分，并在调试器里观察读取的内容是否与前面写入的一致。

提示：函数 open 的第二个参数可以是 O_RDONLY 或者 O_RDWR，但不能同时指定，并且不需要第三个参数。

6.6.5 结构类型

如果你刚才认真做了上面的练习，就一定会觉得这个读出过程有些别扭，因为读出是写入的反过程，你得按顺序读出姓名、性别、年龄和积分。如果要写入和读出很多人的姓名、性别、年龄和积分，就显得笨拙而冗长。因为这个原因，我们现在要介绍一种新的数据类型，用它可以解决上述问题，这就是结构类型。

结构也是 C 语言里的一种类型，很抱歉现在才向大家隆重介绍。还记得吗，如果需要一大堆相同类型的变量，为了避免一个一个地重复声明它们，C 语言引入了数组。但是数组有一个缺点，那就是所有元素的类型必须相同。

在生产和生活中，我们可能需要将一些相互关联的数据组织起来。比如，如果要记录一个人的信息，那么这些信息就包括姓名、性别、年龄、身高、身份证号、职业、家庭关系、教育经历，等等。当然，这些信息可以独立地声明和存储，但这样做有一个缺点，那就是过于零散，不方便引用，如果要记录成千上万人的信息，很快就会陷入混乱。

发明计算机语言的目的是为了解决生产和生活中的实际问题，在 C 语言里引入结构类型可以解决上面的问题。不过，在正式介绍结构类型之前，我们需要先从类型指定符的角度来回顾一下 C 语言里的声明有什么特点。

在第 1 章里我们曾经介绍过类型指定符，但不那么具体。类型指定符包括 void、signed、unsigned、char、short、int、long，等等，用于在声明中指定类型，比如变量的类型、函数的参数类型和返回类型，等等。在以下对变量 m 的声明里，包含了三个类型指定符：int、signed 和 long，用于组合成一个有符号长整型，即 signed long int。这个声明是合法有效的，只不过类型指定符的组合顺序不符合我们已经形成的认知习惯，有些别扭。

```
int long signed m = 0;
```

在 C 语言里，有些类型是内置的，内置的类型由类型指定符组合而成，不需要声明就可使用，例如 int、signed char 和 unsigned long long int 等。内置的类型是 C 语言里的基本类型，它们是 C 语言的亲生子。

基本类型是构建其他类型的基础，从基本类型构建其他类型称为类型的派生，我们已经学过的指针、数组和函数都是派生类型。指针类型派生自它所指向的类型；数组类型派生自它的元素类型；函数类型派生自它的参数类型和返回类型。

按理说，类型应该先派生，再使用（用来声明变量和函数）。但是，指针、数组和函数类型的派生过程是与变量或者函数的声明合而为一的。换句话说，在 C 语言里不存在数组、指针和函数类型的指定符，只有在声明之后，才会产生具体的数组、指针和函数类型，无法事先定义这些类型。

举个例子来说，如果我想声明一个数组类型的变量 a，这种数组类型的特征是具有 5 个 int 类型的元素；再声明一个函数 f，这种函数类型的特征是具有 2 个 int 类型的参数且返回类型也是 int，该怎么做呢？按道理，这两个声明应该是这样的：

```
int [5] a;
int (int, int) f;
```

这里，貌似把 int [5]作为类型指定符，指定了一种"具有 5 个 int 类型的元素"的数组类型；貌似把 int (int, int)作为类型指定符，指定了一种"具有两个 int 类型的参数且返回类型也是 int 的函数类型。但是很遗憾，这两个声明是非法的，而且 C 语言里没有指针、数组和函数类型的指定符，所以我们只能这样做：

```
int a [5];
int f (int, int);
```

这里，我们不但声明了变量 a 和函数 f，同时也声明（派生）了一种数组类型和一种函数类型。注意，类型名和类型指定符是不同的，在这里派生的数组类型和函数类型可以用类型名 int [5]和 int (int, int)来描述，但它们不是 C 语言里的类型指定符。

那么，这是不是意味着所有派生类型都没有对应的类型指定符呢？那倒未必。结构类型也是派生类型，派生自它的成员类型，而且结构类型有自己的类型指定符，称为结构指定符。结构指定符的语法形式为

struct *标识符*_{可选} { *成员声明列表* }
struct *标识符*

结构指定符要由关键字"struct"引导，后面是一个标识符，以及由一对花括号"{}"围起来的成员声明列表。标识符可以省略，花括号及其围住的成员声明列表也可以省略，但是不能同时省略。下面是一个结构指定符的例子：

```
struct {
    int x;
    int y;
}
```

这个结构的类型指定符省略了标识符，但保留了成员声明列表。结构成员声明列表必须至少声明一个成员，比如在这里就声明了两个 int 类型的成员 x 和 y，分别表示横坐标和纵坐标。注意，最后一个结构成员之后的分号不可省略。

关键字"struct"是固定不变的部分，然而结构的成员却可以根据需要灵活设置，包括它们的类型、数量（最多 1023 个成员）和名字（在结构内部不得重名），各个成员的声明之间用分号隔开。C 语言在形式上比较自由，所以这个结构指定符也可以写成：

```
struct {int x; int y;}
```

和我们以前的声明一样，如果两个相邻的成员具有相同的类型，则它们可以用逗号进行合并，因此上述结构指定符亦可以改写为：

```
struct {int x, y;}
```

结构指定符可用于声明结构类型的变量和函数，例如：

```
struct {int x, y;} crd;
```

现在，如果要问变量 `crd` 是什么类型？回答是 `struct {int x; int y;}` 类型；该（结构）类型的成员 `x` 是什么类型的？回答是 `int` 类型。

原则上，相同的类型指定符代表着同一种类型。在下面的例子中，变量 `m` 和 `n` 的声明里都使用了类型指定符 `int`，我们可认定 `m` 与 `n` 的类型相同：

```
int m;
int n;
```

然而 C 语言里存在着很多例外。请看下面的例子：

```
struct {char name [20], gender; int chk;} person1;
struct {char name [20], gender; int chk;} person2;
```

以上，我们声明了两个变量 `person1` 和 `person2`，它们的类型指定符完全相同，都是 `struct {char name [20], gender; int chk;}`。按道理，这两个变量的类型相同，或者说具有相同的结构类型。

然而很遗憾，变量 `person1` 和 `person2` 的类型并不相同。原因在于，结构类型指定符虽然也是类型指定符，但它毕竟不是内置类型，而是派生类型，所以，每个出现在程序中的结构类型指定符具有自我声明的性质。换句话说，它虽然是个类型指定符，但它同时也是一种结构类型的声明。非但如此，**带有成员声明列表的结构指定符每出现一次，都将声明出一个新的结构类型。**

因为这个原因，结构类型指定符中的标识符通常不应该省略，这个标识符称为结构类型的标记。这样一来，标记就代表了当前这种结构类型，而我们也就能够在任何时候使用这种类型了。

如下例所示，一旦加上了标记，则第一行不但声明了一种结构类型 `struct persn`，同时还声明了该结构类型的变量 `person1`；然后，在第二行里，我们还可以继续声明这种结构类型的变量 `person2`，并且变量 `person1` 和 `person2` 的类型完全相同。

```
struct persn {char name [20], gender; int chk;} person1;
struct persn person2;
```

事实上，我们完全可以先声明标记，然后再用该标记来声明变量，例如（注意第一行，每个结构类型的声明都必须用一个分号结束）：

```
struct persn {char name [20], gender; int chk;};
struct persn person1, person2;
struct persn person3;
```

之所以这会行得通，是因为在声明 `person1`、`person2` 和 `person3` 的时候，我们已经声明了一种结构类型，同时也将标识符 `persn` 声明为该结构类型的标记，然后再引用这个标记来声明变量时，就是在"指定"那种结构类型。

当然，不加标记也并不意味着就没有办法把某种结构类型"固定"住。我们已经学过类型定义，在结构类型的声明中使用关键字"`typedef`"就可以做到这一点，例如：

```
typedef struct {char name [20], gender; int chk;} sPersn;
sPersn person1, person2;
sPersn person3;
```

以上，我们声明了一种结构类型，因为它有成员声明列表，然后，又为这种结构类型定义了一个别名 sPersn。在此之后，我们就可以用 sPersn 类型来声明结构变量。

和数组类型一样，结构类型的变量也是由子变量组成，或者说是成员变量。结构类型的变量在声明时也可以带有初始化器以初始化它的每个成员。因为结构变量是带有子变量的变量，故它的初始化器应当用花括号围起来；如果它的成员也是由子变量组成（例如一个数组类型的成员），也需要用花括号围起来；在初始化器里，表达式的顺序要与结构成员声明的顺序一致。下面是一个例子：

```
struct persn person1 = {{"Lizhong"}, 'M', 33};
```

在这里，初始化器{"Lizhong"}用于初始化变量 person1 的第一个成员 name，围住字面串的花括号是可选的；表达式'M'用于初始化第二个成员 gender；表达式 33 用于初始化第三个成员 chk。

如果初始化器的数量少于结构成员的数量，则初始化的顺序依然是按结构成员声明的顺序进行，但多余的成员都被初始化为一个默认值。至于这个默认值是什么，要取决于那个成员的类型，通常是把整型常量 0 转换为那个成员的类型所得到的结果（值）。比如，如果成员的类型是整型，则自动初始化为 0；如果是一个指针，则初始化为空指针。

从 C99 开始，允许在初始化器里使用指示器。我们知道，对于数组变量的初始化器，可以使用"[]"来指示一个要初始化的数组元素，而对于结构类型的成员，则可以使用"."和成员的名字来指示。使用这种方式可以不用考虑成员的顺序，例如：

```
struct persn person2 = {.chk = 33, .gender = 'F', .name = "Alice"};
```

我们知道内存是线性的——也就是说，内存空间可以视为字节的序列。尽管结构包含很多成员，但它在内存中是按成员声明的顺序线性存储的，如图 6-7 所示。

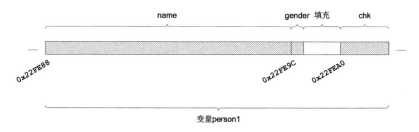

图 6-7　结构内部的填充

需要特别注意的是，因为对齐的缘故，结构内部可能会有无用的填充字节。是否会有填充字节，这取决于结构成员的类型和数量。但可以肯定的是，用结构类型 struct persn 声明的变量都会有填充字节。填充字节的内容是不确定的，通常是一些随机值。

如图 6-7 所示，在我的机器上，变量 person1 的内存地址是 0x22FE88，这也是其第一个成员 name 的起始地址，这是因为结构变量的开头绝不会有填充字节。不单是结构变量的成员有对齐要求，结构变量本身也有自己的对齐要求，它的对齐一定会兼顾其第一个成员的对齐，所以填充字节只可能出现在结构的中间和尾部。

结构成员 gender 的类型是 char，而 char 类型可以对齐于任何内存地址，所以它将紧接着第一个成员，位于地址 0x22FE9C 处。第三个成员 chk 的类型是 int，在我的机器上是 4 个字节的长度，要求按 4 字节对齐，也就是只能位于可被 4 整除的地址上。为此，只能在 gender 和它之间填充 3 个无用的字节，使得成员 chk 位于地址 0x22FEA0。

练习 6.7

如此看来，结构的大小并非是其所有成员大小的总和。为了验证这一点，请你编写一个程序，用 sizeof 运算符得到 struct persn 类型的大小并在调试器里观察。

提示：要得到结构 struct persn 的大小，可使用表达式 sizeof (struct persn) 或者 sizeof person1，前者是得到类型的大小，后者是得到变量的大小，效果相同。

为了演示结构类型如何为处理复杂的数据带来方便，下面是一个例子。在这个程序中，我们先是声明了一个结构类型 struct employee。注意这个结构类型是在函数定义之外声明的，位于源文件的开头，这样做的好处是它在源文件的剩余部分始终"可见"，并因此可以随时使用这种类型。

```
/********************c0609.c********************/
# include <unistd.h>
# include <fcntl.h>
# include <sys/stat.h>

struct employee
{
    char name [20];
    char gender;
    char age;
    unsigned int score;
};

int main (void)
{
    int fd;
    fd = open ("myfile2.dat", O_CREAT | O_RDWR, S_IRUSR | S_IWUSR);
    if (fd == -1) return -1;

    struct employee emp = {"WangXiaobo", 'F', 26, 5000};
    write (fd, & emp, sizeof emp);

    close (fd);
}
```

结构类型 struct employee 包含了 4 个成员，分别是姓名（name）、性别（gender）、年龄（age）和活动积分（score）。在函数 main 里，我们先是创建一个文件并返回它的文件描述符，然后声明了一个那种结构类型的变量 emp 并做了初始化。

函数 write 的第二个参数是指向 const void 类型的指针，我们在这里传递的是表达式 & emp 的值。表达式 emp 是一个 struct employee 类型的左值，一元 & 运算符作用于它，得到一个指向结构类型的指针，或者说指向 struct employee 类型的指针，然后这个指针被转换为指向 void 的指针。尽管我们还没有讲过指向结构类型的指针，但它其实十分简单，没什么好说的。如果非要说些什么的话，那么，当前这条 write 调用，以及它前面的那个声明，还可以写成这样：

```
struct employee emp = {"WangXiaobo", 'F', 26, 5000};
struct employee * pemp = & emp;
write (fd, pemp, sizeof (struct employee));
```

看，这里就声明了一个指向结构类型的指针变量 pemp 并初始化为表达式 & emp 的值。因为变量 pemp 的类型是 struct employee *，而表达式 & emp 的（值的）类型也同样是 struct employee *，故可以初始化。

注意，在这个新的 write 调用里有两处变化，一是我们直接传递了变量 pemp 的值，二是我们传递了结构类型的大小，而不是以前的 sizeof emp，这样更自然些。如果你愿意，把它换成表达式 sizeof * pemp 也是可以的。

在函数 write 内部并不知道数据的原始类型，它也不需要知道，它仅仅是将其视为一个字节的序列并写入磁盘文件。即使原先的类型是一个结构，且内部有填充字节，它也会把这些填充字节原样写入磁盘文件。

现在，让我们看看一个结构类型的变量在调试器里是如何呈现的。以下是调试过程，我们先将断点设置在第 21 行，此时变量 emp 已经创建并初始化完成：

```
(gdb) b 21
Breakpoint 1 at 0x4016a6: file c0609.c, line 21.
(gdb) r
Starting program: D:\exampls\c0609.exe
[New Thread 2580.0xc6c]

Breakpoint 1, main () at c0609.c:21
22          write (fd, & emp, sizeof emp);
(gdb) p emp
$1 = {name = "WangXiaobo\000\000\000\000\000\000\000\000\000\000",
  gender = 70 'F', age = 26 '\032', score = 5000}
(gdb)
```

显然，要显示一个结构类型的变量，同样可以使用"p"命令。此时，gdb 将显示各个成员的内容，而且从格式上来看很像一个初始化器。

练习 6.8

1. 编写程序，将我们写入到文件 myfile2.dat 中的内容读到一个结构类型的变量中，并在调试器里观察读取的内容是否与前面写入的一致。
2. 试从类型和类型转换的角度描述表达式 sizeof * pemp 的求值原理（或者求值过程）。

现代操作系统倾向于使用同一种逻辑和接口来处理物理上不同的设备和文件，比如，它通常会将显示设备映射为一个特殊的文件并赋予一个（可能是固定的）文件描述符。作为一个示例，下面的程序用于向显示器输出一个字符串的内容。

```
/********************c0610.c********************/
# include <unistd.h>

int main (void)
{
    char * pbook = "The Laws of Boole's Thought.\n";
    write (STDOUT_FILENO, pbook, strlen (pbook));
}
```

在调用 write 函数之前，应当首先创建或者打开一个文件，但是我们没有这样做，而是直接传递了一个奇怪的参数"STDOUT_FILENO"。实际上这没有什么奇怪的，这是一个宏，在头文件<unistd.h>里被定义为整数型常量 1 的别名：

```
# define STDOUT_FILENO 1
```

我们知道，每个运行在操作系统上的程序，都会有一段初始化的代码。这个初始化的过程包括打开三个标准设备：标准输入、标准输出和标准错误。标准输入通常指键盘，供每个程序获取外部的输入；标准输出通常指显示器，供每个程序输出信息；标准错误通常指显示器，供每个程序输出它的错误信息。因为这三个设备都被当成文件对待，所以它们的文件描述符分别是 0、1 和 2，不需要显式地打开或者创建，它们预定义的，在程序启动后就已经自动打开了。

如果需要，标准输入、标准输出和标准错误可以重定向到其他设备和文件。比如，要是你想把错误信息或者程序的输出打印到一个文本文件里，而不是显示在屏幕上，就可以将它们重定向为磁盘文件。为演示具体的做法，现以本章前面用源文件 c0604.c 生成的可执行文件 c0604.out 为例：

```
$ ./c0604.out > outfile.txt
$ cat outfile.txt
1+2+3+...+1000=500500
$
```

在这里，">"的意思是将标准输出重定向，在这里是重定向到文件 outfile.txt。

于是，程序的运行结果并不在屏幕上显示，而是创建并写入文件 outfile.txt。当我们显示该文件的内容时，就看到了程序运行的结果。

现在，你可以将上述程序保存为源文件 c0610.c，并翻译成可执行文件。典型地，这个程序应该在 UNIX 系统上翻译和执行，不过好在 GCC 已经在各个平台上都实现了 POSIX 标准的库，包括 Linux 和 Windows。所以，你当然可以在 Linux 和 Windows 上编辑、翻译和运行这个程序。在 Linux 上，该程序的翻译和执行步骤如下：

```
$ gcc c0610.c -oc0610.out
$ ./c0610.out
The Laws of Boole's Thought.
$
```

进一步地，如果想从标准输入接收数据并发送到标准输出，也是很有意思的，下面的程序就用于从键盘接收输入，然后把它们显示在屏幕上。

```
/******************c0611.c******************/
# include <unistd.h>

# define PROMPT "->"

int main (void)
{
    char buf [1];

    write (STDOUT_FILENO, PROMPT, strlen (PROMPT));

    while (read (STDIN_FILENO, buf, sizeof buf) > 0)
        write (STDOUT_FILENO, buf, sizeof buf);
}
```

在这个程序中，我们首先在标准输出上打印一个提示符"->"，表示"请在后面输入一些东西"。在程序翻译时，宏 PROMPT 被展开为它的原始形态——字面串，并用于创建一个隐藏的无名数组，然后进一步转换为指向其首元素的指针并传递给 write 函数和 strlen 函数。

在对函数 read 的调用中，STDIN_FILENO 是一个宏，被定义为一个整数 0，是标准输入（通常是指键盘）的文件描述符。

函数 read 在读到文件末尾时返回 0，在发生错误时返回 -1。在 while 语句中，函数 read 从标准输入读取，如果返回值大于 0，则执行循环体，将读来的数据写到标准输出，然后继续下一次循环（继续读取）。

通常情况下，在系统内部会给标准输入和标准输出分配一个缓冲区，而且这两个缓冲区是由换行字符驱动的。也就是说，如果标准输入是指键盘，则按下的按键代码会先进入这个缓冲区，直到缓冲区满，或者按下了回车键，函数 read 才能读到按键；如果标准输出是指显示器，则函数 write 写入的字符先进入缓冲区，直至缓冲区满，或者遇到了换行字符，才真正执行更底层的写入操作。

如下面的命令行操作过程所示，我们只是输入"hello world."没有用处，只有在按下回车键之后，函数 read 才开始工作，从缓冲区里读取字符，每次 1 个，然后写到标准输出，就这样循环读写，直至将缓冲区读空。

然而，这里有一个问题：输入设备（通常是键盘）被当作文件对待，但毕竟不同于磁盘文件，在什么情况下才意味着"读到了文件尾部"呢？在函数 read 读取之前和之后，标准输入的缓冲区是空的，函数 read 也读不到字符，这是不是意味着已经读到了文件尾部？如果是的话，为什么函数 read 不返回 0 以至于 while 循环依然继续？答案是，这是一个系统的设计问题。想想看，我们通常是等待用户按下键盘，而不是让用户抢在程序开始读键盘之前就按下按键，这不是正常的做法，所以不能以缓冲区是否为空作为依据。

那么，我们该如何才能让函数 read 因遇到文件末尾而返回 0 呢？否则，while 语句将永远停不下来，除非我们强行关闭程序。答案是，在 Linux 上，可以按下 CTRL+D 来发送一个文件结束信号；在 Windows 上，可以按下 CTRL+Z，这两种方法都将导致系统发送一个文件结束的信号，并使得函数 read 返回 0。

如下面的命令行操作过程所示，当我们在 Windows 上按下 CTRL+Z（同时按下 CTRL 键和 Z 键，或者先按下 CTRL 键不松开，再按下 Z 键）后，再按下回车，函数 read 返回 0，退出循环，程序也就退出了。

和标准输出一样，标准输入也可以被重定向。于是，很有意思的事情出现了：我们可以用上述程序来实现文件复制！如下面的命令行操作过程所示，我们先准备一个文件，例如 myfile.txt，然后用 type 命令（在 Linux 上是 cat）显示它的内容。

接着，我们在准备运行程序的同时，用 ">" 将标准输出重定向到文件 out.txt，再用 "<" 将标准输入重定向到文件 myfile.txt，然后按下回车。因为我们的程序是从标准输入读取，然后写到标准输出，但因为标准输入和标准输出都已被重定向，所以它是从文件 myfile.txt 读取内容，然后写入文件 out.txt（如果文件不存在则创建）。当程序运行结束后，再打开文件 out.txt，你会发现，它的内容和 myfile.txt 完全相同。

```
C:\exampls>gcc c0611.c -o c0611.exe
D:\exampls>c0611
->hello world.
hello world.
^Z

D:\exampls>type myfile.txt
good
morning
!

D:\exampls>c0611 > out.txt < myfile.txt

D:\exampls>type out.txt
->good
```

```
morning
!

D:\exampls>
```

练习 6.9

利用重定向功能，用上面的程序完成以下操作：一，将键盘输入的内容写入文件 `out1.txt`；二，将文件 `myfile.txt` 的内容打印到屏幕。

6.7 Windows 动态链接库

与 UNIX 和 Linux 相似，Windows 也使用底层的系统调用机制工作。问题在于，这些系统调用并不是公开的，也不固定，并总是随着 Windows 的版本而变化。因为这个原因，我们可能无法直接使用系统调用在屏幕上打印东西。

要用 C 语言编写基于 Windows 的程序，微软公司建议的方法是使用动态链接库。动态链接库类似于前面讲过的共享库，当你在程序中使用共享库的函数时，仅在可执行文件中加入调用库函数的代码，并不将库中的代码链接到可执行文件中。在这种情况下，生成的可执行文件和动态库有依赖关系，仅在需要时才加载库中的代码。

动态链接库都是以 ".dll" 为后缀（扩展名）的文件，在 Windows 里有着大量的动态链接库，比如著名的 `kernel32.dll` 和 `user32.dll` 等，各自提供不同的功能。动态链接库的功能由库内的函数实现，并可以链接到用户的程序。从用户的角度来看，这些库函数是用户程序访问、使用操作系统功能的编程接口。

同样是将数据写入磁盘文件，在 Windows 上同样需要创建或者打开文件、写入并最终关闭文件。但是，要完成这些工作，需要使用动态链接库里的函数，下面就是一个例子：

```c
/*********************c0612.c*********************/
# include <windows.h>
# include <strsafe.h>

typedef struct employee
{
    char name [20];
    char gender;
    char age;
    unsigned int score;
} stgEMP;

int main (void)
{
```

```c
            HANDLE hf = CreateFile ("myfile3.dat", \
                            GENERIC_READ | GENERIC_WRITE, \
                            0, NULL, CREATE_ALWAYS, \
                            FILE_ATTRIBUTE_NORMAL, NULL);

            if (hf == INVALID_HANDLE_VALUE) return -1;

            stgEMP emp;
            StringCchCopy (emp.name, sizeof emp.name, "HuoFengrong");
            emp.gender = 'F';
            emp.age = 79;
            emp.score = 56666;

            WriteFile (hf, & emp, sizeof emp, & (DWORD) {0}, 0);

            CloseHandle (hf);
        }
```

在源文件的第一行，我们包含了头文件<windows.h>，这是个非常重要的头文件，面向 Windows 编程所用到的函数，它们的声明都通过这个头文件引入。当然，这些声明并不都位于该头文件里，事实上，它们分门别类地划分为很多头文件，只不过<windows.h>会将它们一并包含进来。换句话说，每个头文件也可以用 #include 预处理指令包含其他头文件。在预处理阶段，嵌套的文件包含将一层一层地被展开到当前源文件里。

和前面一样，我们首先在程序里声明了一个结构类型，但这个声明既像类型定义（有关键字 typedef）又像一个结构声明。实际上，这个声明做了好几样工作：首先，它声明了一种结构类型，因为它有成员声明列表；其次，它声明了一个标记 employee，并使它代表当前的结构类型；最后，它为当前所声明的结构类型定义了一个别名 stgEMP。如此一来，这种结构类型就有了两个名字：struct employee 和 stgEMP，而且它们是同一种结构类型，只不过使用 stgEMP 较为方便。

先来看函数 main 的代码，如第一行所示，在 Windows 里创建或者打开一个文件可以使用函数 CreateFile，它位于动态链接库 kernel32.dll 中，其原型为：

```
HANDLE CreateFile (
    LPCTSTR                 lpFileName,
    DWORD                   dwDesiredAccess,
    DWORD                   dwShareMode,
    LPSECURITY_ATTRIBUTES   lpSecurityAttributes,
    DWORD                   dwCreationDisposition,
    DWORD                   dwFlagsAndAttributes,
    HANDLE                  hTemplateFile
);
```

一旦进入 Windows 编程的世界，就相当于进入了一大片黑暗的丛林（好在你很快就能适应并享受其中），这不仅是因为 Windows 的体系结构非常复杂，而且很多函数都需要一大堆参数。参数多也就罢了，他们还将类型定义发挥到极致。比如在我的计算机上，HANDLE 实际上是 void * 类型的别名；DWORD 就是 unsigned long int 类型的别名。

Windows 之所以这么干，第一个原因是方便记忆、理解和识别。例如，"HANDLE"的意思是句柄，就像可以通过把手和手柄来开门一样，通过句柄可以访问到它所关联的、位于操作系统内部的实体，例如文件、设备、窗口、字体、图标等；"DWORD"的意思是"双字"，在主流的认知里，字节是 8 个比特，一个字包含两个字节，一个双字则由两个字组成。

另一方面，定义现有类型的别名是可移植性的需要。同一个类型名，它背后的真实类型可以随 C 实现的不同而变化。假设你用 DWORD 声明了一个变量，那么，如果在某平台上 unsigned int 类型的长度是 16 位而 unsigned long int 类型的长度是 32 位，则该平台上的 C 实现将会把 DWORD 定义为 unsigned long int 的别名；相反，如果在某平台上 unsigned int 和 unsigned long int 类型的长度都是 32 位的（在我的机器上就属于这种情况），则该平台上的 C 实现就可以把 DWORD 定义为 unsigned int 或者 unsigned long int 的别名。但是无论如何，你的程序不用修改就可以在这两种平台上翻译和执行。

无论如何，你都不用担心是否会出现超出 C 语言类型系统的新类型，所有稀奇古怪的类型都是 C 语言所认可的类型的别名。下面将要介绍我们用到的 Windows 函数，以及它们的参数。你可能有很多疑问，但不要纠结于细节，我在这里也只是一般性地介绍，因为我们的任务是学习 C 语言，领略它在实际编程工作中的价值，而不是全面地介绍 Windows 程序设计。如果你确实有不明白的地方而又查不到资料，可以通过我的个人网站 http://www.lizhongc.com/ 与我取得联系。

函数 CreateFile 的第一个参数是 lpFileName，从该参数的名字上看是指向文件名的指针。该参数的类型是 LPCTSTR，在我的机器上，C 实现将其定义为 const char * 类型的别名。所以如程序中所示，我们传入的是字面串 "myfile3.dat"，我们已经知道，它是一个数组类型的左值，将用于创建一个隐藏的数组并转换为指向其首元素的指针，然后传递给 WriteFile 函数。

第二个参数是 dwDesiredAccess，意思是你所期望的访问方式，比如读、写或者既读又写，等等。该参数的类型为 DWORD，这意味着你应当传入一个整数，而我们在程序中传入的是逻辑或表达式 GENERIC_READ | GENERIC_WRITE 的值。GENERIC_READ 和 GENERIC_WRITE 是两个宏，由头文件 <windows.h> 引入，代表着两个有特定位模式的整数，它们做逐位或运算，并将结果传递给 WriteFile 函数。

第三个参数是 dwShareMode，意思是共享模式。该参数的类型是 DWORD，也即一个整数。如果你传入的是 0（就像本程序所做的那样），则意味着本次成功打开某个文件后，将不允许其他程序再次打开、读取、写入或者删除它，即处于独占模式。再比如，要是你传入的是 FILE_SHARE_WRITE（0x00000002），则意味着允许其他程序以写入模式重新打开它。

第四个参数是 lpSecurityAttributes，意思是安全属性，比如哪个用户或者用户组拥有该文件，以及不同的用户账户或者组对该文件有何种访问权限，等等。该参数的类型是 LPSECURITY_ATTRIBUTES，以"LP"打头意味着它是一个指针。没错，它是一个指向结构类型的指针，该结构类型是 Windows 预定义的，通过头文件<windows.h>引入。如果你需要对所创建的文件施加特定的权限，则应当声明这种结构类型的变量，并传入它的地址；如果你传入的是空指针，则操作系统将使用默认的安全属性。

注意，我们在程序中传入的是 NULL，它是一个宏，而且是一个颇具知名度的宏，因为各种 C 库都会定义它，但定义的方式都一样：

define NULL 0

或者

define NULL (void *) 0

C 语言规定，一个值为 0 的整型常量表达式是一个空指针常量；将这样的表达式转换为 void *类型的，也是空指针常量。显然，宏 NULL 就代表空指针常量。我们当前所使用的这个 NULL 是通过头文件<windows.h>引入的宏。

再来看，第五个参数是 dwCreationDisposition，是指创建文件时的倾向性：当创建一个文件时，文件已经存在，或者打开一个文件时，文件不存在，该怎么办。这个参数的类型是 DWORD，我们在程序中指定的是 CREATE_ALWAYS，这也是通过<windows.h>引入的宏定义，意为"总是创建一个新文件"，不管它是否已经存在。如果要打开一个已经存在的文件，应当使用 OPEN_EXISTING。

第六个参数是 dwFlagsAndAttributes，意思是标志和属性。可以为文件指定的属性包括但不限于隐藏、只读、归档、加密、关闭句柄时删除文件，等等，一大堆。该参数的类型是 DWORD，在本程序里，我们指定的是 FILE_ATTRIBUTE_NORMAL（0x80），意为正常的属性，对于普通的文件操作来说，这个宏就足够了。

第七个参数是 hTemplateFile，意思是模板文件。当创建一个文件时，它的属性可以模仿一个现成的文件，称为模板文件。要想使用这一功能，你需要传入一个模板文件的句柄，但在我们的程序中，这个功能并不需要，所以直接置为 NULL，毕竟 HANDLE 类型本质上是一个指针类型。

最后，如果函数 CreateFile 执行成功，则文件被打开或者创建并返回一个有效的句柄；如果失败，则返回 INVALID_HANDLE_VALUE（无效句柄值），当然，这也是通过头文件<windows.h>引入的宏定义：

define INVALID_HANDLE_VALUE (HANDLE) -1

显然，无效句柄值是 HANDLE 类型的-1。变量 hf 的类型是 HANDLE，函数 CreateFile 的返回值类型也是 HANDLE，类型一致，可以做等性比较。当然，我们知道 HANDLE 类型是指针类型 void *的别名。void 类型是不完整的类型，指向 void 的指针是指向不完整类型的指针，很多运算符不允许操作数的类型是 void *，但等性运算符==和!=是为数不多的例外，因为它们不需要通过这个指针访问被指向的实体，也不需要知道被指向的确切类型。

6.7.1 认识成员选择运算符"."

接下来，我们声明了一个结构类型的变量 emp，其类型为 stgEMP，但我们知道该类型是 struct employee 的别名而已。

变量 emp 并没有初始化，我们需要为它提供值。然而，一旦错过了初始化，能够为结构变量提供一个"整体值"的方法不多。好在"不多"意味着还有希望。和数组不同，在 C 语言里，允许将一个结构变量的值保存到另一个结构变量，就像这样：

```
struct t {char a [20]; int m;} ta = {"hello", 21}, tb;
tb = ta;
```

以上，我们声明了结构类型的变量 ta 并做了初始化；同时还声明了另一个结构类型的变量 tb。接着，我们用一个表达式语句将变量 ta 的值整体上保存（复制）到变量 tb。除此之外，函数的参数类型和返回类型也可以是结构，例如下面的函数声明：

```
struct t frets (struct t tm)
{
    return tm;
}
```

在这里，函数 frets 接受一个 struct t 类型的参数，并返回一个 struct t 类型的值。这个函数只是简单地把形参 tm 的值直接返回给调用者，为此编写一个函数确实十分荒唐，但作为一个例子来说足够简明。

练习 6.10

给定结构类型 struct t {int x, y;}，若函数 f 接受一个 struct t 类型的参数 m，返回类型也是 struct t，该函数的功能是递增 m 的成员 x 和 y，然后返回 m 的值。在 main 函数内调用函数 f 并把返回值赋值变量 g，请编写这个程序。

除了上面的方法之外，最常用的莫过于为结构变量的成员分别提供值，这也是我们在程序中使用的办法。为了给结构的成员赋值，需要先选择和得到那个成员，这就要用到成员选择运算符，它实在是太不起眼了，仅仅是一个点：.。

如果是要得到结构的成员，或者得到结构成员的值，则运算符 . 的左操作数必须是结构类型，右边是指示那个成员的标识符（成员的名字），例如 emp.name。如果左操作数是左值，则运算符 . 的结果也是左值，代表那个成员，或者说得到那个成员；如果左操作数是一个值，则运算符 . 的结果是得到那个成员的值（而不是左值）。无论如何，结果的类型和那个成员的类型相同。在表达式 emp.name 中，左操作数 emp 是左值，故表达式 emp.name 的结果是左值，代表结构变量 emp 的 name 成员本身。

有同学问了，运算符 . 的左操作数还可以是值？是的，最典型的例子就是函数，函数返回的是值，而从来不会是左值。给定以下声明：

```
struct t {char name [20]; unsigned int age;};
struct t f (void);
```

在这里，函数 f 的返回类型是 struct t。也就是说，它返回一个结构类型的值。下面这行代码用于从函数 f 的返回值里"抠取"其 name 成员的值：

```
char * p = f ().name;         //D1
char c = p [0];               //D2，未定义的行为
char d = f ().name [0];       //D3
```

因为函数 f 的返回值是 struct t 类型，可作为运算符 . 的左操作数。但因为它是一个值而不是左值，故表达式 f ().name 的结果是得到成员 name 的值。成员 name 是数组类型的，故我们得到数组的值，也就是数组的内容。说实话，在 C 语言里，能够得到数组的值，这种机会实在不多，因为它像泥鳅一样，瞬间就变成了指针。不信你看——

在函数 f 返回时，返回的是结构类型的值，数组成员 name 也以值的形式随之返回。来看第一个声明 D1，表达式 f ().name 的结果是成员 name 的值，其类型为数组，类型名为 char [20]。但是很快，它又执行数组-指针转换，转换为指向其首元素的指针，并用于初始化指针变量 p。

然而，返回值是临时的，在整个声明 D1 处理完成后即会消失[①]，所以在声明 D2 中，变量 p 的值指向一个无效的内存位置，这是很危险的，表达式 p [0]用来取得该数组下标为 0 的元素，但它访问的是一个无效的数组，这种行为是未定义的，后果难以预料。

在声明 D3 中，函数 f 的返回值会在表达式 f ().name [0]求值完成后消失，函数调用运算符、成员选择运算符和下标运算符的优先级相同，都属于后缀运算符，但它们是从左往右结合的，所以这个表达式等价于(f ().name) [0]。成员选择表达式 f ().name 得到成员 name 的值，这是一个数组类型的值，转换为指向数组首元素的指针，然后，下标运算符得到下标为 0 的元素，是一个左值，经左值转换后，得到那个元素的值。

练习 6.11

1．把上面这个小例子补充为一个完整的程序，运行程序并体会成员选择运算符 . 的功能和用法。

2．我们知道，不能在两个数组之间赋值。但是，如果我们把数组作为结构变量的成员，则可以利用结构之间的赋值操作来突破这一限制。请编写程序实现这种复制过程。

言归正传，在程序中，成员 name 是一个数组，我们想把一个字符串保存进去，据我们已经掌握的知识，这样做是行不通的：

```
emp.name = "HuoFengrong";
```

成员选择运算符 . 的优先级高于赋值运算符，所以是把字面串赋给结构的成员。表达式

[①] 函数调用的返回值通常用于初始化变量，或者用于给赋值运算符的左操作数赋值，这相当于复制了这个值，制作了它的副本。

emp.name 是一个左值，代表着结构 emp 的成员 name，这个成员的类型是数组。按规定，数组类型的左值是不可以修改的，而且 emp.name 和"HuoFengrong"都会转换为指针。

基于上述原因，在实际的编程工作中我们经常使用字符串复制（拷贝）的办法来解决这一问题。我们可以自己编写一个函数来执行复制操作，也可以使用现成的库函数，而且有很多现成的库函数可用，我们在程序中用的是 StringCchCopy 函数，其原型为：

   STRSAFEAPI StringCchCopy (STRSAFE_LPSTR ***pszDest***, size_t ***cchDest***, STRSAFE_LPCSTR ***pszSrc***);

在这个函数出现之前，我们在 Windows 编程中用的是 StrCpy、lstrcpy 或者 strcpy 函数，这些函数的特点是只需要提供目标位置和源字符串。问题在于目标位置只是由一个指针指定，它的长度在函数内部无法检测。历史上，曾经出现过利用这一漏洞使缓冲区溢出而入侵计算机系统的事件，所以它们被标注为不安全的函数。

函数 StringCchCopy 用于替代上述不安全的函数，它是在头文件<strsafe.h>里声明的，没有被头文件<windows.h>连带包含进来，所以必须单独包含。该函数的第一个参数 pszDest 用于指向目标缓冲区，其类型为 STRSAFE_LPSTR，不要被迷惑了，它实际上是 char *类型的别名。在程序中，我们传递的是 emp.name，该表达式的结果是一个数组类型的左值，代表的是结构的数组成员，被转换为指向其首元素的指针。

第二个参数 cchDest 用于指定目标缓冲区的大小，其类型为 size_t，这是一种无符号整数类型的别名，我们前面曾经讲过的。该函数之所以安全，是因为可以指定目标缓冲区的大小以防溢出（写操作越界）。在程序中，我们传递的是结构成员 name 的大小。因为数组的类型是单字节的 char，所以不需要再除以元素类型的大小。

第三个参数 pszSrc 用于指定源字符串，其类型为 STRSAFE_LPCSTR，实际上，它是 const char *的别名。在程序中，我们传入的是字面串，这个字面串是数组类型的左值，被转换为指针，指向那个隐藏数组的首元素。

结构的非数组成员可直接赋值，比如表达式 emp.gender = 'F'为结构的 gender 成员赋值。表达式 emp.gender 的结果是一个左值，代表的是结构的 gender 成员。字符常量'F'的类型是 int，转换为左值的类型（char）后赋值。其他结构成员的赋值大同小异，不再赘述。

6.7.2 复合字面值

在创建或者以写模式打开一个文件后，就可以写入内容了。要写入一个文件，可以使用函数 WriteFile，其原型为：

```
BOOL WriteFile (
    HANDLE              hFile,
    LPCVOID             lpBuffer,
    DWORD               nNumberOfBytesToWrite,
    LPDWORD             lpNumberOfBytesWritten,
    LPOVERLAPPED        lpOverlapped
);
```

第一个参数 hFile 是文件的句柄，应当是函数 CreateFile 的返回值，代表一个已经创建或者打开的文件。在程序里，我们传入的是变量 hf 的值。

第二个参数 lpBuffer 是指向缓冲区的指针，其类型为 LPCVOID，它实际上是 const void * 类型的别名。在这里，我们传入的是表达式 & emp 的值，其类型为 stgEMP *，并自动转换为 void * 类型。

函数 WriteFile 的第三个参数是 nNumberOfBytesToWrite，意思是要写入的字节数，而我们传入的是表达式 sizeof emp 的值。前面已经说过，运算符 sizeof 可用来计算结构类型或者结构变量的大小，以字节计，包括内部的填充字节。

函数 WriteFile 的第四个参数是 lpNumberOfBytesWritten，意思是实际上已经写入的字节数。该参数的类型为 LPDWORD，实际上就是一个指针类型的别名，它的定义可能是这样的：

```
typedef unsigned long int * LPDWORD;
```

显然，函数 WriteFile 希望我们传入一个指针，然后它就可以把实际写入的字节数写入这个指针所指向的变量。当 WriteFile 函数返回后，通过检查这个变量的值，我们就知道实际写入了多少内容。按照常规，上述示例程序应该这样做：

```
DWORD bwritten;
WriteFile (hf, & emp, sizeof emp, & bwritten, 0);
```

或者这样做：

```
DWORD bwritten, * pbw = & bwritten;
WriteFile (hf, & emp, sizeof emp, pbw, 0);
```

但是，考虑到我们这个程序比较简单，也不想知道到底写入了多少个字节，这个变量声明之后也没什么其他用处，故我们在程序中是这样做的：

```
WriteFile (hf, & emp, sizeof emp, & (DWORD) {0}, 0);
```

在这里，(DWORD) {0} 是一个特殊的表达式，称为复合字面值，它由一个用圆括号括住的类型名，以及一个初始化器组成，其语法形式为以下之一：

(*类型名*) { *初始化器列表* }
(*类型名*) { *初始化器列表* ,}

复合字面值用于创建一个没有名字的变量，"类型名"指定了该变量的类型，"初始化器列表"用于指定变量的初始值，例如 (int) {0}，这就创建了一个没有名字的变量，变量的类型是 int，且被初始化为 0。以下是另外几个复合字面值的例子：

```
(char) {'\0'}
(char []) {'h', 'e', 'l', 'l', 'o'}
(char []) {"hello, world.\n"}
(struct t {int d [3]; char a [10];}) {.d = {5, 6, 7}, .a = "Hi,Tom"}
(int *) {& (int) {0}}
```

以上，第一个复合字面值将创建一个 char 类型的变量并初始化为字符常量 '\0'；第二个复合字面值将创建一个 char 类型的数组，并初始化为一系列字符常量；第三个复合字面值将创建一个 char 类型的数组，并用字面串的内容初始化。字面串本身也将创建一个不可见的数组。

第四个复合字面值将创建一个结构类型的变量，该结构类型有两个成员，一个是 int 类型的数组，另一个是 char 类型的数组，这两个数组的初始化器里都带有指示器。带有成员声明列表的结构声明一旦出现在翻译单元里，都将声明出一种新的结构类型来，所以这个复合字面值不但要创建一个无名的结构变量，还将声明出一种结构类型和一个指示这种结构类型的标记 t。

第五个复合字面值创建一个指针类型的变量，不过它的初始化器很有意思，由一元 & 运算符和另一个复合字面值组成。所有复合字面值都是一个左值，指示（代表）它所创建的无名变量，而且该左值的类型就是那个类型名所指示的类型。既然复合字面值 (int) {0} 是一个 int 类型的左值，代表那个由它创建的变量，则表达式 & (int) {0} 的结果就是一个指针，这个指针旋即被用来生成外层的复合字面值变量。所以，这里是两个嵌套的复合字面值，还会创建两个无名的变量。

既然复合字面值是左值，那么它就能够出现在任何需要左值的地方，例如：

```
(int) {0} = 10086;
char * pc = & (char) {0};
unsigned long int ul = sizeof (int []) {0, 1, 2, 3, 4, 5};
```

在第一条语句中，我们将 10086 赋给左值 (int) {0}。但是这个左值所指示的变量是没有名字的，所以赋值之后再也没法使用。

在第二条语句中，既然表达式 (char) {0} 是一个左值，那我们就可以用一元 & 运算符得到一个指向 char 的指针，并用于初始化变量 pc。注意变量 pc 的类型也是指向 char 的指针，类型一致，没有问题。在这里，虽然左值 (char) {0} 所代表的变量没有名字，但变量 pc 的值指向它，那我们就可以通过变量 pc 来访问它。

在第三条语句中，左值 (int []) {0, 1, 2, 3, 4, 5} 是运算符 sizeof 的操作数，故这将返回由该复合字面值所创建的那个无名变量的大小，以字节计。

接着来看我们的程序，因为函数 WriteFile 的第四个参数要求是一个指向 DWORD 类型的指针，所以我们传递的是表达式 & (DWORD) {0} 的结果。表达式 (DWORD) {0} 既是一个复合字面值，也是一个左值，将创建一个无名的变量。一元 & 运算符作用于它，得到一个指向 DWORD 的指针。

函数 WriteFile 的最后一个参数是 lpOverlapped，意思是重叠（执行）。虽然我们用函数 WriteFile 去写入文件，但它也可以写入设备。当写入一个慢速设备时，你可以让该函数等待完成写入操作，设备确认之后再返回，但也可以不用等待设备的确认立即返回到调用者，这后一种情况称为是异步的或者重叠的，就是说主程序和写入及确认操作互相重叠进行互不干涉。

如果设备很慢，异步操作是占优势的。想象一下，如果你自己写了一个带有打印功能的文稿编辑软件，当用户要打印文稿时，同步打印操作将等待打印机完成打印任务后才开始响应用户的编辑操作，在打印完成之前，他将发现文稿编辑界面按什么键都没有反应。

如果采用异步打印操作，则软件会把打印任务安排停当之后立即着手处理用户的操作，打印机自己在后台忙碌。

如果你需要一个异步的写入操作，则你必须传入一个 LPOVERLAPPED 类型的值，这种类型实际上是指向结构体的指针。好在我们用不着异步操作，也不准备过多地涉及这些无关的细节，所以在程序中直接传入一个空指针。

如果文件写入成功，函数 WriteFile 返回非零值；如果写入失败，或者正在完成异步操作，则返回 0。我们说过，异步操作时，该函数将不等待写入完成就将返回到调用者。注意，该函数的返回类型是 BOOL，在我的机器上，它是 int 类型的别名：

```
typedef int BOOL;
```

在大多数平台和编程语言中，BOOL（布尔）类型用来描述逻辑上的"真""假"。原先在 C 语言里没有布尔类型，它是以非零值表示"真"，零值表示"假"，然而最新的 C 标准引入了它自己的布尔类型 _Bool。

顺便说一下，要读取一个文件，可以使用函数 ReadFile，其原型为：

```
BOOL ReadFile (
    HANDLE          hFile,
    LPVOID          lpBuffer,
    DWORD           nNumberOfBytesToRead,
    LPDWORD         lpNumberOfBytesRead,
    LPOVERLAPPED    lpOverlapped
);
```

老实说，这些参数都是极容易理解的，毕竟它们和 WriteFile 函数的参数类似。要读取的文件应该先用 CreateFile 函数打开，并将返回的句柄传递给 hFile 参数；读取的数据放在缓冲区里，指向缓冲区的指针传递给 lpBuffer 参数；要读取的长度（字节数）传递给 nNumberOfBytesToRead 参数；实际写入的字节数由 ReadFile 函数负责填写，但填写的位置由你自己通过参数 lpNumberOfBytesRead 指定。参数 lpOverlapped 的功能和 WriteFile 一样，可以置为空指针。

和 WriteFile 函数一样，该函数的返回类型是 BOOL。如果文件读取成功，则它返回非零值；如果读取失败，或者正在完成异步操作，则返回 0。

练习 6.12

1. 编写程序，将我们写入到文件 myfile3.dat 中的内容读到一个结构类型的变量中，并在调试器里观察读取的内容是否与前面写入的一致。

6.7.3 控制台 I/O 和音频播放

和 UNIX/Linux 系统一样，Windows 也使用同一种逻辑和接口来处理物理上不同的设备和文件。Windows 也有自己的标准输入、标准输出和标准错误设备，通常情况下，标准输出对应着控制台屏幕。如果你想输出到控制台屏幕，只需要把标准输出的句柄当成文件句柄传递给 WriteFile 即可，该函数自会在内部进行相应的处理。然而在此之前，你必须先获得标准输出的句柄才行。

Windows 提供了三个特殊的文件名，分别是"CONIN$""CONOUT$"和"CONERR$"，通过用函数 CreateFile 打开这三个特殊的文件，你就可以得到标准输入、标准输出和标准错误的句柄，作为示例，下面的程序就演示了如何得到标准输出的句柄并用它输出一些文本信息。

```
/********************c0613.c********************/
# include <windows.h>

int main (void)
{
    HANDLE hstdo = CreateFile ("CONOUT$", GENERIC_WRITE, 0, \
                               NULL, OPEN_ALWAYS,\
                               FILE_ATTRIBUTE_NORMAL, NULL);
    char buf [] = "Hello world.\n";
    WriteFile (hstdo, buf, lstrlen (buf), (DWORD []) {0}, NULL);
}
```

在调用函数 WriteFile 时，所传递的第三个参数是另一个函数 lstrlen 的返回值，该函数位于动态链接库 kernel32.dll 中，用于返回一个字符串的长度，不包括末尾的空字符，其原型为：

int lstrlen (LPCTSTR *lpString*);

在这里还有一个重要的细节，那就是我们用复合字面值(DWORD []) {0}取代了原先的表达式& (DWORD) {0}。复合字面值(DWORD []) {0}创建了一个无名的数组变量，它只有一个 DWORD 类型的元素。因为这个复合字面值是一个数组类型的左值，所以会自动转换为指向其首元素的指针。

不得不说 Windows 是一个成熟灵活的操作系统，做同一件事，它会提供多种不同的手段和方法。比如，为了获得标准输出的句柄，我们还可以调用 GetStdHandle 函数，下面的程序就演示了这种方法：

```
/********************c0614.c********************/
# include <windows.h>

# define PSTR "Jace,Jack,Jackie,Jackson,Jacob,Jacque.\n"

int main (void)
{
    WriteFile (GetStdHandle (STD_OUTPUT_HANDLE), PSTR, \
               lstrlen (PSTR), (DWORD []) {0}, NULL);
}
```

函数 GetStdHandle 用于获取以下三种标准设备的句柄：标准输入、标准输出和标准错误，其原型为：

HANDLE GetStdHandle (DWORD *nStdHandle*);

在这里，参数 nStdHandle 需要一个用整数指示的标准设备。为方便起见，Windows 将它们定义为三个宏。其中，STD_OUTPUT_HANDLE（-11）是指标准输出设备，默认情况下对应于控制台屏幕缓冲区，也就是 CONOUT$。函数 GetStdHandle 返回一个标准设备的句柄，可在调用 WriteFile 函数时使用。

和前面一样，下面我们来尝试从标准输入读取字符并写入标准输出。如下面的代码所示，我们一开始首先获取标准输入和标准输出的句柄，并分别保存到变量 stdi 和 stdo。

```
/*********************c0615.c********************/
# include <windows.h>

# define PROMPT "->"

int main (void)
{
    HANDLE stdi = GetStdHandle (STD_INPUT_HANDLE);
    HANDLE stdo = GetStdHandle (STD_OUTPUT_HANDLE);
    char buf [1];
    DWORD nbread, nbwrite;

    WriteFile (stdo, PROMPT, lstrlen (PROMPT), & nbwrite, NULL);

    while (ReadFile (stdi, buf, sizeof buf, & nbread, NULL) &&
                    (nbread != 0))
        WriteFile (stdo, buf, nbread, & nbwrite, NULL);
}
```

接下来，我们先在标准输出上打印一个提示符，并调用 ReadFile 函数等待输入。然而，用户按下的字符将在计算机系统内部的缓冲区内排队，直到按下回车之后，才能允许 ReadFile 开始实际的读取操作。在所有的字符都读完之后，继续调用 ReadFile 函数时将返回非零值（为真），并且实际读取的字节数为 0。因为这个原因，程序中的 while 语句才会将循环条件设置为该函数的返回值为真，并且变量 nbread 的值不为零。

值得注意的是，变量 nbread 在同一个表达式里既被 WriteFile 函数写入，又紧接着被读取。这没有任何关系，因为我们知道，在运算符 && 的左操作数和右操作数的求值之间有一个序列点。

while 语句的循环体是将刚才读取的字符写到标准输出。注意，我们在前面将数组变量 buf 的元素数量声明为 1，意思是每次读写 1 个字节。这是可以修改的，而且这种修改不影响程序的翻译和执行效果，因为我们在调用 ReadFile 时，每次读取的字节数被设置为表达式 sizeof buf 的值，而在调用 WriteFile 时，又将每次写入的字节数设置为刚才读取的字节数。

我们说过，在翻译一个程序时，GCC 会自动加入并链接到默认的导入库。但是，有些用得少的库却并不在"默认"之列，比如 Windows 多媒体函数库。在这种情况下，你必须在翻译时手动指定要链接到的库。

下面的例子程序用于播放一段音乐，所以用到了函数 PlaySound，但是这个函数所在的库并不是自动添加的，需要你手工指定。先来看程序的代码：

```
/**********************c0616.c********************/
# include <windows.h>

# define MSG0 "Playing......\n"
# define MSG1 "Finished.\n"

int main (void)
{
    WriteFile (GetStdHandle (STD_OUTPUT_HANDLE), MSG0, \
               lstrlen (MSG0), (DWORD []) {0}, NULL);

    PlaySound ("zmtx.wav", NULL, SND_FILENAME | SND_SYNC);

    WriteFile (GetStdHandle (STD_OUTPUT_HANDLE), MSG1, \
               lstrlen (MSG1), (DWORD []) {0}, NULL);
}
```

该程序首先在控制台屏幕上打印一行字符"Playing......"，然后开始播放一个音乐文件，当播放结束后，打印一行字符"Finished."，然后结束程序。播放音乐文件用的是函数 PlaySound，它位于动态链接库 winmm.dll 中，其原型为：

BOOL PlaySound (LPCTSTR *pszSound*, HMODULE *hmod*, DWORD *fdwSound*);

这个函数只能播放 WAV 格式的音频，这种格式是由微软公司开发的，曾经很流行，现在也很容易找到。虽然函数的声明看起来很简单，但它却能提供很多不同的播放选项。比如，它可以播放独立的波形文件（这些文件通常以 .wav 为扩展名），也可以播放 Windows 系统事件的声音（比如开机时欢迎界面的音乐、注销或者关机时的声音，等等），还可以播放位于内存或者位于某个可执行文件内的声音资源（Windows 应用程序可以包含图标、图片和音乐等资源数据）。再有，它可以选择是否循环播放、同步播放还是异步播放。同步播放时，该函数在播放完成后才返回到调用者；异步播放时，该函数启动播放并立即返回到调用者。如果想在播放音乐的同时还能继续执行 PlaySound 后面的代码，可以选择异步播放。

播放的方式和选项是由第三个参数 fdwSound 指定的，它也决定了如何解释第一个参数 pszSound 的内容，以及是否需要第二个参数 hmod。在程序中，我们为这个参数传递了表达式 SND_FILENAME | SND_SYNC 的值。

SND_FILENAME 是一个宏，被定义为一个有特定位模式的整数，意思是第一个参数指定的是文件名，也就是说，要播放的是一个独立的文件；SND_SYNC 也是一个宏，意思是同步播放。同步播放时，函数 PlaySound 不会立即返回，而是等待播放结束才返回。相反，要想启动播放后立即返回并执行下一条语句，可以用另一个宏 SND_ASYNC 来代替它。

第一个参数 pszSound 的类型是指向字符串的指针。因为我们为第三个参数指定了 SND_FILENAME，所以这里的字面串"zmtx.wav"表示一个文件名。函数 PlaySound 只能播放 WAV 格式的音乐文件，但不支持 MP3 等其他格式。这里指定的 "zmtx.wav" 是我自己机器上的文件，你应该使用你机器上的音乐文件，并用它的名字来取代这个字面串的内容。

只有在要播放的声音是某个可执行文件内的资源时，才真正需要第二个参数 hmod。这个参数的类型是 HMODULE，和 HANDLE 一样，它也是 void *类型的别名。可执行文件不但可以是指令，还可以包含图标和音频数据，这些都是可执行文件内的资源，PlaySound 函数可以播放可执行文件内的音频资源。但是现在，因为我们是要播放一个独立的文件，按要求，这个传入的参数应当是空指针 NULL。

默认情况下，导入库 libwinmm.a 是不自动提供给链接器的，所以我们必须手工指定它，下面是翻译和执行的过程：

```
D:\exampls>gcc c0616.c -o c0616.exe -lwinmm

D:\exampls>c0616
Playing......
Finished.

D:\exampls>
```

当然，在翻译这个程序时，也可以直接链接到 Windows 动态链接库本身，就像这样（假定你的 Windows 安装在 C 盘根目录下）：

```
D:\exampls>gcc c0616.c -o c0616.exe c:\Windows\system32\winmm.dll
```

没有声音？看看你的音箱是否已经打开并且音量适中；再不行看看声卡驱动程序是否正确安装。有些 WAV 格式的文件可能不太符合标准，也有可能出现播放问题。如果不能播放，请写信告诉我，我将提供替代的解决方案。

我猜这个音乐播放器已经激发了部分同学的兴趣，他们继而会想，这个程序只能播放固定的文件 zmtx.wav，我能不能自由选择播放哪个文件呢？比如，当我在命令行运行这个音乐播放程序时，还能指定一个波形文件，就像这样：

```
D:\exampls>c0618 mixdown.wav
```

这当然是可以的。在这里，"c0618" 是可执行文件名，而 "mixdown.wav" 是命令行参数。不管是 UNIX、Linux、Windows，还是其他平台，都支持在运行程序时提供一些命令行参数。

命令行界面是操作系统之上的一个用户接口，当你输入一个程序的名字，并附加了命令行参数之后，操作系统将加载并运行这个程序；与此同时，还将把命令行参数保存起来。但是，这些参数是否能够被当前程序访问，取决于函数 main 的声明形式。

6.7.4 函数 main 的定义

在宿主式环境下，函数 main 作为整个程序的主函数出现，程序启动并完成初始化操作后，将调用 main 函数。如果用户在启动程序时指定了命令行参数，则操作系统将代收这些参数。

如果不接收命令行传入的参数，则函数 main 可以定义为返回 int 的、无参数的形式，也就是我们很熟悉的

```
int main (void) {/* …… */}
```

如果需要使用命令行参数，则可以定义为以下这种具有两个参数的形式（或者这种形式的等价形式）：

```
int main (int argc, char * argv []) {/* …… */}
```

在这里，参数 argc 具有非负值，而 argv 虽然在形式上是一个数组，但我们知道，如果函数的参数在形式上是一个数组，则它会被调整为指向元素类型的指针，所以 argv 实际上是一个指针类型的参数（变量）。因其元素类型为指向 char 的指针，故它被调整为指向 char *类型的指针，即 char * *，因此，下面的形式与上述形式等价：

```
int main (int argc, char * * argv) {/* …… */}
```

以上无参数的形式和两个参数的形式是 C 语言明确规定的标准形式，使用标准形式有助于增强程序的可移植性。除此之外，也允许 C 实现定义其他非标准的形式。

如图 6-8 所示，假定我们是这样运行一个程序的：

D:\exampls\>**myprog arg1 arg2 arg3 arg5 arg6**

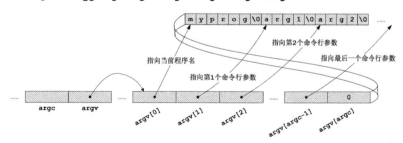

图 6-8 命令行参数的存储示意

那么，参数变量 argv 的值指向一个内部数组的首元素，这个内部数组保存了当前正在运行的程序名，以及用户输入的所有命令行参数。参数变量 argc 的值可用于计算这个内部数组的大小，因为这个值等于该数组最后一个元素的下标。

通过变量 argv 的值（指针），可以找到内部数组的每个元素。例如，表达式* (argv + 0)或者 argv [0]是一个左值，指示该数组的首元素；再比如，表达式* (argv + 1)或者 argv [1]是一个左值，指示该数组下标为 1 的元素。

具体来说，如果函数 main 被定义为以上具有两个参数的形式，则变量 argc 具有非负值，且数组元素 argv [argc]的值是空指针。当我们用指针来遍历那个内部数组时，

这个空指针可以用来作为结束条件。

进一步地，如果 argc 的值大于 0，那么数组元素 argv [0]～argv [argc-1]分别包含的是指向字符串的指针，这些字符串位于内存中的其他地方。数组元素 argv [0]的值指向一个表示当前程序名的字符串。如果宿主环境并未提供这个名字，则它指向一个空串，即 argv [0][0]的值应为空字符。如果 argc 的值大于 1，那么数组元素 argv [1]～argv [argc-1]的值所指向的字符串都是命令行参数。

标识符 argc 和 argv 不是强制的，可以改为你喜欢的其他名称。在翻译一个程序时，C 实现仅扫描函数 main 的定义形式而不会在意参数的名字，所以你完全可以这样写：

```
int main (int a, char * * b) {/* …… */}
```

可以修改变量 argc 和 argv 的值，以及由 argv 的元素值所指向的命令行参数。参数变量 argc、argv 和这些命令行参数的生存期贯穿整个程序的执行过程，从程序启动到程序终止，在此期间可随意访问它们。

为了加深理解，下面给出了一个示例程序，用于在标准输出上打印所有的命令行参数，包括当前程序的名字。

```
/*********************c0617.c*******************/
# include <windows.h>

int main (int argc, char * * argv)
{
    HANDLE stdo = GetStdHandle (STD_OUTPUT_HANDLE);
    DWORD bwritten [1];

    for (int n = 0; n < argc; n ++)
    {
        WriteFile (stdo, argv [n],\
                lstrlen (argv [n]), bwritten, NULL);
        WriteFile (stdo, "\n", 1, bwritten, NULL);
    }
}
```

为了方便起见，我们在程序里声明了变量 stdo 和 bwritten，这样就不需要在每次调用函数 WriteFile 时都临时获得标准输出的句柄，也不需要频繁地创建复合字面值变量，从而提高运行效率。

for 语句遍历由变量 argv 所指向的那个内部数组，打印由各元素的值所指向的那些字符串。因为表达式 argv 的类型是 char * *，故 argv [n]的类型是 char *，而且是一个左值，指示一个数组元素。经左值转换，得到那个元素的值（指向 char 的指针，指向一个字符串），而函数 WriteFile 的第 2 个参数，以及函数 lstrlen 所要求的类型也是指向 char 的指针。

在 for 语句里，对函数 WriteFile 的第二次调用是为了进行换行。如果不换行，所有参数都被打印在同一行里。

既然知道了如何获取和使用命令行参数，那么，如下面的程序所示，我们现在就可以采用这种方法来重新编写音乐播放程序，从而可以任意指定要播放的文件名。

```c
/********************c0618.c******************/
# include <windows.h>

# define ERRPAR "Usage: sndplay file-name.\n"
# define STARTP "Playing......\n"
# define ENDPLY "Finished.\n"

int main (int argc, char * * argv)
{
    HANDLE stdo = GetStdHandle (STD_OUTPUT_HANDLE);
    DWORD bwritten [1];

    if (argc < 2)
    {
        WriteFile (stdo, ERRPAR, lstrlen (ERRPAR), bwritten, NULL);
        return -1;
    }

    WriteFile (stdo, STARTP, lstrlen (STARTP), bwritten, NULL);
    PlaySound (argv [1], NULL, SND_FILENAME | SND_SYNC);
    WriteFile (stdo, ENDPLY, lstrlen (ENDPLY), bwritten, NULL);
}
```

该程序首先判断是否有命令行参数。对命令行参数的处理是通过 `if` 语句进行的。我们知道，表达式 `argv [0]` 的值是指向程序名字的指针；`argv [1]` 的值是指向第一个命令行参数的指针。如果只有一个参数，则 `argv [2]` 的值是空指针。这样算下来，变量 `argc` 的值势必至少为 2。如果小于 2，则表明参数不够，此时只能向标准输出打印一行提示信息以说明程序的使用方法，然后退出。

余下的代码和上一个程序相比没有多大差别，唯一的不同是在调用 `PlaySound` 这个函数时，第一个参数是表达式 `argv [1]`。

下面是翻译和执行的过程。第一次执行时，我们故意未指定波形文件名，以观察它会有怎样的反应。第二次执行时，我们为它提供了一个文件名。注意，这个文件名带有路径，这是函数 `PlaySound` 所允许的。

```
D:\exampls>gcc c0618.c -o sndplay.exe -lwinmm

D:\exampls>sndplay
Usage: sndplay file-name.

D:\exampls>sndplay c:\users\administrator\desktop\mixdown.wav
Playing......
Finished.
```

```
D:\exampls>
```

练习 6.13

编写程序，当用户在命令行指定多个音乐文件时，可按顺序连续播放这几个文件。在播放每个文件时，打印它的名字，以提示用户当前正在播放哪个文件。

6.8 C 标准库

随着计算机技术的发展，C 语言也被移植到其他各种不同的平台。那边厢，美国国家标准协会 ANSI 搞了一个自己的 C 语言标准 ANSI C。后来，它被国标标准化组织 ISO 采纳，其中 ISO C 就是 ANSI C 的国际化版本。

ISO C 是 POSIX C 的一个子集，但 ISO C 在最大程度上致力于各个不同平台上的可移植性，而本书的写作也是基于 ISO C 标准。ISO C 标准不但定义了 C 语言本身，同时也定义了它自己的标准库。该标准库包含了一整套输入输出、（字符）串操纵、存储管理、数学工具，以及其他各种服务的函数。

这些精心设计的库函数可以随 C 实现一起被移植到绝大多数计算机系统中，这里面的秘密在于"同一个接口，不同的实现"。例如，标准库的函数 printf 用于打印文本到标准输出，名字是统一的，但它的定义却因计算机系统的不同而异，在 UNIX 系统上主要是封装了系统调用，而在 Windows 系统上则会使用动态链接库。然而不管怎样，使用这些库函数的程序基本不需要改动就可以在不同的计算机系统中翻译和运行。

C 标准库所提供的函数是在头文件中声明的。当然，为了易于使用，最好将被声明的函数归类。这样，头文件<stdio.h>将用于声明那些和输入输出有关的函数和类型；头文件<math.h>用于声明那些和数学有关的函数和类型；头文件<string.h>用于声明那些和字符串操纵有关的函数和类型，如此等等。另一方面，仅仅有头文件还不行，如果用到了某个库，它还必须在程序的链接阶段引入。但这不需要操心，C 实现通常会自动做这件事。

6.8.1 流

写入或者读取一个文件，POSIX 有一套办法，而 Windows 也有它自己的手段，对于 C 标准库来说，它自然也不会少了这方面的功能。

输入输出的对象可以是由结构化存储设备（硬盘、光盘等）支持的文件，也可以是一些物理设备，如磁带、终端（显示器或者老式电传打字机等）。无论是哪种，都是比特或者字节的序列在计算机内部或者在设备之间传输，这很容易让人联想到水流。因此，在 C 标准库看来，不管它们的形式如何迥异，都可以被映射为逻辑上的数据流，或者简称为流。

要访问和操作流（中的数据），需要将一个流与文件关联，这是流的来源和目的地。这里的文件可以是普通意义上的磁盘文件，也可以是物理设备，这么做当然是为了用一致的方法来简化操作，以方便输入和输出。这样一来，当我们打开或者创建一个文件时，就能使一个流与该文件相结合，或者说相关联。

C 支持两种形式的数据流映射，分别是文本流和二进制流。之所以这样做，是因为 C 标准的制定者们考虑到除 UNIX 之外的大部分操作系统都要求区别对待文本文件和二进制文件。要在不同的平台上实现 C 标准库，这些固有的限制是绕不开的。

文本是肉眼可以识别的文字信息，如果一个文件的内容只是纯粹的文本，你可以将它映射为一个文本流，这样做的好处是可以根据计算机系统环境的不同而改变文本的呈现方式，因为 C 标准库的文件操纵函数可以向文本流中增加、删除字符，或者对字符做一些改动。

我们知道，用 C 语言输出文本时，"\n" 代表换行。然而你可能不知道的是，用 "\n" 来换行只是 UNIX、Linux 等操作系统的习惯，在 Windows 上实际是 "\r\n"。那么，为什么我们在 Windows 上写程序时，用 "\n" 也能正确换行呢？

很简单，C 是可移植的编程语言，当它被移植到 Windows 上后，C 标准库也将一同被移植过去。这种移植是有代价的，如果你在 Windows 平台上用 C 标准库将一个只以 "\n" 换行的文本流写入一个文件时，标准库函数将把它替换为 "\r\n"，这是暗中进行的，所以不需要你操心，甚至也不需要你意识到它的存在。

和文本流不同，二进制流用于透明地记录内部数据。"透明"的意思是，相对于流的创建者和接收者来说，中间的、用于处理流的 C 标准库函数可视为不存在，因为它们不会改变流中的数据，仅起到传输的作用。换句话说，写入二进制流的数据，当它们再读出来的时候，应当是相同的，没有变化。

为了演示文本流和二进制流的区别，一个典型的示例必不可少。下面这个程序，我的要求是必须在 Windows 上翻译和执行，这样才能看到效果。至于它的功能，是将含有换行符 "\n" 的字符串用文本流写入一个文件，看看它是否会将 "\n" 变成 "\r\n"。

```
/********************c0619.c*****************/
# include <stdio.h>

int main (void)
{
    FILE * hfile = fopen ("myfile5.txt", "w");
    if (hfile == NULL) return -1;

    char * ps = "By\nthe\nriver\nof\nBabylon\n";

    do
        if (* ps == '\0') break;
    while (fputc (* ps ++, hfile) != EOF);

    fclose (hfile);
}
```

在 C 标准库里，所有和文件相关的输入/输出函数都在头文件 <stdio.h> 里声明，所以我们必须在程序的开头将这个头文件包含进来。

和往常一样，接下来的任务是创建一个文件并写入数据。要创建或者打开一个文件，C 标准库提供的库函数是 fopen，它是在头文件<stdio.h>中声明的，其原型为：

    FILE * fopen (const char * restrict *filename*, const char * restrict *mode*);

在这里，参数 filename 用于接受一个指向字符串的指针，字符串的内容是要创建或者打开的文件名，而 mode 则用来指定以什么样的方式（模式）来创建或者打开文件。

6.8.2 restrict 限定的类型

我们注意到，在参数 filename 和 mode 的声明中都出现了"restrict"，这是什么意思呢？我们已经认识了类型限定符 const，但并不认识 restrict。和 const 一样，restrict 也是类型限定符，所以在这里，filename 和 mode 都被声明为 restrict 限定的指针，但它们所指向的（变量的）类型都是 const char。

和类型限定符 const 不同，restrict 只能用来限定指针类型。也就是说，只能生成指针类型的 restrict 限定版本，例如：

    int r = 0, * restrict pr = & r;

在这里，变量 pr 的类型是 restrict 限定的指针。这种限定被视为程序员向 C 实现做的一个保证：在指针 pr 所在的块内[②]，变量 r 只会通过指针 pr 访问，不会再通过其他途径（例如其他指针）访问。

有了这个保证，C 实现便可以在块的开始处安全地缓存"该指针所指向的变量"的值，执行各种操作，读取和更新操作也只针对这个缓存的值进行。最后，在退出块之前，再将缓存的值（可能已经更新过）刷新到那个指针所指向的变量。毕竟，对于某些复杂的操作而言，缓存一个变量的值，并将这个值用于后续计算的开销，比频繁地通过指针访问那个变量的值要小得多。退出块之后，其他指向那个变量的指针即可重新使用。

如果没有这个限定符，则意味着在当前块内，还可能存在着其他指向这个变量的指针。因此，缓存变量的值是不安全的。

下面用具体的实例来解释在 C 中引入 restrict 限定符的原因。假定函数 fdemo 的定义如下：

    void fdemo (int * p1, int * p2, int n)
    {
      for (int i = 0; i < n; i ++)
      {
        * p1 += i;
        * p2 += i;
      }
    }

[②] 典型地，函数体和复合语句都是块，但块并不仅仅是函数体和复合语句。例如，每个 if 语句和循环语句都是一个块，详见本书后面的章节。

为了防止 C 实现对函数 fdemo 的代码过度优化，不用常量来指定 for 语句的循环次数，相反，循环次数由调用者传入的参数 n 指定。函数 fdemo 所做的事情很简单，就是对 p1 和 p2 所指向的变量作累加操作，要累加的数是 0 到 n-1。

再假定，使用以下代码来调用函数 fdemo：

```
int i = 0;
fdemo (&i, &i, 10);
```

这就是说，在函数 fdemo 内部，指针 p1 和 p2 指向同一个 int 类型的变量。当然，这在 C 中是很正常的事情，不会影响到函数 fdemo 的正确执行，在 for 循环中，先读取 p1 所指向的变量的值，进行累加后再写回该变量，再对 p2 做同样的事情，最后从函数 fdemo 返回后，变量 i 的值是 90。

如果修改函数 fdemo 的定义，则情况就大不相同了：

```
void fdemo (int * restrict p1, int * restrict p2, int n)
{
    for (int i = 0; i < n; i ++)
    {
        * p1 += i;
        * p2 += i;
    }
}
```

同前一种定义形式相比，这里只是将 p1 和 p2 声明为 restrict 限定的指针，其他方面没有任何变化。

如果一个指针使用了 restrict 关键字，则意味着该指针是"访问它所指向的变量"的唯一途径。因此，为了优化函数 fdemo 的代码，C 实现将首先分别缓存 p1 和 p2 所指向的变量的值，以免频繁地用指针访问变量而丧失效率。缓存的值随后用于累加操作，累加完成后，再将缓存的值（可能已经改变）刷新回它们各自所指向的变量。

这次依然用相同的代码来调用函数 fdemo：

```
int i = 0;
fdemo (&i, &i, 10);
```

问题在于，函数 fdemo 的参数 p1 和 p2 都被声明为 restrict 限定的，但它们又都指向相同的变量，这就违背了双方在 restrict 上的约定。因此，在函数 fdemo 内部，for 循环里的两个累加过程都假定只有自己在改变变量的值，因此用的是缓存的值，而不是通过实际访问变量得到的值。同时，每当变量的缓存值改变后，也不会刷新到变量中。于是，离开 for 循环之后，它们各自的缓存值都是 45。在退出函数 fdemo 之前，这两个缓存值又先后被刷新到指针所指向的变量，这等于分两次将 45 写回到那个变量中。最后，从函数 fdemo 返回后，变量 i 的值是 45。

再回到函数 fopen，既然参数 filename 和 mode 都是指向 const char 的指针，那么，这就可以被视为一个承诺：库函数不会改变该指针所指向的字符串。同时，因为这两个参数都是 restrict 限定的，则函数的调用者也要保证它们不是来自同一个字符串。

6.8.3 C标准库的实现

从程序中可知，我们第一次调用函数 fopen 时，传递给形参 filename 的值是由字面串"myfile5.txt"转换而来的指针。字面串的内容是一个文件的名字，这个字面串是一个数组类型的左值，被转换为指向其首元素的指针。

函数 fopen 的第二个参数 mode 是文件打开方式（模式），从其声明来看，它是一个指向字符串的指针，文件的打开模式是由一个字符串来指定的，如表 6-1 所示。

表 6-1 参数 mode 所指向的字符串内容及含义

内容	目的	动作
r	读	打开一个已存在的文本文件
w	写	创建一个文本文件，若文件已存在则打开并将长度截断为零
wx	写	创建一个文本文件
a	追加	创建一个文本文件，若文件已存在则打开
rb	读	打开一个二进制文件
wb	写	创建一个二进制文件，若文件已存在则打开并将长度截断为零
wbx	写	创建一个二进制文件
ab	追加	创建一个二进制文件，若文件已存在则打开并将长度截断为零
r+	更新	打开一个文本文件
w+	更新	创建一个文本文件，若文件已存在则打开并将长度截断为零
w+x	更新	创建一个文本文件
a+	追加	创建一个二进制文件，若文件已存在则打开并将长度截断为零
r+b 或 rb+	更新	打开一个二进制文件
w+b 或 wb+	更新	创建一个二进制文件，若文件已存在则打开并将长度截断为零
w+bx 或 wb+x	更新	创建一个二进制文件
a+b 或 ab+	追加	创建一个二进制文件，若文件已存在则打开并将长度截断为零

需要说明的是，表中的"更新"是指读和写，也就是既可以读文件，也可以写入；"追加"是指在文件末尾添加，在这种模式下可以读整个文件，但写操作只能在尾部进行。

从表中可以看到，被创建或者打开的文件分为两种：文本文件和二进制文件。这就是说，函数 fopen 用于将一个文件映射（绑定）到一个文本流或者二进制流。从程序中可知，第一次调用函数 fopen 时，指定的打开模式为"w"，这将创建指定的文件并将其绑定到一个文本流，如果文件已经存在则覆盖它，并将其长度截断为零。

一旦打开或者创建了文件，函数 fopen 就会返回一个指向 FILE 的指针。FILE 是一个结构类型的别名，该结构类型也是在头文件<stdio.h>内声明的，它的成员用于记录一些对于控制文件读写来说非常重要的信息。通过库函数操作文件时，会改变文件的状态，比如当前读写的位置，等等，这些信息都记录在这里，供后续的文件操作函数使用。

也就是说，一旦文件成功地创建或者打开，函数 fopen 将在内部创建一个 FILE 类型的变量并返回指向它的指针。至于这个结构到底是什么样子，我们不需要关心，它是由与文件操作相关的库函数使用和维护的。然而，我们必须声明一个变量来保存函数 fopen 的返回值，且该变量的类型必须是指向 FILE 类型的指针。在这里，这个变量就是 hfile。

如果创建或者打开文件失败，则函数 fopen 返回一个空指针。为此，我们需要将返回值和空指针常量 NULL 进行比较。我们说过，它是一个宏，被定义为空指针常量，C 标准库也定义了它，这个定义通常在头文件<stddef.h>里，但是 C 标准库的其他头文件里也可能有它的定义，在当前程序中是通过头文件<stdio.h>引入。

函数 fopen 的返回值在变量 hfile 里，程序中用该变量的值和空指针常量比较，这是符合规定的，一个指向任意类型的指针和一个空指针常量可以用等性运算符进行比较。如果变量 hfile 的值是空指针，则意味着文件创建失败，直接退出程序并返回-1。

必须要说明的是，Windows 平台上的 GCC 可能无法支持某些打开方式，特别是那些带有"x"的模式，这些模式是 C11 才引入的。之所以会这样，是因为一些并不复杂，但很无奈的原因。

理论上，使用 C 标准库的函数来写程序，可移植性是最好的，毕竟所有的 C 实现都必须在它依附的那个平台上实现 C 标准库。我们在前面分别讲了 POSIX 标准库和 Windows 动态链接库，POSIX 标准库的可移植性也不错，但直接用 Windows 动态链接库编写的程序就不具备可移植性了，毕竟 Windows 是一个封闭的、构造特殊的系统，你不能把这样的程序放到其他平台上翻译和执行，因为它们没有那些库，更不可能实现那些函数的功能。

通常来说，C 标准库在各个平台上的具体实现（主要是库函数的代码）要由那个平台上的 C 实现提供。在这方面，每个 C 实现都有它自己的办法，无非是借助于系统调用或者操作系统自己的库，如果某个 C 标准库的函数不需要借助于操作系统就能实现，那当然最好不过（C 标准库的很多函数很简单，并不需要借助于操作系统就能实现，比如字符串的连接和比较）。

以 GCC 为例，它是在 Linux 上发展起来的，而且 C 语言和 UNIX，以及类 UNIX 系统之间有近亲关系，所以 C 标准的每次修改都能在 Linux 上迅速实现。但是在 Windows 上，GCC 并没有完全实现 C 标准库，而是用了一个现成的动态链接库 msvcrt.dll。从另一方面来说，GCC 在 Windows 上的实现称为 MinGW，从字面意思来说就是 "GNU 在 Windows 上的精简版本"。既然是精简版本，那这种图省事的做法也许就情有可原了。

在 20 世纪 90 年代，微软公司开发了 Visual C/C++编程软件，为了提供对 C 标准库的支持，他们创建了一个动态链接库 msvcrt.dll，它既是 C 标准库的 Windows 实现，供 Visual C/C++使用，又是 Windows 的一个组件。

由于这个文件由 Visual C/C++团队和 Windows 团队共享，所以，一旦 Visual C/C++软件出了新版本，Windows 团队就得更新他们的 msvcrt.dll 以保持同步；如果 Windows 团队需要修改 msvcrt.dll 中的毛病和瑕疵，他们就必须确保 Visual C/C++团队做了相应的修改。

然而，随着 Visual C/C++产品的版本更迭，问题出现了。在用户那里，他们可能会因为各种原因而使用了错误的 msvcrt.dll。在这种情况下，微软公司决定，当 Visual C/C++产品发布新的版本时，也将发布不同名字的运行库以示区别，比如 msvcrt71.dll、msvcrt80.dll、msvcrt90.dll，等等。同时，原先的 msvcrt.dll 依然作为 Windows 的组件之一继续保留。

以数字为后缀的运行库随 Visual C/C++产品一同发布,但作为 Windows 组件的 msvcrt.dll 却可以在所有 Windows 产品中找到。因为这个原因,GCC 的 Windows 实现将 msvcrt.dll 作为默认的 C 标准库实现,并延续至今。

问题在于,msvcrt.dll 是一个老旧的动态链接库,Windows 留着它的原因是还有一些老程序需要它的支持,但它的内容并没有随着 C 语言的最近两次标准化而加以更新。因为这个原因,如果使用表 6-1 中的部分字符串打开文件时,将有可能失败,特别是那些带有"x"的打开模式,这些都是从 2011 年之后(C11)才加到 C 语言里的特性。当然,还有其他一些库函数也受到了影响,后面还要讲到。

顺便说一下,如果你想知道 msvcrt.dll 里都有哪些函数,可以使用一个小程序来查看,它的名字叫 dllexp,从这里可以下载:

http://www.nirsoft.net/utils/dll_export_viewer.html

6.8.4 标准输入和标准输出

回过头去看源文件 c0619.c,在打开或者创建一个文件后,我们声明了一个指针类型的变量 ps,并令它指向字符串"By\nthe\nriver\nof\nBabylon\n"。注意,在这个字符串里含有换行字符"\n",但是没有回车字符"\r",但因为刚才创建的文件是和一个文本流相结合的,在 Windows 下,只要它写入这个字符串的内容,所有的换行字符都会被替换为回车字符和换行字符。

文件的写入工作是由一个 do 语句完成的,但这个 do 语句只是控制循环过程,实际的写入操作由函数 fputc 完成,该函数是在头文件<stdio.h>中声明的,其原型为:

  int fputc (int *c*, FILE * ***stream***);

该函数将一个字符写入由参数 stream 所指定的流,要写入的字符在参数 c 中。虽然参数 c 的类型是 int,但该函数将把它转换为 unsigned char 类型之后再写入。也就是说,它实际上只能处理单字节编码的字符,比如 ASCII 字符。再比如说,字符常量'm'的类型是 int,但这个字符的编码也能够被 unsigned char 类型表示。

如果此函数执行成功将返回那个被写入的字符,也就是参数 c 的值;如果在写入时发生错误则返回 EOF。EOF 的意思是"文件末尾",也就是已经到了文件末尾。它是一个宏,在头文件<stdio.h>中被定义为一个负值,通常是-1,即:

  # define EOF -1

do 语句的特点是先做,再判断条件。这里,我们先观察指针变量 ps 的值所指向的字符是否为空字符,如果是空字符,则意味着已经到达字符串的末端,或者当前字符串是一个空串,在这种情况下,唯一的做法是退出 do 语句,为此我们使用了关键字 break,这实际上是跳转语句的一种,称为 break 语句。

break 语句很简单,仅仅是由关键字"break"和一个分号";"组成,即:

  break ;

break 语句可出现在循环语句(while 语句、for 语句、do 语句)的循环体内,用于中止循环并退出那个循环语句。

实际的写入操作是在 do 语句的控制表达式内进行的，这显得有些古怪，然而却既简洁又有效。这个控制表达式的动作是调用函数 fputc 执行写入操作，如果写入时发生错误则返回 EOF，循环执行进行的条件就是返回值不等于 EOF。

写入的字符由表达式* ps ++取得。变量 ps 的值指向字符串中的某个字符，和指向一个数组的元素没什么区别。后缀++运算符取得变量 ps 的原值，一元*运算符作用于它，得到一个左值，进而经左值转换得到一个字符编码。所有循环语句的控制表达式都是一个全表达式，而且在它的末尾有一个序列点。表达式* ps ++的副作用发生在整个控制表达式的求值期间，但在下一轮循环开始之前，或者退出循环之前一定会完成。

在打开一个文件之后，如果不再需要操作它，可以将它关闭以释放系统资源。为此需要使用 C 标准库的函数 fclose，也是在头文件<stdio.h>中声明的，其原型为：

    int fclose (FILE * *stream*);

这里，参数 stream 是指向流的指针。执行此函数后，指定的文件被关闭，如果流中还有没来得及写入文件的数据，则将它们刷到指定的文件；如果流中还有未被读取的数据，则将它们废弃。此函数执行成功将返回 0，否则返回 EOF。

文件创建并写入完成，就可以看一看"\n"是否已经变成"\r\n"。如果你正在用 Code::Blocks 编写和调试程序，可以用它打开这个文件，然后在功能菜单中通过以下步骤来显示行结束字符：先选择 settings，在弹出的菜单中选择 Editor，然后在出现的对话界面中选择 Show end-of-line chars。

当然，你也可以到我的个人网站上下载 HexViewer，这是一个十六进制的文件查看软件，它以字符的十六进制编码形式显示文件内容。如图 6-9 所示，以文本流写入后，字符串中的"\n"已经被替换为"\r\n"，因为我机器上的 C 实现采用兼容于 ASCII 的字符集，所以 0D 表示"\r"而 0A 表示"\n"。

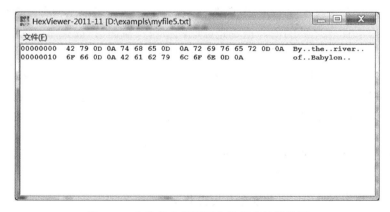

图 6-9　在软件中观察回车换行字符的编码

当一个程序启动时，将预定义 3 个文本流，并且不需要显式地打开即可使用。它们分别是标准输入（用于读取一般性的输入，通常对应着键盘）、标准输出（用于写入一般性的输出，通常对应着监视器）和标准错误（用于写入诊断信息，通常对应着监视器）。

与访问一般的文件和设备不同，标准输入、标准输出和标准错误不需要显式地打开或者创建，它们预定义的，在程序启动后就已经自动打开。为方便起见，在头文件<stdio.h>里定义了三个宏 stdin、stdout 和 stderr，这三个宏被定义为指向这三种标准设备的指针（也是指向 FILE 结构），分别表示标准输入、标准输出和标准错误。

作为示例，下面这个程序演示了如何从标准输入读取字符，然后写到标准输出。在这个程序里，每次从标准输入读取 1 个字符，所用的函数是 fgetc，它是在头文件<stdio.h>中声明的，其原型为：

```
int fgetc (FILE * stream);
```

要读取的流是通过参数 stream 指定的，正常情况下，该函数从流中读取（下）一个字符。该函数读取字符时所用的类型是 unsigned char，然后将其转换为 int 类型。如果一切正常，则该函数返回所读取的字符（的编码）；如果已经读到了文件尾部，或者在读取的过程中发生错误，则返回 EOF。

```
/**************c0620.c***********/
# include <stdio.h>

int main (void)
{
    int c;

    while ((c = fgetc (stdin)) != EOF)
        fputc (c, stdout);
}
```

读写过程是通过 while 语句完成的，while 语句的控制表达式是一个等性表达式，等性运算符!=的左操作数是赋值表达式 c = fgetc (stdin)的值，右操作数是宏 EOF 扩展之后的值。因为变量 c 和 EOF 的类型一致，都是 int，这个比较可以进行。赋值表达式的值是变量 c 被赋值之后的值，也就是读取的字符（编码），如果不是 EOF 则执行循环体，也就是调用 fputc 函数将字符打印到标准输出。

和前面一样，要想在读取标准输入的时候触发一个已经到达文件末尾的条件，在 Windows 下需要同时按下 CTRL 键和 Z 键并回车。另外，通过在命令行实施标准输入和输出的重定向，可以用这个程序实现文本文件的拷贝工作。

练习 6.14

编写程序实现以下功能：1，以文本模式将文件 myfile5.txt 的内容读出并写到标准输出；以二进制模式将文件 myfile5.txt 的内容读出并写到标准输出；以文本模式将文件 myfile5.txt 的内容读出并写到标准输出，但是要将回车符输出为 "<CR>"，将换行符输出为 "<LF>"；以二进制模式将文件 myfile5.txt 的内容读出并写到标准输出，但是要将回车符输出为 "<CR>"，将换行符输出为 "<LF>"。

6.8.5 标准 I/O 的缓冲区

输入和输出，对应于英文单词 Input 和 Output，简写为 I/O。在上一节里，我们从标准输入获取单个字符，并发送到标准输出。但是，初学者在上机实验之后会产生疑问，他们觉得既然是一次获取一个字符，那么每当我们按下一个键后，函数 fgetc 就应当立即得到这个字符并即时被函数 fputc 打印出来。然而，实际的情况却并不是这样，我们只有在输入一些字符并按下回车键后，键入的内容才被读取并一股脑儿地打印出来，这是怎么回事呢？

实际上，这和缓冲区（缓存）有关。在计算机中，所谓的输入和输出无非是将数据从一个部件传送到另一个部件，比如从磁盘文件读出并发送到显示器或者打印机，或者把程序中生成的数据保存到磁盘文件。在数据从发送者到达目的地的过程中，它可能要经历多个加工和中转的过程，而每一个中转环节都有可能用一小块存储空间来收集这些数据，并集中发送到下一个环节，这样做的好处是可以像蓄水池一样调节发送和接收的速度并借此提高传递效率，而这些小块的存储空间就是所谓的缓冲区，或者叫缓存。

无论什么时候，程序都是输入和输出的操控者。如图 6-10 所示，典型的输入和输出是把程序中的数据发送到设备，或者从设备读到程序所分配的内存中，我们把整个过程分为 4 个层次（阶段）。

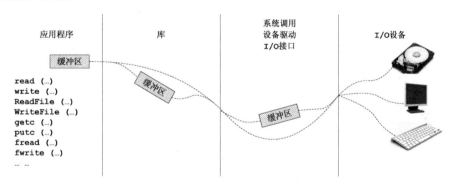

图 6-10 计算机系统中的缓冲区

应用程序这个层次，对于输入而言是目的地，数据从外部设备读取到这里进行处理和加工；而对于输出而言是数据的发源地，数据从这里发往外部设备。为此，应用程序通常需要准备一个数组，用于接收数据或者收集发送的数据。我们在前面已经用过好几个函数，例如 read、write、ReadFile 和 WriteFile 等，都需要传递一个指针，以指定写入的数据在哪里，或者读取的数据放到哪里。本质上，这就是缓冲区。

我们说过，C 语言本身并没有输入输出功能，这种需求只能借助于库来完成。现实中有多种不同的库，依附于不同的平台，但是无论如何，库是自成体系的，是对更底层功能的封装和抽象，并形成了一个层次。

在库这一层里，是否有缓冲区取决于是否需要。有些库函数是底层系统调用的封装，它们直接将应用程序传递进来的缓冲区指针再传递给系统调用，所以不需要使用缓冲区，比较典型的如 read 和 write 函数，以及 ReadFile 和 WriteFile 函数；有些库函数则做得更多一些，为了尽可能地减少对底层 I/O 的调用频度，它还提供了缓冲区。此时，缓冲区是个调节池，一次读写大量的数据总比频繁地读写小块数据要高效，比较典型的是 C 标准库里的函数。

实际上，C 标准库引入了流和缓冲区，而且与文件操作相关的库函数是依赖于缓冲区的，例如函数 fgetc、fputc，等等。C 标准库在内部自动管理着每个 I/O 流的缓冲区，不需要应用程序操心。正是因为这个原因，如果不注意，你可能觉察不到缓冲区的存在。

C 标准库的缓冲区有三种类型，分别是全缓冲、行缓冲和无缓冲。如果一个流是全缓冲的，则当填满缓冲区后才进行实际的 I/O 操作。典型地，对于磁盘文件的操作是全缓冲的，在一个流上首次执行 I/O 操作时，才由相关的库函数创建缓冲区。

当一个缓冲区满的时候，你所调用的库函数会自动将数据刷出去。举个例子，在 UNIX 环境下，fputc 函数收集了足够的数据后，将调用操作系统的 I/O 功能。然而，在某些特殊情况下我们可能等不到缓冲区填满就需要将数据刷出，此时可以调用函数 fflush 来完成这一工作。该函数也是在头文件<stdio.h>中声明的，其原型为：

    int fflush (FILE * *stream*);

如果由参数 stream 所指向的输出流在最近一段时间没有输入，则该函数将把流中那些未写的数据刷出。如果传递给参数 stream 的是空指针，则将由当前程序所创建的所有输出流的数据刷出。如果该函数执行成功就返回 0，否则返回 EOF。

文本是肉眼可以识别的文字信息，平时我们写文章都是以行为单位的，在每一行的末尾都有一个换行符，显示和打印文本时，这些换行符控制文本在什么时候折行。

相应地，当文件被映射为文本流时，文本流就成了以行为单位的、有序的字符序列，每行由零个或多个字符，换行符是行的结束标志，它是每行的最后一个字符，也是行的组成部分。最后一行的末尾是否必须有一个换行符，和 C 实现有关，有的要求，有的不要求。

因为这个原因，C 标准库的缓冲区也可以是行缓冲的。在这种情况下，C 标准库的 I/O 函数（例如 fputc 函数）收集输入的字符，将它们放入缓冲区，但只有在缓冲区填满，或者遇到换行符的情况下才执行底层的 I/O 操作。

在下面的示例程序中，我们以行为单位从文件 myfile5.txt 里读取文本，并写到标准输出。

```
/*****************c0621.c****************/
# include <stdio.h>

int main (void)
{
    FILE * hfile = fopen ("myfile5.txt", "r");
    if (hfile == NULL) return -1;

    char buf [BUFSIZ];

    while (fgets (buf, BUFSIZ, hfile) != NULL)
        fputs (buf, stdout);
```

```
        fclose (hfile);
    }
```

在这个程序中，我们先是以模式"r"打开文本文件，这个模式的含义见表 6-1。接着声明了一个数组 buf 以保存读出的文本行并将它的内容输出。数组的长度被定义为 BUFSIZ，这是一个在头文件<stdio.h>中定义的宏，代表着一个整数值，意思是"缓冲区的长度"。在我的机器上，它的定义是

```
# define BUFSIZ 512
```

当然，你可以将缓冲区的长度定义成别的数值，这是没有关系的，但应当足够大，512 是一个比较合适的长度。

程序中的 while 语句用于反复从流中读取文本行，并写到标准输出。读取文本行用的是函数 fgets，它是在头文件<stdio.h>中声明的，其原型为：

```
char * fgets (char * restrict s, int n, FILE * restrict stream);
```

函数 fgets 用于从参数 stream 所指向的流中读取字符并写入由参数 s 的值所指向的缓冲区。缓冲区的长度由参数 n 的值指定，读操作一直持续，直至碰上了换行字符，但即使没有碰到换行字符，读取的字符数量也不超过参数 n 的值减 1。在后一种情况下，该函数将返回一个不完整的行。但是，下一次读取将继续从这一行的未读之处开始。

无论如何，当最后一个字符从流中读入缓冲区后，该函数立即在后面添加一个空字符。如果该函数执行成功，则返回指向缓冲区的指针，也就是将参数 s 的值作为返回值；如果已经读到了流的尾部，则没有字符可以读取，缓冲区的内容不受影响，该函数返回一个空指针；如果在操作的过程中发生错误，则缓冲区的内容无法确定，且该函数返回空指针。

有鉴于此，程序中的 while 语句用一个等性表达式作为控制表达式，等性运算符!= 的操作数分别是函数调用表达式（的值）和空指针常量 NULL。如果函数调用的返回值为 NULL 则说明已经读到了流的尾部或者发生了错误，应退出循环语句，否则执行循环体。

循环体是对 C 标准库函数 fputs 的调用，该函数用于提供每次输出一行的功能，它是在头文件<stdio.h>中声明的，其原型为：

```
int fputs (const char * restrict s, FILE * restrict stream);
```

该函数将参数 s 所指向的字符串写到由参数 stream 所指向的流，但并不包括字符串末尾的空字符。该函数的返回类型是 int，如果在操作的过程中发生错误则返回 EOF，否则返回一个非负值。

值得注意的是，尽管名义上是输出一行，但它并不要求空字符前面必须是换行字符。通常情况下，空字符前面应该是一个换行字符，但并不要求必须如此。

练习 6.15

1．修改上述程序，在读取每一行之后并将它写到标准输出之前，先打印一个星号"*"；

2. 编写一个程序，用函数 fgets 从标准输入读取文本行，并用 fputs 写到标准输出。

当然，C 标准库也可以不使用缓冲区。在这种情况下，用 C 标准库写入的数据都将直接传送到底层的系统调用。

值得注意的是，标准输入和标准输出通常是对应于交互作用的设备（比如键盘和显示器等），这是默认的配置。只有在它们并不对应于交互作用的设备时，才能是全缓冲的；否则可能是行缓冲或者无缓冲的，但通常被配置为行缓冲的。标准出错绝不会是全缓冲的。

也就是说，在通常情况下，stdin 和 stdout 所指向的流都附加的是行缓冲。从某种程度上，这也可以用来解释为什么在获取键盘输入时，无法做到每按下一个按键，就能立即得到其字符代码的原因。

既然如此，有的人就说了，把标准输入的缓冲区关闭，问题不就解决了吗？！这个建议听起来不错，但有多大效果就不一定了。不管怎么说，试试才知道。在下面的示例中，我们用 C 标准库函数 setvbuf 关闭标准输入的缓冲。

```
/***************c0622.c**************/
# include <stdio.h>

int main (void)
{
    setvbuf (stdin, NULL, _IONBF, 0);

    int c;

    while ((c = fgetc (stdin)) != EOF)
        fputc (c, stdout);
}
```

在这里，函数 setvbuf 用于设置附加在某个流上的缓冲区，甚至可以将其关闭。它是 C 标准库的一个函数，在头文件<stdio.h>中声明，其原型为：

　　　　int setvbuf (FILE * restrict *stream*, char * restrict **buf**, int **mode**, size_t *size*);

该函数用于调整参数 stream 的值所指向的那个流的缓冲区，参数 mode 用于指定缓冲区的类型，可以在这里使用由头文件<stdio.h>所定义的三个宏：_IOFBF、_IOLBF 和 _IONBF，分别代表着全缓冲、行缓冲和无缓冲。因为参数 mode 的类型是 int，所以这三个标识符肯定是被定义为整型常量。

如果传递给参数 mode 的值是 _IONBF，则意味着关闭流的缓冲。在这种情况下，参数 buf 和 size 的值被忽略；否则，参数 buf 用于指定缓冲区的位置，而参数 size 用于指定缓冲区的长度。如果 mode 的值不是 _IONBF，而 buf 的值是空指针，则意味着你希望系统自动分配一个缓冲区，且其长度由参数 size 指定。

函数 setvbuf 和马上就要讲到的 setbuf 必须在一个流被打开之后调用，而且也应该在使用 C 标准库函数进行任何 I/O 操作之前使用。如果该函数执行成功将返回 0；如果传递给 mode 的参数不正确，或者请求的操作不能满足，则返回非零值。

显然，在程序中传递给参数 mode 的值是_IONBF，意思是关闭流的缓冲。此时，参数 buf 和 size 的值并不重要，我们分别传递了空指针常量和整型常量 0。

设置流的缓冲区除了使用函数 setvbuf，还可以使用 setbuf，它也是在头文件 <stdio.h> 中声明的，其原型为：

```
void setbuf (FILE * restrict stream, char * restrict buf);
```

函数 setbuf 没有返回值，而且默认是全缓冲的，除非传递给 buf 的值为空指针（在这种情况下，将关闭流的缓冲区）。

用这个程序进行实验的结果可能令你失望，因为它依然不能做到按下一个按键之后就能立即送到标准输出。要找到其中的原因，需要回看图 6-10，在 C 标准库的后面是操作系统和硬件设备，C 标准库的函数终归要通过系统调用借助于操作系统才能完成 I/O 操作。操作系统、驱动程序和 I/O 接口组成了一个层次，在这个层次里可能会有缓冲区。

最后一个层次是硬件设备，尽管图中没有画出，但很多硬件设备也是自带缓冲区的。比如硬盘，在数据写到磁道和扇区之前，通常要在缓冲区里集中。传统的旋转式硬盘依靠机械部件来完成磁道和扇区定位以执行读写操作，这个速度很慢，如果有大量的数据要写，则硬盘可以先将速度过快的数据接收下来放到缓冲区里。

对于键盘的 I/O 来说，如图 6-11 所示，操作系统将维护一个内部的缓冲区，称为键盘输入缓冲区，或者键盘输入队列。这个缓冲区有三种基本的工作方式，第一种方式称为规范的输入方式，或者叫行处理方式。在这种方式下，键盘的输入先在这个缓冲区里装配成行，特殊的字符被识别并进行相应的处理。比如，你可以删除刚才键入的字符，也可以移动光标键来插入一个字符。此时，这些特殊的字符并不进入缓冲区，而是用来控制输入。在命令行状态下，缓冲区的内容会同时显示在终端屏幕上，所以你也可以同时看到字符的删除动作和光标的移动。在这种工作方式下，应用程序可以通过库函数读取键盘输入，但只有在用户按下回车键后，才能将装配好的一行返回给应用程序，这就是为什么我们在运行前面的程序时，可以看见自己的输入，但只有在回车之后才能得到这些键盘输入的原因。

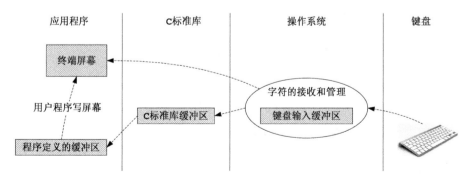

图 6-11　键盘输入缓冲区

键盘输入缓冲区的第二种工作方式是原生的，或者说原始的方式。在这种方式下，键盘输入并不在缓冲区里装配成行，也不对特殊字符进行处理。在这种方式下，只要缓冲区里有字符，应用程序就可以读到它。

第三种工作方式是前两种的折中，键盘的输入并不装配成行，而且对大多数特殊字符不做处理，只对少数特殊字符进行识别和处理。

显然，我们需要的是第二种或者第三种工作方式。如果我们将操作系统的这个键盘缓冲区设置为这两种工作方式，并且关闭 C 标准库的缓冲区，则就能立即得到从键盘那里来的输入。

很遗憾，操作系统内部的键盘缓冲区在默认情况下是以规范的方式工作的，也就是先将键盘输入装配成行，而且 C 标准库并没有相关的函数用于将其设置为原始输入方式，这需要你自己调用操作系统内部的功能来完成设置，但不同的操作系统有不同的机制，所以设置方法也不一样。

6.8.6 直接的输入输出

前面所讲的 C 标准库函数，诸如 fgetc、fputc、fgets 和 fputs 等，都比较适用于文本流。虽然它们也可以用于二进制流，但会有一些限制。比如，函数 fputs 在遇到空字符时就停止处理，而一个二进制流中，空字符和其他特殊字符都不应该被区别对待。

因为这个原因，C 标准库引入了用于直接输入输出的函数。和一次一个字符的 I/O 或者一次一行的 I/O 不同，这些函数更适宜于处理数组和结构这样的数据类型，所以也经常称这些输入输出为二进制 I/O、面向数组的 I/O 或者面向结构的 I/O。在下面的程序中，我们将使用直接输入/输出函数将结构类型的数据写入文件。

```
/*********************c0623.c*****************/
# include <stdio.h>

typedef struct employee
{
   char name [20];
   char gender;
   char age;
   unsigned int score;
} stgEMP;

int main (void)
{
   FILE * hfile = fopen ("myfile6.dat", "wb");

   if (hfile == NULL) return -1;

   stgEMP empa [] = {
      {"LiShuangyuan", 'F', 12, 600},
      {.age = 20, 1500, .name = "LiJianan", 'F'},
      [5] = {"WangXiaobo", 'F', 35, 20000},
      [6].name = "LiZhiping", 'M', 15, 800,
   };
```

```
        fwrite (empa, sizeof (stgEMP),\
                sizeof empa / sizeof (stgEMP), hfile);

        fclose (hfile);
    }
```

在程序的一开始，我们声明了一种结构类型，并将 employee 声明为这种结构类型的标记，同时还将标识符 stgEMP 定义为 struct employee 类型的别名，这和我们前面的代码是一样的。

接下来我们创建了一个文件 myfile6.dat，注意文件是用 "wb" 模式创建的，这将创建一个二进制流（参见表 6-1），因为我们不希望流中的数据被改变，而是要保持原样。

再往后，我们声明了一个数组类型的变量 empa，其元素类型为 stgEMP。这是我们第一次接触元素类型为结构的数组，但很容易理解，所以也没什么好说的。这个数组未指定大小，它的大小由其初始化器决定。

因为变量 empa 是数组，是包含子变量的变量，所以初始化器最外层的那一对花括号对应整个数组本身。又因为数组的类型是结构，而结构又是由成员组成，故每个数组元素的初始化器也应当由一对花括号包围起来。

因为这个原因，初始化器{"LiShuangyuan", 'F', 12, 600}对应并初始化数组的第一个元素 empa [0]，并且依次初始化该元素（结构）的每一个成员：字面串初始化第一个成员 name；字符常量初始化第二个成员 gender；整型常量 12 初始化第三个成员 age；整型常量 600 初始化最后一个成员 score。

再来看初始化器{.age = 20, 1500, .name = "LiJianam", 'F'}，它对应数组 empa 的第二个元素。但是，这里的初始化并没有按成员声明的顺序进行，毕竟这里使用了指示器。于是，先初始化成员 age 为 20，因为它有指示器 ".age"。但是下一个初始化器 1500 没有指示器，于是它用于初始化器 age 之后的成员 score。再下一个初始化器又有指示器 ".name"，所以用于初始化成员 name。最后的初始化器又缺乏指示器，于是它对应 name 之后的成员 gender。

继续看下一个初始化器[5] = {"WangXiaobo", 'F', 35, 20000}，它没有用一对花括号围起来。这是因为指示器[5]指示一个数组元素，所以是最外层那对花括号的直接下级。既然是指示一个数组元素，而元素的类型是结构，那它的初始化器就必须用一对花括号围起来。

最后一个初始化器[6].name = "LiZhiping", 'M', 15, 800 更离谱，连一个花括号都没有，然而它也是正确的。首先，指示器[6]指示数组的第六个元素，而且指示器.name 指示了该元素（结构）的成员，所以就不需要花括号了。紧接着，下一个初始化器'M'尽管没有指示器，但它等效于有一个指示器[6].gender，后面的依此类推。这种做法虽然允许，但绝不是我们建议的。

如果要使用直接输入输出，可以使用 C 标准库的函数 fwrite，它是在头文件 <stdio.h>中声明的，其原型为：

        size_t fwrite (const void * restrict *ptr*, size_t *size*, size_t **nmemb**, FILE

```
* restrict stream);
```

在这里，参数变量 `ptr` 用于接受一个指向缓冲区的指针。在程序中，我们传递给这个参数的是表达式 `empa` 的值。`empa` 的类型是数组，自动转换为指向其首元素的指针，并接着自动转换为指向 `void` 的指针，这种类型的指针可以赋给参数 `ptr`。

函数 `fwrite` 的第二个和第三个参数一起用于指定要写入的数据量。理论上，要写入多少数据只要指定一个数值就可以了，然而和我们司空见惯的文件读写函数不同，`fwrite` 是按记录写入。记录是相关数据的集合，是一组数据，每个文本行可视为一个记录；每个结构类型的数据也是一个记录；数组的每个元素也可视为一个记录，如果数组的元素类型是结构，则这个例子更典型，因为它包含多条记录，每个记录都包含了一组数据（因为记录的内容是结构的成员嘛）。

函数 `fwrite` 需要我们提供每个记录的大小和记录的数量。如果你将写入的内容视为数组，那么你也可以认为该函数需要你提供数组元素的大小和元素数量。在这里，参数 `size` 用于指定记录的大小（以字节计），参数 `nmemb` 用于指定记录的数量。因为我们是要写入一个数组，数组的元素类型是结构，所以，记录的大小就是结构类型 `stgEMP` 的大小，也就是程序中给出的 `sizeof (stgEMP)`；记录的数量就是数组的长度，这个数量可以用数组的总大小 `sizeof empa` 除以数组的元素大小 `sizeof (stgEMP)` 得到。

函数 `fwrite` 将数据写入一个已经打开的流，所以你必须将函数 `fopen` 的返回值传递给参数 `stream`。函数 `fwrite` 的返回值是实际已经成功写入的元素（记录）数。如果返回值小于参数 `nmemb` 的值，则说明在写入的过程中发生了错误。

要从一个文件里读取数据，需要使用 C 标准库函数 `fread`，这是一个与 `fwrite` 相对应的函数，也是在头文件 `<stdio.h>` 中声明的，其原型为：

```
size_t fread (void * restrict ptr, size_t size, size_t nmemb, FILE * restrict stream);
```

该函数的参数和返回值和 `fwrite` 相同，只不过它是反向的，用于从流中读取数据到变量 `ptr` 所指向的缓冲区（数组）。如果函数的返回值小于 `nmemb` 的值，意味着在读取的过程中发生了错误，或者已经读到了文件末尾。

练习 6.16

1．在上述程序中，数组 `empa` 一共有几个元素？

2．用函数 `fread` 将文件 `myfile6.dat` 的内容读到 `stgEMP` 类型的变量中，每次读一个记录，并在调试器中观察读出的内容。

3．编写程序，向文件写入一个字符串，然后再读出后显示在屏幕上。

6.8.7 格式化输出

截至目前，当我们从键盘获取输入的时候，取到的都是字符，即使你按下数字键，得到的也只不过是数字字符——代表数字的字符，而不是真正的数字。

相反地，如果你想在屏幕上显示一个"5"，你不能把数字 5 写到标准输出，而只能写入数字字符'5'的编码值。

显然，我们想要通过键盘输入数字，就必须把输入的数字字符转换为数字；要想显示一个数字，也必须先把它转换为数字字符。原则上，这些工作都必须由我们自己来做，不过好消息是有很多库很贴心，提供了很多库函数帮我们进行这样的转换。

在 C 标准库里，也提供了这样的函数，称为格式化的输入和输出函数，允许我们从流里获取输入，并把它转换为我们要求的格式；或者，把我们的输出转换为我们希望的格式之后插入流中。

格式化输入/输出函数有很多，在这一节里我们只关注格式化输出函数，而且把注意力放在 fprintf 函数上。先来看一个示例程序。

```
/*******************c0624.c*******************/
# include <stdio.h>

int main (void)
{
    fprintf (stdout, "hello world.\n");       //S1
    fprintf (stdout, "hello, %d!\n", 25);     //S2
}
```

在继续阅读后面的内容之前，你应该先翻译并执行这个程序，观察运行结果，积攒一些感性认识。函数 fprintf 是在头文件<stdio.h>里声明的，其原型为：

int fprintf (FILE * restrict ***stream***, const char * restrict ***format***, ...);

以上，参数 stream 用于指定一个输出流。比如，你可以创建或者以写入的方式打开一个文本文件并将它映射为文本流，然后用在这里。在程序中，我们不是写入到文件，而是写入到标准输出 stdout。通常情况下，标准输出对应显示器。

参数 format 的类型为指向字符串的指针，原则上，被指向的字符串就是要被写入到输出流的内容。在语句 S1 中，我们仅仅是输出一个字符串，字面串"hello world.\n"是数组类型的表达式，被转换为指向数组首元素的指针，这是我们熟悉的。

然而，由参数 format 的值所指向的字符串还有更重要的用途，这个字符串被称为格式串，起到一个控制作用，用于指定如何组装和生成输入流的内容。

格式串决定了如何生成输出流中的内容，它可以包含一些由百分号"%"引导的部分，称为转换模板。函数 fprintf 是变参函数，通常情况下，每个转换模板都需要一个对应的变参，并被替换为用变参得到的内容。在语句 S2 中，格式串中包含了一个转换模板"%d"，这意味着它需要一个对应的变参，变参的类型应当是 int 类型。函数 fprintf 将把这个变参的值转换为一个数字字符的序列以替代"%d"。

6.8.7.1 定点数和浮点数

我们的生活离不开小数，所以 C 语言支持小数就不值得奇怪了。否则的话，它也不可能流行到今天，而我也用不着写这本书了。因为格式化输入函数可以从流中获取浮点数，而格式化输出函数也可以将浮点数写到输出流，所以我们很有必要了解一下浮点数的知识。

相信本书的读者们已经知道现代计算机如何处理整数，比如，25 可以先转换为二进制数 00000000000000000000000000011001 保存在一个 32 位的存储区里。对小数的处理复杂一些，但在存储和操作之前依然要转换为二进制形式，例如 123.5 对应着二进制小数 1111011.1，我希望读者已经知道如何做这种转换。

那么，如何在计算机中存储小数呢？假定我们要用 32 位的存储区来保存任意一个小数，那么，最简单的办法就是将这 32 个比特分成两部分：前 16 位用于保存整数部分，后 16 位用于保存小数部分，这两个 16 位的部分之间隐含了一个小数点。如果用这种办法来保存小数 123.5，其存储的形态将如图 6-12 所示。显然，在这种方法中，小数点的位置是固定不变的，因此这种表示方法称为小数的定点表示。

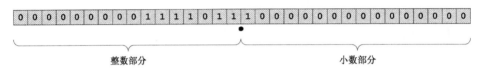

图 6-12　小数的定点表示

定点表示法的缺点是显而易见的：由于整数部分和小数部分长度固定，所以在实际应用中缺乏弹性。如果整数数位很多而小数数位很少，例如 7788000000000000000021.7，则整数部分不敷使用而小数部分浪费太多；相反地，如果整数数位很少而小数数位很多，则整数部分浪费太多而小数部分可能不够。换句话说，这种方法不能表示太大的数，也不能表示太小的数。

注意二进制数的特点，将一个二进制数的小数点往左移，相当于将它除以 2；往右移相当于乘以 2。利用这个特点，我们就知道下面的方法都可用于得到十进制数 123.5：

将二进制数 11110111.0 转换为十进制后，乘以 0.5（2^{-1}）；

将二进制数 1111011.1 转换为十进制后，乘以 1（2^0）；

将二进制数 111101.11 转换为十进制后，乘以 2（2^1）；

将二进制数 11110.111 转换为十进制后，乘以 4（2^2）；

将二进制数 1111.0111 转换为十进制后，乘以 8（2^3）；

……

将二进制数 1.1110111 转换为十进制后，乘以 64（2^6）。

鉴于此，要把一个小数保存到计算机里，可以先把它转换为小数点之前是 1 的二进制有效数字 1.xxx…，以及一个乘幂 2^p。和定点表示不同，这种方法是通过指数 p 来改变小数点的位置，小数点是随指数 p 而浮动的，因此，用这种方法表示的小数称为浮点数。

如果用 32 位的存储区来保存浮点数 123.5，那么，如图 6-13 所示，通常的做法是正负号占用 1 位；指数部分占用 8 位；其余的比特用于保存有效数字。

指数可能为正，也可能为负。如果使用 8 个比特来保存指数部分，则指数的范围是 -127 到 +127。因为负数使用补码，这对两个浮点数的比较是很不方便的。为此，指数在存放时要先加上 127。如图 6-13 所示，保存 123.5 时，指数 6 加上 127 等于 133，其二进制形式为 10000101，这部分称为阶码。

图 6-13　小数的浮点表示

再来看有效数字部分，因为有效数字的小数点之前始终为 1，因此，实际的做法是把这个 1 省略不予存储，这样就能多腾出一个比特来提高精度。浮点数 123.5 转换为二进制后的有效数字部分为 1.1110111，如图 6-13 所示，我们只截取 1110111，后面补 0，使之能够正好填充 32 位存储空间的剩余部分，这一部分称为尾数。

6.8.7.2　浮点类型和浮点常量

浮点数可以是比整数大得多得多的数，这就极大地拓展了 C 语言的功能。为了表示浮点数，C 语言引入了三种浮点类型 float、double 和 long double，它们是内置的，可用于声明变量和函数。在下面的声明中，f 是 float 类型的变量；ff 是参数类型为 float 且返回类型也是 float 的函数；d 是 double 类型的变量；da 是元素类型为 double 的数组；pd 是指向 double 类型的指针变量。

```
float f, ff (float);
double d, da [3], * pd = da;
```

需要注意的是，C 语言并未规定这三种浮点类型的长度，仅规定在取值范围上，float 是 double 的子集；double 是 long double 的子集。然而，已经有现成的国际标准对浮点数的表示方法做了建议，各个 C 实现当然也会采纳。

典型地，float 类型具有 32 位的长度，可拥有 6 个十进制小数数位，可拥有的最大值为 $3.4×10^{38}$；double 类型具有 64 位的长度，可拥有 10 个十进制小数数位，可拥有的最大值为 $1.79×10^{308}$；long double 类型可具有 80 到 128 位的长度，可拥有 19 个以上的十进制小数数位，可拥有的最大值至少为 $1.1×10^{4932}$。

为了支持使用浮点数的初始化、赋值和运算，C 语言引入了浮点常量。从形式上看，浮点常量有两种，分别是十进制浮点常量和十六进制浮点常量。

十进制浮点常量可以是带有小数点的数字序列，例如 2.0 和 6.25；如果小数点前面或者后面是 0，则这个 0 可以省略，例如 2. 和 .11982 都是合法的浮点常量。

为方便起见，在带有小数点的数字序列之后，还可以添加一个用"e"或者"E"引导的指数部分，例如 2.e9 和 5.2E-3，它们分别表示 $2.0×10^9$ 和 $5.2×10^{-3}$。注意，如果带有指数部分，则它前面的数字序列可以没有小数点，例如 2e3 和 1E-5，否则必须有小数点。在指数部分里，"e"和"E"在用法上没有什么区别。

十六进制浮点常量以"0x"或者"0X"引导，后面是十六进制的数字序列，可以含有小数点，也可以没有；指数部分不是可选的，必须要有，不过通常是以 2 为底的，所以要用"p"或者"P"引导，例如 0x2p3、0X.3FP6、0xa.p2，它们都是合法的十六进制浮点常量，并分别表示 $0x2×2^3$、$0X.3F×2^6$ 和 $0xa.×2^2$。

不管是十进制浮点常量，还是十六进制浮点常量，都可以带有 f、F、l 和 L 后缀以指定它的类型。如果没有后缀，则浮点常量的类型是 double；如果带有 f 或者 F 后缀，则其类型为 float；如果带有 l 或者 L 后缀，则其类型为 long double。比如说，浮点常量 2.F 和 0x1.1p2F 的类型是 float；浮点常量 .5 和 0x7.P3 的类型是 double；浮点常量 5.e2L 和 0x.266p2L 的类型是 long double。

6.8.7.3 默认实参提升

为说明浮点类型和浮点常量的使用，下面是一个例子。在这个程序中，我们声明了一个元素类型为 float 的数组 fa 并初始化为一系列浮点常量。这些浮点常量都是 double 类型，并被转换为 float 类型后用于初始化。

```
/********************c0625.c********************/
# include <stdio.h>

int main (void)
{
    float fa [] = {.7, 9., 3e2, 2.2e+0, 0x3.5fp2};

    for (int x = 0; x < sizeof fa / sizeof (float); x ++)
        fprintf (stdout, "fa[%d]=%f\n", x, fa [x]);
}
```

在接下来的 for 语句中，将按顺序把数组 fa 的所有元素打印到标准输出。变量 x 的值从 0 开始递增，表达式 sizeof fa / sizeof (float) 得到数组 fa 的元素数量。

在 for 语句的循环体里，fprintf 函数的格式串里包含转换模板 %d 和 %f，前者用于打印变量 x 的值，它要求一个 int 类型的变参；后者用于打印一个浮点数，它要求一个 double 类型的变参。然而第二个变参 fa [x] 是一个左值，代表下标为 x 的数组元素，左值转换后的类型自然是 float，这是可以的吗？

我们已经说过，在如何声明一个函数的问题上，早期的 C 语言（K&R C）与现在的 C 语言（标准 C）有很大不同。早期的 C 语言往往缺乏参数的类型和数量信息，而现在的 C 语言则使用函数原型。C 语言坚持的原则是支持传统的老程序，不让它们掉队，这对于 C 语言的持续发展至关重要，所以新标准依然支持这种函数声明。

在调用一个函数时，如果该函数是用传统形式（K&R C）声明的，则每个整数类型的实参在传递之前必须先进行整型提升；如果实参的类型是 float，则先要提升到 double 类型，这叫默认实参提升。

进一步地，如果被调用函数是用原型声明的，但它是一个变参函数（参数类型列表是以 ", ..." 结束的），则对应于省略号的实参都必须先做默认实参提升。

显然，默认实参提升仅对阶低于 int 或者 unsigned int 的整数类型，以及 float 类型才起作用。比如，_Bool、char、signed char 和 unsigned char 等都将被实施默认实参提升，但对指针、结构等类型不起作用。

在前面的例子中，函数 fprintf 是一个变参函数，表达式 fa [x] 的值是传递给用 ", ..." 声明的变参，这将自动进行默认实参提升，从 float 类型提升到 double 类型后再传递给 fprintf 函数。

练习 6.17

在下面的程序里，函数 var_sum 是个变参函数。参数 fmt 用于接受一个字符串，字符串的内容用于指示传递给对应变参的实参是何种类型。比如，"c"表示 char 类型；"i"表示 int 类型；"f"表示 float 类型。

函数 var_sum 的任务是依据参数 fmt 来取得各个变参的值，或者，变参是指针的，取得它所指向的变量的值，然后返回累加的结果。

在 main 函数里，我们调用了 var_sum 函数，传入的字符串是"cfi"，后面的 3 个参数对应于这个字符串的指示。

现在，请将函数 var_sum 补充完整，并在你的机器上翻译和调试，以检验自己写的是否正确。

```
# include <stdarg.h>

float var_sum (char * fmt, ...)
{
    //请在这里将函数补充完整
}

int main (void)
{
    float f = var_sum ("cfi", (char) 5, .7f, 9);
}
```

6.8.7.4 函数 fprintf 的转换模板

在前面，我们已经简单地了解了 fprintf 函数的格式串和转换模板。我们所认识的转换模板还仅仅是%d 和%f，但这并不是全部。函数 fprintf 的转换模板由以下几个部分组成：

% 标志可选 最小栏宽可选 精度可选 长度修饰符可选 转换指定符

如同我们已经知道的，转换模板以百分号"%"开始，后面是几个可选的部分，但转换指定符必须始终存在。下面结合一个实例来说明这几个部分的含义。

```
/********************c0626.c********************/
# define __USE_MINGW_ANSI_STDIO 1
# include <stdio.h>

int main (void)
{
    fprintf (stdout, "%+11.5lld%-11.2Lf%011f\n", \
```

```
                            385LL, -6.25777L, -3.25);
    fprintf (stdout, "----------+++++++++++----------\n");
}
```

在程序的开头定义了宏__USE_MINGW_ANSI_STDIO，如果你在 Windows 上翻译和运行本程序，这个宏定义是必要的，如果是在其他平台上，这个宏不起作用，可以用双斜杠将它注释掉，但留着也无害。

我们知道，GCC 的 Windows 版本使用 msvcrt.dll 作为 C 标准库的实现，但这个动态库很老，在它出现之后，C 语言本身发生了很大的变化，比如新增了 long double 浮点类型，增强了转换模板所能支持的格式，例如%lld 和%Lf。好在 GCC 自己提供了一套自己的输入/输出函数，可用于替代 msvcrt.dll 里的旧版。如果要使用 GCC 提供的版本，你应该在使用 fscanf、fprintf 等标准输入/输出函数之前定义这个宏。一旦定义此宏，则这些函数将被替换为 GCC 的内置版本。

转换指定符用于指定实施何种类型的转换。在 main 函数的第一条语句里包含了三个转换模板，分别是%+11.5lld、%-11.2Lf 和%011f。其中，d 和 f 都是转换指定符。其他转换指定符包括但不限于 c、s、p、F、%、i、o、u、x、X、a、A、e、E、g 和 G。

长度修饰符用来和转换指定符一起共同决定（所对应的）实参的大小（类型）。在上述转换模板中，长度修饰符为 ll 和 F。

如果转换模板里没有长度修饰符，则：

- ✓ 转换指定符 d 和 i 用于将一个 int 类型的实参转换为有符号十进制形式，例如 321 和-78；
- ✓ 转换指定符 o、u、x 和 X 用于将一个 unsigned int 类型的实参转换为无符号八进制（o）、无符号十进制（u）、无符号十六进制（x 或者 X）形式，例如 78、2a、3FACE。转换指定符 x 和 X 的区别在于十六进制的字母用采用小写 a、b、c、d、e、f，还是大写的 A、B、C、D、E、F；
- ✓ 转换指定符 f 和 F 用于将一个 double 类型的实参转换为有符号十进制浮点形式，形如 6.25 和-123.5；
- ✓ 转换指定符 e 和 E 用于将一个 double 类型的实参转换为形如 3e+002、2.5e+003、-8.9E-002 等的浮点形式。转换指定符 e 和 E 的区别在于指数部分是用"e"引导，还是用"E"引导；
- ✓ 转换指定符 g 等同于 e 或者 f；转换指定符 G 等同于 E 或者 F。如果数值的指数部分小于-4 或者大于等于精度值，则 g 等同于 e，而 G 等同于 E；否则，g 等同于 f 而，G 等同于 F；
- ✓ 转换指定符 a 和 A 用于将一个 double 类型的实参转换为形如 0x3.6p+2 和-0X5.abcdP-1 的形式。转换指定符 a 在结果中使用前缀 0x、小写字母 abcdef，并用小写字母 p 引导指数部分；转换指定符 A 在结果中使用前缀 0X、大写字母 ABCDEF，并用大写字母 P 引导指数部分；
- ✓ 转换指定符 c 用于将一个 int 类型的实参转换为 unsigned char 类型的字符；
- ✓ 转换指定符 s 需要一个指向字符数组首元素的指针作为实参，并输出数组中的字符直至遇到空字符；
- ✓ 转换指定符 p 需要一个指向 void 的指针作为实参，并将其输出为一系列可打印的字符（将指针打印成数字形式）；
- ✓ 转换指定符 % 不需要对应的实参，它将输出一个 "%"。

如果转换模板里有长度修饰符，则：
- ✓ 长度修饰符 hh 可用于修饰转换指定符 d、i、o、u、x 和 X，取决于这些转换指定符原先的符号性，表示将它们对应的实参转换为 signed char 或者 unsigned char 类型；
- ✓ 长度修饰符 h 可用于修饰转换指定符 d、i、o、u、x 和 X，取决于这些转换指定符原先的符号性，表示将它们对应的实参转换为 short int 或者 unsigned short int 类型；
- ✓ 长度修饰符 l 可用于修饰转换指定符 d、i、o、u、x 和 X，取决于这些转换指定符原先的符号性，表示将它们对应的实参转换为 long int 或者 unsigned long int 类型；
- ✓ 长度修饰符 ll 可用于修饰转换指定符 d、i、o、u、x 和 X，取决于这些转换指定符原先的符号性，表示将它们对应的实参转换为 long long int 或者 unsigned long long int 类型；
- ✓ 长度修饰符 L 可用于修饰转换指定符 a、A、e、E、f、F、g 和 G，表示将它们对应的实参转换为 long double 类型。

接着来看精度可选项，当它作用于转换指定符 d、i、o、u、x 和 X 时，表示最少打印几位数字。如果要打印的数位超过精度，则不受约束地完整打印；若少于精度，则前面补 0 以达到精度的要求；当精度作用于转换指定符 a、A、e、E、f 和 F 时，表示小数点后面有几位数字；当精度作用于转换指定符 g 和 G 时，表示最多有几位有效数字；当精度作用于转换指定符 s 时，表示最多打印几个字节（字符）。

精度必须是点 "." 后面跟一个整数。在上述程序中的第一条语句里，第一个转换模板中的 .5 表示所打印的整数至少有 5 个数位，不足 5 个时，前面补 0；第二个转换模板中的 .2 表示小数点后面保留 2 个数字；第三个转换模板里未指定精度，默认的精度是 6。按规定，如果没有指定精度，则对于转换指定符 d、i、o、u、x 和 X 来说，默认的精确度是 1；对于转换指定符 e、E、f、F、g 和 G 来说，默认的精度为 6。

办公室文员经常打印文档和报表，他们最熟悉分栏打印，而最小栏宽与此类似，用于指定输出时的分栏宽度。如果实参转换后的内容在字符数量上少于所指定的最小栏宽，则在它的左边或者右边填充空格（到底是左还是右，取决于后面将要讲到的标志可选项）；如果变参转换后的内容在字符数量上多于所指定的最小栏宽，则自动扩展栏宽以完整打印。

在上述程序中的第一条语句里，三个转换模板里指定的最小栏宽都是 11。在实际打印输出时，对前两个转换模板来说，不足的部分以空格填充；对于第三个转换模板来说，不足的部分用 0 填充，这是因为它含有标志 "0"。

最后来看标志，它可以是 -、+、空格、#、0 或者它们的适当组合。标志 "-" 使栏内的输出左对齐，无此标志时默认右对齐输出。左对齐输出时，因最小栏宽而产生的空格都填充在实际内容的后边；右对齐输出时，因最小栏宽而产生的空格都填充在实际内容的前边。

标志"+"控制符号，输出正数时，此标志决定是否打印正号"+"，对负数的输出无影响。

标志"空格"的作用是，如果转换和输出的内容没有正负号，或者没有实际内容[③]，则此标志将在它前面加一个空格。如果此标志和"+"标志同时存在，则忽略"+"标志。

标志"0"的作用是，对于转换指定符 d、i、o、u、x、X、a、A、e、E、f、F、g 和 G 来说，若数值转换后的内容小于指定的最小栏宽，则用前导 0 代替空格填充至栏宽，有正负号或者 0x、0X 之类的基数记号的，从这些记号之后开始填充；若已经指定了"-"标志则忽略此标志。对于转换指定符 d、i、o、u、x 和 X，若已经指定了精度则忽略此标志。

标志"#"用于修正输出形式。对于转换指定符 o，它用于在必要时提升精度，以便能够在输出的八进制内容前加一个 0。如果精度和实参的值都为 0，则仅打印一个 0；对于转换指定符 x 或者 X，打印的内容前加"0x"或者"0X"；对于转换指定符 a、A、e、E、f、F、g 和 G，转换后的内容总是包含一个小数点，即使它后面没有数字。

在上述程序中的第一条语句里，第一个转换模板里含有标志"+"，意味着必须打印正负号——通常情况下，正数在打印输出时，是不打印正号的；第二个转换模板里含有标志"-"，意味着它必须左对齐输出；第三个转换模板里含有标志"0"，意味着打印的内容小于栏宽时要用 0 填充而不是空格。

为了方便观察打印输出的对齐和填充情况，第二条语句用于打印一行"标尺"：先是打印 11 个"-"，接着打印 11 个"+"，最后再打印 11 个"-"。

6.8.7.5 认识移位运算符<<和>>

通过前面的讲述我们已经了解到，如果以 float 类型来表示浮点数 123.5，则它通常是 32 位的二进制序列 01000010111101110000000000000000。那么，怎么能证明呢？更进一步地，如果我想打印所有浮点数的位模式，该怎么做呢？作为一个例子，下面这个程序可以做到。

```
/**********************c0627.c*********************/
# include <stdio.h>
# include <limits.h>

int main (void)
{
    if (sizeof (unsigned long) != sizeof (float))
        return printf ("unsigned long is not suitable here.\n");

    float f = 123.5f;

    # define N sizeof (float) * CHAR_BIT
```

[③] 例如语句 fprintf (stdout, "%.0d", 0);将无任何内容输出。

```
    for (int x = 0; x < N; x ++)
        printf ("%lu", * (unsigned long *) & f << x >> N - 1);

    printf ("\n");
}
```

在本程序中，是用逐比特的移位操作来完成位模式的测定，因为 C 语言提供了两个移位运算符<<和>>，可以向左或者向右移动整数的每一个比特。一定要注意，两个"<"或者两个">"一定要连在一起而不得分开。

运算符<<需要两个整数类型的操作数，用于组成一个形如 e1 << e2 的表达式，称为逐位左移表达式，例如 5 << 2 或者 98 << 5。在移动之前，要先对 e1 和 e2 做必要的整型提升，逐位左移表达式的结果类型是左操作数 e1 提升后的类型——这句话的意思是，比如说，若 e1 的类型是 char，则表达式 e1 << e2 的（结果）类型是 e1 提升后的 int 类型；若 e1 的类型是 long long int，则表达式 e1 << e2 的（结果）类型是 e1 提升（实际上不需要提升）后的 long long int。

现在，我们通过一个例子3221225477 << 2 来说明逐位左移的原理。在现今主流的计算机上，前者是 unsigned int 类型而后者是 int 类型。假定 unsigned int 类型的长度是 32 个比特，则 3221225477 在移位之前的位模式如图 6-14 所示。

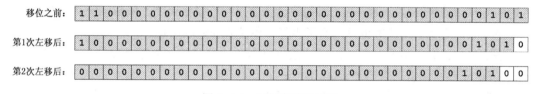

图 6-14　逐位左移的原理

按照规定，表达式 e1 << e2 的结果是 e1 左移 e2 个比特的位置，移出左边界的比特被丢弃，右边空出来的位置用 0 填充。因此，表达式 3221225477 << 2 的结果是 20。图 6-14 分两次展示了移动的全过程，表达式的值具有第 2 次左移后的位模式。

运算符>>需要两个整数类型的操作数，用于组成一个形如 e1 >> e2 的表达式，称为逐位右移表达式，例如 5 >> 2 或者 98 >> 5。在移动之前，要先对 e1 和 e2 做必要的整型提升，逐位左移表达式的结果类型是左操作数 e1 提升后的类型。

如果左操作数 e1 是无符号类型，或者是有符号类型但具有非负值，则表达式 e1 >> e2 的结果是 e1 右移 e2 个比特的位置，移出右边界的比特被丢弃，左边空出来的位置用 0 填充；如果左操作数 e1 是有符号类型且其值为负，则移出右边界的比特被丢弃，但左边空出来的位置可能用 0 填充，也可能用 1 填充，这要取决于 C 实现[④]。

然而，我们是想输出一个浮点数的位模式，但运算符<<和>>并不适用于浮点类型的操作数。不过没关系，我们可以把一个浮点数的位模式解释为整数，然后实施移位操作，但必须保证这两种类型的宽度一致。需要说明的是，这不是正规的做法，除非你知道自己是

---

④ 实际上这和底层的处理器架构有关，处理器架构的不同决定了当负数被加长或者执行右移操作时，最左边的"1"（这是符号位）是否随着一起扩展。

在做什么，而且知道如何规避风险，否则，不要将一种类型的值解释为另一种类型。

在本程序里，我们用 unsigned long 类型来读取 float 类型的值，在大多数计算机上，float 类型和 unsigned long 类型的宽度一致，都是 32 个比特。如果不行，那你可以修改程序，将 unsigned long 换成 unsigned int 或者 unsigned long long。既然不能百分之百地保证，那我们就有必要在程序的开头检验一下。

在程序中，if 语句用于比较 unsigned long 和 float 类型的大小，如果它们的长度一致，则离开 if 语句往下执行，否则终止程序的执行并返回操作系统。返回给操作系统的值来自函数调用表达式

    printf ("unsigned long is not suitable here.\n")

我知道你并不认识 printf 函数，但实际上也并不陌生。它是 fprintf 函数的近亲，如果只针对标准输出 stdout，则 fprintf 函数完全可以被 printf 函数取代。也就是说，printf 函数等价于第一个参数是 stdout 的 fprintf 参数。函数 printf 同样是在头文件<stdio.h>里声明，原型为：

    int printf (const char * restrict *format*, ...);

调用函数 printf 时，只传递了一个字面串而没有其他参数，这是因为字面串里没有任何转换模板，没有转换模板就不需要变参。函数 printf 仅向标准输出打印这个字符串并返回所打印的字符数，return 语句将这个值返回给操作系统。操作系统并不介意你返回的是什么，而我们这样做也只是为了少写一条独立的返回语句。

接下来，我们声明了一个 float 类型的变量 f，并初始化为浮点常量 123.5f。浮点后缀"f"意味着该值的类型是 float。

我们说过，float 类型的长度通常是 32 个比特，但没有人拍胸脯保证在任何计算机上都是这样。实际上，最安全有效的办法是用 float 类型的大小（字节数）乘以每个字节的比特数（对你的计算机而言），即：sizeof (float) * CHAR_BIT，我们将该表达式定义为宏 N。

CHAR_BIT 是一个宏，在 C 标准库的头文件<limits.h>里定义，不小于 8，它决定了你计算机上的 C 实现用几个比特来组成一个字节。顺便说一下，在这个头文件里还定义了很多有趣的东西，包括各种整数类型的最小值和最大值，它们也以宏的形式体现，比如：

CHAR_MIN 和 CHAR_MAX 被定义为 char 类型的最小值和最大值；
SCHAR_MIN 和 SCHAR_MAX 被定义为 signed char 类型的最小值和最大值；
UCHAR_MAX 被定义为 unsigned char 类型的最大值；
SHRT_MIN 和 SHRT_MAX 被定义为 short int 类型的最小值和最大值；
USHRT_MAX 被定义为 unsigned short int 类型的最大值；
INT_MIN 和 INT_MAX 被定义为 int 类型的最小值和最大值；
UINT_MAX 被定义为 unsigned int 类型的最大值；
LONG_MIN 和 LONG_MAX 被定义为 long int 类型的最小值和最大值；
ULONG_MAX 被定义为 unsigned long int 类型的最大值；
LLONG_MIN 和 LLONG_MAX 被定义为 long long int 类型的最小值和最大值；

ULLONG_MAX 被定义为 unsigned long long int 类型的最大值。

言归正传，程序后面的 for 语句用于得到浮点数 123.5 的每一个比特，并将它打印成数字字符 0 或者 1。先来看表达式 * (unsigned long *) & f << x >> N - 1，这里涉及多个运算符，它们的优先级从高到低分别是：

一元 * 和 &，从右往左结合；

转型运算符 (unsigned long *)；

加性运算符 -。

移位运算符 << 和 >>，从左往右结合；

因此，该表达式等价于 ((* (unsigned long *) & f) << x) >> (N - 1)。运算符 & 首先得到一个指向 float 类型的指针，指向变量 f，紧接着被转换为指向 unsigned long 类型的指针。一元 * 运算符得到一个左值，经左值转换后，得到一个 unsigned long 类型的值。到此，我们用 unsigned long 类型读取了变量 f 的内容。

接下来，我们用逐位左移运算符 << 来左移这个值的比特，移动的次数由变量 x 的当前值指定。在这个 for 语句里，变量 x 的初值为 0，每次循环后都递增。

显然，每一次循环时，左移操作都将一个比特推到最左边。在第一次循环时，由于变量 x 的值为 0，实际上没有执行左移，因为要移动的比特本来就在最左边；第二次循环时，左移 1 次，是将左数第 2 个比特推到最左边；第三次循环时，左移 2 次，是将左数第 3 个比特推到最左边，以后每次循环都将下一个比特推到最左边。如果在某次循环前，被左移的值具有以下位模式：

    ....?..................

以上，每一个"."表示相应位置上的比特，可能是 0，也可能是 1，问号"?"表示本次循环将要移动的那个比特，由变量 x 的值决定，那么在本次左移之后，值的位模式会变成这样：

    ?...............000000000000000000

为了将所有无关的比特都变成 0，接下来，我们再执行右移动作，将我们关注的那个比特从最左端移到最右端，移动的次数是 N - 1。至此，值的位模式会变成这样：

    000000000000000000000000000000000?

现在好了，如果"?"代表 0，则表达式 * (unsigned long *) & f << x >> N - 1 的值是 0；否则，该表达式的值是 1。注意，值的类型是 unsigned long，因为子表达式 * (unsigned long *) & f 的结果类型是 unsigned long，该结果是运算符 << 的左操作数，故运算符 << 的结果类型也是 unsigned long。同理，运算符 << 的结果又是运算符 >> 的左操作数，故运算符 >> 的结果，或者说整个表达式（的值）的类型也是 unsigned long。

如程序中所示，我们可以用 printf 函数打印表达式 * (unsigned long *) & f << x >> N - 1 的值。我们使用的格式串为 %lu，因为变参的类型是 unsigned long。

练习 6.18

1. 在本节的程序中,既然是将变量 f 的值转换为 unsigned long 类型,那么,是否可以将子表达式 * (unsigned long *) & f 换成 (unsigned long) f,为什么?
2. 是否可以将程序中的 unsigned long 换成 signed long,为什么?

函数 printf 用得非常频繁,但正是因为这样才需要格外小心,它是一个变参函数,转换模板和实参的类型必须匹配,如果不注意,程序的行为将是未定义的,可能得不到预期的结果。

在下面的代码片段里,语句 S1 中的两个实参虽然是 char 类型,但在传递之前做默认实参提升,提升到 int 类型。转换模板%c 再从 int 类型转换为 unsigned char。

```
char c = '3';
printf ("%c,%d.\n", c, c);                              //S1

long long int x = -1, * p = & x;
printf ("%d, %d.\n", x, * p);                           //S2
printf ("%p, %p.\n", (void *) & x, (void *) p);         //S3
```

在语句 S2 中,实参的类型是 long long int 但转换模板%d 仅将它视为 int 类型,这种行为是未定义的。

在语句 S3 中,转换模板"%p"意味着对应的实参必须是指向 void 的指针,但输出的格式取决于 C 实现。这是必要的,因为不同的指针类型可能具有不同的长度,且指针类型的实参不执行默认实参提升。为安全起见,在传递给 printf 函数时,非指向 void 的指针要手工转换为指向 void 的指针。

6.8.8 格式化输入

讲完了格式化输出函数 fprintf 和 printf,我们再来讲一讲格式化输入,毕竟只出不进是不行的。

格式化输入是从输入流中获取内容并把它们转换为指定的格式,作为一个例子,下面的程序从标准输入流中获得用户按下的数字字符,将它转换为真正的数字后,再计算从 1 到该数字的累加和。然后,再把累加和转换为数字字符打印到标准输出流里。

```
/********************c0628.c********************/
# define __USE_MINGW_ANSI_STDIO 1
# include <stdio.h>

int main (void)
{
    unsigned long long n, t, sum = 0;
```

```
        printf ("A number less or equal 1,000,000,000:");

        fscanf (stdin, "%llu", & n), t = n;
        while (n) sum += n --;

        printf ("1+2+3+...+%llu=%llu\n", t, sum);
    }
```

在 C 标准库里，格式化输入函数的典型代表是 fscanf 函数，这个函数是在 C 标准库的头文件<stdio.h>里声明的，其原型为：

    int fscanf (FILE * restrict *stream*, const char * restrict *format*, ...);

以上，参数 stream 用于指定一个输入流。比如，你可以打开一个文本文件并将它映射为文本流，然后用在这里。此时，文本文件的内容将被获取和转换。在程序中，我们不是从物理文件获取，而是从标准输入 stdin 中获取。通常情况下，标准输入对应键盘。

参数 format 的类型为指向字符串的指针，和 fprintf 函数一样，这个字符串被称为格式串，格式串里可以包含转换模板。

显然，fscanf 也是一个变参函数，前面两个参数是固定的，但后面有多少参数则完全要由格式串决定。原则上，格式串中的每个转换模板都对应一个变参——道理是明摆着的，转换模板要求扫描并转换指定的内容，转换后的内容必须要存放起来，对应的变参用于指定往哪里存放。

在 main 函数里，我们先是调用 printf 函数打印一行文本到标准输出，这行英文的意思是让你给出一个小于或者等于 1,000,000,000 的整数。由于格式串里没有转换模板，所以也就不需要对应的实参。

紧接着，我们调用 fscanf 函数以获取和转换用户的输入。在它的格式串里，转换模板%llu 的意思是从输入流中收集数字字符，并将它转换为 unsigned long long int 类型。转换模板%llu 要求实参为指向 unsigned long long int 类型的指针，该函数要把转换后的值保存到指针所指向的变量。我们在这里传递的实参为表达式& n 的值，符合此要求。

fscanf (stdin, "%llu", & n)是一个函数调用表达式，它和表达式 t = n 一起组成了逗号表达式，使得左值 n 被赋值后，再把它的值赋值左值 t，在这两个表达式之间有一个序列点。

接下来，我们先用 while 语句计算累加结果，然后又用 printf 函数打印这个累加的结果。

6.8.8.1 函数 fscanf 的转换模板

以上程序只是先给大家一点感性认识，实际上 fscanf 函数的转换模板并非如此简单，它包括好几个可选的部分：

    %   *可选   *最大栏宽*可选   *长度修饰符*可选   *转换指定符*

显然，转换模板由百分号"%"开始，后面是几个可选的部分，但转换指定符是必须存在的。转换指定符包括但不限于 d、i、o、u、x、X、a、A、e、E、f、F、g、G、c、s、p、n 和 %。

如果转换模板里没有长度修饰符，则：
- 转换指定符 d 从输入流中收集数字字符，并认为它们的组合表示一个有符号十进制整数，对应的实参为指向 int 的指针；
- 转换指定符 o 从输入流中收集数字字符，并认为它们的组合表示一个有符号八进制整数，对应的实参为指向 unsigned int 的指针；
- 转换指定符 u 从输入流中收集数字字符，并认为它们的组合表示一个有符号十进制整数，对应的实参为指向 unsigned int 的指针；
- 转换指定符 x 和 X 完全等效，从输入流中收集表示十六进制数字的字符，并认为它们的组合表示一个有符号十六进制整数，对应的实参为指向 unsigned int 的指针；
- 转换指定符 i 从输入流中收集字符，并根据它们的特征来辨别所使用基数。是八进制的，等效于 o，是十六进制的，等效于 x 或者 X，否则等效于 d。无论如何，对应的实参为指向 int 的指针；
- 转换指定符 a、A、e、E、f、F、g 和 G 完全等效，从输入流中收集表示浮点数的字符，并认为它们的组合表示一个浮点数字，对应的实参为指向 float 的指针；
- 转换指定符 c 对应的实参为指向 char 的指针，此转换指定符用于从输入流中收集一个字符，然后保存到实参所指向的变量；
- 转换指定符 s 对应的实参为指向 char 的指针，但应当指向数组的首元素。此转换指定符用于从输入流中收集一系列字符，并将它们保存到那个数组中；
- 转换指定符 p 对应的实参应为指向"指向 void 的指针"的指针，此转换指定符用于从输入流中收集字符并将它们转换为指针，然后保存到实参所指向的变量。
- 转换指定符 n 不从输入流收集字符，对输入流也没有任何影响。对应的实参应为指向 int 类型的指针。从调用 fscanf 函数开始一直到遇上这个转换指定符，期间从输入流读取的字符数被写入实参所指向的变量。
- 转换指定符 % 不做任何转换，也不需要对应的实参，它仅仅用于匹配输入流中的一个字符"%"。

如果转换模板里有长度修饰符，则：
- 长度修饰符 hh 用于修饰转换指定符 d、i、o、u、x、X 和 n，取决于这些转换指定符原先的符号性，表示它们对应的实参为指向 signed char 或者 unsigned char 的指针；
- 长度修饰符 h 用于修饰转换指定符 d、i、o、u、x、X 和 n，取决于这些转换指定符原先的符号性，表示它们对应的实参为指向 short int 或者 unsigned short int 的指针；
- 长度修饰符 l 用于修饰转换指定符 d、i、o、u、x、X 和 n 时，取决于这些转换指定符原先的符号性，表示它们对应的实参为指向 long int 或者 unsigned long

int 的指针；用于修饰转换指定符 a、A、e、E、f、F、g 和 G 时，表示它们所对应的实参为指向 double 的指针；
- ✓ 长度修饰符 ll 用于修饰转换指定符 d、i、o、u、x、X 和 n 时，取决于这些转换指定符原先的符号性，表示它们对应的实参为指向 long long int 或者 unsigned long long int 的指针；
- ✓ 长度修饰符 L 用于修饰转换指定符 a、A、e、E、f、F、g 和 G 时，表示它们所对应的实参为指向 long double 的指针。

在继续学习转换模板之前，我们需要先喘口气儿，用一个例子来加深我们对转换指定符和长度修饰符的认识。再说了，函数 fscanf 是如何从输入流中获取字符并完成转换过程的，这个也很重要。

```
/*********************c0629.c*********************/
# include <stdio.h>

int main (void)
{
    char a [100], c;
    int d;
    unsigned int i, o, u, x;

    fscanf (stdin, "GBT%s%d%c%i-%o,%u,,%x",\
                    a, & d, & c, & i, & o, & u, & x);
    printf ("a=%s\nd=%d\nc=%c\ni=%i\no=%o\nu=%u\nx=%x\n",\
                    a, d, c, i, o, u, x);
}
```

这个例子虽然看起来有点复杂，但实际上还是比较简单的，它从输入流采集格式串所指定的成分并加以转换，然后再将它们嵌入到另一个格式串中写到输出流。在详细讲解之前我们先来看一下该程序的翻译、执行和交互过程，这样可以预先增加点感性认识。

```
D:\exampls>gcc c0629.c -o c0629.exe

D:\exampls>c0629
GBT      pdqqs      25Y      0x20-      021,      79,,      1agg
a=pdqqs
d=25
c=Y
i=32
o=21
u=79
x=1a


D:\exampls>c0629
GBTpdqqs 25Y0x20-021,79,,1agg
```

```
a=pdqqs
d=25
c=Y
i=32
o=21
u=79
x=1a
```

```
D:\exampls>
```

在以上交互过程中,我们先后按两种方法输入本质上是相同的文本,程序的运行结果是一样的。结合上述交互过程,我们来看看 fscanf 函数的处理过程。

函数 fscanf 首先从格式串中取得字符,如果不是%,也不是空白字符,则它必须与输入流的内容完全匹配。在这里,输入流和格式串都以"GBT"开始,匹配是成功的。

如果在格式串中遇到了以百分号"%"引导的转换模板,则要按转换模板的含义来处理输入流中的内容。在这里,%s 的含义是收集输入流中的字符以组合成一个字符串,收集工作会丢弃有效内容前的空白字符,而且会在遇到有效内容之后的空白字符时,或者收集到的字符与当前转换模板不相符时(比如%d 需要数字字符,但收集到的是字母)结束,且这个空白字符或者无效字符被退回到输入流中,**对大多数转换模板的处理来说,这个规则都是有效的**。在这个例子中,匹配完"GBT"之后,流中剩余的内容立即用于处理转换模板%s,在还没有遇到非空白字符时,收集到的空白字符都被丢弃。因此,不管输入流是"GBT   pdqqs......"还是"GBTpdqqs......",都能被正确识别。

转换模板%s 需要一个指向 char 的指针作为变参,这个指针应指向一个缓冲区(典型地,它是一个字符类型的数组),收集到的内容被保存到指针所指向的缓冲区里。

接下来,转换模板%d 要求输入流中的内容是一个表示有符号十进制整数的数字字符的序列。同样地,有效内容前面的空白被忽略。注意,在处理%s 时,"pdqqs"和"25"之间的空格字符已经被退回到流中,在处理当前的%d 时,它是第一个被取出的字符,且被忽略。对%d 来说,仅收集从"0"到"9"的十进制数字字符,一旦遇到空白字符或者非十进制数字字符时将终止收集,最后那个不合要求的字符被退回到输入流中。在本例中,"25"前面的空格被忽略,后面的"Y"被视为收集可以结束,且"Y"被退回输入流。

转换模板%c 需要输入流中的一个字符与之对应。与其他转换模板不同,它并不忽略任何空白字符。即,空白字符也是有效内容。因为这个原因,"25"和"Y"只能连在一起而不能分开。当处理%c 时,取出的字符恰好是上次退回输入流的"Y"。如果"25"和"Y"之间有空白,则%c 会将空白视为有效内容,而不是"Y"。

转换模板%c 需要一个指向 char 的指针作为参数,指针所指向的变量是不是数组并不重要,只要它能够容纳一个字符就行。

转换模板%i 需要输入流的内容表示有符号整数,但它的进制由这些内容来定,有效内容前面的空白被忽略。如果从输入流获取的有效字符序列以字符"0x"或者"0X"打头,后序的那些字符只能是"0"~"9"、"a"~"f"或者"A"~"F";如果仅仅是以"0"打头,后序的那些字符只能是"0"~"7"。如果是空白或者其他字符,则终止收集并将最后一个不合格的字符退回到流中。在程序中，"0x20"前面可以有空白，也可以没有，反正%c只从流中取1个字符，%i直接从下一个字符开始收集，空白被忽略掉。收集工作在遇到字符"-"时终止，并将这个字符退回到输入流。

转换模板%i需要一个指向int的指针作为变参，然后将收集到的有效字符组合起来，转换为一个整数后保存到指针所指向的变量。

接下来，函数fscanf从格式串中取到的不是转换模板而是字符"-"，这需要一个精确的匹配，需要保证从流中取到的下一个字符必须是"-"。

转换模板%o需要输入流的内容表示有符号八进制整数，即，组成有效内容的字符只能是"0"~"7"，有效内容前面的空白被忽略。如果是空白或者其他字符，则终止收集并将最后一个不合格的字符退回到流中。在程序中，"021"前面可以有空白，但被忽略。收集工作在遇到字符","时终止，并将这个字符退回到输入流。

转换模板%o需要一个指向unsigned int的指针作为变参，然后将收集到的有效字符组合起来，转换为一个整数后保存到指针所指向的变量。

在程序中，函数fscanf又一次从格式串中取到了不是转换模板的字符","，这需要一个精确的匹配，需要保证从流中取到的下一个字符必须是","。好在前面处理%o时已经往输入流退回了一个","，本次取到的正是这个字符。

对转换模板%u的处理类似于%d，在输入流中，有效字符之前可以有空白字符，但会被忽略。唯一不同的是，转换模板%u需要一个指向unsigned int的指针作为变参，然后将收集到的有效字符组合起来，转换为一个整数后保存到指针所指向的变量。在程序中，字符"79"前可以有空白，但被忽略，收集工作在遇到字符","时终止，这个字符被退回到输入流。

在程序中，格式串中的后续内容是",,"，这需要一个精确的匹配，需要保证能够接连从流中取到两个逗号","。前面处理%u时已经往输入流中退回了一个","，流中现在有两个逗号，可以匹配。

最后一个转换模板%x或者%X需要输入流的内容表示有符号十六进制整数，有效内容前面的空白被忽略。获取的有效字符只能是"0"~"9"、"a"~"f"或者"A"~"F"，如果是空白或者其他字符，则终止收集并将最后那个不合格的字符退回到流中。在程序中，"1a"前面可以有空白，也可以没有，有的话被忽略。收集工作在遇到字符"g"时终止，并将这个字符退回到输入流。

转换模板%x或者%X需要一个指向unsigned int的指针作为变参，然后将收集到的有效字符组合起来，转换为一个整数后保存到指针所指向的变量。

输入流的内容未必总是与格式串相匹配，因此fscanf函数很可能转换失败。比如，将字符的序列"hello"按照%d转换为整数是不可能的。如果在处理完第一个转换模板之前发生错误，该函数返回-1；否则，无论任何时候发现输入流的内容无法按照转换模板的要求继续转换时，立即停止处理并返回已经处理了多少个转换模板。因此，根据它的返回值就可以知道哪些转换模板已经处理，而哪些还未处理（处理不了）。

继续讨论fscanf函数的转换模板，最大栏宽也是可选的，如果有的话必须是一个大于0的十进制整数，用来指定该转换模板在输入流中对应的字符数。在这种情况下，输入流中的内容不必以空白分隔即可被识别和转换，下面是一个例子。

```
/********************c0630.c********************/
# define __USE_MINGW_ANSI_STDIO 1
# include <stdio.h>

int main (void)
{
    char a [6];
    int b;
    long long int c;

    fscanf (stdin, "%5s%3d%6lld", a, & b, & c);
    fprintf (stdout, "%s,%d,%lld.\n", a, b, c);
}
```

在这个例子中，转换模板%5s从输入流中摘取5个字符并将其组合为一个字符串，它要求一个指向char的指针作为变参；转换模板%3d摘取后面的3个字符并转换为有符号十进制整数，它要求一个指向int的指针作为变参；转换模板%6lld继续从输入流摘取6个字符并转换为有符号十进制整数，它要求一个指向long long int的指针作为变参。

以下是程序的翻译、执行和交互过程，我们切入的内容是"good2219098765"，这个程序按照各转换模板所指定的最大栏宽从中摘取字符并做指定的转换。

```
D:\exampls>gcc c0630.c -o c0630.exe

D:\exampls>c0630
good2219098765
good2,219,98765.

D:\exampls>
```

在转换模板中，"*"是可选的，如果有它，则意味着该转换模板仅用来从输入流中摘取指定的内容并丢弃它，不需要对应的变参，例如下面的代码片段：

```
fscanf (stdin, "%*3u%*lld");
```

再强调一遍，转换模板%c只需要一个指向char的指针作为形参，且输入流中有效内容前面的空白不被忽略。如果带有最大字段宽度，例如%6c，则将从输入流中顺序摘取6个字符，并顺序保存到变参所指向的缓冲区。这意味着，变参所指向的缓冲区应足够大。

如果只针对标准输入stdin，则fscanf函数完全可以被scanf函数取代，后者等价于第一个参数是stdin的fscanf参数。函数scanf同样是在头文件<stdio.h>里声明的，其原型为：

```
int scanf (const char * restrict format, ...);
```

练习 6.19

1．编写程序，从标准输入 stdin 获取一个数，然后打印 100 以内能够被这个数整除的正整数。

2．打印浮点数-6000.625，最小栏宽为 15，精度为 2，打印结果在栏内左对齐。

3．读取以 hh:mm:ss 形式输入的时间，把时间部分存储在整数类型的变量 hour、minute 和 second 中。

6.8.9　格式化输入输出的实例

以上我们认识了格式化输入/输出函数 fscanf、scanf、fprintf 和 printf，我想我们现在需要一个综合性的例子，来说明这些函数的实际应用。在这个例子中，我们从输入流获取一批学生的基本信息，包括姓名、性别、年龄、年级和学分，然后将他们的信息按照特定的格式打印到屏幕上。

原则上，我们可以从标准输入（键盘）获取学生信息，也可以从一个数据文件里获取学生信息。即使从标准输入获取，也可以通过重定向功能从文件获取，这种技巧我们在前面的章节里已经讲过。在本程序中，我们是从一个文件中获取。这个文件是预先编辑好的，然后在程序中打开并与一个流关联。这是一个文本文件，Linux 用户和 Windows 用户可以选择自己惯常使用的文本编辑器创建。文本文件的格式大致如图 6-15 所示，内容可自行定义。尽管这幅图是以 Windows 记事本为例，但本程序可以在不同的平台上翻译和执行。

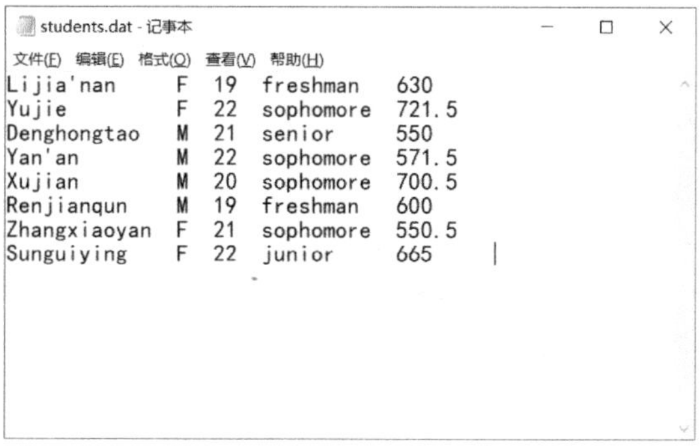


```
Lijia'nan      F  19  freshman   630
Yujie          F  22  sophomore  721.5
Denghongtao    M  21  senior     550
Yan'an         M  22  sophomore  571.5
Xujian         M  20  sophomore  700.5
Renjianqun     M  19  freshman   600
Zhangxiaoyan   F  21  sophomore  550.5
Sunguiying     F  22  junior     665
```

图 6-15　包含学生基本信息的文本文件

说完了输入，再来看输出。如图 6-16 所示，我们要在屏幕上打印并重现这些学生的基本信息，而且是以报表的样式呈现（需要考虑视觉效果，得美观一些），包括题头、明细和摘要。“Total”是学生的数量；“Sum”是这些学生的总学分；“Average”是这些学生的平均学分。同样地，这幅图以 Windows 平台为例，但实际上本程序与平台无关。

对程序的功能有了总体认识之后，剩下的就是设计这个程序，你可以自己先想一想该如何编写这个程序。当然，我也会提供自己的设计，下面是我写的源文件。

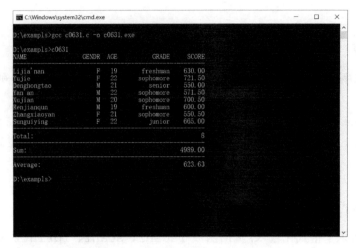

图 6-16 学生基本信息的打印样式

```
/********************c0631.c********************/
# include <stdio.h>
# include <stdlib.h>

typedef struct ss {
    char name [20];
    char gender [7];      //F/M 或者 Female/Male
    unsigned int age;
    char grade [10];      //freshman/sophomore/junior/senior
    float score;
    struct ss * next;
} SSTUD, * PSSTUD;

void destroy_stud_info (PSSTUD pps)
{
    PSSTUD tmp;
    while (pps != NULL)
        tmp = pps, pps = pps -> next, free (tmp);
}

PSSTUD get_stud_info (void)
{
    FILE * pf = fopen ("students.dat", "r");
    if (pf == NULL)
    {
        printf ("File open failed.\n");
        return NULL;
    }

    PSSTUD pstd = malloc (sizeof (SSTUD));
    if (pstd == NULL)
```

```c
    {
        printf ("Memory allocated failed.\n");
        return NULL;
    }

    if (fscanf (pf, "%s%s%u%s%f", pstd -> name, pstd -> gender,\
            & pstd -> age, pstd -> grade, & pstd -> score)\
            == EOF)
    {
        printf ("Empty file.please append some records.\n");
        free (pstd);
        return NULL;
    }

    pstd -> next = NULL;

    PSSTUD temp = pstd;
    do {
        if (temp -> next != NULL) temp = temp -> next;
        if ((temp -> next = malloc (sizeof (SSTUD))) == NULL)
        {
            printf ("Memory allocated failed.\n");
            destroy_stud_info (pstd);
            return NULL;
        }
        temp -> next -> next = NULL;
    } while (fscanf (pf, "%s%s%u%s%f", temp -> next -> name,\
            temp -> next -> gender, & temp -> next -> age,\
            temp -> next -> grade, & temp -> next -> score) != EOF);

    free (temp -> next);
    temp -> next = NULL;
    fclose (pf);

    return pstd;
}

void print_stud_info (PSSTUD pps)
{
    printf ("%-20s%5s%5s%15s%10s\n",\
            "NAME", "GENDR", "AGE", "GRADE", "SCORE");
    printf ("------------"\
            "--------------------------------------\n");

    int total = 0;
    float sum = 0.0f;
```

```c
        while (pps != NULL)
        {
            total ++;
            sum += pps -> score;
            printf ("%-20s%5s%5u%15s%10.2f\n", pps -> name, pps ->\
                    gender, pps -> age, pps -> grade, pps -> score);
            pps = pps -> next;
        }

        printf ("-------------"\
                "----------------------------------------\n");
        printf ("%-20s%35u\n", "Total:", total);
        printf ("-------------"\
                "----------------------------------------\n");
        printf ("%-20s%35.2f\n", "Sum:", sum);
        printf ("-------------"\
                "----------------------------------------\n");
        printf ("%-20s%35.2f\n", "Average:", sum / total);
    }

    int main (void)
    {
        PSSTUD pstd = get_stud_info ();

        if (pstd != NULL)
        {
            print_stud_info (pstd);
            destroy_stud_info (pstd);
        }
        else
            printf ("No students information to print.\n");
    }
```

6.8.9.1 动态内存分配和链表

在程序中，为了保存每个学生的信息，我们声明了一个结构类型 `struct ss`。注意这个声明，它使用了关键字 `typedef`，所以这个声明完成了几件事：声明了拥有 6 个成员的一种结构类型；将标识符 `ss` 声明为这种结构类型的标记；将标识符 `SSTUD` 声明为这种结构类型的别名，将标识符 `PSSTUD` 声明为"指向这种结构类型的指针"的别名。

成员 `name` 是数组类型，用于保存学生姓名；成员 `gender` 是数组类型，用于保存学生性别，可以是 `Female`（女）和 `Male`（男），也可以是简写的 `F` 和 `M`；成员 `age` 是整数类型，用于保存学生的年龄；成员 `grade` 是数组类型，用于保存学生所在的年级；成员 `score` 是浮点类型，用于保存学生的学分。

仔细审视这个结构类型的成员，你会发现一个特别的现象：在这个结构类型内部，有一个叫作 next 的成员，其类型为指向当前这种结构类型的指针。一个结构类型的成员反过来指向它所隶属的这个结构类型，这是可以的吗？

当然可以，毕竟它只是一个指针。我们已经接触过不完整类型，按照规定，在声明一个结构类型时，如果它有标记，则标记在完全出现之后就立即可用；如果它有成员列表，那么在到达结构成员列表的右花括号"}"之前，这种结构类型是不完整的，称为不完整的结构类型。不允许声明不完整结构类型的变量，因为不知道类型的大小，从而无法为它分配存储空间，因此下面的声明是非法的：

```
struct A {char c; struct A a;};
```

但是，我们却可以声明一个指向不完整类型的指针。这是因为，指针的大小只与被指向的类型有关，与被指向的类型有多大、都包括哪些具体的成员无关。换句话说，所有指向结构类型的指针都具有相同的大小。所以，在结构类型 struct ss 内部声明一个指向这种结构类型的指针成员是合法的。

你可能觉得奇怪，为什么需要这样一个成员呢？这事说来话长。我们这个程序是从输入流获取并保存每个学生的基本信息，然而，从输入流获取和转换而来的信息保存到哪里呢？通常的做法是声明一个结构类型的数组，例如：

```
SSTUD astd [50];
```

这就声明了一个数组 astd，具有 50 个元素，元素的类型是 SSTUD。当然，SSTUD 是结构类型 struct ss 的别名。然而，一个真正有用的程序不会试图固定数组的大小，因为一个学校到底有多少个学生是无法预测的。如果学生很多而数组太小就容纳不下；如果学生太少而数组太大就会产生浪费。

如图 6-17 所示，一个比较好的办法是"按需创建"变量。我们并不需要在程序中预先创建任何 struct ss 类型的变量，而只在需要时创建。每当我们需要保存某个学生的基本信息时，就创建一个 struct ss 类型的变量，并令上一个结构变量的 next 成员指向这个刚刚创建的变量。

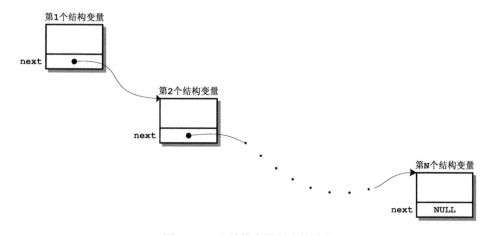

图 6-17　由结构变量组成的链表

按照这种方法，随着越来越多的变量被创建，它们将连接在一起，形成一个链条，通常称之为链表，而链表上的每一个变量称为节点。显然，为了知道链表在何处终止，链表末端的那个节点的 next 成员必须设置为空指针 NULL，以表明它不指向别的节点，或者说没有下游节点，或者说它是链表的最后一个节点。

显然，这种方法是极具弹性的，因为可以随时根据需要加入新的节点，而且节点的数量没有任何限制。

截至目前，变量的创建都以可预见的方式进行，即，要在程序里声明变量。既然是按需创建变量，或者说动态创建变量，那当然不能依靠声明，只能另想办法。每个程序在运行时本身需要占用一定的内存，主要由数据和可执行的代码组成，包括你在程序中声明的所有变量在内。操作系统负责加载程序，内存是宝贵的资源，程序有多大，需要多少，它就分配多少，不会多给。

不过，如果确实需要，你可以向操作系统申请内存，但要使用系统调用。在 C 标准库里就有封装了内存分析系统调用的库函数，例如 malloc，它是在头文件<stdlib.h>里声明的，其原型为：

    void * malloc (size_t *size*);

在这里，参数 size 用于指定分配的字节数，具体是多少要取决于你准备用它保存什么类型的数据。如果要保存一个 int 类型的数据，那你就传入 sizeof (int) 的值。

函数 malloc 分配指定大小的内存，并返回指向那片内存的指针。如果分配失败，则返回空指针。从另一个角度来看，函数 malloc 创建了一个变量，并返回指向那个变量的指针。

显然，用 malloc 函数创建的变量没有名字，无法直接使用。但它返回了一个指向该变量的指针，看来我们只能通过指针来访问那个变量。如果这个指针丢了，那就意味着再也找不到那个变量。为此，我们需要声明一个指针类型的变量来保存这个指针，例如：

    int * pint = malloc (sizeof (int));
    * pint = 10086;

在这里，我们声明了一个变量 pint，并初始化为表达式 malloc (sizeof (int)) 的返回值。在此之后，我们就可以用这个指针来访问刚才分配的变量。函数 malloc 返回的是一个指向 void 的指针，但 pint 的类型是指向 int 的指针，在初始化之前，需要将指向 void 的指针自动转换为指向 int 的指针，C 语言支持这种自动转换。如果你不嫌麻烦，也可以手动转换：

    int * pint = (int *) malloc (sizeof (int));

一个容易被忽视的问题是对齐。非对齐的访问是危险的，但 malloc 函数并不知道你用什么类型来访问它所分配的存储区。在这种情况下，它分配的存储区将起始于一个具有最大对齐的地址，这个存储区的对齐值是 C 语言所支持的所有类型的对齐值的最小公倍数。换句话说，任何类型的变量都可位于（对齐于）这个内存地址。

进一步地，如果想用 malloc 函数分配的变量为节点，构造一个链表，则每个节点必须是结构类型，且包含指向下一个节点的成员。在我们的程序里，结构类型 struct ss 就符合这一要求，因为它带有一个 next 成员。首先，我们用 malloc 函数分配一个变量，并将它的返回值保存到指针变量 header：

```
PSSTUD header = malloc (sizeof (SSTUD));
```

我们知道，PSSTUD 是"指向 struct ss 的指针"类型的别名，故变量 header 的类型就是指向 struct ss 的指针，类型名为 struct ss *；同样地，我们已经知道 SSTUD 是结构类型 struct ss 的别名。

此后，如图 6-18 所示，变量 header 的值就指向链表中的第一个节点。接下来，当我们再用 malloc 函数分配第二个变量时，可用上一个变量的 next 成员指向它。基于相同的原理，如图 6-18 所示，当更多的变量被分配时，它们可形成一个链表。

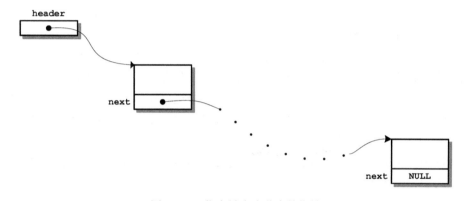

图 6-18　指向链表头节点的指针

6.8.9.2　认识成员选择运算符"->"

现在让我们回到程序中，在 main 函数里，我们先用 get_stud_info 函数从输入流获取学生的基本信息，然后再用 print_stud_info 函数以报表的格式打印这些信息。

函数 get_stud_info 用于创建一个包含了所有学生信息的链表，并返回指向这个链表头节点的指针，这个指针用于初始化变量 pstd。从此以后，对链表的访问要通过它才能进行。如果 get_stud_info 函数返回空指针，则变量 pstd 的值也是空指针，意味着链表创建失败，变量 pstd 不指向任何链表，或者说指向一个空的链表。那么，这个链表是如何创建的呢？让我们深入到 get_stud_info 函数内部来看看究竟。

在 get_stud_info 函数里，我们先以只读方式打开数据文件 students.dat。在此之前，应确保这个文本文件已经创建。如果文件打开失败，则 fopen 函数返回空指针，在这种情况下，我们先打印一行错误提示，然后返回空指针。

一旦成功打开文件，则它就与一个流相关联，变量 pf 的值是指向这个流的指针，我们可以将它传递给 fscanf 函数，于是就可以从这个流里获取学生的基本信息了。整个获取过程需要分多次进行，每次获取一个学生的基本信息。但是，在获取第一个学生的基本信息之前，我们要先分配内存块以容纳这些信息。为此，声明

```
PSSTUD pstd = malloc (sizeof (SSTUD));
```

用于分配一个内存块，并返回一个指向该内存块的指针以初始化变量 `pstd`[⑤]。内存块的大小是结构类型 `SSTUD` 的大小，返回的指针在用于初始化指针变量 `pstd` 前，先要自动转换为 `PSSTUD` 类型。如果内存分配失败，则打印错误提示后返回空指针。

一旦成功分配了内存块，我们就可以用 `fscanf` 函数从流中获取一个学生的基本信息了。注意，对 `fscanf` 的调用可能成功，也可能失败，所以我们将它作为 `if` 语句的控制表达式，借此来根据它的返回值做相应的处理。

在 `fscanf` 函数里，转换模板为 `%s%s%u%s%f`，意味着要获取和转换的内容分别是字符串、字符串、十进制数字、字符串和浮点数字，从流中获取和转换后的内容应分别保存到结构类型 `SSTUD` 的成员 `name`、`gender`、`age`、`grade` 和 `score` 里。

我们已经用 `malloc` 函数分配了链表的第一个节点，变量 `pstd` 的值指向这个节点。变量 `pstd` 的类型是指向结构类型 `struct ss` 的指针，通过这个指针访问它所指向的那个节点时，实际上是把那个节点当成 `struct ss` 类型的变量。问题是，如何通过一个指针来访问它所指向的那个结构变量的成员呢？

我们已经认识了成员选择运算符"`.`"，如果它的左操作数是结构类型，且右操作数是成员的名字，则我们将得到那个成员，这个成员选择表达式就代表那个成员本身。

在 C 语言里，另一个运算符"`->`"也是成员选择运算符，但它的左操作数必须是指针类型（的值），比如指向结构类型的指针；右操作数是成员的名字。同样地，成员选择运算符"`->`"用于得到那个成员。

在程序中，函数 `fscanf` 的第一个转换模板为 `%s`，需要一个指向 `char` 的指针作为实参，我们为它传递了表达式 `pstd -> name` 的值。

运算符`->`需要一个指针类型的左操作数，所以表达式 `pstd -> name` 求值时，左值 `pstd` 先执行左值转换，得到指针类型的值。进一步地，运算符`->`得到这个值所指向的那个结构变量的 `name` 成员。也可以说，表达式 `pstd -> name` 就代表 `name` 成员本身。

成员选择运算符`->`的结果是一个左值，其类型为右操作数的类型。在这里，成员选择表达式 `pstd -> name` 的结果是一个数组类型的左值，代表成员 `name` 本身。因为它是数组类型的成员，故自动转换为指向其首元素的指针。

同样地，函数 `fscanf` 的第二个转换模板为 `%s`，需要一个指向 `char` 的指针作为实参，我们为它传递了表达式 `pstd -> gender` 的值。成员选择表达式 `pstd -> gender` 的结果是一个数组类型的左值，代表成员 `gender` 本身。因为它是数组类型，故自动转换为指向其首元素的指针。

函数 `fscanf` 的第三个转换模板为 `%u`，实参的类型应为指向 `unsigned int` 的指针，我们为它传递了表达式 `& pstd -> age` 的值。成员选择运算符`->`的优先级高于一元`&`运算符，故这个表达式等价于 `& (pstd -> age)`。成员选择表达式 `pstd -> age` 的结果是一个 `unsigned int` 类型的左值，代表成员 `age` 本身，但它不是数组，不能自动转换为指针，需要用一元`&`运算符取得这个成员的地址（得到指向这个成员的指针）。

基于相同的原理，后面的 `pstd -> grade` 和 `& pstd -> score` 不用再说你也

[⑤] 说句可能是多余的话，它不同于 `main` 函数内部的 `pstd`，它们是两个互不相干的变量，虽然名字相同。

能明白是什么意思。

如果 fscanf 函数读到了流的尾部（文件尾），则它返回 EOF。注意，这是第一次调用 fscanf 函数，理论上不应该返回 EOF。如果确实返回了 EOF，则意味着文件可能是空的，此时只能打印错误提示并返回空指针。在返回之前，必须先释放由 malloc 函数所分配的内存，因为它不会自动释放。如果它能自动释放，这反而很可怕，因为万一你还要使用该怎么办呢？

为了释放由 malloc 函数分配的内存，需要使用另一个函数 free 来释放它，该函数是在头文件<stdlib.h>里声明的，其原型为：

  void free (void * **ptr**);

这里，参数 ptr 的值指向待释放的内存块。该函数将内存块重新归还给操作系统，让它能够重新分配给需要的地方。

现在我们已经创建了链表的第一个节点，并保存了一个学生的基本信息。因为它目前是唯一的节点，没有下游节点，故必须将它的 next 成员设置为空指针 NULL，语句

  pstd -> next = NULL;

就是用来做这件事的。成员选择运算符->的优先级高于赋值运算符，所以表达式 pstd -> next = NULL 等价于(pstd -> next) = NULL。表达式 pstd -> next 用于得到变量 pstd 的值**所指向的那个结构变量**的 next 成员，或者说，表达式 pstd -> next 的结果是一个左值，代表变量 pstd 的值所指向的那个结构变量的 next 成员。但这个左值是运算符=的左操作数，不执行左值转换，而是接受赋值，将空指针常量 NULL 赋给这个左值。

接下来，如果还用这种方法一个一个地转换和保存的话，肯定是既麻烦又愚蠢，所以接下来我们要用循环的办法来解决。

变量 pstd 的值指向链表的首节点，我们不能再改变它，否则将丢失这个链表。为了能够访问链表，我们还得重新声明一个新的变量 temp 并令它也指向链表的首节点。如图 6-19(a)所示，变量 pstd 和 temp 的值都指向链表的首节点。

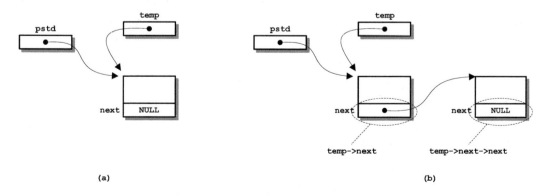

图 6-19　变量 temp 指向的节点及通过它访问其他节点的途径

继续来讨论 get_stud_info 函数，接下来是一个 do 语句。在 do 语句的循环体中

首先是一个 if 语句

```
if (temp -> next != NULL) temp = temp -> next;
```

成员选择运算符->的优先级高于等性运算符!=，所以表达式 temp -> next != NULL 等价于 (temp -> next) != NULL。表达式 temp -> next 用于得到变量 temp 的值所指向的那个结构变量的 next 成员，或者说该表达式是一个左值，代表变量 temp 的值所指向的那个结构变量的 next 成员。该左值在经左值转换后与空指针常量 NULL 进行比较。在第一次循环时，这个成员的值为 NULL，所以不会执行语句

```
temp = temp -> next;
```

既然如此，我们先不讨论它，直接往下看，下一个 if 语句调用 malloc 函数分配内存并将返回的指针赋值刚才那个 next 成员。如果返回值是 NULL 则意味着分配失败，再继续执行已经没有意义，要返回空指针到 get_stud_info 函数的调用者。在返回之前还调用了 destroy_stud_info 函数，这个函数用于遍历链表并释放它的每一个节点，待会儿再详细说明它，现在我们还是将注意力放在 do 语句要紧。

注意，内存分配、赋值和返回值的判断这三个工作是由一个表达式 (temp -> next = malloc (sizeof (SSTUD))) == NULL 来完成的。在这里，成员选择运算符->的优先级最高，等性运算符==次之，赋值运算符的优先级最低。因为我们是想判断赋值表达式 temp -> next = malloc (sizeof (SSTUD)) 的值是不是空指针，所以必须将这个赋值表达式用圆括号围住，然后再与 NULL 进行比较。

如果内存分配成功，**且这是 do 语句的第一次循环**，那么，如图 6-19(b) 所示，变量 temp 的值指向链表的第一个节点，该节点的 next 成员指向刚刚分配成功的第二个节点。语句

```
temp -> next -> next = NULL;
```

将这个新节点设置为链表的尾节点。注意，成员选择运算符是从左向右结合的，所以表达式 temp -> next -> next = NULL 等价于 (temp -> next) -> next = NULL。如图 6-19(b) 所示，表达式 temp -> next 是一个左值，代表链表第 1 个节点的 next 成员，该成员的值指向链表的第二个成员。作为第二个->运算符的左操作数，左值 temp -> next 执行左值转换，转换为指针并指向链表第 2 个节点，于是，表达式 temp -> next -> next 的结果是一个左值，代表链表第 2 个节点的 next 成员。该左值是赋值运算符的左操作数，不再进行左值转换，而是被赋值为 NULL。

do 语句的特点是先做，然后再判断循环条件。它的控制表达式很长，但本质上是调用 fscanf 函数并用它的返回值和 EOF 做比较，根据比较的结果决定是否继续循环。

依然假定这是 do 语句的第一次循环，来看我们传递给 fscanf 函数的实参。传递的第一个参数来自表达式 temp -> next -> name 的值。变量 temp 的当前值指向链表的第 1 个节点；表达式 temp -> next 的结果是一个左值，代表链表上第 1 个节点的 next 成员，该成员的值指向链表第 2 个节点；表达式 temp -> next -> name 的结果是一个左值，代表链表第 2 个节点的 name 成员，其类型为数组，自动转换为指向其首元素的指

针。同理，传递给 fscanf 函数的其他参数也照此类推。

如果函数 fscanf 返回 EOF，则意味着遇到了流的末尾，获取不能算是成功的，刚才新添加的节点将保存一些无用的数据，需要从链表中去掉这个节点。

假定在 do 语句的第一次循环结束时遇到了流的末尾，那么这将退出 do 语句，继续执行 get_stud_info 函数的剩余部分：

```
free (temp -> next);
temp -> next = NULL;
fclose (pf);

return pstd;
```

首先，因为表达式 temp -> next 的结果是一个左值，代表链表第 1 个节点的 next 成员。这个成员的值是一个指针，指向链表的第 2 个节点，所以可将它传递给 free 函数以释放它所指向的内存块。在传递之前，左值 temp -> next 会执行左值转换。然后，还要将这个成员的值设置为 NULL，让它变成链表的最后一个节点，如图 6-20 所示。此时，因为左值 temp -> next 是赋值运算符的左操作数，不执行左值转换，而是接受赋值。

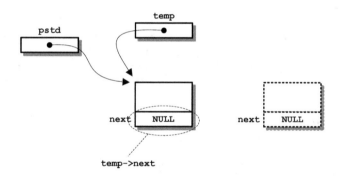

图 6-20 删除链表末尾的节点

函数调用 fclose(pf) 用于关闭文件。文件 pf 在用完之后应当关闭；最后的 return 语句返回指向链表头节点的指针给调用者。

假定在 do 语句的第一次循环结束时没有到达流的尾部，则将开始第二轮循环。在 do 语句的循环体内，第一个 if 语句

```
if (temp -> next != NULL) temp = temp -> next;
```

的控制表达式求值为 1，这和第一次循环时不同了。原因很简单，上一次循环时已经创建了新的节点，左值 temp -> next 代表链表第 1 个节点的 next 成员，它的值不再是空指针，而是指向新的节点。

这就是说，从第二次循环开始，语句

```
temp = temp -> next;
```

总会被执行。在第二次循环时，因为表达式 temp -> next 的结果是一个左值，代表链表第 1 个节点的 next 成员，且要执行左值转换。又因为该成员的值指向链表的第 2

个节点，所以将这个值赋给左值 temp 后，如图 6-21 所示，变量 temp 的值现在指向链表的第 2 个节点。

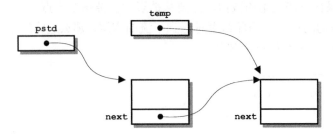

图 6-21　令变量 temp 的值指向下一个节点

在第二次循环时，do 语句的循环体同样要用 malloc 函数创建新的节点，并将这个节点作为链表的尾节点。如图 6-22 所示，左值 temp -> next 现在代表链表第 2 个节点的 next 成员；左值 temp -> next -> next 现在代表链表第 3 个节点的 next 成员。

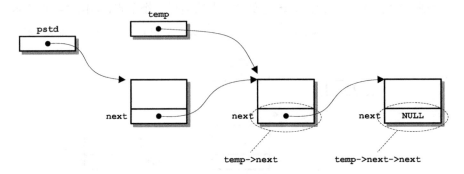

图 6-22　第二轮循环时的操作场景

推而广之，无论是处在哪一轮循环当中，如果新节点创建成功的话，则变量 temp 始终指向链表的倒数第 2 个节点；左值 temp -> next 始终代表链表中倒数第 2 个节点的 next 成员；左值 temp -> next -> next 始终代表链表最后一个节点的 next 成员。

如果新节点创建失败，则变量 temp 的值依然指向链表的尾节点；左值 temp -> next 依然代表链表尾节点的 next 成员，因为该成员的值为 NULL——尽管它接受 malloc 分配失败后的返回值，但返回值是空指针。

在 do 语句里，无论何时分配新节点失败，则需要中止获取学生信息并返回。在此之前还要释放链表的所有节点，这一工作是通过调用函数 destroy_stud_info 来完成的，该函数在程序的开始部分定义，它需要一个指向结构类型的指针 pps 作为参数，原则上，它必须指向链表的头节点。这是理所当然的，我们必须通过它找到链表并遍历整个链表。

那么，如何释放链表的节点呢？比较简单的想法是，先释放由参数变量 pps 的值所指向的节点，再令它依次指向下一个节点。但是这很荒谬，我们是通过一个节点的 next 成员来找到它的下一个节点，问题是，一旦节点被释放，你就不能再访问它的 next 成员以获得下一个节点。

这就需要两个指针，一个是原有的变量 pps，另一个是变量 tmp。一开始，它们都指向链表的头节点。然后，每当变量 tmp 指向某个节点时，变量 pps 指向该节点的下一个节点，这样就可以安全地用 free 函数释放由 tmp 的值所指向的节点。

现在，让我们重新回到 main 函数里。函数 get_stud_info 完成学生基本信息的获取并创建一个完整的链表，然后返回一个指向链表头节点的指针，并用于初始化变量 pstd。接下来，我们要用链表提供的资料来打印一个报表。

然而，get_stud_info 的工作可能不会成功，因为数据文件 students.dat 可能不合法，也可能为空，或者内存分配失败，这些原因都将导致 get_stud_info 函数无法创建链表，并返回一个空指针。

所以，如程序中所示，在打印之前必须先判断变量 pstd 的值是否为空指针。如果不是空指针，那么，将调用 print_stud_info 函数完成报表打印工作。

在 print_stud_info 函数里，报表是分栏（列）打印的，我们要先打印每一栏（列）的标题。如图 6-23 所示，共分 5 栏（列），其标题分别为 NAME、GENDR、AGE、GRADE 和 SCORE，而且我们决定将它们的栏宽分别定为 20、5、5、15 和 10，以字符为单位。

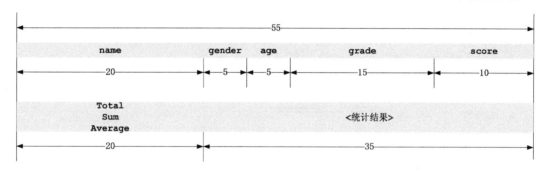

图 6-23 打印时的栏宽

打印完每一栏（列）的标题后，再打印一行水平分隔线，如图 6-23 所示，所有分栏的宽度加起来是 55，以字符计，所以我们要打印 55 个 "-" 字符。

紧接着，while 语句遍历链表，打印每个节点的内容，包括姓名、性别、年龄等内容。在打印的同时，还要累加学生的学分，计算学生的数量。在遍历完整个链表后，还要计算出平均学分。注意，打印学分时，小数点后面保留两个数位。

最后，我们打印统计信息，如图 6-23 所示，统计信息分为两栏（列），第一栏是分类的名字（Total/Sum/Average），栏宽为 20，第二栏（列）是统计结果，宽度为 35，统计信息之间也有水平分隔线。

再回到 main 函数，打印完报表后，就可以释放链表上的所有节点并退出程序了，为此我们调用了 destroy_stud_info 函数。

练习 6.20

1. 在 get_stud_info 函数里，我们调用了 malloc 和 fscanf 各两次，请修改这个函数，使得只调用这两个函数各一次即可。可以引入额外的变量以定位链表的节点。

2. 修改 get_stud_info 函数，使之从标准输入获取学生信息。修改完成后，如何用重定向功能从文件 students.dat 里获取学生信息？

3. 将整数-5、100、607、188、203、9008、-73 和 6551 按它们在这里出现的顺序存入一个链表，然后，按数字从小到大的顺序重新组织链表的节点；如果节点上的数字能够被 5 整除，则删除该节点（释放该节点所占用的内存并将前后节点直接相连）；按节点的顺序打印它们的数字。

C 标准库无疑是非常强大的，它足以满足用户日常工作的多数需求。当然，如果用户需要的功能标准库无法满足，也允许用户生成自己独有的库，但这已经不属于标准库的范畴。此外，要了解 C 标准库的细节，以及每个库函数的使用方法，可以阅读 P.J.Plauger 所著的《The Standard C Library》，即《C 标准库》。

第 7 章

字符集和字符编码

上次我们谈到了字符集和字符编码的问题,也介绍了早期的 ASCII 字符集和它的字符编码。在这一章里,我们将继续讨论这个话题,并介绍如何用 C 语言处理汉字信息。

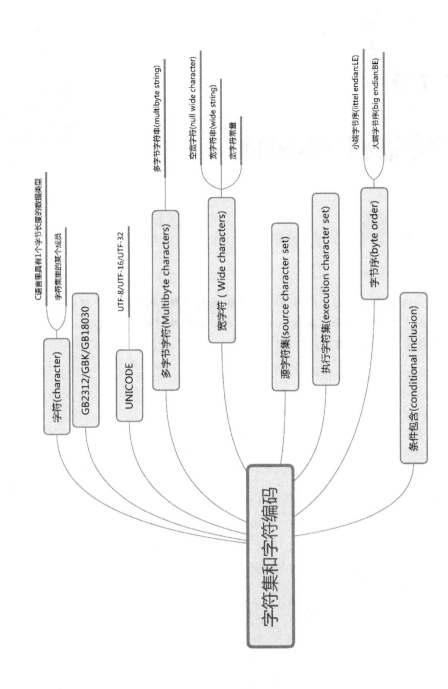

7.1 字符集和字符编码的演变

随着计算机的流行,其他国家和地区的人们也要用计算机来处理他们自己的文字。有些国家和地区的文字并不复杂,比如希腊文字和希伯来文字,他们的字符集比 ASCII 大不了多少,但是在其他地方,特别是东亚,字符数量非常庞大。且不说日文和韩文,光是汉字就有好几万个。

你可能会想,既然是这样,那所有国家和地区联合起来,创建一个大的、能容纳地球上所有文字的字符集吧。然而,这需要有人组织,还需要在沟通、协调及字符的收集工作上花大量时间,标准的制定没有好多年是不可能完成的事情。然而,每个国家和地区的人是等不及的,他们都开始着手制定自己的字符集的编码方案,字符集和文字编码的战国时代就这样来临了。

7.1.1 GB2312 字符集

在中国,光是汉字就有好几万个。不过在那时,计算机的性能远没有现在高,而且应用也没有现在这么广,所以当时觉得几千个常用汉字足够了。那个时候,大多数计算机都在使用 ASCII 字符集,所以这第一个字符集还得能够兼容它,否则的话,来自英语系国家的东西我们都无法处理。

如此一来,传统的 ASCII 字符还得用一个 8 位元来表示,而汉字得用两个 8 位元来表示了,一个字节根本不够用。所谓 8 位元,是指一个 8 比特的序列或者存储空间,在绝大多数情况下就是指一个字节。然而,字节的长度没有标准规定,只是在所有的计算机系统上都要求至少是 8 个比特。这样的话,为了客观描述,习惯上使用 8 位元,而不是称之为一个字节。如果一个计算机系统使用 9 比特以上的字节,则它可以简单地在 8 位元的前面补 0 即可。

那么,考虑一下,在一个 ASCII 字符和汉字字符混合的编码序列中,我们如何将它们区分开来呢?

如图 7-1 所示,因为传统的 ASCII 字符是 7 位编码的,故我们可以将一个 8 位元的最高位置 0,其他 7 位用于表示 ASCII 字符的代码点①。对于一个汉字来说,可以将两个 8 位元的最高位置 1,再将汉字的代码点拆分到每个 8 位元的剩余部分。

图 7-1 GB2312 字符集的编码方式

---

① 如果你忘了什么是代码点,请回到第 5 章复习一下。

如此一来，当我们看到某个字符代码的最高位是 0，就知道它是一个传统的 ASCII 字符，且仅占一个字节的长度；否则，它就是一个汉字编码的一部分，是两个 8 位元中的一个。

这是我们国家第一代的字符集，称为 GB2312，其编码方案是使用两个 8 位元，每个 8 位元的最高位是 1，故理论上的可编码字符总数为 2^{14}=16384 个。但是实际上，它只收录了常用的 6000 多个汉字，以及几百个外国字母符号。

顺便说一下，创建一个字符集时，字符的排列可不像是在写文章，一个挨一个；代码点也不是按顺序从 0 或者 1 开始顺序编号那么简单。例如在 GB2312 字符集中，字符是按照区位安排的，共有 94 个区，每区里安排 94 个字符。

想象一下，如果 GB2312 字符集的布局是一张纸，那么，这张纸上有 94 行，每一行有 94 个格子。现在，行号就是区号，在每一行上，每个格子的序号就是位号。比如，"万"字位于 45 区 82 位，故它的区位码是十进制的 45 82。在 GB2312 字符集中，各个区的字符分布如下：

第 1~9 区为特殊符号、数字、英文字符、制表符等，比如拉丁字母、希腊字母、日文平假名及片假名字母，共 682 个字符；

第 10~15 区为空白，留待以后扩展；

第 16~55 区为按拼音排序的常用汉字（也称一级汉字），共 3755 个；

第 56~87 区为不常用的汉字（也称二级汉字），按部首/笔画排序，共 3008 个；

第 88~94 区为空白，留待以后扩展。

理论上，区位码就是代码点。但是，GB2312 字符集以全角形式编入了很多原 ASCII 字符。所谓全角字符，就是以两个 8 位元编码的原 ASCII 字符，而且它们在显示和打印时其字符轮廓占一个汉字的位置。例如，字母 "A" 的全角字符是 "Ａ"，分号 ";" 的全角字符为 "；"，数字字符 "9" 的全角字符是 "９"。

为了使全角字符的位码（在各自区内的序号）和它们的 ASCII 编码相同，以方便互相转换，GB2312 字符集的代码点是通过将区码和位码各自加上十进制数 32 得到的。

因为 "万" 字的区位码是十进制的 45 82，区号和位号各加 32，得到它的代码点是十进制的 77 114；字符 A 在 ASCII 中的编码是十进制的 65，其全角字符在 GB2312 字符集中的区位码是 3 33（第 3 区，33 号字符），故它的代码点是十进制的 35 65。

在从代码点到字符编码的映射过程中，GB2312 字符集的具体做法是，将加了 32 之后的区码编排到第一个 8 位元，将加了 32 之后的位码编排到第二个 8 位元。

7.1.2 GBK 和 GB18030 字符集

随着技术的发展，计算机被应用在更多的行业和领域。在这种情况下，6000 多个汉字的编码规模就不够了，于是又对 GB2312 字符集进行扩充，建立了 GBK 字符集。

和 GB2312 所使用的编码方案类似，GBK 字符集的编码方案也将传统的 ASCII 字符编为一个 8 位元，而汉字字符编为两个 8 位元。进一步地，在 GBK 字符集里，GB2312 字符集的字符继续位于原来的位置，它们的编码也继续保留，这就使得 GBK 字符集在代码点和字符编码上与 GB2312 保持兼容。

GBK 字符集当然要增加更多的字符，但是怎么对它们进行编码呢？如图 7-2 所示，GBK

字符集在编码时,不再要求第二个 8 位元的最高位必须是 1,从而可以全部用于字符编码。当然,对于 GB2312 中的字符,其编码中的这一位自然还是 1。

图 7-2　GBK 字符集的编码方式

相对于 GB2312 字符集的编码,因为只有一个 8 位元的最高位是 1,要想在一个编码的序列中分辨出哪个 8 位元是 ASCII 字符,哪两个 8 位元是 GBK 字符,相对困难一些,但并不是不可能。比如,要是一个 8 位元的最高位是 0,则需要通过观察前一个 8 位元的最高位来判断这是一个独立的 ASCII 字符呢,还是汉字字符的一部分。

因为有 15 个比特可用于容纳代码点,理论上,GBK 的字符规模可达 2^{15}=32768 个,但实际编码的汉字字符只有 2 万多个,其中包括原 GB2312 字符集中的字符。

然而,这依然无法将所有汉字包含进来。最终,我们又创建了 GB18030 字符集和编码方案。可以想象,GB18030 不会只用两个 8 位元来表示一个汉字,因为那是不够的。实际情况是,GB18030 兼容 GBK(从而也兼容 GB2312 和 ASCII 字符集),原 GBK 字符集中的字符依然采用两个 8 位元的方案,新增加的字符则采用四个 8 位元的方案。当然,必须要采取一些措施,以保证能够从一个字符编码的序列中区分出单个的 ASCII 字符、两个 8 位元的字符和四个 8 位元的字符。

7.1.3　UNICODE 字符集和编码方案

在那个各自为政的年代,世界上有众多的字符集和字符编码方案。最要命的是,同一个数字(编码)对应着不同字符集里的不同字符。例如数字 1234,它在这个国家的字符集里对应着某个字符,而在另一个国家的字符集里对应着另一个不同的字符。

对于任何一款软件产品来说,它要卖往哪里,就要绑定那个国家和地区的字符集与字符编码。在这种情况下,为了方便,美国国家标准协会(ANSI)将世界上所有备用的字符集和字符编码组织成一个清单,并分别给出一个数字编号,称为代码页或者内码表,软件厂商根据软件发行的国家和地区,来选择一个确定的字符集和编码方案,称为活动代码页。

比如,为 GBK 字符集和编码方案分配的代码页是 936,中文版本的软件使用这个代码页来处理文字信息。也就是说,使用 GBK 字符集和编码方案来处理字符编码。如果换用别的代码页,则会把一个字符编码解释为其他国家和地区的文字,最明显的就是在屏幕上显示一堆乱码和奇怪的图形符号。

建立一个全球性的字符集是大家的共同愿望,而且一直都是。经过长时间的协调,时机终于成熟了。1991 年 1 月,在美国加利福尼亚州成立了一个叫 UNICODE 的协会,通过这个名字就可以知道他们的雄心壮志:制定一个全球性的字符集和编码标准。UNICODE 协会有众多政府、学术机构和知名的大公司参与,这是其影响力的来源,同时也不可避免地会有大量的争吵、斗争和妥协。

在之后的岁月里，UNICODE 协会与国际标准化组织 ISO 10646 工作组（SC2/WG2）通力协作，一起致力于标准的推广和各自版本的同步工作。相对于 UNICODE，ISO 自己的字符集标准是 ISO10646，即统一字符集（universal character set，UCS）。当然，尽管字符的编码方式是同步进行的，但是为了确保字符在跨平台和跨应用程序时的一致性，UNICODE 对标准的实现强加了更多的约束，它所做的延伸和扩展工作是 ISO/IEC 10646 所不具备的。

UNICODE 字符集的最大好处是字符数量巨大，可以满足世界上所有国家和地区的需求。这同时也意味着，所有字符都会有一个独一无二的编码。如此一来，它可以取代以前的各种字符集，各字符集之间的编码冲突也不复存在。

在我们的想象中，UNICODE 字符集的字符排列顺序是这样的，比如，先把中国所有七万多个字符编进去，再把朝鲜的所有字符编进去，等等，就按照这种方法把所有国家和地区的字符编进去。至于字符编码，因为字符数量巨大，8 位元肯定表示不了，那就统一用 32 位元好了，可以编码 2^{32}= 4294967296 个字符，总够了吧？

然而，任何使用超过 8 位元的固定编码方案都会遭到英语国家的强烈反对。这是可以理解的，他们的字符较少，如果用定长编码方案，则需要成倍的存储空间。

比较可行的方案之一是使用 8 位元不定长编码，原 ASCII 字符只使用一个 8 位元，这就能够与 ASCII 字符编码兼容，其他国家和地区的字符根据其代码点的大小，分别需要二个或多个 8 位元。

但是，可以想见，那些在 UNICODE 字符集中位置靠后的国家和地区也不会满意。因为在字符集中的位置靠后，代码点较大，编码时需要多个 8 位元，这搁谁都不会高兴：干啥玩意儿我们就活该排在别人的后头？

这按照我们的想法，UNICODE 字符集是一张巨大的纸，每个字符都占有一个位置并顺序编号。但是，纸太大了，不如把它裁成 17 份，每张纸上允许 65536 个字符。于是，在第一张纸上，代码点的范围是 0 到 65535；在第二张纸上，代码点的范围是 65536 到 131071，其他以此类推，大家分头开工吧。注意，这很像 GB2312 或者 GBK 字符集里的分区。

这就是说，UNICODE 字符集分为 17 个区，通常称之为平面，编号为 0 到 16，每个区有 65536 个代码点，或者说可以容纳 65536 个字符。算起来，整个 UNICODE 字符集可以有 17×65536=1114112 个字符，即十六进制的 0x10FFFF。尽管是分区的，但代码点的分配却是线性的，每个字符都有一个唯一的代码点，用 U+*nnnnnn* 来表示，这里的 *nnnnnn* 通常采用十六进制，例如字母 A 的代码点是 U+000041。

通过代码点很容易看出字符所在的平面和它在平面内的位置，代码点的高 2 位十六进制数字是平面号，低 4 位十六进制数字是它在平面内的编号。比如 U+000041，它在平面 0，在平面内的编号是十六进制的 41。

显然，后面那些分区中的字符，其代码点在数值上较大。为了照顾大家的情绪，每个国家和地区的字符并不完全是集中安排，而是把他们常用的字符都优先安排到第 0 区。换句话说，这个区混杂了各个国家常用的字符，所以又称为基本多语种平面。

UNICODE 的标准编码方式是 UTF-8、UTF-16 和 UTF-32。如图 7-3 所示，UTF-8 使用变长编码，对于平面 0 中的 128 个原 ASCII 字符，使用一个 8 位元进行编码（这样它就可以兼容 ASCII 字符集），对应于图 7-3（a），其辨别特征是 8 位元的最高位是 0。

对于之后的 1920 个字符，主要内容为拉丁字母、希腊文、西里尔文、科普特语、亚美尼亚语、希伯来文、阿拉伯文、叙利亚文，等等，使用两个 8 位元进行编码，对应于图 7-3（b），其辨别特征是第一个 8 位元以 110 引导，第二个 8 位元以 10 引导。

三个 8 位元的形式用于编码平面 0 的剩余字符，主要内容为常用的中文、日文和朝鲜文字（合称 CJK 字符），对应于图 7-3（c），其辨别特征是第一个 8 位元以 1110 引导，其余两个 8 位元都以 10 引导。

四个 8 位元的形式用于编码其他平面的字符，比如更多（但不常用）的汉字，以及表情符号等，对应于图 7-3（d），其辨别特征是第一个 8 位元以 11110 引导，其余三个 8 位元都以 10 引导。在这里，统共有 21 个比特用于映射代码点，可以表示两百多万个字符。

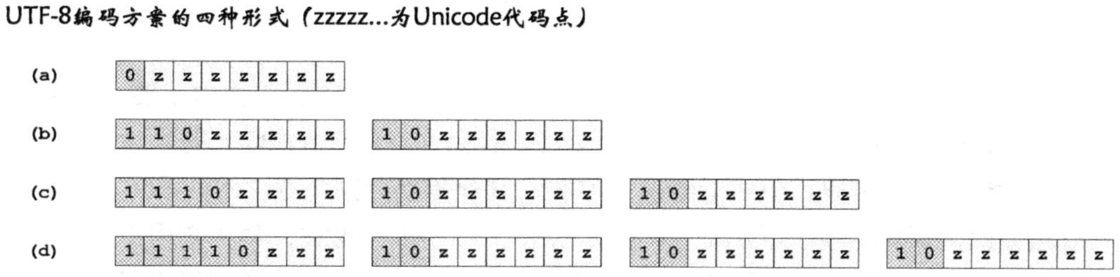

UTF-8编码方案的四种形式（zzzzz...为Unicode代码点）

(a) `0zzzzzzz`

(b) `110zzzzz 10zzzzzz`

(c) `1110zzzz 10zzzzzz 10zzzzzz`

(d) `11110zzz 10zzzzzz 10zzzzzz 10zzzzzz`

图 7-3　UTF-8 编码方式

UTF-16 编码方案的特征是以 16 位元为单位来编码所有 UNICODE 字符，和 UTF-8 编码方案一样，它也是变长的，使用一个或者两个 16 位元来编码字符。

因为单个 16 位元可以编码的字符数量有限，只能编码 $2^{16}=65536$ 个字符，所以单个 16 位元的编码方式只用于编码基本多语种平面内的字符，也就是代码点为 U+0000 到 U+FFFF 的字符。如图 7-4 所示，单个 16 位元的 UTF-16 编码就是字符的代码点。

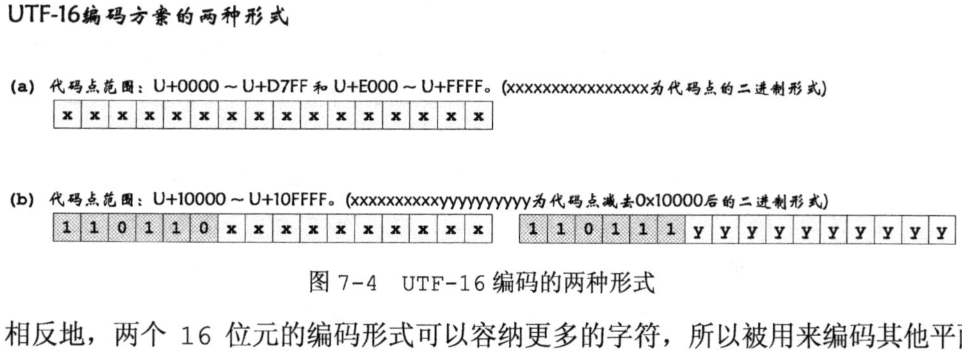

UTF-16编码方案的两种形式

(a) 代码点范围：U+0000 ～ U+D7FF 和 U+E000 ～ U+FFFF。(xxxxxxxxxxxxxxxx为代码点的二进制形式)

`xxxxxxxxxxxxxxxx`

(b) 代码点范围：U+10000 ～ U+10FFFF。(xxxxxxxxxxyyyyyyyyyy为代码点减去0x10000后的二进制形式)

`110110xxxxxxxxxx 110111yyyyyyyyyy`

图 7-4　UTF-16 编码的两种形式

相反地，两个 16 位元的编码形式可以容纳更多的字符，所以被用来编码其他平面内的字符，也就是代码点为 U+10000 到 U+10FFFF 的字符。在 UNICODE 字符集中，除基本多语种平面外的其他平面（区）称为辅助平面。

如图 7-4 所示，如果采用两个 16 位元的编码形式，则每一个 16 位元都由固定的比特前缀，分别是 110110 和 110111。理论上，这两个 16 位元的剩余部分用于填充代码点，但实际上，是先将代码点减去 0x10000 之后再进行填充。填充之后，这两个 16 位元共同用于表示一个 32 位的字符编码，称为代理对。之所以叫"代理对"，是因为下面的原因。

代理对的第一部分的取值范围是二进制的 **1101100000000000**～**1101101111111111**，也就是十六进制的 D800～DBFF；同样的道理，代理对的第二部分的取值范围是二进制的 1101110000000000～1101111111111111，也就是十六进制的 DC00～DFFF。

在实际应用中，当我们说"这个文档采用的是 UTF-16 编码"或者"这个系统使用的是 UTF-16 编码"，就意味着变长的 UTF-16 编码，要求单个 16 位元的编码和双 16 位元的编码能够共存。

问题是，在单个 16 位元的 UTF-16 编码方案里，也可能出现 110110xxxxxxxxxx 或者 110111xxxxxxxxxx 这样的编码。这样就难以区分它是单个 16 位元的 UTF-16 编码还是两个 16 位元的 UTF-16 编码（代理对的一部分）。而且，在单个 16 位元的 UTF-16 编码方案里，字符的编码就是字符的代码点；而在两个 16 位元的 UTF-16 编码方案里，字符的编码并不是代码点，而是经计算得到的代理对。

举个例子来说，代码点为 U+10302 的字符，不在基本多语种平面内，要采用两个 16 位元的 UTF-16 编码形式，编码为 D800 DF02。但是，在单个 16 位元的 UTF-16 编码形式中也会出现这两个编码，但对应着两个字符，其代码点分别为 U+D800 和 U+DF02。

既然如此，那就牺牲一下单个 16 位元的 UTF-16 编码形式，禁止它用于编码那些代码点介于 U+D800～U+DFFF 之间的字符。但是 UNICODE 标准委员会做得更绝——禁止这个区间内的代码点对应于任何字符。也就是说，在基本多语种平面内的这个位置留下了没有任何字符的空洞。这样做是有道理的，因为我们经常需要在各种不同的编码方式之间转换，例如从 UTF-8 转换为 UTF-16。如果 UTF-8 所编码的字符恰好位于这个区间，则它转换为 UTF-16 后依然会造成尴尬的局面。

如图 7-4 所示，因为上述原因，单个 16 位元的 UTF-16 编码形式，其允许的代码点范围就是两个区间：U+0000～U+D7FF 和 U+E000～U+FFFF。

相比 UTF-8 和 UTF-16，UTF-32 编码方式非常简单，它对每个代码点（字符）使用固定的 32 位元（32 个比特），直接将代码点扩充为 32 位后，就是字符编码。因为 UTF-16 的原因，代码点区间 U+D800～U+DFFF 不对应任何字符，所以 UTF-32（包括前面的 UTF-8）不应用于编码这些字符。

表 7-1 很好地展示了 UTF-8、UTF-16 和 UTF-32 这三种编码方式的特点及它们的不同之处，这个表来自 http://www.UNICODE.org/versions/UNICODE4.0.0/ch03.pdf#G7404。非常清楚的是，除了 UTF-8，UTF-16 和 UTF-32 都无法兼容 ASCII 字符编码。

表 7-1 UNICODE 编码方式的例子

代码点	编码方式	编码
U+004D	UTF-32	0000004D
	UTF-16	004D
	UTF-8	4D
U+0430	UTF-32	00000430
	UTF-16	0430
	UTF-8	D0 B0

(续表)

代码点	编码方式	编码
U+4E8C	UTF-32	00004E8C
	UTF-16	4E8C
	UTF-8	E4 BA 8C
U+10302	UTF-32	00010302
	UTF-16	D800 DF02
	UTF-8	F0 90 8C 82

7.2 多字节字符和宽字符

看起来 UNICODE 终结了所有传统的字符集，我们也顺理成章地进入了字符集的大一统时代，之前的字符集和编码方案都应当被扫入历史的垃圾堆里。但事实上，这是过度乐观了，毕竟我们还有很多历史包袱。在 UNICODE 之前就已经存在的计算机主机、打印机等各种设备、数不清的软件、曾经很流行但现在依然有人仍在使用的操作系统、硬盘里的文件和文档，等等等等，不可能一夜之间全部消失。即使是在我写这一段文字的时候，世界上依然还有大量的、采用 GBK 字符集的文档正在被创建和使用，一个天真的、仅使用 UNICODE 字符集和 UTF-8、UTF-16 或者 UTF-32 编码方式，而不支持其他任何字符集和编码方式的操作系统也不可能打开这样的文档。但是我们也看到了，现实世界里并没有这样的操作系统，这很能说明问题。

事实上，我们所熟悉的 Linux 和 Windows 等操作系统，它们不但支持 UNICODE 字符集和编码方案，也支持其他字符集和编码方案，例如 GBK 字符集和编码方案。

7.2.1 源字符集和执行字符集

说了这么多，大家最关心的还是如何用 C 语言在屏幕上输出汉字，毕竟我们都是中国人。然而，这并不是单纯依靠 C 语言就能解决的问题，需要考虑 C 语言、具体的计算机平台和 C 实现这三个方面的因素。

首先，我们得写程序，并将其保存为源文件。在 C 语言里，保存源文件时所使用的字符集称为源字符集。很多时候，字符集和编码方式被混为一谈，所以这里所说的"字符集"实际上指的是编码方式，比如"源字符集是 UTF-16"。尽管字符集很多，而且一种字符集可以有多种编码方式，但是在现实中很容易区分，比如一提到 UTF-8，就知道它是 UNICODE 字符集的编码方式。也就是说，一旦指定了编码方式，也就明确了它所使用的字符集。正是因为这样，才习惯于用编码方式来指代字符集。

很多人可能从来没有关心过源字符集的问题，特别是如果源文件里只包含 26 个英文字母、10 个阿拉伯数字和一些标点符号，则通常不必考虑源字符集的问题，因为这些字符都是 ASCII 字符集的成员，而绝大多数字符集都和它兼容。

相反地，如果你要在程序里使用汉字，那么，在保存源文件时，就必须考虑使用哪种字符集（编码方式）。这不是一个特别困难的抉择，因为比较常规的选项包括 GBK、GB18030 和 UTF-8。

之所以要特别关注源字符集的问题，是因为 C 实现在翻译源文件时，必须要知道它的编码方式，否则无法正确识别源文件的内容，更不要说进行语法和语义分析了。源字符集只是决定了源文件的内容以哪种编码方式保存，当程序执行时，能不能正常输出汉字，还要看执行环境是否支持。

执行环境所支持的字符集，称为执行字符集。显然，输出字符时，字符的编码必须和执行字符集一致，否则将不可能正确显示和还原。

让我们先以 Linux 为例，来说明如何查看和设置执行字符集。当我们打开一个终端控制台窗口时，这个终端就有一个默认的字符集，当我们执行一个程序，而这个程序向标准输出和标准错误写入字符时，这个字符集就用来解释这些字符的编码。以 C 语言的视角来看，这个字符集就是执行字符集。

Linux 终端的字符集是可以改变的。将鼠标移动到终端窗口的顶端，此时将出现一个如图 7-5 所示的菜单。然后，通过这个菜单系统你可以选择一个合适的字符集（编码）。如果你要设定的字符编码不存在，则可以通过"添加或删除（A）"在添加之后再做选择。

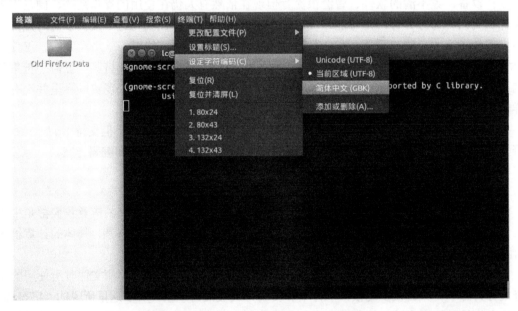

图 7-5　设定 Linux 终端窗口的字符编码

讲完了源字符集和执行字符集，下面仍以 Linux 平台为例，来看看如何输出汉字字符。在下面的示例程序中，我们使用底层的 I/O 函数 write 来输出两行中英文混杂的文字。

```
/************************c0701.c************************/
# include <unistd.h>
# include <string.h>

int main (void)
{
```

```
    char * cstr0 = "蜂窝移动电话 cell-phone\n";
    write (STDOUT_FILENO, cstr0, strlen (cstr0));

    char * cstr1 = u8"我的域名是 lizhongc.com\n";
    write (STDOUT_FILENO, cstr1, strlen (cstr1));
}
```

在程序中，我们首先声明了一个变量 cstr0，其类型为指向 char 的指针。C 语言规定，如果字面串没有前缀，则用这个字面串创建一个 char 类型的隐藏数组。字面串"蜂窝移动电话 cell-phone\n"是一个数组类型的左值，将自动转换为指向数组首元素的指针，其类型也是指向 char 的指针。

和变量 cstr0 不同，cstr1 的初始化器带有一个 u8 的前缀，带有 u8 前缀的字面串是从 C11 才开始引入的。C 语言规定，如果字面串的前缀是 u8，则用它创建一个不可见的数组，数组元素的类型是 char，数组的内容是字符的 UTF-8 编码。字面串 u8"我的域名是 lizhongc.com\n"是一个数组类型的左值，将自动转换为指向数组首元素的指针，其类型为指向 char 的指针，所以我们将变量 cstr1 声明为指向 char 的指针类型。

接下来，我们将这个程序保存为源文件 c0701.c，保存时使用 UTF-8 编码方案，这是很重要的。程序的翻译过程也很重要，因为 GCC 需要知道源字符集和执行字符集。源字符集和执行字符集需要通过 -f 选项来指定，其中，-finput-charset 用于指定源字符集；-fexec-charset 用于指定执行字符集。由于带 u8 前缀的字面串是从 C11 才引入的，故最好指定 -std=c11 选项。

在翻译并执行程序之前，我们需要先用图 7-5 所指示的方法将 Linux 终端的执行字符集修改为 UTF-8。当然，UTF-8 是其默认的字符集，如果原本就是它就不用修改。确定了终端的执行字符集后，程序的翻译与执行过程如下：

```
%gcc c0701.c -std=c11 -finput-charset=utf-8 -fexec-charset=utf-8
%./a.out
蜂窝移动电话 cell-phone
我的域名是 lizhongc.com
%gcc c0701.c -std=c11 -finput-charset=utf-8 -fexec-charset=gbk
%./a.out
□□□□□ □□绰 cell-phone
我的域名是 lizhongc.com
%
```

在程序翻译时，程序中的文本，包括声明、表达式、函数等，在分解并重新组合后做语法和语义分析，然后被丢弃；而对于字面串这些东西，则必须保留，因为它们还要在程序执行时使用。如果字面串没有任何前缀，则它在可执行文件中的编码就采用 -fexec-charset 选项所指定的编码方案；如果带有前缀，则它的编码方案取决于前缀，而不受该选项的影响和约束。

正是因为这个原因，在第一次翻译和执行时，我们通过 -fexec-charset 选项将执行字符集指定为 UTF-8，两个字面串的内容都能够正确显示；第二次我们指定的是 GBK，则只有第二个字面串的内容正确显示，第一个字面串的内容显示为乱码。

现在，我们再用图 7-5 所指示的方法将 Linux 终端的执行字符集修改为 GBK。确定了终端的执行字符集后，再次按下面的过程翻译和执行程序：

```
%gcc c0701.c -std=c11 -finput-charset=utf-8 -fexec-charset=utf-8
%./a.out
铚偘獥绉诲姩鐢佃瘽 cell-phone
鎴戠殑鍣 熺綉绔 izhongc.com
%gcc c0701.c -std=c11 -finput-charset=utf-8 -fexec-charset=gbk
%./a.out
蜂窝移动电话 cell-phone
鎴戠殑鍣 熺綉绔 izhongc.com
%
```

第一次翻译和执行时，我们通过-fexec-charset 选项将执行字符集指定为 UTF-8，两个字面串的内容都显示为乱码，因为终端只接受 GBK 字符编码，而我们的两个字面串都被编码为 UTF-8；第二次我们通过-fexec-charset 选项将执行字符集指定为 GBK，则只有第一个字面串的内容正确显示，因为它没有前缀，其编码方案受此编码选项约束，但第二个字面串依然按 UTF-8 编码，故显示为乱码。

练习 7.1

1. 请结合具体的字符编码，解释一下上述执行过程输出乱码的原因，以及部分英文字符能够正常显示的原因。

2. 用-g 选项翻译上述程序，然后在 gdb 中查看两个字面串的 utf-8 和 gbk 编码分别是什么。

现在，我们把目光转向 Windows 平台，来看看如何在它的控制台界面显示不同编码的文本。Windows 控制台也有一个默认的工作字符集，但这个默认的字符集随 Windows 的版本和发行地区而异。我们在前面讲过代码页，这是 Windows 喜欢使用的术语，它用来将不同的字符集（及其编码方式）组织起来。代码页可以用一个数字来标识，比如，936 对应的是 GB2312/GBK 字符集而 54936 对应的是 GB18030 字符集。对于 Windows 来说，当前正在使用的字符集（代码页）称为活动代码页。

和 Linux 不同，要察看或者改变 Windows 控制台的活动代码页，可以在命令行使用 chcp 命令。不带任何参数的 chcp 命令可以查看当前的活动代码页，例如：

```
C:\Users\Administrator>chcp
Active code page: 437
```

带有数字参数的 chcp 命令可用于改变活动代码页，例如：

```
C:\Users\Administrator>chcp 936
```

作为一个示例，下面的程序使用 Windows 动态链接库的函数 WriteFile 来输出两行中英文混杂的文字，以观察在不同的活动代码页下，不同的文字编码如何显示。

```
/************************c0702.c************************/
# include <windows.h>

int main (void)
{
    char * cstr0 = "蜂窝移动电话 cell-phone\n";
    WriteFile (GetStdHandle (STD_OUTPUT_HANDLE), cstr0,
            lstrlen (cstr0), (DWORD []) {0}, NULL);

    char * cstr1 = u8"我的域名是 lizhongc.com\n";
    WriteFile (GetStdHandle (STD_OUTPUT_HANDLE), cstr1,
            lstrlen (cstr1), (DWORD []) {0}, NULL);
}
```

代码本身很简单，函数 WriteFile 的用法也都在上一章里讲过。如下面的翻译和执行过程所示，我们首先用 chcp 936 命令将控制台使用的字符集更改为 GBK，此命令将导致清屏，所以该命令被清除，只显示"活动代码页：936"。

活动代码页：936

```
C>gcc c0702.c -std=c11 -finput-charset=gbk -fexec-charset=utf-8

C>a
铚偬獂绉诲姩鐢佃瘽 cell-phone
鎴戠殑鍩熷悕鏄痩izhongc.com

C>gcc c0702.c -std=c11 -finput-charset=gbk -fexec-charset=gbk

C>a
蜂窝移动电话 cell-phone
鎴戠殑鍩熷悕鏄痩izhongc.com

C>
```

接着，我们翻译程序，并用-fexec-charset=utf-8 来告诉 GCC 执行字符集是 UTF-8。这将导致变量 cstr0 的值所指向的字符串是 UTF-8 编码的，而变量 cstr1 的值所指向的字符串虽然也是采用 UTF-8 编码，但它不是受此翻译选项的影响，而是由于字面串的 u8 前缀。

第一次执行程序时，由于控制台使用的字符集是 GBK，故这两个采用 UTF-8 编码的字符串都不能正确显示。

接下来，我们再次翻译这个程序，并用-fexec-charset=gbk 来告诉 GCC 执行字符集是 GBK。这将导致变量 cstr0 的值所指向的字符串是 GBK 编码的，而变量 cstr1 的值所指向的字符串则是采用 UTF-8 编码，因为生成它的字面串带有 u8 前缀。

再次执行程序时，第一个字符串能够正确显示，因为控制台采用的字符集是 GBK，而它的编码方式也是 GBK；第二个字符串不能正常显示，因为它采用的是 UTF-8 编码方式。

练习 7.2

UTF-8 的代码页是 65001。请将 Windows 控制台的活动代码页设置为 65001（UTF-8），然后分别用 `-fexec-charset=utf-8` 和 `-fexec-charset=gbk` 选项翻译并运行程序，观察输出的文本是否正确（先判断，然后上机验证）。

7.2.2 多字节字符、宽字符和字节序

通过前面的讲述我们知道，有很多字符集的编码方案是不定长的，对不同的字符使用数量不同的 8 位元。例如，GBK 字符集采用的编码方案就是不定长的，原 ASCII 字符集里的成员采用一个 8 位元，而汉字和其他符号则采用两个 8 位元；UNICODE 字符集的 UTF-8 编码方案也是不定长的，从一个 8 位元到几个 8 位元不等。

引入"位元"这个概念是因为人们希望字符集和编码标准能够具有普适性，不受具体平台的影响和制约。但是，标准终归要在具体的机器上实现才能有用。在现实的世界里，8 位元被映射为机器里的一个字节。在这种情况下，使用一个或多个字节来表示的字符称为多字节字符。

多字节字符都可以用 `char` 类型的数组来保存。在上述两个程序中，指针变量 `cstr0` 和 `cstr1` 所指向的字符序列都是多字节字符。在这个序列中，有的字节单独表示一个字符，而有的字节要和相邻的字节一起表示一个字符。

相比之下，有些字符集的编码方案使用较长的比特序列，典型的例子是 UNICODE 字符集的 UTF-16 和 UTF-32 编码方案，它们分别采用 16 位元和 32 位元来编码字符，并因此无法映射到机器上的字节，而只能映射到比字节更宽的字。因为这个原因，使用较宽字长来表示的字符称为宽字符。

为了容纳宽字符，C 标准库定义了一种整数类型 `wchar_t`。本质上，它是某个标准整数类型的别名，重新定义一个名字既便于识别，同时也能根据不同的平台而改变其宽度，这样就增强了程序的可移植性。比如说，在 Windows 平台上的 C 实现通常将其定义为

```
typedef wchar_t unsigned short int;
```

也就是说，`wchar_t` 是短整数类型 `unsigned short int` 的别名。从概念和定义上来说，用 `wchar_t` 类型来表示的字符就是宽字符，而且 `wchar_t` 类型的宽度取决于 C 实现，它甚至有可能等于 1 个字节的长度（被定义为 `char` 类型的别名），尽管我还没有发现这样做的 C 实现。

很多操作系统既支持多字节字符，也支持宽字符。在 Windows 中，控制台支持多字节字符，但要通过改变代码页来选择多字节字符所对应的字符集和编码方式；同时，Windows 还包括一个图形用户界面，可以显示窗口、菜单和对话框等图形元素。Windows 图形用户界面既支持多字节字符，也支持宽字符。宽字符没有什么好说的，但多字节字符集有很多种，而且不能并存，它到底支持的是哪一个多字节字符集（代码页）呢？答案是随 Windows 的版本和区域设定而异，简体中文版是 GBK。

下面是一个简单的 Windows 图形界面程序，演示了如何在对话框内显示多字节字符文本和宽字符文本。

```c
/************************c0703.c***********************/
# include <windows.h>

int main (void)
{
    char * mstr = "我的域名是 lizhongc.com\n";
    MessageBoxA (NULL, mstr, "演示", MB_OK | MB_ICONINFORMATION);

    wchar_t * wstr = L"蜂窝移动电话 cell-phone\n";
    MessageBoxW (NULL, wstr, L"演示", MB_OK | MB_ICONINFORMATION);
}
```

以上，我们声明了指针类型的变量 mstr 并令它指向一个多字节字符串。在 C 语言里，不带前缀的字面串和带有 u8 前缀的字面串都用于生成多字节字符串。接着，我们创建一个对话框窗口来显示这个字符串的内容。

显示一个对话框窗口的函数位于 Windows 动态链接库 user32.dll 中，分为两个版本，一个叫 MessageBoxA，适用于多字节字符，后缀 "A" 的意思是 "ANSI"，微软公司把所有多字节字符集都一概称为 ANSI 字符集，但具体是指哪种则要看 Windows 的版本和区域设置而定；另一个叫 MessageBoxW，适用于宽字符，这两个函数都可以通过头文件 <windows.h> 引入到当前源文件，以下是它们的原型：

   int MessageBoxA (HWND *hWnd*, LPCSTR *lpText*, LPCSTR *lpCaption*, UINT *uType*);
   int MessageBoxW (HWND *hWnd*, LPCWSTR *lpText*, LPCWSTR *lpCaption*, UINT *uType*);

在 Windows 里，每个窗口都对应着内部的一个数据结构，这个数据结构由一个指针来指向，通过这个指针可以改变窗口的外观并与窗口通信，这个指针称为窗口句柄。对话框也是一个窗口，用来和用户进行简单的对话，显示警示信息并接受用户的选择。比如说，当你在文本编辑器里输入一些文字后，如果还没有保存就退出程序，则该程序将弹出一个对话框询问你是否保存。

每个对话框窗口可以隶属于一个父窗口，就刚才那个例子而言，带有文本编辑界面的那个窗口就是保存对话框的父窗口。父窗口的句柄由调用者传递给参数 hWnd，该参数的类型是 HWND，实际上是"指向结构类型的指针"的别名。如果没有父窗口，则调用者可以传递一个空指针 NULL。

第二个参数 lpText 是指向字符串的指针，它指向的字符串将要显示在对话框中。在 MessageBoxA 中它的类型为 LPCSTR，这是"指向 const char 的指针"的别名，应当指向一个多字节字符串；在 MessageBoxW 中它的类型是 LPCWSTR，这是"指向 const wchar_t 的指针"的别名，应当指向一个宽字符串。

第三个参数 lpCaption 是指向字符串的指针，它指向的字符串被显示为对话框窗口的标题。在 MessageBoxA 中它的类型为 LPCSTR，这是"指向 const char 的指针"的别名，应当指向一个多字节字符串；在 MessageBoxW 中它的类型是 LPCWSTR，这是"指向 const wchar_t 的指针"的别名，应当指向一个宽字符串。

最后一个参数 uType 是对话框的类型和属性，该参数的类型是 UNIT，这是一种无符号整数类型的别名。Windows 喜欢用一个整数的特定比特位来指示某些信息和功能，这里同样如此，参数 uType 的值是一个整数，在它的二进制形式中，某些比特位是 0 还是 1 决定了对话框的某些特征。

在当前的程序中，调用 MessageBoxA 函数时，我们传递给参数 hWnd 的值是 NULL，意味着对话框没有父窗口；传递给 uType 的值是表达式 MB_OK | MB_ICONINFORMATION 的值。在这里，MB_OK 和 MB_ICONINFORMATION 是两个宏，分别被定义为具有特定位模式的整数。前者表示在对话框内显示一个"确定"按钮，后者表示在对话框内显示一个"i"形的图标。还有更多的宏可以用在这里，具体请参见以下链接：

https://msdn.microsoft.com/en-us/library/ms645505(VS.85).aspx

紧接着，我们在程序中声明了变量 wstr，其类型为指向 wchar_t 类型的指针，该变量的初始化器为字面串 L"蜂窝移动电话 cell-phone\n"。在 C 语言里，如果字面串的前缀是"L"，则将这些字符编码为宽字符，并用于初始化一个不可见的数组，数组元素的类型为 wchar_t。进一步地，该数组被转换为指向 wchar_t 类型的指针，并用于初始化同类型的变量 wstr。

类型 wchar_t 只是一种标准整数类型的别名，并不是内置的类型，所以需要在程序中包含定义它的那个头文件。它在很多头文件里都有定义，头文件<windows.h>同样引入了一个定义，可在程序中使用。

上述程序的翻译过程和运行效果如图 7-6 所示，在翻译时，我指定的源字符集是 GBK，因为我在保存这个程序时使用了 GBK 字符集，但这对你来说没有指导意义，你应该将它替换为你所使用的字符集。

图 7-6 在 Windows 里用宽字符显示对话框

传统上，（单字节）字符串以空字符'\0'终止；多字节字符串也以空字符'\0'作为终止字符，原则上，多字节字符串的长度是其所包含的多字节字符的个数。

在引入了宽字符后，相应地引入了空宽字符。空宽字符是一个编码值为 0 的宽字符。我们已经知道，空字符的长度为 1 个字节，其值用字符常量'\0'来表示，但它只适用于在单字节字符串和多字节字符串中担负一个结束标志。

在宽字符环境中，只用单字节的零值作为宽字符串的结束标志已经行不通了，必须引入宽空字符，使零值的长度扩展。C 语言不但支持以 "L" 为前缀的字面串，也支持以 "L" 为前缀的字符常量，如 L'c'、L'李' 等，得到的都是宽字符。空宽字符可以用宽字符常量 L'\0' 得到。

进一步地，宽字符串以空宽字符作为终止字符，宽字符串的长度是其所包含的宽字符的个数。

在图 7-6 所示的翻译过程中，对于执行字符集，我们指定的也是 GBK，但就像前面已经说过的，这种指定只适用于字面串 "我的域名是 lizhongc.com\n" 和 "演示"，而对于带 "L" 和 "u8" 前缀的字面串不起作用。但是，带 "u8" 前缀的字面串非常明确地要求将字符编码为 UTF-8，而带 "L" 前缀的字面串虽然是要求将字符编码为宽字符，但到底是哪种宽字符编码方案却不甚明确，因为宽字符有很多种，例如 UTF-16 和 UTF-32。

为此，我们必须在翻译程序时使用 -fwide-exec-charset 选项来指明宽执行字符集。Windows 操作系统使用的宽字符编码方案是 UTF-16，故 Windows 平台上的 C 实现也都将类型 wchar_t 的长度定义为 16 位，相应地，我们也应该为 -fwide-exec-charset 选项指定 UTF-16。但实际上，我们指定的是 UTF-16LE，这是什么意思呢？

我们知道，字节是计算机内存的最小和最基本的可寻址单位，内存可视为由大量的字节线性排列而成。然而，现代的计算机对内存的访问既可以按字节进行，也可以按字进行。换句话说，处理器对内存进行单次操作的数据宽度可以是字节，也可以是长度不等的字，一个字可能包含 2 个字节、4 个字节或者 8 个字节，等等，具体的长度取决于处理器的字长和处理器与内存之间的总线宽度。

注意，我们说的是"单次操作"，单次操作就好比一次送 20 斤大米，而不是分两次送每次 10 斤。对于所有的计算机系统来说，对内存的字节访问都是一样的。如图 7-7（a）所示，如果先写入一个字节 8C，再写入一个字节 4E，且按地址递增的方向写入，则数据在内存中的布局在所有计算机上都一样，都是 8C 在前（低地址），4E 在后（高地址）。

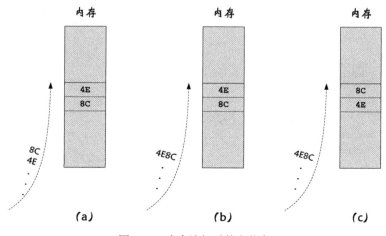

图 7-7　内存访问时的字节序

然而，如果是以字为单位写入，情况就不同了。假如我们要写入一个 16 位的十六进制数字 4E8C，尽管这是一个完整的 16 位数字，但由于内存是按字节组织的，所以当我们写入之后再按字节的视角来看内存时，在有些计算机系统上，第一个字节是 8C，第二个字节是 4E，如图 7-7（b）所示；在另外一些计算机系统上，第一个字节是 4E，第二个字节是 8C，如图 7-7（c）所示。

在一个字中，比如 4E8C 这个字，8C 是字的低字节部分，4E 是字的高字节部分。在图 7-7（b）中，字的低字节部分被置入内存的低地址字节单元，而高字节被置入内存的高地址字节单元，这称为小端字节序，简写为 LE。相反地，如图 7-7（c），字的低字节部分被置入内存的高地址字节单元，而高字节被置入内存的低地址字节单元，这称为大端字节序，简写为 BE。

如果只在某个封闭的计算机系统上工作，则我们不必关心字节序的问题，因为数据是自产自销的，古人从上往下写字，他们也是从上往下读书的；一个人写字潦草，他只要不给别人看，就不会有任何问题。小端字节序和大端字节序是一种客观存在，由计算机的体系结构所决定，说白了就是处理器和内存之间采用了不同的布线方式。如果数据的生成、加工处理和输出只在同一种计算机系统上完成，用户对此也不会有任何感知，不需要知道字节序的存在。

但是，当涉及异种架构的数据传输和处理时，问题就出现了。如图 7-8 所示，假定在左边的计算机里存储了一些字符，头两个字符的编码是 4E8C 和 6F00。

计算机之间的通信比较复杂，通常不会按字传送数据，而是比特流或者字节流。假定左边的计算机要把这些字符传送给右边的计算机，而且传送的是字节流，那么，左边的计算机先要把字拆解为字节然后依次传送。如图中所示，它拆解和传送的顺序可能是 8C 4E 00 6F……，也可能是 4E 8C 6F 00……。

如图中所示，右边的计算机收集字节并进行组装，它可能组装为 8C4E 006F……，也可能组装为 4E8C 6F00……，都说不定。显然，如果双方不能在传送前就协商好，接收方将有可能无法正确还原那些字符。

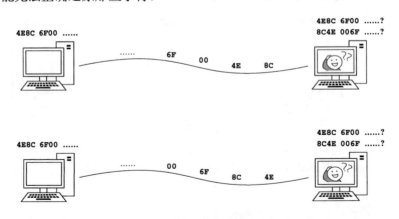

图 7-8　网络传送时的字节序问题

为了进一步指导计算机系统如何将字符编码串化（分解）为字节的序列，并将字节的序列并化（合并）为 16 位或 32 位的字符编码，UNICODE 希望将编码方案细化，于是就产生了 UTF-16、UTF-16LE、UTF-16BE、UTF-32、UTF-32LE 和 UTF-32BE 编码方案。这些方案指定了字符的编码按什么顺序分解为字节，也指定了应该如何将字节组装为正确的字符编码。例如，要是一个字符的编码是 0430，而且是按 UTF-16LE 编码的，就意味着它应当串化为 30 04（而不是 04 30）；而在另一个程序或者另一台计算机上，它应当将这两个字节合并为 0430（而不是 3004）。

需要注意的是，UTF-16 可能对应于 UTF-16LE，也可能对应于 UTF-16BE；UTF-32 可能对应于 UTF-32LE，也可能对应于 UTF-32BE。问题在于，如果编码方案是 UTF-16，如何知道它到底是 UTF-16LE，还是 UTF-16BE？而对于 UTF-32，也同样存在这个问题。

答案是，如果编码方案是 UTF-16 或者 UTF-32，则在传送、交换和保存文本时，在字符编码之前放置特定的标记，称为字节顺序标记（byte order mark：BOM）。

两字节标记 FF FE 表明**后面的所有** UTF-16 编码实际上是 UTF-16LE；FE FF 表明**后面的所有** UTF-16 编码实际上是 UTF-16BE。表 7-2 列举了几个例子以说明在不同的编码方案下，字符的 UTF-16 编码是如何被串化的，这张表的出处和表 7-1 相同。

表 7-2 UTF-16 编码在不同编码方案下的字节序列

UTF-16 编码	编码方案	字节序列
004D	UTF-16BE	00 4D
	UTF-16LE	4D 00
	UTF-16	FE FF 00 4D （注：实际对应 UTF-16BE）
		FF FE 4D 00 （注：实际对应 UTF-16LE）
		00 4D （注：实际对应 UTF-16BE）
0430	UTF-16BE	04 30
	UTF-16LE	30 04
	UTF-16	FE FF 04 30 （注：实际对应 UTF-16BE）
		FF FE 30 04 （注：实际对应 UTF-16LE）
		04 30 （注：实际对应 UTF-16BE）
4E8C	UTF-16BE	4E 8C
	UTF-16LE	8C 4E
	UTF-16	FE FF 4E 8C （注：实际对应 UTF-16BE）
		FF FE 8C 4E （注：实际对应 UTF-16LE）
		4E 8C （注：实际对应 UTF-16BE）
D800 DF02	UTF-16BE	D8 00 DF 02
	UTF-16LE	00 D8 02 DF
	UTF-16	FE FF D8 00 DF 02 （注：实际对应 UTF-16BE）
		FF FE 00 D8 02 DF （注：实际对应 UTF-16LE）
		D8 00 DF 02 （注：实际对应 UTF-16BE）

同样地，如果 UTF-32 对应着 UTF-32LE，则需要在字符编码之前添加字节序列 FF FE 00 00；如果 UTF-32 对应着 UTF-32BE，则需要在字符编码之前添加字节序列 00 00 FE

FF。表 7-3 列举了几个例子以表明在不同的编码方案下，字符的 UTF-32 编码是如何被串化的，这张表的出处和表 7-1 相同。

表 7-3　UTF-32 编码在不同编码方案下的字节序列

UTF-32 编码	编码方案	字节序列
0000004D	UTF-32BE	00　00　00　4D
	UTF-32LE	4D　00　00　00
	UTF-32	00　00　FE　FF　00　00　00　4D　（注：实际对应 UTF-32BE）
		FF　FE　00　00　4D　00　00　00　（注：实际对应 UTF-32LE）
		00　00　00　4D　（注：实际对应 UTF-32BE，无 BOM）
00000430	UTF-32BE	00　00　04　30
	UTF-32LE	30　04　00　00
	UTF-32	00　00　FE　FF　00　00　04　30　（注：实际对应 UTF-32BE）
		FF　FE　00　00　30　04　00　00　（注：实际对应 UTF-32LE）
		00　00　04　30　（注：实际对应 UTF-32BE，无 BOM）
00004E8C	UTF-32BE	00　00　4E　8C
	UTF-32LE	8C　4E　00　00
	UTF-32	00　00　FE　FF　00　00　4E　8C　（注：实际对应 UTF-32BE）
		FF　FE　00　00　8C　4E　00　00　（注：实际对应 UTF-32LE）
		00　00　4E　8C　（注：实际对应 UTF-32BE，无 BOM）
00010302	UTF-32BE	00　01　03　02
	UTF-32LE	02　03　01　00
	UTF-32	00　00　FE　FF　00　01　03　02　（注：实际对应 UTF-32BE）
		FF　FE　00　00　02　03　01　00　（注：实际对应 UTF-32LE）
		00　01　03　02　（注：实际对应 UTF-32BE，无 BOM）

相对于带有 LE 和 BE 后缀的编码方案而言，UTF-16 和 UTF-32 编码方案的 BOM 不是必须的，如果仅用于内部处理，可以不使用；但如果要将文本保存到磁盘文件，或者在网络和计算机系统之间传送，则通常需要在开头放置 BOM。

在翻译程序时，翻译软件（比如 GCC）很难为我们选择一个默认的字符编码方案。这是因为连我们自己都无法预测下次写程序时需要什么宽字符编码方案——今天我写了个程序，准备在 Windows 对话框上显示文本，我用的是宽字符版本的 MessageBoxW 函数，而且我也知道 Windows 内部使用不带 BOM 的 UTF-16LE，于是我选择 UTF-16LE 编码方案；明天呢，我是想写个程序将宽字符保存为文本文件，但希望它带有 BOM；后天呢，我可能写一个程序，将文本保存为 UTF-32 编码。

正是因为这样，我们通常要使用 -fwide-exec-charset 选项来指定自己希望的宽字节编码方案，而不是使用默认方案，因为默认方案通常不能得到想要的结果。在前面的例子中，如果我们使用 -fwide-exec-charset=utf-16 或者 -fwide-exec-charset=utf-16be，则对话框中可能会显示乱码。

练习 7.3

分别用 -fwide-exec-charset=utf-16 和 -fwide-exec-charset=utf-16be 选项翻译并运行上述程序，观察程序的运行结果；然后在 gdb 中观察翻译后的字符编码是哪种字节序，以及有没有 BOM。

在第 6 章里我们说过，float 类型的长度通常是 32 个比特，而且也说过 float 类型的浮点数 123.5 对应着二进制序列 01000010111101110000000000000000。在处理器内部有专门的浮点寄存器，通常都大于 80 个比特，可完整地存放它，并参与各种算术逻辑和移位运算。但是，当它写入内存时，由于内存是由字节组成的，必然涉及字节序的问题。

为方便起见，我们先把二进制数 01000010111101110000000000000000 换算成十六进制数 42F70000。那么，取决于目标计算机是采用大端字节序还是小端字节序，按地址由低到高的方向，它可能由字节序列 42 F7 00 00 组成，也可能由字节序列 00 00 F7 42 组成。你可能想知道自己的计算机属于哪一种，这个好办，下面的程序能帮助你。

```
/******************c0704.c****************/
# include <stdio.h>

int main (void)
{
    float f = 123.5f;

    for (size_t m = 0; m < sizeof (float); m ++)
        printf ("%02X ", ((unsigned char *) & f) [m]);

    printf ("\n");
}
```

在程序中，我们声明了一个浮点类型的变量 f，并初始化为浮点常量 123.5f。然后，我们将它视为一个 unsigned char 类型的数组。当然，它的类型是 float，不可能直接当数组来用。但是，可以通过将一个指向它的指针转换为指向 char 的指针来做到。

首先，C 语言保证 float 类型的长度是 char、signed char 或者 unsigned char 类型的长度的整数倍；其次，C 语言保证：可以将一个指向变量的指针转换为指向字符的指针，得到的新指针指向该变量地址最小的那个字节；递增这个指针，将依次指向组成该变量的那些剩余字节。

有了以上保证，那么，在 for 语句里，我们先用一元 & 运算符生成一个指向变量 f 的指针，即，指向 float 的指针。然后，我们将它转换为指向 unsigned char 类型的指针，而且将其视为一个指向数组首元素的指针，以便于使用下标运算符 [] 来得到数组元素[2]。

无论如何，表达式 ((unsigned char *) & f) [m] 是一个 unsigned char

---

[2] 我们知道，下标运算符 [] 要求一个指针类型的操作数。

类型的左值，代表数组下标为 m 的元素。在这里，它要进行左传转换，转换为数组元素的值。函数 printf 的转换模板 %02X 要求将实参转换为十六进制形式，且栏宽为 2，不足栏宽的前面补"0"。

注意，变量 m 的类型是 size_t，它是在 C 标准库的头文件 <stddef.h> 及其他头文件里定义的，但其他头文件（包括 <stdio.h>）里也有定义。我们说过，sizeof 运算符的结果是无符号整数类型，具体是哪种类型由 C 实现根据所在的软硬件平台自行定义，而 C 标准库在上述头文件里将它定义为 size_t，用于描述 sizeof 运算符的值。

在涉及数值的比较操作时，类型是需要小心对待的。就像下面的代码片段所展示的，如果-1 小于 0，则打印"Certainly!!"，意思是理所当然。可是，实际的执行结果却一点都不 Certainly。

```
if (-1 < 0ul) printf ("Certainly!!");
```

这里，整型常量-1 的类型是 int，而 0ul 的类型是 unsigned long int，比较操作需要将操作数转换为一致的类型，后者的阶较高，需将 int 类型的-1 转换为 unsigned long int 才能比较，转换的结果是得到 unsigned long int 类型的最大值，并且远远大于 0ul。

回到上述程序中，for 语句的控制表达式为 m < sizeof (float)，子表达式 sizeof (float) 的类型是 size_t，为安全起见，子表达式 m 的类型也应当定义为 size_t。在类型不一致的情况下，如果不小心，很容易出现问题。

宽字符并不意味着固定的长度，例如 UTF-16 就是变长的，分单个 16 位元和双 16 位元两种。同样地，Windows 所支持的就是变长 UTF-16 编码方案，常用的、位于基本多语种平面内的汉字，使用单个 16 位元的编码；很多生僻字则使用双 16 位元的编码。举个例子来说，汉字"𠰰"就需要两个 16 位元。这个字的 UNICODE 代码点是 U+20C30，用一般的方法很难输入，但字处理软件 WORD 可以解决这个问题：先输入它的代码点 20C30，然后按下 ALT+X（先按下 ALT 键不放，再按下 X 键），刚才输入的代码点就变成了汉字。

下面这个程序用两种方法在对话框中显示含有"𠰰"字的文本，其中第二种方法直接用脱转序列在字面串里内置了这个汉字的 UTF-16 编码，这很直观地表明该汉字的编码是两个 16 位元。前面已经讲过如何从 UNICODE 代码点得到 UTF-16 编码，代码点 U+20C30 转换后的编码为 D843 DC30，你可以自己尝试转换一下。

需要注意的是，这个程序在保存为源文件时，通常只能用 UTF-8 来保存，因为 GBK 字符集里没有这个汉字。如果你用 Windows 记事本来写这个程序，而在保存时企图使用 ANSI（也就是 GBK）的编码方案，则将收到警告信息。

```
/************************c0705.c************************/
# include <windows.h>

int main (void)
{
    wchar_t * wstr = L"这个"𠰰"字你认识吗? ";
    MessageBoxW (NULL, wstr, L"演示", MB_OK | MB_ICONINFORMATION);
```

```
        wstr = L"这个 "\xd843\xdc30" 字你认识吗？";
        MessageBoxW (NULL, wstr, L"演示", MB_OK | MB_ICONINFORMATION);
}
```

练习 7.4

在翻译这个程序时，源字符集和宽执行字符集各自应当是什么？在你的计算机上实际验证一下。

7.3 C 语言的国际化

在传统的 C 语言里，"字符"实际上就是单字节字符——可以用 char 类型来表示，所以历史上 char 类型又称字符类型。那个时候，C 语言还没有开始国际化。所谓国际化，指的是能够支持多国的语言、文字、习俗和惯例，但并不是说要用各个国家自己的文字（比如汉字）来书写 C 程序，而是指 C 语言能够处理不同的语言和文字编码，并能根据那个国家和地区的习惯来决定文本、时间和货币等的输出格式。"国际化"在英语里是一个很长的单词"internationalization"，全球有很多东西需要国际化，而所有参与国际化的人都觉得它实在是太长了，于是给它一个缩写"i18n"。这里，i 和 n 分别是这个单词的第一个和最后一个字母，在这两个字母中间还有 18 个字母。

C 语言的国际化开始于它的第一次标准化工作，也就是 C89（ISO/IEC 9899:1989）的制定。C89 的制定参照了美国标准 ANSI C，而且花了 5 年时间，起初也并没有过多考虑国际化的问题。就在快要收工的时候，欧洲人觉得这个标准过于美国化，美国人习惯于单一的语言环境和一个很小的字母表（主要是 ASCII），但 C 标准应该考虑不同的地域，尤其是不同的语言文化。最终，区域设置被加入 C 语言中，并导致标准的制定工作又多花了两年时间。虽然只是加入了与区域有关的头文件<locale.h>和区域设置功能，但很多库函数的行为受此影响，因此也不能说成果是有限的。

每个国家和地区在时区、货币符号和记账习惯、日期和时间的书写格式、小数点、使用的字符集（代码页）等方面都有差异。人们希望库函数在工作时，比如用 printf 打印一个日期或者浮点数时，能够按照当地的习俗处理。要做到这一点，首先必须在程序中设置一个区域信息，然后它就能够影响库函数的行为，下面就是一个简单的示例。

```
/*****************c0706.c****************/
# include <stdio.h>
# include <locale.h>
# include <time.h>

int main (void)
{
```

```
        setlocale (LC_ALL, "Chinese");
        setlocale (LC_NUMERIC, "German");

        printf ("圆周率：%.2f\n", 3.14);

        char tms [100];
        time_t tm = time (NULL);
        strftime (tms, 100, "%Z %c %A %p", localtime (& tm));
        printf ("本地时间：%s\n", tms);
    }
```

要设置区域，必须使用 `setlocale` 函数，它是在头文件 `<locale.h>` 中声明的，其原型为：

```
        char * setlocale (int category, const char * locale);
```

这里，参数 `category` 用于指定区域的类别或者说类属，其类型为 `int`。区域的类别用特定的整数值来指定，为方便起见，这些整数被定义为宏。例如，宏 `LC_NUMERIC` 用于指定数字的格式使用哪个区域的惯例；`LC_TIME` 用于指定日期和时间的格式使用哪个区域的惯例；`LC_MONETARY` 用于指定货币的单位和格式使用哪个区域的惯例。如果不想分这么细来设置，则可以使用 `LC_ALL`，它将影响上述所有方面的惯例。

参数 `locale` 用于指定区域的名称，其类型为指向 `char` 的指针，故它是由一个字符串来指定的。C 语言并未指定字符串的格式，这个工作留给其他组织，但历史上一直是由具体的计算机系统平台决定的。

习惯上，它可以是由小写字母组成的语言代码，例如"en"代表的是英语；"de"代表的是德语；"zh"代表的是汉语，如此等等。例子：

```
        setlocale (LC_ALL, "en");
```

进一步地，它也可以是语言代码加一个下画线和一个国家/地区代码，例如"en_US"代表的是美国-英语；"zh_CN"代表的是中国-汉语，如此等等。例子：

```
        setlocale (LC_ALL, "zh_CN");
```

最后，在前面的基础上，还可以添加一个由"."连接的代码页（字符集），例如"de_DE.885915"，它表示德国-德语-代码页 885915；"zh_CN.936"表示中国-汉语-代码页 936。例子：

```
        setlocale (LC_ALL, "zh_CN.utf-8");
```

值得注意的是，在 Linux 平台上，可以使用上述形式，但应当在设置之前先安装那个国家和地区的支持信息。如果不知道是否已经安装，可以先用 `locale -a` 命令查看所有可用的区域和语言信息列表。

我们知道 Windows 平台上的 GCC 使用了老版本的 msvcrt.dll，所以你还必须使用早先的方法来设置区域。例如，"Chinese"将区域设置为中国；"German"将区域设置为德国。

在程序中，我们首先将区域设置为"Chinese"，也就是中国。因为设置的类别是 LC_ALL，所以这将影响到系统环境的所有方面。但是紧接着我们又将 LC_NUMERIC 设置为"German"，也就是德国，所以系统环境的其他方面都是遵从中国的惯例，而数字表示方面则遵从德国的惯例。

在德国和法国等地，小数的分隔符不是句点，而是逗号。为此我们用 printf 打印一个数字 3.14，printf 函数的格式转换机制将识别当前的区域设置，并把小数的分隔符替换为指定区域的惯例。

接下来，我们要获取系统的日历时间，并将它转换为指定的格式。获取系统的当前日历时间要用到函数 time，它是在头文件<time.h>中声明的，其原型为：

　　　　time_t time (time_t * *timer*);

该函数的返回值是系统当前的日历时间（年月日时分秒），标准库只是要求这个值的类型是 time_t，至于该类型到底是哪种类型的别名，日期和时间信息是如何用这种类型来表示的，都留给具体的 C 实现来自行定义。通常来说，C 实现都偏向于将 time_t 定义为某种长整数类型（比如 long int 或者 long long int）的别名，并将它转换为从 1970 年 1 月 1 日 0 时 0 分 0 秒到现在所经历的秒数。

如果该函数执行失败，则返回值等于转型表达式(time_t) -1 的值（为什么我们不直接说返回值是-1 呢？因为-1 是 int 类型的常量，而不是 time_t 类型的常量）；如果参数 timer 的值不为 NULL，则返回的时间也将赋给它所指向的变量。这似乎有些多此一举，所以程序中传递给变量 timer 的值是 NULL。

问题在于，函数 time 的返回值只是以秒数来表示的时间，这需要将它转换为年、月、日、时、分、秒才能使用，这称为拆分的时间。要获得一个拆分的时间，需要使用库函数 localtime，它是在头文件<time.h>中声明的，其原型为：

　　　　struct tm * localtime (const time_t * *timer*);

拆分的时间被解释为本地时间，所以这个函数的名字是 localtime。既然是要拆分为年、月、日、时、分、秒，那么这些东西用结构类型来封装最合适不过了，所以该函数的返回类型是指向结构的指针。结构类型 struct tm 是在头文件<time.h>里定义的，我们直接在程序里使用即可。另外可以想象的是，该函数应当接受一个 time_t 的参数来获得那个以秒来计算的日历时间。对，这就是参数 timer，但它的类型是指针，所以我们不能直接传递一个 time_t 类型的值给它。

一旦获得了本地时间，下一步就可以将它按指定的格式转换为字符串，这就要用到另一个库函数 strftime，它也是在头文件<time.h>中声明的，其原型为：

　　　　size_t strftime (char * restrict *s*, size_t *maxsize*, const char * restrict *format*, const struct tm * restrict *timeptr*);

这里，参数 s 用于指向一个缓冲区，转换后的内容写入这个缓冲区，所以它的类型为指向 char 的指针；参数 maxsize 用于指定写入的最大长度，因为转换后的内容可能会很长，甚至超过缓冲区的长度。在这种情况下，我们可以用这个参数来指定写入的最大长度，超过的部分将被截断（不写入）；参数 format 用于指定转换格式；参数 timeptr 则是指向结构类型 struct tm 的指针。

如果转换后的总字符数（包括最后的空字符）不超过 maxsize，该函数的返回值是转换后的字符数，但不包括末尾的空字符；否则返回 0 且参数 s 所指向的缓冲区的内容是不确定的。

在程序中，转换的格式是由字面串"%Z %c %A %p"指定的。"%Z"被替换为当前区域的时区名称或其缩写；"%c"被替换为当前区域的日期和时间，并采用当前区域的格式；"%A"被替换为当前区域的工作日名称（也就是星期几），并采用当前区域的格式；"%p"被替换为一天中的两个时段之一（上午、下午），并采用当前区域的格式。这个函数还可以支持更多的格式，但对于使用 msvcrt.dll 的 C 实现来说未必全都支持。

注意，我们不是先调用 localtime 函数再调用 strftime 函数，而是用函数调用表达式 localtime (& tm) 的返回值作为函数 strftime 的最后一个参数。

最后，这个程序只能在 Windows 控制台翻译和运行。要想使程序能正常显示汉字，我们必须确保 Windows 控制台的代码页和翻译程序时指定的执行字符集一致。以下是完整的翻译和运行过程：

```
D:\exampls>chcp
活动代码页: 936

D:\exampls>gcc c0706.c -finput-charset=gbk -fexec-charset=gbk

D:\exampls>a
圆周率: 3,14
本地时间: 中国标准时间 2018/6/21 18:22:06 星期四 下午

D:\exampls>
```

在以上程序中，值得注意的是 printf 函数可以输出多字节字符，比如以 GBK 编码的汉字字符。这并不奇怪，因为从 C 语言在 1989 年的第一次国际化之后，1999 年的 C99（ISO/IEC 9899:1999）和 2011 年的 C11（ISO/IEC 9899:2011）继续修订和增加对国际化的支持，字符常量和字面串也增加了对多字节字符的宽字符的支持，同时也引入相关的头文件和库函数。

传统 C 语言的标准库是专为单字节字符而设计的，比如 strlen 函数，与其说它返回的是一个字符串中的字符个数，毋宁说它返回的是字节数（不包括最后的终止字节）。因此，C 语言的国际化将打破字符与字节之间的一一对应关系，而所谓的"字符"不再单纯是单字节字符，还可能是多字节字符和宽字符。

首先，C 语言支持在源字符集和执行字符集中使用多字节字符，多字节字符的编码方案也是多种多样的；其次，注释、字面串、字符常量和头文件名中也可以使用多字节字符。然而，可能是考虑到多字节字符的处理极为困难和繁琐，并没有增加传统单字节字符处理函数的多字节版本，只是修改了部分函数以增加对多字节字符的支持。

比如说，函数 fprintf 和 printf 都可以支持多字节字符，因为它只是把文本的内容传递给底层的系统调用或者动态链接库,故能否正确显示,这要取决于控制台的活动代码页是否和这些多字节字符的编码相同。

当然,更多的函数还是只能处理单字节字符,例如 strlen 函数,它只返回字节数,因为在最早的时候,所谓的字符就只是单字节字符。考虑到它们的功能和内涵已经广入人心,贸然改变可能会影响已有的程序,标准委员会不愿做出这样的修改。

相比之下,宽字符因其长度相对固定,处理起来既容易,速度又快,所以 C 语言增加了对宽字符常量和宽字面串的支持,尤其重要的是,开发了传统单字节字符操纵函数的并行版本,比如函数 isupper 的宽字符版本是 iswupper;函数 printf 的宽字符版本是 wprintf;函数 strlen 的宽字符版本是 wcslen,等等。另外,还增加了部分函数,用于多字节字符和宽字符之间的相互转换。

打个岔——尽管 fprintf 和 printf 有它们的宽字符版本,但这些函数其实也能处理宽字符,下面是一个例子。

```
/********************c0707.c*******************/
# include <stdio.h>
# include <wchar.h>
# include <locale.h>

int main (void)
{
    setlocale (LC_ALL, "chinese");
    wchar_t wa [] = L"我的域名是 lizhongc.com";
    printf (""%ls"中的第 2 个字符是"%lc"\n", wa, wa [1]);
}
```

在 fprintf 和 printf 的格式串里,转换模板%c 只对应单字节字符,它将 int 类型的实参转换为 unsigned char 以输出;转换模板%s 原则上只处理单字节字符,它输出实参所指向的字符串。它们不关心字符串到底是单字节字符串,还是多字节字符串,它们只是往流里写入,至于底层如何处理,能不能正确显示和打印,和它无关。

然而,如果加上长度修饰符"l",那么,转换模板%lc 对应宽字符,它将 wint_t 类型的实参转换为多字节字符输出;转换模板%ls 对应宽字符串,实参的类型为指向 wchar_t 的指针,它将实参所指向的宽字符串转换为多字节字符串之后输出。

这里提到了 wint_t 类型,它是一种标准整数类型的别名,是在头文件<wchar.h>中用 typedef 定义的。事实上,wint_t 和 wchat_t 等价,但是从名字上来说,wchar_t 是一种字符类型,用来表示宽字符,而 wint_t 是一种较宽的整数类型,两者的侧重点不同,一个强调字符编码,一个强调无差别的数字。

现在来看上面的程序,由于 printf 函数的格式串只能使用多字节字符串,所以你必须在翻译时指定执行字符集,将它们的编码指定为目标平台的字符集。再者,由于在程序中使用了宽字面串 L"我的域名是 lizhongc.com",所以也得指定宽执行字符集。

由于在 printf 函数中使用了转换模板%lc 和%ls,所以它要识别宽字符并将其转换为多字节字符。问题在于,它怎么知道宽字符和多字节字符是采用什么编码方案呢?如果不知道，它将执行错误的转换。

实际上，它确实不知道。我们提供的翻译选项只是给翻译器用的，对 printf 函数没有任何用处。但是，printf 函数可以感知 setlocale 的设置。一旦我们将当前的区域设置为"Chinese"，则意味着宽字符和多字节字符的编码分别是 UTF-16LE 和 GBK。

最后，下标运算符[]并不能感知宽字符，它之所以能够定位到第 2 个宽字符，完全是因为数组 wa 的类型是 wchar_t。因为等宽，宽字符的处理极为方便：数组下标为 1 的字符就是该数组中第 2 个 wchar_t 类型的元素。

最后，这个程序的翻译和执行过程（结果）如下。

```
D:\exampls>gcc c0707.c -finput-charset=gbk -fexec-charset=gbk -fwide-exec-charset=utf-16le

D:\exampls>a
"我的域名是 lizhongc.com"中的第 2 个字符是"的"

D:\exampls>
```

练习 7.5

我们知道，UTF-16 分单 16 位编码和双 16 位编码，且 Windows 支持这种混合的 UTF-16 编码。给定宽字面串 L"这个岱不认识"，请用 printf 和转换模板%lc 试试看能否输出它的第 3 个字符和第 4 个字符。

7.3.1 条件包含

作为示例，我们将再次编写一个程序来演示如何处理宽字符。有趣的是，这个程序被设计成能够在 Windows 和 Linux 上翻译和运行。为了达到这个目的，我们在程序中使用条件包含的预处理技巧，有时候也称之为条件编译，这是 C 语言预处理器的一部分。因此，我们先来介绍条件包含的原理和方法。

大家知道，源文件在经过预处理之后的结果是翻译单元。条件包含是预处理的基本功能之一，它可以根据条件有选择性地包含（或者说保留）源文件中的某些文本行。最终，在全部的预处理过程结束之后，翻译单元里将只剩下那些符合条件的结果。

举个例子来说，在调试程序时，我们想看看某个函数的返回值是多少，以判断它执行得是否正确。在这种情况下，我们就要在程序中插入一些 printf 语句。但是，在调试结束后，还要从程序中删除它们，因为已经不再需要。

但是，写了又删是比较麻烦的做法，如果能够设置一个比较简单的"开关"，调试期间打开它，让那些 printf 语句起作用；调试结束后关闭它，让那些 printf 语句不再起作用，那该多好！

其实，这还真能实现，因为 C 语言的预处理功能里有条件包含。实现条件包含功能的预处理指令很像 C 语言里的 if 语句，用于组成一个选择结构，下面的程序就演示了如何定义和使用这种结构。

```
/********************c0708.c*****************/
# include <stdio.h>

# define DEBUG 1

# if DEBUG
# define prn_code(exp) printf ("%d\n", exp)
# else
# define prn_code(exp) (void) (exp);
# endif

int main (void)
{
    int ret = printf ("Let us then begin with it.\n");
    prn_code(ret);

    ret = printf ("岂有此理！你怎么不早说！\n");
    prn_code(ret);
}
```

在程序的开头，我们定义了一个宏 DEBUG，这就是我们所说的那个"开关"。如果我们将它定义为整型常量 1，表示调试状态；在正式对源文件进行翻译并生成可执行文件时，我们要将它改成 0。

接下来是由条件包含预处理指令组成的程序文本。与条件包含相关的预处理指令在功能和用法上很像是 C 语言里的 if 语句，包括以下这些：

if *常量表达式*

如果常量表达式的值不为 0，则处理该行之后的文本行，否则跳过该行与其他条件包含指令之间的文本行。

ifdef *标识符*

如果指定的标识符在前面已经用 # define 指令定义过，则处理该行之后的文本行，否则跳过该行与其他条件包含指令之间的文本行。

ifndef *标识符*

与 # ifdef 正好相反，如果指定的标识符没有用 # define 指令定义过，则处理该行之后的文本行，否则跳过该行与其他条件包含指令之间的文本行。

elif

该指令用于同上面那些带 "if" 的指令配合使用，用于提供预处理的分支，类似 if 语句里的 else if。

else

该指令用于同上面那些带 "if" 的指令配合使用，用于提供预处理的分支，类似 if

语句里的 else。

```
# endif
```

有开始就有结束，这是一个条件包含过程的结束标志。这一行之后的文本行与当前的条件包含处理无关。

在程序中，预处理指令# if 之后的常量表达式是宏 DEBUG，在预处理阶段，先展开这个宏，得到一个常量表达式。如果不是 0，则保留并处理下面这一行：

```
# define prn_code(exp) printf ("%d\n", exp)
```

这一行是函数式宏定义，如果在程序中出现了宏名 prn_code 并带有参数，则将被展开为一个函数调用表达式 printf ("%d\n", exp)。

相对地，如果# if 后面的常量值为 0，则保留并处理下面这一行：

```
# define prn_code(exp) (void) (exp);
```

这一行也是函数式宏定义，同样定义了宏 prn_code，但宏体不同，这是一个 void 表达式。void 表达式是指 void 类型的表达式，也就是说，这种表达式计算出一个空值，或者说计算出一个不存在的值。典型地，有两种 void 表达式，第一种是调用了返回类型为 void 的函数，这种函数调用表达式是 void 表达式；第二种是转型表达式，且括号中的类型名是 void，这种转型表达式意味着明确地丢弃值。

在下面的程序中，(void) 500、(void) printf ("hello world.\n")和 fdemo () 都是 void 表达式。尤其需要说明的是，标识符__func__是 C 语言的预定义标识符，它被预定义为其所在的函数的名字。它是内置的，而不是在某个头文件内定义的。在任何程序翻译期间，C 实现会隐式地在每个函数体的开头将该标识符声明为一个数组，并用包含了当前函数名字的字面串来初始化它。虽然不是关键字，但你不应当重新定义它，也不应将它作为普通的标识符重新声明。

```
/*************c0709.c*************/
# include <stdio.h>

void fdemo (void)
{
   printf ("The return type of the function %s is void.\n",
           __func__);
}

int main (void)
{
   (void) 500;
   (void) printf ("hello world.\n");
   fdemo ();
}
```

回到前面的程序中，如果宏 DEBUG 被定义为整型常量 0，则对宏 prn_code 的调用被替换为一个 void 表达式。一般来说，void 表达式存在的意义是得到它的副作用（如果有的话）而丢弃它的值。如果它连副作用都没有，那么它在程序中没有任何作用。如果宏 DEBUG 被定义为整型常量 1，则宏调用被替换为表达式 printf ("%d\n", exp)。

再来看 main 函数，函数 printf 的返回值是实际打印的字符（字节）数，它的返回值保存在变量 ret 中。如果宏 DEBUG 被定义为整型常量 1，则宏调用 prn_code(ret) 会起作用并打印字符的个数；如果宏 DEBUG 被定义为整型常量 0，则宏调用被展开为 void 表达式并且没有实际执行效果。

在程序中将 DEBUG 的定义改来改去可能令有些人觉得不便，要是这样的话，那也可以将这个宏定义从程序中去掉，在翻译程序时，用-D 选项来定义这个宏，如下面的翻译和调试过程所示。在翻译程序时，C 实现将用这个在命令行定义的宏来参与预处理和宏替换，这与将它们定义在程序里的效果是一样的。

```
D:\exampls>chcp
活动代码页：936

D:\exampls>gcc c0708.c -finput-charset=utf-8 -fexec-charset=gbk -DDEBUG=1

D:\exampls>a
Let us then begin with it.
27
岂有此理！你怎么不早说！
25

D:\exampls>gcc c0708.c -finput-charset=utf-8 -fexec-charset=gbk -DDEBUG=0

D:\exampls>a
Let us then begin with it.
岂有此理！你怎么不早说！

D:\exampls>
```

顺便说一下，在 C 标准库中，有一个类似的、用于程序调试的宏 assert，也就是程序员们都知道的"断言"。它是在头文件<assert.h>中定义的，这个宏接受一个表达式作为参数，如果表达式的值为 0 则什么也不会发生；如果表达式的值为 1 则打印错误信息并终止当前程序的执行。举个例子来说，函数 printf 在执行错误时返回负值，为了在调试期间捕捉到这一不正常的状态，可以使用断言：

```
int ret = printf ("hello world.\n");
assert(ret < 0);
```

当结束程序调试，想要取消断言时，该怎么办呢？C 标准库要求我们定义一个宏 NDEBUG，如果该宏被定义为整型常量 0，则断言 assert 被展开为一个 void 表达式，否则被展开为打印出错信息并终止程序的代码的语句。

练习 7.6

尝试在程序中使用断言（assert）并实际体验效果。注意，如果是在源文件内定义 NDEBUG，则它必须位于#include <assert.h>之前。

现在我们可以回到最初的话题，那就是写一个程序来演示如何处理宽字符，而且这个程序被设计成能够在 Windows 和 Linux 上翻译和运行。现在，程序已经写好，内容如下：

```c
/*******************c0710.c*******************/
# define __USE_MINGW_ANSI_STDIO 1

# include <locale.h>
# include <wctype.h>
# include <wchar.h>
# include <stdio.h>

int main (void)
{
# if defined (PWINDOWS)
    setlocale (LC_ALL, "Chinese");
# elif defined (PLINUX)
    setlocale (LC_ALL, "zh_CN.UTF-8");
# else
    printf ("PWINDOWS or PLINUX is not defined.\n");
    return 0;
# endif

    wchar_t a [] = L"华为官网：http://www.huawei.com/";
    wprintf (L"'%lc'是一个%ls字母。\n", a [8],
             iswupper (a [8]) ? L"大写" : L"小写");
    wprintf (L"“%ls”包含%zu个字符。\n", a, wcslen (a));
}
```

在这个程序里，要完成宽字符的打印工作，需要设置区域，这就要用到 setlocale 函数。我们已经知道，Windows 下的 GCC 依然在使用旧的 msvcrt.dll，它不支持相对"标准"的区域名称。在这种情况下，要想使程序能在 Linux 和 Windows 上翻译并执行，我们的方案是：如果在 Linux 上翻译和执行，就定义宏 PLINUX；如果在 Windows 上翻译和执行，则定义宏 PWINDOWS。然后，如程序中所示，我们使用条件包含功能，先判断是否已经定义了宏 PWINDOWS，如果已经定义，则保留：

```c
    setlocale (LC_ALL, "Chinese");
```

如果未定义 PWINDOWS，则判断是否定义了 PLINUX。如果已经定义，则保留的是：

```c
    setlocale (LC_ALL, "zh_CN.UTF-8");
```

如果这两个宏都没有定义，则最终保留下来的是：

```
printf ("PWINDOWS or PLINUX is not defined.\n");
return 0;
```

这将在程序运行时打印一行提示信息，然后退出程序。实际上，不管这两个宏是否被定义过，程序都将正确翻译。只是在运行的时候才会提示你当初翻译程序时未定义这两个宏中的任何一个。

我们知道，预处理指令 `#if` 和 `#elif` 需要一个（整型）常量表达式。为了方便起见，**C 预处理器**提供了一元运算符 defined，其用法如下：

defined *标识符*
defined (*标识符* **)**

这里的"标识符"要用实际的宏名来替代。以上两种形式随选其一，如果标识符是一个已经定义过的宏名，则上述表达式的值为 1，否则为 0。

再往下看，我们声明了一个 wchar_t 类型的变量 a 并用宽字面串作为初始化器，该初始器既有汉字又有英文字母和符号，但它们具有相同的宽度。

接下来是要打印出数组 a 中下标为 8 的那个字符是大写还是小写。在 C 标准库里，适用于单字节字符和多字节字符的函数是 fprintf 和 printf，而它们的宽字符版本则分别是 fwprintf 和 wprintf，这些函数是在头文件<wchar.h>中声明的，其原型为：

```
int fwprintf (FILE * restrict stream, const wchar_t * restrict format, ...);
int wprintf (const wchar_t * restrict format, ...);
```

这两个函数的格式串要求采用宽字符，因为它们的类型是指向 wchar_t 的指针。和这两个函数的传统版本 fprintf 和 printf 相比，格式串中的转换模板没有太大变化，但意义不同。对 fwprintf 和 wprintf 来说，转换模板%c 是将多字节字符转换为宽字符输出，而%lc 直接输出宽字符；%s 是将多字节字符串转换为宽字符串输出，而%ls 直接输出宽字符串。

格式化输入/输出函数的工作就像在填空，第一次调用 wprintf 函数时，表达式 a [8] 的值用于填%lc 的空。表达式 a [8] 得到数组 a 的第 9 个（下标为 8）元素，因为元素的类型是 wchar_t，所以得到了一个宽字符，而模板指示符%lc 就是要求一个 wint_t 的值。

相似地，表达式 iswupper (a [8]) ? L"大写" : L"小写"的值用于填模板指示符%ls 的空。注意，这是一个条件表达式。在第 5 章里，我们已经初步认识了条件表达式，它由运算符？:和三个操作数共同组成，例如 E1 ? E2 : E3。如果 E1 的值不为 0，则表达式的值就是 E2 的值，否则表达式的值是 E3 的值。

在条件表达式中，E2 和 E3 的类型可以同为指针，在这种情况下，整个条件表达式的结果类型也是指针。在程序中，与 E1 对应的实际操作数是表达式 iswupper (a [8]) 的值；与 E2 对应的实际操作数是表达式 L"大写"的值；与 E3 对应的实际操作数是表达式 L"小写"的值。字面串 L"大写"和 L"小写"都是数组类型的左值，都被转换为指向数组首元素的指针[③]。最后，将根据函数 iswupper 的返回值，从这两个指针中选出一个，作为整个条件表达式的值。

---

③ 这两个字面串用于创建并初始化为隐藏的宽字符数组，元素的类型为 wchar_t。作为左值，它们转换为指针后的类型是 wchar_t *。

判断一个宽字符是否为大写很简单，使用C标准库函数 iswupper 就可以办到。这个函数是在头文件<wctype.h>里声明的，其原型为：

  int iswupper (wint_t *wc*);

在这里，参数 wc 是需要判断的宽字符，它是用类型 wint_t 来表示的。该函数测试一个宽字符是否为大写，如果测试结果为真，则返回一个非零值，否则返回 0。基本上，在头文件<wctype.h>中声明的函数都是这样工作的。

第二次调用 wprintf 函数时，格式串中的模板指示符%ls要求一个指向 wchar_t 的指针作为参数，我们传入的是表达式 a 的值，其类型为数组，将转换为指向其首元素的指针；模板指示符%zu要求一个 size_t 类型的值作为参数，我们传入的是表达式 wcslen(a) 的值。这是一个函数调用表达式，函数 wcslen 用于统计一个宽字符串中的字符数，它是在头文件<wchar.h>中声明的，其原型为：

  size_t wcslen (const wchar_t * *s*);

参数 s 的类型是指向 wchar_t 的指针，也就是说，必须传入一个指向宽字符串的指针。该函数返回空宽字符之前的字符个数（注意是字符数而不是字节数）。

几乎所有的格式化输入/输出函数都支持长度修饰符"z"，只不过我隐瞒了它，没有告诉你。对于 fprintf、printf、fwprintf 和 wprintf 函数来说，长度修饰符 z 可适用于转换指定符 d、i、o、u、x、X，根据它们原先的符号性，表示实参的类型为 size_t 或有符号整数类型。

然而长度修饰符 z 是后来才引入到 C 标准库的，在 Windows 上，老旧的 msvcrt.dll 并不明白它的意思。所以，我们必须在源文件的开头加上一句：

  # define __USE_MINGW_ANSI_STDIO 1

讲了源文件的内容之后，让我们来翻译并运行程序，看看结果如何。如果是在 Windows 下翻译和运行程序，则区域名称"Chinese"所默认的字符集是 GBK。为此，你必须将 Windows 控制台的代码页设置为 936。下面是 Windows 平台上的翻译和运行过程：

  D:\exampls>**chcp**
  活动代码页:936

  D:\exampls>**gcc c0710.c -finput-charset=utf-8 -fwide-exec-charset=utf-16le -DPWINDOWS**

  D:\exampls>**a**
  'p'是一个小写字母。
  "华为官网：http://www.huawei.com/"包含 27 个字符。

  D:\exampls>

在 Linux 平台上，如果终端的字符集编码被设定为 UTF-8，则程序可以直接翻译和运行，因为我们设置的区域名称是"zh_CN.utf-8"，如果终端的字符集编码为 GBK，则你应当修改程序，将"zh_CN.utf-8"改为"zh_CN.GBK"。另外,-fwide-exec-charset

选项要使用 UTF-32LE，而且还要用-DPLINUX 定义宏 PLINUX。

细心的同学可能会注意到一个诡异的问题：Windows 和 Linux 的控制台终端仅支持多字节字符而不是宽字符，但 wprintf 函数输出的是宽字符，怎么就能正常显示呢？原因在于宽字符版本的输入/输出函数并不是真的直接输出宽字符，而是将宽字符转换为多字节字符。C 标准库的文档是这么说的：

"宽字符输入函数从流中读取多字节字符并将它们转换为宽字符；宽字符输出函数将宽字符转换为多字节字符写入流中。在某些情况下，一些传统的、面向字节的输入/输出函数也在多字节字符和宽字符之间执行转换操作。"

表面上这是绕了一圈又回到原点，但是请设想一下，如果（别人提供的）文件，或者是输入流的内容本身就是宽字符编码的，这个函数就有大用了。

因为是要将宽字符转换为多字节字符，所以，wprintf 函数必须知道宽字符和多字节字符的编码方案，函数 setlocale 的设置提供了这些信息。我们在翻译程序时，也必须提供准确的宽字符文本，我们所指定的-fwide-exec-charset 选项必须和 setlocale 所指示的宽字符编码方案相同。否则，我们生成的宽字符编码将无法与 wprintf 衔接。

练习 7.7

1. 在 Linux 系统上翻译和执行上述程序，先将终端的字符集编码设置为 UTF-8 和 GBK，看看程序运行效果；再将区域设置改为"zh_CN.utf-8"和"zh_CN.GBK"，看看程序运行效果有什么变化。

2. 修改程序中的条件包含指令，要求使用# ifdef 或者# ifndef 预处理指令，然后翻译和运行程序（Windows 平台和 Linux 平台任选）。

关于宽字符，需要说明的是，带"L"前缀的字符常量和字面串，例如 L'x'和 L"英文字母 abC"，是在 C89 引入 C 语言的，同时还定义了 wchar_t 类型。问题在于，wchar_t 类型的长度并不固定，要由 C 实现根据所在的平台来自主决定。从应用的效果来看，这种不确定性限制了不同平台上的文本交流。

为此，在 2011 年公布的 ISO/IEC 9899:2011 标准里，新增加了两种长度确定的宽字符类型 char16_t 和 char32_t，前者可用于表示像 UTF-16 这样的宽字符，后者可以表示像 UTF-32 这样的宽字符。注意，这并不是 C 语言新增加的内置类型，而是现有整数类型的别名，在 C 标准库的头文件<uchar.h>里定义的。相应地，新标准还为 C 语言引入了带"u"和"U"前缀的字符常量及字面串，例如 u"英文字母 abC"和 U"英文字母 abC"，以编码这两种不同宽度的字符。

练习 7.8

在 Windows 上翻译和运行上述程序，要求将字面串的前缀改为"u"，将数组 a 的类型改为 char16_t；在 Linux 上翻译和执行上述程序，要求将字面串的前缀改为"U"，将数组 a 的类型改为 char32_t。注意，如果需要，请在翻译时加上-std=c11 选项。

第 8 章
欢迎来到类型之家

前面我们已经认识了很多有意思的数据类型，它们各有各的特点，可根据现实的需要来选用，以求方便、精确、完整地表示数据。为了更清楚地展示 C 语言整个类型系统的全貌，图 8-1 给出了类型的划分，以及它们之间的组成关系。

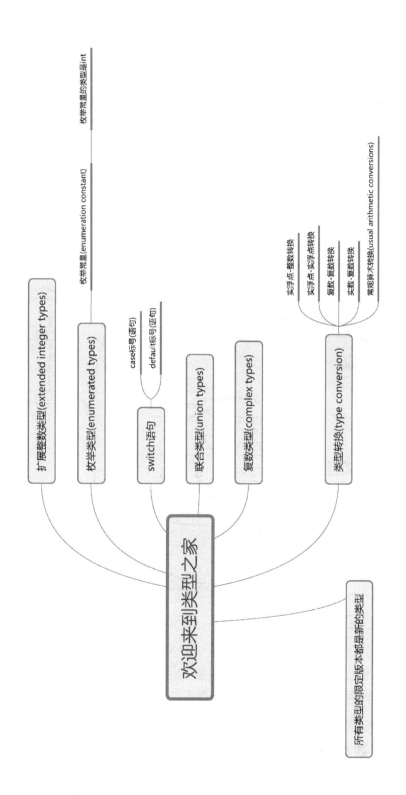

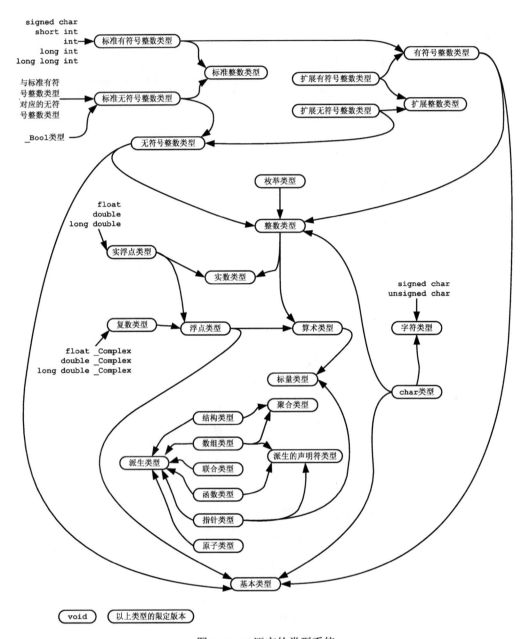

图 8-1 C 语言的类型系统

实际上，C 语言的类型分为两大类：变量（对象）类型和函数类型，分别用于描述变量和描述函数。这幅图已经足够清楚，不需要多言，下面仅做重点描述。

8.1 扩展整数类型

所谓扩展整数类型，是指由 C 实现添加的整数类型，包括有符号整数类型和无符号整数类型。举个例子来说，在早先 C 语言还没有引入 `long long int` 和 `unsigned long long int` 之前，没有一种整数类型具有 64 位的长度。为此，有些 C 实现自主添加了 64 位的整数类型 `__int64` 和 `unsigned __int64`，这就是典型的扩展整数类型。因为这个原因，有哪些扩展整数类型可用，就得看你用的是哪种 C 实现了。

8.2 布尔类型 _Bool

多数编程语言里都有布尔类型，用来表示逻辑上的真假。逻辑学是研究真理的学问，是英格兰人乔治·布尔第一次把数学引进了这门学问，发明了数理逻辑[①]，这就是为什么这种数据类型叫做布尔类型。

实事求是地说，C 语言并不需要布尔类型，0 和非 0 已经可以表达逻辑上的真假。然而对于患有语法洁癖的人来说，别的语言都有布尔类型，在 C 语言里却不能给个正式的名分，是可忍孰不可忍。C 语言标准委员会接受了这一建议，在 C99（ISO/IEC 9899:1999）里正式引入了 _Bool 类型。

一个声明为 _Bool 类型的变量，只需要能够表示 0 和 1 两个值即可。_Bool 属于标准无符号整数类型，其长度（占用的字节数）取决于 C 实现，至少是 1 个字节。虽然那种认为 _Bool 类型只需要一个比特的想法是错误的，但 C 实现却可能仅使用这种变量的 1 个比特来保存值。

然而，在 C 语言里引入 _Bool 类型仅仅改善了程序的可读性，语言的其他方面并没有因它而改变或者改进什么。比如说，如果一个函数要返回"成功"或者"失败"，则它的返回类型可以是 int。传统上，返回零意味着失败，而返回非零则意味着成功：

```
int is_keyword (const char *);
```

如果将返回类型声明为 _Bool 可以使它的含义更加清晰：

```
_Bool is_keyword (const char *);
```

但是，引入一个 _Bool 类型并没有使 if 语句或者循环语句（for、while 和 do 语句）发生改变，这些语句依然在控制表达式为 0 和不为 0 之间做出选择。

如果源文件中包含了头文件<stdbool.h>，则可以使用 bool 来代替 _Bool，并用 true 和 false 为布尔类型的对象赋值。这是因为在该头文件中定义了 4 个宏：

```
# define bool          _Bool
# define true          1
# define false         0
# define __bool_true_false_are_defined 1
```

但是，怎样才能知道宏 bool、true 和 false 确实已经被定义了呢？这最后一个宏是为了给你吃定心丸。它们是和宏 __bool_true_false_are_defined 一起定义的，

[①] 有关这段历史的前因后果，参见《穿越计算机的迷雾（第 2 版）》。

如果它已经定义,则其他三个宏已经定义[②]。

8.3 枚举类型

"枚举"听起来像是掰着指头数数,它们之间确实有一些相像之处。在程序中使用整型常量是很普遍的事,但比起直接使用这些数字,将它们按某种性质或者说含义组织起来,并起一些有意义并且好记的名字似乎更方便。

一个好例子胜过啰唆半天,要说清枚举是什么,枚举有什么好处和作用,下面这个程序是一个比较好的实例。

```
/***************c0801.c**************/
# include <stdio.h>

enum Op {ADD, SUB, MUL, DIV, MOD, MAX};

int compu (int x, int y, enum Op op)
{
    if (op == ADD) return x + y;
    if (op == SUB) return x - y;
    if (op == MUL) return x * y;
    if (op == DIV) return x / y;
    if (op == MOD) return x % y;
    if (op == MAX) return x > y ? x : y;

    printf ("Illegal operator.\n");
    return 0;
}

int main (void)
{
    enum Op opr = MUL;
    printf ("%d\n", compu (2, 5, opr));

    printf ("%d\n", compu (3, 6, MOD));
    printf ("%d\n", compu (6, 7, 19));
}
```

在程序中,函数 compu 可以将参数 x 和 y 的值相加、相减、相乘、相除、取余或者判断大小,但是具体做哪一种运算,返回的是哪一种运算的结果,取决于参数 op 的值。

按照通常的做法,参数 op 可声明为整数类型并用特定的值代表特定的运算,比如可

[②] 就是说,在使用 bool、true 和 false 之前,你可以先用#ifdef、#ifndef 或者 defined 指令来判断标识符 __bool_true_false_are_defined 是否已经定义。

以用 0 代表加法；用 1 代表减法；用 2 代表乘法，如此等等。然后，在 compu 函数里，再用 if 语句根据参数 op 的值做相应的运算。

高级语言的特点是"抽象"，将不易记忆和理解的机器指令抽象为方便理解和记忆的语法元素。自然地，标识符 MUL 比奇怪的数值 2 更易识别和理解。在这方面，枚举可以发挥作用。

如以下语法所示，每个枚举都是以关键字"enum"引导的，后面是标识符和枚举器列表。如果没有枚举器列表，则标识符不能省略。枚举器列表定义了枚举的成员，枚举成员都是被定义为枚举常量的标识符。

enum 标识符_可选_ { 枚举器列表 }
enum 标识符_可选_ { 枚举器列表 , }
enum 标识符

以上程序中，我们定义了一种枚举类型 enum Op，它的成员为 ADD、SUB、MUL、DIV、MOD 和 MAX，这些都是枚举常量。

C 语言规定，每一个枚举至少可以包含 1023 个枚举常量，枚举常量的类型为 int。每个枚举常量都有一个值，定义枚举常量值的方法是在枚举常量的后面用"="连接一个整型常量表达式。例如，下面定义了一个用于表示开关状态的枚举类型 enum Switch，并分别用常量表达式 0 和 1 定义了枚举常量 ON 和 OFF 的值。因此我们可以说枚举常量 ON 和 OFF 的类型都是 int，它们的值分别是 0 和 1。

```
enum Switch {ON = 0, OFF = 1};
```

对于任何枚举类型，如果枚举器列表中的第一个枚举常量没有用"="连接常量表达式，则它的常量值是 0；从枚举器列表中的第二个枚举常量开始，如果某个枚举常量没有用"="连接常量表达式，则它的常量值是前一个枚举常量的值加 1。在源文件 c0801.c 中，枚举常量 ADD 的值为 0；枚举常量 SUB 的值为 1，后面的以此类推。

在下例中，枚举常量 Left、Right、Up 和 Down 的值分别为 0、1、2、3：

```
enum e1 {Left, Right, Up, Down,};
```

以上，在最后一个枚举常量的定义之后有一个"多余"的逗号，这是允许的。又比如在下例中，枚举常量 Sun、Moon、Earth 的值分别是 3、6 和 7。

```
enum e2 {Sun = 3, Moon = 6, Earth,};
```

一个枚举常量的值可以和另一个枚举常量相同，这是允许的。如果有这种需要，则必须使用"="来生成一个与其他枚举常量具有相同值的枚举常量，在下面的例子中，枚举常量 YES、OK、Close、Off 的值为 0；NO、CANCEL、On 和 Open 的值为 1：

```
enum Choice {YES = 0, NO, OK = 0, CANCEL};
enum Status {Close = 0, Off = 0, On = 1, Open = On};
```

回到上面的程序中，既然是"类型"，则可以声明这种类型的变量，所以我们在程序中声明了 enum Op 类型的变量 opr，并初始化为枚举常量 MUL（的值）。

同时，也可以在函数中声明枚举类型的参数，所以我们将函数 compu 的形参 op 声明为枚举类型 enum Op。

和 char、short、int 等都是整数类型一样，枚举类型也属于整数类型。枚举类型可能兼容于 char，也可能兼容于 int，也可能兼容于任何其他有符号或者无符号整数类型，这要取决于 C 实现如何选择。对于特定的枚举类型来说，不管它兼容于哪个整数类型，都必须能够表示其所有枚举常量的值。也正是因为这个原因，在程序翻译期间，C 实现将推迟这种（整数类型的）选择，直至看到最后一个枚举常量。

作为整数类型的一种，枚举类型有它自己的取值范围，但并不限于枚举常量所给出的那些值。实际上，枚举常量仅仅是为枚举类型取值范围内的某些值指定易识别的符号。因为这个原因，在语句

```
printf ("%d\n", compu (6, 7, 19));
```

里，调用函数 compu 时传递了一个枚举类型的值 19，虽然这个值可以用 enum Op 类型来表示，但它不等于任何一个枚举常量的值。

在函数 cumpu 内部，if 语句判断形参 op 的值，将它和枚举常量进行比较，毕竟枚举常量和形参 op 都是整数类型。在这里，相较于使用奇怪的数字，枚举常量的优势就体现出来了。

如果形参 op 的值和所有枚举常量都不相符，那意味着指定的运算不是预定义的，无法识别，所以函数 compu 打印错误信息并返回 0 给它的调用者。

8.4　认识 switch 语句

既然讲到了枚举类型，那么，我们也应该来认识一下 switch 语句，它是选择语句的一种，另一种是 if 语句，它是我们的老朋友了。switch 语句说简单不简单，说复杂又不那么复杂，说它简单，是因为它的语法的确很简单：

switch（*表达式*）*语句*

显然，一个 switch 语句由关键字"switch"引导，紧跟着一对圆括号括住的表达式（称为控制表达式），然后是另一个语句。所以，一个合乎语法规定的 switch 语句可以是这样的：

```
switch (0) printf ("switch statement executed.\n");
```

但是，如果你上机试一试就会发现，它根本不会打印出"switch statement executed."，也就是说，函数 printf 根本不会被调用，即使控制表达式的值不为 0 也是如此。

尽管组成 switch 语句的"语句"可以是任何语句，但它们未必能被执行。原因是，控制表达式首先计算出一个值，这个值用于寻找下一条将要执行的语句。那么，什么样的语句能被执行呢？如何将被执行的语句和控制表达式的值建立关联呢？答案是在语句的前

面放置一个标号,从而使之成为标号语句。我们已经接触过一种标号,它由标识符和冒号":"组成,它可以放在任何语句前面并使之成为标号语句。

除此之外,还有case标号和default标号,case标号由关键字"case"、常量表达式和冒号":"组成,它可以放在任何语句的前面,使之成为标号语句;default标号由关键字"default"和冒号":"组成,它可以放在任何语句前面,使之成为标号语句。以下是case标号和default标号,以及由它们组成的标号语句的语法:

> **case** *常量表达式* : *语句*
> **default** : *语句*

注意!case标号和default标号只能出现在switch语句中。如果控制表达式的值和某个case标号的常量表达式的值相等,就从这个标号后面的语句开始顺次往下执行;如果控制表达式的值和所有case标号的常量表达式的值都不相等,则要看是否存在default标号,如果有,就从default标号后面的语句开始顺次往下执行;如果没有,直接退出switch语句往下执行。为了说明switch语句的工作原理,下面是一个例子。在这个示例程序中,我们用switch语句来判断int类型和short int及long int类型的相似度,判断的依据是它们的长度是否相等。

```
/***********c0802.c***********/
# include <stdio.h>

# define prn(s) printf ("Type int is simular with %s.\n", s);

int main (void)
{
   switch (sizeof (int))
   {
      case sizeof (short int):
         prn ("short int");
         break;
      case sizeof (long int):
         prn ("long int");
         break;
      default:
         prn ("other type");
   }
}
```

以上,switch语句里的"语句"是一个复合语句,由多个标号语句组成。控制表达式sizeof (int)计算出int类型的大小,然后,将这个值与每个case标号中的常量表达式的值进行比较,以决定执行哪一个标号后的语句。表达式sizeof (short int)和sizeof (long int)的结果都是在程序翻译期间就计算出来的常量。为方便起见,我们定义了宏prn,它的作用是显而易见的。

标号在switch语句中的位置和出现的顺序并不重要。特别地,每个switch语句只能有一个 default 标号。

在 C 语言里，所有标号都仅仅是程序的入口点，而不是出口点。switch 语句不是循环语句，控制表达式仅求值一次，从某个标号进入后，径直往下执行。如图 8-2 所示，标号就像高速公路的入口，而不是出口，从某个标号进入后，它不会再从下一个标号之前退出，而是直接往下执行。

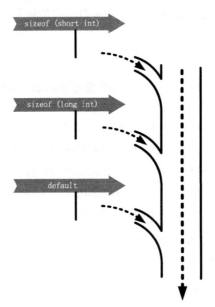

图 8-2　switch 语句的执行原理和流程

因为这个原因，如果不希望从一个标号进入，然后顺次执行后面那些标号的语句，则应当使用 break 语句。break 语句可以出现在 switch 语句或者循环语句中，它使程序的执行离开那个 switch 语句或者循环语句。

再来看另一个例子，在这里，函数 days_of_month 用于返回某个月的天数（不考虑闰年）。

```
enum Months {Jan = 1, Feb, Mar, Apr, May, Jun, Jul, Aug, Sep, Oct, Nov, Dec};

int days_of_month (enum Months m)
{
    switch (m) {
        default:
            return 31;
        case Feb:
            return 28;
        case Apr:
        case Jun:
        case Sep:
        case Nov:
```

```
            return 30;
        }
    }
```

在函数 days_of_month 里，switch 语句的控制表达式为左值 m，要先进行左值转换得到变量 m 的存储值。如果变量 m 的值与某个 case 标号内的枚举常量相等，就从那个标号后的语句开始顺次往下执行。

这里有几点需要特别说明。第一，虽然 default 标号出现在最前面，但只有 case 标号全都匹配失败时才会执行；第二，没有使用 break 语句，因为 return 语句直接导致程序的执行离开当前函数（更别说 switch 语句了）；第三，如果变量 m 的值等于枚举常量 Apr、Jun、Sep 或者 Nov，则执行的都是

```
    return 30;
```

这是因为不管从哪个标号进入，程序都将径直往下执行。事实上，如图 8-3 所示，你也可以认为这是标号语句的嵌套，下面那些标号语句是组成上面那些标号语句的"语句"。

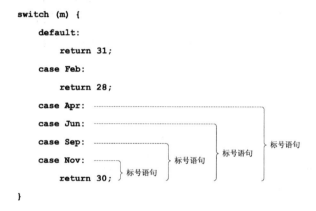

图 8-3　标号语句的嵌套

练习 8.1

1. 以下是某同学写的 fpstr 函数，他原本的目的是：如果形参 c 的内容是字符 q，则打印

```
    quit.
```

但实际上打印的是

```
    quit.
    hello,q.
```

这是为什么？如何修改？

```
# include <stdio.h>
void fpstr (const char c)
{
    switch (c)
```

```
        {
            case 'q': printf ("quit.\n");
            default: printf ("hello, %c.\n", c);
        }
    }
```

2. 用 `switch` 语句改写源文件 `c0801.c` 里面的 `compu` 函数。

8.5 联合类型

如果你熟悉结构类型，那么，你对联合类型也不会太陌生，因为它们非常相似。我们知道，结构类型用于将逻辑上相关的变量集中起来形成一个更大的变量。联合类型正好相反，联合类型的变量由一些在存储空间上互相重叠的子变量（成员变量）组成，所有成员共享部分或者全部存储空间。

和结构类型一样，联合类型也是派生类型，派生自它的成员类型。为了在声明中指定某种联合类型，和结构类型一样，联合类型也有自己的类型指定符，称为联合指定符。联合指定符和结构指定符具有相同的语法结构，但联合指定符是以关键字 `union`（而不是 `struct`）开始的：

> **union** *标识符*_{可选} { *成员声明列表* }
> **union** *标识符*

在这里，标识符可以省略，花括号及其围住的成员声明列表也可以省略，但是不能同时省略。和结构类型一样，带有成员声明列表的形式用于声明一种联合类型，不带成员声明列表的形式用于指定一种以前声明过的联合类型，或者声明一种不完整的联合类型[③]。下面是一个联合指定符的例子：

```
union {
    int x;
    float f;
}
```

这个联合的类型指定符省略了标识符，但保留了成员声明列表。联合类型的成员声明列表必须至少声明一个成员。注意，最后一个联合成员之后的分号不可省略。

关键字 "union" 是固定不变的部分，然而联合的成员却可以根据需要灵活设置，包括它们的类型、数量（最多 1023 个成员）和名字（在联合内部不得重名），各个成员的声明之间用分号隔开。

和结构类型一样，**带有成员声明列表的联合指定符每出现一次，都将声明出一个新的联合类型**。因为这个原因，联合类型指定符中的标识符通常不应该省略，这个标识符称为联合类型的标记。这样一来，标记就代表了当前这种联合类型，而我们也就能够在任何时

---
③ 既然是不完整的，这意味着它以前没有声明过，这是它的第一次声明。

候使用这种类型了。

如下例所示，一旦加上了标记，则第一行不但声明了一种联合类型 union uType，同时还声明了该联合类型的变量 u1；然后，在第二行里，我们还可以继续声明这种联合类型的变量 u2，并且变量 u1 和 u2 的类型完全相同。

```
union uType {char name [20]; long long int chk;} u1;
union uType u2;
```

说了这么多，我们还是来看一个例子。还记得吗，我们曾经打印过浮点数 123.5 的比特模式，然后，为了搞清楚它在存储时用的是大端字节序还是小端字节序，我们按顺序打印了组成它的每一个字节（的值）。不过，那时的方法是用一个指针顺序指向组成它的每一个字节，今天，我们使用另一种不同的方法，请看下面的程序。

```
/***************c0803.c***************/
# include <stdio.h>

int main (void)
{
    union u {
        unsigned char a [sizeof (float)];
        float f;
    } ud = {.f = 123.5f};

    for (size_t m = 0; m < sizeof (float); m ++)
        printf ("%0.2X ", ud . a [m]);

    printf ("\n");
}
```

以上，我们首先声明了一种联合类型，并将标识符 u 声明为这种联合类型的标记。同时我们还一并声明了这种联合类型的变量 ud 并做了初始化。

联合类型的变量，其子变量在存储空间上互相重叠，所以通常只需要初始化它的一个成员即可。为此，我们在变量 ud 的初始化器中使用了指示器。指示器.f 指定后面的初始化器 123.5f 用于初始化联合变量 ud 的成员 f。如果不使用指示器而仅仅是{123.5f}，则将初始化变量 ud 的第一个成员 a，但 a 的类型是数组，这将把 123.5f 转换为整数类型后用于初始化数组 a 的第一个元素。

变量 ud 的第 2 个成员是 f，其类型为 float；第 1 个成员是 a，其类型为数组。我们希望数组的长度和成员 f 相同，所以将它的大小（字节数）指定为 sizeof (float)。如此一来，这两个成员是完全重叠的。在这种情况下，如果我们访问数组 a 的内容，则访问的也是成员 f 的内容；反之亦然。

既然如此，在接下来的 for 语句里，我们依次读取并打印数组 a 的每一个元素，打印的格式为十六进制，精度为 2 个数位，不足 2 个数位的前面补 "0"。运算符.和->适用于联合类型，用于得到联合类型的成员。运算符.的优先级和[]相同，但它们是从左往右结合的，所以表达式 ud . a [m]等价于(ud . a) [m]。

练习 8.2

解释表达式 ud . a [m] 的求值过程，侧重于描述各个运算符的结果，以及左值、左值的类型和左值转换。

和结构类型一样，联合的成员也有自己的对齐要求。但由于联合的特殊性（所有成员变量是部分或者全部重叠的），要由 C 的实现权衡每个成员的类型，由此来决定它们的对齐。另外，和结构一样，整个联合变量的尾部可能存在填充，但是它的开头不会有任何填充。

同样很容易理解的是，联合类型的长度不小于最长的那个成员的长度。另外，因为对齐的需要，联合类型可能会有尾部填充，在这种情况下，联合类型的长度会大于最长的那个成员的长度。来看下面的例子。

```
/****************c0804.c***************/
# include <stdio.h>

int main (void)
{
   union u {int i; char c [21];};
   printf ("%zu, %zu\n", sizeof (union u), _Alignof (union u));
}
```

在这个程序里，联合类型 union u 包含两个成员 i 和 c。我们的目的是打印该联合类型的大小（以字节计）和对齐值。

在编者的机器上，联合类型 union u 的大小是 24 个字节，且对齐于 4，如图 8-4 所示，该联合类型将需要 3 个字节的尾部填充。

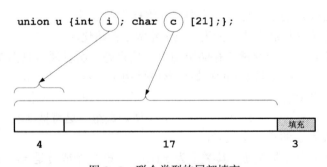

图 8-4 联合类型的尾部填充

尾部填充可以确保在连续分配同类型的多个联合变量时，这些变量及它们内部的每个成员都能正确对齐。

在 C 语言里引入联合类型的原始动机可能是为了节省存储空间，但是在实际应用中，它可以使数据的组织更符合日常逻辑。

举个例子来说，数组的缺点是元素类型必须相同，所以 C 语言引入了结构类型以方便把类型不同但逻辑上相关的数据组织到一起。但是结构类型不是万能药，在解决实际问题的时候也有局限性。在下面的例子中，结构类型 struct t 有 3 个成员：dt、d 和 f，但我们想根据成员 dt 的值来决定使用成员 d 和 f 中的哪一个。如果成员 dt 的值为 INT 意味着我们仅使用成员 d 来保存整数值；如果 dt 的值为 FLT 则意味着我们仅使用成员 f 来保存浮点值。

```
enum dType {INT, FLT,};

struct t {
    enum dType dt;
    int d;
    float f;
};

struct t ta = {.dt = INT, .d = 33}, tb = {.dt = FLT, .f = .25};
```

因为每次仅使用成员 d 和 f 中的一个，空间浪费不说，逻辑上也显得别扭。为了不别扭，我们用联合类型修改如下。

```
enum dType {INT, FLT,};
union uType {int d; float f;};

struct t {
    enum dType dt;
    union uType ut;
};

struct t ta = {.dt = FLT, .ut.f = .25}, tb;
tb.dt = INT;
tb.ut.d = 123;
```

以上，结构类型 struct t 包含了成员 ut，而成员 ut 是联合类型，又包含了它自己的成员 d 和 f，而 d 和 f 共享部分存储空间。在这个方案里，根据成员 dt 的值来决定成员 ut 保存什么样的值。

在变量 ta 的初始化器里使用了指示器 .ut.f，它的意思很清楚：.ut 指示当前结构变量 ta 的成员 ut，但 ut 是联合类型，有自己的成员，所以后面的 .f 指示 ut 的成员 f。

同样地，在表达式 tb.ut.d = 123 里，左值 tb 是结构类型，ut 是其联合类型的成员，所以子表达式 tb.ut 是一个联合类型的左值，代表结构变量 tb 的 ut 成员本身。进一步地，表达式 tb.ut.d 的结果是一个左值，代表 ut 自己的成员 d。赋值运算符左边的操作数不执行左值转换，而是接受赋值。

类型的声明可以嵌套，所以，为方便起见，以上声明可以改成这个样子而不存在任何问题：

```
struct t {
    enum {INT, FLT,} dt;
    union {int d; float f;} ut;
};

struct t ta = {.dt = INT, .ut.d = 33}, tb = {.dt = FLT, .ut.f = .25};
```

练习 8.3

请编写程序，声明一个元素类型为上述 `struct t` 类型的数组，并初始化或者为数组的元素赋值。然后遍历数组，将存有整数值和存有浮点值的元素分别累加并打印结果。

8.6 复数类型

复数类型又称复数浮点数类型。最开始的时候，C 语言并没有复数类型，直到 C99 的时候才正式引入，但是 C 语言并不要求 C 实现一定要支持复数类型。因为这个原因，如果你的 C 实现不支持它，请不要觉得奇怪。

C 语言支持的复数类型实际上包括三种：`float _Complex`、`double _Complex` 和 `long double _Complex`。在下面的例子中，我们演示了如何声明复数类型的变量，以及如何使用复数进行运算。

```c
/******************c0805.c******************/
# include <stdio.h>
# include <complex.h>

int main (void)
{
    double _Complex d = 3.0 + 2.0i;

    d += 5.0 + 1.0i;
    printf ("%.1f%+.1fi\n", creal (d), cimag (d));

    d = csqrt (d);
    printf ("%.1f%+.1fi\n", creal (d), cimag (d));

    d = csin (d);
    printf ("%.1f%+.1fi\n", creal (d), cimag (d));
}
```

在这个例子中，我们声明了复数类型的变量 d 并初始化为 `3.0 + 2.0i`。其中 `3.0` 是复数的实部，`2.0i` 为复数的虚部，"i" 是虚数单位。

接下来，语句

```c
d += 5.0 + 1.0i;
```

将另一个虚数 5.0+1.0i 加到变量 d 中。然后，语句

```c
printf ("%.1f%+.1fi\n", creal (d), cimag (d));
```

打印变量 d 中的新值。遗憾的是，`fprintf` 和 `printf` 等函数的转换模板并不支持复数类型，所以这个工作得由我们自己来做。我们的做法是，分别取得复数值的实部和虚

部分别打印。转换模板%.1f打印复数的实部；转换模板%+.1f打印复数的虚部。

为了取得复数的实部，需要用到函数creal、crealf和creall，它们是在C标准库头文件<complex.h>里声明的，其原型分别为：

```
double creal (double _Complex z);
float crealf (float _Complex z);
long double creall (long double _Complex z);
```

为了取得复数的虚部，需要用到函数cimag、cimagf和cimagl，它们是在C标准库头文件<complex.h>里声明的，其原型分别为：

```
double cimag (double _Complex z);
float cimagf (float _Complex z);
long double cimagl (long double _Complex z);
```

基于类型匹配的原则，我们应根据参数的类型来选择使用哪一个函数。在程序中，因为变量d的类型是double _Complex，所以我们用的是creal和cimag函数。

在程序中，语句

```
d = csqrt (d);
```

用变量d的值计算复数的平方根，再把计算结果保存回变量d以更新它的存储值。要计算复数的平方根，需要用到函数csqrt、csqrtf和csqrtl，它们是在C标准库头文件<complex.h>里声明的，其原型分别为：

```
double csqrt (double _Complex z);
float csqrtf (float _Complex z);
long double csqrtl (long double _Complex z);
```

在程序中，语句

```
d = csin (d);
```

用变量d的值计算复数的正弦值，再把计算结果保存回变量d以更新它的存储值。要计算复数的正弦，需要用到函数csin、csinf和csinl，它们是在C标准库的头文件<complex.h>里声明的，其原型分别为：

```
double csin (double _Complex z);
float csinf (float _Complex z);
long double csinl (long double _Complex z);
```

C标准库头文件<complex.h>里声明的函数非常多，如果你的编程工作需要和复数打交道，应该多加了解。

8.7 限定的类型

C语言里的大部分类型都可以用const、restrict等限定符加以限定。这些限定符可以单独使用，也可以组合使用，这样就形成了某种类型的一系列限定版本。

用限定符限定的类型是新的类型。 因此，`int` 是一种类型，`const int` 是另一种不同的类型，它们互不兼容。有些读者以为 `const` 只用于"修饰"一种类型，使之具有只读的属性，这是不确切的。实际上，限定的结果是产生了新的类型。

8.8 类型的兼容性

在前面，我们已经讲过"兼容类型"的概念。在初始化一个变量、给一个变量赋值、给函数传递参数时，都要求参与的操作数在类型上相同，至少是高度相似。

所谓兼容类型，是指多个类型之间高度相似，或者它们都是相同的类型。那么，两个类型怎样才算高度相似，或者说它们是兼容类型呢？

第一，如果两个类型相同，则它们是兼容类型。类型相同的情况包括：类型名相同或者等价；一方是用另一方的类型定义的别名；双方都是同一种类型的别名。比如，`short` 和 `short int` 是兼容的，因为它们是同一种类型；`unsigned` 和 `unsigned int` 是兼容的，它们也是同一种类型；`const int` 和 `int` 是不兼容的，它们是两种不同的类型。给定以下声明：

```
typedef int Integer;
int x, y;
Integer z;
void f (Integer, int);
void g (int, Integer);
```

则 x、y 和 z 的类型是兼容类型；f 和 g 的类型也是兼容类型。

第二，两个原本是兼容的类型，加上相同的限定符（只要限定符相同即可，限定符的先后顺序并不重要）后，得到的两个新类型也是兼容类型。给定以下声明：

```
const char c1;
char const c2;
char const c3;
const int d;
```

所有 char 类型都是兼容的，但它们与 int 类型都不兼容。上例中，c1 和 c2 是兼容的，因为它们具有相同的限定（c1 和 c2 的类型都是 const 限定的 char 类型，只不过读法稍有不同，请尝试读一下它们的类型）；d 的类型和其他类型都不兼容。

第三，如果两个指针所指向的类型是兼容的，而且这两个指针本身也具有相同的限定（限定符的顺序并不重要），则这两个指针类型也是兼容的。例如：

```
const char (* const p) [22], (* const q) [22];
```

其中，p 和 q 的类型是兼容的，因为它们都是 const 限定的指针，且各自指向具有 22 个 "const char 类型的元素"的数组。

下例中，pa 是指向 char *的指针，pb 是指向 const char *的指针。它们指向的类型并不兼容，故 pa 和 pb 的类型不兼容。

```
char * * pa;
const char * * pb;
```

第四，如果两个数组类型都具有相同的常量大小，且元素类型是兼容的，那么这是两个兼容的数组类型。

这就是说，int [2]和 int [2]是兼容的数组类型；int [2][3]和 int[2][3]也是兼容的数组类型；int [2] [3]和 int [3] [2]不是兼容的数组类型，因为前者的元素类型是 int [3]，而后者的元素类型是 int [2]。

在下例中，数组 a 有 8 个元素，指针 p 所指向的数组也有 8 个元素。又因为数组 a 的元素类型（int [m]）和"指针 p 所指向的数组"的元素类型（int [n]）兼容（原因见下面的第六条），所以数组 a 和指针 p 所指向的数组是兼容的。

进一步地，表达式& a 和指针 p 的类型都是指向 int [8][m]的指针，所以它们是兼容的（见上面的第三条），将& a 的值赋给左值 p 是允许的。

```
int m = 2, n = 3, a [8] [m], (* p) [8] [n];
p = & a; //可以
```

第五，两个数组，一个是常量大小而另一个不具有常量大小或未指定大小，但只要它们的元素类型是兼容的，则它们也属于兼容的数组类型。

这就是说，int []和 int [3]是兼容的数组类型；int [][2]和 int [3][2]是兼容的数组类型，因为它们的元素类型都是 int [2]；int [][2]和 int [2][3]是不兼容的数组类型，因为前者的元素类型是 int [2]，而后者是 int [3]。

对于以下声明：

```
int b [sizeof (int) * 10], c [40];
float d [], e [40];
```

数组 b 和 c 的类型是兼容类型的条件是 sizeof (int) * 10 == 40（该表达式在程序翻译期间求值为一个常量，所以是否兼容其实取决于 int 类型的大小）；d 和 e 的类型是兼容类型，除上述之外，任何两个类型都不兼容。

下例中，因为指针 p1、p2 和 p3 所指向的类型都是兼容类型，所以在指针之间赋值都是合法的。

```
int (* p1) [], (* p2) [], (* p3) [22];
/* …… */
p2 = p3;
p1 = p2;
```

同样地，int[n][n]和 int[2][3]是兼容的数组类型，因为它们有兼容的元素类型 int[n]和 int[3]。

第六，两个数组，如果都未指定大小，或者都不具有常量大小，但只要它们的元素类型兼容，则它们也是两个兼容的数组类型。

这就是说，int [] 和 int [] 是兼容的数组类型；int [][2] 和 int [][2] 也是兼容的数组类型，毕竟它们的元素类型是兼容的，都是 int [2]。再如，对于声明：

```
int n = 3, a [n], b [n + 1], c [33];
```

数组 a 和 b 是兼容类型；a 和 c 也是兼容类型；b 和 c 同样是兼容类型。基于同样的原因，int [n][n] 和 int [n][3] 是兼容的数组类型，因为它们有兼容的元素类型 int [n] 和 int [3]。

练习 8.4

给定以下声明，数组 a、b 在类型上兼容吗？

```
int m = 2, n = 3;
int a [m][2][n + 1];
int b [6][m][n];
```

第七，如果两个函数的返回类型是兼容的，而且它们都是用传统 K&R 风格声明的，则这两个函数的类型是兼容的[④]。

以下，f 和 g 的类型是兼容类型，但 f 的类型和 r 的类型不兼容，g 的类型和 r 的类型也不兼容，因为函数 r 的返回类型与 f 和 g 不同。

```
int f (), g ();
float r ();
```

第八，如果两个函数都是用原型声明的，且它们的参数类型列表不是以"，..."终止的，则只有在同时满足以下条件时，它们的类型才是兼容的：

（1）返回类型是兼容的；
（2）参数数量相同；
（3）相对应的参数在类型上是兼容的。

下例中，函数 f 和函数 g 的类型是兼容类型：

```
float f (float, float), g (float, float);
```

第九，如果两个函数都是用原型声明的，且它们的参数类型列表也都是以"，..."终止的，那么，只有在同时满足以下条件时，它们的类型才是兼容的：

（1）返回类型是兼容的；
（2）省略号之前的参数数量相同；
（3）省略号之前相对应的参数在类型上是兼容的。

给定以下函数类型声明：

---

④ 这意味着在函数调用时不会也不可能做参数类型检查。

```
int f (int, int);
int g (int, int);
void h (const char *, ...);
void k (const char *, ...);
```

f 和 g 的类型是兼容的，h 和 k 的类型也是兼容的，任何其他两种类型都不兼容。

需要特别提醒的是，当函数的参数是数组或者函数类型时，它们会分别被调整为指向数组首元素的指针，以及指向函数的指针。所以，判断两个参数类型是否兼容，依据的是它们调整之后的类型。如果参数的类型是限定的，也被当作无限定的版本对待。这条规则适用于本节后面的所有内容。

这就是说，对于以下声明：

```
void f (int [], int (const char *));
void g (int * restrict, int (* const) (const char *));
```

对于函数 f 而言，数组类型 int [] 被调整为指向其首元素的指针 int *，函数类型 int (const char *) 也被调整为指向函数的指针 int (*) (const char *)；对于函数 g 而言，其第一个参数的限定符 restrict 和第二个参数的限定符 const 被忽略。综合以上所述，f 的类型和 g 的类型是兼容的。下面的代码用于验证这个结论（函数 f 和 g 只声明了不带函数体的原型，要运行这个例子，你可以自行将它补充完整）：

```
void f (int [], int (const char *));
void g (int * restrict, int (* const) (const char *));

int main (void)
{
   void (* pf) (int [], int (const char *));
   pf = f;          //合法
   pf ();           //合法
   pf = g;          //合法
   pf ();           //合法
   /* ... ... */
}
```

以上，函数 f 和 g 是兼容类型，它们都和变量 pf 所指向的类型兼容。在赋值运算符的右侧，函数指示符 f 和 g 转换为指向函数的指针，转换后的类型都和 pf 兼容。

有关两个函数类型是否兼容的情况还有若干规则，但都和传统 K & R 形式的函数声明有关。考虑到现在已经没人使用，就不做介绍了。

8.9 类型转换

有关类型转换的知识和内容散见于本书前面的章节，考虑到本章引入了复数等类型，再加上有些类型转换的内容还没有介绍且非常重要，统一在本节补充介绍。

8.9.1 实浮点—整数转换

将一个实浮点类型的正常值[5]转换为非 _Bool 的整数类型时，小数部分被舍弃。如果转换后的整数部分不能被那个整数类型表示，则行为是未定义的。在下面的例子中，-6.7 的类型为 double，被转换为 int 类型后传递给 printf 函数，转换后的值为-6。

```
printf ("%d\n", (int) -6.7);
```

如果你知道如何将一个用十进制表示的实浮点数转换为二进制，那么你也应该知道有些实浮点数无法精确地转换为二进制数。例如实浮点数 5.1 就无法精确地转换为一个二进制数，只能近似地转换为 101.0001100110011001（小数点之后保留 16 位，因为它是无穷无尽的）。

将一个整数类型的值转换为实浮点类型时，如果这个整数值能够被那种实浮点类型精确地表示，则转换后保持不变；如果这个整数值不能用那种实浮点类型精确地表示，则转换后的结果可能比原来大，也可能比原来小，取决于 C 实现如何选择；如果这个整数值在转换后超出了那种实浮点类型的取值范围，则结果是未定义的。在下面的例子中，-137 的类型为 int，被转换为 double 类型后传递给 printf 函数。

```
printf ("%f\n", (double) -137);
```

练习 8.5

1. 函数调用 printf ("%f\n", (long double) -137)有问题吗？为什么？如何修改？

2. 在函数调用 printf ("%d\n", (char) -79)里，转换模板%d 要求一个 int 类型的参数，而我们传递了 char 类型的值，这样做有问题吗？为什么？

8.9.2 实浮点—实浮点转换

将一个实浮点类型的值转换为另一个实浮点类型时，如果这个值能够被那个新类型精确地表示，则转换后保持不变；如果这个值不能用那种新类型精确地表示，则转换后的结果可能比原来大，也可能比原来小，取决于 C 实现如何选择；如果这个值在转换后超出了那种实浮点类型的取值范围，则结果是未定义的。

在下面的例子中，1.0123L 的类型为 long double，被转换为 double 类型后传递给 printf 函数。

```
printf ("%f\n", (double) 1.0123L);
```

8.9.3 复数—复数转换

将一种复数类型的值转换为另一种复数类型时，实际上是对实部和虚部分别转换，所

---

[5] 三种实浮点类型 float、double 和 long double 也可以用来存储一些特殊值：无穷大（INFINITY）和非数字（NaN），等等。宏 INFINITY 和 NaN 等在 C 标准库的头文件<math.h>里定义。

以这实际上要使用实浮点—实浮点的转换规则。

8.9.4 实数—复数转换

将实数类型的值转换为复数时,要用实数之间的转换规则将那个值转换为复数的实部,复数的虚部为零。

将复数类型的值转换为实数时,值的虚部被丢弃,仅依据实数之间的转换规则将复数的实部转换为实数类型。

8.9.5 常规算术转换

通常情况下,类型转换是以非常自然和安静的方式进行,因为 C 实现可以识别操作数的类型并自动将一种类型转换为另一种类型。给定以下代码片段:

```
int d, f (float);
d = 23.5;              //S1
f (d);                 //S2
```

在语句 S1 中,赋值运算符的右操作数 23.5 将自动从 double 类型转换为 int 类型后赋给左值 d。在语句 S2 里,函数 f 的参数类型是 float 但实际传递的值是 int 类型,所以会自动把这个值转换为 float 类型。

学习 C 语言一段时间之后,多少都能摸到一点窍门,知道赋值运算符的右操作数要转换为左操作数的类型,也知道传递的参数要转换为函数声明时的类型。然而在有些表达式里,如果参数之间的类型不同,要判断谁向谁的类型转换和靠拢,可能有些困难,请看下面的这个例子。

```
/********************c0806.c*******************/
# include <stdio.h>
# include <limits.h>
# include <math.h>

int main (void)
{
   printf (":");

   long int m;
   scanf ("%ld", & m);

   if (m <= 1)
   {
      printf ("%ld is a invalid number.\n" \
              "Must be a natural number more than 1 " \
              "less than %ld.\n", m, LONG_MAX);
      return 0;
   }
```

```
    for (unsigned long x = 2; x <= sqrt (m); x ++)
        if (m % x == 0)
        {
            printf ("%ld is not a prime.\n", m);
            return 0;
        }

    printf ("%ld is a prime.\n", m);
}
```

如果单纯是为了讲解类型转换用不着这么大的例子，但我是想结合一个情景，顺便讲一讲别的东西，我们这也算是情景教学吧。

这个例子的功能是让用户输入一个数，然后判断它是不是质数。质数存在于大于1的自然数中，所以第一个 if 语句判断输入的数是否小于等于1，如果是的话，则打印错误信息并退出程序。

宏 LONG_MAX 被定义为 long int 类型的最大值，这个我们已经知道了。为了打印这个值，我们使用的转换模板为 %ld，它要求一个 long int 类型的实参。LONG_MAX 是一个整型常量，如果它的值能够被 int 类型表示，则 C 实现很可能将它认定为 int 类型。但是不要担心，这同时也意味着 int 类型和 long int 类型具有相同的宽度，以至于转换模板 %d 和 %ld 都没有问题。

因为质数是指那些大于1且仅能被1和它自身整除的自然数，故我们判断的方法就是用比它小的数去除，如果除了1之外都不能将它除尽，那它就是一个质数了。

实际上，要判断一个数是否为质数，也不必要用所有小于它的数来除。尤其是考虑到如果一个数可以被某个小于其平方根的数整除，则它必定不是一个质数。

有鉴于此，在接下来的 for 语句中，我们令变量 x 的值从2开始递增，如果递增到那个数的平方根还不曾有数字能够整除它，则它就是一个质数。

要判断的数保存在变量 m 里，为了求得它的平方根，需要用到函数 sqrt，该函数是在 C 标准库头文件 <math.h> 里声明的。实际上，C 标准库准备了三个类似的函数，以适应不同的参数类型的返回类型，它们是：

```
double sqrt (double x);
float sqrtf (float x);
long double sqrtl (long double x);
```

这三个函数用于求得参数 x 的值的非负平方根 $\sqrt{x}$，如果参数 x 的值小于0则将发生错误。

在程序中，左值 m 的类型是 long int，但 sqrt 函数需要一个 double 类型的参数，所以自动将 m 的值从 long int 转换为 double 再传递给 sqrt 函数。这还没完，运算符 <= 的左操作数 x 是 unsigned long 类型，而函数 sqrt 的返回类型是 double，类型不同，必须先转换为一致的类型才能比较，这是规矩，也是常识。那么，到底是将变量 x 的值转换为 double 类型呢，还是将函数 sqrt 的返回值转换为 unsigned long？我相信很多初学者将难以抉择。不过也用不着抉择，这不是程序员能够决定的事，作为一门计算机编程语言，C 已经为我们定好了规矩，那就是常规算术转换。

在 C 语言里，如果一个表达式的操作数只涉及算术类型，则求值时需要先将运算符的操作数转换为它们的公共类型，这称为常规算术转换。好吧，这等于没说，但是别着急。

一，如果两个操作数中有一个是 long double 类型的实数，或者实部为 long double 类型的复数，那么：如果另一个操作数也是 long double 类型的实数或者实部为 long double 类型的复数，则这两个操作数都不做转换；否则，另一个操作数原先为实数的，转换为 long double 类型，原先为复数的，实部转换为 long double 类型。

比如说，在表达式 3.0L + 2.0F 里，操作数 3.0L 的类型是 long double，操作数 2.0F 的类型是 float，因此要把 2.0F 转换为 long double 类型；在表达式 3.0 + 2.2f + 1.3i 里，操作数 3.0 的类型是 double，操作数 2.2f + 1.3i 的类型是 float _Complex，因此要把复数 2.2f + 1.3i 的实部 2.2f 转换为 double 类型。

这就是说，常规算术转换并不改变操作数的类型域（有两种类型域：实数类型域和复数类型域，前者由所有实数类型组成，后者由所有复数类型组成），原先为实数的，转换为实数；原先为复数的，转换为复数。有同学说了，表达式 3.0 + 2.2f + 1.3i 是要把复数 2.2f + 1.3i 的实部 2.2f 从 float 转换为 double 类型，而不是将它从复数转换为实数，如此一来就是将 double 类型的 3.0 和 double _Complex 类型的 2.2 + 1.3i 相加，一个实数和一个复数直接运算是可以的吗？可以的，C 语言允许实数和复数直接运算，这样可以提高效率。

二，经过前面的排除，如果两个操作数中有一个是 double 类型的实数，或者实部为 double 类型的复数，那么：如果另一个操作数也是 double 类型的实数，或者实部为 double 类型的复数，则这两个操作数不做任何转换；否则，另一个操作数原先为实数的，转换为 double 类型，原先为复数的，实部转换为 double 类型。

三，经过前面的排除，如果两个操作数中有一个是 float 类型的实数，或者实部为 float 类型的复数，那么：如果另一个操作数也是 float 类型的实数，或者实部为 float 类型的复数，则这两个操作数不做任何转换；否则，另一个操作数原先为实数的，转换为 float 类型，原先为复数的，实部转换为 float 类型。

四，经过前面的排除，说明两个操作数的类型都是整数。在这种情况下，要先对它们做整型提升，提升后，如果两个操作数的类型相同，则不再进行转换，否则：

1，如果操作数的类型不同，但都是无符号整数类型或者都是有符号整数类型，则将阶较低的那个操作数转换为阶较高的那个操作数的类型。

2，如果两个操作数的类型不同，一个是有符号整数类型，另一个是无符号整数类型，那么，如果无符号整数类型的阶高于或者等于有符号整数类型，则有符号整数类型的操作数转换为另一个操作数的类型；如果无符号整数类型的阶低于有符号整数类型且后者可以表示前者的所有值，则无符号整数类型的操作数转换为另一个操作数的类型，否则，两个操作数同时转换到那个有符号整数类型的无符号版本。

回到源文件 c0806.c 中，在 for 语句里，表达式 x <= sqrt (m) 的求值过程需要进行常规算术转换。在此之前，由于函数 sqrt 的参数类型为 double 而左值 m 的类型是 long int，左值 m 经左值转换后的值要转换为形参的类型 double。

对于运算符<=来说，左操作数是左值 x 经左值转换后的值，其类型为 unsigned long，右操作数为函数 sqrt 的返回值，其类型为 double。根据上述常规算术转换的规则，要将运算符<=的左操作数从 unsigned long 转换为 double（实浮点—整数转换）。类型一致后开始比较，如果小于等于关系成立，则表达式 x <= sqrt (m)的值为 1，否则值

为 0，值的类型为 int（而不是 double，和操作数的类型无关，这是我们已经知道的）。

再来看 for 语句的循环体，if 语句的控制表达式为 m % x == 0，它也必须先做常规算术转换。乘性运算符%的优先级高于等性运算符==，要得到运算符==的结果，必须先计算其操作数的值，所以是先计算子表达式 m % x 的值。

左值 m 和左值 x 的类型分别是 long int 和 unsigned long，先进行左值转换。因为运算符%的操作数一个是 long int，另一个是 unsigned long，根据上述常规算术转换的规则，先进行整型提升，提升后（实际上不需要提升）的类型不变。因为 unsigned long 是无符号整数类型且它的阶等于 long int，故需要将 long int 类型的值转换为 unsigned long 类型。

这就是说，子表达式 m % x（的值）的类型是 unsigned long。这个值是等性运算符==的左操作数，右操作数为整型常量 0，类型为 int。同理，因为 unsigned long 是无符号整数类型且它的阶高于 int，故需要将 int 类型的 0 转换为 unsigned long 类型后参与等性比较。如果等性关系成立，则等性表达式 m % x == 0 的值为 1，否则值为 0，值的类型为 int（而不是 unsigned long，和操作数的类型无关，这是我们已经知道的）。

在 for 语句里，一旦检测到能够除尽（余数为 0）的情况，则说明变量 m 的值并不是一个质数，打印"非质数"的提示后退出程序。如果 for 语句循环完毕还没有检测到能够除尽的情况，说明变量 m 的值是一个质数，程序的执行离开 for 语句，来到 main 函数的最后一行，打印"是质数"的提示后退出程序。

练习 8.6

1. 表达式 -1 < 1UL 的结果是多少？

2. 在上面的程序中，表达式 m % x == 0 需要将变量 m 的值从 long int 转换为 unsigned long，但为什么这种转换不影响表达式结果的正确性？

3. 同样是 long int 类型的操作数和 unsigned long 类型的操作数，而下面的 m % x == 0 却不能打印"Okay"，为什么？

```
# include <stdio.h>

void f (long int m, unsigned long x)
{
    if (m % x == 0)
        printf ("Okay.\n");
}

int main (void)
{
    f (-5, 5);
}
```

第 9 章

作用域、链接、线程和存储期

在前面的章节里我们曾经多次强调过,变量和函数必须先声明再使用,同时我们也知道,在函数体内声明的变量通常仅具有很短暂的生存期,函数返回后这些变量就无效了。

事实上,对于一个比较大的程序来说,情况比这还要复杂。比如说,在函数内声明的变量,它的生存期不一定因该函数的调用而开始,也不一定因该函数的返回而结束,这要取决于变量是如何声明的。

再比如,一个大的软件项目需要多人分工合作,由不同的人负责编写不同的源文件,然后再合并翻译。在这种情况下,源文件之间可能需要共用某个变量,也可能需要在一个源文件里调用另一个源文件里的函数,这种情况该如何处理,都是问题。

类似的问题和情形还有很多,有些你已经意识到了,有些连你自己也还没有意识到(毕竟你还只是在学习这门语言,而且缺乏经验)。但不管怎样,我们在这一章里看看 C 语言到底是怎么规定的。

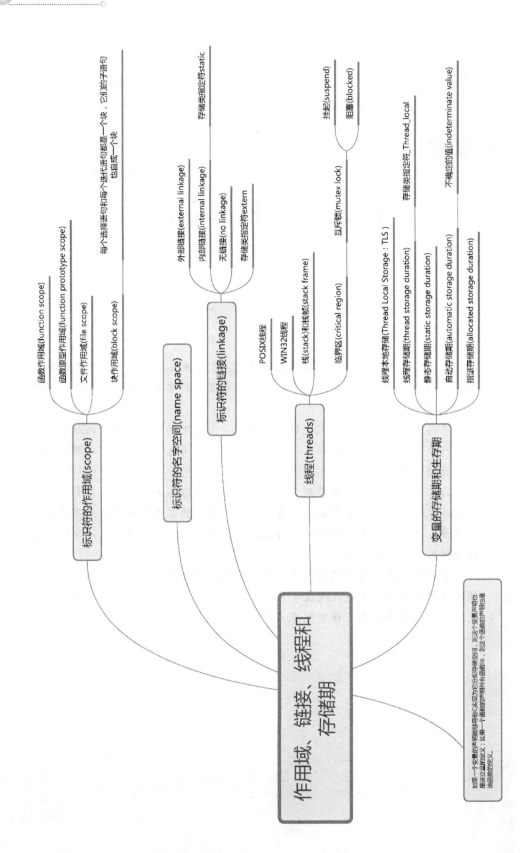

9.1 标识符的作用域

在 C 语言里，标识符用做变量和函数的名字、函数形参的名字、类型的别名、宏名、宏参数、跳转语句的标号，结构、联合、枚举类型的标记和成员。要想使用一个标识符，必须先声明或者定义它，就像我们前面已经知道的，变量或者函数必须先声明才能使用。

标识符声明和定义的位置决定了它们在程序文本中的哪些地方是可见的、可以使用的，这叫作标识符的作用域。C 语言里有四种作用域，分别是函数作用域、块作用域、文件作用域和函数原型作用域。

9.1.1 函数作用域

标号名是唯一具有函数作用域的标识符，不管这个标号位于函数体内的什么地方，它在那个函数体内的任何部位都是可见的，或者说它的可见性弥漫于整个函数体的所有角落。在下面的代码片段中，标号 lb 用于组成标号语句，虽然它位于函数体的中间部位，但我们可以在它的前面（上面）和后面（下面）使用它。

```
# include <math.h>

_Bool isprime (unsigned int n)
{
    unsigned d = 2, maxd = sqrt (n);

    if (n > 3) goto lb;
    else return n == 2 || n == 3;

lb:
    if (n % d == 0) return 0;
    else if (d ++ <= maxd) goto lb;

    return 1;
}
```

函数 isprime 用于判断一个正整数是否为质数（又叫素数），本来是一个非常简单的函数，但为了演示标号的作用域，我们将它弄得有点复杂。

函数 isprime 里，数值 2 和 3 是特殊处理的，因为它们是最小且连续的质数，可特殊处理以加快速度。在第一个 if 语句中，如果参数 n 的值大于 3，则跳转到标号 lb 处用整除法进行处理；否则该参数的值可能是 0、1、2 和 3，因为该参数的类型为 unsigned int，它不可能为负。return 语句的表达式 n == 2 || n == 3 将使得 n 的值不为 2 或者 3 时返回"假"，否则返回"真"。注意，运算符==的优先级高于||，故运算符||的操作数是 n == 2 和 n == 3 的值。

注意，虽然标号 lb 位于 goto 语句的下方，但它的作用域遍布那个函数的整个函数体，在它所在的那个函数体内，都可以用 goto 语句来引用它。

下面的标号语句由标号和 if 语句共同组成，它用变量 d 的值去除变量 n 的值，如果能除尽就说明变量 n 的值不是质数，直接返回"假"；否则递增变量 d 的值，并判断递增之后的值是否已经达到上限 maxd，如果尚未达到，就跳转到标号 lb 处继续用变量 d 的新值去除变量 n 的值；否则就退出 if 语句，而且意味着没有发生能够除尽的情况，所以后面的 return 语句直接返回"真"。

注意变量 d 的初值为 2，所以除数的范围是从 2 到 maxd（的值），1 就不用试了，1 可以除尽任何正整数。

9.1.2 文件作用域

在任何块和函数参数列表之外声明的标识符具有文件作用域。如下面的程序代码片段所示，标识符 t、c、f、st、Color、Red、Blue、Green、t1、t2、glob、fun1 和 fun2 都具有文件作用域。相反地，标识符 lpstr 和 ipara 位于函数的参数列表中，故不具有文件作用域；标识符 tmp 和 cl 是在一个块（函数体）内声明的，也不具有文件作用域。

```c
typedef struct t {char c; float f;} st;
enum Color {Red, Blue, Green,};

struct t t1;
st t2;
unsigned long long int glob = 1;

void fun1 (char * lpstr);
long fun2 (long ipara)
{
    long tmp = ipara;
    enum Color cl = Red;
    t1.c = 3;
    glob = 3;
    /* ...... */
}
```

要注意由花括号"{"和"}"围起来的并不都是块，块内可以有声明，可以有语句，但用于说明结构成员和枚举成员的那部分肯定不是块。

很多人习惯把文件作用域视为"全局"作用域，这是不那么准确的，因为"全局"容易被认为是整个源文件或者整个翻译单元，但具有文件作用域的标识符是向下（后）扩展的，其可见性延续到其所在翻译单元的末尾，在这个范围内的任何地方都可使用。相反，在它出现之前是不可见的。正因为这样，我们可以在函数 fun2 里为变量 glob 和 t1 的成员 c 赋值。注意，标识符 c 具有文件作用域，这使得它可以出现在函数 fun2 里，但它是结构的成员，只能通过运算符"."来引用。

9.1.3 块作用域

在块内声明的标识符，或者在一个函数定义（这意味着带有函数体）的参数列表中声明的标识符，都具有块作用域。在上面那个例子中，标识符 ipara、tmp 和 cl 都具有块作用域。

每个函数定义的函数体是一个块（很奇怪，函数的形参居然被视为在这个块内）；每个复合语句是一个块，如果复合语句是嵌套的，则将形成嵌套的块。

具有块作用域的标识符是向下（后）扩展的，其可见性延续到其直接所在的那个块的末尾，在这个范围内的任何地方都可使用。相反，在它出现之前是不可见的。

每个选择语句（if 语句或者 switch 语句）都在整体上形成一个块（属于包围它的块的子块）；每个选择语句的子语句也同样自成一个块（属于整个选择语句的子块）。

因为选择语句中的控制表达式可以包含具有副作用的复合字面值和类型声明，如果不对它们的作用域做出清晰的界定，则会造成一些混乱。从 C99 开始，明确地将整个选择语句及其子语句定义为块。

在下面的例子中，if 语句的控制表达式具有"声明了一个 struct t 类型"的效果[1]，但它的作用域在 C99 之前并不明确。

```
    struct t {float f;};                    //D1

    void which_t (void)
    {
       if (sizeof (struct t {int i;}) == 4)    //D2
       {
          struct t t0;        //本句中的 struct t 指的是 D2
          /* ...... */
       }

       struct t t1;         //分析本句中的 struct t 指的是 D1 还是 D2？
       /* ...... */
    }
```

在最后一个声明中，t1 的类型到底指的是 D1 还是 D2？通常情况下，人们更多地倾向于 D2，但反对的人也有其道理。毕竟，这缺乏一个明确的说法。但从 C99 开始，标准明确地将选择语句作为一个块。因此，离开了 if 语句之后，D2 不再可见。在 C99 中，上面的代码等效于：

```
    struct t {float f;};                    //D1

    void which_t (void)
    {
       {
          if (sizeof (struct t {int i;}) == 4)     //D2
```

---

[1] sizeof 运算符的操作数是一个类型名，但是我们在前面的章节里说过，无论什么时候，具有成员声明列表的结构或者联合指定符出现时，都将声明出一种新的结构或者联合类型。

```
        {
            struct t t0;
            /* ...... */
        }
    }
    struct t t1;            //从 C99 开始,这里的 struct t 指的是 D1
    /* ...... */
}
```

每个迭代语句(do、while、for 语句)都在整体上形成一个块(属于包围它的那个块的子块);每个迭代语句的循环体也同样自成一个块(属于整个迭代语句的子块)。

对此的解释和前面所说的选择语句一样。因为这个原因,迭代语句内声明的标识符在迭代语句外部是不可见的。在下例中,因为标识符 sum 在 for 语句内声明,所以离开 for 语句之后,它不再可见。

```
# include <stdio.h>

void f (void)
{
    /* 假定在此处看不到标识符 sum 的其他声明 */
    for (int i = 1, sum = 0; i <= 100; sum += i ++) ;
    printf ("%d\n", sum);    //非法
}
```

要解决这个问题,正确的代码如下。

```
# include <stdio.h>

void f (void)
{
    int sum = 0;
    for (int i = 1; i <= 100; sum += i ++) ;
    printf ("%d\n", sum);
}
```

9.1.4 函数原型作用域

在不带函数体的函数原型中,如果参数列表中声明了标识符,则这些标识符具有函数原型作用域。在前面(9.1.2)的代码中,标识符 lpstr 具有函数原型作用域。

具有函数原型作用域的标识符,其可见性延续到整个原型的结束。对于 lpstr 来说,其作用域结束于它后面的那个分号。

在下面的函数原型中,标识符 t、t1 和 t2 都具有函数原型作用域,它们的作用域都延伸到这一行末尾的分号。我们知道,结构或者联合成员列表的每一次出现,都会声明出新的结构或者联合类型,所以这里将首先声明了结构类型 struct t,然后又声明了这种结构类型的参数 t1,然后又声明了这种结构类型的参数 t2。但遗憾的是,在过了这一行末尾的分号之后,这三个标识符都不再可见,也不再有所谓的 struct t 类型。所以,这

里的问题是，函数原型作用域到底有什么用？

```
void f (struct t {char c; float f;} t1, struct t t2);
```

请看下面的例子，在这个程序中，函数 fmax 的定义位于 main 之后，但它需要在 main 函数里调用。那怎么办呢，这需要一个前置的、不带函数体的原型。在这个原型里，原则上只需要说明每个参数的类型即可，参数的名字不是必须的。当然，如果加上参数的名字可读性更好，但这里的名字和函数定义里的参数名可以不同，因为它仅仅是个说明。

在这个例子中，标识符 num1 和 num2 具有函数原型作用域，所以它们的可见性仅限于它所在的那个原型末尾，因为它们本来就没有什么太大作用。相反地，如果它们并不是具有函数原型作用域，那么它们的作用域能够延续到原型之外，这将引起混乱[②]。

```
/*************c0901.c***********/
# include <stdio.h>

int fmax (int num1, int num2);

int main (void)
{
    printf ("%d\n", fmax (5, 9));
}

int fmax (int a, int b)
{
    return a > b ? a : b;
}
```

9.1.5 作用域的重叠

以上我们认识了各种不同的作用域，要知道，不管标识符的作用域起始于何处，如果它们结束于同一个点，则它们具有相同的作用域。例如，在一个翻译单元内，具有文件作用域的标识符，其作用域都是相同的，因为它们的作用域都终止于当前翻译单元的末尾。再比如说，如果两个标识符分属于不同的块，虽然它们都具有块作用域，但这是两个不同的块作用域，所以它们的作用域并不相同。只有当多个标识符的作用域终止于同一个块的末尾时，才认为它们具有相同的（块）作用域。

如果两个标识符的作用域不同[③]，则它们可以具有相同的名字。在这种情况下，我们说这两个同名标识符的作用域是重叠的，该标识符在内层作用域里指示、代表某个实体（变量、函数等），而它在外层作用域里指示、代表另一个不同的实体，以上嵌套规则可以是递归的。

---

② 想想看，要是能够在程序的其它地方为这两个参数变量赋值，或者用它们做别的事，这多荒谬。
③ 不同意味着它们的作用域并非终止于同一个点。比如说，文件作用域的标识符 A 和块作用域的标识符 B，它们的作用域不同，但必然是部分重叠的；再比如，标识符 C 和 D 位于两个分离的块，它们的作用域不同且不是重叠的；再比如，标识符 E 和 F 位于嵌套的块，它们的作用域不同，但部分重叠。

在下面的实例中，D1 处声明了标识符 m，它具有文件作用域，其可见性一直延续到整个翻译单元的末尾；在 D2 处，for 语句内声明了标识符 m，它具有块作用域，因为 for 语句在整体上是一个块。这个 m 的作用域结束于 for 语句循环体的右花括号处，而且早于那个具有文件作用域的 m。所以，这两个 m 的作用域是重叠的，各自指示、代表不同的变量；在 D3 处，我们又声明了一个标识符 m，它具有块作用域，因为 for 语句的循环体也是一个独立的块。这个 m 的作用域结束于 for 语句循环体的右花括号处，表面上看其作用域的结束点和 D2 处的 m 相同，但 D2 处的 m 在外部块而 D3 处的 m 在内部块，内部块当然要提前结束于外部块。所以，D3 处的 m 和 D1、D2 处的 m 在作用域上是重叠的，各自指示、代表不同的变量。

```
/************c0902.c************/
# include <stdio.h>

int m = 33;                              //D1

int main (void)
{
   printf ("%d\n", m);                   //S1

   for (int m = 1; m < 10; m ++)         //D2
   {
      printf ("%5d\n", m);               //S2

      int m = 60;                        //D3
      printf ("%9d\n", m + 1);           //S3
   }

   printf ("%d\n", m);                   //S4
}
```

为了验证这三个标识符 m 对应于不同的变量，我们在程序中打印了它们的值。在 S1 处，因为看不到 D2 和 D3 处的 m，所以打印 D1 中那个 m 的值；在 S2 处，D2 中的 m 隐藏了 D1 中的 m，且看不见 D3 中的 m，故打印 D2 中那个 m 的值；在 S3 处，D3 中的 m 隐藏了 D1 和 D2 中的 m，故打印 D3 中那个 m 的值加 1 后的结果；在 S4 处，D2、D3 中的 m 早已过了其作用域，不再可见，所以 D1 中的 m 恢复了可见性，故打印 D1 中那个 m 的值。注意，为了增强观察效果，我们在打印数值时特意加上了缩进。

练习 9.1

为什么下面的程序是错的？应该怎么修改？

```
# include <stdio.h>
```

```
int main (void)
{
    float f = 1.0;
    printf ("%f\n", f);

    float f = 2.0;
    printf ("%f\n", f);
}
```

9.1.6 名字空间

原则上，具有相同作用域的标识符不得声明为相同的名字。在下面的示例中，结构类型 struct s2d 的声明中含有标识符 x 和 y，而结构类型 struct s3d 的声明中也含有标识符 x 和 y。根据我们学过的知识，这两个 x、y 的作用域相同，都具有文件作用域。

```
struct s2d {float x; float y;};
struct s3d {float x; float y; float z;};

int main (void)
{
    struct s2d d1;
    struct s3d d2;

    d1.x = 103.5f;
    d2.x = 117.9f;
}
```

这两个结构类型用于描述二维和三维的坐标系，用标识符"x""y"和"z"作为成员的名字比较符合习惯，毕竟数学课本里都是叫"x 轴""y 轴"和"z 轴"的。但是如果按照前面的讲解，这两个 x 和两个 y 因为作用域相同而且重名，所以非法。难不成我们只能将这两个结构类型的声明改成这样：

```
struct s2d {float x2; float y2;};
struct s3d {float x3; float y3; float z;};
```

这就强人所难，有点不讲理了，毕竟名字虽然相同，但人家属于不同的结构类型，这种事就没有管管吗？不用担心，原先示例是正确的，尽管 x 和 y 在同一个作用域里重名，但一点问题都没有，因为它们分属于不同的名字空间。

尽管不建议使用相同的标识符声明不同的变量和函数，但如果真的这么做了，应该怎么处理呢？这是语言本身需要关注的事情。例如，同样使用了相同的标识符，为什么下面的两个声明

```
int * a;            //D1
char a [22];        //D2
```

不能共存（使用了相同的标识符 a）？而这两个声明

```
    int * t;                        //D3
    struct t {int t; _Bool b;} m;   //D4
```

却能共存（使用了 3 个相同的标识符 t）？

答案就隐藏在使用它们的句法上下文。之所以 D1 和 D2 不能共存，是因为如果有一个声明

```
    long l = * a;
```

这里将无法区分 a 到底指示上述哪个变量，即无法确定是 D1 中的 a，还是 D2 中的 a，因为它们都允许出现在这里。相反，如果在程序中出现了表达式

```
    t = & m.t;
```

则可以很明确地区分出，第一个 t 是 D3 中的 t；第二个 t 是 D4 中的结构成员。

如以下代码所示，D3 中的标识符 a 指示在 D1 中声明的变量；D4 中的 a 和关键字 struct 连用，指示的是在 D2 中声明的结构类型；S1 中有两个 a，左边的 a 指示在 D1 中声明的变量，右边的 a 指示结构的成员，因为它是成员选择运算符.的右操作数。

```
    char * a = 0;                   //D1
    struct a {char a; _Bool b;};    //D2
    char * pa = a;                  //D3
    struct a b = {'x', 0};          //D4
    a = & b.a;                      //S1
```

通过以上的例子可以看出，在一个翻译单元里，可能有多个声明使用相同的标识符。当用到这个标识符时，如果它的多个声明在当前位置上都可见，那么该标识符对应于它的哪个声明，要靠它所在的句法上下文来辨别。每个标识符在声明之后，都属于以下 4 个名字空间（name spaces）之一，从它所在的句法上下文可以判断它所在的名字空间。

（1）标号名。标号名在声明和使用上非常独特，很容易区分。当 goto 后面跟一个标识符时，该标识符不可能代表一个变量；同样，在需要一个表达式的地方也不能出现标号名。

（2）结构、联合和枚举的标记。它们出现时，前面总会有 struct、union 或者 enum，因此很容易区分。

（3）每个结构类型的成员，或者每个联合类型的成员。**每个**结构或者联合类型都**各自**为其成员形成一个名字空间。区分它们的方法是看成员选择表达式的左操作数是谁。

（4）上述之外的其他标识符，称为普通标识符，也共同形成一个名字空间。所有被前面 3 个名字空间排除在外的标识符都属于这个名字空间。

基本规则：在翻译单元内的某个地点，如果能够同时看到多个同名的标识符，且它们分别指示不同的实体（变量、函数、标号等），则它们必须各自位于不同的名字空间。下面是一个典型的例子，D1 和 D2 中都声明了标识符 i，但都是作为普通标识符出现的，属于上述第 4 个名字空间，这是不允许的；在 D2 中，标识符 c 作为同一结构的成员出现（声明）了两次，而且都属于上述第 3 个名字空间，这是不允许的；D2 和 D3 都声明了标识符 t，它们同属于上述第 2 个名字空间，这也是不允许的。

```
int i;                          //D1
struct t {char c; int c;} i;    //D2
union t {int a; float f;} j;    //D3
```

如果标识符同名，但它们都分属于不同的名字空间，则是允许的，也是正当的、合法的。与上面的例子相比，下面的例子没有任何问题，任何一个 t 都能从上下文中判断它到底指代什么。

```
struct t {char t; _Bool b;};
struct s {char t; _Bool b;} s = {0, 1};
unsigned int t = s.t;
t:
printf ("%d\n", t);
if (t ++ != sizeof (struct t)) goto t;
```

看到上面这些声明，我知道很多人很不快活，他们认为一个合格的程序员不会写这种代码。好吧，我该怎么说呢？有些事可以不做，但不能不知道。你可以不知道，但是一个合格的 C 语言翻译软件不能不考虑万一有人写这种代码该怎么处理。特别是，下一个 C 翻译软件的作者很可能就是你。

练习 9.2

给定声明：

```
struct aka {char aka; float f;} aka;
```

这 3 个标识符 aka 为什么可以共存？

9.2 标识符的链接

对于一个大点的软件项目来说，分工协作是加快进度的不二之选，可以将整个程序分为逻辑上相关的部分，进而用独立的源文件和库来实现这些逻辑，最后由不同的人来负责编写它们。

然而，对于一个真正的软件开发项目来说，源文件和库之间不可能真正独立，因为它们之间可能需要使用同一个变量来互相通信，或者在一个源文件或者库里调用另一个源文件或者库里的函数。

大项目我没有，但是用一个小小的例子也能够说明问题。如表 9-1 所示，这个小程序由两个源文件 funs.c 和 myprog.c 组成。和从前一样，这个程序可以用下面的命令翻译为可执行文件：

gcc funs.c myprog.c

这里的重点是，在源文件 myprog.c 和 funs.c 里都想调用同一个函数 prnm，也都想访问同一个变量 gflg。但是我们知道，调用一个函数或者访问一个变量之前必须先要声明它，所以在源文件 myprog.c 里的 D8 处和源文件 funs.c 里的 D5 处都声明了标识符 prnm，它们代表同一个函数；在源文件 myprog.c 里的 D9 处和源文件 funs.c 里的 D1 处都声明了变量 gflg，它们实际上代表同一个变量。

问题在于，为什么这些声明不会在各自的源文件里代表独立的变量和函数，而是共同代表相同的变量和函数呢？答案是，这和标识符的链接属性有关。首先，同一个标识符可以多次声明，这些声明可以位于同一个源文件或者同一个库，或者位于多个源文件和库。如果想让它们代表同一个变量或者函数，则需要使用所谓的"链接"来达到这个目的。

除了作用域，每个标识符在声明时还有一个"链接"属性，且每个标识符属于以下三种链接属性之一：外部链接、内部链接和无链接。

表 9-1 组成一个程序的两个源文件（内容清单）

源文件 funs.c	源文件 myprog.c
`# include <stdio.h>`	`# include <stdio.h>`
`int gflg = 0;` //D1	`extern int prnm (int);` //D8
`static int gcnt = 0;` //D2	`extern int gflg;` //D9
`static int fsum (int n)` //D3	`int main (void)` //D10
`{`	`{`
`   int sum = 0;` //D4	`   gflg = 1;`
`   while (n) sum += n --;`	`   printf ("%d\n", prnm (6));`
`   return sum;`	`}`
`}`	
`int prnm (int m)` //D5	
`{`	
`   extern int gflg;` //D6	
`   extern int fsum (int);` //D7	
`   if (gflg)`	
`      printf ("%d\n", fsum (m));`	
`   return ++ gcnt;`	
`}`	

一个标识符在声明时具有哪种链接属性，可按照下面的方法进行界定。首先，如果一个代表变量或者函数的标识符具有文件作用域，且在它的声明中包含了存储类指定符 static，则该标识符是内部链接的。

在源文件 funs.c 里，D2 处声明的 gcnt 和 D3 处声明的 fsum 都是具有内部链接属性的标识符。在这里，"static"和马上就要讲到的"extern"都是 C 语言里的关键字，称为存储类指定符。当然，C 语言里的存储类指定符有好几个，我们慢慢认识。

其次，如果一个代表变量的标识符具有文件作用域，且在它的声明中不带任何存储类指定符，则该标识符是外部链接的。在源文件 funs.c 里，D1 处声明的 gflg 是具有外部链接属性的标识符。在源文件 myprog.c 中，D10 处声明的标识符 main 是外部链接的。

再次，如果一个标识符并不是被声明为变量或者函数，则它是无链接的。这就是说，像声明中的类型名（typedef 名）、结构标记这些东西都是无链接的。

第四，被声明为函数的参数的标识符也是无链接的。在源文件 funs.c 中，D3 处声明的函数参数 n 和 D5 处声明的函数参数 m 都是无链接的标识符。

第五，具有块作用域的标识符，被声明为变量且未使用存储类指定符 extern 的话，也是无链接的。在源文件 funs.c 中，D4 处声明的标识符 sum 是无链接的。

第六，如果一个标识符是用存储类指定符 extern 声明的，且在它声明的位置能看见另一个同名标识符的声明，则：如果先前那个声明是外部链接的，当前这个声明也是外部链接的；如果先前那个声明是内部链接的，当前这个声明也是内部链接的；如果先前那个声明是无链接的，当前这个声明是外部链接的。在源文件 funs.c 里，D6 处声明的标识符 gflg 是外部链接的，D7 处声明的标识符 fsum 是内部链接的，因为在这里能看到同样具有外部或者内部链接的声明 D1 和 D3。

实际上，D6 和 D7 处的声明完全是多余的，即使去掉这两行，也照样可以在后面的 if 语句里访问变量 gflg 并调用函数 fsum，因为 D1 和 D3 在当前位置是可见的。之所以要画蛇添足，完全是为了演示存储类指定符 extern 的作用。

第七，如果一个标识符是用存储类指定符 extern 声明的，且在它声明的位置看不到该标识符的其他声明，则该标识符是外部链接的。在源文件 myprog.c 里，D8 处的声明的标识符 prnm 和 D9 处声明的标识符 gflg 都是外部链接的。

需要注意的是，只有文件作用域的函数声明才允许使用存储类指定符 static。如果在一个函数的声明中未使用任何存储类指定符，则被视为使用了存储类指定符 extern。这意味着，D7 和 D8 处的函数声明可以省略存储类指定符 extern。事实上，这才符合我们平时的习惯。

我们知道，源文件经预处理之后就成了翻译单元。在组成一个程序的所有翻译单元和库里，那些具有外部链接的同名标识符都指示同一个变量或者函数。在上例中，D1 处的 gflg、D6 处的 gflg 和 D9 处的 gflg 都是具有外部链接的同名标识符，尽管它们位于不同的翻译单元，但却指示同一个变量；D5 处声明的 prnm 和 D8 处声明的 prnm 都是具有外部链接的同名标识符，尽管位于不同的翻译单元，但却指示同一个函数。

和外部链接的标识符不同，在一个翻译单元内部，那些具有内部链接的同名标识符都指示同一个变量或者函数。也就是说，内部链接的标识符无法跨越文件的界限来指示相同的变量或者函数。在上例中，D3 处的 fsum 和 D7 处的 fsum 位于同一个翻译单元，且指示同一个函数。在 D2 处声明了内部链接的标识符 gcnt，它只能和同一翻译单元内的同名标识符一起指示同一个变量（如果有的话）。

如果一个变量的声明能够导致 C 实现为它分配存储空间，则这个变量声明也是该变量的定义；如果一个函数的声明带有函数体，则这个函数的声明也是该函数的定义。不管是外部链接还是内部链接，既然多个同名的标识符都指示同一个变量或者函数，那么它应该有一个声明是定义，而其他声明都是纯引用。在上例中，标识符 gflg 在 D1 处的声明是变量的定义，而它在 D6 和 D9 中的声明都是纯引用；标识符 prnm 在 D5 处的声明是函数的定义，它在 D8 处的声明是纯引用；标识符 fsum 在 D3 处的声明是函数的定义，它在 D7 处的声明是纯引用。

最后，每个无链接的标识符都指示一个独立的实体。在源文件 funs.c 中，D3 处声明的参数 n、D4 处声明的变量 sum 和 D5 处声明的参数 m 都各自指示一个独立的变量。

练习 9.3

1. 在下例中，D1 中的标识符 g、D2 中的标识符 F、D3 中的标识符 g 和 D4 中的标识符 g 各具有什么样的链接属性，为什么？

```
# include <stdio.h>

static int g (int, int);           //D1

int main (void)
{
    typedef int F (int, int);      //D2
    F g;                           //D3
    return g (1, 1);
}

int g (int x, int y)               //D4
{
    return printf ("x = %d; y = %d\n", x, y);
}
```

2. 给定以下代码，请在括号内说明标识符的链接属性（内部链接填 i，外部链接填 e，无链接填 n）：

```
static char * f (void);     //f 是 (  )
char * f (void)             //f 是 (  )
{
/* …… */
}
char * g (void);            //g 是 (  )
void h (void);              //h 是 (  )
void l (void);              //l 是 (  )
extern void m (void);       //m 是 (  )
static void n (void);       //n 是 (  )
```

```
static int a;            //a 是（  ）
static int b;            //b 是（  ）
extern int b;            //b 是（  ）
int c;                   //c 是（  ）
```

9.3 进程和线程

通过外部链接或者内部链接，多个标识符可以指示同一个变量或者函数，这意味着一个变量要在程序内的不同部分共享。在 C 语言发明之初，程序的执行流程是单一线条的，程序启动后调用它的第一个函数（通常是 main 函数），然后依次调用其他函数。在这个过程中，就算是多个函数都会访问同一个变量，它们的访问也是依次进行的，没有竞争，也没有冲突。

然而，当多线程出现之后，程序的执行不再保证一定是单一流程的了。相反，程序中的某些部分可能是在同时执行。如此一来，当它们都访问同一个变量时，竞争和冲突也就不可避免地出现了。

在计算机中，进程是执行或者说运行中的程序，当操作系统加载并执行一个程序时，它就成了进程。当然，一个程序可以对应多个进程，因为可以重复加载和执行。举个例子，在 Windows 里，你可以多次启动计算器程序，计算器程序只有一个，但它会在 Windows 里生成多个同时运行的副本，每个副本都是一个进程。

在宿主式环境中，一个多任务的操作系统允许同时存在多个进程，这就是为什么你可以在 Windows 等操作系统里同时"开"很多程序，比如一边听音乐一边打字。如果你的计算机只有一个单核的处理器，那么所有进程必须轮流执行，看起来好像所有进程都在同时执行。

如果你的计算机有多个处理器，或者是多核处理器，那么，这些进程将会被指派到各个处理器或者核心上执行，如果进程较多而处理器或者核心较少，则进程将排队轮流在这些处理器或者核心上执行。

为了公平起见，进程可能会轮流执行，决定当前应该由哪个进程开始执行，这称为进程调度，是操作系统的任务。问题在于操作系统也只是一个特殊的进程，而处理器也只是光知道干活的傻子。当用户进程正在处理器上执行的时候，操作系统该如何介入呢？答案是利用一个无条件发生的硬件时钟中断来介入这个轮转过程，这种方式就是通常所说的抢占式多任务。当中断发生时，处理器会停下手头的任何工作，执行中断处理代码，而这个代码就是操作系统的调度代码。

每个进程都是一个独立的执行单位，有自己的代码、数据和执行状态。为了取指令和执行指令，处理器或者处理器的每个核心都会提供指令指针寄存器，其内容为将要执行的那条机器指令的地址。处理器用它取指令并执行指令，同时修正它的内容以指向下一条指令；为了访问数据（程序或者进程内的变量），处理器或者处理器的每个核心也要使用特定的寄存器来生成和计算它们的地址。除此之外，处理器或者核心会有大量的寄存器用于算术逻辑运算，并临时保存着最近一次运算后的结果。

当一个进程正在执行时，整个处理器或者核心的状态都是与该进程相关的，这些状态包括所有寄存器的内容。当进程被中止执行时，处理器将配合操作系统完成状态的保存工作，也就是将各个寄存器的内容保存起来以便将来恢复，这称为保护现场。

当进程恢复执行时，处理器配合操作系统，将该进程的状态恢复到各个寄存器，然后继续开始工作，就像它从来没有被中断过一样。

想象一下，在你放寒假时，学校接待了一批客人，并让某个人住在你的寝室里，但是在住进去之前，学校登记了你寝室原先的状态。在寒假结束时，那些客人走了，学校又将你的寝室恢复成原来的样子，包括床铺的位置、毛巾的位置，等等，就算是你走的时候毛巾搭在脸盆上而不是在绳子上，也将被记录并恢复，那么在你回校后，也将不会意识到假期还发生了这档子事。

对于绝大多数进程来说，它的工作无非就是输入、计算和输出。访问内存和算术逻辑操作对于处理器而言属于纯计算，处理器可以全速满负荷运行；而当输入和输出时，它需要等待慢速的外部设备完成操作。有些进程是计算密集型的，涉及很少的输入输出；有些进程则相反，大部分时间都处于等待状态。

举几个例子来说，字处理器软件并不是计算密集型的，它在大部分时间里都在等待按键和鼠标动作。在它空闲的这段时间里，完全可以转去执行另一个进程，比如转到一个正在压缩文件的进程里执行一会儿，然后再到音乐播放器进程里播放一下。由于进程切换和轮转的速度极快，你甚至感觉不到它的存在，也感觉不到音乐的停顿。当然，这个"极快"是以我们人类的视角来说的，对于处理器来说，进程切换是相当耗时的动作，即使很多处理器使用固件来完成这个切换动作，也需要很高的代价。要知道，几个微秒对于处理器来说是很长的一段时间。

进程是一个粗粒度的执行单位，对于单个进程而言，如果它是计算密集型的，而且系统内只有一个单核心的处理器，则没什么好说的；如果有多个处理器或者多个核心，而且这些计算过程可以拆分为多个并行的过程以加快速度，则它应该进行拆分并指派到不同的处理器或者核心上并行计算以加快速度。问题是，在单纯以进程为调度单位的计算机系统中无法做到这样的事。

另一方面，每个进程通常也有自己的计算过程和输入输出过程，进程间的调度可以降低因输入输出而造成的处理器空转，但在每个进程内部，输入输出的时候无法进行计算，计算的时候无法输入输出。如果进程是有界面的，用户可能无法在计算的时候刷新屏幕、对键盘或者鼠标做出响应，这种操作计算机的体验是十分糟糕的。

现在，互联网就是一切，支撑互联网运作的关键节点是大大小小的服务器。互联网用户通过浏览器或者其他客户端发出请求，远端的服务器接受请求，做内部处理，然后以处理后的结果响应请求。典型地，一个繁忙的服务器要在短时间内接受和响应成千上万的请求并进行处理。如果这些请求得不到及时的处理和响应，用户就得生气了。

在服务器这边，可以为每一个请求创建一个进程，但这种做法并不明智。为了支持进程间的调度，操作系统和处理器需要互相配合，在幕后做大量基础性的工作，包括记录进程的各种状态、维护进程的数据、打开的文件和设备、管理进程队列、按照一定的优先级策略调度进程的运行。因为这个原因，进程切换的代价是很大的，更何况是在成千上万的进程间轮转和切换（想象一下每年的双十一，购物网站要接待多少访问）。

为了改善进程执行的效率，可以在粗粒度的进程内创建多个线程。在这种情况下，进程就变成了一个线程的容器，线程取代进程，成了实际上的执行单位，而进程则用于提供线程执行的环境。进程之间是隔离的，没有多少可共享的东西，但线程则不然，组成同一个进程的各个线程共享同一进程内的代码、数据、文件、设备和状态。最重要的是，在同一个进程内的线程之间切换非常容易，其代价较之进程之间的切换要小得多。

大体上，线程在现实中有两种基本的实现方式，一种是用户态的线程，另一种是内核态的线程。所谓用户态的线程，是指操作系统不负责线程的创建和调度，它只负责创建进程和调度进程，在它那里没有线程的概念。在操作系统的调度下，一旦某个进程获得了执行权，则它可以做以下工作：创建线程、调度线程或者在某个线程内执行。

如果计算机系统只有一个单内核的处理器，则所有进程轮流使用这个处理器；而对于进程内的线程来说，它们也将轮流使用进程的处理器时间。如果计算机中有多个处理器或者多核处理器，则每个进程被调度到单个处理器或单个核心上。在这种情况下，进程内的用户态线程依然只能轮流使用单一处理器或者单一核心的时间片。

显然，在用户态线程的模型下，就算进程是计算密集型的，而且可以划分为几个部分同时执行然后将结果合并（例如把从 1 加到 1000 分成两个线程，一个从 1 加到 499，另一个从 500 加到 1000），你也不应该创建多个线程，因为这几个线程共享进程的时间片，线程切换也需要时间，还不如自始至终由单一的计算过程来完成更有效率；如果进程中有很多输入输出，则可以将输入输出和计算分别创建为线程轮流执行以提高效率和响应速度。

尽管用户态线程是由进程自己创建并管理线程，但这并不意味着这些工作必须彻头彻尾地由程序员自己写代码来完成。传统的 UNIX 和 Linux 操作系统支持用户态的线程，我们讲过 POSIX 标准，这个标准也对 UNIX 上的线程进行了定义。作为这种线程标准的实现，UNIX 和 Linux 提供了一个非常有名的库，称为 POSIX 标准线程库或者 PTHREAD 库。

PTHREAD 库是典型的用户态线程库，程序员可以使用它所定义的函数来创建和管理线程，但这一切都发生在当前进程内，负责线程管理和调度的库代码是进程自身的一部分，与底层的操作系统没有关系。

和用户态线程不同，内核态线程是由操作系统负责创建的，操作系统提供了线程创建和管理的系统调用，应用程序可通过这些函数创建线程。进程告诉操作系统说我要创建一个线程，于是操作系统在内部完成线程的创建工作；由于线程是由操作系统创建的，它也将负责这些线程的记录和调度工作。

也就是说，内核态线程由操作系统创建，由操作系统维护，由操作系统调度。在这种情况下，操作系统调度的基本单位是线程，而不是进程。因为这个原因，与用户态线程不同，内核态线程可以被指派到不同的处理器或者核心上，这是其最大的优点。每个线程都隶属于某个进程，在线程调度时，如果前一个线程和后一个线程隶属于同一个进程，这很方便，不需要进程切换；如果它们隶属于不同的进程，那么，也将发生进程切换。

显然，在内核态线程的模型下，如果进程是计算密集型的，而且可以划分为几个部分同时执行然后将结果合并（例如把从 1 加到 1000 分成两个线程，一个从 1 加到 499，另一个从 500 加到 1000），则应该创建多个线程来并行计算，因为这几个线程可以被指派到不同的处理器或者核心上并行完成；如果进程中有很多输入输出，则可以将输入输出和计算分别创建为线程轮流执行以提高效率和响应速度。

典型地，32 位和 64 位的 Windows 操作系统用的是内核态线程模型，这就是众所周知的所谓 WIN32 线程模型，以区别于 POSIX 线程模型。但事实上，我们可以在 Windows 上创建用户态线程——这是理所当然的，线程在进程内创建并由进程自己管理，与操作系统没有啥关系。在 Windows 里，可以使用函数 CreateThread 创建内核态线程，它位于动态链接库 kernel32.dll 中。当然，Windows 也提供了另外一些线程函数，用于调整线程的运行状态。顺便说一下，新版的 UNIX 和 Linux 也支持内核态线程模型，但它们的实现方式和 Windows 不太相同，类似于简化的进程。

9.3.1 创建 POSIX 线程

要想认识和了解线程，亲自写一个多线程的应用程序是最好的办法，不过我们最好先从传统的进程开始。下面这个简单的程序用于创建一个进程，它的功能是计算从整数 1 加到整数 N 的和，但我们还希望这个相加过程具有动态效果，也就是在屏幕上显示不断变化的中间结果，这样很好看，能让用户知道进程正在工作。和我们以前的程序相比，该程序在结构上并没有任何特殊的地方。

```
/***************c0903.c***************/
# define __USE_MINGW_ANSI_STDIO 1

# include <stdio.h>

void cusum (unsigned long long n)
{
    unsigned long long gsum = 0;

    while (n)
        printf ("\r%lld", gsum += n --);
}

int main (void)
{
    cusum (10000);
    printf ("\n");
}
```

整数的累加和中间结果的打印工作由函数 cusum 完成，在该函数内，表达式 printf ("\r%lld", gsum += n --) 完成三个工作：计算表达式 gsum += n -- 的值，这个值是左值 gsum 被赋值之后的新值；打印这个值；发起修改变量 gsum 和 n 的存储值的副作用。

会不会发生这种情况：对表达式 gsum += n -- 的求值还没完成，就开始进入 printf 函数执行了？不会的，C 语言明确规定，在实参求值完毕之后才能开始实际的函数调用，而且它们之间有一个序列点。换句话说，在进入 printf 函数内部执行前，变量 gsum 和 n 的存储值已经被修改为新值，而且表达式 gsum += n -- 的值已经计算完毕。

注意，在 printf 函数的转换模板参数里使用了脱转字符\r，C 语言规定其显示语义为将显示位置移动到当前行的行首。这样一来，就可以在同一行上重复显示不同的内容。

我们知道，程序无非就是由可执行的代码和代码所操作的数据组成。而对于一个执行中的进程来说，它包含一个代码区，每个进程都有可执行的代码，这是显而易见的。另外，进程还会有数据区，存放着进程代码执行时要用到的数据。然而，并不是写程序时声明的所有变量都会被放在数据区中，只有那些生存期和进程的生存期一样长的变量才会被放在这个区中。典型地，在上例中，由字面串"\r%lld"和"\n"生成的数组会被放在这个区中，因为它们是在程序启动（创建并初始化进程）时创建，并持续到程序终止（main 函数返回，进程结束）。另外，那些具有外部或者内部链接的标识符所指示的变量也位于这个区中，因为这些变量的生存期也是贯穿程序（进程）的整个运行过程的。

那么，那些无链接的标识符所指示的变量会放在哪里呢？根据前面的讲述，它们包括函数的参数，以及大多数在块（特别地，函数体也是一个块）内声明的变量。当程序的执行进入变量所直接隶属的块时，它们被创建；当程序的执行离开它们直接隶属的块时，这些变量被销毁。因为这个原因，这些变量被安排在一个特殊的地方，称为栈区，而且每个进程都有自己的栈区。

用 C 语言编写的程序在运行时总是先调用 main 函数，main 函数又会调用其他函数，这将形成一个调用链。最终，这些调用过程又会按照原先的轨迹返回，最终回到 main 函数，当 main 函数返回时，整个程序的运行也就结束了。

在调用函数时，传统的做法是把传入的参数存入栈中，人们习惯上称这个动作为"压栈"。进入被调用函数执行时，可以从栈中取得这些参数。在 16 和 32 位的计算机系统上，参数通常是用栈来传递的，如果需要，较少的参数可以通过寄存器传递。在现如今的 64 位计算机上，要求参数必须通过指定寄存器传送。如果参数太多，后面的参数可通过栈传递。

假定所有的参数都必须通过栈来传递，如图 9-1（a）所示，当程序启动时，栈区为空。如图 9-1（b）所示，当启动代码调用 main 函数时，要先将传递给参数 argc 和 argv 的值压栈，这就是所谓的"创建了形参变量 argc 和 argv 并将实参的值传递给它们"。另外，main 函数的返回地址也要压入栈中，这个返回地址是（函数调用指令的）下一条指令的地址，函数之所以能够返回到调用者，就是因为栈中压入了这个返回地址，不然它就迷失了方向。

有两个非常重要的问题，一是压栈时，如何知道应当压在哪里；二是如何在函数内访问到参数、返回地址和变量。这个很简单，每个程序都配备了一个栈指针，它总是指向"栈顶"，下一次压栈时，要以这个位置为基准。图 9-1 用于演示栈中内容的动态变化，每幅小图左侧的箭头就代表着栈指针。栈指针用来跟踪和定位栈内压入的参数和变量，栈顶以下的空间尽管也是物理上存在的内存空间，但它的内容是废弃的、无用的、无效的。另一方面，程序是由 C 实现翻译的，压栈的指令和访问栈内数据的指令都由它生成，所以每个参数和每个变量相对于栈指针的位置，它是清楚的。

　　基于相同的原理，如图 9-1（c）所示，当我们在 main 函数内调用函数 cusum 时，将向下移动栈指针，然后压入参数 10000，以及该函数的返回地址，不然它就没办法返回了。压入参数 10000 就等于开辟了一个存储区域并将其内容设置为 10000，而这个存储区域就等同于变量 n，这就是所谓的"创建了参数变量 n 并将 10000 赋给它"。

　　在程序的执行进入函数 cusum 内部时，将压入函数内的变量 gsum 和其他内容。这些未知的内容由 C 实现决定，用于定位栈内的参数和变量。

　　紧接着，在函数 cusum 内调用了库函数 printf，为了在 printf 函数内部访问到传入的参数并能够顺利返回到 cusum 函数继续执行，如图 9-1（d）所示，这将压入表达式"\r%lld"和 gsum += n -- 的值，以及 printf 函数的返回地址。注意,"\r%lld"是一个字面串，是一个数组类型的表达式，在这里会被转换为指向其首元素的指针，这里压入的并不是整个数组，而是指针，数组本身位于数据区。在进入 printf 函数后，还可能压入别的内容，但具体是什么就不清楚了，因为它是库函数，是怎么编写的我们不知道。

　　对于栈的使用来说，最基本最重要的原则是保持栈平衡。也就是说，当函数返回之后，栈指针应当指向函数调用前的位置。也就是说，当函数 printf 返回后，栈内的布局应当恢复到图 9-1（e）所示的状态，也就是调用 printf 函数前的状态，即图 9-1（c）。需要特别指出的是，在函数 printf 内还可能调用其他函数，栈指针也将继续向下移动，但无论如何，当函数返回时，栈指针应恢复到调用前的原状，即保持栈平衡。

　　回到程序中，因为要在 while 语句中多次调用 printf 函数，所以栈的状态是从图 9-1（c）变到图 9-1（d）再变到图 9-1（e），然后再回到图 9-1（c），就这样循环往复地变化着，直至退出 while 语句。

　　一旦退出 while 语句，也将立即从 cusum 函数返回到 main 函数，于是栈的状态将从图 9-1（e）变到图 9-1（f）。回到 main 函数后，又将调用 printf 函数以打印一个换行字符，于是栈的状态变成图 9-1（g）。

　　从 printf 函数返回后，程序继续在 main 函数内执行，而栈也将回到图 9-1（h）所示的状态。最后，main 函数返回，程序终止，包括栈在内的一切都将被操作系统清理并做为可重新分配的资源回收。

　　我们注意到，上述程序既要计算累加和，又要调用 printf 函数将它打印在屏幕上。也就是说，它既有计算又有输出，但是输出过程拖累了计算过程，因为输出很慢。取决于计算机的硬件配备，如果这个程序运行时间很短，你可以把传递给 cusum 函数的值从 10000 改成 100000 或者更大的数字；如果运行时间太长，你可以减小这个数字。但是，依据经验，如果这个数字是 1000000000，程序可能不会在短时间内停下来。

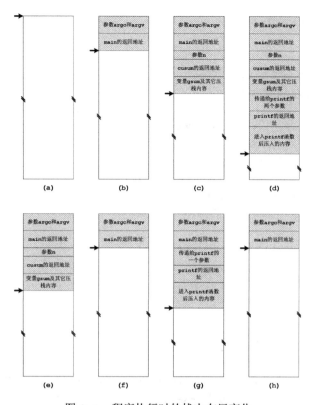

图 9-1　程序执行时的栈内布局变化

那么，如果我们将"累加"和"打印"功能分开为两个相互独立的线程，会怎样呢？如下面的程序所示，实际运行一下就知道了。

```
/********************c0904.c********************/
# define __USE_MINGW_ANSI_STDIO 1

# include <stdio.h>
# include <pthread.h>

unsigned long long gsum = 0;
_Bool isfinisum = 0;

void * cusum_thrd (void * parg)
{
    while (* (unsigned long long *) parg)
        gsum += (* (unsigned long long *) parg) --;

    isfinisum = 1;

    return NULL;
}
```

```c
int main (void)
{
    pthread_attr_t attr;
    pthread_attr_init (& attr);
    pthread_attr_setdetachstate (& attr,\
                                 PTHREAD_CREATE_DETACHED);

    pthread_t thrd;
    unsigned long long m = 1000000000;

    if (pthread_create (& thrd, & attr, cusum_thrd, & m) != 0)
        return printf ("Fail to create thread.\n");

    pthread_attr_destroy (& attr);

    while (isfinisum == 0)
        printf ("\r%lld", gsum);

    printf ("\r%lld\n", gsum);
}
```

首先要说明的是，在 C 语言发明的时候，线程还没有流行。虽然在之后的岁月里线程变成了重要的东西，但 C 语言并没有为它增加什么。这也难怪，C 语言和函数库及操作系统有紧密的联系，线程可以通过库和操作系统来实现。

为了在 UNIX 和 Linux 上实现线程，C 语言一直用的是 POSIX 线程库 PTHREAD，库代码通常位于静态库 libpthread.a 或者动态库 libpthread.so。为了方便程序员访问库中的类型、变量和函数，它还包括一个头文件 <pthread.h>。非常幸运的是，Windows 下的 GCC 移植了这个库，所以你也可以在 Windows 下用它创建和管理线程。

不过话又说回来了，PTHREAD 毕竟不是 C 标准库的一部分，所以在某些平台上编写 C 程序时，你可能无法使用它。好在 2011 年制定的 C11 标准（ISO/IEC 9899:2011）弥补了这一缺憾，它在 C 标准库里增加了多线程支持，并引入了 C 标准库自己的头文件 <threads.h>。然而这并不是强制性的，标准并不要求 C 实现必须提供这个头文件，也不要求必须实现它所要求的特性。

在这本书写作的时候，C 标准库的多线程功能仍然是无法使用的，所以我们只能退而求其次，使用 PTHREAD，这将使得我们的程序既可以在 Linux 上翻译和运行，也能够在 Windows 上翻译和运行。

在 main 函数内，我们首先声明了一个 pthread_attr_t 类型的变量 attr，它用于指定线程的各种属性，比如优先级和线程运行时的状态。理论上和原则上，优先级高的线程有更多的执行机会。pthread_attr_t 是一种结构类型的别名，这种结构类型的成员用于容纳提供给线程的属性值。

紧接着，函数调用 pthread_attr_init (& attr) 用于初始化结构变量 attr，这将为结构 attr 的成员设置默认值。换句话说，当线程创建后，它具有默认的属性。函数

pthread_attr_init 是在头文件<pthread.h>中声明的，其原型为：

　　int pthread_attr_init (pthread_attr_t * attr);

参数 attr 是指向 pthread_attr_t 类型的指针，该函数通过这个指针找到变量并初始化它的成员。如果该函数执行成功则返回 0，否则返回一个错误代码，这是一个用非 0 整数值表示的出错原因。

如果某个属性的默认值不符合要求，你可以单独、明确地重新设置它。比如 POSIX 线程大体上分为两种，一种是结合线程，一种是分离线程。结合线程的特点是可以在其他线程内用 pthread_join 函数来等待它结束运行，然后清理它并返回其状态（返回值）；分离线程则独立自主地运行直至结束，由系统负责清理它。因为这个原因，我们无法在其他线程内获得分离线程的状态（返回值）。

默认状态下，函数 pthread_attr_init 将线程的属性设置为结合线程。但眼下我们需要创建一个分离线程，故在程序中用 pthread_attr_setdetachstate 函数将其明确设置为分离线程。该函数是在头文件<pthread.h>中声明的，其原型为：

　　int pthread_attr_setdetachstate (pthread_attr_t * *attr*, int *detachstate*);

这里，参数 attr 是一个指针，指向一个 pthread_attr_t 类型的变量；参数 detachstate 用于指定一个线程类型，用 int 类型的数值来表示。在程序中，我们指定的是 PTHREAD_CREATE_DETACHED，这是一个宏，意思为创建分离线程，它在头文件<pthread.h>中是这样定义的（在我的机器上）：

　　#define PTHREAD_CREATE_DETACHED 0x04

每个线程都有一个标识，就像人的身份证号，不同的线程有不同的线程标识。当线程创建成功后，将返回它的标识。在线程创建之后，可以用这个标识来管理线程。为此，我们必须在线程创建之前声明一个变量来保存线程标识。

线程标识的类型是 pthread_t，是在头文件<pthread.h>内定义的，取决于不同平台上的 C 实现，它可能是某个整数类型或者某个结构类型的别名。无论如何，我们只需要使用这种类型即可，所以在程序中声明了 pthread_t 类型的变量 thrd。

一切准备停当，接下来就是创建线程了，这要使用 pthread_create 函数，它是在头文件<pthread.h>中声明的，其原型为：

　　int pthread_create (pthread_t * *th*, const pthread_attr_t * *attr*, void * (* *func*) (void *), void * *arg*);

这里，参数 th 是指向 pthread_t 类型的指针，当线程创建成功后，将把该线程的标识保存到该指针所指向的变量中。在程序里，我们为该参数传递的是表达式& thrd 的值，而在此之前我们将 thrd 声明为 pthread_t 类型的变量。

参数 attr 是指向 const pthread_attr_t 类型的指针，用于提供线程的属性。在程序中，我们是将变量 attr 的地址传递给这个参数。如果给此参数传递 NULL，则将用默认的属性来创建线程。

参数 func 是一个指向函数的指针，这样的声明我们已经讲过，相信你还知道如何去解读它。因为括号的关系，func 是一个指针（*），然后，向右看，它指向一个函数，该函数接受一个 void *类型的参数，再向左看，其返回类型为 void *。实际上，如果用下面的方法来声明 pthread_create 函数可能更直观些：

```
typedef void * F (void *);
int pthread_create (pthread_t * th, const pthread_attr_t * attr, F * func, void * arg);
```

如此一来，标识符 F 被定义为函数类型（参数和返回值的类型都是 void *），而参数 func 是指向类型 F 的指针。

显然，这是把一个函数（的地址）指定为线程的入口，而且该函数的参数和返回值的类型都是 void*。在程序中，我们传入的参数是 cusum_thrd，这是一个函数指示符，它将自动转换为指向函数的指针，在本程序的开头有该函数的定义。

可以在线程创建时为它传递一个参数，这里的形参 arg 就用来接受这个参数。因为无法预知参数的类型，所以它被规定为指向 void 的指针。如果不想传递任何参数，可以为它传递 NULL 值。在程序里，我们传递的是变量 m 的地址，进入线程后，可以通过这个指针访问到该变量的值。

如果线程创建成功，则该函数返回 0，否则返回错误代码。如果没有特殊的指定，线程在创建成功后立即开始运行。在程序中，我们用 if 语句判断线程是否创建成功，如果创建失败，则打印一行错误信息，然后结束程序。注意，return 语句返回的是 printf 的返回值（函数调用表达式的值），这是为了图省事，只要 main 函数的返回值不为 0 就行。

结构变量 attr 的成员用于指定线程属性，当线程创建之后，它的任务就完成了，应该用 pthread_attr_destroy 来将其成员设置为无效值，除非重新初始化，否则不能再用。该函数是在头文件<pthread.h>中声明的，其原型为：

```
int pthread_attr_destroy (pthread_attr_t * attr);
```

这里，形参 attr 指向先前已经被初始化过的结构变量。如果函数执行成功将返回 0 值，否则返回一个错误代码。

现在，我们来看看这个线程都做些什么。回到程序开头去观察 cusum_thrd 函数，它用于完成整数的累加过程，也就是从整数 1 累加到整数 N，但这个 N 是在线程创建的时候通过参数 parg 传入的。尽管 parg 的类型是指向 void 的指针，但我们知道它的值实际上是指向一个 unsigned long long int 类型的变量。

接下来的 while 语句看起来很复杂，但实际上很简单，如果我把它写成这样你就很容易明白了：

```
unsigned long long nmax = * (unsigned long long *) parg;
while (nmax)
    gsum += nmax --;
```

在第一行的声明中，参数变量 parg 进行左值转换，得到指针类型的值；转型表达式 (unsigned long long *) parg 将参数变量 parg 的值转换为指向 unsigned long long int 类型的指针（值）；然后，一元运算符*作用于该指针，得到一个指示变量的左值。也就是说，表达式* (unsigned long long *) parg 是一个左值，而且我们也知道，它指示 main 函数内的变量 m；最后，左值* (unsigned long long *) parg 要进行左值转换，得到它所指示的那个变量（m）的值，并用于初始化变量 nmax。

这里的关键之处在于，表达式* (unsigned long long *) parg 是一个左值。所以下面是另一种能让你明白的写法：

```
# define nmax (* (unsigned long long *) parg)
while (nmax)
    gsum += nmax --;
```

另一个需要说明的地方是变量 gsum 并非在函数 cusum_thrd 内声明，而是在函数外声明的。这么做的原因很简单：如果将它声明在函数内部，则它仅在函数内部可见，但我们还想在另一个线程内打印该变量（不断变化）的值来显示动态效果。如果将它声明在函数之外，则标识符 gsum 将具有文件作用域，能够在它之后的任何位置访问。

继续来看程序，一旦完成了累加过程，当函数返回（线程结束）时，要将变量 isfinisum 的值修改为 1。该变量也是在函数之外声明的，它是一个标志，用来通知其他线程，告诉它累加过程已经结束，这就是为什么也将它声明在函数之外的原因。

按道理，接下来我们应该创建另一个线程，但对于我们当前要完成的工作而言，这是不必要的，原因很简单：对现代操作系统而言，每当一个 C 程序启动时，它将自动创建一个线程，该线程的入口点是 main 函数。这就是说，从本书一开始，我们编写的每一个程序在运行时，都会将 main 函数创建为一个线程，只是我们不知道。

如此说来，我们是在 main 线程里创建了 cusum_thrd 线程。来看 main 函数，当函数 pthread_create 返回时，它所创建的线程已经开始工作，累加过程已经开始。现在该轮到 main 函数，不，main 线程工作了，它的任务是打印实时的累加值，为此使用了一个 while 语句。

在 while 语句里，要判断变量 isfinisum 的值是否为 0，如果为 0，表明另一个线程还在卖力地累加，应当执行循环体，把累加的结果打印出来；如果不为 0，则表明另一个线程已经完成了累加工作，打印过程也可以结束了。

问题在于，退出 while 语句后，还需要再打印一次变量 gsum 的值，这是为什么呢？请考虑一下，尽管 main 线程打印的内容是不断变化的，但当它停下来时，打印的结果应该是正确的，是最终的累加值。如何保证这一点呢？仅靠 while 语句无法保证，线程是同时在运行的，如果 main 线程最近一次打印时，cusum_thrd 线程还没有完成累加（所以打印的并不是最终结果），那么，当 main 线程再次打印时，累加过程可能已经结束并且变量 isfinisum 的值已经是 1，它将什么也不做直接退出 while 循环。因此，安全的做法是在发现变量 isfinisum 的值变成 1 之后再补充打印一次。

需要说明的是，线程 main 的打印是粗粒度的，它不会，也不可能打印累加过程中的每一个中间结果。但是这没有什么关系，我们只是希望能看到一个动态效果。

现在，我们可以翻译并执行这个程序，来展示多线程的威力。假定源文件的名字是 mthrda.c，不管是在 Linux 还是在 Windows 上，你都可以使用下面的命令来完成翻译过程：

```
gcc mthrda.c -lpthread
```

翻译选项-lpthread是必须的,因为我们用的不是C标准库,而是POSIX线程库,所以要用-l选项来加入并链接到这个库(libpthread.a)。

如果调用pthread_create函数时第二个参数的值是NULL,则你必须用别的办法来将线程设置为分离状态,下面就是一个例子,它是以上程序的另一个版本:

```c
/*****************c0905.c****************/
# define __USE_MINGW_ANSI_STDIO 1

# include <stdio.h>
# include <pthread.h>

unsigned long long gsum = 0;
_Bool isfinisum = 0;

void * cusum_thrd (void * parg)
{
    pthread_detach (pthread_self ());

    while (* (unsigned long long *) parg)
        gsum += (* (unsigned long long *) parg) --;

    isfinisum = 1;

    return NULL;
}

int main (void)
{
    pthread_t thrd;
    unsigned long long m = 1000000000;

    if (pthread_create (& thrd, NULL, cusum_thrd, & m) != 0)
        return printf ("Fail to create thread.\n");

    while (isfinisum == 0)
        printf ("\r%lld", gsum);

    printf ("\r%lld\n", gsum);
}
```

显然,我们这次没有声明pthread_attr_t类型的变量attr,在创建线程时也没有传入这样的参数。为了将线程设置为分离状态,函数cusum_thrd里出现了这样一行(语句):

```c
pthread_detach (pthread_self ());
```

函数 pthread_detach 用于分离一个线程，它要求一个线程标识作为参数；函数 pthread_self 用于得到当前它所在的那个线程的标识。我们说过，函数调用时，实际参数的求值要先于实际的函数调用过程，所以这里是先调用函数 pthread_self，然后用它的返回值调用函数 pthread_detach。这两个函数都是在头文件<pthread.h>里声明的，其原型分别为：

```
int pthread_detach (pthread_t thread);
pthread_t pthread_self (void);
```

练习 9.4

如果将变量 gsum 的声明移到函数 cusum_thrd 里，这个程序在运行时会在屏幕上打印什么？为什么？上机试一下。

9.3.2 线程同步

在上面的程序中，变量 gsum 和 isfinisum 是两个线程共享共用的。一个很自然的问题是，两个线程同时运行时，访问同一个变量会有冲突吗？

这是极有可能的，多个线程同时访问一个变量，不但有可能发生冲突，还可能会破坏数据的一致性和完整性。所谓数据的一致性，举个例子来说，账户里原先有 2,000,200 块钱，线程 A 往账户里存 500 块钱；线程 B 从账户里取 200 块钱，不管这两个线程谁先操作，当它们都完成时，账户里的余额应该是 2,000,500 块钱。

然而，如果不仔细调节线程的执行过程，账户里的钱就会不翼而飞。假定账户是一个变量 acco，那么，线程 A 的操作是 acco += 500 而线程 B 的操作是 acco -= 200。尽管表达式 acco += 500 很简单，但它在处理器上执行时，实际上分为三个操作：读变量的值；将读到的值加上 500；将新值写入变量。这三个操作中的每一个都已经是最简单的操作，不可再分，称为原子操作。对于处理器来说，原子操作在执行时不被打断，不管有多么紧急的情况，处理器也得一次性完成原子操作后再去处理。

对于表达式 acco -= 200 来说，也分为三个原子操作：读变量的值；将读到的值减去 200；将新值写入变量，这三个也都是原子操作。

针对同一个变量的原子操作可能会有冲突，如果它们分属于多个线程的话。如果这两个线程运行在单一内核的处理器上，它们是轮流执行，共享进程时间片的，分属于两个线程的原子操作即使是针对同一个变量，也不会冲突；如果这两个线程运行在各自的处理器上或者一个处理器的不同核心上，则它们是并行执行的，针对同一个变量的两个原子操作极有可能发生冲突。在这种情况下，要由处理器或者核心之间进行协商以解决谁先谁后的问题，但这并不是多大的事情，线程调度和处理器固件本身就能很好地加以解决，我们所关心的是另一个更严重的问题。

原子操作本身不受打断，但原子操作之间的顺序非常关键，特别是在多线程的情况下。如图 9-2 所示，假定线程 A 先执行，它先读取变量 acco 的值，还没来得及加上 500 并写回变量，就切换到线程 B 执行了。

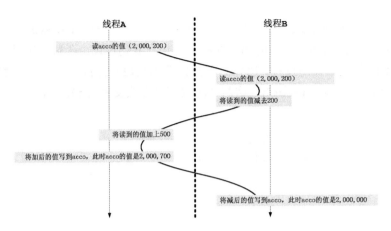

图 9-2 多线程时，非原子操作之间的冲突

线程 B 也读取变量 acco 的值，并将它减去 200，相减的结果是 2,000,000。不过还没等它将这个值写回变量，就切换回线程 A 执行了。

在线程 A，将上次读到的值加上 500。因为上次读取的值是 2,000,200，所以相加的结果是 2,000,700。线程 A 把这个值写入变量 acco 之后，又切换回线程 B 执行。

线程 B 执行，它把上一次相减的结果 2,000,000 写入变量 acco，覆盖了线程 A 写入的 2,000,700。此时，两个线程都完成了它们的工作，变量 acco 的最终结果是 2,000,000，但显然是错误的（下次客户到银行来会不会跳脚？）。

回到前面的程序，你可能会说，虽然 main 线程和 cusum_thrd 线程共享共用变量 gsum 和 isfinisum，但修改操作只在一个线程内进行，不会发生变量的值被不同线程相互覆盖的事情，所以这里不存在数据不一致的问题。

仅就前面的程序本身而言，这可能是对的。因为，对 long long int 类型的变量来说，现今的处理器基本上都能保证对它的写操作是原子的，更不用说长度小得多的 _Bool 类型了。换句话说，写入变量 isfinisum 和 gsum 的操作都是原子操作，不会发生写到一半就被打断的事情。它不写便罢，只要它写了，读到的数据就一定是正确的、完整的。另一方面，在 main 线程内仅仅是为了取得动态效果，对打印的内容是否正确不做过多要求，只要它最后一次打印的结果是正确的，这就行了。

但是，如果写入的数据量很大，无法保证用一个原子操作就能完成，而且要求读取的数据必须是正确的、完整的，刚才那种想法和做法就成了问题。举个例子来说，如果想计算从 1 加到 10,000,000,000,000,000,000 的和，long long int 类型也是不够的，在这种情况下，有些人会想到用数组来模拟大整数运算。问题是，每一次累加之后，要想把本次累加的结果写到数组中，就不是一个原子操作就能完成的，因为它涉及写入多个数组元素，尽管写入单个数组元素可能是原子操作。如果线程 A 正在写入数组，刚写完下标为 0 的元素，线程 B 就开始来读这个数组，那它读取的数据是不完整的。如果线程 B 对数据的正确性要求很高，则这是不能接受的。

同样的事情发生在 WEB 服务器上，服务器内的线程会响应用户的请求并把网页发往用户的浏览器。如果某个网页会被频繁地访问，而且它的内容在几天或者数周内不会变化，相对于每次都从硬盘上读取或者每次都临时生成，生产网页的线程会缓存这个页面以加快服务器的响应速度，也就是创建一个静态的副本放在内存中，处理用户请求的线程可以从缓存中读取页面内容并发送给用户。

然而，一旦网页的内容发生了变化，它需要重新缓存以便让用户看到更新后的内容。如果生产网页的线程刚刚更新了一部分缓存内容，读取网页的线程就把它发送到用户，在用户的浏览器上将出现错误的页面。

一个线程写，多个线程读都能出现问题，多个线程都写就更不用说了，下面就是一个例子。原先我们用一个线程来计算从 1 加到 N 的和，掌握了多线程之后，有的人说了，兄台！这样太慢了，让在下来帮你整几个线程加快一下速度！于是他们写出了下面的程序。

```c
/*******************c0906.c*******************/
# define __USE_MINGW_ANSI_STDIO 1

# include <stdio.h>
# include <pthread.h>

unsigned long long n = 1, gsum = 0;

void * thrd_proc (void * parg)
{
   while (n <= 100000000) gsum += n ++;

   return NULL;
}

int main (void)
{
   # define THRD_NUM 5

   pthread_t thrd [THRD_NUM];

   for (signed m = 0; m < THRD_NUM; m ++)
      if (pthread_create (& thrd [m], NULL, thrd_proc, NULL) != 0)
         return printf ("Fail to create thread #%d.\n", m);

   for (signed m = 0; m < THRD_NUM; m ++)
      if (pthread_join (thrd [m], NULL) != 0)
         printf ("Join to thread #%d failed.\n", m);

   printf ("%lld\n", gsum);
}
```

在程序的开头，我们声明了变量 n 和 gsum，它们为所有线程共用。函数 thrd_proc 将被创建为多个线程，从它的函数体就可以知道变量 n 和 gsum 的作用：所有线程都是先读取变量 n 的值，增 1 后累加到 gsum，同时将增 1 后的新值写回变量 n。说实话，这是非常令人担心的做法，因为有多个线程同时读取和写入这两个变量，能不能累加出正确的结果很难说，但不试试怎么知道。

在 main 函数里，我们准备创建 5 个线程来一起做累加工作。这个整型常量 5 要在下面的代码中多次使用，为方便起见，将它定义为一个宏 THRD_NUM。同时，为了保存所有线程的标识，我们还声明了一个 pthread_t 类型的数组 thrd。

创建线程的工作是在一个循环中进行的，因为我们要创建 5 个一模一样的线程，所以使用了 for 语句。如果有任何一个线程创建失败，我们将打印一行错误消息然后结束整个程序。

很明显地，这几个线程都对应着同一个函数 thrd_proc。如果每个线程都对应着各自独立的函数，这还容易理解；如果它们都对应着同一个函数，初学者可能难以接受，因为线程是同时执行的，他们觉得这有点像两个双胞胎走进了同一间屋子，无法把他们干的事情区分开来。

在计算机中，函数并不是什么特殊的东西，它只是一个代码块。函数可以被多次调用，但是这一次调用和下一次调用有什么不同呢？没有什么不同。如果非要说有什么不同的话，那就是每次调用时都会在栈中留下痕迹，都会在栈中压入参数、返回地址和函数内的变量，当函数正在执行时，这就是它被调用的记录，而且是栈中的记录，我们称之为栈帧。即使是两个线程同时调用同一个函数，如果它们使用自己独立的指令指针来取指令和执行指令，用自己的独立栈来记录执行过程，就很容易区分开了。

事实上，当一个线程在处理器或者核心上执行的时候，整个处理器或者核心都为它所用，所以每个线程都有一个独立的状态区域用以保存处理器的内容（包括指令指针寄存器的内容）；每个线程还必须有各自独立的栈。

想象一下，如果是在课堂上，老师在黑板上给出了解题步骤，这相当于函数。所有同学都用自己的草稿纸，按照黑板上的步骤解题。每个人都用自己的眼睛观察每一个步骤，这相当于用指令指针取指令，而每个人的草稿纸就是栈。这里的关键是每人都有自己的眼睛和草稿纸，如果大家共用一双眼睛和同一张草稿纸，那就乱了套。

如果没有特别的指定，线程创建后立即开始执行。除非指定线程为分离的，否则它默认是结合的。创建一个结合线程的原因是我们可能需要等待它运行结束（才能进行下一步的操作），或者获取它的返回值（如果需要的话）。所以，即使一个结合线程已经结束运行，它也不能立即销毁，因为别的线程还需要通过一个函数来确认它已经结束并获取它的返回值，这个函数就是 pthread_join，是在头文件<pthread.h>中声明的，其原型为：

    int pthread_join (pthread_t *thread*, void * * *value_ptr*);

此函数将暂停当前线程的执行（称为挂起）并等待目标线程执行结束，但前提是那个线程是可结合的而不是分离的。在这里，参数 thread 用于指定目标线程。如果目标线程已经结束，则此函数将立即返回。如果没有这个函数，一个线程要同步和等待其他线程结束需要编写相对复杂的代码。

参数 value_ptr 是一个指针，指向保存返回值的变量。因为 POSIX 线程规定线程的返回类型是指向 void 的指针（void *），所以，如果你要接受这个返回值，就必须声明一个 void *类型的变量，比如：

```
void * pretv;
```

在调用 pthread_join 函数时，要传入变量 pretv 的地址，或者说传入一个指向变量 pretv 的指针，例如：

```
pthread_join (thrd, & pretv);
```

这样，函数 pthread_join 就可以通过这个指针找到 pretv 并存入返回值。因为变量 pretv 的类型是 void *，所以 & pretv 的类型自然就是指向 void *的指针 void * *了。这就是为什么 pthread_join 的第二个参数必须是 void * *类型。如果不需要获取线程的返回值，则可以传入 NULL。

注意，如果一个线程试图用这个函数来结合自身，则程序的行为是未定义的，结果不可预料。如果该函数执行成功会返回 0，否则返回一个错误代码。结合一个线程并不会影响该线程及其他线程的自主执行，程序中的 for 语句仅仅是从头到尾挨个儿查询并确保每一个线程都已经终止执行，然后就可以打印最终的累加结果了。

相比使用单线程的累加过程，按照上面的方法使用多线程通常并不能得到正确的累加结果，因为多个线程会互相覆盖变量 n 的值，从而使得累加过程紊乱。非但如此，由于增加了多线程调度的开销、变量访问冲突协调的开销，程序的总体执行时间会更长。

练习 9.5

仿照图 9-2 的方法，说明为什么上述多线程方法并不能得到正确的累加结果。

如果不考虑程序的执行效率，而仅仅是为了获得正确的结果，那么，只需要想办法使各个线程对共享变量的访问变得有序即可，直观地说就是一个一个来。要做到这一点，就得使用某些线程同步机制。

实际上，多个线程并不仅仅会共用变量，也会共用其他各种资源。多线程的重要问题是如何协调线程之间对共享资源的访问。因为对资源的访问是通过执行代码进行的，那么，不管是什么资源，只要协调好多个线程对这段代码的执行就好了。由于这段代码是一个敏感的区域，所以我们称之为临界区。

一个比较好的方案是使用锁。锁只是一个比喻，它只是一个变量，用特定的值来表征开启和锁定状态。锁有好几种，其中最容易理解的是互斥锁，这也是用途最广的锁。互斥锁的原理是，在临界区之前加入上锁的代码，在临界区之后加入解锁的代码。这样，任何线程在进入临界区前都会执行到加锁的代码，但这要看是谁先成功地把锁加上。只有在加锁成功之后才能进入临界区执行，在退出临界区之后会执行到解锁的代码。

为了演示互斥锁的原理和应用，我们将前面的程序做如下修改。注意，原来的代码并没有变化，只是加入了一些新的声明和语句。

```
/*******************c0907.c*****************/
# define __USE_MINGW_ANSI_STDIO 1
```

```c
# include <stdio.h>
# include <pthread.h>

unsigned long long n = 1, gsum = 0;
pthread_mutex_t locker;

void * thrd_proc (void * parg)
{
   while (1)
   {
      pthread_mutex_lock (& locker);
      if (n > 100000000) break;
      gsum += n ++;
      pthread_mutex_unlock (& locker);
   }

   pthread_mutex_unlock (& locker);

   return NULL;
}

int main (void)
{
   # define THRD_NUM 5

   if (pthread_mutex_init (& locker, NULL) != 0)
      return printf ("Fail to initialize mutex-locker.\n");

   pthread_t thrd [THRD_NUM];

   for (signed m = 0; m < THRD_NUM; m ++)
      if (pthread_create (& thrd [m], NULL, thrd_proc, NULL) != 0)
         return printf ("Fail to create threads.\n");

   for (signed m = 0; m < THRD_NUM; m ++)
      if (pthread_join (thrd [m], 0) != 0)
         printf ("Join to thread #%d failed.\n", m);

   printf ("%lld\n", gsum);
   pthread_mutex_destroy (& locker);
}
```

相对于老版本，新程序的变化之一是在开头位置放了一把互斥锁，也就是声明了一个 pthread_mutex_t 类型的变量 locker。把它放在程序开头是因为要在程序内的多个地方使用它。类型 pthread_mutex_t 是一种结构类型的别名，是在头文件<pthread.h>里声明的。

使用一个互斥锁之前要先初始化它，可以用函数 pthread_mutex_init 来做，该函数是在头文件<pthread.h>里声明的，其原型为：

   int pthread_mutex_init (pthread_mutex_t * ***mutex***, const pthread_mutexattr_t * ***attr***);

这里，参数 mutex 是指向互斥变量的指针，没什么可说的；参数 attr 用来指定互斥锁的属性，比如要是锁的拥有者（加锁成功的线程）已经退出（但没有释放锁），系统应该采取什么措施。

原则上，我们应当声明一个 pthread_mutexattr_t 类型（这也是一种结构类型的别名）的变量来指定这些属性，并将该变量的地址传递给 attr 参数，但事实上传递 NULL 值也是允许的，而我们在程序中也是这样做的。在这种情况下，pthread_mutex_init 将使用默认的属性来初始化互斥锁。如果该函数执行成功则返回 0，并且互斥锁处于未加锁的状态；否则返回一个错误代码。

现在来看线程函数 thrd_proc，那些访问变量 n 和 gsum 的代码是临界区，为此我们使用了一个特殊的 while 语句。这个 while 语句的控制表达式是整型常量表达式 1，因为该表达式的值永不为 0，所以将形成一个无限循环。但是不要担心，我们有办法退出这个无限循环。

在循环体内部，先是用函数 pthread_mutex_lock 加锁。该函数是在头文件<pthread.h>中声明的，其原型为：

   int pthread_mutex_lock (pthread_mutex_t * ***mutex***);

这里，参数 mutex 是指向互斥锁变量的指针。该函数用于锁定由参数 mutex 指向的互斥锁，如果它已经是锁定的，则调用这个函数的线程被阻塞（和前面的挂起相似，不同的术语仅用于区分线程暂停的原因和恢复执行的条件）直至互斥锁可用。一旦加锁操作执行成功，则参数 mutex 所指向的互斥锁处于锁定状态，而且当前线程为锁的拥有者。

该函数执行成功时返回 0，否则返回一个错误代码。典型的错误包括参数 mutex 并非指向已初始化的互斥变量；调用该函数的线程已经拥有了这个锁。

可以肯定的是，多个线程都会执行到这一行代码，但只有成功加锁的线程才有资格继续往下（临界区）执行。临界区只有两行代码，其中的 if 语句用来在适当的时候退出这个无限循环。在每一次累加之后，我们要适时地解锁以便其他线程进入临界区工作，这是靠函数 pthread_mutex_unlock 实现的，该函数是在头文件<pthread.h>里声明的，其原型为：

   int pthread_mutex_unlock (pthread_mutex_t * ***mutex***);

这个函数用于释放由参数 mutex 所指向的互斥变量，也就是解锁。如果有多个线程都处于阻塞状态等待这个锁，则它们将被调度以决定由谁获得此锁。如果该函数执行成功将返回 0，否则返回一个错误代码。典型的错误包括参数 mutex 并非指向已初始化的互斥变量；调用该函数的线程并不拥有这个锁。

值得一提的是，当控制因 if 语句和 break 语句而退出循环体时，互斥体是处于锁定状态的，必须在退出循环体之后调用函数 pthread_mutex_unlock 解锁。

最后，如果互斥锁不再使用，则应当用 pthread_mutex_destroy 函数来使之处于未初始化状态（但可再次用于初始化）。该函数是在头文件<pthread.h>中声明的，其原型为：

    int pthread_mutex_destroy (pthread_mutex_t * *mutex*);

如果参数 mutex 指向的互斥变量处于锁定状态，或者其他线程正试图锁定它，则该函数的执行结果无法预料。

练习 9.6

1．线程函数里的 while 语句可以写成下面这样吗？为什么？要求先上机实验，再用图 9-2 那样的方法做一个情景分析。

```
while (n <= 100000000)
{
    pthread_mutex_lock (& locker);
    gsum += n ++;
    pthread_mutex_unlock (& locker);
}
```

2．有些人不习惯 while (1) 这种做法，如果把线程函数里的 while 语句改成标号语句和 goto 语句，应该怎么做呢？

9.3.3　执行时间的测量

以上经过改进的程序在执行时可以得到正确的结果，但执行的效率却更低，因为这里面加入了线程等待的开销、上锁和解锁的开销。程序的执行效率最直观地体现在它的运行时间上，C 标准库提供了一个函数 clock，它用于获取当前程序自启动以来所使用的处理器时间。如果想测量一段代码执行了多长时间，只需要在代码前和代码后分别调用这个函数，然后将这两个时间相减就可以了。先来看 clock 函数，它是在标准头文件<time.h>里声明的，其原型为：

    clock_t clock (void);

这个函数不需要任何参数，它返回一个 clock_t 类型的值，代表着该函数被调用时程序所使用的处理器时间，类型 clock_t 是某个实数类型的别名（比如它实际上可能是 signed long int 类型）。

函数 clock 的返回值并不是秒数，但是头文件<time.h>里定义了一个宏 CLOCKS_PER_SEC，它被扩展为一个 cock_t 类型的常量值，而且 C 标准库保证 clock 的返回值除以这个宏的值就可得到秒数。下面这个程序演示了如何测量代码的执行时间。

```
/******************c0908.c****************/
# define __USE_MINGW_ANSI_STDIO 1
```

```
# include <stdio.h>
# include <time.h>

int main (void)
{
    clock_t start = clock ();
    unsigned long long n = 1, sum = 0;

    while (n <= 100000)
        printf("\r%lld", sum += n ++);

    printf ("\nTime elapsed:%ds.\n",\
             (int) ((clock () - start) / CLOCKS_PER_SEC));
}
```

在 main 函数的开头,我们先测量了程序在此时所使用的处理器时间,并将其保存到变量 start。然后,在程序的结尾部分,我们再次获取程序所使用的处理器时间,并用它减去变量 start 的值,就得到了中间这段代码所用的处理器时间。这个时间再除以宏 CLOCKS_PER_SEC,就得到了秒数。

问题在于我们想用 printf 函数打印这个秒数,但并不知道 clock_t 的确切类型。既然 clock_t 和宏 CLOCKS_PER_SEC 的值都是实数,它就可以被转换为 int 类型,这样我们就可以使用 %d 来打印这个秒数。

练习 9.7

编写程序,创建多个线程计算从 1 加到 1,000,000,000 的和。要求:每个线程负责累加其中的一个区间,然后在 main 线程内汇总;各线程负责累加的区间通过线程创建函数传入(提示:可使用指向结构变量的指针);每个线程的累加结果通过 thread_join 函数获取;统计程序的运行时间。

通常来说,将一个计算密集型的任务划分为较小的部分,再把它们指派到不同的处理器或者核心上并行执行会提高效率,但这要取决于实际的线程调度如何进行。如果需要的话,可以明确地为线程指派处理器或者核心,但具体做法因不同的平台而异。

9.4 变量的存储期

在进行下一个话题之前,我们需要先明确一件事,那就是,"线程"这个执行过程并不仅仅只是由一个函数来完成的。事实上,如下面的例子所示,它可以由多个函数形成一个调用链来完成。

```
/****************c0909.c****************/
# include <stdio.h>
# include <pthread.h>

int global = 0;

void pub (void)
{
    printf ("%d\n", global);
}

void * tp (void * p)
{
    global = 67;
    pub ();
    return NULL;
}

int main (void)
{
    pthread_t t1, t2;
    pthread_create (& t1, NULL, tp, NULL);
    pthread_create (& t2, NULL, tp, NULL);
    pthread_join (t1, NULL);
    pthread_join (t2, NULL);
}
```

这个示例没有实际意义，只是用来说明问题（但它可以翻译执行）。在 main 函数内创建了两个线程，它们都以函数 tp 为入口。在函数 tp 内又调用了函数 pub，而在函数 pub 内又调用了函数 printf，虽然它并不是在当前源文件内定义的。

静态地看，这只是一个调用链，但在两个线程创建并开始执行时，这里有两个互相独立的、互不干涉的调用链，每个调用链是由那个线程背后的处理器状态（包括指令指针）和栈作为支撑。

我们知道，为了在各个线程之间分工协作，需要声明一些公共变量，这一点我们在前面的部分已经深有体会。然而，有时候我们只想在线程内的函数之间共享变量，而不是在线程之间共享变量。

举个例子来说，上述程序中声明了变量 global，在现阶段，当一个线程改变了它的值，另一个线程就能看到更改的结果。但我们的要求不是这样的，我们希望它为每个线程所私有，线程 t1 和 t2 各有一个 global 变量，线程 t1 的 global 变量为该线程内的 tp 函数和 pub 函数共享；线程 t2 的 global 变量也为该线程内的 tp 函数和 pub 函数共享。

你可能会说，这还不简单，那就把变量 global 取消，直接用参数传递的方法在线程内的各个函数里共享变量。说实话，这种想法未免过于简单，对当前的例子来说，它当然没有必要在函数外声明变量 global，通过传递参数就可以，但依然有很多程序不得不在函数之外声明共享变量，通过参数传递来代替公共变量会非常麻烦甚至不可行。

这里还有一个非常经典的例子。C 标准库里有很多函数在调用失败后却不能给出一个明确的原因。举个例子来说，我们熟悉的函数 fopen 在调用成功后返回一个指向 FILE 类型的指针，但如果失败则返回 NULL 值。失败的原因很多，诸如访问权限不够、给出的文件名不合法、文件不存在，等等，但该函数却没办法告诉你确切的原因。

你可能会说，那就增加一个参数，让函数返回一个字符串。这很荒谬，没人喜欢这个主意。C 标准库的做法是创建一个头文件<errno.h>，里面声明了一个变量 errno。其他库函数可以声明一个外部链接的 errno 并把精心定义的错误代码写入这个变量。也就是说，整个 C 标准库共享同一个变量 errno，你的程序也可以访问变量 errno。

要得到这个错误号，程序必须在调用一个库函数之后立即使用它。这是明摆着的，如果你连续调用了好几个库函数，后面的库函数将有可能覆盖掉先前的错误号。当然，仅有错误号是不够的，因为它并不友好，所以我们还会将它"翻译"成文字信息（字符串），下面就是一个例子。

```c
/****************c0910.c***************/
# include <stdio.h>
# include <errno.h>
# include <string.h>

int main (void)
{
    FILE * fp;

    if ((fp = fopen ("&^%*/.", "r")) == NULL)
        printf ("%s\n", strerror (errno));

    if ((fp = fopen ("~tmp00", "r")) == NULL)
        perror ("ERROR");
}
```

在此程序中，我们故意使 fopen 函数返回空指针，因为文件名"&^%*/."无论在 Linux 下还是在 Windows 下都不合法，而文件"~tmp00"通常是不存在的。

在第一次调用 fopen 后，一旦发现返回值不对，就要赶在调用其他库函数之前取得错误代码。不过我们稍稍贪心了一点，还希望将它转换为字符串打印出来。转换是用库函数 strerror 来做，它是在头文件<string.h>里声明的，其原型为：

    char * strerror (int **errnum**);

该函数用于将参数 errnum 的值映射为一个字符串。典型地，我们用它来映射变量 errno 的值，但它可以映射任何 int 类型的值到字符串。也就是说，你也可以用它来定义自己的整数—字符串映射。

该函数返回一个指向字符串的指针，这意味着库函数内部将定义一个公共的数组来容纳这个字符串。

相比之下，另一个库函数 perror 用起来可能更方便，它是在头文件<stdio.h>里定义的，其原型为：

```
void perror (const char * s);
```

首先，该函数直接从变量 errno 取值；其次，它需要我们提供一个指向字符串的指针并传递给参数 s。如果参数 s 的值不是 NULL 且未指向空串，则先打印这个字符串，然后再打印一个冒号"："和一个空白字符，接着打印由 errno 映射来的字符串，最后打印一个换行符。

首次引入 errno 的时候，多线程还没有流行，所以这种做法工作得很好。当一个 C 语言程序运行时，它有一个 errno 变量；当另一个 C 语言程序运行时，它也有一个 errno 变量。再说，进程之间是隔离的，进程之间不会共用 errno 变量。

后来，多线程开始流行了。在这个时候，如果进程只有一个线程，那么这个 errno 变量是由该线程独立访问的，也不会有问题。但如果有多个线程呢？如果在线程 A 中调用库函数失败了，它会用 errno 变量的值来观察错误原因。然而，还没等它开始读 errno 变量，线程 B 也调用某个库函数，并且因失败而覆盖了变量 errno 的值。如此一来，线程 A 将读到一个不正确的错误代码。

这就尴尬了。好在后来的 C 实现采取措施解决了这个问题（困难之处在于你如何能使以前的大量程序不经修改就可重新翻译），其原理就是让每个线程都有自己独立的 errno 变量。在多线程时代，即使你没有手工创建线程，每个进程也有一个默认的线程。

9.4.1 线程存储期

刚开始，C 语言没办法使一个公共变量为各线程所私有，所以传统上要通过库函数在操作系统的帮助下解决，这有点麻烦。操作系统可以帮助应用程序创建为各个线程所私有的存储区，称为线程本地存储。

好在从 C11（ISO/IEC 9899:2011）开始，C 语言终于解决了这个问题，它引入了一个新的存储类指定符 _Thread_local，这也是一个新的关键字，可用在变量的声明中，指定该变量具有线程存储期。

具有线程存储期的变量，其生存期贯穿于那个线程的执行过程，且为那个线程所私有。当线程启动时创建和初始化这个变量，当线程结束时销毁。要了解线程存储期，下面是一个简单的示例。

```
/*****************c0911.c***************/
# define __USE_MINGW_ANSI_STDIO 1

# include <stdio.h>
# include <pthread.h>

typedef unsigned long long QWORD;
_Thread_local QWORD n, sum = 0;

void cusum (void)
{
```

```
        while (n) sum += n --;
        printf ("%lld\n", sum);
        return;
    }

    void * thrdp (void * parg)
    {
        n = * (QWORD *) parg;
        cusum ();
        return NULL;
    }

    int main (void)
    {
        pthread_t thrd1, thrd2;

        pthread_create (& thrd1, NULL, thrdp, & (QWORD) {10000000});
        pthread_create (& thrd2, NULL, thrdp, & (QWORD) {100000000});

        pthread_join (thrd1, NULL);
        pthread_join (thrd2, NULL);

        printf ("%lld\n", sum);
    }
```

首先要说明的是，我实在受不了总是输入"unsigned long long"，即使我已经省掉了最后的"int"。所以我干脆将 QWORD 定义为 unsigned long long int 的别名。

在这个程序中，我们用函数 thrdp 作为线程入口创建了两个线程，表达式 (QWORD) {10000000} 和 (QWORD) {100000000} 是复合字面值，分别用于创建两个 QWORD 类型的无名变量。复合字面值是左值，一元 & 运算符作用于这两个 QWORD 类型的左值，生成两个指向 QWORD 类型的指针，并自动转换为指向 void 类型的指针传递给 pthread_create 函数。

变量 n 和 sum 是用存储类指定符 _Thread_local 声明的，因此为各个线程所私有，函数 thrdp 里所用的"n"实际上是各线程内部私有的变量 n；函数 cusum 里所用的"n"和"sum"实际上是各线程内部私有的变量 n 和 sum。因此，尽管各个线程（包括 main 线程）都打印了变量 sum 的值，但打印的结果各不相同。

比较细心的同学可能会有疑问：当多个线程都在调用 printf 函数时，这些打印操作会不会使得输出紊乱。答案是，每个流都会有一个与之关联的锁，这个流可能是标准输出或者你自己创建的文本流和二进制流。C 标准库保证：在同一时间，只有一个线程可拥有这个锁并进行操作，所有读、写和操纵流的库函数都将在访问某个流之前先锁定它，并在完成访问之后释放该锁。

这就是说，单个的 fprintf、fread、printf 等函数调用不会在线程间交错，因此它们是线程安全的。线程安全意味着它们在多线程环境下的行为和单线程环境下的行为完全一致。但是，多个这种函数调用就不一定了。请看下面的例子：

```c
/********************c0912.c****************/
# include <stdio.h>
# include <pthread.h>

void * thrdp (void * parg)
{
    int lops = 100;

    while (lops --)
        printf ("ABC"), printf ("DEF\n");

    return NULL;
}

void * thrdq (void * parg)
{
    int lops = 100;

    while (lops --)
        printf ("123"), printf ("456\n");

    return NULL;
}

int main (void)
{
    pthread_t thrd1, thrd2;

    pthread_create (& thrd1, NULL, thrdp, NULL);
    pthread_create (& thrd2, NULL, thrdq, NULL);

    pthread_join (thrd1, NULL);
    pthread_join (thrd2, NULL);
}
```

翻译并运行这个程序，翻阅它的打印内容，如果不出意外的话，你将看到大量交错输出的内容（但是"ABC""DEF""123"和"456"将会连续并完整地显示），而我们理想中的输出应该是"ABCDEF"和"123456"交错出现。

解决这个问题的办法是在需要连续输出的代码前后再次加锁。如下面的代码所示，如果我们希望完整地输出文字"By the river of Babylon"而不会在中间插入其他线程的输出内容，就需要用 flockfile 和 funlockfile 来加锁与解锁流指针 fp。

```c
# include <stdio.h>
```

```
void do_print (FILE * fp)
{
  flockfile (fp);
  fputs ("By the river of ", fp);
  fprintf (fp, "Babylon");
  funlockfile (fp);
}
```

不过令人遗憾的是，这两个函数并不是 C 标准库函数，它只是 POSIX 标准里定义的函数。所以它可以在 UNIX/Linux 上使用（在头文件<stdio.h>里声明），但 Windows 上的 GCC 并没有它们。

存储类指定符 _Thread_local 只能用于声明变量。可以在块内声明一个具有线程存储期的变量，就像这样：

```
void f (void)
{
  extern _Thread_local int ext_var;
  _Thread_local static int loc_var;
  /*... ...*/
}
_Thread_local int ext_var;
```

以上最后一行定义了变量 ext_var，它是具有线程存储期的变量，为每个线程所私有。但是，它的正式定义位于函数 f 之后。要想在函数 f 内使用它，必须先用"extern"来重新声明一下，使它可见，但必须同时加上存储类指定符"_Thread_local"。也就是说，该声明用于"暴露"一个在外部定义的、具有线程存储期的变量。

变量 loc_var 也具有线程存储期，为每个执行 f 的线程所私有，因为它的声明里有存储类指定符"_Thread_local"。这就是说，该变量和其他在块内声明的变量不同，它的生存期随着线程的启动而开始，随线程的终止而结束，跟函数 f 的执行无关。但是，因为它是在块内声明的，故其可见性仅限于其所在的块内。反过来说，如果我们想隐藏一个具有线程存储期的变量，可以将它声明在块的内部。在块内声明一个具有线程存储期的变量时，不能仅有存储类指定符"_Thread_local"，还必须加上存储类指定符"static"，这是 C 语言的要求。

练习 9.8

将上述代码片段扩充为一个完整的程序，并在多线程环境下练习如何访问变量 ext_var 和 loc_var。

9.4.2 静态存储期

具有静态存储期的变量，不管它是在哪里声明的，其生存期贯穿于整个程序的执行全过程。

如果一个标识符被声明为变量,且在它的声明中没有存储类指定符 _Thread_local,那么在以下任何一种情况下,它所代表的变量具有静态存储期:

(1)该标识符具有外部或者内部链接属性;

(2)该标识符是无链接的,但使用了存储类指定符 static。

因此,在下面的代码片段中,D2 处声明的变量 m 具有静态存储期,因为指示它的标识符 m 是外部链接的;D1 处声明的变量 m 也具有静态存储期,因为它指示的变量和 D1 处声明的变量是同一个;变量 w 同样具有静态存储期,因为它是无链接的,但使用了存储类指定符 static。

```c
void f (void)
{
  extern int m;          //D1
  static int w = 3;
  m = w ++;
  /*... ...*/
}
int m;                   //D2
```

在这里,最奇特的就是变量 w。它虽然是在函数内声明,但它的生存期却跟函数无关。当整个程序启动时它就已经创建并初始化了,当程序退出时它才被销毁,跟函数 f 是否被调用一点关系都没有,也不是在函数内初始化。你可能会问,那为什么还要将它放在函数内声明呢?唔,没有别的原因,通常是因为它只在这个函数内使用,我们不想让它在别的地方被看见。

我知道这样的解释并不会令人满意,那么,下面就是一个实际的例子,这个函数很有意思,每调用一次,就返回自然数序列中的下一个质数,但不超过 unsigned int 类型的最大值,否则返回 0。

```c
# include <limits.h>
# include <math.h>

unsigned get_next_primer (void)
{
  static unsigned seqn = 2;

  if (seqn <= 3) return seqn ++;

  for (unsigned d = 2; seqn <= UINT_MAX; seqn ++, d = 2)
    while (seqn % d != 0)
      if (d ++ > sqrt (seqn)) return seqn ++;

  return 0;
}
```

这个函数具有记忆功能,如果上次调用时返回的质数是 5,那么它就知道下次调用时应该从 6 开始继续判断。当然，这个"记忆"不是说你关闭了程序或者电脑之后它也能记住，而是指在程序的一次运行过程中具有记忆能力。

它之所以具有记忆功能，是因为我们在函数内声明了一个静态变量 seqn。标识符 seqn 所指示的变量位于进程的数据区内，在程序启动时初始化为 2，而不是在函数调用时才初始化，更不是每次调用时都重复初始化，其生存期贯穿于整个程序的运行过程。标识符 seqn 的可见性仅限于函数体，故只能在函数体内访问。

变量 seqn 的初始值为 2，在函数体内，只要变量 seqn 的值小于等于 3，这个值必然是质数，可直接返回，同时要将变量 seqn 的值递增，下次调用此函数时将从这个值开始继续判断。

函数体的剩余部分将从变量 seqn 的当前值开始，依次判断后面的数字是否为质数。这需要内外两个循环：外循环每次提供一个数，内循环负责判断这个数是否为质数。原则上外循环可以使用任何循环语句，比如 do、for、while，但是考虑到内循环判断质数需要引入一个变量来做除法，那么外循环干脆使用 for 语句好了，毕竟它的第一个部分可以是声明如程序中所示，我们声明了变量 d 来做除法，它被初始化为 2。

外循环的主要任务是为内循环提供一个数字，也就是变量 seqn 的值。如果内循环判定它不是质数，则外循环继续提供下一个自然数，即，递增变量 seqn 的值。同时，用于做除法的变量 d 也重新被重置为 2。变量 seqn 的递增得有一个限度，我们用的是 unsigned int 类型的最大值，如果变量 seqn 的值大于这个值，则退出 for 语句。unsigned int 类型的最大值是 UINT_MAX，我们在前面的章节里已经说过，这是一个宏，在标准头文件 <limits.h> 里定义。

内循环用 while 语句执行具体的判断过程。循环能够持续的条件是变量 seqn 的值除以变量 d 的值得到的余数不为 0，也就是除不尽。如果能够除尽，说明变量 seqn 的当前值并不是质数，表达式 seqn % d != 0 的值是 0，退出 while 语句。退出 while 语句后控制到达 for 语句的尾端，于是进入下一轮的 for 循环，递增变量 seqn 的值，再次进入 while 语句重新判断。

如果变量 seqn 的值确实是质数，那么，能够让 while 循环停止的唯一条件是变量 d 的值不大于变量 seqn 的值的平方根，这个工作是由 if 语句来做的。如果变量 d 的值已经大于变量 seqn 的值的平方根，则意味着变量 seqn 的当前值是质数，可直接返回，同时要将变量 seqn 的值递增，下次调用此函数时将从这个值开始继续判断。另外，while 语句的每一次迭代都必须递增变量 d 的值，原则上这需要一条语句。但是，因为每次循环都将求值 if 语句的控制表达式，故这个递增操作写进了控制表达式。

练习 9.9

1. 请说明标识符 d 的作用域在哪里结束（你可以说在某个标识符或者某个符号之后结束）。

2. 函数 get_next_primer 是线程安全的吗？如果不是的话，如何才能用最简单的办法使其变成线程安全的函数？

3. 在表达式 d ++ > sqrt (seqn) 里，子表达式 d ++ 的值的类型是 unsigned int 而子表达式 sqrt (seqn) 的值的类型是 float，试说明整个表达式求值时的类型转换过程；还有，我们是否可以写成 d ++ == sqrt (seqn)？

特别地，由字面串创建的数组也具有静态存储期，称为静态数组；如果复合字面值出现在任何函数之外，那么它所创建的变量也具有静态存储期，下面是一个示例：

```
char * pa = (char []) {"eMachine"};    //C1
int f (char *, int *, int *);

int demo (void)
{
   int * pb = & (int) {0};             //C2
   return f (pa, pb, & (int) {3});     //C3
}
```

显然，按照上面的说法，用字面串"eMachine"初始化的静态数组（在程序中看不见，可参见"字面串"）和 C1 中的复合字面值具有静态存储期；C2 和 C3 中的复合字面值只具有自动存储期。

具有静态存储期的变量，其初始化器只能是常量表达式。原因很简单，这样的变量是在程序启动时创建和初始化，在这个时候，程序还没有开始执行，那些在程序执行时才能进行的计算还无法实施。因此，它们只能初始化为程序翻译期间就已经计算出的常量值。

如果一个变量被声明为具有静态或者线程存储期，但是在它的声明中没有提供初始化器，那么，它在创建的时候，C 实现会依据它的类型选择以下方式之一进行初始化：

（1）如果是指针类型，会被自动地初始化为空指针；

（2）如果是算术类型，会被自动地初始化为 0。注意，有些 C 实现会同时使用无符号零和负零，在这种情况下，可能会被初始化为正零，也可能会被初始化为无符号的零；

（3）如果是数组类型，依照上述 1、2 所指定的方法初始化其每个元素，元素类型依然是数组的，递归使用本条；

（4）如果是结构类型，依照前述 1、2 和 3 所指定的方法初始化其每个成员。结构的成员依然是结构的，递归使用本条；结构的成员是联合的，依照第 5 条的方法初始化。最后，结构内部的任何填充比特都被初始化为 0；

（4）如果是联合类型，依照前述 1~4 所指定的方法初始化其第一个命名（有名字的）成员；联合的成员依然是联合的，递归使用本条。最后，联合内部的任何填充比特都被初始化为 0。

下例中，变量 x、p、a、pa、pf、t 和 pt，包括数组 a 的每一个元素、结构 t 的每一个成员，甚至结构成员 a 的每一个元素，都在程序启动的时候初始化，尽管这里没有给出任何一个初始化器：

```
int x, * p, a [3], (* pa) [3], (* pf) (void);
```

```
struct t {char c; float f; char a [3]; struct t * pt;} t, * pt;
int f (void) {/* …… */}
```

以上，变量 x 被初始化为零值；指针变量 p 被初始化为空指针；变量（数组）a 的每一个元素都被初始化为整数 0；指针变量 pf 被初始化为空指针；结构变量 t 的成员 c 被初始化为整数 0，成员 f 被初始化为浮点数 0.0，成员 a 的每个元素都被初始化为整数 0，成员 pt 被初始化为空指针；变量 pt 被初始化为空指针；结构变量 t 内部各成员之间的空隙和尾部的填充（如果有的话）都被初始化为 0。

9.4.3 自动存储期

一个指示变量的标识符，如果它是无链接的，且在它的声明中没有使用存储类指定符 static，则它指示的变量具有自动存储期。

具有自动存储期的变量，它的生存期仅限于程序执行过程中的某个阶段。按照定义，被声明为函数形参的标识符，以及在块内声明但未使用存储类指定符 extern 的标识符都是无链接的，所以，具有自动存储期的变量，只在程序的执行进入其所在的块时才会创建和初始化（如果在它的声明中有初始化器的话），当程序的执行离开其所在的块后，它们就不存在了。

当然，有些人可能更喜欢这样的说法：具有自动存储期的变量位于寄存器或者栈中，当程序离开一个块后，弹栈或者修改栈指针，栈指针以下的东西（变量）就没有了。然而栈对于 C 语言来说并不是一个必须的存在，它只是现实世界里的具体实现。

如果一个具有自动存储期的变量在声明的时候没有提供初始化器，则它在创建的时候不会初始化，因而具有不确定的值。一个较好的习惯是在它使用之前明确地赋值，比如下面的例子，变量 x 具有自动存储期，在声明时没有初始化器。当它在循环语句中使用时，先被赋值为 0，然后才开始使用，这是合法的：

```
int x;        //x 的值此时尚不确定
for (x = 0; x < 30; x ++) {/* …… */}
```

再来看一个复合字面值的例子，代码如下：

```
# include <stdio.h>

void f (void)
{
   char * p, * q;

   if ((p = & (char) {'?'}))
      q = & (char) {'y'};
   else
      q = & (char) {'n'};

   printf ("%c, %c\n", * p, * q);
}
```

首先，复合字面值的生存期仅限于它所在的块。在调用 `printf` 函数时，指针 p 和 q 原先所指向的变量还存在吗？通常，人们倾向于给出肯定的回答。但是，按照 C99 委员会的新说法，if 语句和它的每一个子句都自成一个块。因此，上面的代码和下面的代码是等效的。

```
# include <stdio.h>

void f (void)
{
    char * p, * q;

    {
        if (* (p = & (char) {'?'}))
        {
            q = & (char) {'y'};
        }
        else
        {
            q = & (char) {'n'};
        }
    }
    printf("%c, %c\n", * p, * q);          //语句的效果无法预料
}
```

也就是说，从 C99 开始，一旦离开了 if 语句，将不再保证指针 p 和 q 依然指向一个有效的变量。

9.4.4 指派存储期

在前面的章节里，我们已经讲过动态内存分配。在 C 语言里，用 `malloc` 等内存分配函数创建的变量具有指派存储期，它们的特点是生存期的长短完全取决于程序员何时调用 `free` 函数释放内存。

用 `malloc` 函数分配的内存，如果不再需要的话应该手工释放，以便重新分配给需要的地方。下面的恶作剧将蚕食计算机系统的内存，直至它耗尽：

```
while (1)
    malloc (1);
```

第 10 章

Windows 编程基础

在实践和应用中学习，这是对付任何一门计算机编程语言的有效方法。如果不是在战争中学习战争，其结果就是成为纸上谈兵的赵括。C 语言教学的目标之一，就是让学生们体会到这门语言有什么用处，特别是能够理解库的地位和作用。

要达到这个目的，需要我们用实例来说明：针对具体的操作系统平台，为了实现某种功能，除了用 C 语言的表达式和语句实现基本的算法功能外，还应当考虑如何切入这种操作系统平台，建立同它的联系，完成 C 语言本身不能实现的功能，比如输入和输出；或者使用一些现成的服务，比如数据库操纵。

微软公司的 Windows 是大家熟悉的操作系统，相信很多人都想知道如何用 C 语言编写能在它上面运行的、带有图形界面的应用程序，这一章就来讨论这个话题。在这个过程中，我们将了解 Windows 图形用户界面编程的一般方法。

需要指出的是，针对 Windows 编写的图形用户界面程序不具有可移植性，你不能将它拿到 Linux 等平台上执行，因为操作系统的内部运行机制不同。

```
                                                   ┌──────────────────────┐
                                                   │ 窗口(window)、句柄(handle)、字体( │
                                                   │ font)、控件(control)、事件(event)、消 │
                                                   │ 息(message)、父窗口(parent window)、图 │
                                                   │ 子窗口(child window)、菜单(menu)、图 │
                                                   │ 标(icon)、客户区(client area)、按钮( │
                                                   │ button)            │
                                                   └──────────────────────┘
                                                           │
                                                           │   ┌──────────────┐   ┌────────────────┐
                                                           │   │ 回调函数(callback function) │   │ 函数调用约定(function calling convention) │
                                                           │   └──────────────┘   └────────────────┘
                                                           │           │               │
                                                           └───────────┼───────────────┘
                                                                       │
                                                            ┌────────────────────┐
                                                            │ WINDOWS编程基础   │
                                                            └────────────────────┘
```

10.1 如何编写 Windows 程序

对 Windows 窗口大家应该都不陌生，如果一个 Windows 应用程序需要用户通过鼠标或者键盘来加以控制，或者需要展示一些内容给用户，它可以有一个或多个窗口；如果它需要长时间运行，而且也不需要用户干预，那它也可以没有窗口，比如网络服务软件和数据库管理软件。

如图 10-1 所示，一个窗口就是显示在屏幕上的一幅图像，它通常带有标题栏、菜单、和状态栏等元素。

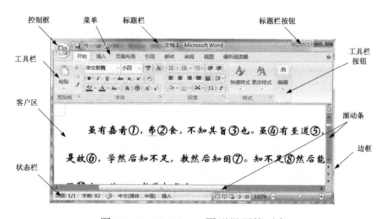

图 10-1　Windows 图形界面的要素

控制框是 Windows 早期版本的遗留物，它通常显示为一个小图标，单击它可以弹出一个功能菜单，双击它可以关闭窗口；标题栏用于显示窗口或者应用程序的名字；标题栏按钮通常包含窗口的最小化、最大化/恢复和关闭按钮；菜单的内容视窗口和应用程序的功能而定；客户区是展示窗口内容的地方，由程序来决定它的具体内容；状态栏用于展示窗口或者应用程序当前的状态，这个由程序自己来控制；如果客户区的内容太多，则窗口可以显示水平或者垂直的滚动条，并允许通过它来滚动窗口的内容。

在本章里，我们将要编写一个 Windows 字体浏览器，它的功能是显示 Windows 当前已安装字体的列表，允许你通过选择一个字体的名字来展示这种字体的显示和打印效果。如图 10-2 所示，这个程序只有一个主窗口，该窗口包括控制框、标题栏等元素，在客户区里还包括 4 个子窗口，分别是展示字符样式的静态文本窗口、显示字体名字列表的列表框，以及两个按钮。严格来说，这些都是窗口，是依附于主窗口的子窗口，为方便起见，我们通常称其为窗口控件。

在意识到 Windows 窗口只是一些画了又擦，擦完再画（当窗口移动、内容变化，或者被其他窗口遮挡之后，又或者成为当前活动窗口时）的图片时，初学者会下意识地觉得在程序中创建一个 Windows 窗口既麻烦又困难。事实上，情况可能的确是这样，但大多数情况下又不是这样。

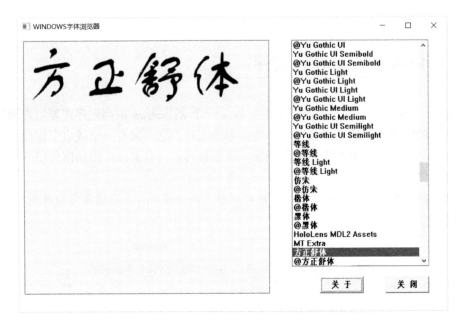

图 10-2　Windows 字体浏览器运行时所显示的窗口

如果你没有特殊要求，比如创建一个圆形的窗口，Windows 可以承担绝大部分的窗口绘制工作，前提是你要指定一些常规的参数，比如窗口的大小、标题等。如果你想让自己的窗口看起来非常另类，那么 Windows 也帮不了你太多，你的任务是通知 Windows 你要自己来画，然后它将在需要画和重画的时候通知你。

说了这么多，让我们来看一看，一个 Windows 应用程序是如何编写的，窗口又是如何创建的，整个窗口程序又是如何运作的，用户是如何跟窗口互动的。

这个程序包括两个源文件和一个头文件，源文件 c1001.c 是整个程序的主框架，用于创建程序和它的主窗口，并维持窗口的运作，同时还要跟踪用户的操作；源文件 fontuitl.c 包含了一些函数，用于实现和字体浏览有关的功能，这些函数将被主程序调用。为此，主程序应当包含头文件 fontutil.h，因为它提供了那些函数的声明。

现在，让我们先来看源文件 c1001.c 的内容，然后从整体上描述一下窗口的创建、运作方式及其如何响应鼠标操作：

```
/************************c1001.c************************/
# define UNICODE
# include <windows.h>
# include "fontutil.h"

HINSTANCE hAppInst = NULL;

LRESULT CALLBACK WindowProcedure (HWND hwnd, UINT message, WPARAM wParam, LPARAM lParam)
    {
        static HWND hStatics, hbnAbout, hbnClose, hListbox;
```

```
        switch (message)
        {
            case WM_CREATE:
                hStatics = CreateWindowEx (0, L"STATIC", L"请在右侧选择一个字
体 ----->", WS_CHILD | WS_VISIBLE | WS_BORDER | WS_TABSTOP, 10, 10, 450, 450,
hwnd, NULL, hAppInst, NULL);
                hListbox = CreateWindowEx (0, L"LISTBOX", L"字体列表", WS_CHILD
| WS_VISIBLE | WS_BORDER | WS_VSCROLL | LBS_NOTIFY | WS_TABSTOP, 500, 10, 250,
410, hwnd, NULL, hAppInst, NULL);
                hbnAbout = CreateWindowEx (0, L"BUTTON", L"关  于", WS_CHILD
| WS_VISIBLE | WS_TABSTOP, 550, 430, 80, 30, hwnd, NULL, hAppInst, NULL);
                hbnClose = CreateWindowEx (0, L"BUTTON", L"关  闭", WS_CHILD
| WS_VISIBLE | WS_TABSTOP, 670, 430, 80, 30, hwnd, NULL, hAppInst, NULL);

                EnumFontFamilies (GetDC (hwnd), NULL, EnumFontFamExProc,
(LPARAM) hListbox);

                break;

            case WM_COMMAND:
                if (HIWORD(wParam) == LBN_SELCHANGE)
                    SetWinControlFontOfSel (hStatics, (HWND) lParam);
                if (HIWORD (wParam) == BN_CLICKED)
                {
                    if ((HWND)lParam == hbnAbout)
                        MessageBox (hwnd, L"Windows 字体浏览器，李忠，创作于
2018-2-23，修改于 2018-6-26。", L"关于字体浏览器.", MB_OK | MB_ICONINFORMATION);
                    if ((HWND)lParam == hbnClose)
                        SendMessage (hwnd, WM_CLOSE, 0, 0);
                }
                break;

            case WM_CLOSE:
                if (MessageBox (hwnd, L"真的要关闭 Windows 字体浏览器吗？",
L"Windows 字体浏览器.", MB_YESNO | MB_ICONQUESTION | MB_DEFBUTTON2) == IDYES)
                    DestroyWindow (hwnd);
                break;

            case WM_DESTROY:
                CleanupCustomData ();
                PostQuitMessage (0);
                break;

            default:
                return DefWindowProc (hwnd, message, wParam, lParam);
        }
```

```
            return 0;
    }

    int main (void)
    {
        WNDCLASSEX wincl;
        wchar_t szClassName [] = L"DemoAppWindow";

        hAppInst = GetModuleHandle (NULL);
        memset (& wincl, 0, sizeof wincl);

        wincl.cbSize = sizeof (WNDCLASSEX);
        wincl.style = CS_DBLCLKS;
        wincl.hInstance = hAppInst;
        wincl.lpszClassName = szClassName;
        wincl.lpfnWndProc = WindowProcedure;
        wincl.hbrBackground = GetSysColorBrush (COLOR_WINDOW);

        if (! RegisterClassEx (& wincl)) return 0;

        HWND hwnd = CreateWindowEx (0, szClassName, L"Windows 字体浏览器",
WS_OVERLAPPEDWINDOW, CW_USEDEFAULT, CW_USEDEFAULT, 800, 530, HWND_DESKTOP, NULL,
hAppInst, NULL);

        ShowWindow (hwnd, SW_SHOW);

        MSG messages;
        while (GetMessage (& messages, NULL, 0, 0))
        {
            TranslateMessage (& messages);
            DispatchMessage (& messages);
        }

        return messages.wParam;
    }
```

相信大家已经注意到，在源文件开头定义了宏 UNICODE。为了支持本地的多字节字符编码和宽字符编码，凡是需要以字符串和宽字符串的指针作为参数的函数，都提供了两个版本。例如，MessageBox 就提供了两个版本 MessageBoxA 和 MessageBoxW，供程序员根据实际情况选用。尽管我们可以不加区分地使用 MessageBox 这个名字，它实际上它只是一个宏：

```
        # ifndef UNICODE
        #    define MessageBox MessageBoxA
        # elif
```

```
#   define MessageBox MessageBoxW
# endif
```

这就是说，如果我们在包含头文件<windows.h>之前没有定义宏 UNICODE，则我们使用的是 MessageBoxA；相反，如果我们在包含头文件<windows.h>之前定义了这个宏，则经预处理之后，翻译单元里剩下的只是 MessageBoxW 的声明，而我们使用的实际上是 MessageBoxW。

除了会影响到函数的声明，这个宏还会影响到很多类型的定义。比如 LPCTSTR，如果你没有定义 UNICODE，则它是 const char * 的别名；如果定义了 UNICODE，则它实际上是 const wchar_t * 的别名。

面向 Windows 编程的另一个特点是，你不得不看见并使用各种稀奇古怪的类型。但是请不要惊慌，它们都是障眼法，都是一些已有类型的别名。如果它们是新的类型，则 C 语言又怎么可能支持它呢？这样的程序又怎么能够顺利通过翻译呢！

10.1.1 注册窗口类

在 main 函数内，我们的任务是创建主窗口并让程序运转起来。要创建窗口，就得先注册一个窗口类，窗口类可以看成一个模板，可用于创建拥有相同要素和行为特征的多个窗口（如果需要的话）。

要注册一个窗口类，需要指定众多的风格要素。为了方便起见，Windows 定义了一种结构类型 WNDCLASSEX，该结构有 12 个成员，分别用于指定窗口类的具体属性。要注册窗口类，必须声明这种结构类型的一个变量，在程序中是变量 wincl。

变量 wincl(或者说结构类型 WNDCLASSEX)的成员基本上都是整数类型和指针类型，其中有部分成员是必须设置的。至于其他成员，如果我们对窗口的外观和行为没有什么特殊要求，可以直接设置为 0 或者空指针。有鉴于此，我们可以先将变量 wincl 视为一个普通的内存块，将它全部清零（要知道，wincl 是一个具有自动存储期的变量，在创建后具有不确定的值），然后再将它看成一个结构类型的变量，对成员赋值。

要将一个内存块清零，可以使用 memset 函数。该函数并不是 Windows 函数，而是 C 标准库函数，在头<string.h>中声明，其原型为：

```
void * memset (void * s, int c, size_t n);
```

该函数所执行的操作是将变量 c 的值转换为 unsigned char 类型后写入变量 s 的值所指向的内存空间，写入的数量由变量 n 的值指定。在本程序中，它是这样使用的：

```
memset (& wincl, 0, sizeof wincl);
```

即使是一个结构类型的变量，它在内存中的形态也不过是字节的序列。表达式 & wincl 得到一个指向结构的指针，但在 memset 函数内部，它指向的不过是一个字节的序列而已，上述语句用数值 0 填充这个序列（这片内存），填充的数量由表达式 sizeof wincl 指定，正好是该变量（结构类型）的大小（字节数）。当我们再用结构类型来解释这片内存时，这些 0 对于整数类型的成员来说是 0，对于指针类型的成员来说是空指针。

你可能会觉得这是一个笨办法，其实在声明 wincl 的时候就可以用下面的手段一次性地解决问题：

```
WNDCLASSEX wincl = {0};
```

是的，没错，这确实能够将变量 wincl 的所有成员自动清零。但是，如果想把所有成员设置为相同的非零值，比如全设置为 37，这种方式就行不通了。

接下来我们给结构变量 wincl 的部分成员赋值。cbSize 成员要求赋值为变量 wincl 或者说结构类型 WNDCLASSEX 的大小，可以用 sizeof wincl 得到，但程序中用的是获得类型的大小，但效果是一样的。

style 成员是窗口风格，其类型为整数，这个整数的特定比特位代表着不同的风格特征，所以可以用多个具有不同位模式的整数合并而成，也就是使用运算符 | 来执行逐位或运算。在程序中我们仅指定了一种风格 CS_DBLCLKS，它实际上是一个宏，被定义为特定的整数，其含义为该窗口能够识别用户在客户区双击鼠标的行为。

hInstance 成员是应用程序的实例句柄，在 Windows 里出现的绝大多数东西都有一个句柄的东西相关联，程序也不例外。在程序运行时，Windows 会为它分配一个句柄，这是一个标志，可以识别并区分一个进程和另一个进程，包括同一个程序的不同副本。在程序中，这个成员的值来自变量 hAppInst，该变量是在整个程序的开头声明的，并因此具有静态存储期。之所以要将该变量放在程序开头声明，是因为它要在程序中的多个地方用到。

变量 hAppInst 的值是在进入 main 函数之后就立即着手设置的，这个值是函数调用 GetModuleHandle 的返回值，该函数是通过头文件<windows.h>引入的，其原型为：

```
HMODULE GetModuleHandle (LPCTSTR lpModuleName);
```

该函数分多字节字符和宽字符两个版本，因为在程序开头定义了宏 UNICODE，所以这里使用的是宽字符版本，且参数类型 LPCTSTR 实际上是指向 wchar_t 类型的指针。

这里，参数 lpModuleName 用于指定一个模块的名字，可以是可执行文件的名字或者动态链接库的文件名，但前提是正在执行或已经被加载到内存里。如果该参数的值为 NULL 则默认是当前进程的可执行文件名。

注意，该函数的返回类型是 HMODULE，意思是模块句柄，而变量 hAppInst 的类型是 HINSTANCE。事实上，这两个类型虽然名字不同，但本质上是相同的，都是指向 void 的指针。而且，如果模块的名字是当前进程的可执行文件名，则模块句柄也是实例句柄。

lpszClassName 成员用于指定窗口类的名字，其类型为 LPCTSTR。如果程序开头定义了宏 UNICODE，则它通常是 wchar_t *类型的别名，否则是 char *类型的别名。在 main 函数的开头，声明了 wchar_t 类型的变量 szClassName 并初始化为宽字面串 L"DemoApp Window"，这个宽字面串的内容可自行定义。

lpfnWndProc 成员的类型是指向函数的指针，这个函数被称为窗口过程。对于很多编程语言来说，过程、函数、例程是三个同义词。从本书开篇到现在，程序设计的模式都是按部就班，主动出击，把该做的事都做好。比如，为了从键盘获得按键，我们会主动调用一个函数并等待它返回——此时，我们其实并不知道用户什么时候会按下一个键，我们只知道当函数返回时，说明键盘被按下且得到了输入。在等待的这段时间里，我们可能干不了任何别的事情。

但是 Windows 不一样，它依靠一套消息机制运作，一个程序在空闲的时候，它唯一的任务就是等待消息并处理消息，如果实在没啥可干的，就眯着好了。比如，你不需要主动去获取键盘输入，当键盘有输入的时候 Windows 自然会给你发送一个消息。但是，你必须定义一个函数并把指向该函数的指针传递给 Windows，后者在指定的事件发生时调用这个函数，而这个函数就是所谓的窗口过程。在程序里，语句

```
wincl.lpfnWndProc = WindowProcedure;
```

用于为该成员赋值，函数 WindowProcedure 是在程序的开头定义的，在这里作为函数指示符，被转换为指向函数的指针。

hbrBackground 成员用于指定窗口的背景，其类型为 HBURSH，称为画刷句柄。可以为窗口指定背景，就像用某种颜色的涂料刷墙一样。但这个背景不一定是某种颜色，也可能是某种图案，所以这还不一定是刷墙，而可能是贴墙纸。无论如何，要指定窗口背景，需要先创建画刷变量，它包含了某种风格和颜色的图案，然后生成指向该变量的指针，这个指针称为画刷句柄，其类型为 HBRUSH。为方便起见，Windows 预定义了一些画刷变量，可以用函数 GetSysColorBrush 来返回它们的句柄，该函数的原型为：

```
HBRUSH GetSysColorBrush (int nIndex);
```

这里，参数 nIndex 的值用于指定画刷的索引号，这是一个整数，代表着某种颜色，而用它返回的画刷也是用这个颜色创建。为方便起见，这个索引号被定义成容易识别的宏，例如 COLOR_BTNFACE 是指按钮通常采用的那种颜色；COLOR_WINDOW 是指那种经常用来作为窗口背景的颜色。

在程序中，我们正是用函数调用表达式 GetSysColorBrush (COLOR_WINDOW) 来给成员 hbrBackground 赋值。

10.1.2 创建窗口

一旦准备好了窗口类变量 wincl，接下来就是注册它，Windows 提供了一个函数 RegisterClassEx，它是通过头文件 <windows.h> 引入的，其原型为：

```
ATOM RegisterClassEx (const WNDCLASSEX * lpwcx);
```

其中，ATOM 是一种整数类型（可能是 unsigned short int）的别名，如果函数执行成功，则返回一个窗口类的标识；若失败则返回 0。参数 lpwcx 用于接受一个指向 WNDCLASSEX 类型的指针。

如果注册失败，那没什么好说的，退出程序是唯一的出路；如果成功，接下来就是用这个窗口类创建程序的主窗口。创建窗口要用到 CreateWindowEx 函数，其原型为：

```
HWND CreateWindowEx (DWORD dwExStyle, LPCTSTR lpClassName, LPCTSTR
lpWindowName, DWORD dwStyle, int x, int y, int nWidth, int nHeight, HWND hWndParent,
HMENU hMenu, HINSTANCE hInstance, LPVOID lpParam);
```

这真是一个令人恐怖的函数，毕竟它的参数太多了。该函数有多字节字符和宽字符两

个版本，因为程序开头定义了宏 UNICODE，所以我们在程序中调用的（实际上）是该函数的宽字符版本 CreateWindowExW。

参数 dwExStyle 用于指定扩展（增强）的窗口样式，是用具有特定比特模式的整数来指定的，而且这些整数都被定义为容易记忆的宏。和从前一样，可以用运算符|合并多个扩展的样式。如果不需要扩展的样式，可以使其为 0。注意，这个函数之所以有个"Ex"后缀，是因为它是后来增加的函数，用来替代先前的 CreateWindow 函数，它们的区别在于前者增加了这个参数。

参数 lpClassName 用于指定窗口类的名字，其类型为 LPCTSTR。因为程序开头定义了宏 UNICODE，所以它等同于指向 const wchar_t 的指针。

参数 lpWindowName 用于指定窗口的名字，其类型为 LPCTSTR。因为程序开头定义了宏 UNICODE，所以它等同于指向 const wchar_t 的指针。如果是一个带有标题栏的窗口，则这个名字显示在标题栏里；如果是控件类型的窗口，则它是显示在控件里的文本。

参数 dwStyle 用于指定窗口的具体样式，是一个整数类型的变量，可以合并多个具有特定比特模式的整数(宏)来进行指定。例如，WS_BORDER 表示窗口有边框；WS_CAPTION 表示窗口有标题栏；WS_CHILD 表示这是一个子窗口，这个样式通常用于窗口内的控件；WS_VISIBLE 表示窗口的初始状态为可见，也就是显示出来（可以将窗口设置为创建后不可见）；WS_SYSMENU 表示窗口的标题栏拥有 Windows 系统菜单（显示控制框，而且当单击控制框时显示一个下拉菜单）；WS_OVERLAPPEDWINDOW 表示层叠的窗口，这种类型的窗口拥有标题栏、边框、系统菜单、最大化按钮和最小化按钮等部件，并能（在有多个窗口时）以任意次序显示为层叠的效果，以区别于对话框这种临时性的窗口；WS_HSCROLL 表示窗口拥有一个水平滚动条；WS_VSCROLL 表示窗口拥有一个垂直滚动条。类似的样式还有很多，这里就不一一介绍了。

参数 x、y 用于指定窗口在其父窗口内的起始坐标，对于应用程序的主窗口来说，其父窗口通常为桌面窗口（Windows 桌面本身也是一个窗口，这没有什么好奇怪的）；参数 nWidth 和 nHeight 用于指定窗口的宽和高。如果为这些参数中的任何一个指定的是 CW_USEDEFAULT，则使用系统的默认值。

参数 hWndParent 用于指定窗口的父窗口或者宿主窗口的句柄。当前窗口可以是宿主窗口内的一个控件，也可以是另一个窗口的子窗口。如果不指定父窗口，则可以为该参数传递 NULL 值。

hMenu 参数用于指定一个菜单的句柄，该菜单将显示在窗口内部。在 Windows 里，应用程序可以包含图标和菜单系统，等等，这些东西称为资源，通常用图标编辑器或者资源编辑器之类的软件来创建并生成二进制的资源文件。在翻译 C 程序时，资源文件的内容可以包含在可执行文件内。在程序执行时，可用此菜单资源生成一个菜单变量并获得它的句柄。如果窗口不需要菜单，可以为此参数传递一个 NULL 值。

参数 hInstance 用于指定应用程序的实例句柄，以指定该窗口隶属哪个程序。在程序中，我们指定的是变量 hAppInst 的值。还记得吧，这个变量在程序的开头声明，在 main 函数的一开始设定，我们在初始化窗口类的成员时，也用到了这个变量的值。

参数 lpParam 用于提供一些自定义的辅助数据，其含义和作用由你自己掌握。当窗口创建完毕和显示之前,Windows 将发送一个消息到窗口过程,而且将包含这个数据,你可以在窗口过程内接收这些数据并自行处理,所以这可以看成一种参数传递的途径。该参数的类型为 LPVOID,实际上是指向 void 的指针。典型地,你可以传递一个变量的地址。如果没有啥辅助数据,可传递 NULL 给该参数。

一旦创建了窗口,就可以用 ShowWindow 函数来指定该窗口的显示状态。这个函数也是通过头文件<windows.h>引入的,其原型为:

BOOL ShowWindow (HWND *hWnd*, int *nCmdShow*);

在这里,参数 hWnd 用于接受一个窗口句柄,该句柄指示被设置的那个窗口;参数 nCmdShow 用于接受一个代表显示状态的整数,都被定义成方便使用的宏,比如 SW_HIDE 隐藏指定的窗口;SW_SHOW 显示指定的窗口并使之成为活动窗口。活动窗口拥有焦点,用户的操作和输入都被发送到活动窗口;SW_MAXIMIZE 使指定的窗口最大化;SW_MINIMIZE 使指定的窗口最小化。

10.1.3 进入消息循环

在创建和显示窗口之后,如果没有别的工作,main 函数就会返回到它的调用者。问题是一旦 main 函数返回,程序就终止了[①]。我们当然不会让 main 函数这么轻易就终止,于是一个巧妙的设计就这样产生了。

Windows 操作系统维护着一个自己的消息队列,称为系统消息队列;同时,在应用程序那一方,每个具有图形用户界面的线程也有一个消息队列。典型地,这样的一个线程会创建一个或多个窗口,而每个窗口还有自己的子窗口(控件)。

一般来说,因各种事件产生的消息(比如鼠标和键盘消息)会先进入系统消息队列,然后由 Windows 依次取出它们,发送到目标窗口所在的消息队列。在线程一方,应该依次取出这些消息,然后将它发送到窗口过程。取出消息是通过函数 GetMessage 进行的,该函数通过头文件<windows.h>引入,其原型为:

BOOL GetMessage (LPMSG *lpMsg*, HWND *hWnd*, UINT *wMsgFilterMin*, UINT *wMsgFilterMax*);

在这里,形参 lpMsg 接受一个指向 MSG 类型的指针,消息取出后,就放入该指针所指向的变量。MSG 是一种结构类型的别名,它有好几个成员,比如成员 hwnd 指示该消息是发往哪个窗口的;message 成员是消息本身,它是一个无符号整数,代表某种事件;成员 wparam 和 lparam 是有关该消息的附加信息,其内容和含义取决于消息本身。

形参 hWnd 接受一个窗口句柄,该窗口必须隶属于当前线程,而且只有这个窗口的消息才会被取出。通常情况下,我们应当传入 NULL 值,这意味着捡拾所有窗口的消息,只要它们隶属于当前线程。

形参 wMsgFilterMin 和 wMsgFilterMax 分别接受整数值,这两个整数用于限定只取出哪些消息。由于消息在本质上是一些整数值,并且按照消息的分类顺序编号,所以,

---

① 与此同时,你刚刚做的工作(包括你辛辛苦苦创建的窗口)都消失了。

只要限定一个整数区间，就能限定仅捡拾哪些消息。如果这两个参数都是 0，则捡拾所有可用的消息而不加任何过滤。

在我们的上述程序中，先是声明了一个 MSG 类型的变量 messages，然后用一个 while 语句来循环捡拾消息和处理消息。从程序中可知，如果 GetMessage 函数的返回值不为零则持续捡拾消息，否则退出 while 循环，从而导致程序终止。而对于 GetMessage 函数来说，只有在捡拾到 WM_QUIT 消息时才会返回 0 值，这个消息因程序的关闭而产生，这件事马上还要详细讲到。

在 while 语句内部，捡拾来的消息是需要加以处理的。怎么处理？很简单，就是把它们发送到窗口过程，说白了就是调用窗口过程并把消息作为参数传递过去，这是依靠函数 DispatchMessageg 完成的，用于将捡拾来的消息派发给当前线程的窗口过程，它是通过头文件 <windows.h> 引入的，其原型为：

LRESULT DispatchMessage (const MSG * *lpmsg*);

这里，形参 lpmsg 的值指向一个 MSG 类型的变量，该变量包含了要派发给窗口过程的消息。该函数的返回值是窗口过程的返回值，LRESULT 是函数的返回类型，它是一个整数类型的别名，比如，它可能是 signed long int 类型的别名。

在将消息派发给窗口过程之前，通常还要调用 TranslateMessage 函数。对于大多数消息来说，这不是必须的，因为该函数仅用于处理按键消息。

需要指出的是，有些消息比较特殊，需要优先处理，所以并不会先送入系统消息队列再送入线程消息队列，而是直接由 Windows 发往其窗口过程。前者称为队列化消息，后者称为非队列化消息。

既然所有消息都被取出并派发给窗口过程，那么，我们现在来看看窗口过程是如何处理各种消息的。

10.2　窗口过程

回到程序开头，在那里我们定义了一个名叫 WindowProcedure 的函数，它就是我们定义的窗口过程。对于很多编程语言来说，过程、函数、例程是三个同义词。按要求，该函数有 4 个参数，参数 hwnd 是窗口句柄。使用同一个窗口类（模板）创建的那些窗口使用同一个窗口过程，因此，参数 hwnd 用来区分此消息是发往哪个窗口的。参数 message 是消息标识，其类型为 UINT，实际上是一个整数类型的别名。消息标识是一个整数，前面已经说过，Windows 用不同的整数值来代表不同的消息。为方便起见，这些整数被定义成宏，例如，WM_PAINT 表示窗口客户区的内容已经变化，必须重新绘制。再比如，当窗口成功创建之后和显示之前，Windows 将会给它的窗口过程发送 WM_CREATE 消息。接到这个消息之后，你就知道，现在可以往这个窗口上安置其他控件（子窗口）了。

参数 wParam 和 lParam 是随消息一起提供的数据，它们的类型分别为 WPARAM 和 LPARAM，实际上分别是 int 和 long int 的别名。在现如今的主流计算机上，这两种类型的长度相同，但之所以分开成两种不同的类型，是因为在 20 世纪 90 年代，int 和 long int 的长度并不相同。

10.2.1 函数调用约定

值得注意的是，在这个函数定义中出现了标识符"CALLBACK"，这是什么意思呢？它实际上是一个宏，被定义为：

```
# define CALLBACK __stdcall
```

那么，这"__stdcall"又是个什么东西呢？这个称为函数调用约定。对于像 C 这样的程序设计语言来说，它只规定函数应当如何声明，以及函数调用表达式的语法形式。至于函数调用的底层细节，它并不关心，也不在意，那是 C 实现才应该考虑的现实问题。

我们已经知道，函数的调用涉及参数传递和如何返回到调用者。在现实世界里，不同的计算机系统也许会采用不同的方案，但流行的做法是借助于寄存器和栈。如果使用栈，当调用一个函数时，参数和返回地址被压入栈中；当函数返回时，处理器从栈中得到返回地址并转到当初的位置执行。

然而，对于到底是用寄存器还是用栈来传递参数，以及，如果是用栈来传递参数的话，参数按照什么顺序入栈，不同的计算机系统做法不一样。另一方面，在调用函数前和调用函数后，最基本最重要的原则是保持栈平衡。也就是说，当函数返回之后，栈指针应当指向函数调用前的位置。毫无例外地，当函数调用发生时，传入的实参由调用者压栈；在进入函数内部后压入的内容必须由函数自己清理。然而，调用者压入的实参由谁清理，现实中却并不统一，有些计算机系统要求由被调用者来做，而有些计算机系统则要求由调用者自己清理。

上述这些差异是历史形成的，而且都能振振有词地陈述这么做的理由，所以也很难说谁是"优"的谁是"劣"的。无论如何，这实际上是函数的编写者和调用者之间的约定，协商如何共同完成栈的操作，从这个意义上来讲，不同的做法和方案就是不同的函数调用约定。

C 语言有自己的函数调用约定，其主要内容是参数从右往左压栈，且调用者压入的参数由调用者自行出栈，这称为"C 声明（c declaration）"风格，简写为 cdecl，在程序中应写为__cdecl（注意是两个下画线）。C 语言选择由调用者自行出栈参数是因为它支持变参函数，例如众所周知的 printf 函数。对于被调用函数来说，它无从知道压入了多少可变参数，所以只能由调用者自己来清理。

对于任何 C 实现来说，__cdecl 都是默认的函数调用约定，所以不必在函数的声明和定义中指明。但如果你非要这么做不可，那也没有什么不妥，就像这样：

```
int __cdecl f (int a, int b)
{
    int y = a + b;
    /* ...... */
    return y;
}
```

```
int __cdecl main (void)
{
    int x = f (10, 20);
    /* ...... */
    return x;
}
```

相比之下，如果一个函数被声明为__stdcall，则意味着由被调用函数对栈平衡负完全责任。在下面的代码中，由于函数 f 的调用约定为__stdcall，故 C 实现在翻译这个程序时，不会在 main 函数内生成参数 a 和 b 出栈的代码，而将这个工作放在函数 f 内部完成。

```
int __stdcall f (int a, int b)
{
    int c = a + b;
    /* ......*/
    return c;
}
int __cdecl main (void)
{
    int x = f (10, 20);
    /* ......*/
    return x;
}
```

值得警惕的是，上例比较特殊，函数 f 的参数是固定的，C 实现可以从其声明中推断栈指针的移动量。但如果参数列表的后面是"，..."，则其参数是可变的，C 实现将无法应付这种情况，它有可能忽略__stdcall 约定而继续使用__cdecl 约定，但问题在于该函数并不知道应该清理多少参数，它可能只清理 a 和 b，这将导致程序运行时栈不平衡。如果多次调用函数 f，则栈空间有耗尽的危险。

对于一个 C 程序员来说，必须直面调用约定问题的机会也许不多，原因在于，第一，他自己调用自己写的函数，那些函数在定义时可以不用指定调用约定，C 实现自会按照默认的调用约定处理；第二，如果他要调用一个库文件里的函数，那么他通常要先包含那个库的头文件，函数在头文件里声明且已经指定了调用约定，但程序员并不需要关心，只在需要时调用即可。

在 64 位计算机出现之前，不同计算机系统上的函数调用约定大抵就是这样。然而，由于 64 位处理器提供了更多的内部寄存器，再加上各种函数调用约定一直是令人头疼的存在，它要求参数尽可能使用寄存器传递，如果参数实在太多，后面的参数才用栈来传递。所以，在 Windows 的 64 位版本中，各种函数调用约定实际上已经归为一种，而不管它们原先（的名字）是什么。

现在回过头去继续窗口过程的话题，首先，Windows 会调用窗口过程，但窗口过程是由你自己定义的。这就出现问题了：Windows 调用此函数（窗口过程）时，要压入 hwnd、 message、wParam 和 lParam，但是，当此函数返回时，由谁来清理这几个参数呢？这需要协商。怎么协商，没办法协商，只能由 Windows 硬性规定：程序员在定义这个函数时必须指定 CALLBACK 调用约定。即，由此函数在返回时负责清理（出栈）。

10.2.2 消息处理

窗口过程的主要任务是处理消息，这样就能对窗口的状态及用户的操作做出反应。一般来说，我们可以用 if 语句来判断是什么消息，然后对它进行处理。但是我们在程序中用的并不是 if 语句，而是 switch 语句和标号语句。

如果消息是 WM_CREATE，则意味着指定的窗口已经创建，但还没有被显示出来。当我们用函数 CreateWindow 或者 CreateWindowEx 创建一个窗口时，在这两个函数返回之前，Windows 将调用窗口过程并传递此消息。在窗口过程里，如果我们返回 0，则 Windows 继续完成此窗口的创建工作；如果返回-1，则 Windows 销毁此窗口，那两个窗口创建函数将返回 NULL，也就是无效的窗口句柄。

实际上，在接到这个消息的时候，也是我们向窗口上布置各种控件的大好时机，而这也正是我们在程序中所做的。创建子窗口（控件）和创建普通的窗口非常相似，但也有一些不同之处。首先，控件不需要注册窗口类，每一种控件都有它自己的窗口类，而且已经由 Windows 预先注册好了，称为预定义窗口类。也正是因为如此，当前的窗口过程并不是这些控件的窗口过程，收不到控件创建时的 WM_CREATE 消息，毕竟窗口类里包含了窗口过程的入口地址；其次，控件的父窗口必须是我们已经创建的窗口，毕竟控件都是"粘"在我们的窗口上；最后，控件的位置是相对于父窗口内部而言的。

创建窗口需要指定窗口类的名称，对于按钮控件来说，它是预定义的"BUTTON"；对于列表框控件来说，它是预定义的"LISTBOX"；对于静态文本控件来说，它是预定义的"STATIC"。所谓静态文本，就是只能浏览而不能编辑修改的文本。

在程序中，我们要枚举 Windows 的字体，并将它的名字显示在列表框中。这个列表框可以滚动、可以用鼠标选择，而一旦选择了某个字体的名字，静态文本控件将用这种字体的风格样式显示文本，让我们看到这种字体的显示效果。

当控件（子窗口）创建后，将返回它们的句柄。在窗口过程的开始处，我们声明了静态变量 hStatics、hbnAbout、hbnClose 和 hListbox，分别用于保存上述几个控件的窗口句柄。之所以要保存它们，是因为在其他消息的处理过程中还需要使用。但是，这几个变量仅在窗口过程内使用，所以将它们声明在窗口过程内部。注意，它们是静态变量，并不在函数（窗口过程）内创建和初始化，在处理 WM_CREATE 消息时被赋值为窗口句柄。从此以后，它们的值不再随着窗口过程的调用和返回而变化。

10.2.3 回调函数

既然在窗口上放置了各种控件，那么很自然地，我们也希望能在窗口显示之前就枚举 Windows 的字体，并将它们的名字显示在列表框中供用户选择，这个工作是通过调用 Windows 函数 EnumFontFamilies 来完成的，该函数通过头文件<windows.h>引入，其原型为：

> int EnumFontFamilies (HDC *hdc*, LPCTSTR *lpszFamily*, FONTENUMPROC *lpEnum*

***FontFamProc*,** LPARAM *lParam*);

　　这里，形参 hdc 用于接受一个设备环境的句柄，其类型为 HDC，类似于窗口句柄，实际上指向一个数据结构，该数据结构包含了一些图形变量，以及与之相关的属性，主要用于文本和图形输出，该数据结构称为设备环境。当我们在窗口的客户区或者屏幕上作图或者输出文本时，实际上就是在向一个设备环境输出。字体的枚举实际上是针对设备环境的，该函数要求一个设备环境的句柄，Windows 将返回适用于该设备环境的字体。

　　在程序中，我们传递的是应用程序窗口的设备环境。应用程序窗口的设备环境可以用函数 GetDC 获得，它是通过头文件<windows.h>引入的，其原型为：

　　　　HDC GetDC (HWND ***hWnd***);

　　显然，该函数需要我们传入一个窗口的句柄，然后返回该窗口的设备环境。

　　回到字体枚举函数 EnumFontFamilies，形参 lpszFamily 用于接受一个指针，该指针指向一个（零终止的）字符串，这个字符串是字体族的名字。字体族由多个字体组成，这些字体有共同的来源，有相同的风格，但字形不同，而且它们的名字都部分相同。例如，"Times New Roman"、"Times New Roman Italic"和"Times New Roman Bold"都属于同一个字体族。

　　换句话说，函数 EnumFontFamilies 可用于枚举同一个字体族的字体。但是，如果这个参数的值是 NULL，则枚举所有适用于当前设备环境的字体。另外，由于程序中定义了宏 UNICODE，类型 LPCTSTR 实际上应该是指向 const wchar_t 的指针。

　　形参 lpEnumFontFamProc 是指向一个函数的指针。对于初学者来说，既然是字体枚举，那么 EnumFontFamilies 将返回一个所有可用字体的列表。不，不是这样的，Windows 的做法是让你提供一个函数，对于每一个枚举出来的字体，Windows 都将调用这个函数并将字体信息传递给它，有多少个字体就将调用多少次。

　　显然，这是要求你提供一个函数，然后 Windows 回过头来调用它，故此函数通常称为回调函数。在回调函数里，你可以对枚举出来的每一个字体进行适当的处理。在两种情况下字体的枚举不再进行，一是字体已经枚举完毕；二是回调函数返回数值 0（即，你的函数不希望枚举过程继续进行）。

　　在程序中，我们为此参数传递的是函数指定符 EnumFontFamExProc，这是我们自己写的函数，但不在当前源文件里定义，而是位于另一个源文件 fontutil.c，马上就要讲到它。函数在哪里定义不要紧，只要在翻译时能够找到它，但函数使用前必须声明，所以我们在程序的开头包含了头文件"fontutil.h"，其内容为：

　　　　/*************************fontutil.h*********************/
　　　　# include <windows.h>

　　　　/*字体枚举的回调函数*/
　　　　int CALLBACK EnumFontFamExProc (const LOGFONT * lpelfe, const TEXTMETRIC * lpntme, DWORD FontType, LPARAM lParam);

　　　　/*当用户选择了列表框中的字体时，此函数获取那个被选择的项目，并发送到指定的控件*/

```c
void SetWinControlFontOfSel (HWND hControl, HWND hListBox);

/*清理保存了字体清单的所有链表节点*/
void CleanupCustomData (void);
```

继续来看回调函数,参数 lParam 用于向回调函数传递自定义的数据,每当 Windows 调用回调函数时,也将传递这个参数值。在程序中,我们传递的是列表框控件的句柄,这是因为要在回调函数中向列表框内添加字体名称,需要用到这个句柄。由于参数 lParam 的类型是 LPARAM,和窗口句柄的类型不同,所以要将变量 hListbox 的值强制转换为 LPARAM 类型。

字体枚举是通过回调函数进行的,为了更好地组织程序,我们将字体处理功能放在一个单独的源文件 fontutil.c 里,下面是它的全部内容,其中包括字体回调函数:

```c
/************************fontutil.c***********************/
# define UNICODE

# include <wchar.h>
# include <stdlib.h>
# include <windows.h>

typedef struct stgFontInfo {
    LOGFONT logfont;
    struct stgFontInfo * next;
} SFONT, * PFONT;

PFONT ptoFonts = NULL, ptoFontz = NULL;

int CALLBACK EnumFontFamExProc (const LOGFONT * lpelfe, const TEXTMETRIC
* lpntme, DWORD FontType, LPARAM lParam)
{
    SendMessage ((HWND) lParam, LB_ADDSTRING, 0, (LPARAM) lpelfe ->
lfFaceName);

    PFONT pnextPFONT = (PFONT) malloc (sizeof (SFONT));

    pnextPFONT -> logfont = * lpelfe;
    pnextPFONT -> logfont. lfHeight = 110;
    pnextPFONT -> logfont. lfWidth = 50;
    pnextPFONT -> next = NULL;

    if (ptoFonts == NULL)
        ptoFonts = pnextPFONT;
    else
    {
        PFONT tmpPFONT = ptoFonts;
```

```c
        while (tmpPFONT -> next) tmpPFONT = tmpPFONT -> next;
        tmpPFONT -> next = pnextPFONT;
    }

    return 1;
}

void SetWinControlFontOfSel (HWND hControl, HWND hListBox)
{
    unsigned long int idx, siz;

    idx = SendMessage (hListBox, LB_GETCURSEL, 0, 0);
    siz = SendMessage (hListBox, LB_GETTEXTLEN, idx, 0);

    wchar_t FontName [siz + 1];

    SendMessage (hListBox, LB_GETTEXT, idx, (LPARAM) FontName);
    SetWindowText (hControl, FontName);

    PFONT tmptoFonts = ptoFonts;

    while (tmptoFonts)
        if (wcscmp (FontName, tmptoFonts -> logfont. lfFaceName))
            tmptoFonts = tmptoFonts -> next;
        else
            break;

    static HFONT curFont = NULL;    //当前正在使用的字体

    if (curFont) DeleteObject (curFont);    //销毁先前创建的字体变量

    curFont = CreateFontIndirect (& tmptoFonts -> logfont);
    SendMessage (hControl, WM_SETFONT, (WPARAM) curFont, TRUE);
}

void CleanupCustomData (void)
{
    PFONT tmptoFonts;

    while (ptoFonts)
    {
        tmptoFonts = ptoFonts -> next;
        free (ptoFonts);
        ptoFonts = tmptoFonts;
    }
```

        }

先来看回调函数 EnumFontFamExProc，实际上函数的名字是无所谓的，不管你起什么名字，最终 Windows 只需要一个指向它的指针，也就是通过 EnumFontFamilies 函数传入它的地址。

尽管名字可以随便起，但 Windows 对它的返回类型、调用约定和形参还是强加了约束的，其原型应当是这样：

        int CALLBACK EnumFontFamExProc (const LOGFONT * *lpelfe*, const TEXTMETRIC * *lpntme*, DWORD ***FontType***, LPARAM *lParam*);

该函数的返回类型是 int，如果返回 0，则 Windows 不再枚举字体（所以也不再调用此函数）；如果为非 0，则继续枚举。

函数调用约定为 CALLBACK，我们知道它实际上应该是 __stdcall，然而对于 64 位的计算机系统来说可能并无实际意义。

尽管各种字体在使用前已经安装好了，但要想用它来输出文字，还必须先用它生成一个字体变量。生成字体变量需要描述你对该字体的要求，比如字体的名字、多高、多宽、是否有下画线、是否加粗、旋转多少度，等等，这些信息称为字体的逻辑属性，有时候也称为逻辑字体。相反地，每种字体本身都有其设计时的属性，可视为物理属性，有时候也称之为物理字体。

参数 lpelfe 的值由 Windows 传来，它是一个指针。对于枚举到的每一种字体，Windows 在内部生成一个 LOGFONT 类型的变量，并在调用此函数时传递该变量的地址给我们，该变量包含了当前字体的逻辑属性信息，是对物理字体的逻辑描述，可方便我们用以创建这种字体的变量。这些属性信息都是默认值，我们可根据实际需要进行调整，这当然是后话了。LOGFONT 类型是由 Windows 定义的一种结构类型，用于容纳逻辑字体信息。该类型通过头文件<windows.h>引入。

参数 lpntme 的值由 Windows 传来，它是一个指针，指向一个 TEXTMETRIC 类型的变量，该变量由 Windows 生成，包含了当前字体的物理属性信息。和 LOGFONT 一样，TEXTMETRIC 也是一种结构类型的别名。

形参 FontType 的值由 Windows 传来，指示字体的分类，包括设备字体、光栅字体和 TrueType 字体。设备字体通常内置于输出设备，例如打印机内部通常有内置的字体（库）；光栅字体通常都是点阵字体，适用于光栅设备（例如显示器，特别是传统的阴极射线管显示设备，依靠电子束扫描形成的光栅来显示文字和图像），但放大后会有锯齿现象；TrueType 是现今用得最多的一种字体格式，它用特定的算法和指令来描述字形，通常是先创建文字的轮廓，然后再加以填充。因为这个原因，TrueType 字体可以随意缩放、旋转而不必担心会出现锯齿。

形参 lParam 的值取决于我们当初枚举字体时，传递给 EnumFontFamilies 函数的值。在前面调用 EnumFontFamilies 函数时，我们为其最后一个参数传递了列表框控件的句柄，而这个句柄值将出现在这里。

10.3 数据链表

在回调函数中，Windows 传来的物理字体信息不是我们所需要的，我们只需要逻辑字体信息，而且首要的任务是把它的名字（字体名称）显示在列表框中。别忘了，Windows 是消息驱动的，要想把字体的名字加入列表框，只需要向它发送一条包含了字体名字的消息即可。发送消息是由一个函数 SendMessage 来完成的，它由头文件<windows.h>引入，其原型为：

    LRESULT SendMessage (HWND *hWnd*, UINT *Msg*, WPARAM *wParam*, LPARAM *lParam*);

以上，形参 hWnd 用于接受一个窗口句柄，它指定了谁来接收这个消息。我们传递的是表达式（HWND）lParam 的值，在回调函数中，形参 lParam 的值实际上是（我们当初所传递的）列表框控件的句柄，在这里重新转换回它原来的类型 HWND。

形参 Msg 用于接受要传递的消息，我们传递的是 LB_ADDSTRING，该消息是列表框控件的专有消息，用于向列表框里添加字符串。

形参 wParam 和 lParam 是消息的附加信息，对于不同的消息来说，它们的作用也不尽相同。对于 LB_ADDSTRING 消息来说，形参 wParam 是不用的，不用管它；形参 lParam 的值必须是一个指向字符串的指针，包含了添加到列表框的文字内容。在程序中，这个参数的值来自表达式(LPARAM) lpelfe -> lfFaceName。

这里，lpelfe 是指向 LOGFONT 类型的指针，而 LOGFONT 是一种结构类型，用于描述逻辑字体，它的成员 lfFaceName 是一个数组，数组的内容为字体名称。转型运算符的优先级低于成员选择运算符->，所以这个表达式等价于(LPARAM) (lpelfe -> lfFaceName)。

表达式 lpelfe -> lfFaceName 得到结构的 lfFaceName 成员，这是一个数组类型的左值，被转换为指向其首元素的指针，然后将这个指针转换为 LPARAM 类型。

光是向列表框中添加字体名称还不够，当我们单击列表框中的某个字体名字时，还必须显示这种字体的效果。那时，这些逻辑字体信息还要再次使用。这就要求我们将枚举到的逻辑字体信息保存起来。

因为逻辑字体信息在回调函数中以 LOGFONT 类型传入，所以，比较自然的想法是声明一个 LOGFONT 类型的数组。然而，这个数组该定义多大，是个难题，因为不知道到底会枚举出多少种字体来。如果数组定义过小，不够用的时候就尴尬了；如果定义过大，则必然会浪费内存空间。

比较好的办法是使用动态内存分配来获得内存空间以保存逻辑字体信息，然后将这些内存空间用指针连接起来形成一个链表，现在让我们看看它是如何实现的。

10.3.1 作用域的起始点

让我们回到源文件 fontutil.c 的开头，在那里有一个声明：

```
typedef struct stgFontInfo {
    LOGFONT logfont;
    struct stgFontInfo * next;
} SFONT, * PFONT;
```

这个声明完成了几件事：第一，声明了结构类型 struct stgFontInfo，同时将标识符 stgFontInfo 声明为这种结构类型的标记；第二，定义了这种结构类型的别名 SFONT 和 PFONT。其中，SFONT 是 struct stgFontInfo 类型的别名，而 PFONT 是 struct stgFontInfo *类型的别名。

在这个结构类型的内部，logfont 是 LOGFONT 类型的成员，这没啥好说的；成员 next 是指向 struct stgFontInfo 类型的指针，很明显是要用于生成链表——这种用法我们已经在前面的章节里见识过了。在当时，我们还没讲过标识符的作用域，有些问题没法细究，但现在我们可能会问：标识符 stgFontInfo 的作用域从哪里开始？在它被完整地声明为一个结构类型的标记之前，它可以被"看见"并引用吗？

不同类型的标识符，其作用域开始的位置略有差别：如果是一个（结构、联合或者枚举类型的）标记，它的作用域开始于它的声明，起点是它在声明中出现的位置；如果是一个枚举常量，它的作用域开始于它的定义，起点是它在枚举器列表中出现的位置；其他标识符的作用域立即开始于它所在的声明符之后。

这就很清楚了，标识符 stgFontInfo 的作用域起始于它出现之后，所以它在结构类型的内部可见，并且可以引用。至于其他类型的标识符，请看下面的示例，标识符 m 被声明为 int 类型，其声明符为 m，故其作用域从①处开始，而且可以作为 sizeof 运算符的操作数来初始化它自己；标识符 a 被声明为数组类型，其声明符为 a [1]，故其作用域从②处开始，而且可以作为 sizeof 运算符的操作数来初始化它自己；标识符 f 被声明为函数类型，其声明符为 f (void)，故其作用域从③处开始，并可用于变量 pf 的初始化；标识符 pf 被声明为指向函数的指针，其声明符为(* pf) (void)，故其作用域从④处开始。

int m① = sizeof m, a [1]② = {sizeof a}, f (void) ③, (* pf) (void)④ = f;

然而，对于结构类型 struct stgFontInfo 来说，尽管标识符 stgFontInfo 在它出现之后立即可用，但是，在到达其结构成员列表的右花括号"}"之前，这种结构类型是不完整的，称为不完整的结构类型。不允许声明不完整结构类型的变量，因为不知道类型的大小，从而无法为它分配存储空间，但可以声明指向它的指针，因为指向结构类型的指针的大小与类型的成员无关，这些话我们以前都说过了。

10.3.2 创建包含字体信息的链表

声明结构类型 struct stgFontInfo 是为了用 malloc 函数动态分配内存空间并保存逻辑字体信息。函数 malloc 返回的指针是找到这片内存空间的依据，如果它丢失了，这片内存就找不到了，所以必须将它保存起来。用 malloc 函数分配的每一片内存就像瓜，需要一根藤将这些瓜串起来，瓜藤还必须有根，从根开始沿藤就可以找瓜。

为了创建一个瓜藤的根，我们在源文件 fontutils.c 的开头部分声明了变量 ptoFonts，其类型为 PFONT，但我们知道这实际上是 struct stgFontInfo *类型的别名。

一开始，变量 ptoFonts 的值是 NULL，不指向任何地方。现在，让我们重新回到字体回调函数内部。在往列表框里添加了字体名称后，我们用 malloc 函数分配内存：

PFONT pnextPFONT = (PFONT) malloc (sizeof (SFONT));

分配的内存量由表达式 sizeof (SFONT) 的值给出，该表达式返回 SFONT 类型的大小，以字节计。但我们知道，SFONT 是 struct stgFontInfo 类型的别名。变量 pnextPFONT 用于临时保存 malloc 函数返回的指针。函数 malloc 的返回类型是指向 void 的指针，出于类型一致的原则，要将它转换为 PFONT 类型[②]。

接下来，表达式 pnextPFONT -> logfont = * lpelfe 用于将一个结构变量的值复制到另一个结构变量。在赋值运算符的左侧，表达式 pnextPFONT -> logfont 得到那个结构的 logfont 成员，是一个左值，其类型为 LOGFONT；在赋值运算符的右侧，表达式 * lpelfe 得到 LOGFONT 类型的左值，并进一步转换为结构类型的值，赋给赋值运算符的左操作数。

接下来的两条语句用于修改逻辑字体的宽和高属性，使它将来在屏幕上显示时的大小符合要求。这两个值是随意选取的，没有什么规定，如果显示效果不好还可以修改。表达式 pnextPFONT -> logfont 得到一个 LOGFONT 类型的左值，运算符 . 访问该左值的 lfHeight 和 lfWidth 成员。运算符 . 和 -> 的优先级相同，而且是从左往右结合的。

非但如此，从程序中可知，我们还修改了由变量 pnextPFONT 的值所指向的结构变量，将它的 next 成员设置为 NULL 值。如图 10-3 所示，这用于将结构变量标记为一个链表的尾节点。

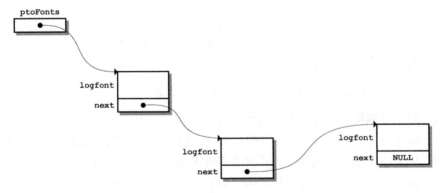

图 10-3 由变量 ptoFonts 的值所指向的链表，每个节点包含逻辑字体信息

一旦形成了链表，那么链表中的每一个结构变量都是一个节点。由图中可知，尾节点的 next 成员必须为 NULL 值，以表明链表到此结束。在下一次添加节点时，再将这个 NULL 改为指向那个新节点的指针，但那个新节点的 next 成员也要设置为 NULL 值。

既然说清楚了我们要干啥，那么，基于上述原理，if 语句检查变量 ptoFonts 的值，如果是 NULL，则直接将变量 pnextPFONT 的值赋给变量 ptoFonts，串上第一个瓜；如果不是，则按照下面的方法，顺着瓜找链表的末尾。

---

② 即使不用转型表达式，从 void * 类型到 PFONT 类型的自动转换也将发生。

为了不破坏瓜根，我们生成一个瓜根的副本，也就是声明了一个 PFONT 类型的临时变量 tmpPFONT，并将瓜根 ptoFonts 的值赋给它。

接着，while 语句遍历链表，找最后一个瓜。while 语句持续工作的条件是表达式 tmpPFONT -> next 的值不为 NULL。如图 10-4 所示，这意味着变量 tmpPFONT 的值所指向的节点不是链表的尾节点。

在循环体内，语句

　　　　tmpPFONT = tmpPFONT -> next;

用于修改变量 tmpPFONT 的值，这个值来自它所指向的那个节点的 next 成员。换句话说，每循环一次，变量 tmpPFONT 的值就被更新，以指向链表中的下一个节点。

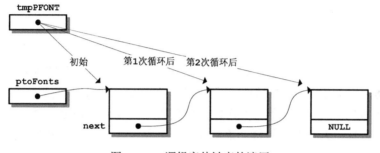

图 10-4　逻辑字体链表的遍历

可以确信，当 while 语句结束后，变量 tmpPFONT 的值将指向链表的最后一个节点。于是，语句

　　　　tmpPFONT -> next = pnextPFONT;

将为这个节点的 next 成员赋值，新值来自 pnextPFONT 变量。赋值后，这个节点不再是尾节点，真正的尾节点是其 next 成员的值所指向的新节点。

以上所述，是字体回调函数每次执行时的流程。在字体枚举过程中，Windows 将多次调用此函数，所以链表将从无到有地逐次增长。为了使枚举过程顺利进行，在回调函数的最后，需要返回非 0 值，我们返回的是 1。

10.4　创建和应用所选的字体

一旦响应 WM_CREATE 消息，创建窗口控件并填充字体名字的列表，当窗口显示出来的时候，用户就能看到这些东西。

当程序的窗口出现后，应用程序的任务就是等待用户的操作，当用户操作时，就会有消息出现。例如，当用户单击按钮时，或者从列表框里选择一个条目时，都将发送通知消息 WM_COMMAND 给它的父窗口。再比如，当用户选择一个菜单项时，或者按下一个快捷键时，也会发送 WM_COMMAND 消息。

现在，让我们回到窗口过程，也就是 WindowProcedure 函数。如果形参 message

的值是 WM_COMMAND，那么其余两个参数 wParam 和 lParam 应当用来指明具体是什么通知，以及它来自哪个控件。

典型地，形参 wParam 的值是一个 32 位的字，Windows 将它分成两个 16 位的部分，即高字和低字，高字用于存放通知的内容（代码）。至于谁发送了这个通知，是由形参 lParam 传来的，它包含了控件窗口的句柄。

在程序中，我们先用 HIWORD 分离出变量 wParam 的高字。这是一个宏，通过头文件 <windows.h> 引入。如果分离出来的高字是 LBN_SELCHANGE，则表明这个通知的内容是说有个列表框控件的选择发生了变化。

在程序中，列表框控件的内容是字体列表，既然用户选择了某个字体，那就得去处理这个选择，于是我们调用了函数 SetWinControlFontOfSel。这个函数不在当前源文件内，在 fontutil.c 里，但已经通过头文件"fontutil.h"引入到了当前源文件。

让我们来看源文件 fontutil.c，函数 SetWinControlFontOfSel 的功能是从列表框控件中获取字体名字，在链表中查找这个逻辑字体，然后在另一个控件里显示这种字体的效果。列表框控件的句柄由形参 hListBox 传入，用于显示字体效果的那个控件的句柄由形参 hControl 传入。你可以回到源文件 c1001.c，看看我们都传入了什么。

要获取字体名称，首先必须给列表框控件发送 LB_GETCURSEL 消息，以返回那个被选中条目的索引号。列表框中的每个条目都有一个顺序号，它就是那个条目的索引。此消息不需要附加信息，所以 SendMessage 函数的 wParam 和 lParam 参数都置 0。当此函数返回时，返回值是我们期望的索引号。

接着，为了接受包含字体名称的字符串，必须先返回它的长度，这要向列表框控件发送 LB_GETTEXTLEN 消息。发送此消息时，需要向 SendMessage 函数的 wParam 参数传递刚才返回的索引号，参数 lParam 不用。此函数返回时，返回值是列表框中那个被选中的文本的长度。

一旦返回了长度，我们就可以声明数组 FontName 来保存这个字体名称。注意，因为我们定义了 UNICODE，文本操作都是基于宽字符的，所以我们将变量 FontName 声明为 wchar_t 类型。另外，为了容纳宽字符串末尾的空宽字符，它的长度指定为 siz + 1。显然，这是一个变长数组，它的大小不是（整型）常量。

现在我们可以从列表框控件获取选中的文本了，这需要向它发送一个 LB_GETTEXT 消息。发送此消息时，SendMessage 的 wParam 参数用于指定列表框中那个被选中的条目的索引号；lParam 参数用于传入一个缓冲区的指针以接收文本内容。在程序中，我们传入的是数组 FontName 转换为指针类型后的值，但要转换为 LPARAM 类型。

获取到字体名之后，我们紧接着调用 SetWindowText 函数来将它显示在静态文本控件内。该函数是通过头文件<windows.h>引入的，其原型为：

  BOOL SetWindowText (HWND *hWnd*, LPCTSTR *lpString*);

这里，参数 hWnd 用于指定设置哪个窗口的文本，它实际上要求一个窗口句柄。参数 lpString 用于指定文本的内容，它实际上要求一个指向字符串的指针。在程序中，我们传入的是数组 FontName 转换为指针类型后的值。注意，因为源文件开头定义了 UNICODE，所以我们用的实际上是该函数的宽字符版本 SetWindowTextW。

仅仅在静态文本控件内显示字体名称还不够，我们希望用该字体的样式来显示。那就要在链表中找到该逻辑字体的相关信息，用这些信息创建字体，然后命令静态文本控件使用该字体来显示文本。

和前面一样，我们先声明一个链表头 ptoFonts 的副本 tmptoFonts，免得破坏了原来的瓜根。然后用 while 语句遍历链表，寻找字体名字和变量 FontName 的内容相匹配的节点。具体的做法是，令变量 tmptoFonts 从链表的第一个节点开始，依次指向下一个节点。

while 语句的控制表达式为 tmptoFonts，其意思是该变量（经左值转换后）的值不为 0（空指针）。显然，如果链表为空，将直接退出 while 语句；在链表不空的情况下，变量 tmptoFonts 的值最初是指向链表第一个节点的。从这个节点开始，用 if 语句来比较字体名称。如果不匹配，把该节点的 next 成员的值赋给变量 tmptoFonts，令其指向下一个节点。如果链表中根本没有这个字体名称（这通常是不可能的），变量 tmptoFonts 的值为 NULL，因为已经将最后一个节点的 next 成员的值（NULL）赋给了它。

在 while 语句的循环体中，if 语句用来进行字符串的比较。因为是宽字符串，所以我们用到了 C 标准库函数 wcscmp，该函数是在 C 标准库头文件<wchar.h>里声明的，其原型为：

  int wcscmp (const wchar_t * *s1*, const wchar_t * *s2*);

该函数对形参 s1 所指向的宽字符串和形参 s2 所指向的宽字符串进行比较，返回值可能大于、等于或者小于 0，分别表示由 s1 指向的宽字符串大于、等于或者小于由 s2 所指向的宽字符串。所谓字符串的大小，是从第一个字符开始，顺次向后比较直到出现不同的字符为止，然后以第一个不相同的字符的编码值来决定字符串的大小。

如果 if 语句的控制表达式结果不为 0，则意味着两个宽字符串不同，这要令变量 tmptoFonts 指向链表的下一个节点。即，令变量 tmptoFonts 的值为它所指向的那个节点的 next 成员的值。然后，程序的执行到达 if 语句之外，进入 while 语句的范围，重新开始一轮循环。

如果 if 语句的控制表达式结果为 0，则意味着两个宽字符串匹配，于是执行 break 语句，退出 while 语句。此时，变量 tmptoFonts 的当前值指向正确的节点，那个节点的 logfont 成员包含了我们需要的字体信息。

创建字体需要使用函数 CreateFontIndirect，它是通过头文件<windows.h>引入的，其原型为：

  HFONT CreateFontIndirect (const LOGFONT * *lplf*);

这里，形参 lplf 的作用是接受一个指向 LOGFONT 类型的指针。Windows 用这些逻辑字体信息创建一个与其描述相符的字体变量，并返回它的句柄。此后，这个字体句柄可以被选进某个设备环境，用于该设备的文本输出。

在程序中，我们用变量 curFont 来保存这个字体句柄。问题在于，每当用户选取一个新的字体时，都要创建字体，而先前创建的字体必须先销毁。可以使用的内存资源和句柄资源是有限的，不用时应当尽快销毁和释放。

解决的办法是将变量 `curFont` 声明为静态存储期，也就是在它的声明中使用存储类指定符 `static`。这样一来，它的值不会随着当前函数的调用和返回而改变。

变量 `curFont` 在程序启动时创建并初始化为空指针。在创建字体变量之前，我们先用 `if` 语句判断它的值是否为 `NULL`，如果不是，就调用 `DeleteObject` 函数销毁它所指向的字体变量。该函数是通过头文件 `<windows.h>` 引入的，其原型为：

```
BOOL DeleteObject (HGDIOBJ ho);
```

这里，形参 `ho` 用于接受一个指向变量的句柄。该函数删除指定的变量，释放与之相关的系统资源。

接下来，我们用已经讲过的 `CreateFontIndirect` 函数创建字体，并向静态文本控件发送 `SET_FONT` 消息，要求它使用这种字体显示文本。发送此消息时，需要向 `SendMessage` 函数的 `wParam` 参数传递字体句柄，但通常要先转换为 `LPARAM` 类型；形参 `lParam` 的值为 `TRUE` 时，控件将立即开始绘制它自己。`TRUE` 是一个宏，通常被定义为非零值，比如常量 1。在生活中，我们更容易接受"真（`TRUE`）""假（`FALSE`）"而不是没有意义的数字。

10.5 关闭窗口并退出程序

让我们回到源文件 `c1001.c`。除了列表框的选择事件外，其他诸如按钮单击之类的事件也通过 `WM_COMMAND` 消息进行通知。

在 Windows 向窗口过程发来 `WM_COMMAND` 消息时，如果形参 `wParam` 的高字部分是按钮单击事件 `BN_CLICKED`，则我们要判断是哪个按钮被单击，因为在我们的窗口上有两个按钮，一个是"关于"，另一个是"关闭"。好在形参 `lParam` 的值是一个窗口句柄，指示该单击事件来自哪个控件。

在程序中，如果形参 `lParam` 的值和变量 `hbnAbout` 的值相等，则意味着单击事件来自"关于"按钮，我们将显示一个对话框；如果来自"关闭"按钮，则我们将发送一个关闭当前窗口的消息 `WM_CLOSE`，这个消息被放入当前窗口线程的消息队列。

对 `WM_CLOSE` 消息的处理是在另一个 `case` 标号语句中进行的。看到这个消息时，意味着销毁应用程序窗口的时候到了。典型地，这个消息由 Windows 发送，而它发送这个消息的原因是我们双击了窗口的控制框，或者单击了窗口右上角的"×"按钮，也或者是选择了控制框菜单的"关闭"菜单项。当然，它也可以由我们自己发送，例如我们刚刚就因为用户单击了"关闭"按钮而主动发送这个消息。

当然，这只是一个"告示"，并非真正销毁窗口。我们有几个选择：拦截它，但不做任何处理，直接返回 0 到调用者；或者，根本就不用 `case` 语句来拦截它，它将被缺省消息处理过程 `DefWindowProc` 处理；再或者，拦截它，准备销毁窗口。

对第一种处理，应用程序并不会受到任何影响，窗口不会被销毁，就像什么也没有发生过一样继续正常地运作；对第二种处理，缺省消息处理过程 DefWindowProc 将调用函数 DestroyWindow 来销毁窗口。该函数是通过头文件<windows.h>引入的，其原型为：

```
BOOL DestroyWindow (HWND hWnd);
```

这里，hWnd 用于接受一个窗口句柄，该函数将销毁这个窗口。执行此函数时，系统将发送一个 WM_DESTROY 消息到当前线程的消息队列，然后释放和销毁与该窗口有关的资源，包括菜单、键盘焦点、子窗口等，并清空消息队列。

对于第三种处理，我们可以有机会来决定是否真的要销毁窗口，而这也正是我们在程序中所做的。在程序中，我们用一个对话框来确认这个关闭操作是否真是用户希望的。MessageBox 函数中的 MB_YESNO 用于在对话框的底部显示两个按钮,其标题分别为"是"和"否"；MB_ICONQUESTION 用于在对话框的左上角显示一个问号形状的图标；MB_DEFBUTTON2 将对话框中的第 2 个按钮（标题为"否"的按钮）设置为默认选择按钮，默认选择按钮是拥有焦点的按钮，当我们按下回车键时它将被选择，就好像用鼠标单击了它一样。注意，这些都是被定义为整数的宏。

如果我们单击一个按钮，MessageBox 将返回它的标识：如果返回的是 IDYES，意味着我们单击了"是"按钮；如果返回的是 IDNO，意味着我们单击了"否"按钮。IDYES 和 IDNO 都是被定义为整数的宏。在程序中，如果我们按下了"是"按钮，则将调用 DestroyWindow 函数来销毁应用程序窗口；如果按下了"否"按钮，则直接返回 0 到调用者，应用程序和窗口照常运作。

看来消息 WM_CLOSE 的目的是给我们一个机会来决定是否真正要销毁窗口，如果我们确实要销毁窗口并且调用了 DestroyWindow 函数，则它将销毁窗口，并给自己的消息队列发送一个 WM_DESTROY 消息以完成应用程序的退出和清理工作。

既然如此，那我们就应当处理 WM_DESTROY 消息并进行必要的清理和退出工作。在程序中，我们先是调用 CleanupCustomData 来清理我们创建的链表，释放分配来的内存空间，然后调用 PostQuitMessage 函数来通知 Windows 当前线程已经结束。该函数是通过头文件<windows.h>引入的，其原型为：

```
VOID PostQuitMessage (int nExitCode);
```

该函数的主要功能是发布一个 WM_QUIT 消息到窗口线程的消息队列。这里，形参 nExitCode 的值是我们赋予的应用程序退出代码。还记得 main 函数里的消息循环吗，如果 GetMessage 函数获取的消息是 WM_QUIT 则返回 0 值，于是退出 while 语句，并最终从 main 函数返回，应用程序结束。

现在来看 CleanupCustomData 函数，它用于清理动态分配的内存空间。该函数是我们自己写的，通过头文件 fontutil.h 引入，但在 fontutil.c 中定义。

在我们的程序中有一个链表,其各节点所占用的内存空间都是用 malloc 函数分配的，也都需要手工释放。

我们知道，变量 ptoFonts 指向链表的第一个节点。比较简单的想法是，先释放由它所指向的节点，再令它依次指向下一个节点。但是一旦节点被释放，你就不能再访问它的 next 成员以获得下一个节点的地址。

这就需要两个指针，一个是原有的变量 ptoFonts，另一个是变量 tmptoFonts。每当变量 ptoFonts 指向某个节点时，变量 tmptoFonts 指向该节点的下一个节点，这样就可以安全地用 free 函数释放由 ptoFonts 的值所指向的节点。

练习 10.1

修改程序，在结构类型 struct stgFontInfo 中添加一个成员，使其指向链表中的上一个节点。如此一来，我们就可以创建一个双向链表。修改 CleanupCustomData 函数使其可以从最后一个节点开始，一边删除节点一边向根节点靠拢。

最后需要说明的是，在窗口过程内，所有未处理的消息都将甩给缺省消息处理函数 DefWindowProc。这个函数通过头文件<windows.h>引入，其原型为：

LRESULT LRESULT DefWindowProc (HWND **hWnd**, UINT **Msg**, WPARAM **wParam**, LPARAM **lParam**);

对这个函数的解释可参照窗口过程。这是一个非常繁忙的函数，窗口过程时时刻刻都在接受消息，但我们只处理了极小的一部分，绝大多数都要由它来处理。比如说，当一个窗口被遮挡时，如果要它重新恢复（成为活动的前台窗口），就必须发送一个消息让它重新绘制自己。但显然，我们没有做这样的事，这种事都交给 Windows 替我们做了。然而，对于创建时指定为"自绘"的窗口，程序员必须处理这样的消息，因为只有他才知道如何绘制窗口。

要翻译这个 Windows 图形界面程序，可使用下面的命令：

D:\exampls>**gcc fontutil.c c1001.c -o fntexpr.exe -finput-charset=gbk -fwide-exec-charset=utf-16le c:\windows\system32\gdi32.dll**

这里，我们将源字符集指定为 GBK，但如果你使用了别的字符集和编码方式，可将它替换掉。在程序中使用了大量的 Windows 函数，它们位于不同的动态链接库内，GCC 可自动添加和链接到部分动态链接库而不需要我们操心，但也并不总是这样，gdi32.dll 就需要手工指定。

当然，也可以通过 GCC 提供的静态库 libgdi32.a 来链接到 gdi32.dll，它包含了动态链接库函数的存根：

D:\exampls>**gcc fontutil.c c1001.c -o fntexpr.exe -finput-charset=gbk -fwide-exec-charset=utf-16le -lgdi32**

如果不嫌麻烦，也可以先将源文件 fontutil.c 创建为静态库 libfontutil.a，然后再将它加入最终的可执行文件：

D:\exampls>**gcc -c fontutil.c**

D:\exampls>**ar r libfontutil.a fontutil.o**

D:\exampls>**gcc c1001.c -static -L. -lfontutil -lgdi32 -mwindows -ofntexpr.exe -finput-charset=gbk -fwide-exec-charset=utf-16le**

以上，我们先将源文件 fontutil.c 编译为目标文件 fontutil.o，再用 ar 程序将目标文件创建为静态库 libfontutil.a。在翻译源文件 c1001.c 时，-static 选项用于将库函数的代码直接加入到最终的可执行文件；-L. 选项把当前目录加入到库文件的搜索路径，因为静态库 libfontutil.a 位于当前目录；-lfontutil 用于链接到我们刚才创建的静态库 libfontutil.a。如果没有-mwindows 选项，我们所创建的可执行文件在运行时有两个窗口，一个是图形界面的字体浏览器；一个是控制台窗口[③]。加入该选项后将只创建一个图形用户界面的应用程序。

在读完本章后，你可能会有很多收获，但困惑和疑问也许更多。但是，Windows 编程是一个庞杂的话题，要想在短短的一个章节里讲清楚绝不可能。要想了解 Windows 编程的更多知识，有一本老书可以帮助你，那就是《Programming Windows》，作者是 Charles Petzold。这本书我没有通读过，但业界曾经普遍认为它是一本好书。

---

③ 在这种情况下，如果程序中使用了 printf 函数，则它打印的内容会出现在控制台窗口内。这两个窗口互不影响，确实是很有意思的。

第 11 章

递归调用、计算器和树

在既往的经验中,可以在一个函数内调用其他函数,任何 C 程序就是用这样的函数调用链形成的。最终,程序的执行要从函数调用链的末端依次返回。当 main 函数也返回时,程序就结束了它的一次执行。

在 C 语言里,一个函数不单可以调用别的函数,它还可以调用自己,这就是所谓的递归调用。递归调用就像是踩在自己的肩膀上,或者钻进自己的身体里。一个人不可能咬到自己的鼻子,也不可能站到自己的肩膀上,哪怕你站到凳子上。但是函数却可以完成类似的动作,可以在函数内部再次执行自己。

第11章 递归调用、计算器和树

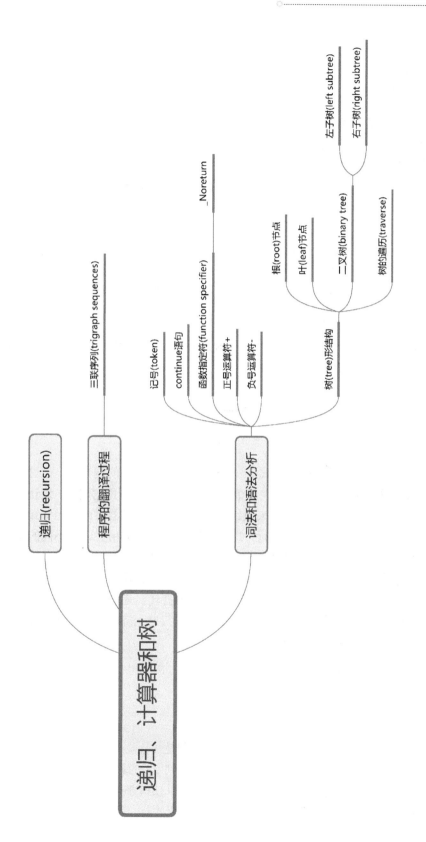

11.1 递归的原理

递归是一种推理和演绎的手段，是用相同的方法进行推导的过程。那么，什么是递归呢？比较生活化的例子是：

从前有座山，山上有座庙，庙里有个老和尚在给小和尚们讲故事。讲的什么故事呢？从前有座山，山上有座庙，庙里有个老和尚在给小和尚们讲故事。讲的什么故事呢？从前有座山，山上有座庙……

再举个比较学术化的例子，从 1 开始，后面的自然数都比它前面的自然数大 1。利用这种方法，可以递推得到一个自然数的序列：1，2，3，4，5……这就是递归。

大多数计算机语言允许使用递归来简化问题，这样做比较直观，易于理解。比如说，为了计算从 1 加到正整数 N 的累加和，我们通常会声明一个这样的函数：

```
unsigned recur (unsigned n);
```

这里，参数 n 用于接受一个正整数，函数 recur 则计算出从 1 加到 n 的累加和。在定义这个函数时，我们可以这样写：

```
unsigned recur (unsigned n)
{
    return recur (n);
}
```

这里，return 语句返回表达式 recur (n) 的结果给它的调用者，但这个表达式实际上是反过来再次调用该函数本身。在函数 recur 里反过来调用它自己，这让很多人难以理解。但事实上，函数只是程序员用来组织代码的手段，处理器对此毫无感知，它可以执行任何指令，也可以前往任何地方执行。既然一个函数可以调用另一个不同的函数，那它调用自己又有什么不可以的呢？那只是该函数的另一个执行过程罢了。

这个函数在语法上没有任何问题，在添加一个 main 函数后便可顺利翻译和执行，但并不能得到任何结果。原因很简单，它只是在原地打转，递归变成了一轮又一轮的参数传递过程。换句话说，如果问题的规模没有变化，递归也无济于事。为此，我们可将这个函数修改如下，使问题规模逐次变小：

```
unsigned recur (unsigned n)
{
    return n + recur (n - 1);
}
```

这里面的原理在于，如果从 1 加到 100 的和是 S_{100}，则 $S_{100}=100+S_{99}$，S_{99} 是从 1 加到 99 的累加和；而 $S_{99}=99+S_{98}$，S_{98} 是从 1 加到 98 的累加和；就这样依次递进。

解决问题的思路没有毛病，但问题在于这个递归是单向的，一直层层深入，就是不能逐次返回。所谓递归，就是必须还能够"递次回归"才行。考虑到 $S_1=1$，当参数 n 的值为

1 时，就不用再次调用自身来继续计算了，直接返回 1 即可，因此这个函数可定义为以下最终版本（我们添加了 main 函数，以组成一个完整的程序）。

```
/************c1101.c***********/
#include <stdio.h>

unsigned recur (unsigned n)
{
    if (n == 1) return 1;
    else return n + recur (n - 1);
}

int main (void)
{
    printf ("%d\n", recur (3));
}
```

在这个程序里，我们计算并打印从 1 加到 3 的累加和。从 1 加到 3 的结果是 6，现在我们来看看这个 6 是怎么算出来的。

函数调用后，通常需要返回到调用点，即使是对自身的递归调用也是如此，而且对它的每一次调用都有独立的状态，包括栈帧、不同的参数和不同的返回值，这些状态保证了对函数的一次调用和下次调用能够区分开来并逐次返回。

因为参数的计算要先于实际的函数调用，所以，在 main 函数里，要调用 printf 函数必须先调用 recur 函数以返回一个值。如图 11-1 所示，这将调用 recur 函数并传入参数值 3。

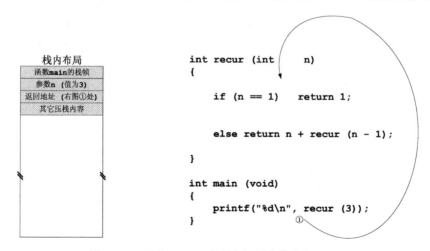

图 11-1　函数 recur 的递归调用和栈状态（1）

假设参数传递始终通过栈来进行，那么，参数传递实质上是把 3 压入栈中。对于本次调用来说，这个栈单元就是函数 recur 的参数变量 n 了。同时压入的还有函数 recur 的返回地址，大体上位于图中的①处。

在函数 recur 内部，第一个 if 语句对变量 n 的值和常量 1 进行比较，因为变量 n 的值当前为 3，所以转到 else 子句执行，这里是一个带有表达式的 return 语句，必须先求值表达式 n + recur (n - 1) 才能执行返回动作，而求值这个表达式将再次调用函数 recur 并返回一个值。

如图 11-2 所示，因为对函数 recur 的第二次调用是在上一次调用还没有返回的情况下发生的，所以栈将继续增长。首先压入表达式 n - 1 的值，也就是 2，对于本次调用来说，这个栈单元就是函数 recur 的参数变量 n 了。同时压入的还有函数 recur 的返回地址，大体上位于图中的②处。

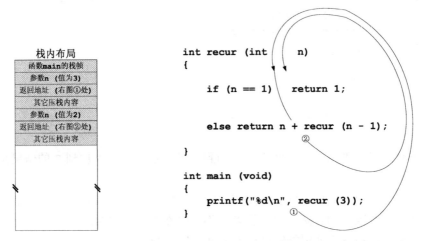

图 11-2　函数 recur 的递归调用和栈状态（2）

和上次调用一样，这次也是从函数开头往下执行，因为变量 n 的值是 2，if 语句的控制表达式不成立，所以要执行 else 子句。同样，必须先求值表达式 n + recur (n - 1) 才能执行返回动作，而求值这个表达式将再次调用函数 recur 并返回一个值。

如图 11-3 所示，因为对函数 recur 的第三次调用是在上一次调用还没有返回的情况下发生的，所以栈将继续增长。首先压入表达式 n - 1 的值，也就是 1，对于本次调用来说，这个栈单元就是函数 recur 的参数变量 n 了。同时压入的还有函数 recur 的返回地址，大体上位于图中的③处。

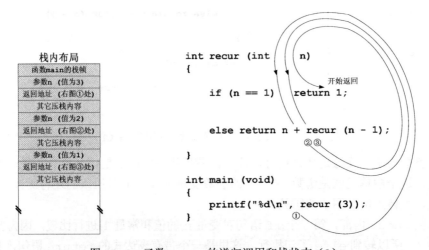

图 11-3　函数 recur 的递归调用和栈状态（3）

和以往不同,本次进入 recur 函数内执行时,变量 n 的值是 1,if 语句的控制表达式所描述的关系成立,故立即返回常量值 1。返回到哪里呢?这要由当前栈帧的返回地址决定。如图 11-4 所示,这将返回到最近一次调用 recur 函数时的地方,也就是图中的③处。同时,栈中的内容也将随着函数的返回而被清理到调用之前的状态。

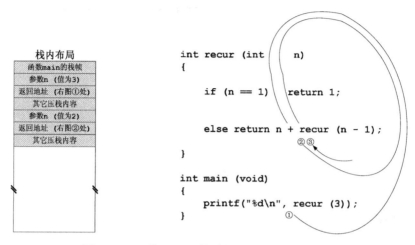

图 11-4 函数 recur 的递归调用和栈状态(4)

实际上,这又回到了第二次调用 recur 函数时的状态和情景:变量 n 的值是 2;栈中的返回地址是图中的②处。因为已经得到了函数调用表达式 recur (n - 1)的值 1,故它将与变量 n 的当前值相加,得到 3,然后执行 return 动作。

如图 11-5 所示,这返回到图中的②处,程序的状态也回到我们第一次调用 recur 函数时的情景:变量 n 的值是 3;栈中的返回地址是图 11-5 中的①处。

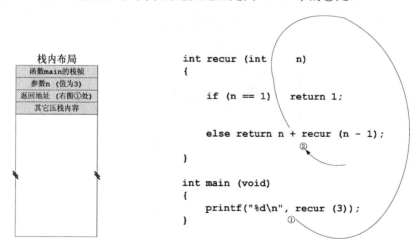

图 11-5 函数 recur 的递归调用和栈状态(5)

因为已经得到了函数调用表达式 recur (n - 1)的值 3,故它将与变量 n 的当前值相加,得到 6,然后执行 return 动作。

如图 11-6 所示,这返回到图中的①处,程序的状态和栈帧也回到调用 recur 函数前的状态，就像从来没发生过递归调用的事。唯一不同的是，函数调用表达式 recur (3) 被函数的返回值 6 取代，然后调用 printf 函数打印结果。

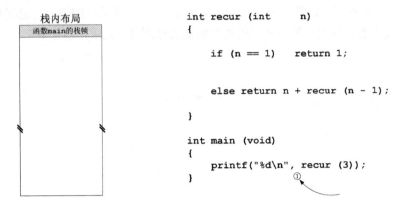

图 11-6　函数 recur 的递归调用和栈状态（6）

练习 11.1

1．使用递归求 8 的阶乘（8!=8×7×6×5×4×3×2×1）。

2．图 12-7 是由 100 个边长为 100，99，98，…，2，1 的正方形重叠而成，用递归的方法编写程序，计算出阴影部分的总面积。

图 11-7　嵌套的正方形

11.2　复杂计算器

递归无疑是强有力的，能够简洁地描述和解决问题。一些小的问题，用循环实现比用递归简单；稍微复杂一点的问题，用循环就麻烦了，递归的优势能够得以体现；而对于那些真正复杂的问题来说，通常用递归是最明智的，因为它可以让你有一个清晰的思路。

在这一节里，我们将编写一个复杂一点的计算器程序。这个程序可以做加、减、乘、除、开方、正弦、余弦和乘幂的混合运算，其意义不但在于进一步地展示递归的作用，也能够帮助我们理解 C 实现的工作原理，从一个侧面了解它是如何理解我们书写的源文件并将它们翻译成可执行程序的。

11.2.1 程序的翻译过程

源文件的内容是只有程序员才能理解和识别的文本，不能被处理器这样的硬件识别和执行，它不可能认识这一个个字符，也不可能将它们连缀成单词和句子，更不可能分析它们的语义并采取相应的动作。处理器只能接受专门为它设计的机器指令。所以，需要将源文件翻译为包含相应机器指令的程序，但这需要经历以下几个阶段。

第 1 个阶段：C 实现根据自己的需要，对源文件中的字符编码进行转换；处理三联序列，将它们替换为当前字符集中相应的单个字符。三联序列是指用如下三个字符的序列来代替它后面的那个字符：

??=	#	??(	[	??/	\
??)	]	??'	^	??<	{
??!	|	??>	}	??-	~

三联序列是从 C89 开始引入的，主要是考虑到有些键盘布局或者字符集可能无法提供全部的 29 个图形字符，且标准要求所有 C 实现支持这种替代的拼写方式。

C 实现在将源文件转换为可执行程序时，首先要做的工作就是用对应的单个字符替换三联序列，然后才做进一步的处理和转换工作。这意味着，我们可以这样写程序：

```
??= include <stdio.h>

int main (void)
??<
    printf ("Trigraph sequences.??/n");
??>
```

第 2 个阶段：源文件或者经第一阶段转换后的内容里将会有换行符（也称为新行符，它通常是不可见的），它们将源文件的内容划分成行，称为物理源行。如果换行符是紧跟在反斜杠（续行符）"\"的后面，或者说，物理源行是以反斜杠和换行符结束的，则删除这两个字符，并将这一行和下一行拼接到一起，形成一个逻辑源行。这个过程是递归的：如果下一行还是以反斜杠和换行符结束，则继续拼接。但是，逻辑源行的长度不得超过 4095 个字符。

第 3 个阶段：开始为预处理做准备，主要是分解源文件，得到预处理记号、连续的空白字符和注释；每个注释都被替换为一个空格符。预处理器记号是指在预处理器阶段分解出来的标识符、文件名、整型常量、浮点常量、字符常量、字面串和标点符号。

第 4 个阶段：执行预处理指令。比如，预处理宏会被扩展，包括#include 在内的宏指令都被执行。对#include 指令的执行使得该指令指示的头文件或源文件也要被加工和处理，而且也要经历到目前为止的 4 个处理阶段。预处理指令在执行后不再有用，会被删除。

第 5 个阶段：源文件中的字符常量和字面串也将出现在转换后的程序中（字符常量和字面串中可能含有脱转序列）。因此，这一步的工作是将它们从源字符集的成员转换为执行字符集中相应的成员。

第 6 个阶段：将互相邻接的字面串黏接到一起，形成一个单一的字面串。

第 7 个阶段：经上述处理后，将得到一系列由空白字符分隔的预处理记号（从现在开始，这些空白字符不再有用）。进一步地，预处理记号被转化为记号并进行语法和语义分析。

第 8 个阶段：现在开始进行我们通常所说的编译和链接，每个被引用的变量和函数在解析时都必须能找到它们的定义，不管是在当前翻译单元，还是在另一个翻译单元，甚至是在库中。最终，所有必须的部分被集中起来，形成一个程序映像，它包含了在执行环境中运行该程序所需要的所有东西和信息。

在上述过程中，我们感兴趣的是如何将程序文本识别并翻译为机器指令。这当然不是一步就能完成的，首先要将组成源文件拆分为单个字符的序列，重新组合为记号，这些记号代表了标点符号、标识符、文件名，等等，这个步骤称为词法处理或者词法分析。

接下来，要逐个处理上面的记号，分析它们组合在一起代表了什么意思，这个步骤称为语法和语义分析。例如，当我们连续读取四个记号"15""+""37"和"*"的时候，就知道前三个记号是放在一起做加法。在这个阶段，程序中的语法错误也将被发现。

一旦经过语义分析之后，我们就可以按这些语义生成相应的汇编指令或者直接生成机器指令。

完整地考察 C 程序的翻译过程对于本章的篇幅来说并不现实，但我们可以通过一个小小的计算器来管窥一下其中的奥秘，来看看词法分析、语法和语义分析是如何进行的。以下是这个计算器程序的完整代码。

```c
/************************c1102.c************************/
# include <math.h>
# include <stdio.h>
# include <ctype.h>
# include <stdlib.h>
# include <string.h>

enum TOKEN {NUM, LPARN, RPARN, MINUS, PLUS, POW, SIN, COS, MUL, DIV, ADD = PLUS, SUB = MINUS};

typedef struct stgTOKEN
{
    enum TOKEN ttype;
    double value;
    struct stgTOKEN * next;
} STOKEN, * PTOKEN;

PTOKEN ptotok, pt;
int nparen = 0;
```

```c
void free_tokens (PTOKEN pt)
{
    if (pt == NULL) return; else free_tokens (pt->next);
    free (pt);
}

 Noreturn void err_exit (const char * errmsg)
{
    printf ("***ERROR:%s\n", errmsg);
    free_tokens (ptotok);
    exit (-1);
}

double exp_pri (void)
{
    double d, exp_exp (void);

    if (pt != NULL)
        switch (pt->ttype)
        {
            case NUM: d = pt->value; pt = pt->next; return d;
            case LPARN: pt = pt->next; nparen ++; d = exp_exp ();
                    if (pt != NULL && pt->ttype == RPARN)
                    {
                        nparen --;
                        pt = pt->next;
                        return d;
                    }
            default: break;
        }

    err_exit ("missing number or parenthesis.");
}

double exp_sig (void)
{
    double exp_pow (void);

    if (pt != NULL)
        switch (pt->ttype)
        {
            case PLUS: pt = pt->next; return + exp_pow ();
            case MINUS: pt = pt->next; return - exp_pow ();
            default: return exp_pri ();
        }
```

```
        err_exit ("the tail of the formula is incomplete.");
}

double exp_tri (void)
{
    if (pt != NULL)
        switch (pt->ttype)
        {
            case SIN: pt = pt->next; return sin (exp_sig ());
            case COS: pt = pt->next; return cos (exp_sig ());
            default: return exp_sig ();
        }

    err_exit ("the tail of the formula is incomplete.");
}

double exp_pow (void)
{
    double d = exp_tri ();

    if (pt != NULL && pt->ttype == POW)
    {
        pt = pt->next;
        d = pow (d, exp_pow ());
    }

    return d;
}

double exp_mul (void)
{
    double d = exp_pow ();

    while (pt != NULL)
        switch (pt->ttype)
        {
            case MUL: pt = pt->next; d *= exp_pow (); break;
            case DIV: pt = pt->next; d /= exp_pow (); break;
            default: return d;
        }

    return d;
}

double exp_exp (void)
{
```

```
    double d = exp_mul ();

    while (pt != NULL)
        switch (pt->ttype)
        {
            case ADD: pt = pt->next; d += exp_mul (); break;
            case SUB: pt = pt->next; d -= exp_mul (); break;
            default: if (pt->ttype == RPARN && nparen != 0)
                        return d;
                    else err_exit ("missing '+,-,*,/,^,(' token.");
        }

    return d;
}

void parse_token (const char * exprs)
{
    while (* exprs != '\0')
    {
        if (isspace (* exprs))
        {
            exprs ++; continue;
        }

        PTOKEN ptoken = malloc (sizeof (STOKEN));
        ptoken->next = NULL;

        switch (* exprs)
        {
            case '(' : ptoken->ttype = LPARN; exprs ++; break;
            case ')' : ptoken->ttype = RPARN; exprs ++; break;
            case '+' : ptoken->ttype = PLUS; exprs ++; break;
            case '-' : ptoken->ttype = MINUS; exprs ++; break;
            case '^' : ptoken->ttype = POW; exprs ++; break;
            case '*' : ptoken->ttype = MUL; exprs ++; break;
            case '/' : ptoken->ttype = DIV; exprs ++; break;

            default:
                if (strstr (exprs, "sin") == exprs)
                {
                    ptoken->ttype = SIN;
                    exprs += 3;
                    break;
                }

                if (strstr (exprs, "cos") == exprs)
```

```c
                {
                    ptoken->ttype = COS;
                    exprs += 3;
                    break;
                }

                if (isdigit (* exprs) || * exprs == '.')
                {
                    ptoken->ttype = NUM;
                    char * sret;
                    ptoken->value = strtod (exprs, & sret);

                    if (exprs != sret)
                    {
                        exprs = sret;
                        break;
                    }
                }

                free (ptoken);
                err_exit (exprs);
            }

            if (ptotok == NULL) ptotok = ptoken;
            else
            {
                PTOKEN pt = ptotok;
                while (pt->next != NULL) pt = pt->next;
                pt->next = ptoken;
            }
        }

        if (ptotok == NULL) err_exit ("empty arithmetic formula.");
        else return;
    }

    int main (void)
    {
        printf (":");
        char exprs [1024];
        fgets (exprs, sizeof exprs, stdin);

        parse_token (exprs);

        pt = ptotok;
        printf ("%f\n", exp_exp ());
    }
```

11.2.2 算式的语法

我们的计算器是这样工作的：先由我们输入一个算式，然后由它算出结果。然而，并不是随便输入一个算式就行的，这个算式必须合乎要求。比如，my(5^t 就不是合法的算式。

算式类似于 C 语言的表达式，它必须有自己的语法规则，语法规则决定了什么样的算式是合法的，没有规则就无从进行语法和语义分析；另一方面，定义规则也是让用户不要胡来，不要写程序不认识的算式。

定义语法要先决定可以使用哪些运算符，我们决定可以使用加（+）、减（-）、乘（*）、除（/）、幂（^）、正弦（sin）、余弦（cos）、正号（+）、负号（-），并且允许用圆括号来括住优先计算的部分。

给定一个算式，对它进行语法和语义分析的方法是按运算符的优先级进行拆解，也就是按优先级的顺序逐次结合（计算），这显然是一个递归的过程。原则上，运算符的优先级别按从高到低依次为圆括号（用来括住另一个算式）、符号（+、-）、三角（sin、cos）、乘幂（^）、乘性（*、/）和加性（+、-），同类别的运算符具有相同的优先级，比如*和/的优先级相同。

加性运算符+、-用于生成加性算式，例如 5+6，乘性运算符*、/用于生成乘性算式，例如 3*9，这是我们已经很熟悉的。乘幂运算符^用于生成乘幂算式，例如 2^3，也就是 2 的 3 次方。再比如 8^(1/3)，也就是 8 的 3 次方根；三角运算符 sin、cos 用于生成三角算式，例如 sin30 和 cos45；符号运算符+、-用于生成符号算式，例如-5。

既然已经明确了可以使用哪些运算符，以及它们的优先级别，那么，我们可规定以下语法规则：

prim:
    NUM
    (*expr*)

sign:
    + *pow*
    − *pow*
    prim

trig:
    sin *sign*
    cos *sign*
    sign

pow:
    trig
    trig **∧** *pow*

mul:

> *pow*
> *mul* * *pow*
> *mul* / *pow*

expr:
> *mul*
> *expr* + *mul*
> *expr* − *mul*

以上，有些单词被显示为斜体，这表明它是可以继续细分（定义）的非终结符[①]，它是什么东西，还要进一步解释和明确。如果一个非终结符后面跟着一个冒号，那意味着后面的内容用于解释它是什么东西，由什么组成。

在一个算式里，数字和圆括号括住的部分是最基本的，因为数字不可拆分，是典型的终结符，而用圆括号括住的部分必须优先计算。于是，这两样东西共同组成了最顶级的基本算式 prim。从语法上来看，一个基本算式 prim 可以是一个数字（NUM），也可以是一个用括号括住的其他算式 expr。在这里，非斜体的部分，像 NUM、（和）是终结符，因为它们的含义已经明确：数字是不需要进一步阐明的，左圆括号和右圆括号是非常简单的分隔符。

既然提到了 expr，就来看看最底下的 expr，它用来定义一个"算式"的语法。一个完整的算式可以看成在做加法或者减法，因为加性运算符的优先级最低。

在语法中，一个 expr 首先是一个 mul：

expr:
> *mul*

再往上看，mul 被定义为乘法和除法。这就很奇怪了，不是说算式可以看成在做加法和减法吗？这关乘除什么事？

加性算式可以看成是多个乘性算式的乘和除，例如 5 * 5 + 12 / 3，因为在上述运算符里，加、减运算符的优先级仅次于加和减。但是，如果一个算式里没有加和减，则它仅仅是一个乘性算式。所以，一个算式 expr 也可以是一个乘性算式 mul。

你再往前看，一个 mul 又是一个 pow，而一个 pow 又是一个 tri，一个 tri 又是一个 sign，一个 sign 又是一个 prim，一个 prim 可以是一个数字，例如 255。所以再往回依次递推，255 也可以被认为是一个符号算式 sign、一个三角算式 tri、一个乘幂算式 pow、一个乘性算式 mul 或者它本身就是一个完整的算式 expr。

显然，算式 expr 的语法是递归的。既然一个 expr 是一个 mul，那么，进一步地，它还可以是一个已经生成的 expr 再加上或者减去另一个 mul：

expr:
> *mul*
> *expr* + *mul*

[①] 符号代表着特定的内容和语法成分，如果它不够明确，还需要细分，则是非终结符；如果它的含义已经明确而且不需要细分，则是终结符。

expr → *mul*

注意这里的生成方式，expr 的内涵在不断扩大，但是运算符+、-的右边始终为 mul，这表明加性运算符是从左往右结合的：一个 expr 是一个 mul，例如 5*8；然后，它是这个已生成的 expr 加上或者减去另一个新的 mul，这样就又生成了一个新的 expr，例如 5*8+6*3。新的 expr 继续与其他 mul 结合并再次生成更大的 expr，这个过程可以继续递归下去，得到更大的算式，例如 5*8+6*3+7*2，从左往右结合意味着它等价于 ((5*8)+6*3)+7*2。

再来看乘性算式 mul 的语法，它是以乘幂算式 pow 为基础的。和 expr 一样，一个乘性算式 mul 也可以仅仅是一个乘幂算式 pow，因为乘幂运算符^的优先级高于乘性运算符。从语法上看，乘性运算符也是从左往右结合的：一个 mul 可以是一个 pow，例如 2^5，即 2^5。然后，它是一个已生成的 mul 乘以或者除以另一个 pow，这样就又生成了一个新的 mul，例如 2^5/8^2。新的 mul 继续与其他 pow 结合并再次生成更大的 mul，这个过程可以继续递归下去，得到更大的算式，例如 2^5/8^2/2^3，从左向右结合意味着这个算式等价于((2^5)/8^2)/2^3。

接着来看乘幂算式 pow，它是以三角算式 tri 为基础的，一个乘幂算式 pow 可以仅仅是一个三角算式 tri，因为三角运算符 sin 和 cos 的优先级高于乘幂运算符。从语法上看，乘幂运算符是从右往左结合的：一个 pow 是一个 tri，例如 sin30；然后，再用另一个三角算式 tri 与这个已生成的 pow 做乘幂运算（tri 的 pow 次幂），这样就又生成了一个新的 pow，例如 16^sin30，即 $16^{\sin 30}$。新的 pow 继续与其他 tri 进行乘幂运算并再次生成更大的 pow，这个过程可以继续递归下去，得到更大的算式，例如 2^16^sin30。从右向左结合意味着这个算式等价于 2^(16^sin30)，也即 $2^{16^{\sin 30}}$。

相比之下，三角算式 tri 是比较简单的，这种简单性来源于我们的设计。从语法上来看，它要么是终结符 sin 加上一个符号算式 sign；要么是终结符 cos 加上一个符号算式 sign；再不就直接是一个符号算式 sign，既没有明显的递归，也没有其他组成方式。因此，25、-50、sin-30、cos90 都是合法的三角算式，而 sincos50 或者 sin60sin90cos30 都是不合法的，因为从它的语法上推导不出这种算式。

符号算式 sign 的语法是比较奇怪和特殊的，原则上，它应该是终结符+跟着一个 prim，或者终结符-跟着一个 prim，例如+22、-56 或者-(22+33)。再不济，它就是一个 prim。正负号的优先级别是很高的，在乘性算式和加性算式中，它是需要先计算的部分，例如对于算式-5+25 来说，它等同于(-5)+25；对于-30*2 来说，它等价于(-30)*2。

上面的例子体现了正负号的正常优先级别，但是再来看-sin30 和-3^2。对于前者，终结符-的后面不是 prim 而是 tri，即 sin30；对于后者，它应当被视为-(2^3)而不是正常优先级别的(-3)^2。

所以，语法上规定，一个 sign 可以是终结符"+"连接一个 pow，或者终结符"-"连接一个 pow，或者直接是一个 prim。这既体现了它的正常优先级别，也兼顾了生成法则。

因为 sign 可以是终结符"+"或者"-"连接一个 pow，一个 pow 可以是一个 tri，一个 tri 又可以是一个 sign，而 sign 又可以是一个 pow（当然，一个合法的算式不会这样无限递归下去，一个 sign 迟早会是一个 prim），递归的结果是产生像--3、

---sin30、--+2^3这样的算式，但这都是合法的，分别等价于3、-sin30和2^3。

基本算式prim已经有所介绍，它可以是一个数字，也可以是用终结符（和）括住的另一个算式expr。这显然是一个反过来从头重新递归的过程，但很好理解。

现在让我们把上面的介绍串联起来，给定一个完整而且简单的算式35，它的值就是数字35，但按照上面的语法，它是怎么算出来的呢？

首先，从语法上来看，一个算式expr是一个mul，这可以看成expr要求mul返回加性运算符左边的部分，也就是运算符+或者-的左操作数。即，expr把寻找其左操作数的任务交给了mul。

来看mul的语法，它首先是一个乘幂算式pow。这可以看成mul要求pow返回乘性运算符*或者/的左操作数。即，mul也把寻找其左操作数的任务交给了pow。

接着来看pow的语法，它首先是一个三角算式tri。这可以看成pow要求tri返回乘幂运算符^的第一个操作数。即，pow又把寻找乘幂操作数的任务交给了tri。

轮到tri了，从语法上看，它是以终结符sin或者cos开头的算式，或者，如果算式中没有这两个终结符，那它就是一个sign。所以这位仁兄糊弄不过去了，没办法将任务**直接**交给它的下一级。于是它检视算式，看看当前位置是否以终结符sin或者cos开头，如果是，它就知道这果真是三角算式，再要求sign提供sin或者cos后面的内容，等sign返回操作数后，它再计算出正弦或者余弦的结果，或者组成一个正弦或者余弦算式，并把结果或者算式返回给pow。但这里就只有一个35，并没有sin或者cos，所以它最终把任务交给了sign。

对于sign来说，从语法上看，它是以终结符+或者-开头的算式，或者，如果算式中没有这两个终结符，那它就是一个prim。所以，和tri一样，它也没办法将任务**直接**交给下一级。于是它检视算式，看看当前位置是否以终结符+或者-开头，如果是，它就知道这果真是符号算式，再要求pow提供+或者-后面的内容，等pow返回操作数后，它再计算出正数或者负数，或者组成一个符号算式，并把结果或者算式返回给tri。但这里就只有一个35，并没有+或者-，所以它最终把任务交给了prim。

最后，从语法上来看，prim可以是一个数字（NUM）。于是它检视算式，看当前位置是不是一个数字。它一看，竟然还真是！于是它把这个35从数字字符转换为数值，然后返回给sign，而sign又将它返回给tri，tri再将它返回给pow。

pow拿到了它的第一个操作数，然后看它后面是不是终结符^，如果是，它将再次要求tri提供后面的操作数，然后计算乘幂的结果，或者组成乘幂算式，并把结果或者算式返回给mul。但这里就只是一个35，后面什么也没有了，于是它将35返回给mul。

mul拿到了它的第一个操作数，然后看它后面是不是终结符*或者/，如果是，它将再次要求pow提供后面的操作数，然后计算相乘或者相除的结果，或者组成乘性算式，并把结果或者算式返回给expr。但这里就只是一个35，后面什么也没有了，于是它将35返回给expr。

expr拿到了它的第一个操作数，然后看它后面是不是终结符+或者-，如果是，它将再次要求mul提供后面的操作数。但这里就只是一个35，后面什么也没有了，于是35就是整个表达式的计算结果。

练习 11.2

给定一个完整的算式-(2+3)^3^2-6*sin30+8^(1/3)，请依照前面的语法规则分析它的解析和计算过程。

11.2.3 词法分析

词法分析的任务是将输入的算式拆解为一系列记号，为后面的语法和语义分析做准备。先来看 main 函数，它先打印一个冒号，提示用户在后面输入算式。接着我们声明了一个长度为 1024 的数组，并用标准库函数 fgets 从用户那里接受输入，该函数将把用户输入的算式存入这个数组。

接着我们调用了函数 parse_token，它用于执行词法分析，这是我们自己编写的函数，位于程序的前面，其目标是将用户输入的算式拆解为记号，同时进行初步的错误检查。记号必须是合法的运算符和数字，拆解后需要用另一种格式加以描述，比如记号的类型（数字、加、减、乘幂，等等）、数值（仅当记号的类型为数字时才有用），等等。为此，我们定义了一种结构类型 struct stgTOKEN 来描述每一个记号。

在这个结构类型里，成员 ttype 用于描述记号的类型，该成员被声明为枚举类型 enum TOKEN。枚举类型 enum TOKEN 的成员是一些枚举常量，用来代表不同的运算符。例如，LPARN 和 RPARN 分别表示左圆括号和右圆括号；MINUS 和 PLUS 分别表示正号和负号；POW 代表乘幂；MUL 和 DIV 分别表示乘和除；SIN 和 COS 分别表示正弦和余弦；ADD 和 SUB 分别表示加与减。因为有些运算符较长，比如 sin 和 cos，在程序中辨别比较困难，使用枚举常量来代表它们可以获得方便。

注意，由于正号和加法都是"+"而负号和减法都是"-"，我们将 ADD 的常量值设置为与 PLUS 相同，而将 SUB 的常量值设置为与 MINUS 相同。这样做不仅仅是因为它们是同一种图形字符，而且是因为在词法分析阶段确实无法区别一个"+"或者"-"到底是代表符号呢，还是代表加法和减法。然而，尽管 PLUS 和 ADD 具有相同的常量值且 MINUS 和 SUB 也具有相同的常量值，但是在语法分析阶段，却能够根据语法（各自的用法，比如对于算式-5-6来说，前一个"-"是负号而后一个是减法）来将它们分开，不必担忧。

结构类型的 value 成员用于保存记号的值，在当前版本的计算器程序里，它只对数字类型的记号有用。

原则上，可以声明一个 struct stgTOKEN 类型的数组来保存拆解出来的记号，但为了使程序更有弹性，我们决定使用链表。因为这个原因，该结构类型还包括一个 next 成员，以指向链表的下一个节点。

注意，在结构类型 stgTOKEN 的声明中使用了存储类指定符 typedef，所以这个声明不但声明了该结构类型，还将 stgTOKEN 声明为这种结构类型的标记。同时，它还将 STOKEN 声明为 struct stgTOKEN 类型的别名，将 PTOKEN 声明为 struct stgTOKEN *类型的别名。

函数 parse_token 拥有一个参数 exprs，它指向我们输入的算式（字符串），我们通过它来遍历算式中的每一个字符，将它们识别或者组合为记号，为此我们还使用了 while 语句。当我们递增变量 exprs 的值时，它就指向下一个字符，所以 while 语句的控制表达式为* exprs != '\0'，这可以确保循环在到达字符串的末尾时终止。

用户在输入一个算式时，可以使用空白字符，例如空格和制表符。while 语句每循环一次，都将通过变量 exprs 读取一个或者多个字符，并将它们解析为记号，但是必须先跳过字符串中的空白字符。为此我们使用了 isspace 函数，该函数是在 C 标准库的头文件 <ctype.h> 里声明的，其原型为：

  int isspace (int *c*);

这里，参数 c 的值为待测试的字符，如果它是一个标准的空白字符，如' '（空格）、'\f'（走纸）、'\n'（换行）、'\r'（回车）、'\t'（水平制表）、'\v'（垂直制表）或者非字母非数字的本地（区域）字符，例如汉字，则该函数返回非零值。

由程序可知，一旦遇到了空白字符，则跳过它，并递增变量 exprs 的值，令它指向算式中的下一个字符，同时用 continue 语句立即开始下一轮循环。

continue 语句由关键字"continue"和分号"；"组成：

  continue ;

它是跳转语句的一种，而且只能用在迭代语句（do 语句、while 语句和 for 语句）的循环体里，它导致的后果是程序的执行立即跳转到当前循环体的末尾，从而准备开始下一轮的循环。

在 while 语句中，每循环一次都将解析出一个记号，为了保存这个记号，在每次循环开始时我们都会声明 PTOKEN 类型的变量 ptoken，并初始化为 malloc 函数的返回值。由于记号是用结构类型 STOKEN（它是结构类型 struct stgTOKEN 的别名）来描述的，所以为 malloc 指定的大小是 sizeof (STOKEN)。

这个分配来的结构变量将成为链表的尾节点，为此，需要将它的 next 成员赋值为空指针常量 NULL。

接下来的任务就是记号的识别了，为此我们使用了 switch 语句。因为很多记号都是单一的字符，例如+、-、*、/和^，故使用 switch 语句比较方便。switch 语句的控制表达式* exprs 用于取得变量 exprs 的当前值所指向的字符，然后，如果它和字符常量'('相等，则意味着成功判断出左括号这个记号，于是我们将变量 ptoken 的值所指向的那个结构变量的 ttype 成员设置为枚举常量 LPARN，表示该记号是一个左括号。做完这一工作之后，还要递增变量 exprs 的值，令其指向下一个字符。

其他的 case 语句都大致相同，分别用于识别右括号')'、加（正）号'+'、减（负）号'-'、乘幂'^'、乘号'*'和除号'/'，对它们的处理方法和左括号一样。

case 标号里的表达式只能是整型常量表达式，所以无法用于识别像"sin"和"cos"这样的记号，所以我们统一在 default 标号下面处理。在 switch 语句里，如果控制表达式的值与所有 case 标号都不匹配，则由 default 标号处理。

在第一个 if 语句中，函数 strstr 判断当前的记号是否为"sin"，如果是，则将变量 ptoken 的值所指向的结构变量的 ttype 成员设置为枚举常量 SIN，并将变量

exprs 的值加 3，使其指向下一个理论上的记号。函数 strstr 是在 C 标准库的头文件<string.h>里声明的，其原型为：

   char * strstr (const char * *s1*, const char * *s2*);

  这个函数在参数 s1 的值所指向的字符串中搜索并定位由参数 s2 的值所指向的字符串，如果找到了，则返回一个指针，指向后者在前者中第一次出现的位置；如果没有找到，则返回空指针；如果 s2 的值所指向的字符串长度为 0，则返回值为参数 s1 的值。

  基于该函数的工作原理，如果表达式 strstr (exprs, "sin")的返回值等于变量 exprs 的值，则意味着由变量 exprs 的值所指向的字符串是以"sin"这三个字符开头的。或者说，当前的记号确实是"sin"无疑。

  同样地，在第二个 if 语句中，函数 strstr 判断当前的记号是否为"cos"，如果是，则将变量 ptoken 的值所指向的结构变量的 ttype 成员设置为枚举常量 COS，并将变量 exprs 的值加 3，使其指向下一个理论上的记号。

  如果上面所说的记号都不符合，则它还可能是一个数字。我们决定让这个程序支持浮点数字，浮点数字通常都以数字字符或者字符常量'.'开头，例如 255.3 和.25。为此，第三个 if 语句首先判断由变量 exprs 的值所指向的字符是否为数字字符或者'.'，如果是的，则意味着下一个记号是数字。对数字字符的判定是借助于函数 isdigit 来完成的，该函数是在 C 标准库的头文件<ctype.h>里声明的，其原型为：

   int isdigit (int *c*);

  这里，参数 c 的值为待测试的字符，如果它是'0'、'1'、'2'、'3'、'4'、'5'、'6'、'7'、'8'、'9'这十个数字字符中的任何一个，则该函数返回非零值。

  既然是一个数字记号，那么就要继续收集后面的数字字符和'.'以组成一个完整的浮点数。这个工作挺烦人的，好在有一个现成的函数可用，它的名字叫 strtod，是在 C 标准库的头文件<stdlib.h>里声明的，其原型为：

   double strtod (const char * restrict *nptr*, char * * restrict *endptr*);

  另外还有两个类似的函数，参数都相同，只是返回类型不一样：

   float strtof (const char * restrict *nptr*, char * * restrict *endptr*);
   long double strtold (const char * restrict *nptr*, char * * restrict *endptr*);

  函数 strtod 将一个字符串的初始部分转换为 double 类型的浮点数，该字符串是由参数 nptr 的值所指向的。在转换之前，该函数将字符串分成三个部分：空白字符（如果该字符串以一个或多个空白字符开始）、对应着一个浮点常量的字符序列（这是该函数所关注的部分），以及不可识别的后续字符。然后，该函数将上述第二部分转换为浮点数，这也是该函数的返回值。

  参数 endptr 的类型是指向指针的指针。这就是说，它的值是一个指针，指向一个（指向 char 的）指针类型的变量。换句话说，我们应当声明一个 char *类型的变量并把它的地址传递给 endptr。

  如果转换是可以进行的，那么该函数的返回值就是转换后的值，且将指向上述第三部分的指针写入到变量 endptr 的值所指向的变量；如果上述第二部分不符合期望的形式，则转换不能进行，函数的返回值是 0，且变量 nptr 的值被写入变量 endptr 的值所指向的变量。

举例来说，如果参数 nptr 的值指向字符串" 25.xyz "，则该函数返回 25.0，且参数 endptr 的值指向剩余的字符串"xyz"；如果参数 nptr 的值指向字符串 ".25geek"，则该函数返回 0.25，且参数 endptr 的值指向剩余的字符串"geek"；如果参数 nptr 的值指向字符串"78"，则该函数返回 78.0，且参数 endptr 的值指向原字符串末尾的空字符。

函数 strtod 支持以指数形式表示的浮点数，例如 1e-3 或者 2.5E+2，也支持以"0x"或者"0X"打头的十六进制浮点常量。所以，字符串"2.2e+2hello"和"0x2facep+3world"将被转换为浮点数 220.0 和 1562224.0。这也就是说，我们的计算器程序也支持输入这样的数字。

注意，函数 strtod 支持负数，比如它可以将字符串"-2.2e+2hello"转换为浮点数 -220.0。但是在我们的程序中，正负号是作为记号单独处理的，所以不用它来转换和生成一个负数。

现在让我们回到第三个 if 语句，它首先将变量 ptoken 的值所指向的结构变量的 ttype 成员设置为枚举常量 NUM，然后声明一个 char *类型的变量 sret，调用函数 strtod 并将这个变量的地址传递给该函数的第二个参数 endptr。当然，我们要把变量 exprs 的值传递给第一个参数 nptr。

函数调用的返回值被我们保存在（变量 ptoken 的值所指向的）结构变量的 value 成员里，但是从字符串到浮点数的转换是否进行了，还不能确定。一个比较简单省事的办法是比较变量 exprs 和 sret 的值，如果不一样，说明转换进行了，接下来，我们必须将变量 sret 的值赋给变量 exprs，因为前者的值指向下一个待解析的记号。

顺便说一下，与 strtod 类似的函数还包括 strtof 和 strtold，分别用于将字符串的初始部分转换为 float 类型和 long double 类型的浮点数。

在以上判断过程中，如果识别出一个记号（如果这个记号是 NUM，则还必须执行了从字符串到浮点数的转换），就将通过执行 break 语句跳到 switch 语句的外部。switch 语句的外层依然是 while 语句的循环体，由于刚才已经识别出一个合法的记号并填充了由 malloc 分配的结构变量，现在的任务是把这个结构变量加入到整个链表的末尾。整个链表是由变量 ptotok 来指向的，该变量在程序开头声明，其类型为 PTOKEN，也就是 struct stgTOKEN *类型的别名。

首先，我们要判断链表是否为空（是否存在），如果不存在的话，由变量 ptoken 的值所指向的结构变量就是该链表的第一个节点。为此，我们先用 if 语句判断变量 ptotok 的值是否为空指针常量 NULL，如果是，则将变量 ptoken 的值赋给 ptotok。如此一来，变量 ptotok 的值就指向链表的第一个节点。

如果链表不空，则我们必须遍历整个链表，找到最后一个节点，然后把那个由变量 ptoken 的值所指向的结构变量挂在这个节点之后。为了不破坏变量 ptotok 的值，我们声明了一个新的变量 pt 并令它也指向链表的开头。然后，用变量 pt 遍历链表，找到尾节点，并令尾节点的 next 成员指向由变量 ptoken 的值所指向的那个结构变量。

11.2.4 函数指定符_Noreturn

相反地,对于 while 语句的每一次循环来说,如果在 switch 语句里没有识别出合法记号(或者,如果这个记号是 NUM,但字符串到浮点数的转换实际上没有进行),那么以下两条语句将被顺序执行:

```
free (ptoken);
err_exit (exprs);
```

因为无法识别为正确的记号,因此,由变量 exprs 的值所指向的字符就是算式里的非法字符,这样的算式不能继续计算,必须进行错误处理。

因此,我们先释放由变量 ptoken 的值所指向的内存,它是先前用 malloc 函数分配的,但现在用不上了。然后,再调用函数 err_exit 显示错误消息并退出程序。调用此函数时,我们传入的参数是 exprs,这是因为我们想通过打印算式的剩余部分(包括出错的位置)来告诉用户错误是由哪些东西引起的。

这个 err_exit 我们自己写的函数,回到程序的前面看它的声明,是以 C 语言的关键字"_Noreturn"开始,这个关键字仅用于函数声明,所以称为函数指定符。然而,它并不是唯一的函数指定符,而且引入 C 语言的时间较晚,直到 C11(ISO/IEC 9899:2011)才被加入进来。

从拼写上来看,这个函数指定符的意思是"不返回"。绝大多数函数在执行完毕后,会将控制返回给它的调用者。但是,如果一个函数是用函数指定符_Noreturn 声明的,则表明程序的编写者不准备将控制返回给它的调用者。这是一个优化提示,等于告诉 C 实现当前函数不会返回给它的调用者,不需要为函数的返回做任何准备和清理工作。

应当确保用函数指定符_Noreturn 声明的函数从不返回,因为 C 实现并没有为该函数的返回做任何准备工作(比如栈的清理和平衡栈指针),所以一旦返回,后果难以预料。在下面的例子中,函数 raise_error 的声明是"不返回"的,但它在打印一行内容之后立即执行返回动作,这是不允许的。

```
_Noreturn void raise_error (void)
{
    printf ("Out of memory.\n");
}
```

函数 err_exit 的形参 errmsg 接受一个指向字符串的指针,原则上,该参数的值应当指向出错误信息。在函数内部,printf 函数先打印"***ERROR:",再打印出我们指定的字符串。

接下来,还要调用 free_tokens 函数来释放链表节点所占用的内存空间。这是一个典型的递归函数,参数 pt 的值指向链表的某个节点,如果它的值不是 NULL,则递归调用自己并传递指向下一个节点的指针。

最开始,我们将指向链表首节点的指针(变量 ptotok 的值)传递给该函数。如图 11-8 所示,在递归调用的过程中,每次调用都有参数 pt 的副本。随着递归的继续,参数 pt 的各个副本依次指向链表中的各个节点。在递归调用的最后，参数 pt 的值为 NULL，于是各层调用依次返回。

最里层的调用是通过 return 语句返回的，而对于其他各层来说，在返回前势必要先执行函数调用 free (pt)，于是这将以相反的次序释放链表的各个节点。

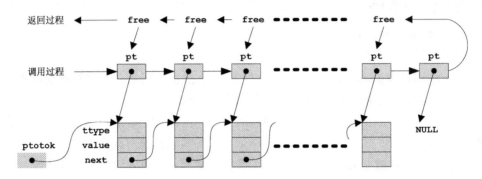

图 11-8　通过递归实现链表节点的释放

继续来看函数 err_exit，在释放了链表的所有节点之后，将调用函数 exit 以终止程序并返回到操作系统。这个函数是 C 标准库函数，在头文件<stdlib.h>里声明的，其原型为：

_Noreturn void exit (int *status*);

显然，这也是一个不返回的函数，因为它是用函数指定符 _Noreturn 声明的。该函数将导致程序的正常终止，而且将刷新所有的流缓冲区，关闭所有打开的流，删除用 tmpfile 函数创建的所有临时文件[②]。参数 status 的值用来返回给宿主环境。

顺便说一下，如果程序的 main 函数是按照标准形式定义的，当它用 return 语句返回到最原始的调用点时，相当于调用 exit 函数并用返回值作为参数；如果是遇到用于终止 main 函数的右花括号"}"返回的，相当于执行了 exit (0)。之所以强调是"返回最原始的调用点"，是因为 C 语言并未限制 main 函数的递归调用，例如：

```
# include <stdio.h>

int main (void)
{
   static int cnt = 3;
   printf ("%d\n", cnt);
   if (cnt --) main (); else return 0;

   printf ("return to host? \n");
}
```

显然，在这个程序中 main 函数被递归调用多次，但只有最后一次返回（返回到操作

---

② 这个库函数用于创建临时文件，本书没有介绍，请参考其他资料。

系统并终止程序）才相当于调用了 exit 函数。还有，在 main 函数的声明中不允许使用函数指定符 _Noreturn。

练习 11.3

1. 请先在纸上推演上述 main 函数的递归调用过程，再上机验证。
2. 在 main 函数每一次递归时，为什么变量 cnt 不会重新初始化为 3？

最后，让我们回到 parse_token 函数。while 语句负责提取所有的记号，如果在退出 while 语句之后链表为空，则意味着用户没有输入算式，或者算式仅由空白字符组成。在这种情况下，也只能显示信息 "empty arithmetic formula."（算式为空）并退出程序，这就是最后一个 if 语句的作用。

11.2.5 语法分析

完成了词法分析后，现在，让我们跟 parse_token 函数一起返回到 main 函数。词法分析的成果是建立了一个记号的链表，下一步就是在这个链表的基础上完成语法分析并进行计算。你可能觉得这个过程不会简单，但实际上很容易，无非就是编写几个函数来实现本章前面所定义的语法。

在 main 函数里，最后一行的 printf 用于打印算式的计算结果，这个结果来自函数调用 exp_exp ()。函数 exp_exp 是语法分析的入口，它的返回值是整个算式的最终计算结果。

注意，在 main 函数里的倒数第二行是把变量 ptotok 的值赋给了变量 pt，这是因为整个语法分析和计算的过程需要访问记号链表的每个节点，而这需要通过移动指向链表节点的指针来完成。虽然变量 ptotok 可用于这个目的，但它是唯一指向链表的变量，改变它将使我们无法再追踪到链表，所以需要使用一个副本 pt。变量 pt 是和 ptotok 一起声明的，位于程序开头。

在 exp_exp 函数看来，任何一个算式都是一些乘法算式用运算符+、-相连接。比如算式-5*6+7-20，在这个函数看来类似这个样子：■+■-■……。至于黑块里的（乘法）算式是什么，它并不关心，那是函数 exp_mul 的职责所在。正是因为如此，在函数 exp_exp 内部，首先声明了一个变量 d 并初始化为函数调用 exp_mul 的返回值，它的意思很明确：我要做加法或者减法了，请 exp_mul 同学把第一个黑块的值算出来给我，那是我的被加数（或者被减数）。

函数 exp_mul 负责对黑块所代表的乘法算式进行语法分析并计算它的值，每当它返回时，变量 pt 的值所指向的记号应该是 ADD 或者 SUB，但也可能是空指针、右括号 ")" 或者其他记号。空指针意味着已经到了算式的尾部，可以收工并返回整个算式的计算结果；右括号是需要特殊对待的，将在下文中加以叙述；其他记号意味着算式不合法，比如说用户输入的算式为 66*2 5，在词法分析结束后，链表中的节点分别是记号 66、*、2 和 5。当函数 exp_mul 返回后，变量 pt 的值指向记号 5，显然这个 5 是不合时宜的，说明用户输入的算式不合法。

基于以上原理，函数 exp_exp 使用 while 语句来做连续的加法或者减法，循环的条件是没有到达算式的尾部（变量 pt 的值不是空指针）。在循环体内，switch 语句判断变量 pt 的值所指向的记号，如果是 ADD 或者 SUB，则令变量 pt 的值指向下一个记号，然后调用 exp_mul 函数，让它从这个记号开始提取下一个乘法算式并计算它的值。函数调用的返回值被加到变量 d 或者从变量 d 中减掉，然后用 break 语句跳出 switch 语句并开始下一轮循环，从而实现了连续的加法或者减法。当循环结束时，变量 d 的值就是（整个算式）最终的累加结果，可以用 return 语句返回给调用者。

现在转到函数 exp_mul，它的工作原理和流程与函数 exp_exp 一样，只不过它是负责乘法和除法部分的语法分析。在函数 exp_mul 看来，一个乘性算式是由运算符*或者/连接起来的若干小算式。至于小算式是什么，它并不关心，那是函数 exp_pow 的职责所在。正是因为如此，在函数 exp_mul 内部，首先声明了一个变量 d 并初始化为函数调用 exp_pow 的返回值，它的意思很明确：我要做乘法或者除法了，请 exp_pow 同学给出被乘数或者被除数。

每当 exp_pow 函数返回时，变量 pt 的值所指向的记号应该是 MUL 或者 DIV，但也可能是空指针或者其他记号。空指针意味着已经到了算式的尾部，可以收工并返回乘法算式的计算结果；和 exp_exp 函数不同，其他记号并不意味着一个错误，而是意味着已经到达乘性算式的边界以外。这个记号可能是 ADD、SUB 或者 RPARN，它们不能被 exp_mul 及其所调用的其他语法分析函数识别和处理。

基于以上原理，函数 exp_mul 使用 while 语句来做连续的乘法或者除法，循环的条件是没有到达算式的尾部（变量 pt 的值不是空指针）。在循环体内，switch 语句判断变量 pt 的值所指向的记号，如果是 MUL 或者 DIV，则令变量 pt 的值指向下一个记号，然后调用 exp_pow 函数，让它从这个记号开始提取下一个乘幂算式并计算它的值。函数调用的返回值被乘到变量 d 或者从变量 d 中除掉，然后用 break 语句跳出 switch 语句并开始下一轮循环，从而实现了连续的乘法或者除法。当循环结束时，变量 d 的值就是乘性算式的结果，可以用 return 语句返回给调用者。

在 switch 语句中，如果发现变量 pt 的值所指向的记号无法识别，则意味着已经到了乘性算式的边界之外，任务已经完成，应立即返回乘性算式的值。

再来看 exp_pow 函数，它负责处理的算式是从变量 pt 的值所指向的记号开始的。该函数负责乘幂的语法分析，而且在它看来，一个乘幂算式是由运算符^所连接的若干小算式组成，形如■^■^■，至于小算式是什么，它并不关心，那是函数 exp_tri 的职责所在。因此，它首先声明了一个变量 d 并初始化为函数调用 exp_tri 的返回值。

每当 exp_tri 函数返回时，变量 pt 的值所指向的记号应该是 POW，但也可能是空指针或者其他记号。空指针意味着已经到了算式的尾部，可以收工并返回乘幂算式的计算结果；其他记号并不意味着一个错误，而是意味着已经到达乘幂算式的边界，因为这个记号不能被 exp_pow 及其所调用的其他语法分析函数识别和处理。

基于以上原理，函数 exp_pow 在取得一个三角算式的值后，紧接着判断到达算式的尾部（变量 pt 的值不是空指针），以及变量 pt 的值所指向的记号是否为 POW。

我们知道，在运算符&&或者||的左操作数求值和右操作数求值之间有一个序列点，因此，只有在变量 pt 的值不是空指针的情况下，才会继续求值右操作数，也就是通过变量 pt 的值访问它所指向的结构变量，并判断它的 ttype 成员是否为记号 POW，从而避免因访问不存在的结构变量而出现问题。

在循环体内，令变量 pt 的值指向下一个记号，然后调用 exp_tri 函数，让它从这个记号开始提取下一个三角算式并计算它的值。

函数调用的返回值被用于乘幂运算。乘幂运算是用 C 标准库函数 pow 来完成的，该函数是在 C 标准库的头文件<math.h>里声明的，其原型为：

  double pow (double *x*, double *y*);

这个函数很简单，就是计算 x 的 y 次幂，即 x^y。还有另外两个相似的函数，但参数和返回值的类型分别是 float 和 long double：

  float powf (float *x*, float *y*);
  long double powl (long double *x*, long double *y*);

在这个函数里，唯一的难点是运算符的结合性。加减乘除都是从左往右结合的，这种结合性和算式的分析处理方向一致，比较容易，我们已经在 exp_exp 和 exp_mul 函数里轻松自然地实现了。但是，乘幂运算是从右往左结合的，这需要先搞清楚这个乘幂算式的全貌。难不成我们得先将这个乘幂算式完整地提取出来，再从右往左计算吗？

这当然是可以实现的，但是比较麻烦。好在我们拥有递归这个手段，把它用在这里是最好的选择。现在，给定一个表达式 2^3^1+6，即 $2^{3^1}+6$，让我们来看看递归的过程。

每当进入 exp_pow 函数后，首先要做的就是声明变量 d 并初始化为 exp_tri 函数的返回值。因此，如图 11-9 所示，第一次进入 exp_pow 函数时，变量 d 的值为 2，且函数 exp_tri 返回后，变量 pt 的值所指向的记号为 POW，于是再令变量 pt 的值指向下一个记号，并要求计算表达式 pow (d, exp_pow ())的值，并把返回值再次赋给变量 d。

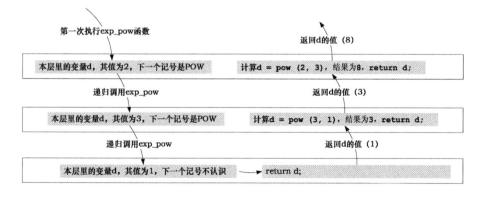

图 11-9　用递归实现运算符的从右往左结合

这显然是一个递归调用，于是再次进入函数 exp_pow 执行。如图 11-9 所示，这次又声明了变量 d 并初始化为函数 exp_tri 的返回值。这个新的变量 d 在初始化之后，其值为 3，且函数 exp_tri 返回后，变量 pt 的值所指向的记号又是 POW，于是再令变量 pt

的值指向下一个记号，并要求计算表达式 pow (d, exp_pow ()) 的值并把返回值再次赋给变量 d。

好吧，这又是一次递归调用。于是再次进入函数 exp_pow 执行。如图 11-9 所示，这次递归调用再次声明了变量 d 并初始化为函数 exp_tri 的返回值。这个新的变量 d 在初始化之后，其值为 1。与前两次不同，这次，函数 exp_tri 返回后，变量 pt 的值所指向的记号是 ADD 而非 POW，于是执行 return 语句将变量 d 的值返回。

在图 11-9 中，水平方向上被框在一起的两个部分属于同一个递归层次。当递归调用从最里层返回到第二层后，将用第二层里的变量 d 和返回值一起做乘幂运算，计算的结果为 3^1，也就是 3。这个结果被赋给这一层的变量 d，并在退出 if 语句后将变量 d 的值返回（返回值为 3）。

现在已经返回到了最外层。在这一层里，变量 d 的值为 2，可继续使用该变量的值和返回值一起做乘幂运算，计算的结果是 2^3，也就是 8。这个结果被赋给这一层的变量 d，并在退出 if 语句后将变量 d 的值返回（返回值为 8）。

相比之下，函数 exp_tri 的语法分析和计算过程特别简单，因为它在语法上不是递归的。理论上，三角算式是由运算符 sin 或者 cos 引导的，所以这个函数必须要判断变量 pt 的值所指向的记号是否为 SIN 或者 COS。但是在此之前，还必须确保 pt 的值不是空指针（指向算式的末尾）。如果 pt 的值是空指针，那意味着用户输入的算式不合法，例如 5*2^，函数 exp_pow 调用 exp_tri，希望它返回运算符^后面的东西，但 exp_tri 发现已经到了整个算式的尾部。在这种情况下，函数 exp_tri 调用 err_exit 函数报告错误"the tail of the formula needs a number."，意思是算式的末尾需要一个数字。

回到 switch 语句，如果变量 pt 的值所指向的记号是 SIN，则令变量 pt 的值指向下一个记号，然后用 return 语句返回表达式 sin (exp_sig ()) 的值；如果变量 pt 的值所指向的记号是 COS，则令变量 pt 的值指向下一个记号，然后用 return 语句返回表达式 cos (exp_sig ()) 的值。注意，一个三角算式并非一定是像 sin30 或者 cos60 这样的式子，它可能仅仅是一个符号算式，例如 60 或者-50。所以，如果变量 pt 的值指向其他记号，则转到 default 标号并用 return 语句返回表达式 exp_sig () 的值。

函数 sin 和 cos 分别用于计算正弦和余弦，这两个函数是在 C 标准库的头文件 <math.h> 里声明的，其原型分别为：

```
double sin (double x);
double cos (double x);
```

函数 sin 计算并返回参数 x（的值）的正弦；函数 cos 计算并返回参数 x（的值）的余弦。注意，这两个库函数使用弧度而不是角度，这意味着在用户输入算式时只能使用弧度而不能使用角度。当然，如果你习惯使用角度，则应该将程序中的那两个标号语句修改成下面这样：

```
case SIN: pt = pt->next; return sin (3.14159 / 180 * exp_sig ());
case COS: pt = pt->next; return cos (3.14159 / 180 * exp_sig ());
```

函数 sin 和 cos 的参数和返回类型都是 double，但是 C 标准库还提供了另外一些函数：sinf 和 sinl 用于计算正弦，cosf 和 cosl 用于计算余弦，但参数和返回值的类型各不相同。这些函数也都是在 C 标准库的头文件<math.h>里声明的，其原型为：

```
float sinf (float x);
long double sinl (long double x);
float cosf (float x);
long double cosl (long double x);
```

再来看 exp_sig 函数，它负责分析并返回符号算式的值。但如果变量 pt 的值是空指针，那意味着用户输入的算式不合法，例如 5*2^sin，当函数 exp_sig 被调用时，是希望它返回运算符 sin 后面的东西，但 exp_sig 发现已经到了整个算式的尾部。在这种情况下，函数 exp_sig 调用 err_exit 函数报告错误 "the tail of the formula is incomplete."，意思是算式的末尾不完整，缺少东西。

如果变量 pt 的值指向的记号是 PLUS 或者 MINUS，则需要递归调用 exp_pow 函数来解析这两个记号的操作数；如果指向其他记号，则只能交由函数 exp_pri 加以处理。无论如何，在由其他函数处理前，变量 pt 的值需要指向下一个记号。

由于 exp_pow 函数的定义位于当前函数之后，为了调用它，我们在当前函数的开头做一个不带函数体的声明。

表达式+ exp_pow ()和- exp_mul ()分别是正号表达式和负号表达式。在 C 语言里，运算符+和它的右操作数共同组成正号表达式，例如+30；运算符-和它的右操作数共同组成负号表达式，例如-printf ("hello")。

正号运算符+和负号运算符-都只需要一个右操作数，因而属于一元运算符。一元运算符+或者-的操作数必须是算术类型，如果操作数是整数，则一元运算符+或者-的结果是该操作数整型提升后的值，结果的类型是该操作数提升后的类型[③]；否则，这两个运算符的结果是其操作数的值，结果的类型是其操作数的类型。

给定以下声明，则表达式-c 的值为-1，类型为 int；表达式-i 的值是-2，类型为 long int；表达式-f 的值是-3.0，类型为 float。

```
char c = 1;
long int i = 2;
float f = 3.0;
```

一元运算符+和-的优先级低于函数调用，因此，表达式+ exp_pow ()和- exp_mul ()求值时，是先执行函数调用，一元运算符+和-分别作用于函数调用的返回值。因为函数的返回类型是 double，故函数调用表达式 exp_pow ()的类型也是 double，而表达式+ exp_pow ()和- exp_mul ()的类型，以及这两个表达式的结果类型也都是 double。

函数 exp_pri 用来处理算式中的数字，以及被圆括号括住的部分。但如果变量 pt 的值为空指针，则意味着用户输入的算式不合法。在这种情况下，将调用 err_exit 函数报告错误 "missing number or parenthesis."，意思是缺少数字和括号。

如果变量 pt 的值指向记号 NUM，那么，先取得这个记号的值，令变量 pt 的值指向下

[③] 注意，要正确理解这句话。如果原类型的阶高于 int 或者 unsigned int，则提升后的类型依然是原来的类型。

一个记号，也就是跳过当前这个已处理的记号，然后返回刚才取得的值。

如果变量 pt 的值指向记号 LPARN，那么，这意味着遇到了一个括住的算式。括住的算式需要从头做语法分析和处理，故令变量 pt 的值指向下一个记号，也就是跳过当前这个左括号"("，然后递归调用 exp_exp 函数分析处理被括住的部分。问题是 exp_exp 函数的定义位于当前函数之后，为了调用它，我们在当前函数的开头做一个不带函数体的声明（同时也声明了变量 d）。

现在让我们转到函数 exp_exp，该函数将括号内的算式视为用运算符+或者-连接的几个子算式。在 while 语句内，如果遇到的记号不是 ADD 或者 SUB，则它可能意味着用户输入的算式不合法，例如 5*6+3-*，但也可能意味着遇到了右括号")"。如果是右括号，但它是否有匹配的左括号还不一定，例如 5*6+3-) 就是一个非法的算式。

因为上述原因，我们在整个源文件的开头声明了一个静态存储期的变量 nparen，并初始化为 0（就算没有这个初始化器，它也将被初始化为 0）。在函数 exp_pri 里，如果遇到一个左括号，则将递增变量 nparen 的值。

在函数 exp_exp 里，switch 语句的 default 标号用来处理记号不能识别为 ADD 或者 SUB 的情况。如果记号是右括号，而且变量 nparen 的值不为 0，则意味着这个右括号与一个左括号配对，是合法的存在，于是返回整个算式或者括号内的算式的值。否则，将调用 err_exit 函数报告错误"missing '+,-,*,/,^,(' token."。

回到 exp_pri 函数，对函数 exp_exp 的递归调用最终还要返回，而且返回后，变量 pt 的值应该指向与左括号相匹配的右括号。

递归调用返回后将执行其后的 if 语句，该语句在变量 pt 的值不为空指针且指向的记号为右括号时递减变量 nparen 的值，令变量 pt 的值指向下一个记号，也就是跳过当前这个右括号，然后返回括号内（的算式）的值。

相反地，如果递归调用返回后变量 pt 的值是空指针，或者它所指向的记号不是右括号，则意味着用户输入的算式不合法，将自动"顺流而下"转到 switch 语句的 default 标号执行。

因为 exp_pri 函数仅用来处理记号 NUM 和 LPARN，如果不是这两个记号，就意味着用户输入的算式不合法，将转到 switch 语句的 default 标号执行。在这里，break 语句使得控制跳出 switch 语句，然后调用 err_exit 函数报告错误"missing number or parenthesis."。

显然，为了处理括号，我们在递归调用 exp_exp 函数前递增变量 nparen 的值，而递归调用返回后又递减它的值。唯一的问题是为何要选择递增递减而不是置 1 和置 0。这样设计是为了能够处理括号嵌套的情况，例如 5+(3*(22-8))。

下面是这个程序的翻译和执行情况。注意，这个程序还能充当一个十六进制到十进制的转换器。

```
D:\exampls>gcc c1102.c -o calc.exe

D:\exampls>calc
:23
```

```
23.000000

D:\exampls>calc
:23+5*6
53.000000

D:\exampls>calc
:-(-5*6+2^sin.5)
28.605812

D:\exampls>calc
:2^2^2*100
1600.000000

D:\exampls>calc
:0xffff
65535.000000

D:\exampls>calc
:22+y
***ERROR:y
```

11.3 树和二叉树

在上面的计算器程序里,语法分析和计算是同时进行的。对于简单的计算器程序来说这样做比较方便,但按照正常的流程来说,语法分析的结果是生成一个语法树。

和数组、链表一样,树是一种数据结构。如图 11-10（a）所示,这是一个典型的单向链表,其每个节点都通过一个指针成员指向下一个节点。对于每个节点来说,它的上一个节点称为直接前驱,它的下一个节点称为直接后继。

和链表不同,如图 11-10（b）所示,树的每个节点都只有一个直接前驱,但却可以拥有多个直接后继,这样就形成了一个倒置的树形结构。

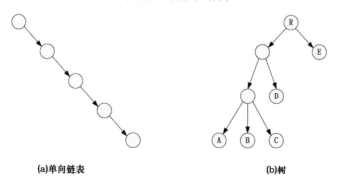

图 11-10　链表和树的区别

在每一个树形的数据结构中，都有一个没有前驱的结点，称为树根；可以有多个没有后继的节点，称为树叶。这就是说，图 11-10（b）中的 R 节点是根节点；A、B、C、D 和 E 是叶节点。

进一步地，在一个树形结构中，如果每个节点最多允许有两个直接后继，则这样的树称为二叉树。二叉树是应用较多的数据结构，比如可以用来描述计算器算式的语法组成。举例来说，给定一个算式 8 * (5 + 6) + sin30，可用图 11-11 所示的语法树来表示。

语法树可以很清楚地表达算式的计算顺序，因为运算符的优先级和结合性都在树中体现出来了。如图中所示，整个算式实际上是在做加法，运算符+的左操作数是运算符*的结果，右操作数是运算符 sin 的结果。对于运算符 sin 来说，其操作数是 30；对于运算符* 来说，其操作数是 8 及运算符+的结果；而对于这个运算符+来说，其操作数是 5 和 6。

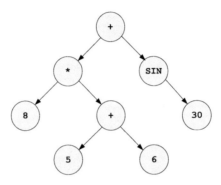

图 11-11　算式 8 * (5 + 6) + sin30 的二叉树表示

这样解释可能依然很笼统，但是没关系，下面就借助于一个实例来展示如何生成一个树形结构，树的节点是什么样子，以及如何访问树上的每个节点。

```c
/************************c1103.c*********************/
# include <stdio.h>
# include <math.h>

enum TOKEN {NUM, ADD, MUL, SIN,};

typedef struct TREENODE
{
   enum TOKEN ttype;
   double value;
   struct TREENODE * L;
   struct TREENODE * R;
} TNODE, * PTNODE;

void traversal (PTNODE pt)
{
   if (pt == NULL) return;
```

```
    switch (pt->ttype)
    {
        case NUM: printf ("%f ", pt->value); break;
        case ADD: printf ("+(%f) ", pt->value); break;
        case MUL: printf ("*(%f) ", pt->value); break;
        case SIN: printf ("sin(%f) ", pt->value); break;
        default: printf ("? ? ");
    }

    traversal (pt->L);   //遍历左子树
    traversal (pt->R);   //遍历右子树
}

double expn (PTNODE pt)
{
    switch (pt->ttype)
    {
        case NUM: return pt->value;
        case ADD: pt->value = expn (pt->L) + expn (pt->R);
                  break;
        case MUL: pt->value = expn (pt->L) * expn (pt->R);
                  break;
        case SIN: pt->value = sin (3.14159 / 180 * expn (pt->R));
                  break;
        default: printf ("Illegal operator.\n");
                 pt->value = 0;
    }

    return pt->value;
}

int main (void)
{
    /*以下手工创建算式 8 * (5 + 6) + sin30 的树形结构*/
    TNODE n5 = {NUM, 5, NULL, NULL};
    TNODE n6 = {NUM, 6, NULL, NULL};
    TNODE nadd = {ADD, 0, & n5, & n6};

    TNODE n8 = {NUM, 8, NULL, NULL};
    TNODE nmul = {MUL, 0, & n8, & nadd};

    TNODE n30 = {NUM, 30, NULL, NULL};
    TNODE nsin = {SIN, 0, NULL, & n30};

    TNODE root = {ADD, 0, & nmul, & nsin};
```

```
        traversal (& root); //观察各节点的值
        printf ("\n");

        printf ("Result:%f\n", expn (& root));
        traversal (& root); //检查各节点的值是否变化
        printf ("\n");
}
```

这个程序的功能很简单，就是手工构造算式 8*(5+6)+sin30 的语法树，然后从根节点开始访问它的每一个节点，也就是遍历这棵树。在此基础上，我们再通过与遍历相似的操作得到该算式的结果。

要生成一棵树，首先要定义每个节点的结构，为此我们声明了一种结构类型 struct TREENODE，并将 TNODE 定义为这种结构类型的别名。同时，我们还定义了指针类型 struct TREENODE *的别名 PTNODE。

这个结构类型中，成员 ttype 用于保存节点的类型，节点的类型已经被定义为四个枚举常量，分别是 NUM（数字）、ADD（运算符+）、MUL（运算符*）和 SIN（运算符 sin）。支持的运算符确实太少，但只要能够说明问题即可。

成员 value 用于保存节点的值，对于 NUM 节点来说它是具体的数值，对于其他节点来说是运算符的结果；成员 L 用来保存指向左侧直接后继的指针；成员 R 用来保存指向右侧直接后继的指针。以左侧直接后继为根的部分被称为左子树；以右侧直接后继为根的部分是右子树，故也可以说成员 L 用来保存指向左子树的指针，成员 R 用来保存指向右子树的指针。

在 main 函数里，我们是通过手工硬性编码来构造语法树的，要理解这段代码需要结合图 11-12 来看，该图很清楚地表明了节点与变量之间的关系，以及各节点之间的关系。比如说，我们先是声明了结构变量 n5 和 n6，它们代表树中的两个节点。然后，我们又用表达式 & n5 和 & n6 来初始化结构变量 nadd 的 L 成员和 R 成员，也就是令 nadd 指向它的左子树和右子树。后面的语句也做类似的工作，直到这棵语法树被完整构建。

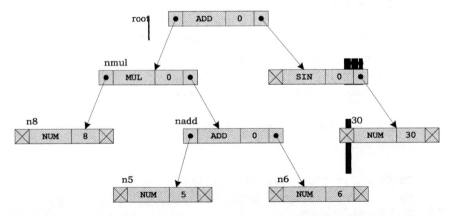

图 11-12　算式 8 * (5 + 6) + sin30 的二叉树节点及节点间的关系

接下来，函数调用表达式 traversal (& root) 用于从根节点 root 来遍历整个树。从函数 traversal 的定义来看，它是递归的，递归能够递次返回的条件是遇到了树叶。因此，每次递归进入该函数时，是先判断参数 pt 的值，如果是空指针则直接返回；否则先遍历左子树，然后遍历右子树。

为了能够"看见"遍历过程，在进入一个节点之后，我们是先打印这个节点的相关信息，对于 NUM 节点，是打印它的值，对于其他节点，是打印它的运算符和节点的值。如果节点的类型未知，则打印两个问号。由于是在遍历左子树和右子树之前打印节点的信息，所以从打印的内容上觉察不到从左子树和右子树的返回。

练习 11.4

如果你觉得有更好的办法能够清楚地展示 traversal 的递归遍历过程，则请修改上述程序来跟踪这个过程。

在 main 函数中，语句

```
printf ("Result:%f\n", expn (& root));
```

打印整个算式的值，但这个值来自函数调用表达式 expn (& root)，而函数 expn 则计算树根节点的值。

从函数 expn 的定义来看，它的工作是非常简单的：如果由参数 pt 的值所指向的当前节点是 NUM，则直接返回节点的值给上级调用；如果是 ADD，则当前节点的值是其左子树的值加上右子树的值。左子树以当前节点的左侧直接后继为根；右子树以当前节点的右侧直接后继为根。子树的计算方法和整棵树的计算方法相同，因此可以递归调用 expn 并传递指向这两个子树的指针 pt->L 和 pt->R。

同样地，如果当前节点的类型是 MUL，则它的值是其左子树的值乘以右子树的值；如果是 SIN，则它的值是其右子树的值的正弦。注意我们在程序中使用的是角度，所以还必须将角度值转换为弧度。

一旦子树的值被返回，当前节点的值就可以算出。在函数 expn 里，节点的值先是被保存在当前节点的 value 成员里，然后返回给上级调用者。为了证实这一点，在 main 函数的最后再次遍历这棵树并显示每个节点的值。

先保存后返回的做法没什么问题，但没有什么用处，不够简洁。实际上，节点的值可以在计算出来以后直接返回而不用保存。以下是该函数的修改版本。

```
double expn (PTNODE pt)
{
    switch (pt->ttype)
    {
        case NUM: return pt->value;
        case ADD: return expn (pt->L) + expn (pt->R);
        case MUL: return expn (pt->L) * expn (pt->R);
        case SIN: return sin (3.14159 / 180 * expn (pt->R));
```

```
        default: printf ("Illegal operator.\n");
                 return 0;
    }
}
```

11.4 计算器的二叉树版本

为了加深对树的理解，我们编写了新版的计算器程序。在上一个版本里，语法分析阶段的成果是直接得到结果，但现在是构造一个语法树，然后在语法树的基础上进行计算。为了增强实用性，在一次计算完成或者出错之后并不退出程序，而是允许你再次输入算式并重新开始计算，除非输入的是"q"或者"Q"。

```
/************************c1104.c*********************/
# include <math.h>
# include <stdio.h>
# include <ctype.h>
# include <stdlib.h>
# include <string.h>
# include <setjmp.h>

enum TOKEN {NUM, LPARN, RPARN, MINUS, PLUS, POW, SIN, COS, MUL, DIV, ADD = PLUS, SUB = MINUS};

typedef struct stgTOKEN
{
    enum TOKEN ttype;
    double value;
    struct stgTOKEN * next;
    struct stgTOKEN * L;
    struct stgTOKEN * R;
} STOKEN, * PTOKEN;

PTOKEN ptotok, ptmptk;
int nparen = 0;
jmp_buf env;

void free_token_list (PTOKEN pt)
{
    if (pt == NULL) return;
    else free_token_list (pt->next);
    free (pt);
}

# define do_next_calc do {\
```

```
                            free_token_list (ptotok);\
                            ptotok = NULL;\
                            nparen = 0;\
                            longjmp (env, 0);\
                       } while (0)

# define do_error(errm) do {\
                            printf ("***ERROR:%s\n", errm);\
                            do_next_calc;\
                       } while (0)

PTOKEN exp_pri (void)
{
    PTOKEN pt, exp_exp (void);

    if (ptmptk != NULL)
        switch (ptmptk->ttype)
        {
            case NUM: pt = ptmptk; ptmptk = ptmptk->next; return pt;
            case LPARN: ptmptk = ptmptk->next;
                    nparen ++; pt = exp_exp ();
                    if (ptmptk != NULL && ptmptk->ttype == RPARN)
                    {
                        nparen --;
                        ptmptk = ptmptk->next;
                        return pt;
                    }
            default: break;
        }

    do_error("missing number or parenthesis.");
}

PTOKEN exp_sig (void)
{
    PTOKEN pt, exp_pow (void);

    if (ptmptk != NULL)
        switch (ptmptk->ttype)
        {
            case PLUS:
            case MINUS: pt = ptmptk;
                    ptmptk = ptmptk->next;
                    pt->L = exp_pow ();
                    return pt;
            default: return exp_pri ();
```

```c
        }

        do_error ("the tail of the formula is incomplete.");
}

PTOKEN exp_tri (void)
{
    PTOKEN pt;

    if (ptmptk != NULL)
        switch (ptmptk->ttype)
        {
            case SIN:
            case COS: pt = ptmptk;
                      ptmptk = ptmptk->next;
                      pt->L = exp_sig ();
                      return pt;
            default: return exp_sig ();
        }

    do_error ("the tail of the formula is incomplete.");
}

PTOKEN exp_pow (void)
{
    PTOKEN pt = exp_tri ();

    if (ptmptk != NULL && ptmptk->ttype == POW)
    {
        ptmptk->L = pt;
        pt = ptmptk;
        ptmptk = ptmptk->next;
        pt->R = exp_pow ();
    }

    return pt;
}

PTOKEN exp_mul (void)
{
    PTOKEN pt = exp_pow ();

    while (ptmptk != NULL)
        if (ptmptk->ttype == MUL || ptmptk->ttype == DIV)
        {
            ptmptk->L = pt;
```

```c
            pt = ptmptk;
            ptmptk = ptmptk->next;
            pt->R = exp_pow ();
        }
        else return pt;

    return pt;
}

PTOKEN exp_exp (void)
{
    PTOKEN pt = exp_mul ();

    while (ptmptk != NULL)
        if (ptmptk->ttype == ADD || ptmptk->ttype == SUB)
        {
            ptmptk->L = pt;
            pt = ptmptk;
            ptmptk = ptmptk->next;
            pt->R = exp_mul ();
        }
        else
            if (ptmptk->ttype == RPARN && nparen != 0)
                return pt;
            else do_error ("missing '+,-,*,/,^,(' token.");

    return pt;
}

void parse_token (const char * exprs)
{
    while (* exprs != '\0')
    {
        if (isspace (* exprs))
        {
            exprs ++; continue;
        }

        PTOKEN ptoken = malloc (sizeof (STOKEN));
        ptoken->next = ptoken ->L = ptoken->R = NULL;

        switch (* exprs)
        {
            case '(' : ptoken->ttype = LPARN; exprs ++; break;
            case ')' : ptoken->ttype = RPARN; exprs ++; break;
            case '+' : ptoken->ttype = PLUS; exprs ++; break;
```

```c
            case '-' : ptoken->ttype = MINUS; exprs ++; break;
            case '^' : ptoken->ttype = POW; exprs ++; break;
            case '*' : ptoken->ttype = MUL; exprs ++; break;
            case '/' : ptoken->ttype = DIV; exprs ++; break;

            default:
                if (strstr (exprs, "sin") == exprs)
                {
                    ptoken->ttype = SIN;
                    exprs += 3;
                    break;
                }

                if (strstr (exprs, "cos") == exprs)
                {
                    ptoken->ttype = COS;
                    exprs += 3;
                    break;
                }

                if (isdigit (* exprs) || * exprs == '.')
                {
                    ptoken->ttype = NUM;
                    char * sret;
                    ptoken->value = strtod (exprs, & sret);
                    if (exprs != sret)
                    {
                        exprs = sret;
                        break;
                    }
                }

                free (ptoken);
                do_error (exprs);
        }

        if (ptotok == NULL) ptotok = ptoken;
        else
        {
            PTOKEN pt = ptotok;
            while (pt->next != NULL) pt = pt->next;
            pt->next = ptoken;
        }
    }

    if (ptotok == NULL) do_error ("empty arithmetic formula.");
```

```c
        return;
}

double exp_cc (PTOKEN pt)
{
    switch (pt->ttype)
    {
        case NUM: return pt->value;
        case MUL: return exp_cc (pt->L) * exp_cc (pt->R);
        case DIV: return exp_cc (pt->L) / exp_cc (pt->R);
        case POW: return pow (exp_cc (pt->L), exp_cc (pt->R));
        case SIN: return sin (exp_cc (pt->L));
        case COS: return cos (exp_cc (pt->L));
        default:
                if (pt->ttype == ADD || pt->ttype == PLUS)
                   return (pt->R == NULL) ? + exp_cc (pt->L)
                                  : exp_cc (pt->L) + exp_cc (pt->R);

                if (pt->ttype == SUB || pt->ttype == MINUS)
                   return (pt->R == NULL) ? - exp_cc (pt->L)
                                  : exp_cc (pt->L) - exp_cc (pt->R);
    }

    do_error ("Illegal token type.");
}

int main (void)
{
    char exprs [1024];

    setjmp (env);

    printf (":");
    fgets (exprs, sizeof exprs, stdin);
    if (* exprs == 'q' || * exprs == 'Q') return 0;

    parse_token (exprs);

    ptmptk = ptotok;
    PTOKEN pt = exp_exp ();

    printf ("%f\n\n", exp_cc (pt));

    do_next_calc;
}
```

在新程序里，结构类型 struct stgTOKEN 增加了两个成员 L 和 R，因为这种结构类型不再单纯地用于创建链表的节点，它也是二叉树的节点，这样它就需要有两个指向子树的指针。

与前一版本相比，词法分析阶段并没有任何不同，照样是生成了一个记号的链表。换句话说，函数 parse_token 的定义没有什么变化，还和从前一样。

新程序的重点在语法分析阶段，因为是要生成一个语法树。听起来似乎有点困难，但事实上，这不过是将链表的节点挑选出来作为树的节点罢了。

函数 exp_exp、exp_mul、exp_pow、exp_tri、exp_sig 和 exp_pri 这六个函数的返回类型不再是 double，而是 PTOKEN。因为这些函数不再直接返回计算结果，而是构建一个子树，并返回指向子树的指针。比如，在 main 函数内调用 exp_exp 函数时，最终将构建一棵语法树，并返回指向根节点的指针；除此之外，在函数 exp_pri 里也将递归调用此函数以解析被括号括住的算式。此时将构造一棵子树，并返回指向子树的指针。

因为是生成语法树，上面这些函数将严格按照语法工作，遵循运算符的优先级别和结合的方向。加性运算符是从左往右结合的，在函数 exp_exp 里，每当 while 语句从链表中发现一个 ADD 或者 SUB 节点，就将其作为新的根节点，其成员 L 指向原先的根节点，成员 R 指向由函数 exp_mul 生成的右子树。

乘性运算符也是从左往右结合的，在函数 exp_mul 里，每当 while 语句从链表中发现一个 MUL 或者 DIV 节点，就将其作为新的根节点，其成员 L 指向原先的根节点，成员 R 指向由函数 exp_pow 生成的右子树。

乘幂运算符是从右往左结合的，在函数 exp_pow 里，所遇到的第一个 POW 节点就是根节点，而之后遇到的 POW 节点都位于根节点的右子树上。如果运算符是从左往右结合的，则可以使用循环语句来构造语法树，就像函数 exp_exp 和 exp_mul 一样；如果运算符是从右往左结合的，则只能使用递归。因此，语句

```
pt->R = exp_pow ();
```

将递归调用当前函数，使得最开始的 POW 节点成为根节点，而后面的 POW 节点及其操作数节点都作为右子树层层构建。

其他三个函数 exp_tri、exp_sig 和 exp_pri 都大同小异，结合前面的语法很容易理解，不再赘述。

语法分析只是生成了语法树，所以还得通过这棵树来计算，这类似于程序翻译过程中的语义分析阶段。

对树进行计算是靠函数 exp_cc 来完成的。这个函数并不复杂，其逻辑和执行流程也非常直观，这都要归功于递归的使用，是递归极大地简化了问题。比如在这个函数中，如果当前节点的类型是 NUM，则直接返回它的数值；如果是 MUL，则递归调用当前函数得到左子树的结果和右子树的结果并将它们相乘。

在这个函数中，唯一的问题是 ADD 和 PLUS 具有相同的常量值，SUB 和 MINUS 也具有相同的常量值。之所以这样做，是因为在词法分析阶段确实分不清正负号和加减号。在语法分析阶段倒是可以分清，而且语法树能够表达出这两种不同的用法，但相同的常量值

依然会对语义分析产生困扰。

好在符号运算符只有一个右操作数，而加性运算符则需要两个操作数。因此，如果当前节点的类型是 ADD 或者 PLUS，则判断是否有右子树。如果没有右子树，则这个"+"的语义是正号；否则其语义是加。

同样的道理，如果当前节点的类型是 SUB 或者 MINUS，则判断是否有右子树。如果没有右子树，则这个"-"的语义是负号；否则其语义是减。

细心的人会对 if 语句的控制表达式 pt->ttype == ADD || pt->ttype == PLUS 提出质疑，因为 ADD 和 PLUS 具有相同的常量值。没错，值一样，但东西不一样，这样写是合乎法理的。

组成 if 语句的那个 return 语句包含了一个条件表达式，虽然这个表达式很长，但很容易理解。

11.4.1 非本地跳转（setjmp/longjmp）

在原先的版本中，一旦发现用户输入的算式不合法，则直接退出程序。然而，这种不分青红皂白直接撂挑子的做法并不好，我们应该给用户机会重新输入。如果用户输入的算式合法，在一次计算完成后，也应该让人家输入别的算式，除非用户明确要求退出程序。

问题在于，发现算式不合法的时候可能正位于一个深层次的递归调用过程中，要想体面地、一层一层地返回到当初的调用点很麻烦。在程序中增加额外的代码也许可以解决这两个问题，但程序会变得复杂，而且使我们不能把全部精力放在程序的业务功能上。

纵观整个程序，对错误的处理都是通过 do_error 完成的。这不是一个函数，而是一个函数式宏定义，它的任务是打印错误信息，然后让用户重新输入算式。由于这个宏包含两条语句，我们将其封装为一个 do 语句，而且这个 do 语句的控制表达式为 0，它实际上并不执行循环操作。你可能觉得奇怪，但这样做是有原因的。

首先，这个宏在使用的时候很像单条语句，但是在扩展之后可能会出现语义问题。考虑下面的例子：

```
if (m != 0) do_error("must be zero.\n");
```

如下面所示，在它扩展之后，如果去掉带有删除线的封装部分，则只有 printf 语句是 if 语句的组成部分，但后面的 do_next_calc 则不是，这就违背了我们的原意。

```
if (m != 0)
do {
    printf ("***ERROR:%s\n", errm);
    do_next_calc;
} while (0);
```

当然，你会说使用复合语句也能解决这个问题，无非就是用一对花括号将 printf 和 do_next_calc 包裹起来。可问题在于，我们习惯于在每一行的尾部加一个分号。如果使用复合语句，则扩展的结果是这样的：

```
if (m != 0)
```

```
        {
            printf ("***ERROR:%s\n", "must be zero.\n");
            do_next_calc;
        };
```

在复合语句的末尾加一个分号，意味着复合语句后面是空语句。这没有任何问题，只是很别扭。

`do_next_calc` 也是一个宏，用于做一些清理工作，比如调用 `free_token_list` 函数释放链表。虽然链表的节点被重组为树的节点，但它们依然通过 `next` 成员保持着链表的形态。最后，`longjmp` 用于使程序从当前位置跳转到另一个预定义的地方重新执行。

我们知道，可以使用标号语句和 `goto` 语句来无条件转移程序的执行流程，但这仅局限于同一个函数内部，你不能用 `goto` 语句跳转到另一个函数内的标号语句那里。那么，当我们希望能够实现函数间的跳转时，有没有办法呢？

有的，C 标准库为我们准备了一套工具，其基本原理是，在程序的执行过程中设置返回点，然后在需要的时候通过调用 C 标准库函数 `longjmp` 跳到返回点。

设置返回点是通过在程序中执行一个宏调用来完成的，这个宏的名字叫 `setjmp`，是在 C 标准库的头文件 <setjmp.h> 里声明的。这个宏被定义为一个表达式（例如函数调用表达式），而表达式有类型也有值，所以它可以看成一个具有如下原型的函数：

```
int setjmp (jmp_buf env);
```

当此宏被调用时，它会记录下当前的位置和状态以便将来返回。请想象一下，函数的调用和返回通常用栈来完成，所以这个宏应该记录当前的栈顶位置，将来跳转时，可以用这个位置来修改栈指针以越过和废弃因函数调用而产生的层层栈帧。当然，它可能还要记载一些别的东西。

宏的参数 `env` 是一个 `jmp_buf` 类型的变量，用来保存上述的位置和状态。`jmp_buf` 是在 C 标准库的头文件 <setjmp.h> 里声明的，它其实是一个数组类型的别名。

实际的跳转动作是通过一个名叫 `longjmp` 的函数来完成的，`longjmp` 的意思是"长跳转"，该函数是在 C 标准库的头文件 <setjmp.h> 里声明的，其原型为：

```
_Noreturn void longjmp (jmp_buf env, int val);
```

显然，因为使用了函数指定符 `_Noreturn`，这个函数也是有去无回的。不过有意思的是，它不从自己返回，却从别人那里返回。参数 `env` 是保存了返回点相关信息的变量，该函数从最近一次用 `env` 来设置返回点的 `setjmp` 返回。说的再多不如一个实例，下面的程序说明了 `setjmp` 和 `longjmp` 的用法。

```
/***************c1105.c**************/
# include <stdio.h>
# include <setjmp.h>

jmp_buf buf;

void do_sth (void)
```

```c
{
   printf ("do nothing.\n");
   longjmp (buf, 0);
}

int main (void)
{
   if (setjmp(buf) != 0)
   {
      printf ("Return of longjmp.\n");
      return 0;
   }

   printf ("Return of setjmp.\n");
   do_sth ();
}
```

在这个程序中，我们声明了一个变量 buf 用于保存返回信息。在 main 函数里，对 setjmp 的调用是 if 语句控制表达式的一部分，当 if 语句执行时，它也必然要执行。

如果 setjmp 返回自对它的直接调用，则返回值为 0。因此，第一次执行 if 语句时，setjmp 的返回值为 0，故程序离开 if 语句，打印 "Return of setjmp."，然后调用函数 do_sth。

在函数 do_sth 里，调用了 longjmp 函数并指定了变量 buf 作为参数。本次调用不会返回，但它在 main 函数里的 setjmp 那里有一个出口。这很像时空转移，又像传说中的虫洞。

如果 setjmp 是从对 longjmp 的调用返回，则返回值为非零。这个返回值是在调用 longjmp 时，通过参数 val 指定的。但是，如果指定的返回值是 0，则 setjmp 的返回值是 1。

在程序中，我们调用 longjmp 时传递的返回值是 0，但从 setjmp 返回时，要重新执行 if 语句的控制表达式 setjmp(buf) != 0 并做分支选择。由于 setjmp 本次返回的结果是 1，故这次 if 语句的第一个子句将被执行，且在打印 "Rreturn of longjmp." 后通过 return 语句结束程序的执行返回操作系统。

回到我们的计算器程序中，对 setjmp 的调用出现在打印冒号 ":" 之前，这个冒号用于提示用户输入一个算式。也就是说，我们在程序开头设置了一个返回点——如果用户输入的算式不合法，它会在程序中的多个地方被检测到，无论在程序中的任何地方，都可以在打印错误信息之后立即返回到这里开始重新执行；如果用户输入的算式合法，那么这个程序将计算并打印结果，并顺序执行到 main 函数的最后一行：

```
do_next_calc;
```

这将跳到 main 函数开头的返回点，重新打印一个冒号并允许用户再次输入。

程序的退出是由用户的输入来控制的。在我们的算式中不存在以 "q" 和 "Q" 开头的语法成分，因此这两个字符可约定为退出程序的记号。在读取用户的输入后，如果第一个字符是 q 或者 Q 则立即退出程序。

宏 setjmp 和函数 longjmp 的实现非常微妙，它们做的工作恰恰是计算机系统中兼容性最差和最难以处理的那一部分。在 setjmp 工作时，它需要保存调用点的状态，以便将来通过 longjmp 再次回到这里时，能够恢复这些状态。要想保证安全，对 setjmp 的宏调用应当符合以下条件之一：

——它是选择语句或者迭代语句的整个控制表达式；

——它是关系或者等性运算符的操作数，但另一个操作数必须是整型常量表达式，而且这个关系或者等性表达式是选择语句或者迭代语句的整个控制表达式；

——它是一元!运算符的操作数，而且这个逻辑非表达式是选择语句或者迭代语句的整个控制表达式；

——它是组成一个表达式语句的唯一表达式，或者，将它转换为 void 类型后所得到的新表达式是组成一个表达式语句的唯一表达式。

最后来看宏 do_next_calc，因为是要重新开始下一轮的输入和计算，所以它要做一些清理和准备工作。首先，它要调用 free_token_list 函数来释放链表上的所有节点。这真是一些奇特的节点，它们用 next 成员链接在一起，形成一个链表；同时还用 L 和 R 成员链接在一起，形成一棵树。

既然链表上的节点都已经被释放，那么，也要将变量 ptotok 的值设置为空指针，它原先是指向链表头节点的。最后，变量 nparen 的值也应当设置为 0，在语法分析阶段，它原先保存着圆括号的匹配状态，但是在新的语法分析开始之前应当恢复为 0。

练习 11.5

1. 修改 free_token_list 函数，使之通过遍历语法树来释放所有节点。

2. 汉诺塔问题：有三根立柱，分别标为 A、B 和 C。有 N 个大小不同的圆盘，且已经按从大到小的顺序叠放在 A 柱上了。现要求将它们全部移到 C 柱上，在移动过程中可以借助 B 柱进行中转。注意每次只能移动一个圆盘，并且在移动过程中必须保持柱上的圆盘大的在下，小的在上。设 N 为 7，编写程序，打印出移盘步骤。

第 12 章

运算符和表达式

  C 语言里的运算符较多，它们用来组成基本表达式、后缀表达式、一元表达式、转型表达式、乘性表达式、加性表达式、移位表达式、关系表达式、等性表达式、逐位与表达式、逐位异或表达式、逐位或表达式、逻辑与表达式、逻辑或表达式、条件表达式、赋值表达式和逗号表达式。

  组成同一类表达式的运算符具有相同的优先级，例如，组成一元表达式的运算符都具有相同的优先级。

  另外，以上表达式的排列顺序是有意安排的：组成基本表达式的运算符具有最高的优先级；组成后缀表达式的运算符次之，后面以此类推，组成逗号表达式的运算符具有最低的优先级。

12.1 全表达式

总体上,如果一个表达式在形式上是独立的,即,不是其他表达式的组成部分,也不是一个声明符的组成部分,那么它就是一个全表达式。下面是全表达式的例子。

第一,如果一个表达式语句不是空语句,那么,去掉该语句后面的分号之后,剩下的部分是一个全表达式。

第二,if、switch、do 或者 while 语句的控制表达式是全表达式。

第三,在 for 语句的语法组成中,括号中的第一部分可以是声明,也可以是表达式,如果是表达式,则它是全表达式;第二部分如果未被省略,它也是一个全表达式;第三部分如果也未被省略,它同样是一个全表达式。

第四,如果 return 语句是由关键字 return 和一个表达式组成的,则此表达式也是一个全表达式。

第五,用于组成声明符的表达式容易被误认为是全表达式,但千万不要弄错了,它不是全表达式。给定声明

```
int a [sizeof (int) * 8];
```

声明符 a [sizeof (int) * 8]包含了一个表达式 sizeof (int) * 8,但这个表达式不是全表达式。

第六,一个初始化器是否为全表达式,要看它是不是复合字面值的组成部分。如果不是,则它就是一个全表达式。

每个全表达式和位于它后面的那个表达式之间存在一个序列点。

12.2 左值转换

从第 1 章我们就开始接触左值转换,但一直没有给出完整的定义,因为当时的知识储备不足以这样做。

除非是作为 sizeof、++、--、一元&、赋值运算符或者成员选择运算符"."的左操作数,一个非数组类型的左值会被转换和替代为它所代表的那个变量的存储值(并因此而不再是一个左值),这称为左值转换。如果左值的类型是限定的,则左值转换后的结果是那种类型的无限定版本。

12.3 基本表达式

基本表达式通常作为其他表达式的基本构件而存在。基本表达式包括:用作表达式的标识符和常量[1]、字面串、泛型选择和括住的表达式。其中,泛型选择是新近引入的。

---

[1] 包括整型常量、浮点常量、枚举常量和字符常量。

12.3.1 泛型选择

在编程实践中，可能会碰到这样的情况：想实现相同或者类似的功能，但需要根据操作数的类型分别实施不同的处理。为此，不得不定义多个不同名的函数。

一个典型的例子是数学函数，如正弦函数。为了应对 double、float、long double、double _Complex、float _Complex 和 long double _Complex 这些类型的参数，标准库定义了相应的函数 sin、sinf、sinl、csin、csinf 和 csinl。

比较明显的是，这些函数都做同一种事情。但是，能不能只定义一个函数，然后根据参数类型的不同来做相应的处理呢？在 C 中的确做不到这一点。为了方便使用，程序员及某些 C 实现，会选择使用宏定义的办法，在程序翻译期间自动选择相应的函数，这就是所谓的泛型宏。在 C11 之前，因为缺乏 C 语言本身的支持，大家的做法各不相同。为了从语言层面上解决这种需求，从 C11 开始 C 标准引入了泛型选择，其语法为：

_Generic (*表达式* , *泛型关联列表*)

这里，泛型关联列表由一个或多个泛型关联组成，如果泛型关联多于一个，则它们之间用逗号","分隔。泛型关联的语法为：

类型名 : *表达式*
default : *表达式*

泛型选择是基本表达式，**它在程序翻译期间求值**，其主要目的是从多个备选的表达式中挑出一个作为结果。泛型选择表达式的类型就是被挑选出的那个表达式的类型；泛型选择表达式的值取决于被挑选出的那个表达式的值。下面通过一个实例来解释泛型选择表达式的功能。

```
# include <stdio.h>
# include <math.h>
# include <complex.h>

# define sin(x) _Generic(x,\
                  float:sinf,\
                  double:sin,\
                  long double:sinl,\
                  float _Complex:csinf,\
                  double _Complex:csin,\
                  long double _Complex:csinl)(x)

int main (void)
{
    printf ("%f\n", sin(.5f));                    //S1

    double _Complex d = sin(.3+.5i);
    printf ("%.2f%+.2f*I", creal (d), cimag (d));
}
```

以上，标识符 sin 被定义为宏，虽然在头文件<math.h>里也声明了一个同名的函数，但这些东西只有在编译和链接阶段才会处理，预处理器仅执行预处理指令，对变量啊函数啊什么的没有什么感知，预处理器会先将 sin 识别为宏名并做宏替换。另外，虽然我们在这里将泛型选择表达式定义为宏体，但泛型选择表达式和宏没有任何关系，这个例子有其特殊性：我们是希望用同一个宏名 sin 来应付不同类型的操作数，并依靠泛型选择表达式解析出与此操作数的类型相匹配的库函数。

以语句 S1 为例，在预处理期间，C 实现将其展开为（为了方便阅读，利用续行符做了对齐处理）：

```
printf ("%f\n", _Generic(.5f, \
                        float:sinf, \
                        double:sin, \
                        long double:sinl, \
                        float _Complex:csinf, \
                        double _Complex:csin, \
                        long double _Complex:csinl) \
                        (x));
```

在泛型选择表达式中，第一个表达式称为控制表达式（上例中的.5f），它并不求值，C 实现只提取它的类型信息。控制表达式只能是赋值表达式及之前的表达式，但这并不是说不允许使用逗号表达式，只是说逗号表达式中的逗号","会在语法分析时引起误会，如果要使用逗号表达式，则必须在两端加上括号，使之成为括住的表达式（基本表达式）。

接着，如果某个泛型关联中的类型名和控制表达式的类型兼容（匹配），则泛型选择的结果表达式就是该泛型关联中的表达式。

在上例中，表达式.5f 的类型是 float，则最终选择的是表达式 sinf，当然，该表达式也是函数指示符。这就是说，在程序翻译期间，上述语句进一步被简化为以下等价形式：

```
printf ("%f\n", sinf(x));
```

泛型关联中的类型名所指定的类型必须是完整的变量类型。也就是说，像 void 这种不完整类型及函数类型都是不允许的。

此外，在同一个泛型选择中，不允许两个或多个泛型关联的类型名所指定的类型互相兼容。换句话说，不允许控制表达式匹配多个泛型关联的类型名。

如果需要，可以使用一个 default 泛型关联。它的价值在于，如果控制表达式的类型和任何一个泛型关联的类型名所指定的类型都不兼容（匹配），则自动选择 default 泛型关联中的表达式。但是，一个泛型选择中只允许有一个 default 泛型关联。

要特别注意的是，泛型选择不能识别数组类型，因为数组类型的表达式会被转换为指向其首元素的指针。

在下面的例子中，字面串"ab"会被转换为指针，而尽管 pa 是指向数组的指针，表达式*pa 的类型是数组，但这个数组也会被转换为指针。因此，当程序运行时，写到标准输出的是"char *"和"int *"而不是"char [3]"和"int [5]"。

```c
# include <stdio.h>

void f (int (* pa) [5])
{
    printf (_Generic ("ab", char * : "char *", char [3] : "char [3]"));

    printf ("\n");

    printf (_Generic (* pa, int * : "int *", int [5] : "int [5]"));
}
```

最后来说一下，如果一个函数被定义为宏之后，如何将它们区分开来。在下面的例子中定义了宏 printf，但它在头文件<stdio.h>里被声明为函数：

```c
# include <stdio.h>

# define printf(s) printf ("I am a macro.\n");

int main (void)
{
    printf("I am a function.\n");        //S1
    (printf)("I am a function.\n");      //S2
}
```

在语句 S1 中，预处理器将首先把 printf 识别为宏并进行宏替换。虽然说传递给宏的参数是 s，指向一个字符串，但这个参数 s 在宏体中并没有使用，宏体中打印的是它自己的字符串。另外，宏替换不是递归的，如果展开后的内容中包含了当前宏的名字，则不再继续展开，所以尽管 printf 被展开后的内容中也有 printf，但不再继续替换。

如果想使用 C 标准库函数 printf，则应该将它用括号括住。这样一来，预处理器会发现标识符 printf 的后面是圆括号 ")"而不是参数列表，这与宏定义不一致，对宏 printf 的调用需要一个参数列表。所以它认为这并不是对宏的调用，将它交由后续的翻译过程处理。

对后续的翻译过程来说，printf 是一个函数指示符，用括号括住的函数指示符是一个基本表达式（括住的表达式），它的值和未加括号时相同，表达式 printf 和 (printf) 的值都是指向函数的指针。

12.4 后缀表达式

后缀表达式包括复合字面值、数组下标、函数调用、（结构或联合的）成员选择，后缀递增和后缀递减。

后缀运算符是从左向右结合的，因此，表达式 a [0].i ++等同于((a [0]).i) ++。

12.4.1 复合字面值

复合字面值形如：

  （*类型名*）｛*初始化器列表*｝
  （*类型名*）｛*初始化器列表*，｝

复合字面值会创建一个没有名字的变量，它的初始值来自初始化器列表，该变量在初始化之后的值也是复合字面值表达式的值。

下例中，复合字面值(int) {0}创建了一个没有名称的变量，变量的初始值为 0。同时，复合字面值作为表达式，也要计算出一个值，这个值为 0。

进一步地，因为该复合字面值位于赋值运算符=的右侧，所以，它所代表的变量将执行左值转换，转换后的值是该变量的存储值，也就是表达式(int) {0}的值。最后，这个值赋给变量 i，赋值后，变量 i 的值也为 0，即

```
int i = (int) {0};
```

作为表达式，复合字面值也有自己的类型，这个类型是其类型名所指定的类型。复合字面值会创建没有名称的变量，而"变量"一词则暗示类型名不允许指定函数类型、变长数组类型、不完整的变量类型。唯一允许的不完整类型是未指定大小的数组，因为可以从初始化器列表中获得它的大小。在这种情况下，复合字面值是完整的数组类型。

复合字面值是表达式，而且还是左值。也正是因为如此，可以编写如下代码：

```
char c = (char []) {"2015-06-27"} [0];
```

上例中(char []) {"2015-06-27"}是复合字面值，它的类型是数组，这是一个左值，因此可以应用下标运算。

下例中的(char []) {'a', 'b', 'c'}是复合字面值，它的类型是数组，具有 3 个元素。这里用运算符&得到其首元素的地址，这是一个指向 char 的指针（char *），可以合法地赋给指针变量 p。

```
char * p = & (char []) {'a', 'b', 'c'} [0];
```

因为在当前这种场合下，数组会自动转换为指向其首元素的指针，所以，此行语句等同于下面这行语句。

```
char * p = (char []) {'a', 'b', 'c'};
```

如果想得到指向数组的指针，那么可以使用下面的方法。

```
char (* p) [] = & (char []) {'a', 'b', 'c'};
```

下面的例子用于创建指针的数组（元素类型为指针的数组）。这是一个嵌套的复合字面值，外部的复合字面值用于创建一个数组，内部的复合字面值用于创建数组的元素，同时用一元&运算符将其变成指向 int 的指针（int *）。因为这是一个元素类型为指针的数组（int * []），在将它赋给 p 时，隐式转换为指向其首元素的指针，即 int * *。

```
int * * p = (int * []) {& (int) {0}, & (int) {1}, & (int) {2},};
```

位于函数外部的复合字面值与块内的复合字面值，它们所创建的变量具有不同的存储期，前者具有静态存储期，在程序启动时创建和初始化；后者具有自动存储期，在程序的执行进入它所在的块时创建，并在程序的执行到达它所在的位置时初始化。

12.4.2 数组下标

数组下标表达式形如：

E1 [*E2*]

数组下标用于得到一个数组变量的元素，即数组变量的子变量，它是一个左值。下面是一些下标表达式的例子。

```
int a [2] = {0, 0}, b [2] [3];
b [0] [1] = a [0] ++;
```

最后一行代码中的 b[0]、b[0][1] 和 a[0] 都是下标表达式。注意，下标表达式 b[0][1] 是从另一个下标表达式 b[0] 递归构建的。

数组下标需要两个不同类型的操作数：一个是指向完整变量类型的指针；另一个是整数。数组下标表达式的结果类型是那个指针所指向的类型。因为在上述语法说明中并未明确指明哪个操作数是指针，哪个操作数是整数，所以，给定声明：

```
int a [3];
```

则以下 3 个语句都包含了正确的数组下标表达式。

```
a [0] = 1;
1 [a] = 1;
2 [a] = ++ 0 [a];
```

其中，左值 a 被转换为指向其第一个元素的指针。如果采用以上后两种写法，对于多维数组的情况就要小心，不要出错。下面给出了正确和不正确的例子。

```
int a [2][3];
a [0][0] = 1;     //可以
0 [a][1] = 2;     //完全正确
1 [0][a] = 3;     //非法
```

最后一个表达式之所以不正确，是因为后缀运算符是左结合的，所以该表达式等同于

```
(1 [0]) [a] = 3
```

显然，这是一个递归构建的下标表达式。而对于下标表达式 1[0] 来说，按要求，1 和 0 中必有一个操作数是指针类型，但 1 和 0 都不是指针。

数组下标表达式 E1[E2] 等价于 (*((E1)+(E2)))。在下面的例子中，a[0] 等同于指针操作 *(a+0)，而指针操作 *(a+1) 等价于下标操作 a[1]。

```
int a [2];
```

```
a [0] = 10086;        //等同于*(a+0) = 10086;
* (a + 1) = 95533;    //等同于a[1]=95533;
```

又如

```
int a [2][3];
a [0][1] = 10086;
```

根据运算符的结合性，表达式 a[0][1]等同于(a[0])[1]。按照上面的规则，这个表达式等同于* (a [0] + 1)。这其中的a[0]可以继续转换，因此，它又等同于表达式 * (* (a + 0) + 1)。类似地，更多维度的数组也可按此办理。

有些读者认为(*((E1)+(E2)))括号太多，有碍观瞻，有这种认识的读者可考虑以下内容：

```
int n, a [2] = {0, 1};
a [n = 1] ++;    //其等价于*(a+n=1)++还是(*(a+(n=1)))++ ?
```

在使用下标指示数组元素时，将数组等同于指针是比较方便的做法，同时它也带来一个额外的效果，即，如果一个指针指向某个变量，那么即使这个变量不是数组，也可以认为它是一个数组，且这个数组只有一个元素。换句话说，在下标操作中，指向变量的指针依然被认为是指向数组首元素的指针，且这个数组只有一个元素。例如：

```
# include <stdio.h>

void f (void)
{
    int i = 10086, * pi = & i;
    printf ("%d, %d\n", pi [0], * pi); //这将会输出两个相同的数
}
```

下面是另一个数组下标表达式的例子，请结合复合字面值，以及下标运算与指针运算的等效性自行分析：

```
# include <stdio.h>

void f (void)
{
    int * * p = (int * []) {& (int) {0}, & (int) {1}, & (int) {2},};
    printf ("%d, %d, %d\n", p [0] [0], p [1] [0], p [2] [0]);
}
```

12.4.3 函数调用

函数调用表达式形如

E (表达式列表)

其中，E 是后缀表达式及之前的表达式。如果要使用其他表达式，则可以用括号将它变成基本表达式；表达式列表（如果有）用于计算传递给函数的实际参数，每个参数之间

要用逗号分开。

注意，表达式列表中的每个表达式要求是赋值表达式及之前的表达式。但这并不是说绝对禁止逗号表达式（只有逗号表达式排在赋值表达式的后面），只是要先把逗号表达式用括号变为基本表达式。下例中，字体加粗的部分都是函数调用表达式：

```
double f1 (void), f2 (double, double), x, y, z;
/* …… */
f1 ();
f2 (0.1, 0.5);
f2 (0.2, (x ++, y ++, z ++));   //第二个参数是逗号表达式
```

在下面这个例子中，函数 f 的返回类型是指向函数的指针；表达式 f()(1) 是一个后缀表达式，它在另一个后缀表达式 f() 的基础上递归构建而成。

```
void (* f (void)) (int) {/* …… */}

void g (void)
{
    f () (1);
}
```

表达式 E 指代被调用的函数，可以是一个指向函数的指针，也可以是函数指示符。如果是函数指示符，则将自动执行函数—指示符指针转换。

下面是一个通过复合字面值及结构成员进行函数调用的例子，在第二个函数调用中，结构的成员 pf 是一个指向函数的指针，可以直接进行函数调用。

```
# include <stdio.h>

void f (int i) {printf ("%d\n", i);}

void g (void)
{
    (void (*) (int)) {f} (0);

    struct t {void (* pf) (int);} t = {f};
    t.pf (1);
}
```

调用函数时，传递的实际参数在进入函数体执行前完成各自的求值。显而易见的是，它们都必须是完整的变量类型，否则将无法求值和传递。每个实际参数将传递给与之相对应的形式参数（实际上是传递给形参所指示的变量）。

下例中，在调用函数 f 时，为它传递了两个参数 3 和 0.01f。D 处是函数 f 的声明，在这种情况下，3 传递给声明 D 中的第一个参数；0.01f 传递给声明 D 中的第二个参数。

```
int f (int, float);           //D
```

```
int g (void)
{
    return f (3, 0.01f);
}
```

表达式 E 是函数指示符的，先求值为指向函数的指针。在函数指示符和每个实际参数的求值之间存在一个序列点。但是，各个实际参数的求值是无序的。因此，函数调用表达式

```
fn (x ++, y ++, z)
```

在函数体开始执行前，表达式 x++、y++ 和 z 必须完成求值，但这 3 个表达式的求值是无序的。

调用一个函数时，如果它是用原型声明的，则要求实参的数量和类型必须与原型一致。当然，在进行这种检查之前，形参或者实参是数组或者函数类型的，将分别自动调整为指向数组首元素的指针和指向函数的指针。实参能够自动转换为形参类型的，也视为一致。

形参可能会被声明为限定的类型，并在函数调用时创建相同限定的形参变量。但是，该变量在接收调用者传递的（实参）值时，被视为是具有无限定的类型。

请看下面的例子。

```
const int x = 0;
void f (const int);
x ++;           //非法
f (x, 1);       //非法：参数太多
f (x);          //合法
```

其中，函数 f 的声明采用了原型的形式，函数调用也是受原型控制的。因为 x 具有 const 限定的类型，故表达式 x++ 是非法的；函数 f 在声明时具有 1 个参数，所以 f(x,1) 也是非法的。尽管函数的参数在声明时具有 const 限定的类型，但这不影响参数传递，不会因为形参是 const 限定的类型而传递不进去。

再来看另一个示例：

```
void f (float f, char a [], void g (void)){/* …… */}
void g (int a []){/* …… */}

void h (void)
{
    f (2.0, "", 0);      //S1：合法
    g ("");              //S2：非法
}
```

以上，S1 和 S2 中的函数调用都是受原型控制的。函数 f 需要三个参数，其类型分别是 float、指向 char 的指针和指向函数的指针。在 S1 中，2.0 的类型是 double，但可以自动转换为 float；"" 是字面串，自动转换为指向 char 的指针；0 是空指针常量，自动转换为指向函数的空指针，类型是 void (*) (void)。

函数 g 需要一个指针类型的参数（int *），但实参的类型却是 char *，无法自动从 char * 转换到 int *，所以 S2 是非法的。

若函数调用不是受原型控制的，即被调用的函数不是采用原型的形式声明的，则将对每一个传递给函数的（实际）参数实施默认实参提升。

下例中，函数 krf 是用传统 K&R 的形式定义的，在调用这个函数时，字符类型的参数 c 被提升为 int；float 类型的参数被提升为 double，但指针类型的参数保持不变：

```
int krf (x, y, z)
char x; float y; float * z;
{
    /* …… */
}

void g (void)
{
    char c = 'x';
    float f = 3.0;
    krf (c, f, & f);
}
```

表达式 E 所指代的函数和实际被调用的函数必须是兼容的函数类型，否则程序的行为是未定义的。

先来看一个简单的例子，在下面的示例中，函数 f 被定义为接受一个 int 类型的参数，并返回一个 int 类型的值。但是，在函数 g 内，f 先被隐式地转换为指向函数的指针，接着，这个指向函数的指针被强制转换为指向另一种函数类型（不接受参数，返回类型为 void）的指针，然后按这个新类型进行函数调用，但这种做法的后果是不可预料的：

```
int f (int x) {/* …… */}

void g (void)
{
    ((void (*) (void)) f) ();
}
```

相比之下，下面这个示例稍微复杂一点：

```
# include <stdio.h>

void (* f (void)) (void)
{
    static _Bool b = 0;
    printf (b -- ? "Copy that.\n" : "Do you copy?\n");
    return (void (*) (void)) f;
}

void g (void)
```

```
{
    f () ();
}
```

以上，函数 f 被定义为不接受任何参数，且返回一个指向函数的指针，被指向的函数也不接受任何参数，且返回类型是 void。

在函数 f 的内部定义了 _Bool 类型的变量 b，它的初值为 0 且具有静态存储期。将它的值减 1 后，非零值被转换为 1；再减 1，又变成 0；再减 1，又变成 1（请参见"类型转换"中和 _Bool 类型有关的部分）。这意味着如果我们多次调用函数 f，则 printf 函数将一直交替输出"Do you copy?"和"Copy that."。当然这不是最重要的，最重要的地方是，函数 f 将返回自己的地址给调用者。但是很明显，返回的类型和函数 f 自己的类型并不相同（所以在返回之前做了转换操作）。

来看函数 g，在 g 的内部调用了函数 f，而且调用了两次。第一次调用，即 f()，是合法的，因为函数指示符 f 在转换为指针后，它所指向的类型就是 f 被定义的类型。但是，第二次调用，即 f()()，是非法的。这是因为，第一次调用时虽然返回了一个指向函数的指针，且这个指针实际上指向函数 f，但这个指针所指向的类型却并不兼容于函数 f。具体地说，这个返回值（指针）所指向的类型是

```
void (void)
```

而函数 f 的类型却是

```
void (* (void)) (void)
```

前者的返回类型是 void，而后者是有返回值的，返回一个指向函数的指针。在这种情况下，以上程序的行为是不可预料的。

要改进上面的例子，可以使用下面的方法，这将在第一次调用函数 f 之后，将它的返回值强制转换为正确的类型，然后再以这个正确的类型再次做函数调用：

```
# include <stdio.h>

void (* f (void)) (void)
{
    static _Bool b = 0;
    printf (b -- ? "Copy that.\n" : "Do you copy?\n");
    return (void (*) (void)) f;
}

void g (void)
{
    ((void (* (*) (void)) (void)) f ()) ();
}
```

下面是一个更复杂的改进版本，将多次调用函数 f，具体的转换和调用过程，可以作为一道思考题，请你自行分析：

```
# include <stdio.h>

void (* f (void)) (void)
{
   static _Bool b = 0;
   printf (b -- ? "Copy that.\n" : "Do you copy?\n");
   return (void (*) (void)) f;
}

void g (void)
{
   typedef void (* (* F) (void)) (void);
   ((F) ((F) ((F) f ()) ()) ()) ();
}
```

C 语言允许直接或者间接地递归函数调用。标准要求 C 实现至少支持向函数传递 127 个参数。相应地，在定义函数时，要至少支持接收 127 个参数。

12.4.4 成员选择

成员选择表达式形如

  E . 标识符
  E -> 标识符

其中，E 是后缀表达式及之前的表达式。如果要使用其他表达式，则可以用括号将它变为基本表达式。标识符是结构或者联合的成员名字。

如果使用运算符 "."，则表达式 E 是一个结构或者联合类型的值或者左值；如果使用了运算符 "->"，则表达式 E 为指向结构或者联合的指针。

如果 E 是左值，或者 E 的类型是指针，则成员选择表达式的结果是一个左值，代表那个成员；否则，成员选择表达式不是一个左值。如果 E 是限定的类型，则成员选择表达式的类型也是限定的。

例如，给定声明：

  struct t {int i; struct {float f;} v;} t, * pt = & t, sa [3];

则以下的语句都包含成员选择表达式。

```
t.i = 0;
t.v.f = 0.0;
pt -> i ++;
sa [0].i = 0;
sa [0].v.f = 0.0;
```

又如，在下面的代码片段中，t 是左值，t.i 也是左值，故 S1 是合法的；函数返回一个结构，可以取得其成员的值，故 S2 是合法的；但是，函数返回的不是左值，故 S3 是非法的；&t 是一个指针，(&t)->i 是一个左值，故 S4 是合法的；赋值表达式 s=t 的结果不是左值，(s=t).i 的结果也不是左值，故 S5 是非法的；同理，在 S6 中，(s=t).i 不是左值，但它在这里的角色是初始化器，不要求必须是一个左值，故它是合法的；m 是一个左值，但它是 const 限定的结构，尽管 m.i 的结果也是左值，但不是可修改的左值，故 S7 也是非法的。

```
struct t {int i;} f (void), s, t = {0};
t.i ++;                    //S1：合法
int x = f ().i;            //S2：合法
f () ++;                   //S3：非法
(& t)->i ++;               //S4：合法
(s = t).i ++;              //S5：非法
int y = (s = t).i;         //S6：合法
const struct t m;          //m 是 const 限定的结构类型
m.i = 3;                   //S7：非法
```

12.4.5 后缀递增

后缀递增表达式形如

  E ++

其中，E 是后缀表达式及之前的表达式。如果要使用其他表达式，则可以用括号将它变为基本表达式。下面是一些后缀递增表达式的例子。

```
int i = 0, j = i ++, * p = & j;
(* p) ++;
for (char * p = "Grace Of Monaco 2014"; * p != '\0'; p ++)
    {/* …… */}
```

后缀递增表达式的结果不是左值，它的值是 E 所代表的变量在递增操作前的原值，而不是递增后的新值。下面的示例演示了后缀递增表达式的值和副作用。

```
# include <stdio.h>

void f (void)
{
    int i = 0, * pi = & i;

    printf ("%d\n", i ++);
    printf ("%d\n", i);

    printf ("%p\n", (void *) pi ++);
    printf ("%p\n", (void *) pi);
}
```

通过以上例子可以看出，指针类型的递增很特殊。有些人可能认为以上最后两个 printf 函数调用可以合并为

  printf ("%d,%d\n", i ++, i);

但这肯定是不可以的。原因很简单，i++ 和 i 的求值顺序是未指定的。

E 要求是实数类型或者是指针类型。不管是哪种类型，都可以是限定或者无限定的，而且必须是可修改的左值；后缀递增表达式的结果类型和 E 的类型相同。所以，类似 i ++ ++、250++ 或者 (p++) = 3 这样的表达式都是非法的。

12.4.6 后缀递减

后缀递减表达式形如

    E --

其中，E 是后缀表达式及之前的表达式。如果要使用其他表达式，则可以用括号将它变为基本表达式。下面是一些后缀递减表达式的例子。

```
int i = 3, j = i --, * p = & j;
(* p) --;
```

后缀递减表达式的结果不是左值，它的值是 E 所指示的变量在递减操作前的原值，而不是递减后的新值。下面的示例用于演示后缀递减表达式的值和副作用。

```
# include <stdio.h>

void f (void)
{
   int i = 3, * pi = & i;

   printf ("%d\n", i --);
   printf ("%d\n", i);

   printf ("%p\n", (void *) pi --);
   printf ("%p\n", (void *) pi);
}
```

E 要求是实数类型或者是指针类型。不管是哪种类型，都可以是限定或无限定的，而且必须是可修改的左值；后缀递减表达式的结果类型和 E 的类型相同。

12.5 一元表达式

一元表达式包括前缀递增、前缀递减、尺寸、对齐、地址、间接、正号、负号、逐位取反和逻辑非表达式。下面是几个一元表达式的例子。

```
int x = 0, y = - ! * & x, a [2] = {0, 1}, * p = a, z = ~ * ++ p;
```

在上面的例子中，&x、*&x、!*&x、-!*&x、++p、*++p、~*++p 都是一元表达式。

一元运算符是从右往左结合的，所以表达式 ! * & p 等价于表达式 ! (* (& p))。另外，一元运算符 +、-、~ 和 ! 统称为一元算术运算符。

12.5.1 前缀递增

前缀递增表达式形如

++ *E*

其中，E 是一元表达式及之前的表达式。如果要使用其他表达式，则可以用括号将它变为基本表达式。若给定声明：

    int a [2] = {0, 1}, * p = a;

那么，++ a [0]、++ p 都是合法的前缀递增表达式。

前缀递增表达式的结果不是左值，它的值是 E 所指示的变量在递增操作后的新值。例如：

    # include <stdio.h>

    void f (int i)
    {
        printf ("%d\n", ++ i);   //表达式++i的值是i递增后的新值
        printf ("%d\n", i);   //查看表达式++i的副作用
    }

有人可能认为以上两个 printf 函数调用可以合并为

    printf ("%d,%d\n", ++ i, i);

但这肯定是不可以的。原因很简单，++i 和 i 的求值顺序是未指定的。

E 要求是实数类型的左值，或者是指针类型的左值。不管是哪种类型，都可以是限定或无限定的类型，而且必须是可修改的左值；前缀递增表达式的结果类型和表达式 E 的类型相同。在语义上，前缀递增表达式++E 等价于表达式 E+=1。

12.5.2 前缀递减

前缀递减表达式形如

-- *E*

其中，E 是一元表达式及之前的表达式。如果要使用其他表达式，则可以用括号将它变为基本表达式。给定声明：

    int a [2] = {0, 1}, * p = & a [1];

那么，-- a [1]、-- p 都是合法的前缀递减表达式。

前缀递减表达式的结果不是左值，它的值是操作数 E 所指示的变量在递减操作后的新值。下面的示例演示了前缀递减表达式的值和副作用。

    # include <stdio.h>

    void f (int i)

```
    {
        printf ("%d\n", -- i);    //表达式--i的值是i递减后的新值
        printf ("%d\n", i);       //查看表达式--i的副作用
    }
```

有时有人可能认为以上两个printf函数调用可以合并为

```
    printf ("%d,%d\n", -- i, i);
```

但这肯定是不可以的。原因很简单，--i和i的求值顺序是未指定的。

E 要求是实数类型的左值，或者是指针类型的左值。不管是哪种类型，都可以是限定或无限定的，而且必须是可修改的左值；前缀递减表达式的结果类型和表达式 E 的类型相同。在语义上，前缀递减表达式--E 等价于表达式 E-=1。

12.5.3 地址

地址表达式形如

    & *E*

其中，E 是一元表达式及之前的表达式。如果要使用其他表达式，则可以用括号将它变为基本表达式。

运算符&的操作数 E 应为左值，结果是操作数 E 的地址，但不是左值。如果 E 的类型是 T，则地址表达式的结果类型是"指向 T 的指针"。例如：

```
    # include <stdio.h>

    void f (void)
    {
        char c, * p = & c;                                       //S1
        int (* pf) (const char * restrict, ...) = & printf;      //S2
        (* pf) ("0x%p\n", (void *) & "hello,world!" [0]);
        char a [5], (* pa) [5] = & a;                            //S3
    }
```

在上例的 S1 中，c 的类型是 char，故&c 的类型是指向 char 的指针（char *），&c 的值可以赋给 p，因为它们类型相同；S2 中，printf 是标准库函数，&printf 是指向 printf 函数的指针，其类型和 pf 相同，可以赋值；S3 中，a 的类型是数组（char [5]），故&a 的类型是指向数组的指针（char (*) [5]），与 pa 的类型相同，可以赋值。

pf 解引用之后是函数指示符，%p 表示要输出一个地址，在这里是字面串被创建为静态数组后第一个元素的地址。此代码实际上可以简单地写成

```
    pf ("0x%p\n", (void *) "hello,world!");
```

原因是字面串在程序转换阶段用于初始化一个静态数组，而这个数组在这里被转换为指向其首元素的指针。

如果 E 是一个间接表达式，或者换句话说，如果一个地址表达式的形式为&*X，那么*和&运算符都不被求值，就像它们被忽略一样（即，&*X 相当于 X），但这两个运算符的操

作数依然要符合各自的规定（也就是说，表达式&*22 依然是不合法的，因为*的操作数应为指针类型，但 22 是整型常量），且表达式的结果依然不是左值。

如果一元运算符&的操作数是运算符[]的结果，如&E1[E2]，由于表达式 E1[E2] 相当于*((E1)+(E2))，所以表达式&(E1[E2]) 又相当于&(*((E1)+(E2)))。于是根据前面所讲述的内容，表达式&(*((E1)+(E2))) 相当于*和&运算符被忽略，即相当于((E1)+(E2))，但不是左值。

12.5.4　间接

间接表达式形如

  *E

其中，E 是一元表达式及之前的表达式。如果要使用其他表达式，则可以用括号将它变为基本表达式。

一元运算符*指示间接引用，其操作数 E 要求是一个指针。下面这个例子是非法的，因为 22 是整型常量，不是指针类型。

  int i = * 22;

一元运算符*的结果取决于其操作数 E 的类型。如果 E 是指向函数的指针，则结果是函数指示符；如果 E 是指向变量的指针，则结果是左值，代表该变量；如果 E 的类型是"指向类型 T 的指针"，则结果的类型是 T。

E 不能是无效指针。比如说，E 可能是空指针，E 所指向的变量可能过了生存期；E 的值是一个变量的地址，但这个地址相对于该变量的类型来说，不是正确对齐的，凡此种种都被视为无效指针，对无效指针解引用的行为是未定义的。

如果 X 是运算符&的有效操作数，则*&X 相当于 X。

12.5.5　正号

正号表达式形如

  + E

其中，E 是一元表达式及之前的表达式。如果要使用其他表达式，则可以用括号将它变为基本表达式。

下面是正号表达式的简单示例。

  int x = + 5, y = + x;

操作数 E 要求是算术类型；正号表达式（或者一元运算符+）的结果是 E 整型提升后的值，结果的类型为提升后的类型。

12.5.6　负号

负号表达式形如

  - E

其中，E 是一元表达式及之前的表达式。如果要使用其他表达式，则可以用括号将它变为基本表达式。

下面是负号表达式的简单示例。

```
int x = - 5, y = - x;
```

操作数 E 要求是算术类型；负号表达式（或者一元运算符-）的结果是操作数 E 整型提升后[②]的负值，结果的类型为提升后的类型。

12.5.7 逐位取反

逐位取反表达式形如

~ E

其中，E 是一元表达式及之前的表达式。如果要使用其他表达式，则可以用括号将它变为基本表达式。

下面是逐位取反表达式的简单示例。

```
int x = ~ 5, y = ~ x;
```

操作数 E 要求是整数类型；逐位取反表达式（或者一元运算符~）的结果不是左值；表达式的结果是 E 整型提升后，逐位取反（原来的比特是 0 的，变为 1；原来的比特是 1 的，变为 0）后得到的值，结果的类型为提升后的类型。

如果 E 经整型提升后是无符号整数类型，则表达式~E 等价于用该无符号类型的最大值减去 E。例如

```
# include <stdio.h>
# include <limits.h>

int f (void)
{
   unsigned x = 1;
   printf ("%x, %x\n", ~ x, UINT_MAX - x);
   return ~ 1UL == ULONG_MAX - 1UL;
}
```

上例中，x 提升后的类型（依然）是 unsigned int，该类型的最大值是 UINT_MAX（它是一个宏，在头文件<limits.h>中定义）。也就是说，表达式~x 等价于 UINT_MAX-x；在上例最后一行中，1UL 的类型是 unsigned long int，这种类型的最大值是 ULONG_MAX。最终，运算符==的结果是 1，所以函数 f 将返回 1。

注意，有符号整数的表示方法因 C 实现不同而异，故~运算符的操作数若为有符号整数时结果可能无法移植。

---

② 如果操作数的类型不是整数，则实际上未执行整型提升。

12.5.8　逻辑非

逻辑非表达式形如

　　! E

其中，E 是一元表达式及之前的表达式。如果要使用其他表达式，则可以用括号将它变为基本表达式。

下面是逻辑非表达式的简单示例。

　　int x = ! 5, y = !x;

操作数 E 要求是标量；逻辑非表达式（或者一元运算符!）的结果不是左值；逻辑非表达式求值时，要把操作数 E 的值和 0 相比较。如果等于 0，则表达式的值为 1；如果不等于 0，表达式的值是 0。也就是说，!E 等效于表达式 E==0。

在下面的例子中，将检查 p 的值，若其为 0，则表示无效指针，所以先输出警示信息，再直接返回调用者。

```
# include <stdio.h>

void f (int * p)
{
    if (! p) {printf("Invalid pointer.\n"); return;}
    /* …… */
}
```

不管操作数的类型如何，逻辑非表达式（或者一元运算符!）的结果类型是 int。

12.5.9　尺寸

尺寸表达式形如

　　sizeof *E*
　　sizeof (*类型名*)

其中，E 是一元表达式及之前的表达式。如果要使用其他表达式，则可以用括号将它变为基本表达式。下面是尺寸表达式的简单示例。

```
sizeof 0.5
sizeof (long long int)
```

有些人习惯在任何时候都为 sizeof 的操作数加上括号，例如：

　　int a, b = sizeof (a);

在这种情况下，因为 a 并不是类型名，所以，(a) 是基本表达式，即它是一个括住的表达式。如果不注意，很容易出现问题，例如：

```
sizeof 5 * 3
sizeof x ++
```

此时，因为运算符*的优先级比 sizeof 低，所以，第一个表达式等价于(sizeof 5) * 3。相反，因为后缀运算符++的优先级比 sizeof 高，所以，第二个表达式等价于 sizeof (x ++)。

sizeof 运算符的结果不是左值，它的值是操作数的尺寸，以字节计。而且，这个大小和操作数的类型有直接关系。

考虑到可移植性，sizeof 的结果类型被定义为 size_t，这是一种无符号整数类型，在<stddef.h>及其他头文件中定义。

不管 sizeof 运算符的操作数是表达式还是类型名，它们都不能是函数类型，也不能是不完整类型。

有人认为 sizeof 的结果在程序转换期间就已经得到，但事实并非总是如此。如果 sizeof 运算符的操作数是变长数组，则只能在程序运行期间先求值那个用于指定数组大小的操作数，然后才能得到 sizeof 的结果，且结果不是常量；相反地，如果 sizeof 运算符的操作数不是变长数组，则不求值该操作数且 sizeof 运算符的结果是一个在程序转换期间就能得到的整型常量。在下面的例子中，sizeof 运算符的操作数是否求值，已在它们旁边的注释中做了说明：

```
# include <stdio.h>

void siz_demo (void)
{
int n = 1, f (int);

    /* 以下语句不求值 n++，因为在编译阶段可分析出 n++的结果是 int 类型 */
    printf ("%zu\n", sizeof (n ++));

    /* 以下语句不求值（调用）函数 f(n)，因为 sizeof 的操作数是一个指针 */
    printf ("%zu\n", sizeof (int (*) [f (n)]));

    /* 以下语句不调用函数 f，因为只需要查看它的返回类型 */
    printf ("%zu\n", sizeof f (n));

    printf ("%d\n", n);      //n 的当前值为 1

    /* 以下语句将求值++n，因为只有这样才知道数组的大小 */
    printf ("%zu\n", sizeof (int [++ n]));

    printf ("%d\n", n);      //n 的当前值为 2
}
```

值得注意的是，char、signed char 和 unsigned char 及它们的限定版本在任何 C 实现上都是一个字节的长度。

如果 E 的类型或者类型名所指定的类型是数组，则 sizeof 运算符的结果是该数组的总字节数（元素类型的长度乘以元素的数量）。下例中，表达式 sizeof b 的结果是数组 b

的大小，在数值上等于 50×sizeof (size_t)。这个示例的真正价值在于，虽然函数的参数 a 是以数组的形式出现，但它会被调整为指向元素类型的指针。因此，a 的实际类型是指向 char 的指针（char *），而表达式 sizeof a 的结果不是数组的大小，而是指针的大小 sizeof (char *)：

```c
# include <stddef.h>

size_t f (char a [5])
{
    size_t b [50], c = sizeof b;
    /* …… */
    return sizeof a;
}
```

可以利用 sizeof 表达式来计算数组的元素数量。下例中，因为 arr 是数组，故 sizeof arr 的结果是整个数组的尺寸，以字节计；而 arr[0] 指示数组 arr 的第 1 个元素，sizeof arr[0] 的结果是数组元素类型的尺寸。

```c
char arr [256];
size_t n = sizeof arr / sizeof arr [0];
```

如果 E 是函数的形参，且 E 的类型是数组或者函数，则会被调整为指向数组第一个元素的指针或者指向函数的指针。在这种情况下，sizeof E 的结果是指针类型的大小。

在下面的例子中，函数 f 的第一个参数实际上是指向 const int 的指针（const int *）；第二个参数实际上是指向函数的指针（void (*) (int)）。自然地，当它们作为 sizeof 的操作数时，得到的是指针的大小。

```c
# include <stdio.h>

void f (const int a [], void g (int))
{
    printf ("%zu,%zu", sizeof a, sizeof g);
}
```

如果 E 的类型或者类型名所指定的类型是结构或者联合，则结果是结构或联合类型所需要占用的总字节数，包括内部和尾部的填充。

在下例中，为变量 p 申请的存储空间可能大于结构成员 data 和 next 的大小之和，变量 node 的大小也是如此。

```c
# include <stdio.h>
# include <stdlib.h>

typedef struct stgNODE {
    char data;
    struct stgNODE * next;
} NODE, * PNODE;
```

```
void f (void)
{
    PNODE p = (PNODE) malloc (sizeof (struct stgNODE));
    NODE node;
    printf ("%zu, %zu, %zu\n", sizeof * p, sizeof node, \
                    sizeof node.data + sizeof node.next);
}
```

12.5.10 对齐

对齐表达式形如

_Alignof（*类型名*）

需要特别注意的是，_Alignof 运算符的操作数不能是表达式而只能是类型名。因此，下面的做法是错误的。

```
_Alignof (32)
_Alignof (x ++)
```

_Alignof 运算符的结果不是左值，值的大小取决于操作数（类型名）所指定的类型，是这个类型的对齐要求。

考虑到可移植性，_Alignof 的结果类型被定义为 size_t，这是一种无符号整数类型，在<stddef.h>及其他头文件中定义。例子：

```
# include <stddef.h>

struct t {char c; float f;};

size_t f (void)
{
    return _Alignof (struct t);
}
```

_Alignof 的操作数（类型名）所指定的类型不能是函数，也不能是不完整类型。C 实现不求值该操作数，因为它只需要（提取）操作数的类型信息即可。

如果_Alignof 的操作数（类型名）指定的类型是数组，则结果并不是数组本身的对齐要求，而是其元素类型的对齐要求，这一点务必注意。_Alignof 运算符（对齐表达式）的结果是一个整型常量。

下面是一个示例，该例子表明，由于_Alignof 的操作数只能是类型名，所以它不被求值。

```
# include <stddef.h>
# include <stdio.h>

void f (int n)
```

```
        {
                /* 以下语句输出打印的是数组元素类型的对齐要求,而且++n 不被求值 */
                printf ("%zu\n", _Alignof(int [++ n]));
                printf ("%d\n", n);          //n 的值没有变化
        }
```

关键字 _Alignof 是从 C11 开始引入的。

12.6 转型表达式

有时,类型转换可以隐式地进行。例如,将一个 signed int 类型的值赋给一个 unsigned int 类型的左值。但是,在另一些场合,类型转换不会安静地发生,而是需要以明确的方式指示。

转换表达式形如

(类型名) E

其中,E 是转型表达式及之前的表达式。如果要使用其他表达式,则可以用括号将它变为基本表达式。

转型表达式的作用是将 E 的值转换为另一种类型,即类型名所指定的类型。值得注意的是,指针类型和浮点类型不能互转。

转型运算符是从右向左结合的。所以,表达式(int) (char) 'x' 等价于(int) ((char) 'x')。

转型表达式中的类型名所指定的类型只能是 void 或者标量。如果是标量,则它还可以是限定或无限定的。操作数(表达式)E 的类型要求是标量。

下面的例子给出了一些转型表达式,有些是合法的,有些是不合法的,代码中已经用注释做了说明。

```
        struct t {int a; char c;} t, * pt;
        char * p = (char *) t;      //非法,t 的类型不是标量
        char * q = (char *) pt;     //合法,从一种指针类型转换为另一种指针类型
```

本章的前面已经介绍过下标([])、间接(*)和地址(&)运算符,现在又介绍了转型表达式,下面是一个综合性的示例,可以从另一个角度来重新认识这些运算符:

```
# include <stdio.h>

void f (void)
{
        int a [5] [6] = {[3][2] = 6};
        int (* p) [4] = (int (*) [4]) & a;
        printf ("%d\n", (* (p + 5)) [0]);
}
```

以上，我们先是声明了一个数组 a，它带有一个初始化器，并将它的元素 a[3][2] 初始化为 6，于是，其他元素都初始化为 0。

a 是一个两维数组，我们令指针 p 指向这个数组。但是，p 是指向数组 int[4] 的指针，而不是指向 int[5] 的指针。换句话说，尽管 p 的确是指向 a 的，但它指向的是另一种数组类型。p 的类型是 int (*) [4]，&a 的类型是 int (*) [5][6]，p 的类型和 &a 的类型不同，后者不能直接用来初始化前者，所以我们使用了转型表达式，也就是上例中字体加粗的部分。

那么，如何用 p 来访问 a 的元素 a[3][2] 呢？

如图 12-1 所示，因为 p 是指向 int[4] 的指针，所以 p+5 的结果是一个新的指针，这个新的指针与 p 相比，中间间隔了 5 个 int[4] 这样的数组。

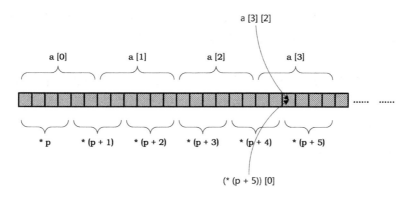

图 12-1　以不同类型来观察同一个数组时的情况

进一步地，因为 p+5 的结果类型是指向数组 int[4] 的指针，所以，*(p+5) 的结果是数组 int[4]。从图中可以看出，(*(p+5))[0] 的结果是数组元素，这个元素其实就是数组 a 的元素 a[3][2]。

最后，printf 函数输出的结果是 6。

正如用户可能已经知道的，将一个表达式的值从它原来的类型强制转换为 void 类型表示显式地丢弃值：

　　(void) printf ("hello,world.\n");　//显式地丢弃函数调用的返回值

转型表达式的结果不是左值。如果对一个表达式转型的结果和转型前相同，包括值和类型，则实际的转换过程可能并不会发生。

12.7　乘性表达式

乘性表达式包括乘法表达式、除法表达式和取余表达式，乘性运算符是从左往右结合的。因此，表达式 a * b / c % d 等价于 ((a * b) / c) % d。

类似于做除法的验算，商乘以乘数加余数等于被除数，如果 a/b 的商是可以表示的，则表达式 (a/b)*b + a%b 应等于 a（运算符%的作用是取余数）；否则，a/b 和 a%b 的行

为是未定义的。

12.7.1 乘法

乘法表达式形如

  E1 `*` *E2*

其中，E1 是乘性表达式及之前的表达式，E2 是转型表达式及之前的表达式。如果想让 E1 和 E2 也能是排在后面的那些表达式，则只需用括号将它们变为基本表达式。

下面是几个乘法表达式的例子。

  `int a = 20 * 3, b = a * 10;`

E1 和 E2 是二元运算符*的两个操作数，乘法表达式的结果是 E1 和 E2 的乘积。E1 和 E2 都要求是算术类型，在相乘之前要先进行常规算术转换。乘法表达式的结果也是算术类型，但不是左值。

在下例中，操作数(char)5 要先转换为 long double，再进行乘法计算，结果也是 long double 类型。最后，再将 long double 类型的结果转换为 unsigned int 类型后，赋值给变量 m。

  `unsigned m = sizeof ((char) 5 * (long double) 3.0);`

12.7.2 除法

除法表达式形如

  E1 `/` *E2*

其中，E1 是乘性表达式及之前的表达式，E2 是转型表达式及之前的表达式。如果想让 E1 和 E2 也能是排在后面的那些表达式，则只需用括号将它们变为基本表达式。

下面是几个除法表达式的例子。

  `int a = 100 / 5, b = a / 10;`

E1 和 E2 是二元运算符/的两个操作数，除法表达式的结果是 E1 除以 E2 的商。E1 和 E2 都要求是算术类型，在相除之前要先进行常规算术转换。如果 E2 的值为 0，则程序的行为是未定义的。除法表达式的结果也是算术类型，但不是左值。

当 E1 和 E2 都是整数类型时，除法表达式的结果是丢弃小数部分的代数商（通常称为趋零截尾）。这意味着，表达式 100/30 的值是 3。

12.7.3 取余

取余表达式形如

  E1 `%` *E2*

其中，E1 是乘性表达式及之前的表达式，E2 是转型表达式及之前的表达式。如果想让 E1 和 E2 也能是排在后面的那些表达式，则只需用括号将它们变为基本表达式。

下面是几个取余表达式的例子。

```
int a = 100 % 5, b = a % 10;
```

E1 和 E2 是二元运算符 % 的两个操作数，取余表达式的结果是 E1 除以 E2 后的余数。E1 和 E2 都要求是整数类型，在运算之前要先进行常规算术转换。如果 E2 的值为 0，则程序的行为是未定义的。取余表达式的结果是整数类型，但不是左值。举例来说，表达式 100%30 的值是 10。

12.8 加性表达式

加性表达式包括加法表达式和减法表达式，加性运算符是从左往右结合的。因此，表达式 a + b - c - d 等价于 ((a + b) - c) - d。

12.8.1 加法

加法表达式形如

E1 + *E2*

其中，E1 是加性表达式及之前的表达式，E2 是乘性表达式及之前的表达式。如果想让 E1 和 E2 也能是排在后面的那些表达式，则只需用括号将它们变为基本表达式。

下面是几个加法表达式的例子：

```
int a = 100 + 5, b = a + 10, c = a + b;
```

E1 和 E2 是二元运算符 + 的两个操作数，加法表达式的结果是操作数 E1 加上 E2 所得到的和，但不是左值。E1 和 E2 的类型要求是以下几种情形之一。

（1）同为算术类型。
（2）一个是指向完整变量类型的指针，另一个是整数类型。

如果 E1 和 E2 都是算术类型，则相加之前，会先各自进行常规算术转换，表达式的结果也是算术类型（E1 和 E2 的公共类型）。

例如，如果变量 a 和 b 的类型都是 char，则表达式 a+b 的结果类型是 int。再如，下例中浮点常量 2.5f 的类型是 float，需要先转换为 double 类型，表达式 2.5f+d 的结果是 double 类型（还需要进一步转换为 long double 才能赋给 ld）。

9200LL 是 long long int 类型的常量，c 需要先转换为 long long 类型，表达式 9200LL+c 的结果类型是 long long，printf 函数将输出两个相同的长度数值。

```
# include <stdio.h>

void f (char c, double d)
{
    long double ld = 2.5f + d;
    printf("%zu, %zu\n", sizeof (long long), sizeof (9200LL + c));
}
```

如果 E1 和 E2 中的一个是指针，另一个是整数类型，则表达式 E1+E2 的结果也是指针，并且和那个指针操作数的类型相同。这种指针运算的意义在于，如果指针操作数指向数组的第 e 个元素，那么在数组足够大的情况下，将它与另一个整数类型的操作数 n 相加，得到的新指针将指向同一数组的第 e+n 个元素。

先来看一个简单的例子，给定声明

```
char a [] = "Android", * p = a;
```

则表达式 p + 3 的结果也是一个指针，指向数组 a 的第 4 个元素 "r"。

如果 E1 和 E2 中的一个是指针，但不是指向数组的元素，而是指向其他完整变量类型 T 的指针，则它的行为也如同指向数组首元素的指针，该数组只有一个元素，且元素的类型是 T。

下面的例子有助于理解这一点。

```
int i = 10086;
char * p = (char *) & i;
printf ("%x, %x, %p, %p\n", * (p + 0), * (p + 1), \
                (void *) (p + 0), (void *) (p + 1));
```

其中，变量 i 并不是一个数组，变量 p 是一个指向 char 的指针，它指向的其实是变量 i 的起始位置。在这里，p 并非指向数组元素，但如同指向一个数组的首元素。因此，表达式 p+0 和 p+1 可以指向这个"数组"的第 1 个和第 2 个元素。当然，被指向的这些"元素"实际上是组成变量 i 的各个字节单元。

下面是另一个例子：

```
char * a [10] , * * p;
p = a;              //S1
p = a + 1;          //S2
p = p + 1;          //S3
```

以上，a 是数组，其元素类型为指针（char *），p 是指向指针的指针（char * *）。在 S1 中，数组 a 自动转换为指向其首元素的指针。因其元素类型是 char *，故转换后的指针是 char * *类型，可以将这个指针类型的值赋给 p，p 指向数组 a 的第一个元素 a[0]。

在 S2 中，数组 a 自动转换为指向其首元素（a[0]）的指针，被指向的元素不是数组，但可视为数组，且表达式 a+1 的结果是指向其下一个元素的指针，这个元素实际上对应于数组 a 的元素 a[1]；

同理，在 S3 中，指针 p 已经在 S2 中被修改为指向数组元素 a[1]，虽然 p 指向的是数组 a 的元素，并不是指向数组，但视为数组，且表达式 p+1 的结果是指向其下一个元素的指针，这个元素实际上对应于数组 a 的元素 a[2]。

如果 P 是指向数组最后一个元素的指针，则 P+1 的结果仍然是指针，指向数组最后一个元素的下一个位置。但是，该指针不能是一元运算符 * 的操作数，否则行为是未定义的。

下例中，q 指向数组最后一个元素的下一个位置，这是允许的，而且可以用于和另一个指针进行比较，但不能对它解引用，这会导致未定义行为。

```
int i, * p = & i, * q = p + 1;
if (p < q)              //合法
    * q = 1033;         //未定义行为
```

尽管"指向数组最后一个元素的下一个位置"的指针在解引用时是无效的，但 C 支持的这种机制在其他情况下是安全和有用的，比如它使遍历数组变得更简单：

```
# define N 20
int ar [N], * p;
for (p = & ar [0]; p <& ar [N]; p ++) {/* …… */}
```

12.8.2 减法

减法表达式形如

$E1 - E2$

其中，E1 是加性表达式及之前的表达式，E2 是乘性表达式及之前的表达式。如果想让 E1 和 E2 也能是排在后面的那些表达式，则只需用括号将它们变为基本表达式。

下面是几个减法表达式的例子。

```
int a [3] = {1, 2, 3,}, * p;
p = & a [1] - 1;
a [0] = a [2] - a [1];
```

减法表达式的结果是操作数 E1 减去 E2 所得到的差值，但不是左值。E1 和 E2 的类型要求是以下几种情形之一。

（1）同为算术类型。

（2）一个是指向完整变量类型的指针，另一个是整数类型。

（3）同为指向完整变量类型的指针。在这种情况下，操作数 E1 和 E2 的类型被视为是无限定的（限定符被忽略，如果有的话）。

如果 E1 和 E2 都是算术类型，则相减之前，会先各自进行常规算术转换，表达式的结果也是算术类型。

例如，如果变量 a 和 b 的类型都是 char，则表达式 a-b 的结果类型是 int。再如，在下面的例子中，浮点常量 2.5f 的类型是 float，需要先转换为 double 类型，表达式 2.5f+d 的结果是 double 类型（还需要进一步转换为 long double 才能赋给 ld）。

9200LL 是 long long int 类型的常量，c 需要先转换为 long long 类型，表达式 9200LL-c 的结果类型是 long long，printf 函数将输出两个相同的长度数值。

```
# include <stdio.h>

void f (char c, double d)
{
    long double ld = 12.5f - d;
    printf ("%zu, %zu\n", sizeof (long long), sizeof (9200LL - c));
}
```

如果 E1 是指针，E2 是整数类型，则 E1-E2 的结果也是指针，结果的类型和 E1 的类型相同。这种指针运算的意义在于，如果指针操作数指向数组的第 e 个元素，那么在数组足够大的情况下，将它与另一个整数类型的操作数 n 相减，得到的新指针将指向同一数组的第 e-n 个元素。

即使减性运算符-的指针操作数不是指向数组的元素，而是指向其他完整变量类型 T 的指针，它的行为也如同指向数组首元素的指针，该数组只有一个元素，且元素的类型是 T。

下面的例子有助于理解这一点：

```
int i, * p = & i;
p [0] = 3;
```

下面是另一个例子，因为 p 指向数组 a 的第 3 个元素，将指针 p 减去 1，意味着使 p 指向数组的第 2 个元素。

```
int a [3] = {1, 2, 3,}, * p = & a [2];
* (p - 1) = 0;
```

如果 E1 和 E2 都是指针，则它们应指向同一个数组的元素。特别地，允许它们指向数组最后一个元素的下一个位置。

两个指针相减的意义在于，可以得到（由两个指针所指向的）数组元素之间的下标差值。这种运算的结果大小取决于 C 实现，其类型（一种有符号整数类型）为 ptrdiff_t，是在头文件<stddef.h>中定义的。

指针 E1 和指针 E2 相减的结果必须能够用 ptrdiff_t 类型表示，否则程序的行为是未定义的。

如下例如示，假定在某个 C 实现中，stddef.h 文件有如下定义。在这种情况下，两个指针相减的结果不能大于 LONG_MAX（一般来说这种情况是不可能出现的）。

```
# ifndef __PTRDIFF_TYPE__
# define __PTRDIFF_TYPE__ long int
# endif
typedef __PTRDIFF_TYPE__ ptrdiff_t;
```

再如，给定声明：

```
int a [10], * p = a, * q = & a [5];
```

则表达式 q-p 的值是 5。注意，下标的差值就是间隔的元素数量，和它们间隔的字节数是不能混淆的。这里，下标的差值是 5，但是它们之间间隔了 sizeof(int)×5 个字节。

12.9 移位表达式

移位操作使得 C 语言看起来更像低级语言。学习过汇编语言的人应该懂得移位操作的价值，这种低层次的处理能力显然拓展了 C 的应用领域，在很长一段时间里，C 一直是操作系统、设备驱动程序和嵌入式程序开发的首选语言。

移位表达式包括左移表达式和右移表达式，移位运算符是从左往右结合的。因此，表达式

    a >> b >> c << d

等价于

    ((a >> b) >> c) << d。

假定 int 类型的宽度是 32 位，则以下代码可以取出 0x7abcf3e5 中间的 8 位作为 u 的值。因为<<和>>运算符是左结合的，故先计算(unsigned)0x7abcf3e5<<12（在此之前，先将表达式 12 的类型提升为 unsigned），结果是 unsigned 类型的值 0xcf3e5000。然后将它右移 24 位，得到 unsigned 类型的值 0x000000cf。

    unsigned u = (unsigned) 0x7abcf3e5 << 12 >> 24;

12.9.1 左移

左移表达式形如

    E1 << E2

其中，E1 是移位表达式及之前的表达式，E2 是加性表达式及之前的表达式。如果想让 E1 和 E2 也能是排在后面的那些表达式，则只需用括号将它们变为基本表达式。

下面是一个左移表达式的例子，它先将 1 左移 10 次，然后将这个左移的结果再继续左移 6 次。

    1 << 10 << 6

就功能和作用而言，二元运算符<<将其左操作数 E1 向左逐位移动，移动的次数由其右操作数 E2 指定。这意味着，如果 E2 的值为 0，则不移位。例如：

    unsigned x = 5 << 3, y = x << 0;   //x 和 y 的值都是 40

E1 和 E2 都要求是整数类型，在逐位左移前要分别执行整型提升。以左操作数 E1 提升后的宽度为准，移出左边界之外的位被丢弃，右边空出来的位用 0 填充。

若 E1 是无符号整数类型，则 E1<<E2 的结果是(E1)×2^{E2}和 M 的模，M 是比"E1 提升后的类型所容许的最大值"大 1 的数。

左移表达式（运算符<<）的结果不是左值，结果的类型是 E1 提升后的类型。

例如，给定表达式：

    1 << 2

因为 1 和 2 的类型都是 int，结果类型也是 int。假定某一个 C 实现将 INT_MAX 定义为 32767，则表达式 1<<2 的结果等于（1× 2^2）% 32768，即 4。

注意，如果右操作数 E2 为负值，或者该值所指示的移动次数大于等于左操作数 E1 提

升后的宽度，行为是未定义的。

若 E1 是有符号整数类型且具有非负值，同时 (E1)×2^{E2} 的值能用结果类型来表示，则它就是结果值，否则，行为是未定义的。

12.9.2 右移

右移表达式形如

  E1 **>>** *E2*

其中，E1 是移位表达式及之前的表达式，E2 是加性表达式及之前的表达式。如果想让 E1 和 E2 也能是排在后面的那些表达式，则只需用括号将它们变为基本表达式。

下面是一个右移表达式的例子，它先将 1 右移 3 次，在此基础上再右移 6 次（实际上等于移动 9 次）。

  1 >> 3 >> 6

就功能和作用而言，二元运算符>>将其左操作数 E1 向右逐位移动，移动的次数由其右操作数 E2 指定。这意味着，如果 E2 的值为 0，则不移位。例如：

  unsigned x = 8>> 3, y = x >> 0;   //x 和 y 的值都是 1

E1 和 E2 都要求是整数类型，在逐位右移前要分别执行整型提升。以左操作数 E1 提升后的宽度为准，移出右边界之外的位被丢弃。至于左边空出来的位该如何填充，则视 E1 的值和类型而定。

若 E1 属于无符号类型，或者是有符号类型且具有非负值，则 E1>>E2 的值是 E1 除以 2^{E2} 所得商的整数部分。

例如，8>>2 的结果是 8 除以 2^2 的商，即 2；5>>2 的结果是 5 除以 2^2 的商，即 1，余数不要（从二进制的形式来看，组成数值 5 的变量表示的一些比特在移位的过程中被删除了）。

若 E1 是有符号类型且其值为负，则右移表达式的结果值取决于 C 实现。具体来说，若 E1 的值为负，那么，对于左边空出来的位，有些 C 实现用 0 填充，而另一些 C 实现可能用符号位来填充。

右移表达式（运算符>>）的结果不是左值，结果的类型和 E1 提升后的类型相同。

注意，如果右操作数 E2 为负值，或者该值所指示的移动次数大于等于左操作数 E1 提升后的宽度，则行为是未定义的。

12.10 关系表达式

关系表达式形如

  E1 **>** *E2*
  E1 **>=** *E2*

```
    E1 < E2
    E1 <= E2
```

其中，E1 是关系表达式及之前的表达式，E2 是移位表达式及之前的表达式。如果想让 E1 和 E2 也能是排在后面的那些表达式，则只需用括号将它们变为基本表达式。

关系表达式（关系运算符）的结果不是左值。如果相应的关系成立，则结果是 1；如果不成立，则结果是 0。关系表达式的结果类型是 int。

操作数 E1 和 E2 的类型应为以下两种情况之一。

（1）都是实数类型；

（2）都是指针，但要求它们所指向的类型在去掉限定符后是兼容的。

不管 E1 和 E2 的类型如何，它们的类型或者它们所指向的类型，如果是有限定符的，则限定符被忽略，因为限定符对比较操作来说没有意义。

当操作数 E1 和 E2 都是算术类型时，先要执行常规算术转换，使它们具有一致的类型。但是，这影响不到结果的类型，结果的类型依然是 int。

如果 E1 和 E2 都是指针，关系表达式的结果依赖于它们所指向的变量在地址空间中的相对位置，现分述如下。

（1）若 E1 和 E2 都指向同一个变量，则比较时，E1 和 E2 相等。指向同一个变量的情形包括指向同一个数组变量、指向同一个结构变量、指向同一个联合变量，以及指向同一个数组变量的同一个元素、指向同一个结构变量的同一个成员、指向同一个联合变量的同一个成员，等等。

下例中，px 和 qx 指向同一个变量；pt 和 qt 指向同一个变量；pa 和 qa 指向同一个变量，pu 和 qu 也指向同一个变量。最终，if 语句的控制表达式求值的结果是 1：

```
int x, * px = & x, * qx = & x;
struct t {int m;} t, * pt = & t, * qt = & t;
int a [3], (* pa) [3] = & a, (* qa) [3] = & a;
union u {char c; float f;} u, * pu = & u, * qu = & u;
if (px >= qx && pt <= qt && pa >= qa && pu <= qu) {/* …… */}
```

同样，在下例中，pt 和 qt 指向同一个变量；pa 和 qa 指向同一个变量，pu 和 qu 也指向同一个变量。

```
struct t {int m;} t;
int * pt = & t.m, * qt = & t.m;

int a [3], * pa = & a [1], * qa = & a [1];
union u {char c; float f;} u;
char * pu = & u.c, * qu = & u.c;
```

（2）若 E1 和 E2 都指向数组元素，且这两个元素隶属于同一数组，则指向较大下标值的那个在比较时大于指向较小下标值的那个。

下例中，指针 p 指向的元素比指针 q 指向的元素的下标值大，故表达式 p>=q 所表示的关系是成立的。

```
int a [3], * p = & a [2], * q = & a [0];
if (p >= q) {/* …… */}
```

下面这个示例用于将字符串中的内容反转。例如，若原始字符串为"abcde"，则反转之后的内容是"edcba"。这个示例之所以能够工作，就是因为可以比较两个指向数组元素的指针。函数 rev_str 接受一个指向源字符串的指针 str，将其反转后，返回一个指向结果串的指针：

```
char * rev_str (char * str)
{
    char c, * p = str, * q = str;

    while (* p != '\0') p ++;
    if (p -- == str) return str;
    do
        c = * str, * str = * p, * p = c;
    while (-- p > ++ str);

    return q;
}
```

（3）若 E1 和 E2 都指向同一数组的最后一个元素的下一个位置，则比较时，E1 和 E2 相等。

下例中，关系运算符>=的两个操作数++pa 和++qa 都指向数组最后一个元素的下一个位置，它们在比较时是相等的。

```
int a [3], * p = & a [2], * q = & a [2];
if (++ p >= ++ q) {/* …… */}
```

（4）若 E1 和 E2 中的一个指向数组的某个元素，另一个指向同一数组的最后一个元素的下一个位置，则比较时，后者大于前者。

下例中，指针 p 指向数组第一个元素（数组 a 自动转换为指向其首元素的指针），加上 3 后，得到的新指针指向数组最后一个元素的下一个位置，因此新指针大于指针 p。

```
int a [3], * p = a;
if (p + 3 >= p) {/* …… */}
```

（5）若 E1 和 E2 都指向结构成员，且这两个成员都属于同一结构变量，一个指向较晚声明的成员，而另一个指向较早声明的成员，则比较时，前者大于后者。

在下例中，成员 f 的声明较 m 晚，因此，指向前者的指针大于指向后者的指针。

```
struct t {int m; float f;} t;
if ((void *) & t.f >= (void *) & t.m) {/* …… */}
```

（6）如果 E1 和 E2 都指向联合成员，且这两个成员都属于同一个联合变量，那么在比较时，E1 和 E2 相等。

联合总是有其特殊性。在下例中，不管在声明时谁早谁晚，指向成员 c 的指针必须和指向成员 f 的指针相等。

```
union u {char c; float f;} u;
if ((void *) & u.f >= (void *) & u.c) {/* …… */}
```

除以上所述的几点外，其他情况下的指针比较行为都是未定义的。

两个指针做关系比较，其目的是确定它们的相对位置，没有这个前提，有些代码也许可以工作，但很难说有什么实际意义。例如：

```
int x = 0, y = 0;
if (& x > & y) {/* …… */}
```

上述代码的结果是难以预料的，每次执行这段代码时，变量 x 和 y 在存储器中的位置谁前谁后都是随机的，C 实现可能不会根据这两个标识符在声明时的出现顺序来安排。

为了使指针的比较更为方便，即使 E1 和 E2 不是指向数组元素，而是指向其他完整变量类型 T，它的行为也如同指向一个数组的首元素，该数组长度为 1（只有一个元素），且元素类型为 T。

因为此原因，再结合上一段的描述，下面的大于等于表达式是合法的，而且大于等于关系是成立的。

```
int * p = & (int) {0};
if (p >= p + 1) {/* …… */}
```

关系运算符是从左往右结合的。因此，表达式 a > b >= c < d 等价于 ((a> b) >= c) < d。

注意，表达式 a<b<=c 并不意味着 b 大于 a，并且 b 小于等于 c，而是等同于 (a<b) <=c，即先比较 a 和 b，将比较的结果（0 或者 1）再和 c 进行比较，才能得到整个表达式的值。因此，如果要确保 a 的值小于 b，b 的值小于等于 c，则应该使用表达式 a<b && b<=c。

12.11 等性表达式

等性表达式形如

```
E1 == E2
E1 != E2
```

其中，E1 是等性表达式及之前的表达式，E2 是关系表达式及之前的表达式。如果想让 E1 和 E2 也能是排在后面的那些表达式，则只需用括号将它们变为基本表达式。

等性表达式（等性运算符）的结果不是左值。如果相应的关系成立，则结果是 1；如果不成立，则结果是 0；等性表达式的结果类型是 int。

操作数 E1 和 E2 的类型应为以下几种情形之一。

（1）都是算术类型。

（2）都是指针，它们指向的类型在去掉限定符后是兼容的。

（3）都是指针，一个指向变量类型，另一个指向限定或无限定的 void。

（4）都是指针，一个指向任意类型，另一个是空指针常量。

对于上述任何一对操作数，==和!=这两种关系总有一个是成立的。

若 E1 和 E2 都是算术类型，则在比较前，要先进行常规算术转换，使它们具有一致的类型。但是，这不影响结果的类型，结果的类型总是 int。

若 E1 和 E2 都是复数，则它们的实部和虚部要分别进行比较。E1 等于 E2 的前提是它们的实部和虚部分别是相等的。

若 E1 和 E2 一个是实数，另一个是复数，那么在比较时，要先将实数转换为复数，再按前面的规则进行比较。

若 E1 和 E2 都是指针且其中有一个是空指针常量，则先要将空指针常量转换为另一个指针操作数的类型，即转换为空指针，再进行比较。比较的结果参见后面的叙述。

下例中，空指针常量 0 需要先转换为 p 的类型，即转换为 int*，再做比较。如果 p 是空指针，则下面的比较是相等的。

```
int * p = /* …… */;
if (p == 0) {/* …… */}
```

若 E1 和 E2 有一个是指向变量类型的指针，而另一个是指向限定或未限定版本的 void 的指针，则要将前者的类型转换为后者的类型，再进行比较。

因此，如下例所示，pi 是指向 int 类型的指针；pv 是指向 void 的指针，它们相比较前，要将 pi 的类型从 int *转换为 void *。

```
_Bool f (int * pi, void * pv) {return pi == pv;}
```

若 E1 和 E2 都是指针类型，且符合以下情形之一，则它们在比较时是相等的。

（1）都指向同一个变量。

（2）都指向同一个函数。

（3）都是空指针或者空指针常量。

（4）都指向同一数组最后一个元素的后一个位置。

（5）E1 和 E2 中的一个指向数组 A 最后一个元素的下一个位置，另一个指向数组 B 的首元素，且这两个数组以 A 在前，B 在后的方式直接相邻。直接相邻意味着它们之间没有任何间隔，比如下标值之差为 1 的两个数组元素是直接相邻的。

可以灵活理解"指向同一个变量"的意思。例如，如果两个指针都指向同一个结构变量的同一个成员，它们被视为指向同一个变量；再如，一个指针指向某个数组变量，另一个指针指向同一数组的首元素，那么，这两个指针的类型经适当转换后可以被视为指向同一个变量。实际上，指向结构变量的指针和指向同一结构变量第一个成员的指针也可以按此办理。下面是一个例子。

```
struct t {int i; float f;} t;
if ((void *) & t == & t.i) {/* …… */}
```

因为任何指针都可以转换为指向 void 的指针且不会丢失任何信息，而且，等性运算符允许任何指针和指向 void 的指针进行比较，所以以上代码可以正常工作。实际上，因为&t 和&t.i 都是指向变量类型的指针，将哪一个转换为 void *类型是无所谓的。因此，此表达式也可以写成：

```
& t == (void *) & t.i
```

下例中，main 和&main 是相同的，因为函数指示符作为运算符==的操作数时，被转换为指向函数的指针，因此表达式 main==&main 的值为 1。

```
# include <stdio.h>

void f (void)
{
    struct s {int i; char c;} sa [8];
    printf ("%d, %d, %d\n", main == & main,\
                    & sa [1] + 1 == & sa [2],\
                    (void *)(&sa [0].i + 1) == &sa [0].c);
}
```

再来看表达式&sa[1]+1==&sa[2]，&sa[1]和&sa[2]的类型都是 struct s *，即指向 struct s 类型的指针。

很重要的一点是，为了方便等性比较，对于表达式 E1 == E2 和 E1 != E2，如果 E1 和 E2 是指向类型为 T 的、非数组变量的指针，则这两个表达式的行为就如同 E1 和 E2 是指向数组首元素的指针，且该数组只有 1 个元素，元素的类型为 T。

因此，上例中，&sa[1]也可以看作指向数组首元素的指针，该数组只有一个元素，且元素的类型是 struct s，而&sa[1]+1 可以被认为是指向该数组最后一个元素的下一个元素。考虑到&sa[2]也可以被看作指向数组首元素的指针，且这两个数组直接紧邻，因此，&sa[1]+1==&sa[2]的值也是 1。

表达式&sa[0].i 的类型是指向 int 的指针，即 int *，它可以看作指向数组首元素的指针，该数组只有一个元素，且元素的类型是 int，而&sa[0].i+1 则可以被认为是指向该数组最后一个元素的后一个元素。考虑到&sa[0].c 也可以被看成指向数组首元素的指针，且这两个数组直接紧邻（char 类型的变量可以对齐于任何字节地址，因此，结构类型 struct s 的成员 i 和成员 c 之间不存在任何填充），所以，它们之间的相等性比较是成立的。注意，在本例中，表达式&sa[0].i + 1 和表达式&sa[0].c 具有不同的类型，应当将它们中的一个转换为指向 void 的指针，在这里是 (void *)(&sa[0].i + 1)。

等性运算符==和!=是从左往右结合的。因此，表达式 a==b==3 并不意味着 a、b 都等于 3，相反，它意味着(a==b)==3。因为 a==b 的结果可能是 0，也可能是 1，因此，表达式 a==b==3 的结果是 0。如果希望判断 a 和 b 是否都等于 3，则应该使用 a==3&&b==3。

12.12　逐位与表达式

逐位与表达式形如

　　　E1 & E2

其中，E1 是逐位与表达式及之前的表达式，E2 是等性表达式及之前的表达式。如果想让 E1 和 E2 也能是排在后面的那些表达式，则只需用括号将它们变为基本表达式。

操作数 E1 和 E2 都要求是整数类型，而且要先进行常规算术转换，以取得一致的宽度。然后，将前一个步骤得到的结果逐位做与操作。也就是说，两个对应的比特，当且仅当它们都是"1"时，结果中的对应比特才是"1"。

按位与表达式（运算符&）的结果不是左值，结果的类型是 E1 和 E2 经常规算术转换后得到的公共类型。因此，表达式 3 & (long long) 5)的结果是 1；结果类型是 `long long int`。

逐位与运算符&是从左往右结合的。因此，表达式 a & b & c & 5 等价于((a & b) & c) & 5。

12.13　逐位异或表达式

逐位异或表达式形如

　　　E1 ^ E2

其中，E1 是逐位异或表达式及之前的表达式，E2 是逐位与表达式及之前的表达式。如果想让 E1 和 E2 也能是排在后面的那些表达式，则只需用括号将它们变为基本表达式。

操作数 E1 和 E2 都要求是整数类型，而且要先进行常规算术转换，以取得一致的宽度。然后，将前一个步骤得到的结果逐位做异或操作。

也就是说，如果对应的两个比特是相反的，一个为"0"而另一个为"1"，则结果值中对应的比特是"1"，否则为"0"。例如，表达式 0^0 的结果是 0；0^1 的结果是 1；0^5 的结果是 5；3^2 的结果是 1。

逐位异或表达式（运算符^）的结果不是左值，结果的类型是 E1 和 E2 经常规算术转换后得到的公共类型。因此，表达式 3 ^ (long long) 5)的结果是 6；结果类型是 `long long int`。

逐位异或运算符^是从左往右结合的。因此，表达式 a ^ b ^ c ^ 5 等价于((a ^ b) ^ c) ^ 5。

12.14 逐位或表达式

逐位或表达式形如

  E1 **|** *E2*

其中，E1 是逐位或表达式及之前的表达式，E2 是逐位异或表达式及之前的表达式。如果想让 E1 和 E2 也能是排在后面的那些表达式，则只需用括号将它们变为基本表达式。

操作数 E1 和 E2 都要求是整数类型，而且要先进行常规算术转换，以取得一致的宽度。然后，将前一个步骤得到的结果逐位做或操作。

也就是说，如果对应的两个比特都是"0"，则结果中对应的比特就是"0"，在任何其他情况下，结果中对应的比特都是"1"。例如，表达式 0|0 的结果是 0；0|1 的结果是 1；5|6 的结果是 7；5|2 的结果是 7。

逐位或表达式（运算符|）的结果不是左值，结果的类型是 E1 和 E2 经常规算术转换后得到的公共类型。因此，表达式 3 | (long long) 5) 的结果是 7；结果类型是 long long int。

逐位或运算符|是从左往右结合的。因此，表达式 a | b | c | 5 等价于((a | b) | c) | 5。

12.15 逻辑与表达式

逻辑与表达式形如

  E1 **&&** *E2*

其中，E1 是逻辑与表达式及之前的表达式，E2 是逐位或表达式及之前的表达式。如果想让 E1 和 E2 也能是排在后面的那些表达式，则只需用括号将它们变为基本表达式。

逻辑与表达式执行的是逻辑意义上的操作。操作数 E1 和 E2 都要求是标量，当且仅当 E1 和 E2 求值的结果都不为 0 时，逻辑与表达式的结果是 1；在其他任何情况下，结果是 0。逻辑与表达式的结果类型是 int，不是左值。因此，表达式 0&&0 的结果是 0；3&&5 的结果是 1；8&&0 的结果也是 0。

逻辑与表达式（运算符&&）保证是从左到右求值的。这意味着，如果 E1 和 E2 都会求值的话，则 E1 的值计算和副作用将保证先于 E2 的值计算和副作用，E1 和 E2 的求值之间有一个序列点。

事实上，逻辑与表达式求值时，总是先求值 E1，如果 E1 的值为 0，则对 E2 求值已无必要，因此不求值 E2，而且整个逻辑与表达式（运算符&&）结果为 0。

请看下面的例子，在数学上，1/0 是不合法的。但是，因为&&运算符的左操作数为 0，所以右操作数不被求值，整个表达式是合法的，值为 0。

```
if (0 && 1/0) {/* …… */}
```

因为序列点的存在，下例中，表达式x++&&x--不存在未定义行为：

```
int x = 1, y = x ++ && x --;
```

逻辑与运算符&&是从左往右结合的。这意味着，表达式3 && a && 1 && b等价于((3 && a) && 1) && c。

基于以上所述，显然，表达式0&&b&&c的值是0，且不求值b和c。

12.16 逻辑或表达式

逻辑或表达式形如

  E1 || *E2*

其中，E1是逻辑或表达式及之前的表达式，E2是逻辑与表达式及之前的表达式。如果想让E1和E2也能是排在后面的那些表达式，则只需用括号将它们变为基本表达式。

操作数E1和E2都要求是标量，若它们当中有一个求值的结果不为0，则逻辑或表达式的结果就是1；若它们求值的结果都是0，则E1||E2的结果是0。

逻辑或表达式的结果类型是int，但结果不是左值。

因此，表达式0||0的结果是0；3||5的结果是1。

逻辑或表达式（运算符||）保证是从左到右求值的。这意味着，如果E1和E2都会求值的话，则E1的值计算和副作用将保证先于E2的值计算和副作用，E1和E2的求值之间有一个序列点。

事实上，逻辑或表达式求值时，总是先求值E1，如果E1的值不为0，则对E2求值已无必要，因此不求值E2，而且整个逻辑或表达式（运算符||）结果为1。

请看下面的例子，在数学上，1/0是不合法的。但是，因为||运算符的左操作数为0，所以右操作数不被求值，所以整个表达式是合法的，值为0。

```
if (1 || 1/0) {/* …… */}
```

因为序列点的存在，下例中，表达式x++||x--不存在未定义行为：

```
int x = 0, y = x ++ || x --;
```

逻辑或运算符||是从左往右结合的。这意味着，表达式3 || a || 1 || b等价于((3 || a) || 1) || c。

基于以上所述，显然，表达式1||b||c的值是1，且不求值b和c。

12.17 条件表达式

条件表达式形如

```
E1 ? E2 : E3
```

其中，E1 是逻辑或表达式及之前的表达式；E2 是任意表达式，E3 是条件表达式及之前的表达式。如果想让 E1 和 E3 也能是排在后面的那些表达式，则只需用括号将它们变为基本表达式。

条件表达式（条件运算符）的结果取决于 E1 的值。若 E1 的值为 0，则条件表达式的结果取自 E3，否则，取自 E2。条件表达式（条件运算符）的结果不是左值。

因为条件表达式的结果不是左值，所以下面的代码不合法：

```
void f (int a, int b)
{
    a == b ? a : b = 3;
    /* …… */
}
```

以上，不管变量 a 和 b 的值是否相等，也不管条件表达式 a == b ? a : b 的值取自操作数 a 还是 b，取的都是它们左值转换后的值，条件运算符的结果并不是左值，所以不能用赋值运算符给条件表达式的结果赋值。但是，一元*运算符的结果是左值，所以上述代码可以修改如下：

```
void f (int a, int b)
{
    * (a == b ? & a : & b) = 3;
    /* …… */
}
```

E1 的类型应为标量，而且一定会被求值。若 E1 的值为 0，则求值 E3，且它们之间存在一个序列点；否则，求值 E2，且 E1 和 E2 的求值之间存在一个序列点。

由于序列点的存在，下例中，y 的初始化表达式不存在未定义行为：

```
int x, y;
/* …… */
y = x ? x ++ : x --;
```

条件表达式的结果类型取决于 E2 和 E3 的类型，现分述如下。

（1）E2 和 E3 可以同为算术类型。在这种情况下，它们需要进行常规算术转换，条件表达式（条件运算符）的结果类型是转换后的公共类型。

下例中，条件表达式的（结果）类型是 long long int。

```
1 ?2 : 3LL
```

（2）E2 和 E3 可以是同一种结构或联合类型。在这种情况下，结果的类型就是该结构或联合类型。

下例中，条件表达式 x != y ? s1 : s2 的类型是 struct s，从这个结构类型的值中提取一个成员的值（运算符.的左操作数可以不是左值）并赋给变量 y。

```
struct s {int i; float f;};
```

```
void frstg (struct s s1, struct s s2)
{
    int x, y;
    /* …… */
    y = (x != y ? s1 : s2).i;
    /* …… */
}
```

（3）E2 和 E3 可以同为 void 类型。在这种情况下，结果的类型也是 void。典型地，这种条件表达式通常只关注其副作用。

下例中，条件表达式具有（不存在的）void 类型的值。

```
void f (int), g (int);
int h (void);
h () ? f (1) : g (2);
```

（4）E2 和 E3 可以同为指针，但除非有一个是空指针常量，或者是指向 void 的指针，否则，它们所指向的类型在去掉限定符后必须是兼容的。总体上，结果的类型是一个指针，所指向的类型是 E2 和 E3 所指向的类型的复合类型（显然，兼具 E2 和 E3 所指向类型的所有限定符）。

复合类型是两个兼容类型的公共类型。举例来说，若一个数组类型具有常量大小而另一个数组类型不具有常量大小，则它们是兼容的，它们的复合类型是那个具有常量大小的数组类型；如果两个数组类型都不具有常量大小，则它们也是兼容的，它们的复合类型也是不具有常量大小的数组类型；如果两个函数类型是兼容的，一个是用原型声明的，而另一个是用传统 K&R 形式声明的，则它们的复合类型是函数原型。

（5）本规则是第 4 个规则的扩展，主要是考虑到 E2 和 E3 中有一个是任意指针，另一个是空指针常量的情况。在这种情况下，条件表达式的结果是一个指针，所指向的类型就是那个任意指针的类型。

（6）本规则是第 4 个规则的扩展，主要是考虑到 E2 和 E3 中有一个是除空指针常量之外的任意指针，另一个指针指向"限定或无限定的 void"的情况。在这种情况下，条件表达式的结果是一个指针，指向限定的 void 类型，且限定符取自 E2 和 E3 所指向的类型。

条件运算符是从右向左结合的。这意味着表达式

```
a ? b : c ? d : e
a ? b ? c : d : e
```

分别等同于

```
a ? b : (c ? d : e)
a ? (b ? c : d) : e
```

要理解这样做的原理，只需要掌握以下步骤即可。

（1）从右边开始向左找，直至遇到第一个未被处理的"?"。

（2）再从"?"开始向右找第一个遇到的":"。

(3) 在 "?" 左边的操作数前加 "(",在 ":" 右边的操作数后加 ")"。
(4) 返回 1,继续处理其他条件运算符?:。

下面的例子用于演示条件运算符的结合性,程序的功能如下:如果 x 的值是 0,则函数 f 返回 0;如果 x 的值大于 0,则返回 1;如果 x 的值小于 0,则返回-1。

```
int f (int x)
{
    return x ? x> 0 ? 1 : -1 : 0;
}
```

12.18 赋值表达式

赋值表达式包括简单赋值和复合赋值。对赋值表达式的求值将更新赋值运算符左操作数的存储值,且该副作用发生在左右操作数的值计算之后,但赋值运算符左右操作数的求值是无序的。

假设对赋值运算符的左操作数进行了左值转换,赋值表达式的类型就是左值转换后的类型。比如说,若左操作数的类型是限定的,则赋值表达式的类型是左操作数类型的非限定版本。例如,给定声明:

```
const int * restrict pci;
```

则以下两个表达式的(结果)类型是不同的。

```
pci = 0
* pci = 0
```

其中,第一个表达式中的 pci 是 restrict 限定的指针,左值转换后的类型将不再是 restrict 限定的指针。所以,表达式 pci=0 的结果类型是 const int *。

同理,在表达式 * pci = 1 中,左值 *pci 的类型是指针 pci 所指向的类型,即 const int,假定对 *pci 进行了左值转换,那么,转换后的类型是 int。也就是说,表达式 * pci = 1 的类型是 int。

组成赋值表达式语法形式的运算符称为赋值运算符;赋值运算符是从右往左结合的。因此,表达式 x = y = z += 3 等价于表达式 x = (y = (z += 3))。

12.18.1 简单赋值

简单赋值表达式形如

E1 = E2

用于将 E2 的值转换为 E1 的类型,并替换 E1 所代表的那个变量的存储值。

简单赋值表达式(运算符=)的结果来自 E1,是 E1 所代表的变量在赋值操作完成后的值。赋值表达式的结果不是左值。E1 和 E2 的类型应符合以下要求:
(1) 都是算术类型,其中,E1 可以是是限定(const 限定符除外)或无限定的。

（2）都是结构类型，或者都是联合类型，但要求它们的类型在去掉限定符之后是兼容的，且 E1 的类型不能是 const 限定的，它的成员也不能是 const 限定的。

（3）都是指针，要求它们所指向的类型在去掉限定符之后是兼容的，且 E1 所指向的类型具有 E2 所指向的类型的全部限定符。E1 本身的类型可以是限定（const 限定符除外）或无限定的指针。

（4）都是指针，一个指向变量，另一个指向限定或无限定的 void 类型，且 E1 所指向的类型具有 E2 所指向的类型的全部限定符。E1 本身可以是限定（const 限定符除外）或无限定的指针。

（5）都是指针，E1 是限定（const 限定符除外）或无限定的任意指针类型；E2 是空指针常量。

（6）E1 的类型是限定（const 限定符除外）或无限定的 _Bool；E2 是任意指针类型。此时，空指针被转换为 0，非空指针被转换为 1。

12.18.2 复合赋值

复合赋值表达式形如

E1 *= E2（在形式上等价于 E1 = E1 * E2）。
E1 /= E2（在形式上等价于 E1 = E1 / E2）。
E1 %= E2（在形式上等价于 E1 = E1 % E2）。
E1 += E2（在形式上等价于 E1 = E1 + E2）。
E1 -= E2（在形式上等价于 E1 = E1 -E2）。
E1 <<= E2（在形式上等价于 E1 = E1 << E2）。
E1 >>= E2（在形式上等价于 E1 = E1 >> E2）。
E1 &= E2（在形式上等价于 E1 = E1 & E2）。
E1 ^= E2（在形式上等价于 E1 = E1 ^ E2）。
E1 |= E2（在形式上等价于 E1 = E1 | E2）。

其中，E1 是一元表达式及之前的表达式，E2 是赋值表达式及之前的表达式。如果想让 E1 和 E2 也能是排在后面的那些表达式，则只需用括号将它们变为基本表达式。

上述形式上的等同性并不意味着 E1 会求值两次，实际上，它只求值一次。复合赋值表达式（复合赋值运算符）的结果来自 E1，是 E1 所指示的变量在赋值操作完成后的值。赋值表达式的结果不是左值。

在复合赋值表达式中，E1 的类型可以是限定或无限定的。如果使用运算符+=和-=，则要么 E1 是指向完整变量类型的指针，E2 是整数类型；要么，E1 和 E2 都是算术类型。

如果使用的是其他复合赋值运算符，则对 E1 和 E2 的类型要求取决于复合赋值运算符中的+、-、*、/、%、>>、<<、&、^和|。这些二元运算符对其操作数的要求详见前面的叙述。

例如，%运算符的两个操作数应为整数类型，所以%=运算符的左、右操作数都必须是整数类型。

下例中，pc 是 restrict 限定的指针，指向类型 char *。复合字面值的类型是 char[3]，自动转换为指向其第一个元素的指针，即类型也为 char *，因此可以用来初始化 pc。

```
char * restrict pc = (char []) {1, 2, 3};
pc -= 1;
* pc += 1;
```

但重点是，对于表达式 pc-=1，运算符-=的左操作数是指针，右操作数是整数类型，因此是合法的。这样，pc 将指向数组的下一个元素。

对于表达式*pc+=1，运算符-=的左操作数（*pc）是算术类型（char），右操作数 1 也是算术类型（int），是合法的。

12.19 逗号表达式

逗号表达式形如

```
E1 , E2
```

左操作数 E1 作为 void 表达式求值。这意味着，左操作数的值被丢弃，通常只关注其副作用。

逗号表达式（逗号运算符）的结果不是左值，这个值是 E2 的值，值的类型和 E2 的类型相同。求值时，先求值 E1，再求值 E2，在它们之间存在一个序列点。

逗号运算符是从左往右结合的。顺便提醒一下，当逗号表达式用作函数或者宏的参数时应为它加上括号，使其成为基本表达式，这是相当重要的。